Volker Läpple

# Einführung in die Festigkeitslehre

## Aus dem Programm
## Grundlagen Maschinenbau und Verfahrenstechnik

**Lehrsystem Technische Mechanik mit Lehrbuch, Aufgabensammlung, Lösungsbuch sowie Formeln und Tabellen.**
von A. Böge und W. Schlemmer

**Vieweg Handbuch Maschinenbau**
herausgegeben von A. Böge

**Technische Strömungslehre**
von L. Böswirth

**Technische Mechanik mit Mathcad, Matlab und Maple**
von G. Henning, A. Jahr und U. Mrowka

**Thermodynamik für Ingenieure**
von K. Langeheinecke, P. Jany und G. Thieleke

**Technische Mechanik. Statik**
von H.-A. Richard und M. Sander

**Technische Mechanik. Festigkeitslehre**
von H.-A. Richard und M. Sander

**Werkstoffkunde und Werkstoffprüfung**
von W. Weißbach

**Aufgabensammlung Werkstoffkunde und Werkstoffprüfung**
von W. Weißbach und M. Dahms

vieweg

Volker Läpple

# Einführung in die Festigkeitslehre

## Lehr- und Übungsbuch

Mit 391 Abbildungen und 49 Tabellen

Viewegs Fachbücher der Technik

vieweg

Bibliografische Information Der Deutschen Nationalbibliothek
Die Deutsche Nationalbibliothek verzeichnet diese Publikation in der
Deutschen Nationalbibliografie; detaillierte bibliografische Daten sind im Internet über
<http://dnb.d-nb.de> abrufbar.



1. Auflage Oktober 2006



Lektorat: Thomas Zipsner

Der Vieweg Verlag ist ein Unternehmen von Springer Science+Business Media.
www.vieweg.de



Umschlaggestaltung: Ulrike Weigel, www.CorporateDesignGroup.de
Druck und buchbinderische Verarbeitung: Wilhelm & Adam, Heusenstamm
Gedruckt auf säurefreiem und chlorfrei gebleichtem Papier.
Printed in Germany

ISBN-10 3-528-03205-7
ISBN-13 978-3-528-03205-0

# Vorwort

Die **Festigkeitslehre** ist eine technische Disziplin, die sich mit der Ermittlung der inneren Beanspruchung fester Körper sowie mit der Beurteilung des daraus resultierenden Werkstoffverhaltens beschäftigt. Mit den Methoden der Festigkeitslehre können Bauteile wirtschaftlich dimensioniert und sicher ausgelegt werden.

Während die Verfahren der Elastostatik bzw. der Elastizitätstheorie nur die Ermittlung von Spannungen und Verformungen im Werkstück erlauben, muss in der Festigkeitslehre zusätzlich die Reaktion des Werkstoffs auf die jeweilige Beanspruchung berücksichtigt werden. Die Festigkeitslehre ist dementsprechend ein interdisziplinäres Fachgebiet. Sie erfordert nicht nur mathematische und physikalische Grundkenntnisse sondern vor allem auch Kenntnisse aus der Mechanik und der Werkstoffkunde.

Obwohl Spannungen und Verformungen in realen, komplexen Bauteilen heute mit Hilfe leistungsfähiger Programme berechnet werden können, ist es aus wirtschaftlichen und zeitlichen Gründen häufig nicht geboten, in allen Phasen der Bauteilentwicklung derartige Berechnungen durchzuführen. Auch die Überprüfung der Plausibilität von Festigkeitsberechnungen sowie die Beurteilung des eng mit der Beanspruchung verknüpften Werkstoffverhaltens muss vom Konstrukteur selbst durchgeführt werden. Hierfür müssen Hilfsmittel zur Verfügung gestellt werden, die es erlauben, auf einfache Weise das Bauteilverhalten unter Berücksichtigung von Geometrie und Beanspruchung abzuschätzen. Eine der Hauptschwierigkeiten dabei ist es, reale, meist komplexe Bauteile auf einfachere und damit berechenbare Körper zu reduzieren, ohne die für das Werkstoffverhalten maßgeblichen Einflussfaktoren zu vernachlässigen.

Das Ziel des vorliegenden Lehr- und Übungsbuches ist es, auf möglichst einfache und anschauliche Weise, Hilfsmittel zur sicheren und wirtschaftlichen Berechnung und Dimensionierung von Bauteilen zur Verfügung zu stellen. Die mathematisch-physikalischen sowie die werkstoffkundlichen Grundlagen bleiben dabei auf das Nötigste beschränkt, um Raum für vielfältige Übungsaufgaben zu schaffen. Der dargebotene Lehrstoff kann anhand von mehr als 140 Aufgaben mit unterschiedlichem Schwierigkeitsgrad eingeübt werden. Kurzlösungen erlauben eine sofortige Kontrolle des Lernerfolgs. Ausführliche Lösungsvorschläge sowie Lösungsvarianten finden sich im separat verfügbaren **Lösungsband**.

Das vorliegende Lehr- und Übungsbuch eignet sich vorlesungsbegleitend im Rahmen des Studiums des Ingenieurwesens an Hochschulen und Universitäten. Aber auch Technikern und Ingenieuren in der Praxis soll es wertvolle Hinweise zur Beurteilung des Festigkeitsverhaltens liefern.

Mein besonderer Dank gilt dem Vieweg Verlag, insbesondere Herrn Dipl.-Ing. Thomas Zipsner, für die sorgfältige Drucklegung und die angenehme Zusammenarbeit.

Anregungen für Ergänzungen sowie Verbesserungsvorschläge werden stets gerne entgegen genommen.

Schorndorf, im August 2006 *Volker Läpple*

# Inhaltsverzeichnis

# 1 Einleitung

Die Beanspruchbarkeit technischer Bauteile und Konstruktionen ist begrenzt. Es ist die Aufgabe der Festigkeitslehre, Konzepte bereitzustellen, die eine sichere und wirtschaftliche Bauteilauslegung unter Berücksichtigung von Art und Höhe der **Belastung** sowie von **Geometrie** und **Werkstoffart** erlauben. Bild 1.1 zeigt das Prinzip eines Festigkeitsnachweises.

Als Reaktion auf eine äußere Beanspruchung (z. B. Kräfte, Momente, Temperaturänderungen) entstehen im Bauteilinnern in Abhängigkeit der Geometrie (Form und Abmessungen) innere **Beanspruchungen**. Als Maß für diese inneren Beanspruchungen definiert man die mechanische Spannung $\sigma$ bzw. $\tau$. Für geometrisch einfache Bauteile lassen sich diese Spannungen mit Hilfe von Formeln berechnen. Für komplexe Bauteilgeometrien stehen leistungsfähige Berechnungsprogramme zur Verfügung.

Erreicht die innere Beanspruchung in einem Bauteil bestimmte, von der Werkstoffart abhängige Grenzen, dann muss mit einem Versagen gerechnet werden. Ein derartiges Werkstoffversagen ist zum Beispiel die plastische Verformung oder der Bruch. Die **Beanspruchbarkeit** wird durch Werkstoffkennwerte festgelegt, die teilweise in genormten Versuchen (z. B. im Zugversuch) ermittelt werden.

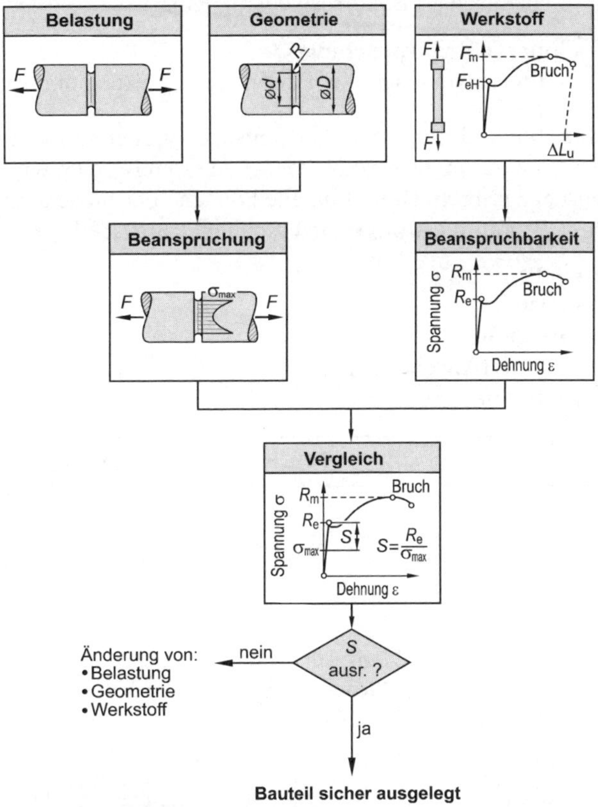


**Bild 1.1** Prinzip eines Festigkeitsnachweises

Durch Vergleich der Beanspruchung des Bauteils mit seiner Beanspruchbarkeit ergibt sich schließlich in Abhängigkeit von Belastung, Geometrie und Werkstoff die **Sicherheit gegen Versagen** ($S$). Diese Sicherheit darf bestimmte beispielsweise in Normen oder Richtlinien vorgegebene **Sicherheitsbeiwerte** nicht unterschreiten.

Die Wahl eines geeigneten Sicherheitsbeiwertes ist für die sichere und wirtschaftliche Auslegung eines technischen Bauteils von großer Bedeutung. Wird ein zu hoher Sicherheitsbeiwert gewählt, dann führt dies zu einer **Überdimensionierung** des Bauteils und damit zu erhöhten Werkstoff- und Fertigungskosten sowie zu einer Erhöhung des Bauteilgewichts. Ein zu geringer Sicherheitsbeiwert führt andererseits zu einer **Unterdimensionierung** und kann dementsprechend zu einem vorzeitigen Bauteilversagen führen.

# 2 Grundbelastungsarten

Bauteile können auf unterschiedliche Weise beansprucht werden. Man unterscheidet zwischen:

- **äußerer Beanspruchung**
  - mechanisch (z. B. Zug- oder Druckkräfte)
  - thermisch (z. B. Wärmedehnungen)
  - chemisch (z. B. korrosive Umgebung)
- **innerer Beanspruchung**
  - Eigenspannungen (z. B. Schweißeigenspannungen)

Zur Durchführung von Festigkeitsnachweisen versucht man die vielfältigen Bauteilformen der Technik auf einfach zu berechnende Grundformen wie Stab, Rohr, Scheibe, Platte und Schale zurückzuführen. Diese Bauteile können verschiedenen Belastungen ausgesetzt sein, die man in fünf **Grundbelastungsarten** einteilen kann (Bild 2.1):

- **Zug**
- **Druck**
- **Biegung**
- **Schub (Abscherung)**
- **Torsion**

| **Zug** | **Druck** | **Biegung** | **Schub** | **Torsion** |
|---|---|---|---|---|
| 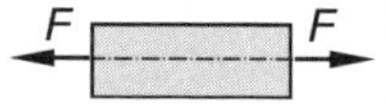 | 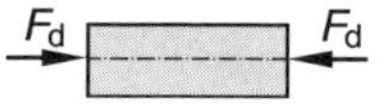 | 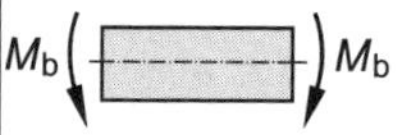 | 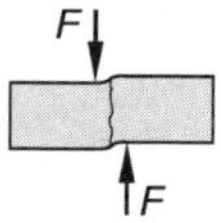 | 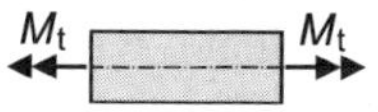 |
| Beispiel: **Dehnschraube** 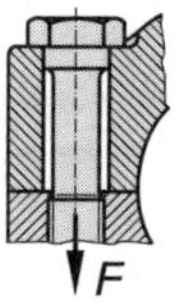 | Beispiel: **Pleuel** 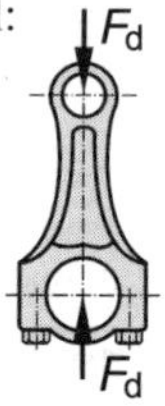 | Beispiel: **Blattfeder** 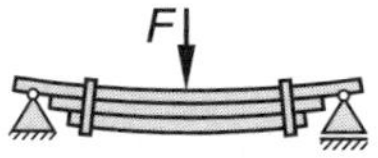 | Beispiel: **Gelenkbolzenverbindung** 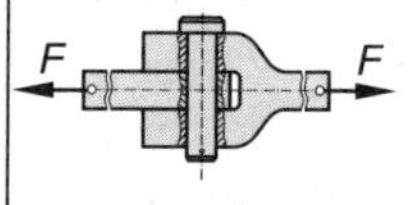 | Beispiel: **Antriebswelle** 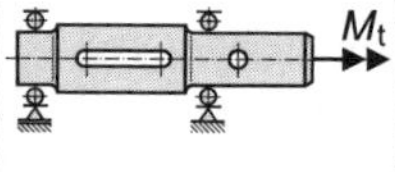 |

**Bild 2.1** Grundbelastungsarten mit typischen Beispielen

Ziel dieses Kapitels ist die Bereitstellung von Grundgleichungen zur Ermittlung der **inneren Beanspruchung** eines Bauteils in Abhängigkeit der äußeren Belastung sowie die für den jeweiligen Belastungsfall maßgeblichen Werkstoffkennwerte (**Beanspruchbarkei**t). Die Berechnungen sollen schwerpunktmäßig für gerade prismatische Stäbe erfolgen. Ein **Stab** ist dabei ein geometrischer Körper, dessen Querschnittsabmessungen klein sind im Vergleich zu seiner Länge. Die Bezeichnung „gerade" bedeutet, dass die Stabachse nicht nennenswert gekrümmt ist. „Prismatisch" heisst, dass keine Veränderung der Querschnittsfläche längs der Stabachse erfolgt. In Kapitel 6 werden die Grundbelastungsarten überlagert und Festigkeitsnachweise bei kombinierter Beanspruchung durchgeführt (z. B. kombinierte Zug- und Torsionsbeanspruchung).

## 2.1 Zug

Eine **reine Zugbeanspruchung** liegt vor:

- bei geraden, prismatischen Stäben mit symmetrischem Querschnitt, falls die Belastung zentrisch in Achsrichtung wirkt,
- bei geraden, prismatischen Stäben mit nicht symmetrischem Querschnitt sofern die Wirkungslinie der resultierenden Zugbeanspruchung durch den Flächenschwerpunkt geht.

Abrupte Querschnittsveränderungen (technische Kerben) dürfen also nicht auftreten d. h. es muss ein ungestörter Kraftlinienverlauf vorliegen (siehe auch Kapitel 7). Typische, durch eine reine Zugbeanspruchung beanspruchte Bauteile sind beispielsweise:

- Seile
- Schrauben
- Rohrleitungen unter Innendruck

### 2.1.1 Spannungsermittlung bei Zugbeanspruchung

Um die Beanspruchung im Bauteil unter der Wirkung einer Zugkraft zu ermitteln, soll ein Stab mit der Querschnittsfläche $A$ betrachtet werden. Der Stab wird durch die Kraft $F$ auf Zug beansprucht (Bild 2.2).

Als Reaktion auf die äußere Belastung $F$ muss sich eine innere Beanspruchung ergeben. Zur Ermittlung dieser inneren Beanspruchung wird das **Schnittprinzip** angewandt. Man denkt sich den Stab dabei an einer beliebigen Stelle durchgeschnitten. Alleine betrachtet, würde die untere Hälfte dann unter der Wirkung der Kraft $F$ nach unten fallen. Um dies zu verhindern, muss an der Schnittfläche jeweils eine entgegen gerichtete Kraft als Ersatz angebracht werden. Aus Gleichgewichtsgründen muss diese Schnittkraft betragsmäßig der äußeren Kraft $F$ entsprechen. Diese Schnittkraft $F$ kann jedoch nicht als Einzelkraft im Flächenmittelpunkt wirken, da sonst nur ein kleines, zentrales Volumenelement belastet und verformt würde und die benachbarten Volumenelemente hingegen keine Verformung erfahren würden. Aufgrund des formschlüssigen Werkstoffzusammenhangs (Gefüge) ist dies nicht möglich. Auch würde sich hierbei keine parallele Verschiebung des Stabquerschnitts vor und nach der Belastung ergeben. Vielmehr muss man sich die Schnittkraft $F$, wie durch die Pfeile dargestellt, gleichmäßig über den gesamten Querschnitt verteilt vorstellen.

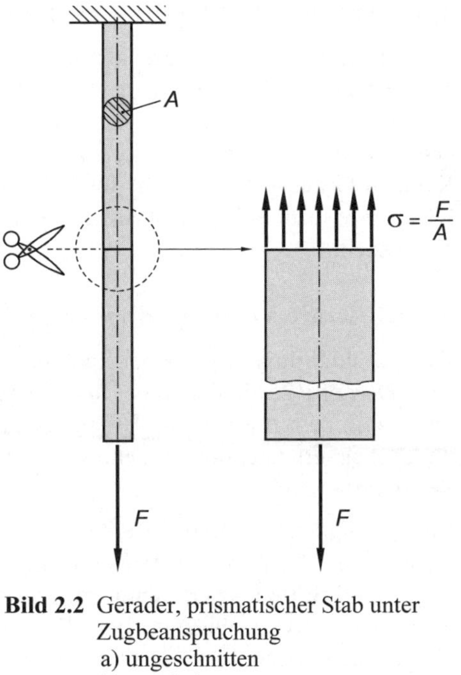


**Bild 2.2** Gerader, prismatischer Stab unter Zugbeanspruchung
a) ungeschnitten
b) geschnitten

Als Maß für die innere Beanspruchung bezieht man die Kraft $F$ auf die Querschnittsfläche $A$ und berechnet somit die innere Kraft pro Querschnittsfläche. Diese von der Bauteilgeometrie (Querschnittsfläche) unabhängige Größe wird als **mechanische Spannung** bezeichnet.

Unter Zugbeanspruchung errechnet sich die **Zug(normal)spannung** $\sigma$ als Quotient aus Zugkraft $F$ (Spannungskomponente senkrecht zur betrachteten Schnittfläche) und der Querschnittsfläche $A$ senkrecht zur Zugkraft:

$$\sigma = \frac{F}{A}$$ **Grundgleichung zur Spannungsermittlung bei reiner Zugbeanspruchung** (2.1)

$F$ (Zug-)Kraftkomponente senkrecht zur Schnittfläche (N), siehe auch Kapitel 2.4.1
$A$ Schnittfläche ($mm^2$)
$\sigma$ (Zug-)Normalspannung ($N/mm^2$) [1)]

In Kapitel 3.1 erfolgt eine allgemeine Ableitung des Spannungsbegriffes.

An den Krafteinleitungsstellen entstehen örtlich komplexe Spannungszustände. Nach dem **Prinzip von *de Saint-Venant*** [2)] sind jedoch die Beanspruchungen in hinreichendem Abstand von den Krafteinleitungstellen abgeklungen, d. h. die Spannungen und die Verformungen sind nicht mehr von der Kräfteverteilung im Gebiet der Einleitung, sondern nur noch von ihrer statischen Resultierenden abhängig.

## 2.1.2 Werkstoffverhalten und Kennwerte bei Zugbeanspruchung

Die Berechnung von Spannungen und Verformungen ist nur ein Teil des Festigkeitsnachweises. Der zweite Teil besteht in der Ermittlung der Beanspruchbarkeit (Bild 1.1). Die Beanspruchbarkeit wird durch Werkstoffkennwerte gekennzeichnet, die meist in genormten Versuchen ermittelt werden. Im Falle einer reinen Zugbeanspruchung erhält man die erforderlichen Kennwerte aus dem einfach durchzuführenden, einachsigen **Zugversuch**. Die wichtigsten Kennwerte technisch bedeutsamer Werkstoffe sind im Anhang 1 (Werkstofftabellen) zusammengestellt.

### 2.1.2.1 Kraft-Verlängerungs- und Spannungs-Dehnungs-Diagramm

Zur Durchführung des Zugversuchs nach DIN EN 10 002 wird eine genormte Probe (z. B. nach DIN 50 125) in der Regel in einer servohydraulisch oder elektromechanisch betriebenen Prüfmaschine stetig bis zum Bruch verformt (Bild 2.3). Gleichzeitig wird die Zugkraft $F$ und die Probenverlängerung $\Delta L$ gemessen. Man erhält dabei zunächst das **Kraft-Verlängerungs-Diagramm** (Bild 2.3).

Da die Zugkraft sowie die Verlängerung der Probe von der Probengeometrie (Querschnittsfläche und Länge der Probe) abhängig sind, können dem Kraft-Verlängerungs-Diagramm keine Werkstoffkennwerte entnommen werden. Zur Ermittlung von Kennwerten, die von der Probengeometrie unabhängig sind, **Werkstoffkennwerte** also, bezieht man die Kraft $F$ auf die als konstant angenommene Anfangsquerschnittsfläche $A_0$ der Probe (in Normenwerken teilweise auch mit $S_0$ bezeichnet) und erhält auf diese Weise die **Zugspannung** $\sigma$:

$$\sigma = \frac{F}{A_0} \tag{2.2}$$

[1)] Anstelle von $N/mm^2$ ist auch die Einheit MPa (Megapascal gebräuchlich). Es gilt 1 MPa = $10^6$ Pa = $10^6 \cdot 10^{-6}$ $N/mm^2$ = 1 $N/mm^2$
[2)] ***Barré de Saint-Venant*** (1797 ... 1886)

In analoger Weise bezieht man auch die Verlängerung der Probe ($\Delta L$) auf deren Anfangslänge ($L_0$) und errechnet die (technische) **Dehnung $\varepsilon$:**

$$\varepsilon = \frac{\Delta L}{L_0} \quad \textbf{(technische) Dehnung} \tag{2.3}$$

Die Dehnung $\varepsilon$ ist dimensionslos, sie wird bisweilen jedoch auch in Prozent (%) oder Promille (‰) angegeben. Mitunter ist auch die Angabe m/m, mm/mm oder µm/m gebräuchlich.

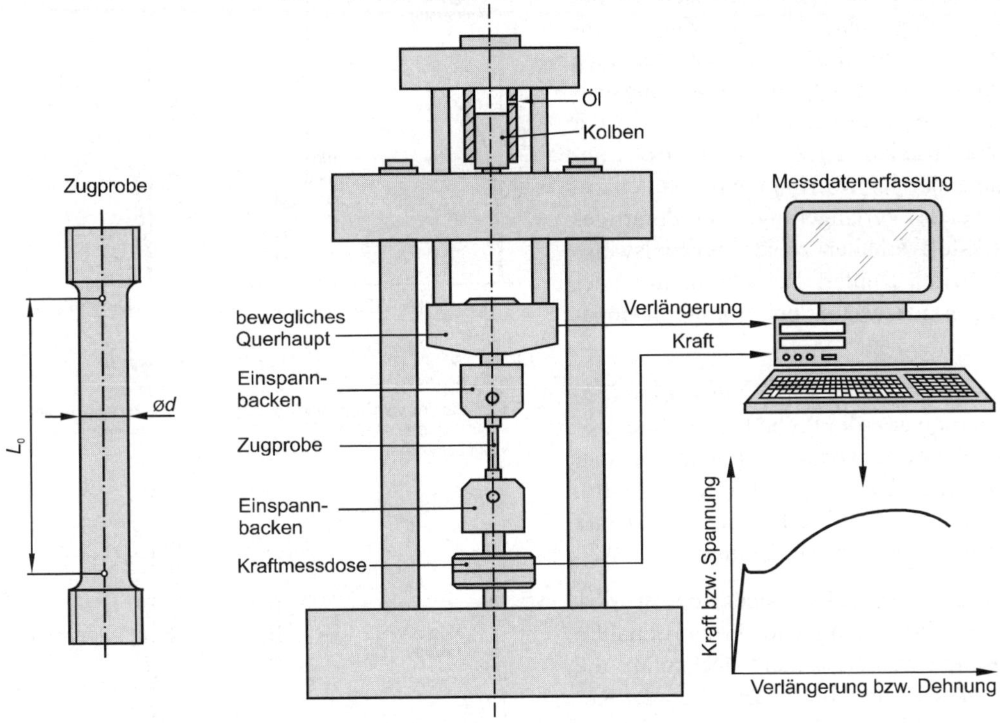


**Bild 2.3** Zugprüfmaschine mit Rundzugprobe (schematisch)

Aus dem Kraft-Verlängerungs-Diagramm entsteht auf diese Weise das **Spannungs-Dehnungs-Diagramm**. Kraft-Verlängerungs- und Spannungs-Dehnungs-Diagramm unterscheiden sich lediglich im Maßstab der Koordinatenachsen um die Faktoren $A_0$ bzw. $L_0$.

Spannungs-Dehnungs-Diagrammen können in Abhängigkeit von Werkstoffart und Werkstoffverhalten wichtige Kennwerte entnommen werden, die Aussagen zum Festigkeits- und Verformungsverhalten des Werkstoffs erlauben.

Zur Berechnung der Spannung $\sigma$ wird die Kraft $F$ auf die Anfangsquerschnittsfläche $A_0$ (Gleichung 2.2) und nicht auf die momentane Querschnittfläche $A$ bezogen. In analoger Weise wird die Dehnung $\varepsilon$ als Quotient aus Verlängerung $\Delta L$ und Anfangsmesslänge $L_0$ (Gleichung 2.3) und nicht als Quotient aus Verlängerung und momentaner Länge $L$ errechnet. Daher stellen die Größen $\sigma$ und $\varepsilon$ stellen lediglich Nennwerte dar und kennzeichnen nicht die wahren Spannungen bzw. Dehnungen der Probe. Dieser Fehler kann insbesondere bei größeren Verformungen (z. B. in der Umformtechnik) nicht mehr vernachlässigt werden.

### 2.1.2.2 Grundtypen von Spannungs-Dehnungs-Diagrammen

Die Spannungs-Dehnungs-Diagramme metallischer sowie vieler nicht metallischer Werkstoffe lassen sich vier Grundtypen zuordnen, die in Bild 2.4 zusammenfassend dargestellt sind.

**Typ 1** stellt den allgemeinsten Fall eines Spannungs-Dehnungs-Diagrammes dar. Zwischen Spannung und Dehnung herrscht über den gesamten Bereich der Verformung kein linearer Zusammenhang. Darüber hinaus beobachtet man nach Überschreitung des Spannungsmaximums eine örtliche Einschnürung der Probe (Kapitel 2.1.2.3), d. h. trotz abnehmender Kraft erfolgt eine weiter zunehmende Verlängerung. Ein derartiges Werkstoffverhalten zeigen beispielsweise unlegiertes Kupfer, Reinaluminium oder unlegierte Baustähle bei erhöhter Temperatur (Bild 2.4a).

Eine Variante vom Typ 1 weist keine Einschnürung auf, die Probe bricht ohne größere Verformungen mit Erreichen der maximal ertragbaren Spannung (Bild 2.4b). Dieses Werkstoffverhalten beobachtet man beispielsweise bei Grauguss.

**Typ 2** unterscheidet sich vom Typ 1 durch eine anfängliche Proportionalität zwischen Spannung und Dehnung, die sich als Gerade (Hooke'sche Gerade, Kapitel 2.1.2.3) im Diagramm abzeichnet. Der Werkstoff verhält sich in diesem Bereich linear-elastisch. Nach Überschreiten einer bestimmten Beanspruchung beobachtet man, analog zum Typ 1, eine örtliche Einschnürung des Probestabes und schließlich einen Bruch an dieser Stelle (Bild 2.4c). Beispiele für ein Spannungs-Dehnungs-Verhalten entsprechend Typ 2 sind legierte sowie vergütete Stähle, Aluminiumlegierungen oder Temperguss.

Eine Reihe von Werkstoffen, wie zum Beispiel bestimmte ausgehärtete Aluminiumlegierungen, brechen bereits bei relativ geringer plastischer Verformung und zeigen keine Einschnürung (Bild 2.4d).

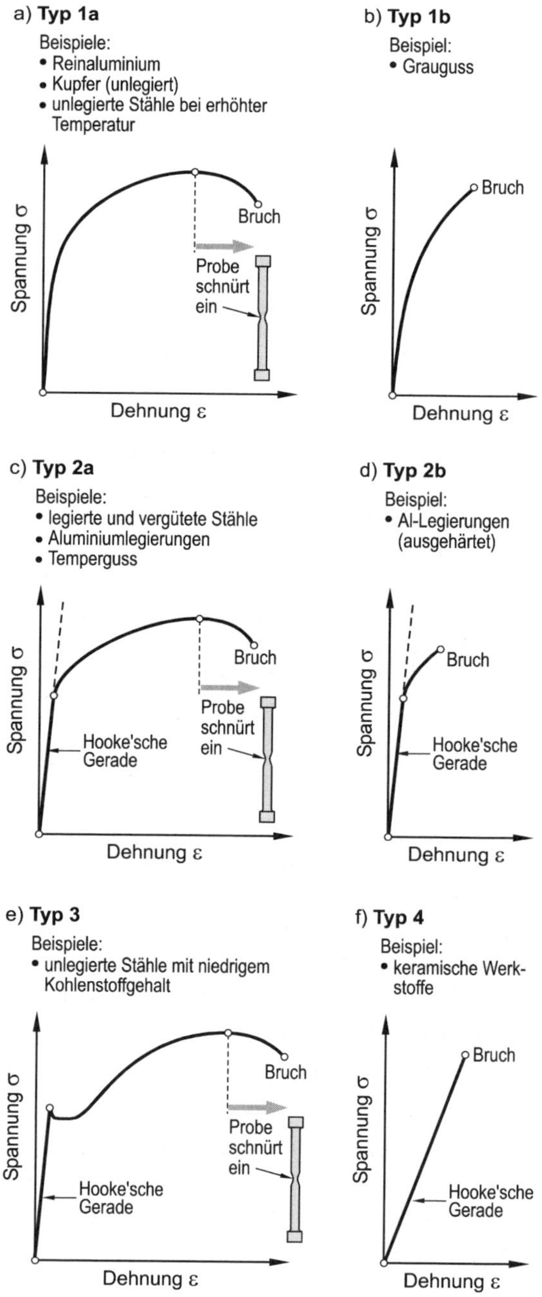


**Bild 2.4** Grundtypen von Spannungs-Dehnungs-Diagrammen

**Typ 3** eines Spannungs-Dehnungs-Diagrammes zeigt zwei voneinander getrennte Bereiche. Der Werkstoff verhält sich anfänglich linear-elastisch d. h. Spannung und Dehnung sind proportional zueinander, so dass sich, analog zu Typ 2, eine Gerade im Diagramm abzeichnet (Bild 2.4e). Der Übergang zum zweiten Bereich des Diagramms vollzieht sich dann mit einem mehr oder weniger ausgeprägten waagerechten Kurvenverlauf. In diesem Bereich beobachtet man eine deutlich sichtbare plastische Verformung („fließen") des Werkstoffs bei gleichbleibender Beanspruchung. Der weitere Kurvenverlauf ist dann analog zum Typ 1 bzw. 2. Ein derartiges Spannungs-Dehnungs-Verhalten zeigen in der Regel unlegierte Baustähle mit niedrigem Kohlenstoffgehalt.

**Typ 4** zeigt das Spannungs-Dehnungs-Diagramm (ideal) spröder Werkstoffe. Diese Werkstoffe verhalten sich weitgehend linear-elastisch bis zum Bruch, d. h. am Ende der Hooke'schen Geraden tritt der Bruch ein (Bild 2.4f). Ein derartiges Werkstoffverhalten zeigen beispielsweise keramische Werkstoffe wie Aluminiumoxid oder Siliciumnitrid.

### 2.1.2.3 Ermittlung von Werkstoffkennwerten

Die Vorgehensweise zur Ermittlung von Werkstoffkennwerten soll nachfolgend für duktile Metalle [1] mit Spannungs-Dehnungs-Diagrammen vom Typ 2 und 3 sowie für spröde Werkstoffe mit Spannungs-Dehnungs-Diagrammen vom Typ 4 aufgezeigt werden.

#### a) Duktile Metalle

Die Mehrzahl der technischen Konstruktionswerkstoffe sind duktile Metalle und weisen ein Spannungs-Dehnungs-Diagramm von Typ 2 oder vom Typ 3 auf. Diese Werkstoffe zeigen zu Beginn der Belastung einen linearen Zusammenhang zwischen Kraft und Verlängerung bzw. Spannung und Dehnung. Die sich im Spannungs-Dehnungs-Diagramm darstellende (steile) Gerade wird als **Hooke'sche Gerade** bezeichnet (Bild 2.5). Die Bezeichnung geht auf den englischen Physiker ***Robert Hooke*** zurück, der im Jahre 1678 diesen Zusammenhang an Uhrfedern erstmals nachwies. Im Bereich der Hooke'schen Geraden verhält sich der Werkstoff linear-elastisch, d. h. die Atome werden aus ihrer Ruhelage ausgelenkt. Wird die Probe wieder entlastet, dann verschwindet die Verformung wieder vollständig. Es gilt das **Hooke'sche Gesetz** [2] $\sigma = E \cdot \varepsilon$ (Kapitel 2.1.4.1).

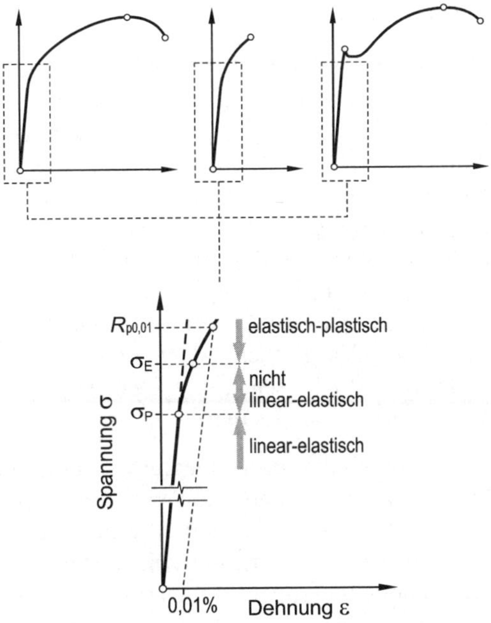


**Bild 2.5** Spannungs-Dehnungs-Verhalten duktiler Metalle (Typ 2 und 3) zu Beginn der Beanspruchung

[1] duktil = verformungsfähig

[2] Die Gesetzmäßigkeit wurde erstmals 1678 von ***Robert Hooke*** (1635 ... 1703) veröffentlicht, allerdings als linearer Zusammenhang zwischen Belastung und Längenänderung elastisch beanspruchter Federn (ut tensio, sic vis = wie die Kraft, so die Streckung). Die Formulierung als linearer Zusammenhang zwischen Spannung und Dehnung ($\sigma = E \cdot \varepsilon$) erfolgte erst 1727 durch ***Leonhard Euler*** (1707 ... 1783).

Mit Erreichen der Spannung $\sigma_P$, die als **Proportionalitätsgrenze** bezeichnet wird, endet das linear-elastische Werkstoffverhalten und damit die Hooke'sche Gerade (Bild 2.5).

Bei weiter zunehmender Beanspruchung über $\sigma_P$ hinaus, nimmt die Dehnung im Vergleich zur Spannung überproportional zu. Das Spannungs-Dehnungs-Diagramm zeigt nunmehr einen gekrümmten Kurvenverlauf. Der Werkstoff verhält sich allerdings noch immer elastisch d. h. nach einer Entlastung ist noch keine plastische Verformung (bleibende Dehnung) festzustellen. Erst mit Erreichen der als **Elastizitätsgrenze** $\sigma_E$ bezeichneten Spannung beobachtet man nach Entlastung plastische (bleibende) Verformungen, der Werkstoff verhält sich dementsprechend nicht mehr rein elastisch.

Die in DIN EN 10002 nicht enthalten Kennwerte $\sigma_P$ und $\sigma_E$ liegen in der Regel dicht beieinander oder fallen zusammen und sind messtechnisch nicht exakt erfassbar. Häufig wird daher als Ersatzwert für $\sigma_E$ die **technische Elastizitätsgrenze** $R_{p0,01}$ (auch als **0,01%-Dehngrenze** bezeichnet) ermittelt. $R_{p0,01}$ ist diejenige Spannung, die nach einer Entlastung eine bleibende Dehnung von 0,01% verursacht (Bild 2.5).

Bei einer Beanspruchung über $R_{p0,01}$ bzw. $\sigma_E$ hinaus, beobachtet man bei duktilen Metallen in Abhängigkeit von Werkstoffart bzw. Werkstoffzustand entweder eine ausgeprägte Streckgrenze oder eine kontinuierliche Abweichung des Spannungs-Dehnungs-Diagrammes von der Hooke'schen Geraden.

**Duktile Metalle mit ausgeprägter Streckgrenze**

Wird der Probestab über $R_{p0,01}$ bzw. $\sigma_E$ hinaus beansprucht, dann setzt plastische Verformung durch ausgeprägte Versetzungsbewegungen ein. Die Verformung ist nunmehr irreversibel, d. h. nach Entlastung der Probe nimmt diese nicht mehr ihre Ausgangslänge an. Lediglich der elastische Anteil der Dehnung verschwindet wieder, während der plastische Verformungsanteil zu einer bleibenden Probenverlängerung führt. Am Ende der Hooke'schen Geraden beginnt der Werkstoff also zu **„fließen"**.

Bei einer Reihe normalgeglühter, unlegierter Stähle mit niedrigem Kohlenstoffgehalt, wie zum Beispiel die unlegierten Baustähle nach DIN EN 10025-2, wird mit zunehmender Belastung ein Punkt erreicht, bei dem sich der Probestab unter nahezu gleich bleibender oder abnehmender Beanspruchung stark verlängert (Punkt 3 in Bild 2.6). Dieser Punkt wird als **Streckgrenze** bezeichnet und der ausgeprägte Fließbereich als **Lüders-Dehnung**, Bild 2.6.

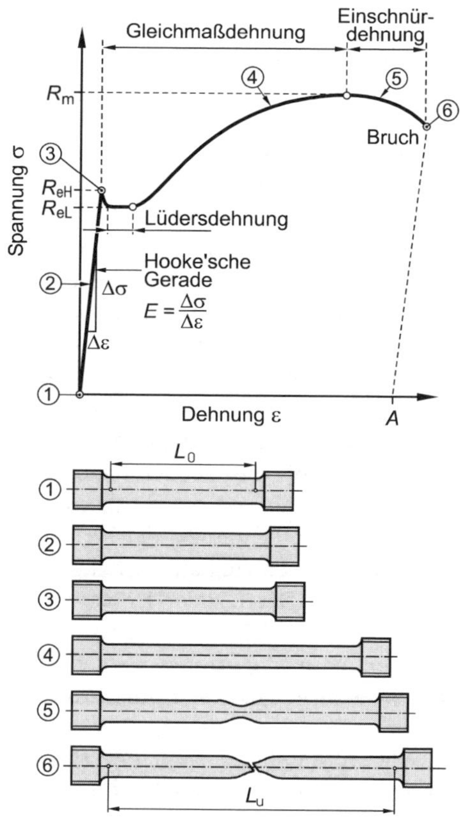


**Bild 2.6** Spannungs-Dehnungs-Diagramm duktiler Metalle mit ausgeprägter Steckgrenze. Proportionalitäts- und Elastizitätsgrenze sind aus Gründen der Übersichtlichkeit nicht eingezeichnet

In der Regel unterscheidet man zwischen einer oberen und einer unteren Streckgrenze (s. u.). Die Spannung an der oberen Streckgrenze ($R_{eH}$) wird unter anderem von der Prüfgeschwindigkeit sowie von der Geometrie der Probe beeinflusst. Im Sinne der Vergleichbarkeit der Ergebnisse sind diese Größen daher in DIN EN 10002 genormt.

Um den Werkstoff im Anschluss an den Fließbereich weiter zu verformen, bedarf es einer zunehmenden Kraft bzw. Spannung, da der Werkstoff verfestigt d. h. durch Versetzungsneubildung werden die Abgleitvorgänge zunehmend behindert. Mit zunehmender Beanspruchung verläuft das Spannungs-Dehnungs-Diagramm flacher und überschreitet schließlich ein Maximum. Bis zu diesem Punkt hat sich die Probe über die gesamte Messlänge gleichmäßig verformt d. h. die zylindrische Probenform wird beibehalten. Dieser Bereich wird daher als **Gleichmaßdehnung** bezeichnet (Bild 2.6).

Jenseits des Spannungsmaximums beginnt sich die Probe innerhalb der Messlänge an der zufällig schwächsten Stelle einzuschnüren. Die plastische Verformung der Probe konzentriert sich nur noch auf diesen Einschnürbereich. Man spricht daher auch vom Bereich der **Einschnürdehnung** (Bild 2.6). Da der tragende Querschnitt zunehmend vermindert wird, sinkt auch die ertragbare Kraft $F$ und somit die Spannung $\sigma = F / A$. Es muss an dieser Stelle allerdings nochmals angemerkt werden, dass zur Ermittlung des (technischen) Spannungs-Dehnungs-Diagrammes die Zugkraft gemäß Gleichung 2.2 auf die Anfangsquerschnittsfläche $A_0$ und nicht auf die momentane Querschnittsfläche $A$ bezogen wird. Tatsächlich nimmt die Spannung im Einschnürquerschnitt hingegen zu (wahre Spannung).

Sobald der Restquerschnitt die Beanspruchung nicht mehr aufzunehmen vermag, tritt der Bruch der Probe ein (Punkt 6 in Bild 2.6). Bild 2.7 zeigt einen nach deutlicher Einschnürung gebrochenen Probestab. Die Bruchvorgänge, Bruchformen und Bruchflächen des Zähbruchs werden in [1] ausführlich beschrieben.

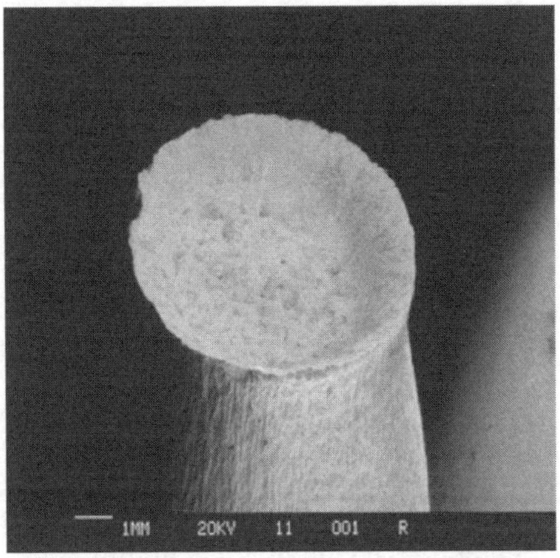


**Bild 2.7** Nach einer deutlichen Einschnürung gebrochene Rundzugprobe (Werkstoff: S235JR)

Dem Spannungs-Dehnungs-Diagramm entnimmt man die nachfolgend genannten Werkstoffkennwerte (Bild 2.6).

- **Zugfestigkeit**: Die Zugfestigkeit $R_m$ ist die höchste ertragbare Belastung $F_m$ bezogen auf die Anfangsquerschnittsfläche $A_0$:

$$R_m = \frac{F_m}{A_0} \quad \textbf{Zugfestigkeit} \qquad (2.4)$$

$R_m$ Zugfestigkeit (N/mm$^2$)
$F_m$ Höchstzugkraft bzw. Maximum im Kraft-Verlängerungs-Diagramm (N)
$A_0$ Anfangsquerschnittsfläche (mm$^2$)

- **Streckgrenze**: Die Streckgrenze ist diejenige Spannung, bei der mit zunehmender Verlängerung der Probe die Zugkraft erstmals konstant bleibt oder abfällt (Punkt 3 in Bild 2.6). In der Regel unterscheidet man eine **obere Steckgrenze $R_{eH}$** und eine **untere Streckgrenze $R_{eL}$**.

Die obere Streckgrenze ist definiert als die obere Streckgrenzenkraft $F_{eH}$ bezogen auf die Anfangsquerschnittsfläche $A_0$, die untere Streckgrenze als untere Streckgrenzenkraft $F_{eL}$ bezogen auf die Anfangsquerschnittsfläche $A_0$ (Bild 2.6):

$$R_{eH} = \frac{F_{eH}}{A_0} \text{ bzw. } R_{eL} = \frac{F_{eL}}{A_0}$$ **Obere Streckgrenze und untere Streckgrenze** (2.5)

$R_{eH}$ obere Streckgrenze (N/mm$^2$)
$F_{eH}$ obere Streckgrenzenkraft (N)
$R_{eL}$ untere Streckgrenze (N/mm$^2$)
$F_{eL}$ untere Streckgrenzenkraft (N)
$A_0$ Anfangsquerschnittsfläche (mm$^2$)

- **Bruchdehnung:** Die Bruchdehnung $A$ ist definiert als die *bleibende* Dehnung der Probe nach dem Bruch (Bild 2.8):

$$A = \frac{L_u - L_0}{L_0} \cdot 100\%$$ **Bruchdehnung** (2.6)

$A$ Bruchdehnung (%)
$L_u$ Länge der Probe nach dem Bruch (mm)
$L_0$ Anfangsmesslänge (mm)

Alternativ kann die Bruchdehnung auch als bleibender Dehnungsanteil aus dem Spannungs-Dehnungs-Diagramm ermittelt werden, indem man eine Parallele zur Hooke'schen Geraden durch denjenigen Kurvenpunkt konstruiert, der den Probenbruch kennzeichnet (z. B. Bild 2.6).

- **Brucheinschnürung:** Die Brucheinschnürung $Z$ ist definiert als die größte prozentuale Querschnittsänderung:

$$Z = \frac{A_0 - A_u}{A_0} \cdot 100\% = \frac{d_0^2 - d_u^2}{d_0^2} \cdot 100\%$$ **Brucheinschnürung** (2.7)

$Z$ Brucheinschnürung (%)
$A_0$ Anfangsquerschnittsfläche (mm$^2$)
$A_u$ Querschnittsfläche an der Bruchstelle (mm$^2$)

Die Brucheinschnürung lässt sich nicht direkt dem Spannungs-Dehnungs-Diagramm entnehmen. Zu ihrer Ermittlung muss die Querschnittsfläche der Probe vor und nach dem Bruch ermittelt werden (Bild 2.8).

- **Elastizitätsmodul:** Der Elastizitätsmodul $E$ kennzeichnet das elastische Verformungsvermögen des Werkstoffs. Bei linearer Elastizität ergibt sich der Elastizitätsmodul aus der Steigung der Hooke'schen Geraden im Spannungs-Dehnungs-Diagramm (Kapitel 2.1.4.1 und Bild 2.6).

$$E = \frac{\Delta\sigma}{\Delta\varepsilon}$$ **Elastizitätsmodul** (2.8)

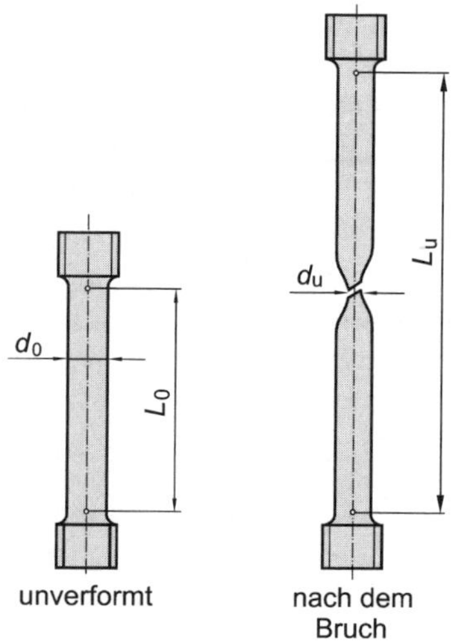


**Bild 2.8** Abmessungen am Probestab vor der Prüfung und nach dem Bruch

Der Elastizitätsmodul kann als diejenige Spannung interpretiert werden, die erforderlich ist, um den Probestab auf das Doppelte seiner Länge gegenüber dem unbelasteten Zustand zu dehnen. In der Praxis ist allerdings eine derart hohe Dehnung in der Regel nicht erreichbar, da zuvor eine plastische Verformung und anschließend ein Bruch eintritt.

- **Querkontraktionszahl:** Wird neben der Längsdehnung $\varepsilon$ bzw. $\varepsilon_l$ auch die Durchmesserveränderung $\Delta d$ der Probe ermittelt, dann kann die Querdehnung $\varepsilon_q$ errechnet werden:

$$\varepsilon_q = \frac{\Delta d}{d_0} \qquad \textbf{Querdehnung} \qquad (2.9)$$

Im Gültigkeitsbereich der Hooke'schen Geraden (linear-elastisches Werkstoffverhalten) definiert man dann die **Querkontraktionszahl $\mu$** als Verhältnis aus Querdehnung $\varepsilon_q$ und Längsdehnung $\varepsilon_l$ (siehe auch Kapitel 2.1.4.3):

$$\mu = -\frac{\varepsilon_q}{\varepsilon_l} \qquad \textbf{Definition der Querkontraktionszahl} \qquad (2.10)$$

### Duktile Metalle ohne ausgeprägte Streckgrenze

Die Mehrzahl duktiler Metalle und Metalllegierungen zeigen ein Spannungs-Dehnungs-Verhalten ohne ausgeprägte Streckgrenze. Das Werkstoffverhalten ist gekennzeichnet durch einen kontinuierlichen Übergang zwischen dem Bereich elastischer und plastischer Verformung. Oberhalb der messtechnisch nicht erfassbaren Elastizitätsgrenze $\sigma_E$ beobachtet man eine zunehmende Abweichung des Kurvenverlaufs von der Hooke'schen Geraden (Bild 2.9). Mit steigender Belastung wird der Kurvenverlauf zunehmend flacher. Bei ausreichendem Verformungsvermögen des Werkstoffs strebt das Spannungs-Dehnungs-Diagramm einem Maximum zu. Die Probe schnürt sich mehr oder weniger stark ein und bricht anschließend relativ rasch. Werkstoffe mit geringer Plastizität brechen hingegen vor Erreichen eines Spannungsmaximums d. h. sie zeigen keine Einschnürung. Ein typisches Beispiel sind die ausgehärteten Aluminiumlegierungen (Bild 2.4d).

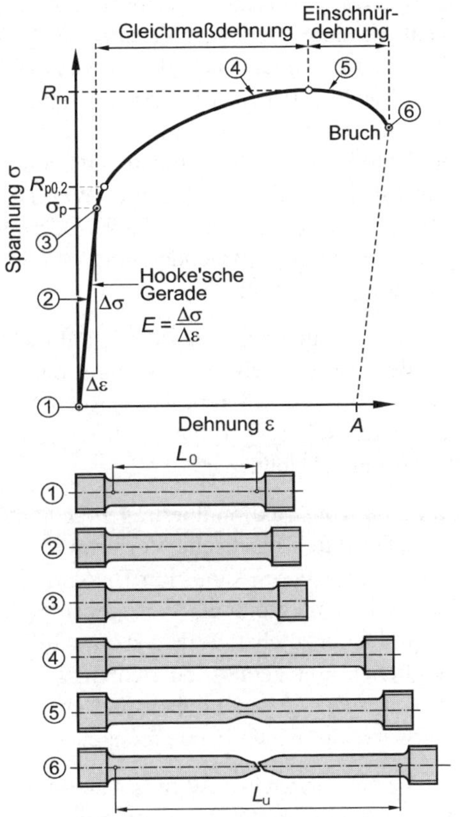


**Bild 2.9** Spannungs-Dehnungs-Diagramm duktiler Metalle ohne ausgeprägte Streckgrenze (die Elastizitätsgrenze ist nicht eingezeichnet)

Da der Beginn der plastischen Verformung, wie bereits erwähnt, bei Metallen ohne ausgeprägte Streckgrenze messtechnisch nicht erfassbar ist, wird ersatzweise diejenige Spannung ermittelt, die nach der Entlastung eine festgelegte bleibende Dehnung (z. B. 0,01%, 0,2% oder 1%) hervorruft. Diese Kennwerte werden als **Dehngrenzen** bezeichnet und erhalten als Formelzeichen $R_p$ (z. B. $R_{p0,01}$, $R_{p0,2}$ oder $R_{p1}$). Im Maschinenbau wird häufig die **0,2%-Dehngrenze** ($R_{p0,2}$) als maßgeblicher Werkstoffkennwert für den Beginn ausgeprägter plastischer Verformungen zugrunde gelegt.

Zur Ermittlung von Dehngrenzen konstruiert man im **Feindehnungsdiagramm**, ausgehend von einer festgelegten bleibenden Dehnung (z. B. 0,01%, 0,2% oder 1%), eine Parallele zur Hooke'schen Geraden. Ihr Schnittpunkt mit der Abszisse des Koordinatensystems liefert den gesuchten Werkstoffkennwert (Bild 2.10).

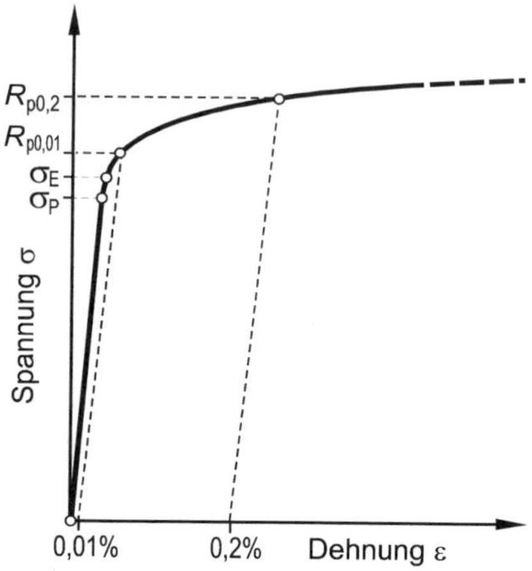


**Bild 2.10** Prinzip der Ermittlung von Dehngrenzen im Feindehnungsdiagramm (hier: 0,01%- und 0,2%-Dehngrenze)

### b) Spröde Werkstoffe bzw. sprödes Werkstoffverhalten

Bei spröden Werkstoffen bzw. bei sprödem Werkstoffverhalten beobachtet man kein bzw. ein eingeschränktes plastisches Verformungsvermögen. Bei ideal sprödem Werkstoffverhalten (z. B. keramische Werkstoffe) verhält sich der Werkstoff linear-elastisch bis zum Bruch. Eine Abweichung vom linear-elastischen Anstieg kann auf eine gewisse Plastizität hindeuten. Neben dem Elastizitätsmodul $E$ ist die Zugfestigkeit $R_m$ der einzige Werkstoffkennwert (Bild 2.11). Eine Streck- bzw. Dehngrenze wird nicht ermittelt, Bruchdehnung und Brucheinschnürung sind Null.

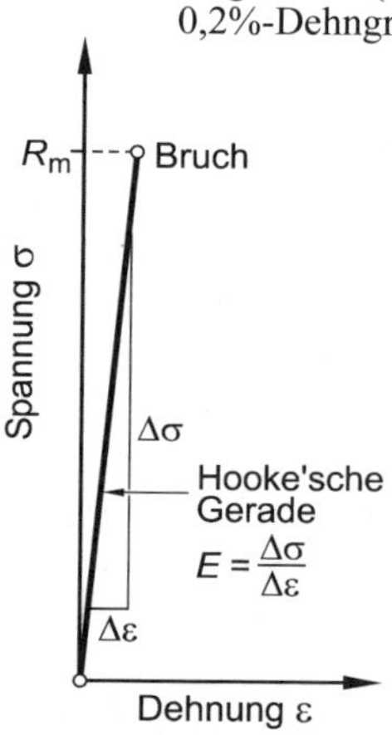


**Bild 2.11** Spannungs-Dehnungs-Verhalten eines ideal spröden Werkstoffs

Der Zugversuch zeigt, dass sich duktile Werkstoffe vor dem Bruch mehr oder weniger ausgeprägt plastisch verformen, während ein spröder Werkstoff bereits nach relativ geringer, nahezu rein elastischer Verformung bricht.

Auf eine Konstruktion übertragen bedeutet dies, dass ein Bauteil aus einem duktilen Werkstoff entweder durch plastische Verformungen („Fließen") oder durch Bruch versagen bzw. funktionsunfähig werden kann. Für Bauteile aus einem spröden Werkstoff bzw. bei sprödem Werkstoffverhalten kommt als Versagensmöglichkeit nur ein Bruch in Frage. Die Festigkeitsberechnung, die ein solches Versagen ausschließen soll, muss sich dementsprechend nach den jeweils möglichen Versagensarten richten. Man führt daher bei duktilen Werkstoffen einen Festigkeitsnachweis gegen Fließen und Bruch durch, während man bei spröden Werkstoffen üblicherweise nur gegen Bruch rechnet.

Für Festigkeitsnachweise muss die zulässige Spannung ggf. mit einem ausreichenden Sicherheitsabstand (Kapitel 2.1.3) unter demjenigen Werkstoffkennwert bleiben, der für die jeweilige Versagensart maßgebend ist. Für den Versagensfall „Fließen" ist dieser Kennwert unter Zugbeanspruchung die Streckgrenze $R_e$ bzw. die Dehngrenze $R_p$ (z. B. $R_{p0,2}$).

Für den Versagensfall „Bruch" ist die Zugfestigkeit $R_m$ maßgebend. Erreicht also die wirkende Spannung $\sigma$ im Bauteil die Festigkeitsgrenzen (Streck- bzw. Dehngrenze oder Zugfestigkeit) dann ist mit einem Versagen (plastisches Fließen oder Bruch) zu rechnen.

In Tabelle 2.1 sind die maßgeblichen Werkstoffkennwerte aus dem Zugversuch tabellarisch zusammengestellt.

**Tabelle 2.1** Werkstoffkennwerte aus dem Zugversuch

| Kennwerte der Elastizität | Verformungskennwerte | Festigkeitskennwerte |
|---|---|---|
| **Elastizitätsmodul *E***<br>Dimension: N/mm²<br>Berechnung: $E = \Delta\sigma / \Delta\varepsilon$ | **Bruchdehnung *A***<br>Dimension: % oder dimensionslos<br>Berechnung: $A = (L_u - L_0) / L_0$ | **Zugfestigkeit $R_m$**<br>Dimension: N/mm²<br>Berechnung: $R_m = F_m / A_0$ |
| **Querkontraktionszahl $\mu$**<br>dimensionslos<br>Berechnung: $\mu = -\varepsilon_q / \varepsilon_l$ | **Brucheinschnürung *Z***<br>Dimension: % oder dimensionslos<br>Berechnung: $Z = (A_0 - A_u) / A_0$ | **Streckgrenze $R_e$** ($R_{eH}$, $R_{eL}$)<br>Dimension: N/mm²<br>Berechnung: $R_e = F_e / A_0$ |
| | | **Dehngrenze $R_p$**<br>Dimension: N/mm²<br>Ermittlung aus dem Feindehnungsdiagramm (Bild 2.10) |

### 2.1.3 Zulässige Spannung bei Zugbeanspruchung

Mit einem Versagen ist zu rechnen, sobald die im Bauteil wirkende Spannung die Festigkeitsgrenzen erreicht. Bei der Festlegung der zulässigen Belastung wird man aus Sicherheitsgründen nicht bis an die Festigkeitsgrenzen ($R_e$ bzw. $R_p$ oder $R_m$) gehen, sondern man begrenzt die im Bauteil wirkenden Spannungen auf die **zulässige Spannung** $\sigma_{zul}$.

Die zulässige Spannung $\sigma_{zul}$ erhält man, indem man den jeweiligen Festigkeitskennwert (z. B. $R_e$ bzw. $R_p$ oder $R_m$) durch einen **Sicherheitsbeiwert *S*** dividiert. Mit Hilfe des Sicherheitsbeiwertes sollen alle Unsicherheiten einer Festigkeitsberechnung abgedeckt werden. Derartige Unsicherheiten sind beispielsweise:

- Lastannahmen (z. B. Belastungsschwankungen, tatsächliche Höhe der Beanspruchung),
- Werkstoffkennwerte (Gefügeinhomogenitäten, Werkstofffehler),
- Spannungsermittlung (Idealisierungen der Bauteilgeometrie).

Die Höhe des Sicherheitsbeiwerts hängt ab von:

- Anzahl und Einfluss der auszugleichenden Unsicherheitsfaktoren,
- Gefährdungspotenzial das mit dem Erreichen der Grenzbeanspruchung verbunden ist,
- Folgen im Falle des Versagens.

Wenngleich eine plastische Verformung in der Regel zum Verlust der Funktionsfähigkeit eines Bauteils führt, so kann der Sicherheitsbeiwert gegen plastische Verformung (Fließen) dennoch niedriger angesetzt werden, da sich ein Bruch durch mehr oder weniger ausgeprägte plastische Verformungen ankündigt (**Zähbruch**). Die Sicherheit gegen Bruch ist andererseits umso höher anzusetzen, je geringer die Verformungsfähigkeit des Werkstoffes ist, da sich der

Bruch bei einem spröden Werkstoff nicht durch nennenswerte plastische Formänderungen ankündigt (**Sprödbruch**). In Tabelle 2.2 sind Kennwerte zur Ermittlung der zulässigen Spannung unter Zugbeanspruchung sowie Sicherheitsbeiwerte zusammengestellt. Weitere Sicherheitsbeiwerte, wie sie in der FKM-Richtlinie [2] empfohlen werden, sind im Anhang 2 zusammengestellt.

**Tabelle 2.2** Kennwerte zur Bestimmung der zulässigen Spannung unter reiner Zugbeanspruchung

| Werkstoff bzw. Werkstoffzustand | Versagensart | Werkstoffkennwert | Sicherheitsbeiwert [1)] |
|---|---|---|---|
| duktil | Fließen | $R_e$ bzw. $R_{p0,2}$ | $S_F = 1{,}2 \ldots 2{,}0$ |
| | Bruch | $R_m$ | $S_B = 2{,}0 \ldots 4{,}0$ |
| spröde | Bruch | $R_m$ | $S_B = 4{,}0 \ldots 9{,}0$ |

[1)] Anhaltswerte, sofern keine einschlägigen Berechnungsvorschriften vorliegen.

Zusammenfassend errechnet sich die zulässige Spannung $\sigma_{zul}$ unter Zugbeanspruchung wie folgt:

**Bauteile aus duktilen Werkstoffen bzw. duktiles Werkstoffverhalten**

- Fließen: $$\sigma_{zul} = \frac{R_e}{S_F} \text{ bzw. } \frac{R_p}{S_F} \quad \text{mit } S_F = 1{,}2 \ldots 2{,}0 \tag{2.11}$$

- Bruch: $$\sigma_{zul} = \frac{R_m}{S_B} \quad \text{mit } S_B = 2{,}0 \ldots 4{,}0 \tag{2.12}$$

Maßgebend für den Festigkeitsnachweis ist der niedrigere der beiden Werte für $\sigma_{zul}$.

**Bauteile aus spröden Werkstoffen bzw. sprödes Werkstoffverhalten**

- Bruch: $$\sigma_{zul} = \frac{R_m}{S_B} \quad \text{mit } S_B = 4{,}0 \ldots 9{,}0 \tag{2.13}$$

## 2.1.4 Formänderung durch einachsige Normalspannung

Mechanische Spannungen bewirken in einem deformierbaren Körper Formänderungen, die sich durch Längen- und/oder Winkeländerungen äußern können. Der Zusammenhang zwischen Formänderungen und Spannungen wird durch **Stoffgesetze** hergestellt.

### 2.1.4.1 Hooke'sches Gesetz

Im Gültigkeitsbereich der Hooke'schen Geraden besteht zwischen Normalspannung $\sigma$ und Dehnung $\varepsilon$ ein linearer Zusammenhang, der durch das **Hooke'sche Gesetz** ausgedrückt werden kann:

$$\sigma = E \cdot \varepsilon$$ **Hooke'sches Gesetz bei einachsiger Beanspruchung** (2.14)

Die Gesetzmäßigkeit wurde erstmals 1678 von ***Robert Hooke*** (1635 ... 1703) veröffentlicht, allerdings als linearer Zusammenhang zwischen Belastung und Längenänderung elastisch beanspruchter Federn (ut tensio, sic vis = wie die Kraft, so die Streckung). Die Formulierung als linearer Zusammenhang zwischen Spannung und Dehnung ($\sigma = E \cdot \varepsilon$) erfolgte erst 1727 durch ***Leonhard Euler*** (1707 ... 1783).

Gleichung 2.14 gilt nur bei einachsiger Zug- oder Druckbeanspruchung. Bei mehrachsiger Beanspruchung muss das Hooke'sche Gesetz erweitert werden (Kapitel 5).

Der Proportionalitätsfaktor $E$ in Gleichung 2.14 wird als **Elastizitätsmodul** (kurz: **E-Modul**) bezeichnet und entspricht der Steigung der Hooke'schen Geraden im Spannungs-Dehnungs-Diagramm (Bilder 2.5 und 2.6 sowie Bilder 2.9 bis 2.11). Der Elastizitätsmodul $E$ besitzt innerhalb einer Werkstoffgruppe ähnliche Werte:

Stähle und Stahlguss: $E = 200000 \ldots 210000\ \text{N/mm}^2$
Al und Al-Legierungen: $E = 60000 \ldots 80000\ \text{N/mm}^2$
Mg und Mg-Legierungen: $E = 40000 \ldots 45000\ \text{N/mm}^2$

Die Elastizitätsmoduln wichtiger Konstruktionswerkstoffe finden sich im Anahng 1 (Werkstofftabellen).

Anschaulich entspricht der Zahlenwert des Elastizitätsmoduls, wie bereits erwähnt, derjenigen Spannung mit der man einen Zugstab beanspruchen muss, um eine elastische Dehnung von 100% (also eine Verdoppelung der Ausgangslänge) zu erreichen. Es muss jedoch angemerkt werden, dass nahezu alle Werkstoffe bereits weit vorher eine plastische Verformung oder einen Bruch erleiden.

### 2.1.4.2 Nicht lineare Elastizität

Das Hooke'sche Gesetz gilt nicht für alle Werkstoffe. Bei einigen Metallen und insbesondere bei nicht metallischen Werkstoffen, insbesondere den Kunststoffen, beobachtet man nicht lineare Elastizitätserscheinungen. Ein bekanntes Beispiel für **nicht lineare Elastizität** bei Metallen ist das graue Gusseisen mit Lamellengraphit (Grauguss), dessen

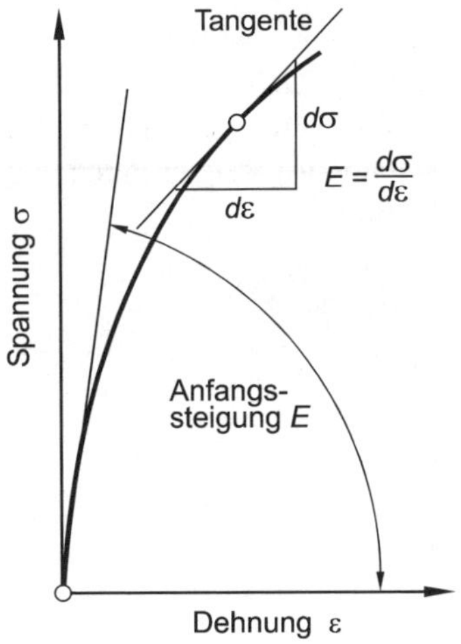


**Bild 2.12** Nicht lineare Elastizität

Elastizitätsmodul in Abhängigkeit der Spannung 80000 N/mm$^2$ bis 130000 N/mm$^2$ betragen kann. Unter Zugbeanspruchung sinkt der Elastizitätsmodul aufgrund lokaler Plastifizierung an den Enden der Graphitlamellen. Unter Druckbeanspruchung verhält sich der Werkstoff hingegen über weite Spannungsbereiche linear-elastisch, d. h. der Elastizitätsmodul ist konstant.

Bei nicht linearer Elastizität wird als Maß für den Elastizitätsmodul entweder die Anfangssteigung oder die Steigung (Tangente) der Kurve in einem bestimmten Kurvenpunkt angegeben (Bild 2.12).

### 2.1.4.3 Poisson'sches Gesetz

Die Beanspruchung eines elastischen Körpers führt nicht nur zu einer Längenänderung ($\Delta L$) bzw. zu einer Dehnung in Beanspruchungsrichtung ($\varepsilon$ bzw. $\varepsilon_l$), sondern auch zu einer Verformung in Querrichtung. Eine Zugspannung führt dementsprechend zu einer Längenzunahme bei gleichzeitiger Querkontraktion (Stab wird länger und dünner), eine Druckbeanspruchung hingegen zu umgekehrten Verhältnissen. Die Formulierung dieser Gesetzmäßigkeit geht auf den französischen Mathematiker ***Siméon Denis Poisson*** (1781 ... 1840) zurück und wird als **Poisson'sches Gesetz** bezeichnet:

$$\varepsilon_q = -\mu \cdot \varepsilon_l \quad \textbf{Poisson'sches Gesetz} \qquad (2.15)$$

Die dimensionslose Werkstoffkonstante $\mu$ (mitunter auch $\nu$) wird als **Querkontraktionszahl** oder **Querzahl** bezeichnet. Den Kehrwert $m = 1/\mu$ nennt man **Poisson-Zahl** bezeichnet. Das negative Vorzeichen berücksichtigt, dass eine Längsdehnung (Zugbeanspruchung) mit einer Querstauchung bzw. eine Längsstauchung (Druckbeanspruchung) mit einer Querdehnung einher geht. Die Querkontraktionszahl kann im Zugversuch ermittelt werden, falls spezielle Querdehnungsaufnehmer eingesetzt werden (Kapitel 2.1.2).

Die Querkontraktionszahl kann Werte zwischen $\mu = 0$ (keine Querdehnung) und $\mu = 0{,}5$ (inkompressibler Werkstoff) annehmen. Für Metalle findet man bei linear-elastischem Verhalten: $0{,}25 \le \mu \le 0{,}40$. Häufig wird mit den folgenden Werten gerechnet:

| | |
|---|---|
| Beton: | $\mu \approx 0$ |
| Stähle und Stahlguss: | $\mu = 0{,}30$ |
| Graues Gusseisen: | $\mu = 0{,}25 \ldots 0{,}27$ |
| Al und Al-Legierungen: | $\mu = 0{,}33$ |
| Mg und Mg-Legierungen: | $\mu = 0{,}35$ |
| Kupfer: | $\mu = 0{,}34$ |
| Zink: | $\mu = 0{,}39$ |
| Elastomere: | $\mu \approx 0{,}5$ |

## 2.1.5 Übungsaufgaben

### Aufgabe 2.1

Ein Zugstab aus Vergütungsstahl 34CrMo4 mit Kreisringquerschnitt ($d_a$ = 25 mm, $s$ = 2,5 mm) und einer Länge von $l_0$ = 1,2 m (im unbelasteten Zustand) wird durch eine mittig angreifende statische Kraft von $F$ = 60 kN auf Zug beansprucht.

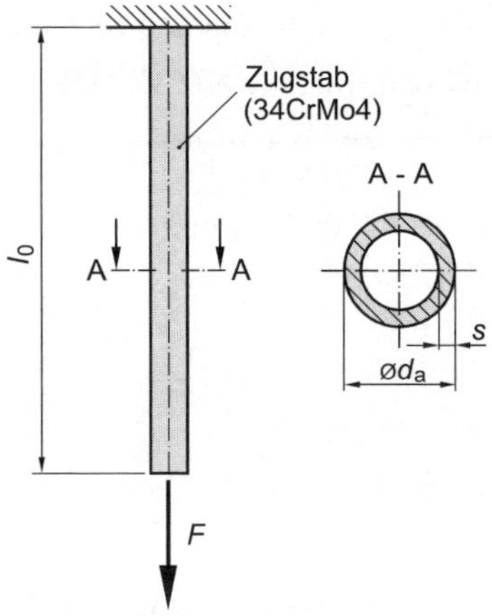


Werkstoffkennwerte 34CrMo4:

$R_{p0,2}$ = 680 N/mm²
$R_m$ = 1050 N/mm²
$E$ = 208000 N/mm²
$\mu$ = 0,30

a) Ermitteln Sie die Normalspannung im Zugstab.

b) Berechnen Sie die Sicherheiten gegen Fließen ($S_F$) und gegen Bruch ($S_B$). Sind die Sicherheiten ausreichend ?

c) Bestimmen Sie die Verlängerung $\Delta l$ des Zugstabes bei der angegebenen Belastung.

d) Die Verringerung des Außendurchmessers ($\Delta d_a$) soll auf 0,01 mm begrenzt werden. Ermitteln Sie für diesen Fall den zulässigen Wert der Zugkraft $F$.

e) Eine zweite Variante des Zugstabes aus derselben Stahlsorte (34CrMo4) soll eine Zugkraft von $F^*$ = 150 kN aufnehmen. Berechnen Sie die erforderliche Wandstärke $s$, falls der Außendurchmesser unverändert bleiben soll ($d_a$ = 25 mm) und eine Sicherheit von $S_F$ = 1,4 gegenüber Fließen gefordert wird.

### Aufgabe 2.2

Ein Zugstab mit Vollkreisquerschnitt und einer Länge von $l_0$ = 1500 mm aus Vergütungsstahl C35E ($R_e$ = 430 N/mm²; $R_m$ = 630 N/mm²; $E$ = 210000 N/mm²) soll als Zuganker verwendet werden. Der Stab muss eine statische Betriebskraft von $F$ = 15500 N aufnehmen.

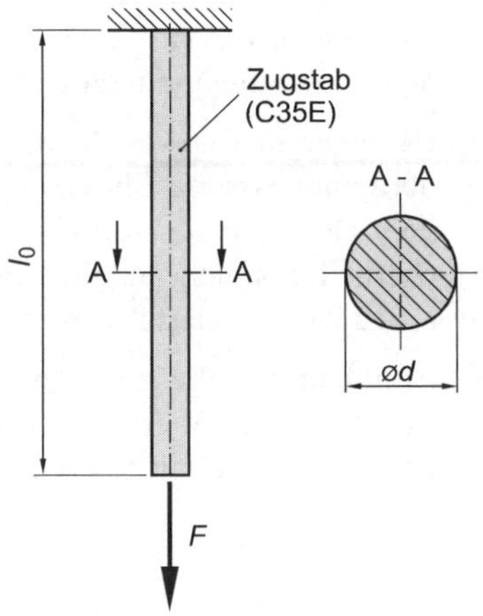


a) Ermitteln Sie den erforderlichen Durchmesser $d$ des Zugstabes, damit die Betriebskraft mit Sicherheit aufgenommen werden kann ($S_F$ = 1,5 und $S_B$ = 2,0).

b) Berechnen Sie für die Betriebskraft von $F$ = 15500 N die Dehnung $\varepsilon$ sowie die Verlängerung $\Delta l$ des Zugstabes.

c) Bestimmen Sie diejenige statische Zugkraft $F_B$, die zu einem Bruch des Zugstabes führt.

## Aufgabe 2.3

Ein Wassertank ist an vier Stahlbändern aus S275JR befestigt (siehe Abbildung). Die Masse des leeren Tanks beträgt $m_L = 2000$ kg, die des gefüllten Tanks $m_V = 3600$ kg ($g = 9{,}81$ m/s$^2$). Die Stahlbänder haben eine Querschnittsfläche von 25 mm x 4 mm. Der Abstand der Stahlbänder vom linken und rechten Ende des Tankes beträgt jeweils $a = 500$ mm.

Werkstoffkennwerte S275JR:

$R_e$ = 265 N/mm$^2$
$R_m$ = 470 N/mm$^2$
$E$ = 210000 N/mm$^2$
$\mu$ = 0,30

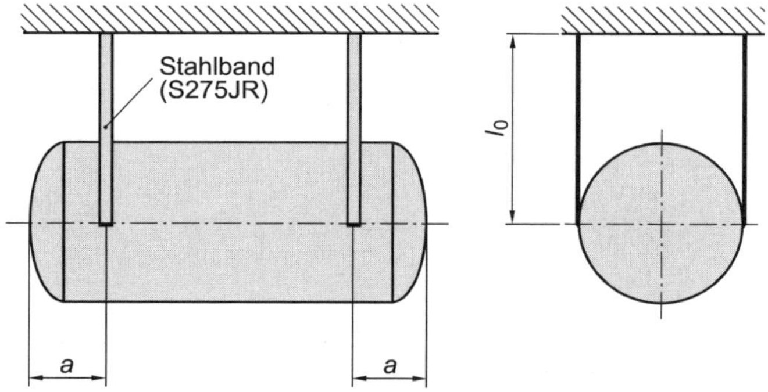


a) Berechnen Sie die Spannung in den Bändern bei leerem und bei vollem Tank.

b) Ermitteln Sie bei vollem Wassertank die Sicherheiten der Bänder gegen Versagen. Sind die Sicherheiten ausreichend ?

c) Um welchen Betrag $\Delta l$ senkt sich der Tank beim Befüllen, falls die Länge der Bänder bei leerem Tank $l_0 = 1{,}5$ m beträgt ?

## Aufgabe 2.4

Die Abbildung zeigt eine Zugstange mit Vollkreisquerschnitt aus Werkstoff S275JR ($R_e = 260$ N/mm$^2$; $R_m = 480$ N/mm$^2$). Die Stange wird durch die Masse $m$ belastet ($g = 9{,}81$ m/s$^2$).

a) Berechnen Sie den Durchmesser $d$ der Zugstange, damit eine Masse von $m = 2500$ kg mit Sicherheit ($S_F = 1{,}5$ bzw. $S_B = 2{,}0$) aufgenommen werden kann.

b) Bei einer alternativen Ausführung wird eine Zugstange aus der Graugusssorte EN-GJL-300 ($R_m = 300$ N/mm$^2$) mit einem Durchmesser von $d = 20$ mm verwendet. Ist die Sicherheit ausreichend, falls die Stange mit der Masse von $m = 2500$ kg belastet wird ?

c) Ermitteln Sie die zulässige Masse $m$ für den Fall einer Zugstange aus Werkstoff EN-GJL-300, falls eine Sicherheit von $S_B = 4{,}0$ gegen Bruch gefordert wird.

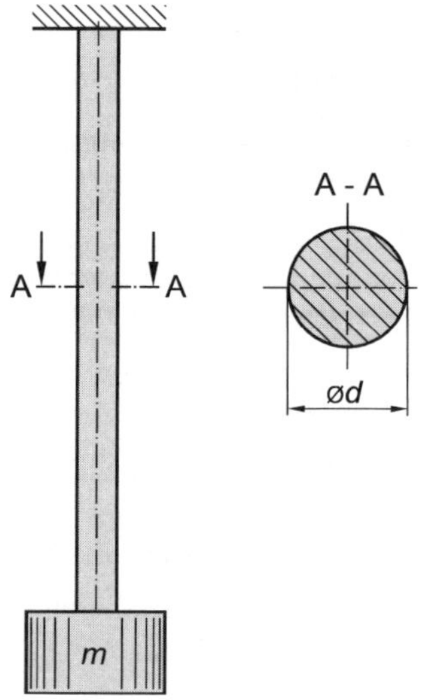

## Aufgabe 2.5

Das dargestellte Stabwerk ist an seinem linken Ende gelenkig gelagert und trägt an seinem freien, rechten Ende die Masse $m$ = 1500 kg ($g$ = 9,81 m/s$^2$). Das Stabwerk wird in zwei Varianten gefertigt:

Variante 1: Baustahl S275JR ($R_m$ = 510 N/mm$^2$; $R_e$ = 275 N/mm$^2$; $E$ = 210000 N/mm$^2$)
Variante 2: EN AW-Al Mg5-H14 ($R_m$ = 350 N/mm$^2$; $R_{p0,2}$ = 270 N/mm$^2$; $E$ = 70000 N/mm$^2$)

a) Berechnen Sie die Kraft $F_S$ am Zugstab.

b) Ermitteln Sie die Spannung im Zugstab (Kreisringquerschnitt mit $d_a$ = 50 mm und $s$ = 5 mm).

c) Errechnen Sie die Verlängerung $\Delta l$ des Zugstabes, falls das Stabwerk aus S275JR bzw. aus EN AW-Al Mg5-H14 gefertigt wird.

d) Bestimmen Sie die Belastung $m_1$, die zu einem Bruch des Zugstabs führt, falls das Stabwerk aus S275JR bzw. aus EN AW-Al Mg5-H14 gefertigt wird.

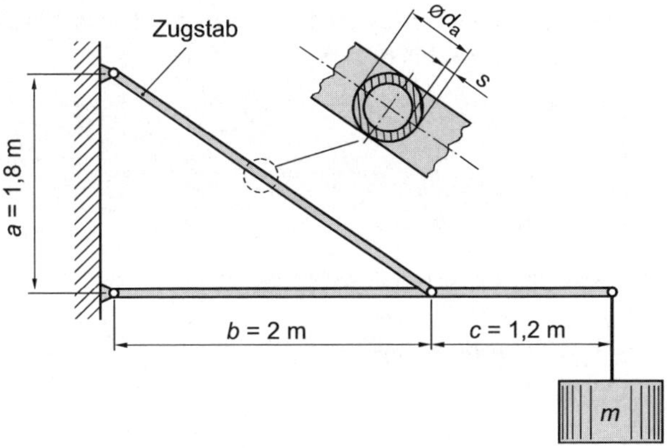


e) Berechnen Sie die Wandstärke $s$ des Zugstabs ($d_i$ = 40 mm), damit eine erhöhte Belastung von $m_2$ = 3250 kg mit Sicherheit ($S_F$ = 1,5 bzw. $S_B$ = 2,0) aufgenommen werden kann, falls das Stabwerk aus S275JR bzw. EN AW-Al Mg5-H14 gefertigt wird.

## Aufgabe 2.6

Die dargestellte gelenkig gelagerte Konstruktion soll durch ein Stahlseil aus einem Spannstahl gehalten werden. Das Stahlseil besitzt eine Querschnittsfläche von $A$ = 100 mm$^2$.

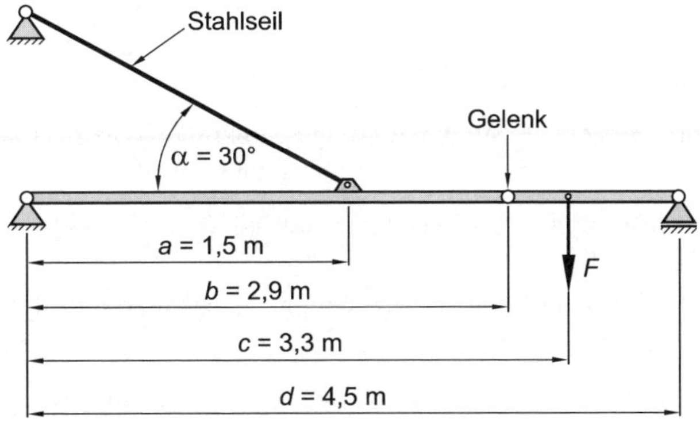


Ermitteln Sie die zulässige Belastung $F$, falls die Verlängerung des Stahlseils auf 0,5 mm begrenzt werden muss.

Werkstoffkennwerte des Spannstahls:

$R_{p0,2}$ = 720 N/mm$^2$
$R_m$ = 950 N/mm$^2$
$E$ = 210000 N/mm$^2$
$\mu$ = 0,30

## Aufgabe 2.7

Ein Vierkantprofilstab aus der unlegierten Vergütungsstahlsorte C60E+QT mit einer Kantenlänge von $a = 36$ mm wird aus Gründen des Korrosionsschutzes allseitig mit einer $s = 7$ mm dicken Lage aus der nichtrostenden Stahlsorte X6CrNiMoTi17-12-2 plattiert (formschlüssige Verbindung). Der hierdurch entstehende Verbundstab wird durch die im Flächenschwerpunkt $S$ angreifende Zugkraft statisch beansprucht.

Es kann für beide Stahlsorten ein linear-elastisch idealplastisches Werkstoffverhalten angenommen werden (siehe Abbildung). Eigenspannungen durch das Plattieren können vernachlässigt werden.

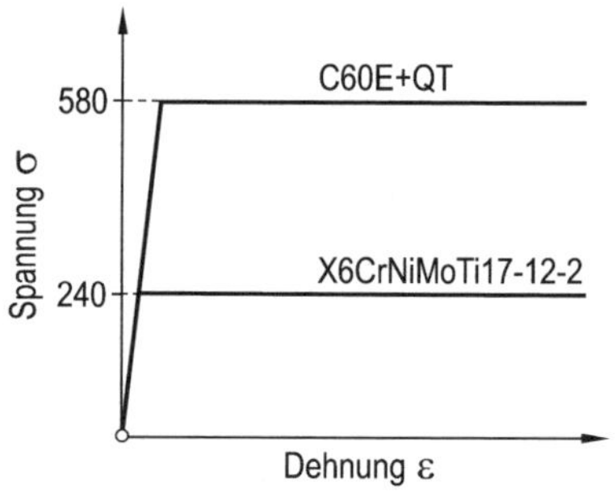


Werkstoffkennwerte von C60E+QT:

$R_e = 580$ N/mm²
$E = 212000$ N/mm²
$\mu = 0{,}30$

Werkstoffkennwerte von X6CrNiMoTi17-12-2:

$R_{p0,2} = 240$ N/mm²
$E = 212000$ N/mm²
$\mu = 0{,}30$

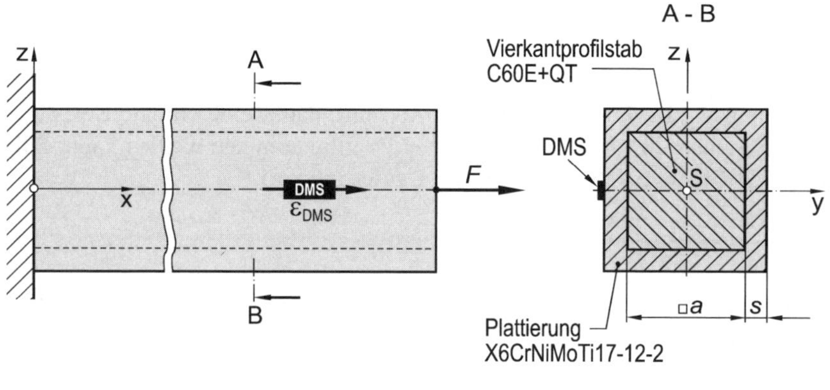


a) Berechnen Sie die zulässige Zugkraft $F_1$, damit Fließen mit einer Sicherheit von $S_F = 1{,}4$ an keiner Stelle des Verbundstabes eintritt.

b) Ermitteln Sie diejenige Zugkraft $F_2$, die erstmals zu einem Fließen des Verbundstabes führt.

c) Berechnen Sie die Spannungen im Vierkantprofilstab sowie in der Plattierung bei einer Zugkraft von $F_3 = 800$ kN.

Zur Kontrolle der Beanspruchung wird in Längsrichtung des Verbundstabes ein Dehnungsmessstreifen appliziert (siehe Abbildung).

d) Ermitteln Sie die wirkende Zugkraft $F_4$ bei einer Dehnungsanzeige von $\varepsilon_{DMS} = 1{,}800$ ‰.

## Aufgabe 2.8

Ein Stahlseil ($R_{p0,2}$ = 980 N/mm$^2$, $E$ = 212 000 N/mm$^2$) mit einem Durchmesser von 50 mm und einer Länge von 75 m wurde aus Gründen des Korrosionsschutzes mit einer thermoplastischen Kunststoffschicht ($E$ = 12 500 N/mm$^2$) mit einer Dicke von 3 mm ummantelt. Stahlseil und Kunststoffmantel können als fest miteinander verbunden betrachtet werden.

Berechnen Sie für eine Zugkraft von $F$ = 1250 kN die Verlängerung der Stahlseils sowie die Spannungen im Stahlkern und im Kunststoffmantel. Das Werkstoffverhalten des Kunststoffmantels kann als linear-elastisch betrachtet werden.

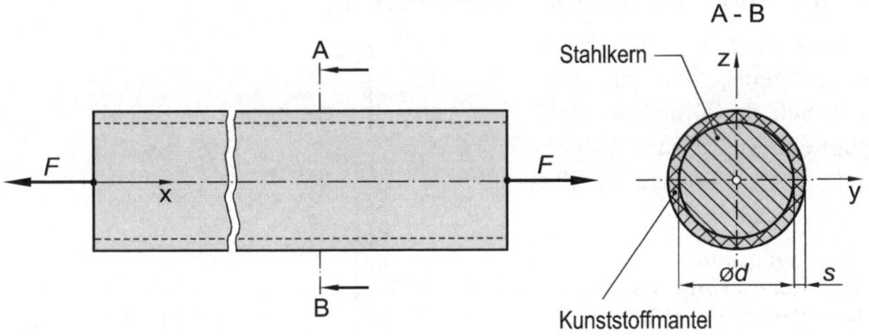

## 2.2 Druck

Eine an einem geraden, prismatischen Stab zentrisch angreifende Druckkraft $F_d$ führt zu einer reinen **Druckspannung** in der Querschnittsfläche $A$. Typische, durch reine Druckbeanspruchung beaufschlagte Bauteile sind zum Beispiel:

- Stützen
- dehnungsbehinderte Teile wie z. B. Temperatur beaufschlagte Rohrleitungen
- Pleuel in Verbrennungsmotoren.

### 2.2.1 Spannungsermittlung bei Druckbeanspruchung

Die Druckbeanspruchung kann als Umkehrung der Zugbeanspruchung aufgefasst werden. Dementsprechend errechnet sich die Druck(normal)-spannung $\sigma_d$ als Quotient aus Druckkraft $F_d$ (Kraftkomponente senkrecht zur Querschnittsfläche) und der Querschnittsfläche $A$ (Bild 2.13):

$$\sigma_d = \frac{F_d}{A}$$ **Grundgleichung zur Spannungsermittlung bei reiner Druckbeanspruchung** (2.16)

$F_d$ (Druck-)Kraftkomponente senkrecht zur Schnittfläche (N), siehe auch Kapitel 2.4.1

$A$ Schnittfläche ($mm^2$)

$\sigma_d$ (Druck-)Normalspannung ($N/mm^2$)

Analog zur Zugbeanspruchung liegt auch hier eine einachsige Beanspruchung vor. Im Unterschied zur Zugspannung erhalten Druckspannungen üblicherweise ein negatives Vorzeichen oder den Index *d*, bisweilen auch beides.

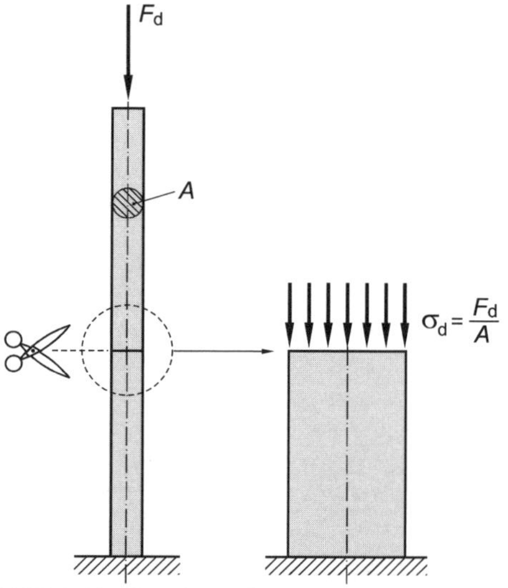


**Bild 2.13** Gerader, prismatischer Stab unter Druckbeanspruchung
a) ungeschnitten
b) geschnitten

### 2.2.2 Werkstoffverhalten und Kennwerte bei Druckbeanspruchung

Festigkeitskennwerte für druckbeanspruchte Bauteile werden im **Druckversuch** nach DIN 50106 ermittelt. Der Druckversuch hat dabei eine besondere Bedeutung für Werkstoffe wie Beton, Ziegel, Holz, usw. Auch metallische Werkstoffe werden im Druckversuch geprüft. Eine große Bedeutung hat der Druckversuch hierbei für spröde Werkstoffe (z. B. Grauguss) oder auf Druck beanspruchte Metalle (z. B. Lagermetalle). Auf die Beschreibung des Druckversuchs soll verzichtet und auf die Norm verwiesen werden.

#### 2.2.2.1 Duktile Werkstoffe

In Analogie zum Zugversuch wird beim Druckversuch eine dem Spannungs-Dehnungs-Diagramm vergleichbare **Druckspannungs-Stauchungs-Kurve** ermittelt. Bild 2.14 zeigt beispielhaft die Spannungs-Dehnungs-Diagramme bei Zug- und Druckbeanspruchung für duktile Metalle mit und ohne ausgeprägte Streckgrenze. Im Bereich der elastischen Beanspruchung stimmen die Spannungs-Dehnungs- bzw. die Druckspannungs-Stauchungs-Kurven weitgehend überein, der Elastizitätsmodul ist also für Zug- und Druckbeanspruchung identisch und die Hooke'sche Gerade weist am Übergang von Zug nach Druck keinen Knick auf. Bei höheren Beanspruchungen beobachtet man jedoch erhebliche Unterschiede. Mit Erreichen der Proportionalitätsgrenze $\sigma_{dP}$ endet das linear-elastische Werkstoffverhalten.

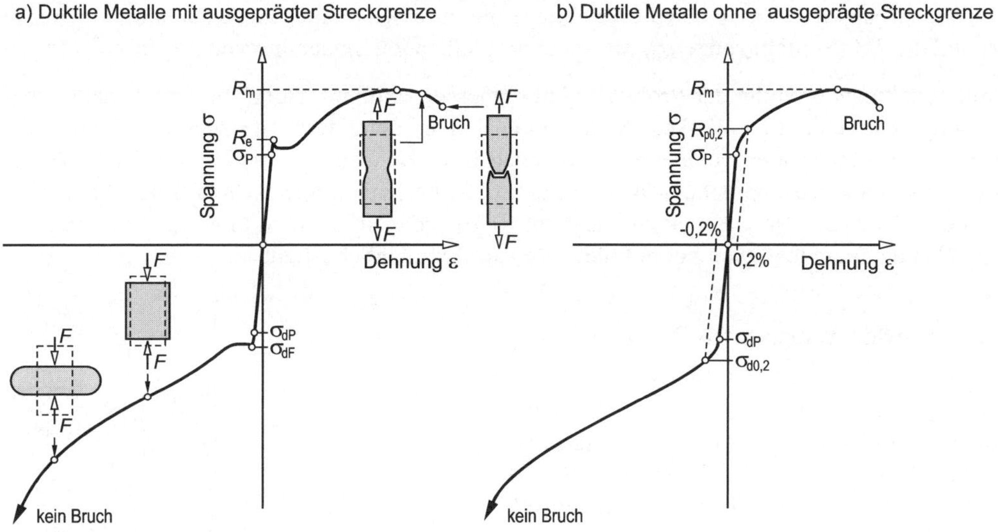


**Bild 2.14** Spannungs-Dehnungs- bzw. Druckspannungs-Stauchungs-Diagramme duktiler Metalle

Werkstoffe, die im Zugversuch eine ausgeprägte Streckgrenze aufweisen (Kapitel 2.1.2.3) zeigen auch bei Druckbeanspruchung eine entsprechende Unstetigkeit im Druckspannungs-Stauchungs-Diagramm. Der entsprechende, den Beginn einer plastischen Verformung kennzeichnende Werkstoffkennwert wird in Analogie zur Streckgrenze $R_e$ im Zugversuch, als **natürliche Quetschgrenze $\sigma_{dF}$** (mitunter auch **Druckfließgrenze**) bezeichnet (Bild 2.14a).

Die Quetsch- bzw. Druckfließgrenze ist der Quotient aus der Druckkraft $F_F$ mit Erreichen der ersten Unstetigkeit der Druckspannungs-Stauchungs-Kurve und der Anfangsquerschnittsfläche $A_0$. Die Quetsch- bzw. Druckfließgrenze $\sigma_{dF}$ entspricht betragsmäßig etwa Streckgrenze $R_e$.

$$\sigma_{dF} = \frac{F_F}{A_0} \approx R_e \quad \textbf{natürliche Quetschgrenze (Druckfließgrenze)} \tag{2.17}$$

$\sigma_{dF}$ natürliche Quetschgrenze oder Druckfließgrenze (N/mm$^2$)
$F_F$ Druckkraft bei der ersten Unstetigkeit der Druckspannungs-Stauchungs-Kurve (N)
$A_0$ Anfangsquerschnittsfläche (mm$^2$)

Bei Werkstoffen ohne ausgeprägte Steckgrenze (Kapitel 2.1.2.3) wird anstelle der Quetschgrenze ersatzweise die **Stauchgrenze** $\sigma_{dp}$ ermittelt (Bild 2.14b). Die Stauchgrenze ist der Quotient aus derjenigen Kraft $F_P$, die zu einer bleibenden Stauchung von $p$-% führt, bezogen auf die Anfangsquerschnittsfläche $A_0$. Die Stauchgrenze $\sigma_{dp}$ entspricht betragsmäßig etwa der Dehngrenze $R_p$.

$$\sigma_{dp} = \frac{F_P}{A_0} \approx R_p \quad \textbf{Stauchgrenze} \tag{2.18}$$

$\sigma_{dp}$ Stauchgrenze (N/mm$^2$)
$F_p$ Druckkraft, die zu einer bleibenden Stauchung von $p$-% führt (N)
$A_0$ Anfangsquerschnittsfläche (mm$^2$)

Besonders vereinbarte Stauchgrenzen sind die **0,2%-Stauchgrenze $\sigma_{d0,2}$** (entspricht etwa der 0,2%-Dehngrenze $R_{p0,2}$ bei Zugbeanspruchung) die zu einer bleibenden Stauchung von 0,2% führt und die **2%-Stauchgrenze $\sigma_{d2}$**, die zu einer bleibenden Stauchung von 2% führt.

Da mit abnehmender Höhe der Probe der Durchmesser zunimmt, steigt die Druckspannungs-Stauchungs-Kurve duktiler Werkstoffe kontinuierlich an, ohne dass ein Bruch zu erwarten ist. Die Probe wird mehr oder weniger zusammengedrückt. Da also ein Bruch bei duktilen Werkstoffen unter Druckbeanspruchung nicht auftritt bzw. bei vielen technischen Bauteilen vorher mit einem Versagen durch Knickung (Kapitel 8) zu rechnen ist, wird eine der Zugfestigkeit entsprechende Druckfestigkeit bei duktilen Werkstoffen nicht ermittelt.

### 2.2.2.2 Spröde Werkstoffe

Spröde Werkstoffe können unter Druckbeanspruchung in der Regel weit höhere Belastungen ertragen als unter Zuglast. Bild 2.15 zeigt, dass die Druckfestigkeit spröder Werkstoffe (z. B. Grauguss) ein Vielfaches der Zugfestigkeit $R_m$ betragen kann.

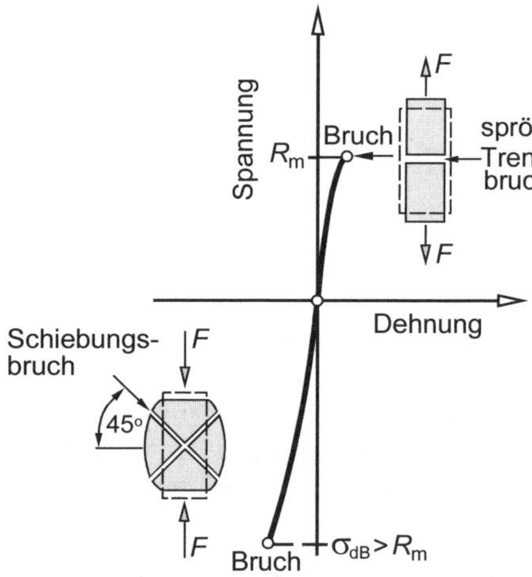


**Bild 2.15** Spannungs-Dehnungs- bzw. Druckspannungs-Stauchungs-Diagramm spröder Metalle

Während spröde Werkstoffe unter Zugbeanspruchung durch einen **Trennbruch** versagen, sobald die Zugspannung die Zugfestigkeit $R_m$ erreicht, ist unter Druckbeanspruchung mit einem **Scher-** bzw. **Schiebungsbruch** durch Abscherung zu rechnen, sobald die Druckspannung die Druckfestigkeit $\sigma_{dB}$ erreicht (siehe auch Kapitel 6.1). Dieses Werkstoffverhalten wird auch experimentell betätigt.

Der für Festigkeitsberechnungen relevante Werkstoffkennwert unter Druckbeanspruchung ist die **Druckfestigkeit $\sigma_{dB}$**. Der Kennwert ist definiert als der Quotient aus Druckkraft $F_B$ beim Anriss oder Bruch der Probe, bezogen auf die Anfangsquerschnittsfläche $A_0$:

$$\sigma_{dB} = \frac{F_B}{A_0} \quad \textbf{Druckfestigkeit} \qquad (2.19)$$

$\sigma_{dB}$ Druckfestigkeit (N/mm$^2$)
$F_B$ Druckkraft beim Anriss oder Bruch der Probe (N)
$A_0$ Anfangsquerschnittsfläche (mm$^2$)

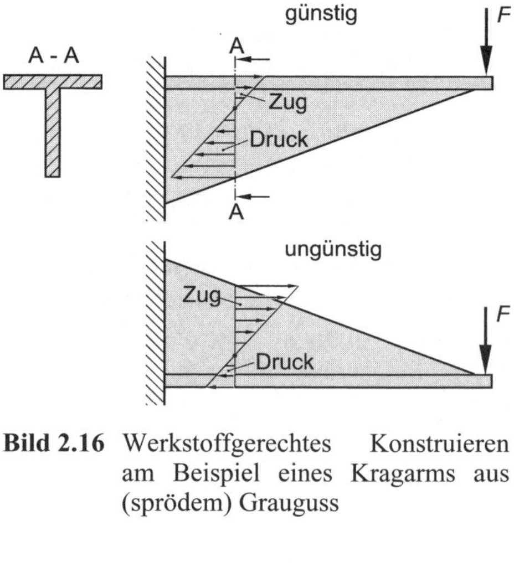


**Bild 2.16** Werkstoffgerechtes Konstruieren am Beispiel eines Kragarms aus (sprödem) Grauguss

Wird bei der Konstruktion von Bauteilen aus spröden Werkstoffen darauf geachtet, dass die höchst beanspruchten Querschnitte überwiegend Druckspannungen ausgesetzt sind, dann kann ihre Beanspruchbarkeit deutlich verbessert werden. Bild 2.16 verdeutlicht diesen Sachverhalt am Beispiel eines Kragarms aus Grauguss (werkstoffgerechtes Konstruieren).

## 2.2.3 Zulässige Spannung bei Druckbeanspruchung

Ein Versagen unter Druckbeanspruchung kann bei duktilen Werkstoffen durch Fließen oder Knickung erfolgen. Bei spröden Werkstoffen unter Druckbeanspruchung ist Bruch oder Knickung als mögliche Versagensursache zu berücksichtigen. Die Berechnung der Knickkraft $F_K$ bzw. der Knickspannung $\sigma_K$ für den Versagensfall Knickung erfolgt in Kapitel 8.

In Tabelle 2.3 sind Kennwerte zur Bestimmung der zulässigen Spannung unter reiner Druckbeanspruchung sowie Richtwerte für Sicherheitsbeiwerte zusammengestellt. Die Zahlenwerte entsprechen dabei den Sicherheitsbeiwerten wie sie üblicherweise für die Zugbeanspruchung (Tabelle 2.2) verwendet werden.

**Tabelle 2.3** Kennwerte zur Bestimmung der zulässigen Spannung unter reiner Druckbeanspruchung

| Werkstoff bzw. Werkstoffzustand | Versagensart | Werkstoffkennwert | Ersatzwert | Sicherheitsbeiwert [1] |
|---|---|---|---|---|
| duktil | Fließen | $\sigma_{dF}$ bzw. $\sigma_{d0,2}$ | $R_e$ bzw. $R_{p0,2}$ | $S_F = 1{,}2 \ldots 2{,}0$ |
| | Knickung [2] | $\sigma_K$ | ---- | $S_K = 2{,}5 \ldots 5{,}0$ |
| spröde | Bruch | $\sigma_{dB}$ | [3] | $S_B = 4{,}0 \ldots 9{,}0$ |
| | Knickung [2] | $\sigma_K$ | ---- | $S_K = 2{,}5 \ldots 5{,}0$ |

[1] Anhaltswerte, falls keine einschlägigen Berechnungsvorschriften vorliegen.
[2] Kapitel 8
[3] In der Regel ist bei spröden Werkstoffen $\sigma_{dB} > R_m$

Zusammenfassend errechnet sich die zulässige Spannung $\sigma_{zul}$ unter Druckbeanspruchung also wie folgt:

**Bauteile aus duktilen Werkstoffen bzw. duktiles Werkstoffverhalten**

• Fließen: $$\sigma_{zul} = \frac{\sigma_{dF}}{S_F} \text{ bzw. } \frac{\sigma_{dp}}{S_F} \quad \text{mit } S_F = 1{,}2 \ldots 2{,}0 \tag{2.20}$$

• Knickung [1]: $$\sigma_{zul} = \frac{\sigma_K}{S_K} \quad \text{mit } S_K = 2{,}5 \ldots 5{,}0 \tag{2.21}$$

Maßgebend für den Festigkeitsnachweis ist der niedrigere der beiden Werte.

**Bauteile aus spröden Werkstoffen bzw. spröder Werkstoffzustand**

• Bruch: $$\sigma_{zul} = \frac{\sigma_{dB}}{S_B} \quad \text{mit } S_B = 4{,}0 \ldots 9{,}0 \tag{2.22}$$

• Knickung [1]: $$\sigma_{zul} = \frac{\sigma_K}{S_K} \quad \text{mit } S_K = 2{,}5 \ldots 5{,}0 \tag{2.23}$$

Maßgebend für den Festigkeitsnachweis ist auch hier der niedrigere der beiden Werte.

[1] Siehe Kapitel 8

## 2.2.4 Übungsaufgaben

### Aufgabe 2.9

Eine Stahlstütze aus Werkstoff S235JR mit Kreisringquerschnitt soll eine axiale Druckkraft von $F = 120$ kN aufnehmen. Die Stütze hat die Länge $l_0 = 1600$ mm und einen Außendurchmesser von $d_a = 100$ mm.

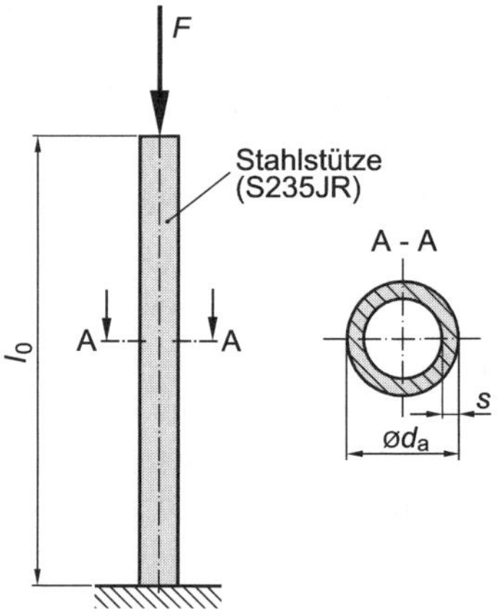


Werkstoffkennwerte S235JR:

$R_e = 235$ N/mm$^2$
$R_m = 390$ N/mm$^2$
$E = 210000$ N/mm$^2$

a) Auf welche Weise kann die Stütze versagen ?

b) Berechnen Sie die mindestens erforderliche Wandstärke $s$, damit die Druckkraft $F$ mit Sicherheit ($S_F = 1{,}5$) aufgenommen werden kann (Berechnung nur gegen Fließen).

c) Um welchen Betrag $\Delta l$ verkürzt sich die Stütze für die in Teil b) errechnete Wandstärke unter Wirkung der Druckkraft von $F = 120$ kN ?

### Aufgabe 2.10

Die Abbildung zeigt eine einfache hydraulische Hebevorrichtung. Die maximale Belastung der Hebevorrichtung soll $m = 10000$ kg betragen ($g = 9{,}81$ m/s$^2$). Die Kolbenstange wurde aus Vergütungsstahl C60E gefertigt. Eine mögliche Knickung der Kolbenstange soll nicht betrachtet werden.

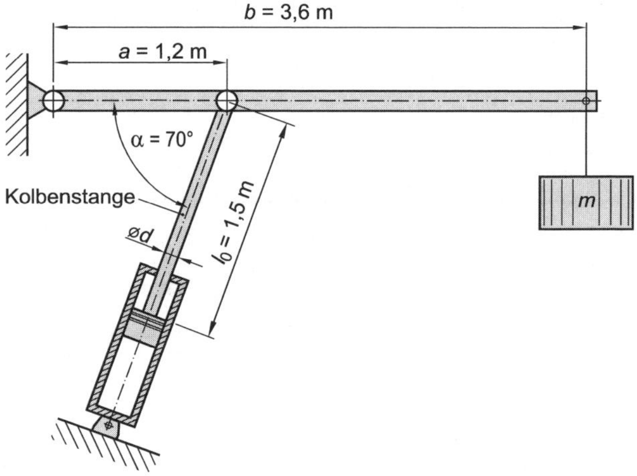


Werkstoffkennwerte C60E (vergütet):

$R_{p0,2} = 580$ N/mm$^2$
$R_m = 950$ N/mm$^2$
$E = 210000$ N/mm$^2$
$\mu = 0{,}30$

a) Berechnen Sie den erforderlichen Durchmesser $d$ der Kolbenstange (Vollkreisquerschnitt), damit Fließen mit Sicherheit ($S_F = 1{,}20$) ausgeschlossen werden kann.

b) Ermitteln Sie die Verkürzung $\Delta l$ der Kolbenstange bei einer Belastung von $m = 10000$ kg und dem in Teil a) berechneten Durchmesser $d$ (Länge im unbelasteten Zustand $l_0 = 1{,}5$ m).

c) Bei einer anderen Ausführung der Kolbenstange wird ein Durchmesser von $d_1 = 80$ mm gewählt (Vollkreisquerschnitt). Berechnen Sie die maximale Belastbarkeit $m^*$ der Hebevorrichtung, falls die Durchmesservergrößerung der Kolbenstange maximal 0,015 mm betragen darf.

## Aufgabe 2.11

Zwischen den ebenen, starren Druckplatten einer Hydraulikpresse werden drei eben aufeinander liegende Metallscheiben mit gleichem Durchmesser ($d$ = 50 mm) jedoch aus verschiedenen Werkstoffen (Magnesium, Kupfer und Stahl) auf Druck beansprucht (siehe Abbildung). Bei der zunächst unbekannten Druckkraft $F$ wird an einer Messuhr die gemeinsame Verkürzung $\Delta l$ = 0,25 mm ermittelt.

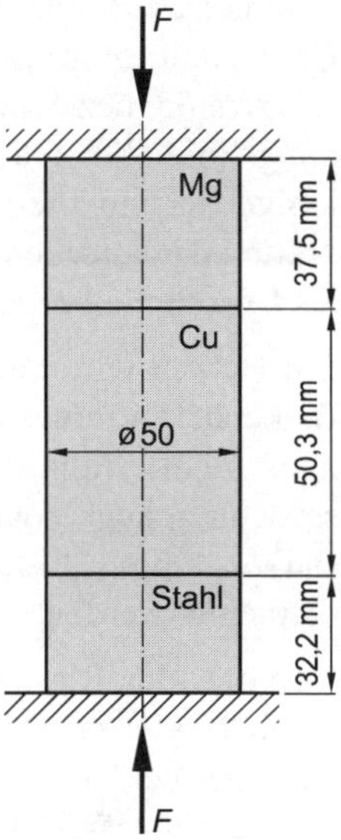


Scheibe 1: Magnesium: $E = 45000$ N/mm²
Scheibe 2: Kupfer: $E = 120000$ N/mm²
Scheibe 3: Stahl: $E = 210000$ N/mm²

a) Berechnen Sie die Druckkraft $F$.

b) Ermitteln Sie die Spannungen in den einzelnen Metallscheiben.

c) Berechnen Sie die Verkürzungen der einzelnen Metallscheiben unter Wirkung der Druckkraft $F$.

## 2.3 Gerade Biegung

Prismatische Stäbe mit beliebigem Querschnitt deren Querschnittsabmessungen klein gegenüber ihrer Länge sind, bezeichnet man als **Balken**. Die Verbindungslinie aller Flächenschwerpunkte $S$ ist die **Balkenachse** und die von den Kraftvektoren (Einzelkräfte oder Streckenlasten) aufgespannte Ebene wird als **Lastebene** bezeichnet (Bild 2.17).

Ein Balken wird auf Biegung beansprucht, falls die Balkenachse in der Lastebene liegt. Ist diese Bedingung nicht erfüllt, dann tritt neben einer Biegebeanspruchung auch noch eine Verdrehung auf bzw. der Balken kippt. Dieser Fall soll hier allerdings nicht betrachtet werden.

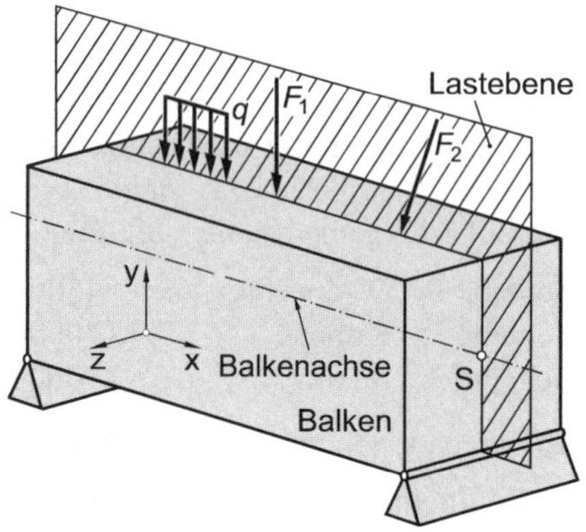


**Bild 2.17** Biegebeanspruchter Balken

Von **gerader Biegung** oder **einachsiger Biegung** spricht man, sofern an einem Balken Kräfte (Einzelkräfte oder Streckenlasten) oder Momente angreifen, deren Momentenvektor $M_b$ mit einer der beiden Hauptachsen [1] des Balkenquerschnitts zusammenfällt. Dies ist beispielsweise der Fall bei Balken mit mindestens einer Symmetrieebene, die in der Symmetrieebene (Bild 2.18a) oder senkrecht dazu (Bild 2.18b) belastet werden.

Fällt der Biegemomentenvektor nicht mit einer der Hauptachsen zusammen, wie zum Beispiel bei Belastungen schräg zur Symmetrieebene (Bild 2.18c) oder bei unsymmetrischen Querschnitten (Bild 2.18d), dann spricht man von **schiefer Biegung** oder **zweiachsiger Biegung**. Bisweilen ist auch die Bezeichnung **allgemeine Biegung** üblich. Die schiefe Biegung wird in Kapitel 9 besprochen.

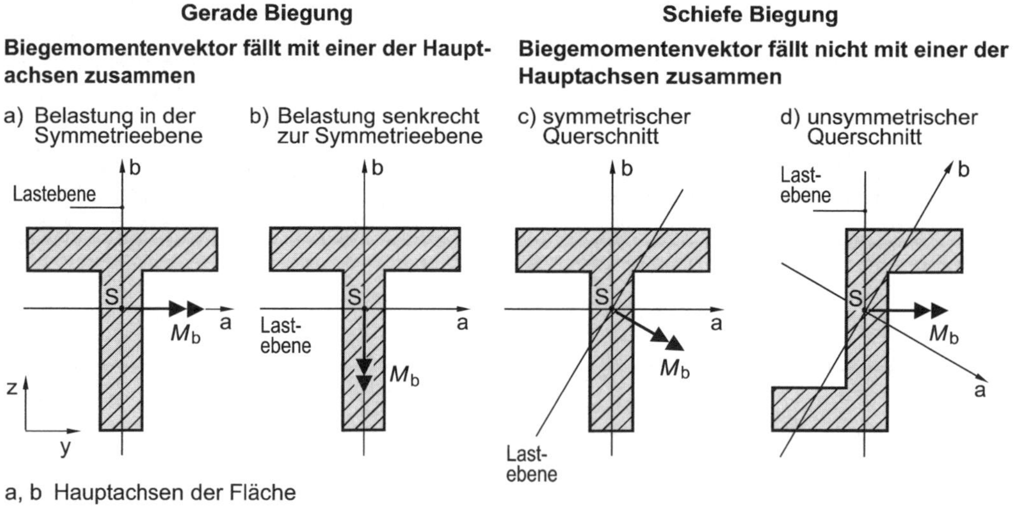


**Bild 2.18** Gerade und schiefe Biegung

[1] Zwei zueinander senkrecht stehende Achsen durch den Schwerpunkt einer Fläche bezüglich derer die axialen Flächenmomente 2. Ordnung Extremwerte annehmen d. h. das gemischte Flächenmoment Null wird, werden als **Hauptachsen** bezeichnet. Für einfach symmetrische Querschnitte (z. B. T-Profil in Bild 2.18) sind die Symmetrieachse und deren Senkrechte durch den Flächenschwerpunkt $S$ stets Hauptachsen (siehe auch Kapitel 9).

## 2.3.1 Spannungsermittlung bei gerader Biegung

Zur Ermittlung der Spannungen bei gerader Biegung müssen die folgenden Annahmen getroffen werden:

1. Lastebene und Balkenachse (vor der Biegung) fallen zusammen, andernfalls würde sich der Balken, abhängig von der Lagerung zusätzlich verdrehen oder kippen.
2. Es tritt eine **reine Biegung (querkraftfreie Biegung)** auf, d. h. die Schnittgrößen $Q_y$ und $Q_z$ (Querkräfte) sind Null. Außerdem soll keine Normalkraft ($N$) und kein Torsionsmoment ($M_t$) wirken. In der Querschnittsfläche tritt also nur ein gleichbleibendes Biegemoment $M_b$ = konst. mit seinen Komponenten $M_{by}$ und $M_{bz}$ auf (Bild 2.19). Eine reine Biegung tritt beispielsweise auf, falls der Balken mit einem Biegemoment (Bild 2.20a) oder einem Kräftepaar (Bild 2.20b) beansprucht wird.

   Wird ein Balken hingegen durch ein veränderliches Biegemoment $M_b(x)$ beansprucht, dann treten in jeder Querschnittsfläche des Balkens Querkräfte $Q(x)$ und damit Schubspannungen auf, da gilt: $Q(x) = dM(x)/dx$ (**Querkraftschub**). Dies ist zum Beispiel bei einseitig eingespannten Balken (Bild 2.20c) oder durch Streckenlasten beanspruchten Balken der Fall. Diese Schubspannungen sind nur bei kleinen Querschnittsabmessungen im Vergleich zur Balkenlänge gegenüber der Biegespannung vernachlässigbar. Hierauf wird in Kapitel 10 näher eingegangen.
3. Zur Balkenachse senkrechte Querschnittsebenen bleiben auch nach der Verformung in sich eben (keine Verwölbung) und stehen senkrecht zur neutralen Faser (**Bernoullische Hypothese**)
4. Konstanter d. h. nicht von der Spannung abhängiger Elastizitätsmodul.

Die Grundgleichungen der geraden, reinen Biegung, sollen am Beispiel eines Biegebalkens mit kreiszylindrischem Querschnitt hergeleitet werden (Bild 2.21).

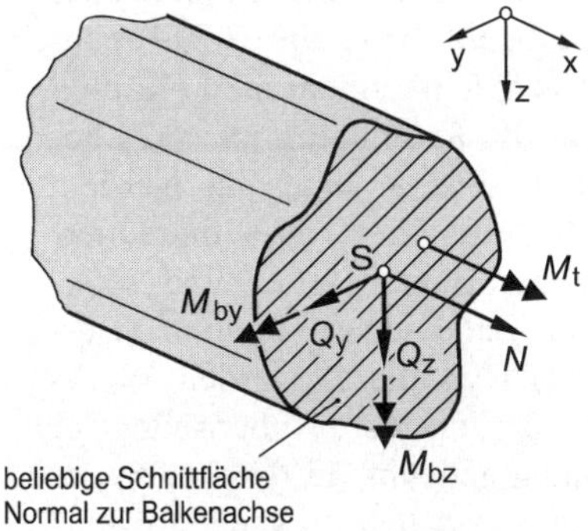


**Bild 2.19** Schnittgrößen an einem Balkenquerschnitt

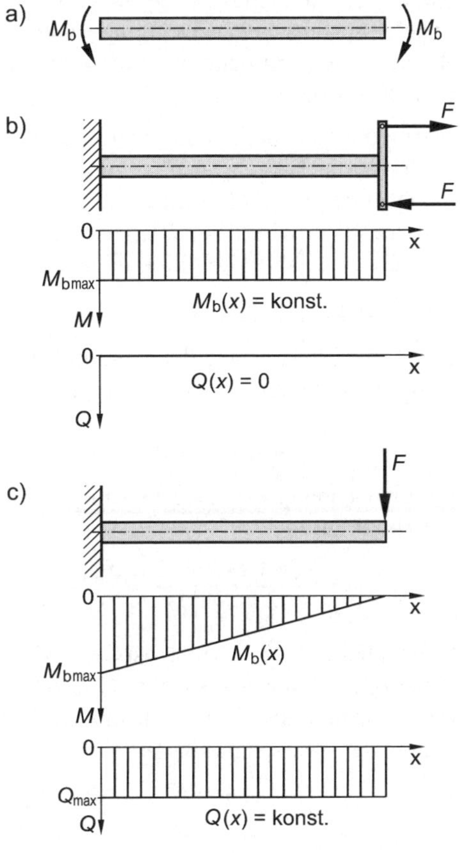


**Bild 2.20** Momenten- und Querkraftverlauf unterschiedlich beanspruchter Balken (Beispiele)

Ein durch ein Biegemoment $M_b$ belasteter Balken wird elastisch verformt, d. h. die Balkenachse erfährt eine Krümmung (Bild 2.21). Sofern das Biegemoment längs der Balkenachse konstant bleibt bzw. die Schubspannungen vernachlässigbar sind (Kapitel 10) kann die Krümmung als Kreisbogen mit Radius $R$ angesetzt werden. Unter der Annahme, dass die Querschnitte des Balkens eben und senkrecht zur Balkenachse bleiben (Bernoullische Hypothese) werden Werkstoffteilchen an der Außenseite der Krümmung gedehnt, an der Innenseite hingegen gestaucht. Werkstoffteilchen, die mit der Balkenachse (Verbindungslinie aller Flächenschwerpunkte) zusammenfallen, erfahren bei reiner Biegung keine Dehnung. Die Balkenachse wird dann auch als **neutrale Faser** bezeichnet.

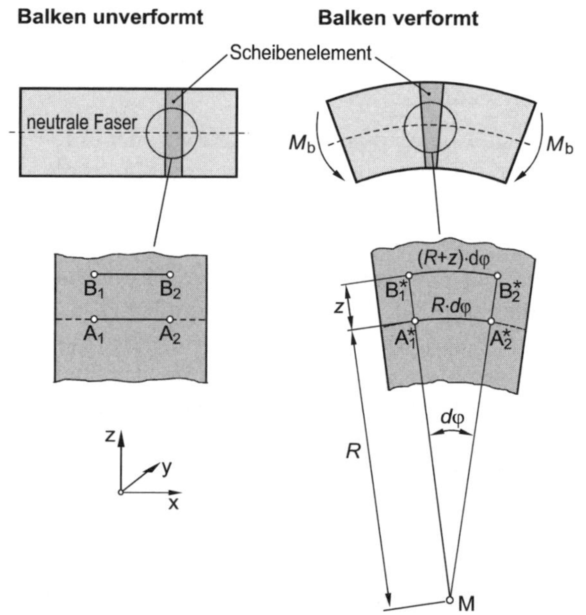


**Bild 2.21** Verformung eines Balkens bei gerader, reiner Biegung

Markiert man außerhalb der neutralen Faser ein Linienelement (z. B. Strecke $B_1B_2$), dann wird es durch die Biegebeanspruchung gedehnt, falls es relativ zur neutralen Faser vom Krümmungsmittelpunkt $M$ entfernt liegt. Liegt es hingegen auf der Seite des Krümmungsmittelpunktes, dann wird das Linienelement gestaucht. Die ursprüngliche Strecke $B_1B_2$ im gedehnten Bereich erfährt also durch die Biegung die Längenänderung [1]:

$$\overline{B_1^* B_2^*} = (R+z)\cdot d\varphi \tag{2.24}$$

Das Linienelement auf der neutralen Faser erfährt durch die Biegebeanspruchung hingegen keine Veränderung seiner ursprünglichen Länge:

$$\overline{A_1^* A_2^*} = \overline{A_1 A_2} = R \cdot d\varphi \tag{2.25}$$

Für die Dehnung $\varepsilon(z)$ im Abstand $z$ von der neutralen Faser ergibt sich damit die **Verträglichkeitsbedingung**:

$$\varepsilon(z) = \frac{(R+z)\cdot d\varphi - R\cdot d\varphi}{R\cdot d\varphi} = \frac{z}{R} \tag{2.26}$$

Gleichung 2.26 zeigt zunächst, dass sich die Biegedehnung (unter den oben genannten Voraussetzungen) linear über dem Querschnitt ändert. Unter der Voraussetzung eines konstanten Elastizitätsmoduls ergibt sich mit Hilfe des Hooke´schen Gesetzes für die Spannungsverteilung in der Querschnittsfläche:

$$\sigma(z) = E\cdot\varepsilon(z) = \frac{E}{R}\cdot z \tag{2.27}$$

[1] $\varphi$ im Bogenmaß

Die Spannungen im Stabquerschnitt unter Biegebeanspruchung sind also an der neutralen Faser ($z = 0$) Null und nehmen zu Rändern hin linear zu (Zugseite) bzw. ab (Druckseite). Die für Festigkeitsnachweise wichtige maximale Biegespannung, die nachfolgend mit $\sigma_b$ bezeichnet werden soll, findet man also am Rand ($z = z_{max}$). Dort gilt:

$$\sigma_b = \sigma(z_{max}) = \frac{E}{R} \cdot z_{max} \tag{2.28}$$

Gleichung 2.28 ist für die Berechnung der maximalen Biegespannung ungeeignet, da der Krümmungsradius $R$ bei Balken in der Regel schwierig zu ermitteln ist bzw. überhaupt nicht ermittelt werden kann. Es muss also ein Zusammenhang zwischen der in der Regel bekannten äußeren Belastung (Biegemoment $M_b$) und den Spannungen im Bauteil gefunden werden. Den gesuchten Zusammenhang erhält man, indem man eine **Gleichgewichtsbedingung** zwischen den in den Querschnittsflächen wirkenden Spannungen und dem äußeren Biegemoment herstellt.

Hierzu betrachtet man entsprechend Bild 2.22 ein „unendlich" schmales Flächenelement $dA$ der Querschnittsfläche das sich im Abstand $z$ von der neutralen Faser entfernt befindet. Im Flächenelement wirkt die Spannung $\sigma(z)$. Bezüglich der y-Achse (neutrale Faser) ergibt sich damit das Teilmoment:

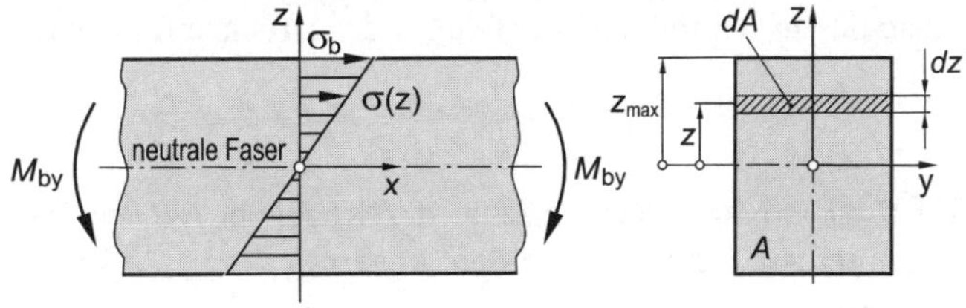


**Bild 2.22** Schnittspannungen am Biegestab

$$dM_{by} = \sigma(z) \cdot dA \cdot z \tag{2.29}$$

Das Gesamtmoment $M_{by}$ ergibt sich als Summe aller Teilmomente $dM_{by}$ über den gesamten Querschnitt, d. h. als Integral über die Querschnittsfläche $A$. Aufgrund des Momentengleichgewichts muss dieses Gesamtmoment dem äußeren Biegemoment um die y-Achse ($M_{by}$) äquivalent sein. Aus Gleichung 2.29 ergibt sich mit Gleichung 2.27 und Integration über $A$:

$$M_{by} = \int_A \sigma(z) \cdot z \, dA = \frac{E}{R} \int_A z^2 dA = \frac{E}{R} \cdot I_y \tag{2.30}$$

Der Integralausdruck $\int_A z^2 dA$ (2.31)

wird als **axiales Flächenmoment 2. Ordnung** (siehe auch Kapitel 9.1.2) bezeichnet. Üblicherweise verwendet man hierfür das Formelzeichen $I$, ergänzt durch einen Index (z. B. $x$, $y$ oder $z$) welcher die Biegeachse bezeichnet. $I_y$ bedeutet also axiales Flächenmoment 2. Ordnung bezüglich der y-Achse. Die Dimension des axialen Flächenmomentes ist beispielsweise $m^4$, $cm^4$ oder $mm^4$. Für praktische Berechnungen verwendet man häufig $mm^4$.

Da der Integralausdruck für $I$ (Gleichung 2.31) bei komplexen Querschnitten mitunter schwierig zu ermitteln ist, findet man die entsprechenden Werte für technisch wichtige Querschnittsgeometrien in Tabellenwerken. Voraussetzungen für die Integration ist allerdings die mathematische Beschreibbarkeit der Flächenberandung.

In Tabelle 2.4 sind für ausgewählte, technisch wichtige Querschnittsgeometrien die axialen Flächenmomente 2. Ordnung zusammengestellt.

Die Spannungsverteilung im Balkenquerschnitt erhält man aus Gleichung 2.27 und 2.30, indem man den Krümmungsradius $R$ eliminiert.

Gleichung (2.27): $\sigma(z) = \frac{E}{R} \cdot z$

Gleichung (2.30): $M_b = \frac{E}{R} \cdot I$

und damit letztlich:

$$\sigma(z) = \frac{M_b}{I} \cdot z$$ **Spannungsverteilung bei gerader, reiner Biegung** (2.32)

Die größte Biegespannung $\sigma(z_{max}) \equiv \sigma_b$ tritt an Stellen des Querschnitts auf, die den größten Abstand zur neutralen Faser (Zug- oder Druckseite) besitzen (Bild 2.22), also:

$$\sigma_b = \frac{M_b}{I} \cdot z_{max} \qquad (2.33)$$

Da für Festigkeitsnachweise in der Regel die größte im Querschnitt herrschende Spannung von Interesse ist, fasst man den Ausdruck $I / z_{max}$ zum **axialen Widerstandsmoment $W_b$** zusammen:

$$W_b = \frac{I}{z_{max}}$$ **Definition des axialen Widerstandsmomentes** (2.34)

Das Formelzeichen für $W_b$ wird üblicherweise ebenfalls durch einen die Biegeachse kennzeichnenden Index (z. B. $x$, $y$ oder $z$) ergänzt. Die Dimension des axialen Widerstandsmomentes ist beispielsweise $m^3$, $cm^3$ oder $mm^3$, wobei in der Praxis häufig mit $mm^3$ gerechnet wird. Ebenso wie das axiale Flächenmoment 2. Ordnung ($I$), ist auch das axiale Widerstandsmoment ($W_b$) für technisch wichtige Querschnittsgeometrien in Tabelle 2.4 zusammengestellt.

Für geometrisch einfache Querschnitte kann das axiale Flächenmoment 2. Ordnung ($I$) nach Gleichung 2.31 ermittelt werden (Aufgabe 2.17 und 2.18). Für zusammengesetzte Querschnitte dürfen die axialen Flächenmomente addiert oder subtrahiert werden. Das axiale Widerstandsmoment ($W_b$) erhält man dann gemäß $W_b = I \ / \ z_{max}$, wobei $z_{max}$ der maximale Abstand der Randfaser des Querschnitts zur Biegeachse ist. Es ist zu beachten, dass axiale Widerstandsmomente *nicht* addiert oder subtrahiert werden dürfen (Aufgabe 2.20 und 2.21).

Aus Gleichung (2.33) und mit Gleichung (2.34) folgt schließlich die Grundgleichung zur Spannungsermittlung bei gerader, reiner Biegung:

$$\sigma_b = \frac{M_b}{W_b}$$ **Grundgleichung zur Spannungsermittlung bei gerader, reiner Biegung** (2.35)

$\sigma_b$ maximale Biegespannung im Querschnitt ($N/mm^2$)
$M_b$ Biegemoment (Nmm)
$W_b$ axiales Widerstandsmoment ($mm^3$)

**Tabelle 2.4** Axiale Flächenmomente 2. Ordnung und axiale Widerstandsmomente ausgewählter Querschnitte

<table>
<tr><th>Profil</th><th>axiales Flächenmoment</th><th>axiales Widerstandsmoment</th></tr>
<tr><td>

**gleichschenkliges Dreieck**

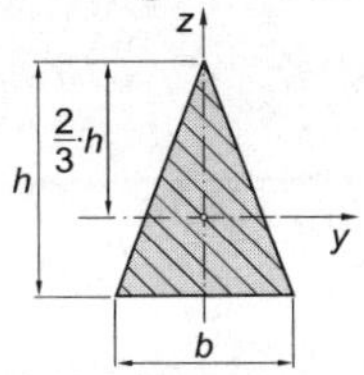


</td><td>

$I_y = \frac{b \cdot h^3}{36}$

$I_z = \frac{h \cdot b^3}{48}$

</td><td>

$W_{by} = \frac{b \cdot h^2}{24}$

$W_{bz} = \frac{h \cdot b^2}{24}$

</td></tr>
<tr><td>

**gleichseitiges Dreieck**

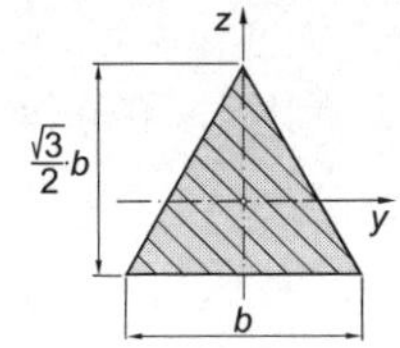


</td><td>

$I_y = \frac{b^4}{32 \cdot \sqrt{3}}$

$I_z = \frac{b^4}{32 \cdot \sqrt{3}}$

</td><td>

$W_{by} = \frac{b^3}{32}$

$W_{bz} = \frac{b^3}{16 \cdot \sqrt{3}}$

</td></tr>
<tr><td>

**Quadrat**

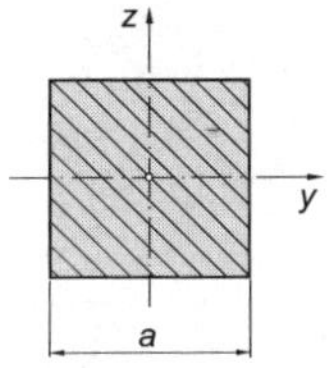


</td><td>

$I_y = I_z = \frac{a^4}{12}$

</td><td>

$W_{by} = W_{bz} = \frac{a^3}{6}$

</td></tr>
<tr><td>

**Rechteck**

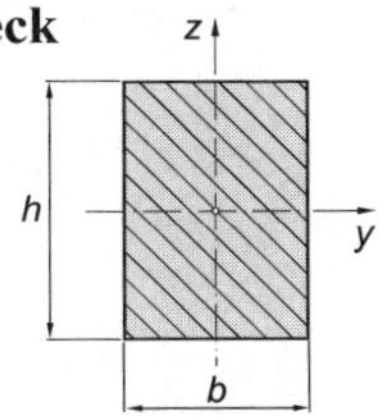


</td><td>

$I_y = \frac{b \cdot h^3}{12}$

$I_z = \frac{h \cdot b^3}{12}$

</td><td>

$W_{by} = \frac{b \cdot h^2}{6}$

$W_{bz} = \frac{h \cdot b^2}{6}$

</td></tr>
<tr><td>

**Trapez**

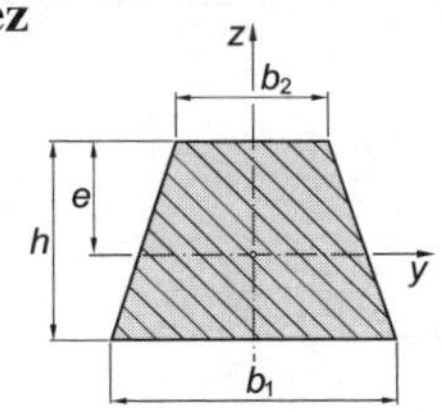


</td><td>

$I_y = \frac{h^3}{36} \cdot \frac{b_1^2 + 4 \cdot b_1 \cdot b_2 + b_2^2}{b_1 + b_2}$

$e = \frac{h}{3} \cdot \frac{2 \cdot b_1 + b_2}{b_1 + b_2}$

</td><td>

$W_{by} = \frac{h^2}{12} \cdot \frac{b_1^2 + 4 \cdot b_1 \cdot b_2 + b_2^2}{2 \cdot b_1 + b_2}$

</td></tr>
</table>

**Fortsetzung Tabelle 2.4** Axiale Flächenmomente 2. Ordnung und axiale Widerstandsmomente ausgewählter Querschnitte

| Profil | axiales Flächenmoment | axiales Widerstandsmoment |
|---|---|---|
| **Sechseck** 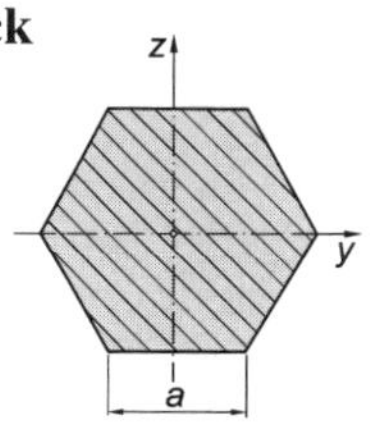 | $I_y = I_z = \frac{5 \cdot \sqrt{3}}{16} \cdot a^4$ | $W_{by} = \frac{5}{8} \cdot a^3$ <br> $W_{bz} = \frac{5 \cdot \sqrt{3}}{16} \cdot a^3$ |
| **Achteck** 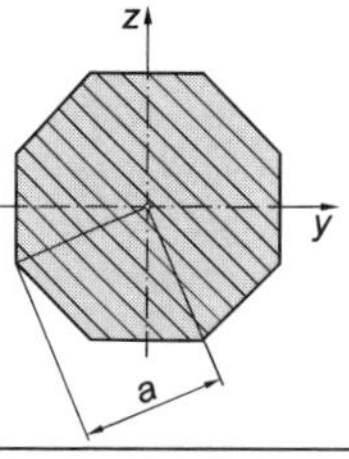 | $I_y = I_z = (1 + 2\sqrt{2}) \cdot \frac{a^4}{6}$ | $W_{by} = W_{bz} = 0{,}6906 \cdot a^3$ |
| **Vollkreis** 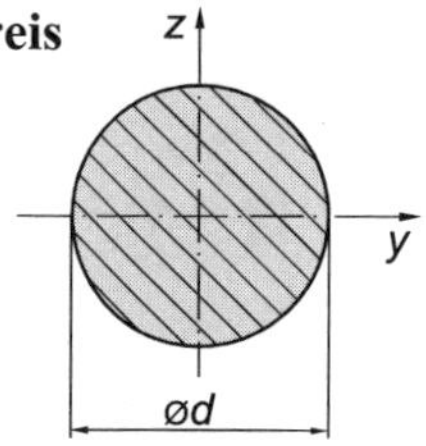 | $I_y = I_z = \frac{\pi}{64} \cdot d^4$ | $W_{by} = W_{bz} = \frac{\pi}{32} \cdot d^3$ |
| **Kreisring** [1] 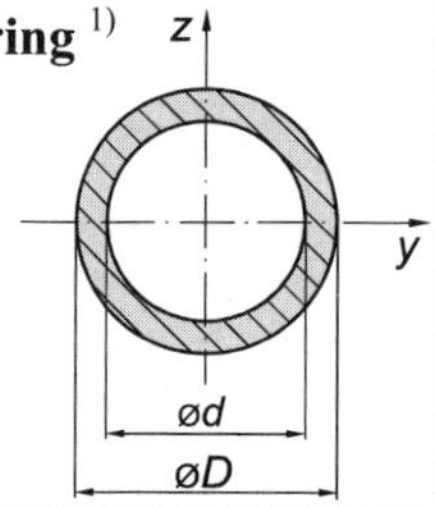 | $I_y = I_z = \frac{\pi}{64} \cdot (D^4 - d^4)$ | $W_{by} = W_{bz} = \frac{\pi}{32} \cdot \frac{D^4 - d^4}{D}$ |
| **Ellipse** 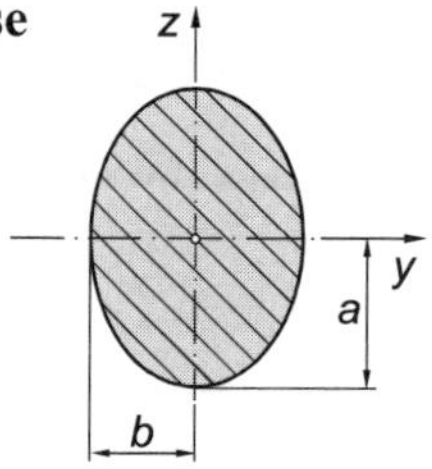 | $I_y = \frac{\pi}{4} \cdot a^3 b$ <br> $I_z = \frac{\pi}{4} \cdot b^3 a$ | $W_{by} = \frac{\pi}{4} \cdot a^2 b$ <br> $W_{bz} = \frac{\pi}{4} \cdot b^2 a$ |

[1] Dickwandig. Für einen *dünnwandigen* Kreisring mit $t << d_m$ ($t$ =Wanddicke; $d_m$ = mittlerer Durchmesser) gilt:

$I_y = I_z = \frac{\pi}{8} \cdot d_m^3 \cdot t$ und $W_{by} = W_{bz} = \frac{\pi}{4} \cdot d_m^2 \cdot t$ (siehe auch Aufgabe 10.3)

**Fortsetzung Tabelle 2.4** Axiale Flächenmomente 2. Ordnung und axiale Widerstandsmomente ausgewählter Querschnitte

| Profil | axiales Flächenmoment | axiales Widerstandsmoment |
|---|---|---|
| **Ellipsenring** 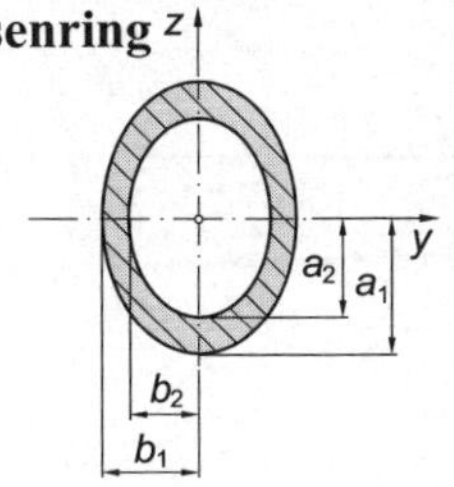  | $I_y = \frac{\pi}{4} \cdot (a_1^3 \cdot b_1 - a_2^3 \cdot b_2)$ <br> $I_z = \frac{\pi}{4} \cdot (b_1^3 \cdot a_1 - b_2^3 \cdot a_2)$ | $W_{by} = \frac{\pi}{4} \cdot \frac{a_1^3 \cdot b_1 - a_2^3 \cdot b_2}{a_1}$ <br> $W_{bz} = \frac{\pi}{4} \cdot \frac{b_1^3 \cdot a_1 - b_2^3 \cdot a_2}{b_1}$ |
| **halber Vollkreis** 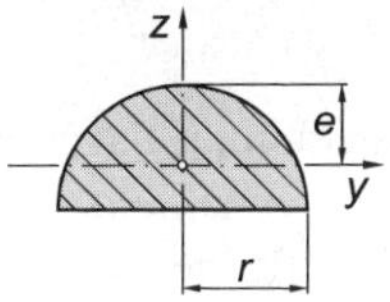  | $I_y = \left(\frac{\pi}{8} - \frac{8}{9 \cdot \pi}\right) \cdot r^4$ <br> $I_z = \frac{\pi}{8} \cdot r^4$ <br> $e = \left(1 - \frac{4}{3 \cdot \pi}\right) \cdot r$ | $W_{by} = \frac{I_y}{e} = 0{,}1907 \cdot r^3$ <br> $W_{bz} = \frac{\pi}{8} \cdot r^3$ |

## 2.3.2 Axiale Flächenmomente 2. Ordnung und axiale Widerstandsmomente zusammengesetzter Querschnitte

Zur Berechnung der axialen Flächen- und Widerstandsmomente einfacher Querschnitte sind in Tabelle 2.4 die entsprechenden Beziehungen zusammengestellt. Die Querschnittsgeometrien technischer Bauteile sind in der Regel komplexer, sie setzen sich jedoch häufig aus diesen einfachen Querschnitten zusammen. Typische Beispiele sind I- oder U-Profile. In diesem Fall lassen sich die entsprechenden axialen Flächen- und Widerstandmomente ebenfalls auf einfache Weise ermitteln. Die Vorgehensweise soll am Beispiel des in Bild 2.23 dargestellten Profils erläutert werden (siehe auch Kapitel 9.1.3.1).

1. Das Gesamtprofil wird in einem ersten Schritt in einfach zu berechnende Teilflächen (z. B. Rechtecke) zerlegt.
2. Falls die Querschnittsfläche bezüglich der betrachteten Achse durch den Flächenschwerpunkt *S* (Biegeachse) nicht symmetrisch ist, muss zunächst die Lage des Flächenschwerpunktes des Gesamtquerschnitts berechnet werden. Dies erfolgt mit Hilfe des **Teilschwerpunktsatzes**:

$$z_S = \frac{\sum_i z_i \cdot A_i}{\sum_i A_i} \quad \textbf{Teilschwerpunktsatz} \quad (2.36)$$

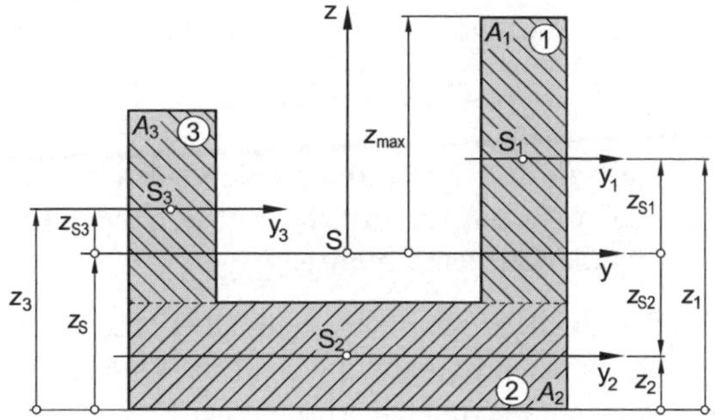


**Bild 2.23** Ermittlung der axialen Flächen- und Widerstandsmomente zusammengesetzter Querschnitte

3. Berechnung der axialen Flächenmomente 2. Ordnung der Teilflächen bezüglich einer Achse durch den Flächenschwerpunkt $S$ der Gesamtfläche. Hierzu bedient man sich des **Satzes von Steiner** (siehe auch Kapitel 9.1.3.1):

   Ist das axiale Flächenmoment 2. Ordnung $I_y$ bezüglich einer Achse durch den Flächenschwerpunkt bekannt (y-Achse in Bild 2.24), dann errechnet sich das axiale Flächenmoment 2. Ordnung $I_{y'}$ bezüglich einer hierzu parallelen Achse (y'-Achse in Bild 2.24) gemäß:

$$I_{y'} = I_y + z_S^2 \cdot A \qquad (2.37)$$

**Axiales Flächenmoment bei Parallelverschiebung der Koordinatenachse**

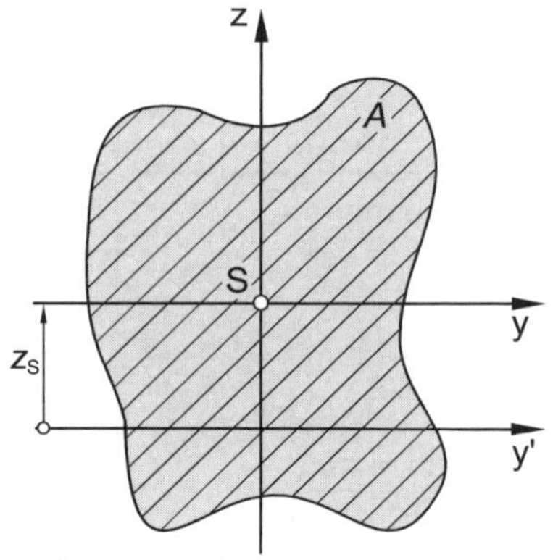


**Bild 2.24** Geometrische Verhältnisse zur Anwendung des Satzes von Steiner

Auf das Beispiel in Bild 2.23 übertragen, bedeutet dies die Umrechnung der axialen Flächenmomente der Teilflächen bezüglich der Achsen durch ihre jeweiligen Teilschwerpunkte ($y_1$-, $y_2$- und $y_3$-Achse) auf die y-Achse durch den Gesamtflächenschwerpunkt $S$. Die Vorgehensweise ist nachfolgend tabellarisch zusammengestellt.

| Teilfläche | Abstand zwischen Teil- und Gesamtflächenschwerpunkt | Flächeninhalt | axiales Flächenmoment bezüglich einer Achse durch den Teilflächenschwerpunkt | axiales Flächenmoment bezüglich einer Achse durch den Gesamtflächenschwerpunkt |
|---|---|---|---|---|
| 1 | $z_{S1}$ | $A_1$ | $I_{y1}$ | $I_{yS1} = I_{y1} + z_{S1}^2 \cdot A_1$ |
| 2 | $z_{S2}$ | $A_2$ | $I_{y2}$ | $I_{yS2} = I_{y2} + z_{S2}^2 \cdot A_2$ |
| 3 | $z_{S3}$ | $A_3$ | $I_{y3}$ | $I_{yS3} = I_{y3} + z_{S3}^2 \cdot A_3$ |

4. Das axiale Flächenmoment 2. Ordnung $I_{yS}$ des Gesamtquerschnitts ergibt sich durch Addition der (auf die y-Achse umgerechneten) axialen Flächenmomente der Teilquerschnitte:

$$I_{yS} = I_{yS1} + I_{yS2} + I_{yS3}$$

**Axiale Flächenmomente 2. Ordnung dürfen addiert und subtrahiert werden, sofern sie auf die gleiche Achse bezogen sind. Dies gilt jedoch nicht für die axialen Widerstandsmomente.**

5. Das axiale Widerstandsmoment $W_{by}$ der Gesamtfläche (bezüglich der y-Achse) erhält man entsprechend Gleichung 2.34 als Quotient aus axialem Flächenmoment 2. Ordnung ($I_{yS}$) und dem maximalen Abstand der Flächenberandung zur Biegeachse ($z_{max}$).

$$W_{by} = \frac{I_{yS}}{z_{max}}$$

[1] ***Jakob Steiner*** (1796 ... 1863). Die Grundlagen des Steiner'schen Satzes wurden jedoch bereits von ***Christian Huygens*** (1629 ... 1695) gelegt.

## 2.3.3 Werkstoffverhalten und Kennwerte bei Biegebeanspruchung

In Analogie zur Zug- bzw. Druckbeanspruchung, muss beim Festigkeitsnachweis biegebeanspruchter Bauteile das Werkstoffverhalten (duktil oder spröde) berücksichtigt werden.

### 2.3.3.1 Duktile Werkstoffe

Unter einachsiger Zugbeanspruchung sind die Streck- oder Dehngrenze ($R_e$ bzw. $R_p$) bzw. die Zugfestigkeit die maßgeblichen Werkstoffkennwerte. Sie werden im Zugversuch ermittelt (Kapitel 2.1.2). Relevante Werkstoffkennwerte für Festigkeitsnachweise unter Druckbeanspruchung sind die natürliche Quetsch- bzw. Druckfließgrenze $\sigma_{dF}$ oder die Stauchgrenze $\sigma_{dp}$, in der Regel $\sigma_{d0,2}$ oder $\sigma_{d2}$ (Kapitel 2.2.2). Die Kennwerte ergeben sich aus dem Druckversuch.

Es liegt nun nahe anzunehmen, dass die für Biegebeanspruchung maßgeblichen Werkstoffkennwerte einem Biegeversuch entstammen. Dies ist jedoch nicht der Fall, da ein Biegeversuch für duktile Werkstoffe nicht existiert. Ein derartiger Versuch ist auch nicht erforderlich, da sich die Biegebeanspruchung aus Zug- und Druckbeanspruchungen zusammensetzt (Bild 2.25). In der Zug- bzw. Druckzone eines Biegebalkens spielen sich prinzipiell dieselben Vorgänge ab, wie beim Zug- bzw. Druckversuch.

Bei duktilen Werkstoffen beginnt der Biegestab zu fließen, sobald die maximale Spannung $\sigma_b$ in der Randfaser die Streck- bzw. Dehngrenze (Zugseite) oder die Druckfließ- bzw. Stauchgrenze (Druckseite) erreicht.

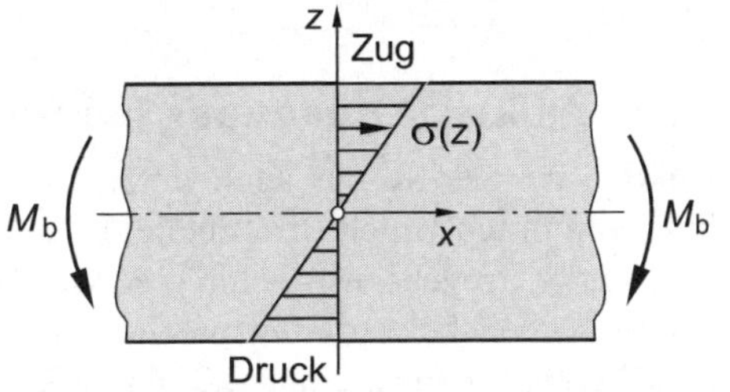

**Bild 2.25** Spannungsverteilung im Biegebalken

Man führt als Werkstoffkennwert bei Biegebeanspruchung von duktilen Werkstoffen die **Biegefließgrenze $\sigma_{bF}$** ein. Sie ist definiert als Quotient aus Biegemoment bei Fließbeginn ($M_{bF}$) und axialem Widerstandsmoment der Querschnittsfläche ($W_b$). Die Biegefließgrenze entspricht bei duktilen Metallen etwa der Streck- bzw. Dehngrenze.

$$\sigma_{bF} = \frac{M_{bF}}{W_b} \approx R_e \text{ bzw. } R_p \qquad \textbf{Biegefließgrenze} \qquad (2.38)$$

Unter Biegebeanspruchung beginnt das Fließen zuerst an den höchst beanspruchten Randfasern, während Werkstoffbereiche in der Balkenmitte noch elastisch beansprucht werden und dementsprechend eine **Stützwirkung** ausüben. Zur weiteren plastischen Verformung eines Biegebalkens ist daher eine Erhöhung des Biegemomentes nötig. Demzufolge findet man für die Biegefließgrenze mitunter auch die Beziehung:

$$\sigma_{bF} \approx 1{,}1 \ldots 1{,}2 \cdot R_e$$

Wird der Stab aus einem duktilen Werkstoff über die Biegefließgrenze hinaus weiter verformt, dann könnte angenommen werden, dass ein Bruch eintritt, sobald die maximale Spannung $\sigma_b$ auf der Zugseite die Zugfestigkeit $R_m$ erreicht. Da duktile Werkstoffe unter Biegebeanspruchung jedoch nicht brechen, muss der Versagensfall Bruch auch nicht berücksichtigt werden.

### 2.3.3.2 Spröde Werkstoffe

Für spröde Werkstoffe wird als Werkstoffkennwert die **Biegefestigkeit $\sigma_{bB}$** eingeführt. Sie ist definiert als Quotient aus Biegemoment beim Bruch ($M_{bB}$) und axialem Widerstandsmoment ($W_b$) der Querschnittsfläche:

$$\sigma_{bB} = \frac{M_{bB}}{W_b} \geq R_m \quad \textbf{Biegefestigkeit} \tag{2.39}$$

Bei ideal sprödem, d. h. linear-elastischem Werkstoffverhalten entspricht die Biegefestigkeit $\sigma_{bB}$ der Zugfestigkeit $R_m$, da ein Trennbruch dann eintritt, sobald die Spannung in der Randfaser ($\sigma_b$) die Zugfestigkeit erreicht.

In der Praxis brechen spröde metallische Werkstoffe unter Biegebeanspruchung in der Regel bei weit höheren Spannungen als der im Zugversuch ermittelten Zugfestigkeit $R_m$. Der Bruch geht dabei stets von der Zugseite des Biegestabes aus und verläuft senkrecht zur größten Normalspannung. Der Grund für diese Beobachtung liegt darin, dass spröde Werkstoffe infolge ihres doch vorhandenen Plastifizierungsvermögens häufig eine Zug-Druck-Anisotropie aufweisen. Für graues Gusseisen mit Lamellengraphit (Grauguss) gilt damit beispielsweise:

$$\sigma_{bB} = 2{,}0 \ldots 2{,}5 \cdot R_m \quad \text{(für Grauguss)}$$

## 2.3.4 Zulässige Spannung bei Biegebeanspruchung

Duktile Werkstoffe versagen unter Biegebeanspruchung durch Fließen, spröde Werkstoffe hingegen durch Bruch. In Tabelle 2.5 sind Kennwerte zur Bestimmung der zulässigen Spannung unter Biegebeanspruchung sowie Richtwerte für Sicherheitsbeiwerte zusammengestellt. Die Sicherheitsbeiwerte entsprechen dabei den Werten wie sie für die Zug- bzw. Druckbeanspruchung (Tabelle 2.2 und 2.3) eingeführt wurden.

**Tabelle 2.5** Kennwerte zur Bestimmung der zulässigen Spannung unter Biegebeanspruchung

| Werkstoff bzw. Werkstoffzustand | Versagensart | Werkstoffkennwert | Ersatzwert | Sicherheitsbeiwert [1] |
|---|---|---|---|---|
| duktil | Fließen | $\sigma_{bF}$ | $\approx R_e$ | $S_F = 1{,}2 \ldots 2{,}0$ |
| | Bruch | tritt unter Biegebeanspruchung nicht auf | | |
| spröde | Bruch | $\sigma_{bB}$ | $\geq R_m$ [2] | $S_B = 4{,}0 \ldots 9{,}0$ |

[1] Anhaltswerte, falls keine einschlägigen Berechnungsvorschriften vorliegen.
[2] für Grauguss: $\sigma_{bB} = 2{,}0 \ldots 2{,}5 \cdot R_m$

Zusammenfassend errechnet sich die zulässige Spannung $\sigma_{zul}$ unter Biegebeanspruchung damit wie folgt:

**Bauteile aus duktilen Werkstoffen bzw. duktiles Werkstoffverhalten**

• Fließen: $$\sigma_{zul} = \frac{\sigma_{bF}}{S_F} \quad \text{mit } S_F = 1{,}2 \ldots 2{,}0 \tag{2.40}$$

**Bauteile aus spröden Werkstoffen bzw. sprödes Werkstoffverhalten**

• Bruch: $$\sigma_{zul} = \frac{\sigma_{bB}}{S_B} \quad \text{mit } S_B = 4{,}0 \ldots 9{,}0 \tag{2.41}$$

## 2.3.5 Übungsaufgaben

### Aufgabe 2.12

Der dargestellte Kastenträger aus Werkstoff S275JR ist beidseitig gelenkig gelagert und wird durch die statisch wirkende Kraft $F$ = 25 kN auf Biegung beansprucht. Das Eigengewicht des Trägers sowie Schubspannungen durch Querkräfte sollen vernachlässigt werden.

Berechnen Sie die mindestens erforderliche Wandstärke $s$, damit Fließen mit Sicherheit ($S_F$ = 1,5) ausgeschlossen werden kann.

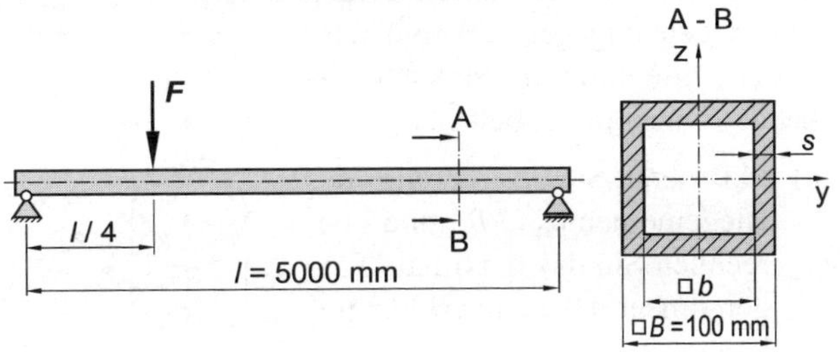


Werkstoffkennwerte S275JR:

$R_e$ = 275 N/mm$^2$
$R_m$ = 540 N/mm$^2$
$E$ = 208000 N/mm$^2$
$\mu$ = 0,30

### Aufgabe 2.13

Ein einseitig eingespannter T-Träger aus dem unlegierten Baustahl S355J2 wird durch die statisch wirkende Kraft $F$ = 1 kN auf Biegung beansprucht. Das Eigengewicht des Trägers, Schubspannungen durch Querkräfte sowie die Kerbwirkung an der Einspannstelle sollen bei allen Aufgabenteilen vernachlässigt werden.

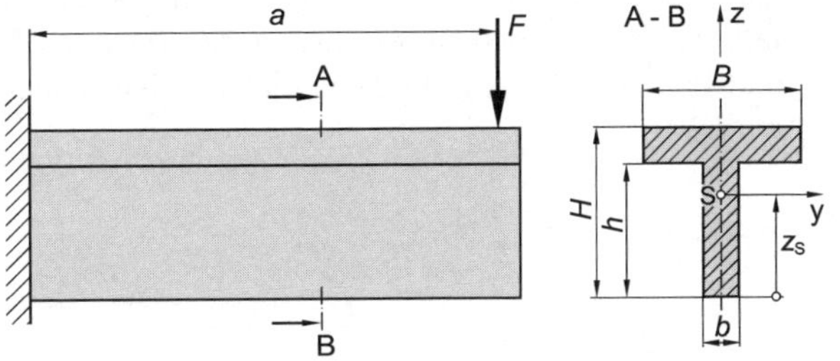


Abmessungen des T-Trägers:

$a$ = 1000 mm
$H$ = 60 mm
$h$ = 40 mm
$B$ = 60 mm
$b$ = 20 mm

Werkstoffkennwerte S355J2:

$R_e$ = 355 N/mm$^2$
$R_m$ = 610 N/mm$^2$
$E$ = 212000 N/mm$^2$
$\mu$ = 0,30

a) Bestimmen Sie die Lage $z_s$ des Flächenschwerpunktes $S$ und berechnen Sie das axiale Flächenmoment 2. Ordnung ($I_y$) sowie das axiale Widerstandsmoment ($W_{by}$) bezüglich der y-Achse.

b) Ermitteln Sie die Sicherheit $S_F$ gegen Fließen für die höchst beanspruchte Stelle.

c) Für eine Konstruktionsvariante soll die Länge des T-Trägers auf $a^*$ = 1500 mm erhöht werden. Die Belastung von $F$ = 1 kN bleibt unverändert. Ermitteln Sie das mindestens erforderliche axiale Widerstandsmoment ($W^*_{by}$), falls eine Sicherheit von $S_F$ = 1,5 gegen Fließen gefordert wird.

## Aufgabe 2.14

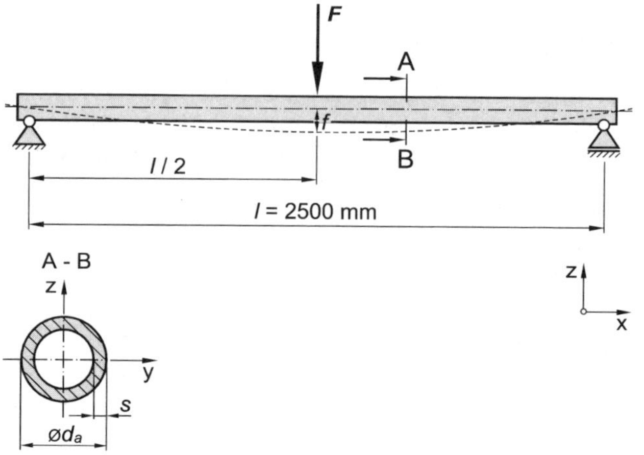


Ein Rohr mit Kreisringquerschnitt und einer Länge von $l$ = 2500 mm (Außendurchmesser $d_a$ = 100 mm, Wandstärke $s$ = 5 mm) aus Werkstoff S275JR ($R_e$ = 275 N/mm$^2$ und $E$ = 210000 N/mm$^2$) ist an beiden Enden gelenkig gelagert und wird in der Mitte durch die statisch wirkende Einzelkraft $F$ belastet.

a) Skizzieren Sie den Verlauf des Biegemomentes $M_b$ und berechnen Sie das maximale Biegemoment $M_{b\,max}$ in Abhängigkeit der Kraft $F$.

b) Ermitteln Sie die zulässige Durchbiegung $f_{max}$ des Stahlrohres, damit Fließen mit Sicherheit ($S_F$ = 1,5) ausgeschlossen werden kann.

c) Auf welchen zulässigen Betrag $f^*_{max}$ muss die maximale Durchbiegung begrenzt werden, falls als Rohrwerkstoff die Graugusssorte EN-GJL-350 ($R_m$ = 350 N/mm$^2$; $\sigma_{bB} \approx 2{,}5 \cdot R_m$ und $E$ = 100000 N/mm$^2$) gewählt und eine Sicherheit von $S_B$ = 5,0 gegen Bruch gefordert wird ?

Hinweis: $f = \dfrac{F \cdot l^3}{48 \cdot E \cdot I}$

## Aufgabe 2.15

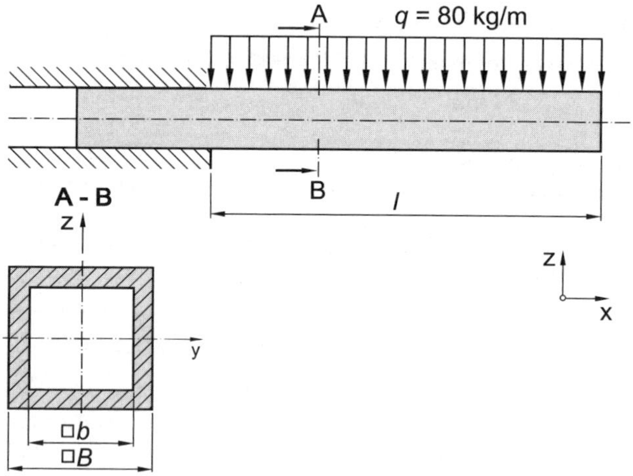


Ein Stahlträger mit quadratischer Querschnittsfläche ($B$ = 200 mm; $b$ = 180 mm) aus Baustahl S355JR ($R_e$ = 355 N/mm$^2$) wird beim Bau einer Stahlkonstruktion frei tragend vorgeschoben. Die Masse des Trägers beträgt $q$ = 80 kg/m (Erdbeschleunigung $g$ = 9,81 m/s$^2$).

Berechnen Sie die maximal mögliche freie Länge $l$ des Stahlträgers, damit plastische Verformungen infolge des Eigengewichts mit Sicherheit ($S_F$ = 1,5) ausgeschlossen werden können.

Kerbwirkung an der Einspannstelle sowie Schubspannungen durch Querkräfte können vernachlässigt werden.

## Aufgabe 2.16

Ein Bauteil mit einer Masse von $m$ = 1000 kg soll mit Hilfe des dargestellten Freiträgers gehalten werden. Der Abstand $l$ zwischen Seilrolle und Einspannung beträgt 1,5 m. Der Durchmesser der Seilrolle kann gegenüber der Stablänge vernachlässigt werden ($g$ = 9,81 m/s$^2$). Kerbwirkung an der Einspannstelle sowie Schubspannungen durch Querkräfte sollen ebenfalls vernachlässigt werden.

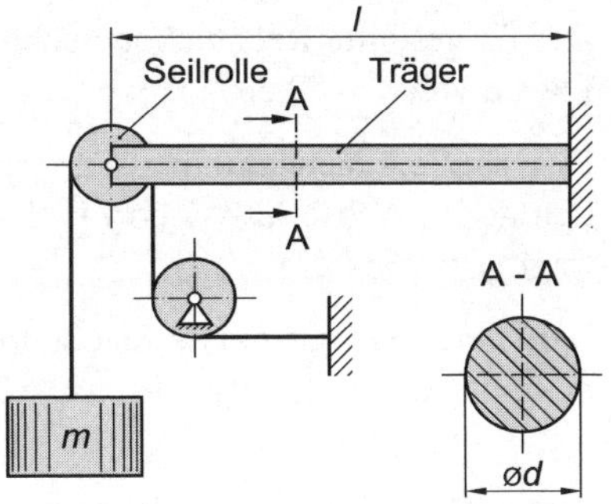


a) Berechnen Sie das erforderliche axiale Widerstandsmoment ($W_b$) des Freiträgers, damit die Masse $m$ mit Sicherheit ($S_F$ = 1,5) gehalten werden kann, falls der Träger aus C35E ($R_e$ = 295 N/mm$^2$) gefertigt wurde.

b) Ermitteln Sie die Masse $m$*, die von einem baugleichen Träger aus der Graugusssorte EN-GJL-300 ($R_m$ = 300 N/mm$^2$; $\sigma_{bB}$ = 460 N/mm$^2$) mit Sicherheit ($S_B$ = 4,0) gehalten werden kann, falls ein Vollkreisquerschnitt mit $d$ = 50 mm gewählt wird.

## Aufgabe 2.17

Die Abbildung zeigt die Querschnittsfläche einen Profilstabes. Sie entspricht einem gleichschenkligen Dreieck mit der Höhe $h$ und der Breite $b$.

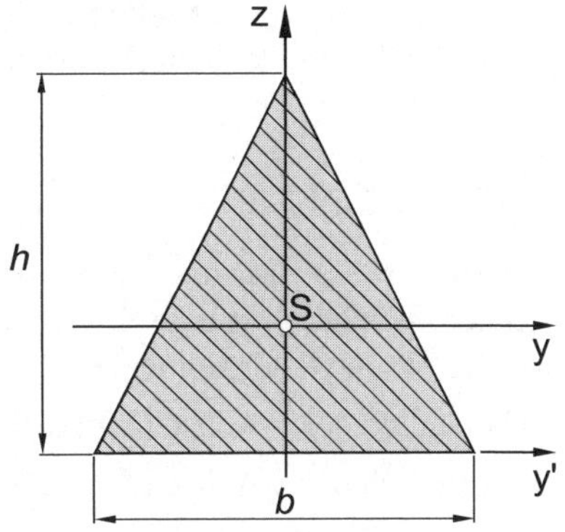


a) Berechnen Sie das axiale Flächenmoment 2. Ordnung ($I_y$) sowie das axiale Widerstandsmoment ($W_{by}$) bezüglich der y-Achse (Achse durch den Flächenschwerpunkt $S$ ).

b) Ermitteln Sie das axiale Flächenmoment 2. Ordnung ($I_y$) und das axiale Widerstandsmoment ($W_{by}$) für ein gleichseitiges Dreieck mit der Kantenlänge $b$.

c) Berechnen Sie die Werte für $I_y$ und $W_{by}$ für den Fall eines gleichschenkligen Dreiecks, jedoch bezüglich der $y$'-Achse (siehe Abbildung).

## Aufgabe 2.18

Ermitteln Sie für den dargestellten Rechteckquerschnitt rechnerisch das axiale Flächenmoment 2. Ordnung sowie das axiale Widerstandsmoment:

a) bezüglich der y-Achse ($I_y$ und $W_{by}$).

b) bezüglich der z-Achse ($I_z$ und $W_{bz}$).

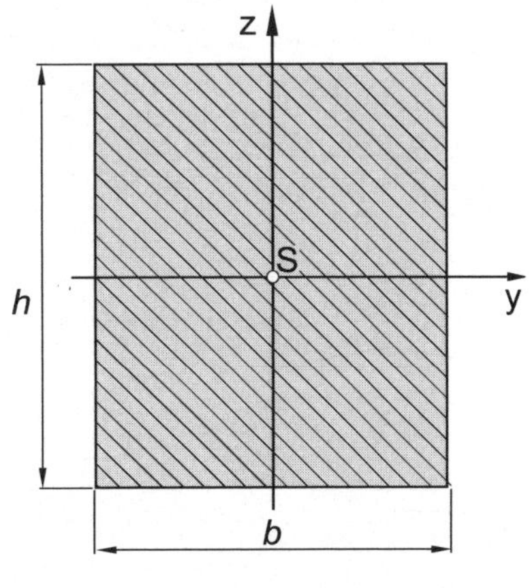

## Aufgabe 2.19

Der dargestellte Rechteckquerschnitt besitzt eine Fläche von $A = 72\ \text{cm}^2$.

Das axiale Flächenmoment 2. Ordnung bezüglich der $y_a$-Achse ($a = 5$ cm) ist bekannt und beträgt $I_{ya} = 2664\ \text{cm}^4$.

Berechnen Sie das axiale Flächenmoment 2.Ordnung bezüglich der $y_b$-Achse ($b = 2$ cm).

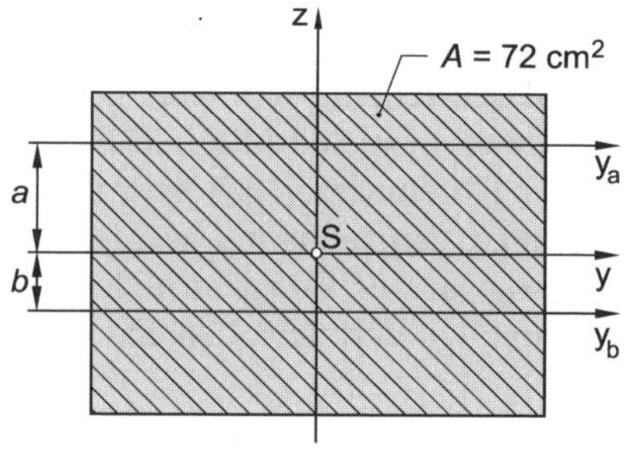


## Aufgabe 2.20

Das dargestellte U-Profil setzt sich aus drei Rechtecken zusammen.

a) Ermitteln Sie den Abstand $z_S$ des Flächenschwerpunktes $S$ von der y'-Achse.

b) Berechnen Sie das axiale Flächenmoment 2. Ordnung ($I_y$) bezüglich der y-Achse (Achse durch den Flächenschwerpunkt $S$).

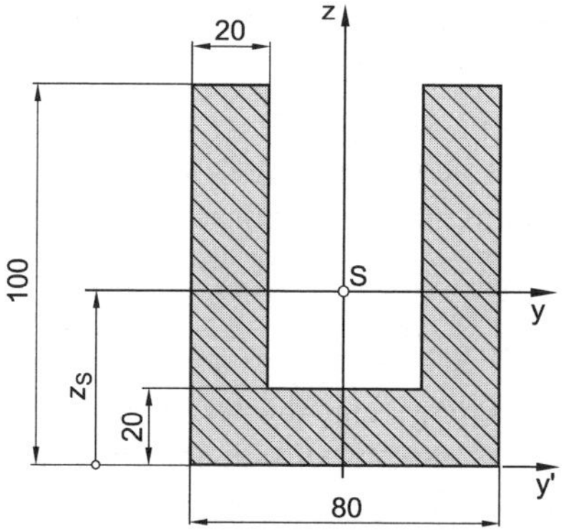


## Aufgabe 2.21

Berechnen Sie für das dargestellte Profil die axialen Flächenmomente 2. Ordnung und die axialen Widerstandsmomente:

a) bezüglich der y-Achse ($I_y$ und $W_{by}$).

b) bezüglich der z-Achse ($I_z$ und $W_{bz}$).

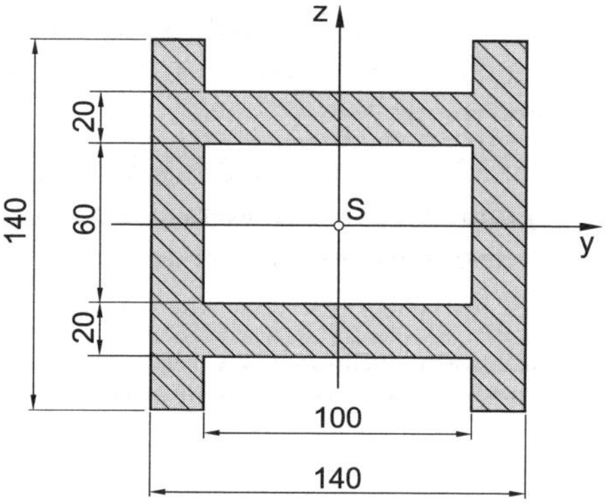

## Aufgabe 2.22

Ein gelenkig gelagerter U-Profilstab aus der unlegierten Baustahlsorte S275JR wird durch eine statisch wirkende Zugkraft $F$ beansprucht.

Werkstoffkennwerte S275JR:

$R_{p0,2}$ = 280 N/mm²
$R_m$ = 550 N/mm²
$E$ = 209000 N/mm²
$\mu$ = 0,30

Bei einem ersten zu untersuchenden Lastfall wirkt die Zugkraft $F$ in horizontaler Richtung (x-Richtung). Der Kraftangriffspunkt befindet sich jedoch am unteren Ende der Querschnittsfläche (siehe Abbildung).

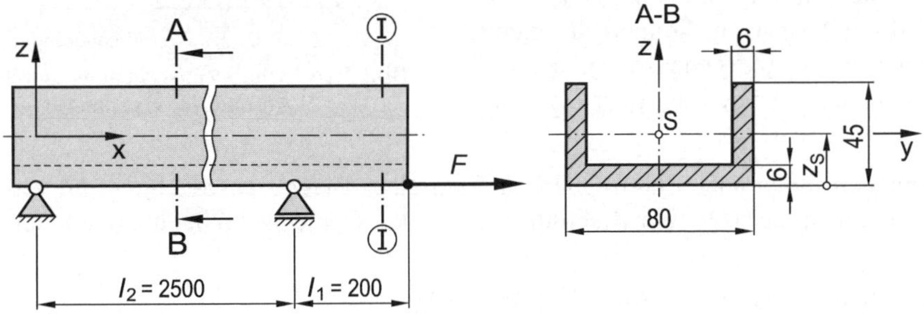


a) Berechnen Sie Lage des Flächenschwerpunktes (Maß $z_s$) sowie das axiale Flächenmoment 2. Ordnung des U-Profils bezüglich der y-Achse ($I_y$).

b) Berechnen Sie die zulässige Zugkraft $F$, falls an keiner Stelle der Querschnittsfläche I - I eine Spannung von $\sigma_{zul}$ = 150 N/mm² überschritten werden darf.

Bei einem zweiten zu untersuchenden Lastfall greift die Kraft $F$ im Flächenschwerpunkt $S$ unter einem Winkel von $\alpha$ = 25° zur Horizontalen (x-Richtung) an.

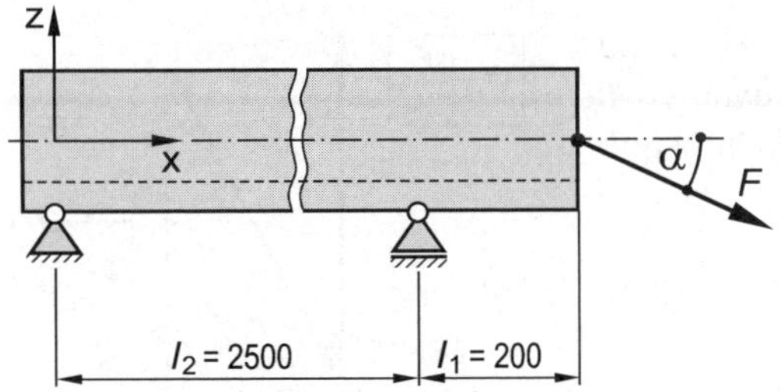


c) Ermitteln Sie die zulässige Zugkraft $F$, damit Fließen an der höchst beanspruchten Stelle mit einer Sicherheit von $S_F$ = 1,5 ausgeschlossen werden kann. Schubspannungen durch Querkräfte können vernachlässigt werden.

## 2.4 Schub

Wirken zwei Kräfte $F$ senkrecht zur Stabachse und liegen ihre Wirkungslinien dicht beieinander, dann tritt in der Querschnittsfläche zwischen den beiden Wirkungslinien eine **Schubbeanspruchung** (auch als **Abscherbeanspruchung** bezeichnet) auf. Typische Beispiele für in dieser Weise beanspruchte Bauteile sind kurze Balken (Bild 2.26a), Schraub-, Niet- und Bolzenverbindungen (Bild 2.26b) aber auch Überlappstöße von Klebe- und Schweißverbindungen. Auch bei der Verarbeitung wie zum Beispiel dem Stanzen oder Scherschneiden treten derartige Schubbeanspruchungen im Werkstoff auf. Da die Wirkungslinien des Kräftepaares einen geringen Abstand besitzen, können die dadurch entstehenden Biegespannungen genauso vernachlässigt werden, wie eventuell auftretende Zug- oder Druckspannungen.

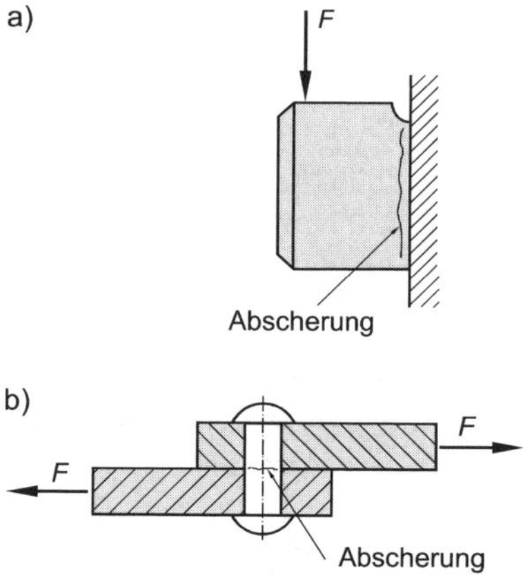


**Bild 2.26** Schubbeanspruchung durch Abscherung (Beispiele)

Schubbeanspruchungen treten auch durch Querkräfte bei einer Biegebeanspruchung mit veränderlichem Biegemoment auf (**Querkraftschub**, Bild 2.20c). Dementsprechend ist zu unterscheiden zwischen:

- Schubbeanspruchung durch Abscherung (Kapitel 2.4.4)
- Schubbeanspruchung durch Querkräfte bei Biegung (Kapitel 10)

### 2.4.1 Schubspannung

Bislang wurden die Grundbelastungsarten Zug, Druck und Biegung besprochen. Als Reaktion auf eine äußere Belastung (Zugkraft, Druckkraft oder Biegemoment) treten im Innern des Bauteils mechanische Spannungen auf. Die Schnittkräfte sind dabei stets senkrecht (normal) zur Schnittfläche gerichtet. Als Maß für die innere Beanspruchung wurde die **Normalspannung** $\sigma$ eingeführt (Bild 2.27). Sie ist definiert als Kraftkomponente ($F_S$) senkrecht zur Schnittfläche bezogen auf die Schnittfläche $A$ (Kapitel 2.1.1, Gleichung 2.1).

Bezieht man in analoger Weise die zur Schnittfläche parallele Komponente ($F_p$) auf die Schnittfläche $A$, dann erhält man als Maß für die innere Beanspruchung die **Schubspannung** $\tau$ (Bild 2.27):

$$\tau = \frac{F_p}{A} \quad \textbf{Definition der Schubspannung} \quad (2.42)$$

$F_p$ Kraftkomponente parallel zur Schnittfläche (N)
$A$ Schnittfläche ($mm^2$)
$\tau$ Schubspannung ($N/mm^2$)

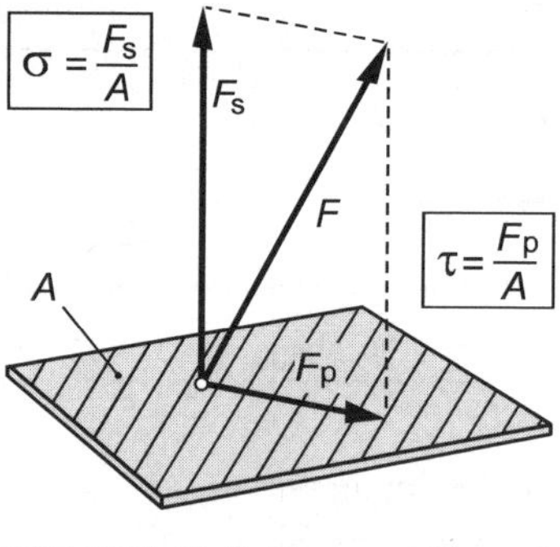


**Bild 2.27** Definition von Normal- und Schubspannung

Eine verallgemeinerte Betrachtung zum Spannungsbegriff sowie die Indizierung und Vorzeichenregelung für Normal- und Schubspannungen folgt in Kapitel 3.1.

Schubspannungen treten aus Gründen des Momentengleichgewichts immer paarweise auf. Man spricht von **zugeordneten Schubspannungen** (siehe auch Kapitel 3.1.4), Bild 2.28.

**Zugeordnete Schubspannungen wirken stets in zwei zueinander senkrechten Ebenen des betrachteten Volumenelements. Sie besitzen den gleichen Betrag und zeigen entweder auf die gemeinsame Kante hin oder von ihr weg.**

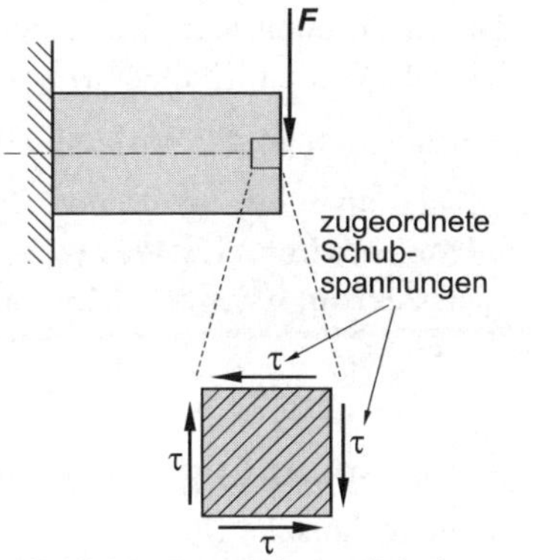


**Bild 2.28** Zugeordnete Schubspannungen

## 2.4.2 Schiebung (Winkelverzerrung)

Um die Verformung eines Werkstoffelements bei Schubbeanspruchung zu ermitteln, wird das in Bild 2.29 dargestellte ursprünglich quadratische Flächenelement betrachtet. Das Element wird unter der Wirkung der Schubspannungen $\tau$ zu einem Parallelogramm verformt. Aus dem ursprünglich rechten Winkel $\angle$ AOB = $\pi/2$ der Würfelkanten bei O (hier denkt man sich das Flächenelement festgehalten) ist unter der Wirkung der zugeordneten Schubspannungen der Winkel $\alpha = \angle$ A'OB' geworden. Diese durch Schubspannungen erzeugte Winkelveränderung des ursprünglich rechtwinkligen Elementes $\gamma$ heißt **Schiebung (Winkelverzerrung)** [1] und ist wie folgt definiert:

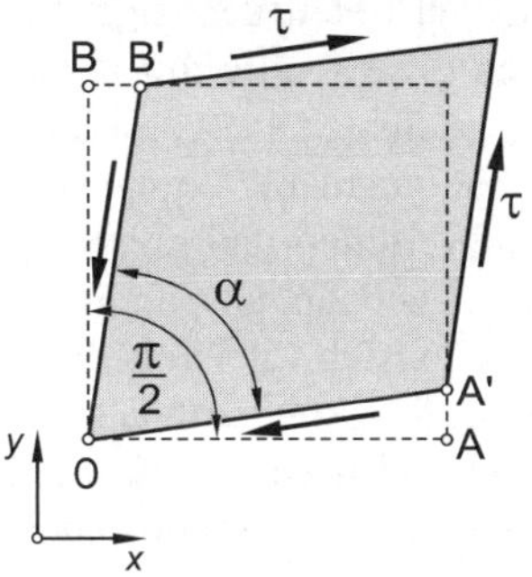


**Bild 2.29** Verformung bei Schubbeanspruchung

$$\gamma = \alpha - \frac{\pi}{2}$$ **Definition der Schiebung (Winkelverzerrung)** (2.43)

Die Schiebung $\gamma$ wird im Bogenmaß (rad) angegeben, sie ist daher dimensionslos. Mitunter wird die Schiebung in Analogie zur Dehnung $\varepsilon$ auch in Prozent (%) oder Promille (‰) ausgedrückt. Eine verallgemeinerte Betrachtung zum Verformungsbegriff sowie die Indizierung und Vorzeichenregelung für Dehnungen und Schiebungen folgt in Kapitel 4.1.

## 2.4.3 Formänderung durch Schubspannungen

Experimentelle Untersuchungen zeigen, dass bei linear-elastischem Werkstoffverhalten zwischen Schubspannung $\tau$ und Schiebung $\gamma$ ein linearer Zusammenhang besteht (vgl. Hooke'sches Gesetz, Kapitel 2.1.4.1):

$$\tau = G \cdot \gamma$$ **Hooke'sches Gesetz für Schubbeanspruchung** (2.44)

Der Proportionalitätsfaktor $G$ heißt **Schubmodul** oder **Gleitmodul**. Seine Einheit ist N/mm$^2$ oder MPa bzw. GPa. Der Schubmodul $G$ ist, wie der Elastizitätsmodul $E$ und die Querkontraktionszahl $\mu$, eine elastische Werkstoffkonstante. Von diesen drei Größen sind für isotrope Werkstoffe und linear-elastisches Werkstoffverhalten jedoch nur zwei voneinander unabhängig. Zwischen ihnen besteht die Beziehung (ohne Herleitung):

$$G = \frac{E}{2 \cdot (1 + \mu)}$$ **Zusammenhang zwischen den elastischen Werkstoffkonstanten $E$, $G$ und $\mu$** (2.45)

[1] Mitunter sind auch die Begriffe „**Schubverzerrung**" oder „**Scherung**" gebräuchlich. Der Begriff „**Gleitung**" soll in diesem Zusammenhang allerdings nicht verwendet werden, da dieser Begriff nach DIN 13316 bleibenden Verformungen vorbehalten ist.

Die elastischen Kennwerte der wichtigsten Werkstoffgruppen bzw. Werkstoffe sind im Anhang 1 (Werkstofftabellen) zusammengestellt.

Vergleicht man die Wirkung von Normal- und Schubspannungen miteinander, so gilt:

**Normalspannungen bewirken Dehnungen (Längenänderungen) nach Maßgabe des Hooke'schen Gesetzes ($\sigma = E \cdot \varepsilon$), Schubspannungen bewirken Schiebungen (Winkelverzerrungen) nach Maßgabe des Hooke'schen Gesetzes für Schubbeanspruchung ($\tau = G \cdot \gamma$).**

## 2.4.4 Spannungsermittlung bei Abscherbeanspruchung

Viele technische Bauteile wie Schrauben, Nieten, Bolzen aber auch Überlappstöße von Klebe- und Schweißverbindungen müssen Längskräfte übertragen und werden dementsprechend auf Abscherung beansprucht. Auch bei der Verarbeitung wie zum Beispiel Stanzen oder Scherschneiden treten derartige Abscherbeanspruchungen auf. Bei dieser Art der Beanspruchung greifen zwei Kräfte mit dicht nebeneinander liegenden Wirkungslinien quer zur Längsachse des Bauteils (Stabes) an (Bild 2.26a und b). Der dabei erzeugte räumliche Spannungszustand ist verhältnismäßig komplex, da sich die Schubspannungen nicht gleichmäßig über den Querschnitt verteilen und teilweise noch zusätzlich Zug-, Druck- oder Biegespannungen auftreten können. Die Schubspannungen in einem Balken sind nicht, wie die Normalspannungen in einem Zugstab, gleichmäßig über den gesamten Querschnitt verteilt. Sie verschwinden vielmehr an den Rändern, da senkrecht zu einer lastfreien Oberfläche keine Spannungen auftreten können und besitzen ein Maximum im Innern (Kapitel 10). Dennoch genügt es häufig anzunehmen, dass die Schubspannungen gleichmäßig über die Querschnittsfläche verteilt sind. Die **mittlere Abscherspannung** $\tau_a$ errechnet sich dann aus der Schubkraft $F_a$ und der Schnittfläche $A$ zu:

$$\tau_a = \frac{F_a}{A}$$ **Mittlere Abscherspannung** (2.46)

Die tatsächliche Spannungsverteilung wird in Kapitel 10 besprochen und für einige ausgewählte Querschnittsgeometrien quantifiziert (Tabelle 10.1).

## 2.4.5 Werkstoffkennwerte bei Abscherbeanspruchung

Das Werkstoffverhalten unter Abscherbeanspruchung (Kapitel 2.4.4) wird in der Materialprüfung mit dem **Scherversuch** untersucht. Der Scherversuch ist für metallische Werkstoffe in DIN 50141 (Probendurchmesser 2 mm ... 25 mm) genormt und dient zur Ermittlung der Scherfestigkeit $\tau_{aB}$ metallischer Werkstoffe bis zu einer Zugfestigkeit von maximal 1300 N/mm$^2$.

Beim Scherversuch werden zylindrische Proben mit einem Durchmesser $d_0$ und einer in der Norm angegebenen Mindestlänge $l$ in einem Schergerät nach Bild 2.30 zügig beansprucht, bis die Probe zweischnittig abschert. Das Schergerät kann beispielsweise in eine Zug- oder Universalprüfmaschine eingebaut werden.

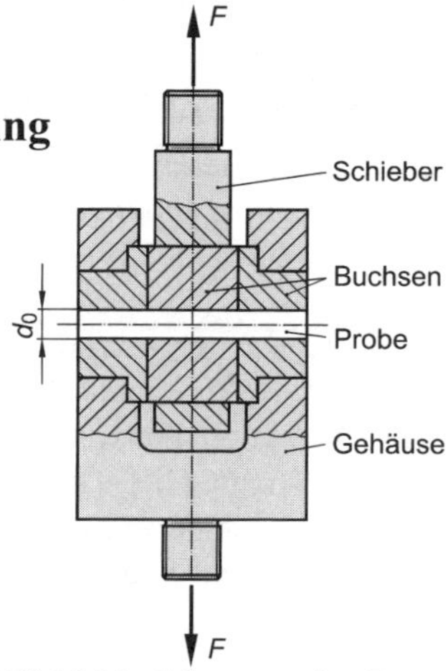


**Bild 2.30** Schergerät für Zugprüfmaschinen nach DIN 50 141

Beim Scherversuch treten neben reinen Schubspannungen zusätzlich Spannungen durch Biegung und Flächenpressung auf. Da kein eindeutiger Spannungszustand zu erreichen ist, wird im Scherversuch im Allgemeinen nur die zum Abscheren erforderliche Höchstzugkraft $F_m$ ermittelt, auf den Ausgangsquerschnitt $A_0$ der Probe bezogen und auf diese Weise die **Scherfestigkeit** $\tau_{aB}$ ermittelt. Da die Probe zweischnittig abgeschert wird (Gesamtfläche $2 \cdot A_0$) folgt für die Scherfestigkeit $\tau_{aB}$:

$$\tau_{aB} = \frac{F_m}{2 \cdot A_0} = \frac{2 \cdot F_m}{\pi \cdot d_0^2} \tag{2.47}$$

$\tau_{aB}$ = Scherfestigkeit (N/mm²)
$F_m$ = Höchstzugkraft beim Abscheren der Probe (N)
$A_0$ = Anfangsquerschnittsfläche der unbelasteten Probe (mm²)
$d_0$ = Anfangsdurchmesser der unbelasteten Probe (mm)

Eine der Streck- oder Dehngrenze vergleichbare Schub- oder Scherfließgrenze wird nicht ermittelt, da sie für die praktische Anwendung keine Bedeutung hat.

Ist die Scherfestigkeit $\tau_{aB}$ nicht verfügbar, dann kann sie für duktile Werkstoffe in erster Näherung aus der Zugfestigkeit $R_m$ mit Hilfe der nachfolgenden empirischen Beziehung ermittelt werden.

$$\tau_{aB} \approx 0{,}6 \ldots 0{,}9 \cdot R_m$$ $0{,}6 \cdot R_m$ für hochfeste, $0{,}9 \cdot R_m$ für niedrigfeste, duktile Werkstoffe (2.48)

Für Stähle mit $R_m \leq 1800$ N/mm² verwendet man mitunter auch die empirisch abgeleitete Beziehung:

$$\tau_{aB} = 0{,}5 \cdot R_m + 140 \text{ N/mm}^2 \tag{2.49}$$

Für spröde Werkstoffe sind keine Umrechnungsbeziehungen bekannt. Lediglich für Grauguss kann die Scherfestigkeit etwa der Zugfestigkeit gleichgesetzt werden: $\tau_{aB} \approx R_m$.

## 2.4.6 Zulässige Spannung bei Abscherbeanspruchung

Als Versagensart kommt unter Abscherbeanspruchung nur der Bruch in Frage. Für die zulässige Schubspannung $\tau_{zul}$ ergibt sich:

$$\tau_{zul} = \frac{\tau_{aB}}{S_B} \quad \text{mit } S_B = 2{,}0 \ldots 4{,}0 \tag{2.50}$$

## 2.4.7 Übungsaufgaben

### Aufgabe 2.23

Über eine einfache Laschenverbindung aus unlegiertem Baustahl E295 ($R_e$ = 295 N/mm$^2$; $R_m$ = 490 N/mm$^2$; $\tau_{aB}$ = 150 N/mm$^2$) soll eine Kraft von $F$ = 35 kN übertragen werden.

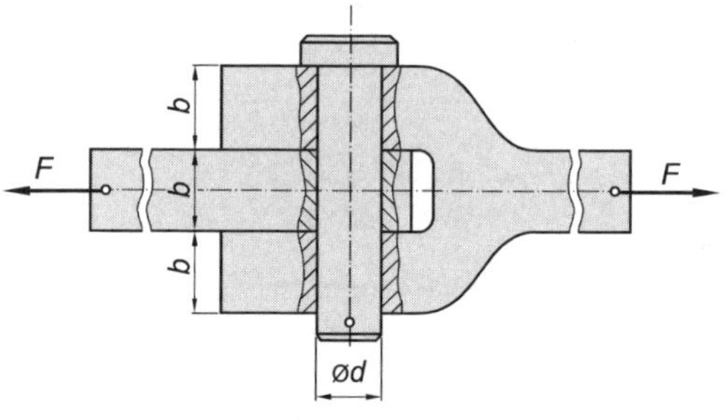


a) Ermitteln Sie den Durchmesser $d$ des Bolzens, damit eine sichere Kraftübertragung erfolgen kann ($S_B$ = 2,0).

b) Bestimmen Sie für den Bolzen gemäß Aufgabenteil a) die maximale Biegespannung $\sigma_b$. Zwischen Bolzen und Laschen soll dabei ausreichend Spiel bestehen. Das Maß $b$ soll 20 mm betragen.

c) Berechnen Sie die maximale Flächenpressung $p$ in der Laschenverbindung.

### Aufgabe 2.24

Zur Verlängerung einer druckbeanspruchten Rohrstütze werden Bolzen aus C45 ($R_m$ = 580 N/mm$^2$; $R_e$ = 320 N/mm$^2$) mit einem Durchmesser von $d$ = 25 mm verwendet (siehe Abbildung).

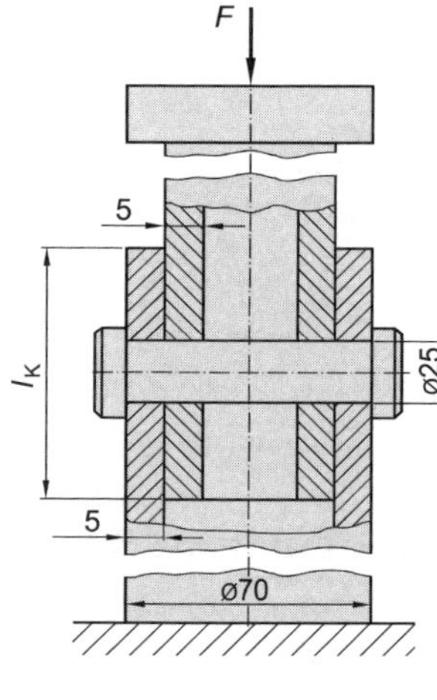


a) Ist die Sicherheit gegen Abscheren des Bolzens ausreichend, falls die maximal zulässige Druckkraft auf die Stützen $F$ = 150 kN beträgt ?

Anstelle des Bolzens sollen die beiden Rohre durch Kleben miteinander verbunden werden.

b) Ermitteln Sie die erforderliche Klebelänge $l_K$, damit die Druckkraft $F$ = 150 kN aufgenommen werden kann. Die zulässige Schubspannung in der Klebeverbindung $\tau_{K\,zul}$ darf 15 N/mm$^2$ nicht überschreiten.

### Aufgabe 2.25

An der Innenoberfläche eines zylindrischen Behälters aus Werkstoff G34CrMo4 ($R_{p0,2}$ = 600 N/mm$^2$; $R_m$ = 750 N/mm$^2$) sind zur Auflage eines Zwischenbodens 4 um 90° gegeneinander versetzte Zapfen mit einer Breite $b$ von jeweils 80 mm angegossen worden.

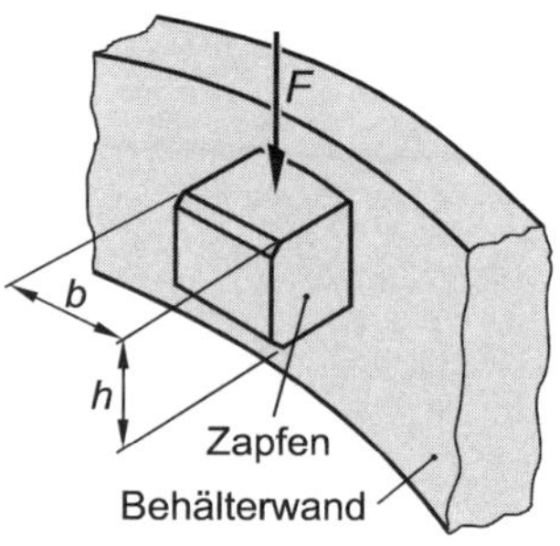


Berechnen Sie die mindestens erforderliche Höhe $h$, damit bei einer Auflagekraft von $F_A$ = 2000 kN ein Bruch mit Sicherheit ($S_B$ = 2,5) ausgeschlossen werden kann.

Normalspannungen aufgrund von Biegung sowie Kerbwirkung sollen vernachlässigt werden.

## Aufgabe 2.26

Aus einer Blechtafel aus der Aluminium-Legierung EN AW-Al Mg3-H14 ($\tau_{aB}$ = 290 N/mm$^2$) mit einer Dicke von $t$ = 3 mm soll das dargestellte Teil ausgestanzt werden.

Ermitteln Sie die mindestens erforderliche Stanzkraft $F_S$.

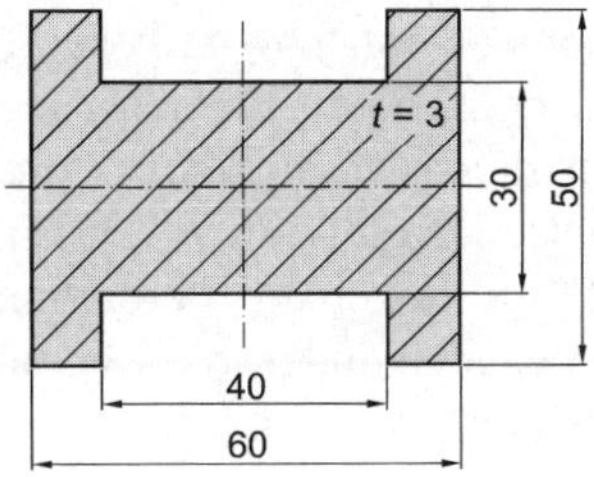


## Aufgabe 2.27

Der dargestellte Zugstab wird durch zwei Stahlnieten mit dem Anschlussblech verbunden (jeweils zweischnittige Nietverbindung).

Ermitteln Sie den erforderlichen Durchmesser $d$ der Nieten, damit eine statisch wirkende Zugkraft von $F_Z$ = 100 kN mit Sicherheit ($S_B$ = 3,5) aufgenommen werden kann. Als Werkstoff für die Nieten soll C22 verwendet werden (Scherfestigkeit $\tau_{aB}$ = 290 N/mm$^2$).

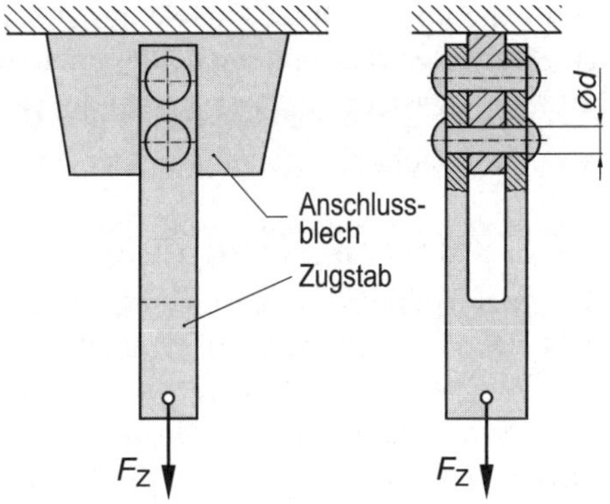


## Aufgabe 2.28

Die Abbildung zeigt die einschnittige Nietverbindung zweier Stahlbleche. Als Nietwerkstoff wurde die ausgehärtete Aluminium-Legierung EN AW-Al Zn5Mg3Cu-T6 gewählt (Scherfestigkeit $\tau_{aB}$ = 380 N/mm$^2$).

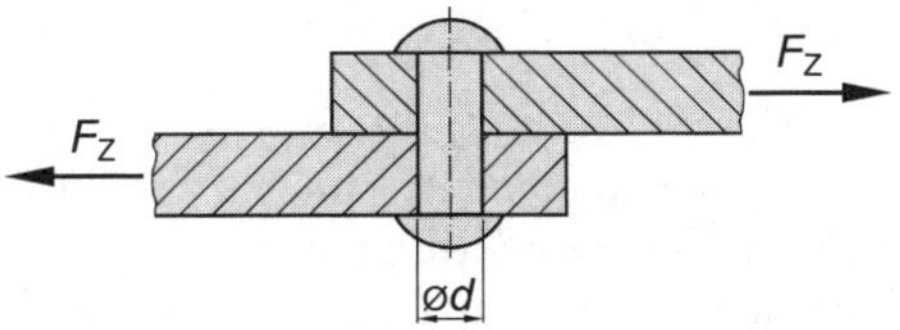


Berechnen Sie den mindestens erforderlichen Durchmesser $d$ des Niets, damit eine Kraft von $F_Z$ = 50 kN mit Sicherheit ($S_B$ = 3,0) übertragen werden kann. Kerbwirkung und Biegeanteile sollen vernachlässigt werden.

## 2.5 Torsion

Ein Torsionsmoment entsteht, falls Kräftepaare $F$ auf einen Stab einwirken, deren Ebenen parallel zum Stabquerschnitt oder deren Momentenvektoren $M_t$ in Richtung der Stabachse liegen (Bild 2.31). Eine Torsionsbeanspruchung führt zu einer Verdrehung der Querschnittsflächen gegeneinander, die Mantellinien werden dabei schraubenförmig verformt.

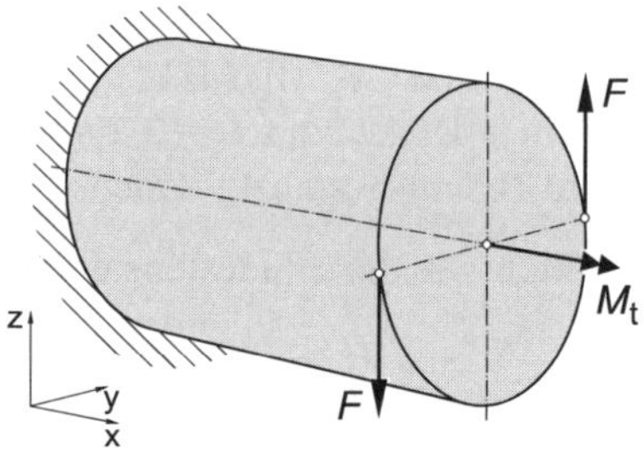


**Bild 2.31** Torsionsbeanspruchter Stab

Die nachfolgenden Ausführungen sollen sich auf einfache Querschnitte beschränken, da die Theorie der Torsion beliebig geformter Querschnittsflächen kompliziert ist. Sinnvollerweise unterscheidet man zwischen:

- Torsion kreisförmiger Querschnitte (Kreis- und Kreisringquerschnitte, Kapitel 2.5.1)
- Torsion nicht kreisförmiger Querschnitte (Kapitel 11)

### 2.5.1 Spannungsermittlung bei Torsion kreisförmiger Querschnitte

Bei einer Torsionsbeanspruchung gerader, prismatischer Stäbe mit kreisförmiger Querschnittsfläche (konstruktiv gesehen handelt es sich dabei vor allem um Wellen und Achsen) bleiben die einzelnen Querschnitte eben und senkrecht zur Stabachse, sie verdrehen sich lediglich wie starre Scheiben gegeneinander unter Beibehaltung der Stabachse. Aufgrund der Symmetrie der Querschnitte entsteht eine gleichmäßige Verformung d. h. keine Verschiebung von Werkstoffteilchen in Längsrichtung. Die Stabquerschnitte bleiben dabei eben und senkrecht zur Stabachse, sie verwölben sich nicht. Es soll außerdem vorausgesetzt werden, dass die Belastung nur durch ein Drehmoment um die Stabachse erfolgt. Querkräfte treten nicht auf.

Zur Herleitung der durch ein Torsionsmoment im Werkstoff hervorgerufenen Spannungen betrachtet man zunächst den in Bild 2.32a dargestellten Stab. Der Stab wird durch das Torsionsmoment $M_t$ auf Verdrehung (Torsion) beansprucht.

Zur Ermittlung der durch das Torsionsmoment $M_t$ hervorgerufenen Schubspannungen wird eine aus dem Stab herausgeschnittene Scheibe der Dicke $dx$ und dem Radius $R$ betrachtet (Bild 2.32c).

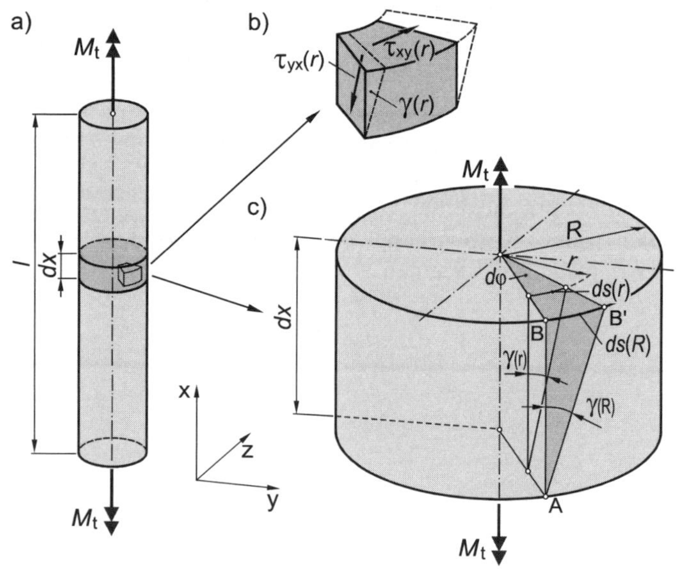


**Bild 2.32** Verformung eines Rundstabes unter Torsion

Das Torsionsmoment $M_t$ versucht benachbarte Querschnittsebenen relativ zueinander um einen Winkel $d\varphi$ zu verdrehen. Bei der Drehung der beiden Endquerschnitte um den Winkel $d\varphi$ geht die Mantellinie AB des Zylinders in die Schraubenlinie AB‘ mit dem Steigungswinkel $\gamma$ über. Der ursprünglich rechte Winkel zwischen der Mantellinie AB sowie der zur Stabachse senkrechten Querschnittsfläche ändert sich um den Winkel $\gamma$. Dieser Winkel $\gamma$ entspricht der Schiebung (Kapitel 2.4.2).

Aufgrund der geometrischen Verhältnisse gelten für ein Bogenstück im Abstand $r$ ($0 \leq r \leq R$) von der Drehachse die folgenden Beziehungen:

$$ds(r) = r \cdot d\varphi \tag{2.51}$$

sowie

$$ds(r) = \tan\gamma(r) \cdot dx \approx \gamma(r) \cdot dx \tag{2.52}$$

Gleichsetzen von Gleichung 2.51 und 2.52:

$$r \cdot d\varphi = \gamma(r) \cdot dx \tag{2.53}$$

Integration über die gesamte Stablänge ergibt schließlich einen Zusammenhang zwischen Verdrehwinkel $\varphi$ und der Schiebung (Winkelverzerrung) $\gamma$ in Abhängigkeit des Abstands $r$ von der Drehachse:

$$r \cdot \int_0^{\varphi} d\varphi = \gamma(r) \cdot \int_0^{l} dx$$

$$r \cdot \varphi = \gamma(r) \cdot l \quad \text{bzw.} \quad \gamma(r) = \frac{\varphi}{l} \cdot r \tag{2.54}$$

Gemäß Gleichung 2.54 nimmt die Schiebung $\gamma(r)$ ausgehend vom Wert Null in der Drehachse ($r = 0$) mit dem Radius $r$ linear bis zum Maximalwert $\gamma(R)$ an der Staboberfläche ($r = R$) zu.

An einem parallel zur Stabachse im Abstand $r$ herausgeschnittenen Volumenelement wirken bei reiner Torsion einander zugeordnete Schubspannungen (Bild 2.32b). Die in den Querschnitten in Umfangsrichtung auftretenden Schubspannungen sind denjenigen Schubspannungen zugeordnet, die in Längsschnitten in axialer Richtung wirken, also $\tau_{xy}(r) = \tau_{yx}(r) = \tau(r)$. Diese zugeordneten Schubspannungen bewirken damit die Verformung, die bei der Verdrehung des Stabes entsteht:

$$\tau(r) = \left|\tau_{xy}(r)\right| = \left|\tau_{yx}(r)\right|$$

Bei linear-elastischem Werkstoffverhalten ist der Zusammenhang zwischen Schubspannung $\tau(r)$ und Schiebung $\gamma(r)$ durch das Hooke'sche Gesetz für Schubspannungen gegeben (Kapitel 2.4.3):

$$\tau(r) = G \cdot \gamma(r) \tag{2.55}$$

Setzt man Gleichung 2.54 in Gleichung 2.55 ein, dann folgt schließlich für die Schubspannung $\tau(r)$ im Abstand $r$ von der Drehachse:

$$\tau(r) = G \cdot \frac{\varphi}{l} \cdot r \tag{2.56}$$

Die Schubspannung $\tau(r)$ steigt also mit zunehmendem Abstand von der Drehachse nach außen linear an.

Mit Hilfe von Gleichung 2.56 können bei einem vorgegebenen Verdrehwinkel $\varphi$ die Schubspannungen $\tau(r)$ in Abhängigkeit des Abstands $r$ von der Drehachse ermittelt werden. Für praktische Berechnungen der Schubspannung $\tau(r)$ ist jedoch Gleichung 2.56 ungeeignet, da der Verdrehwinkel in der Regel nicht vorgegeben ist. Daher muss, analog zur Biegung, ein Zusammenhang zwischen der bekannten äußeren Belastung durch das Torsionsmoment $M_t$ und der Schubspannung $\tau(r)$ im Bauteil hergeleitet werden.

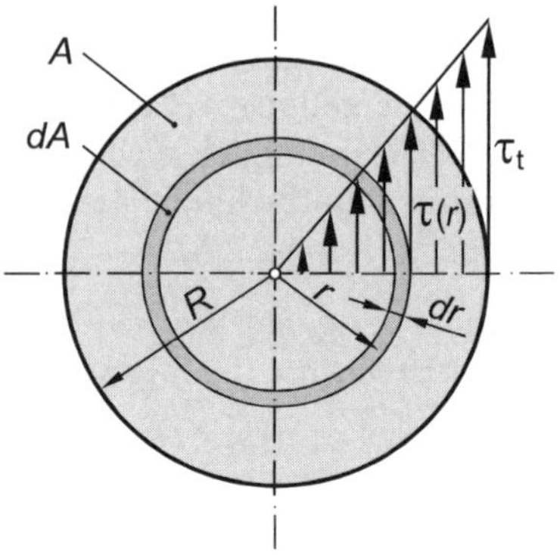


**Bild 2.33** Spannungsverteilung in einem kreiszylindrischen Stab unter Torsionsbeanspruchung

Freischneiden des Torsionsstabes zeigt, dass die Schubspannungen $\tau(r)$ für einen festen Radius $r$ in konzentrischen Kreisen um die Drehachse verlaufen (Bild 2.33). Der Anteil $dM_t$ am Gesamtmoment, den die Schubspannung $\tau(r)$ an einem beliebigen Radius ($0 \leq r \leq R$) liefert, beträgt:

$$dM_t = r \cdot \tau(r) \cdot dA \tag{2.57}$$

Das Gesamtmoment ergibt sich dann als Integral über die Querschnittsfläche $A$ zu:

$$M_t = \int_A r \cdot \tau(r) \cdot dA \tag{2.58}$$

Gleichung 2.56 in Gleichung 2.58 eingesetzt, liefert:

$$M_t = \int_A r \cdot G \cdot \frac{\varphi}{l} \cdot r \cdot dA = G \cdot \frac{\varphi}{l} \int_A r^2 \cdot dA \tag{2.59}$$

Der Integralausdruck

$$\int_A r^2 \cdot dA = I_p \tag{2.60}$$

wird als **polares Flächenmoment 2. Ordnung ($I_p$)** bezeichnet. Es besitzt die Dimension $m^4$ (bzw. $cm^4$ oder $mm^4$). Die polaren Flächenmomente 2. Ordnung sind für den Vollkreis- und Kreisringquerschnitt in Tabelle 2.6 zusammengestellt. Das Torsionsmoment $M_t$ berechnet sich damit zu:

$$M_t = G \cdot \frac{\varphi}{l} \cdot I_p \tag{2.61}$$

Aus Gleichung 2.56 folgt:

$$G \cdot \frac{\varphi}{l} = \frac{\tau(r)}{r} \tag{2.62}$$

Gleichung 2.62 in Gleichung 2.61 eingesetzt ergibt schließlich:

$$M_t = \tau(r) \cdot \frac{I_p}{r} \tag{2.63}$$

Die für Festigkeitsnachweise erforderliche maximale Schubspannung $\tau_{max}$, die in der Regel mit $\tau_t$ ($\tau_t \equiv \tau_{max}$) bezeichnet wird, erhält man dementsprechend für $r = R$ zu:

$$\tau_t = \frac{M_t}{I_p} \cdot R \tag{2.64}$$

Die beiden Größen $I_p$ und $R$, die nur von der Querschnittsgeometrie abhängen, fasst man zum **polaren Widerstandsmoment** $\boldsymbol{W_t}$ (bisweilen auch mit $W_p$ bezeichnet) zusammen. Das polare Widerstandsmoment hat die Dimension $m^3$ (bzw. $cm^3$ oder $mm^3$) und ist für den Vollkreis- und Kreisringquerschnitt ebenfalls in Tabelle 2.6 zusammengestellt.

Damit ergibt sich die Grundgleichung zur Berechnung der maximalen Torsionsschubspannung $\tau_t$ in der Randfaser eines auf Torsion beanspruchten geraden prismatischen Stabes mit Vollkreis- oder Kreisringquerschnitt:

$$\tau_t = \frac{M_t}{W_t} \tag{2.65}$$

**Maximale Torsionsschubspannung in einem geraden prismatischen Stab mit Vollkreis- oder Kreisringquerschnitt unter der Wirkung eines Torsionsmomentes**

**Tabelle 2.6** Polare Flächenmomente 2. Ordnung ($I_p$) sowie polare Widerstandsmomente ($W_t$) für den Vollkreis- und Kreisringquerschnitt

| Profil | polares Flächenmoment | polares Widerstandsmoment |
|---|---|---|
| **Vollkreis** 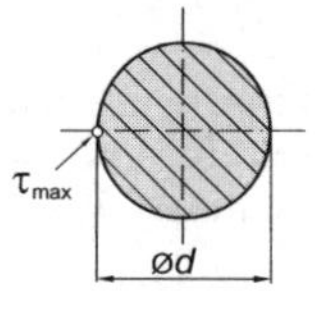  | $I_p = \frac{\pi}{32} \cdot d^4$ | $W_t = \frac{\pi}{16} \cdot d^3$ |
| **Kreisring** 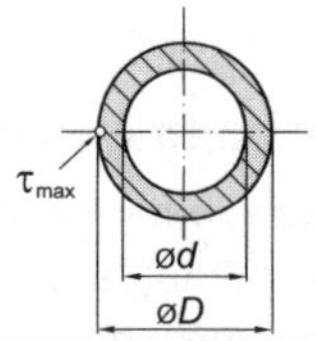  | $I_p = \frac{\pi}{32} \cdot \left(D^4 - d^4\right)$ | $W_t = \frac{\pi}{16} \cdot \frac{D^4 - d^4}{D}$ |

## 2.5.2 Verdrehwinkel

Aus Gleichung 2.61 kann auch der Verdrehwinkel $\varphi$ unter der Wirkung des Torsionsmomentes $M_t$ errechnet werden:

$$\varphi = \frac{M_t \cdot l}{G \cdot I_p} \tag{2.66}$$

**Verdrehwinkel eines geraden prismatischen Stabes mit Vollkreis- oder Kreisringquerschnitt unter der Wirkung eines Torsionsmomentes**

Bei der Anwendung von Gleichung 2.66 ist zu beachten:

1. die Gleichung gilt nur für gerade, prismatische Stäbe mit Vollkreis- und Kreisringquerschnitt (analog Gleichung 2.65),
2. der Verdrehwinkel $\varphi$ ergibt sich aus Gleichung 2.66 im Bogenmaß. Die Umrechnung ins Gradmaß erfolgt über die Beziehung:

$$\varphi\,(\text{in Grad}) = \frac{180°}{\pi} \cdot \varphi\,(\text{in rad})$$ **Umrechnung zwischen Gradmaß und Bogenmaß** (2.67)

Der Verdrehwinkel $\varphi$ eines geraden prismatischen Stabes aus unterschiedlichen Werkstoffen mit sprunghaft sich verändernden Querschnitten und / oder Momenten (Bild 2.34) berechnet sich aus der Summe der Einzelverdrehwinkel $\varphi_i$. Bezeichnet man die Anzahl der Balkenabschnitte mit konstantem Werkstoff, Querschnitt oder Moment mit $n$, dann ergibt sich mit Gleichung 2.66 die Beziehung:

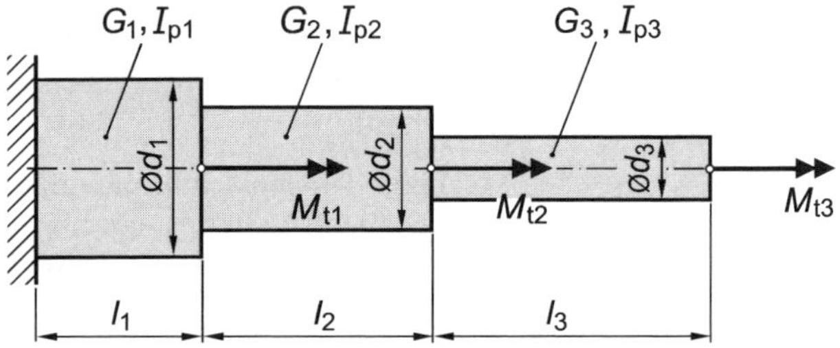


**Bild 2.34** Verdrehung eines geraden prismatischen Stabes mit Kreisringquerschnitt sowie abschnittsweise konstantem Stabquerschnitt, Werkstoff und Torsionsmoment

$$\varphi = \sum_{i=1}^{n} \varphi_i = \sum_{i=1}^{n} \frac{M_{ti} \cdot l_i}{G_i \cdot I_{pi}}$$ **Verdrehwinkel eines geraden prismatischen Stabes mit Vollkreis- oder Kreisringquerschnitt und abschnittsweise konstantem Stabquerschnitt, Werkstoff sowie Torsionsmoment** (2.68)

## 2.5.3 Werkstoffverhalten und Kennwerte bei Torsionsbeanspruchung

Das Materialverhalten unter Torsionsbeanspruchung wird im **Torsions-** oder **Verdrehversuch** ermittelt. Beim nicht genormten Torsions- oder Verdrehversuch, der hauptsächlich zur Prüfung von Werkstoffen für Wellen, Rohre, Drähte usw. dient, wird eine meist zylindrische Probe ($L_0 = 5 \cdot d_0 \ldots 10 \cdot d_0$) durch ein um die Probenlängsachse wirkendes Torsionsmoment $M_t$ verdreht, bis der Werkstoff zu fließen beginnt bzw. bis die Probe bricht (Bild 2.35).

Ausgehend von der Stabmitte nimmt die Schubspannung dabei zum Rand hin kontinuierlich zu und ist dort am größten (Bild 2.35). Als Versagensart kommen bei duktilen Werkstoffen das Fließen und der Bruch, bei spröden Werkstoffen nur der Bruch in Betracht.

Als Werkstoffkennwerte können im Torsionsversuch die Torsionsfließgrenze $\tau_{tF}$ und die Torsionsfestigkeit $\tau_{tB}$ ermittelt werden.

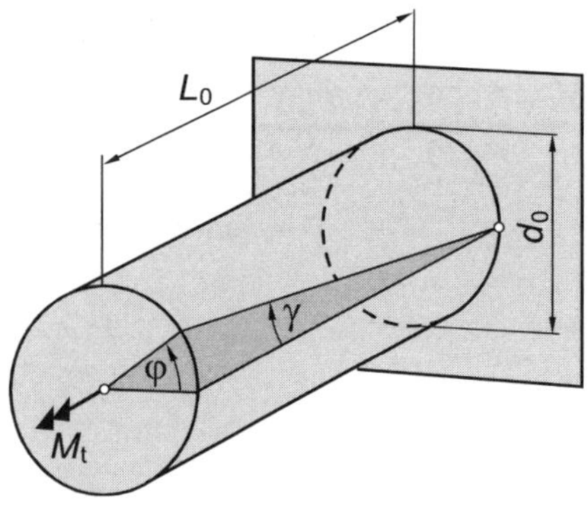


**Bild 2.35** Prinzip des Torsionsversuchs

Aus dem Moment $M_{tF}$ bei Fließbeginn errechnet man die am Probenrand auftretende größte Schubspannung, die **Torsionsfließgrenze** $\tau_{tF}$ zu:

$$\tau_{tF} = \frac{M_{tF}}{W_t} \quad \textbf{Torsionsfließgrenze} \tag{2.69}$$

$\tau_{tF}$ Torsionsfließgrenze (N/mm$^2$)
$M_{tF}$ Torsionsmoment bei Fließbeginn (Nmm)
$W_t$ polares Widerstandsmoment (mm$^3$)

Die beim Bruch der Probe am Probenrand auftretende Schubspannung wird als **Torsionsfestigkeit** $\tau_{tB}$ bezeichnet:

$$\tau_{tB} = \frac{M_{tB}}{W_t} \quad \textbf{Torsionsfestigkeit} \tag{2.70}$$

$\tau_{tB}$ Torsionsfestigkeit (N/mm$^2$)
$M_{tB}$ Torsionsmoment beim Bruch der Probe (Nmm)
$W_t$ polares Widerstandsmoment (mm$^3$)

Das polare Widerstandsmoment $W_t$ wurde unter der Voraussetzung eines linear-elastischen Werkstoffverhaltens hergeleitet (s. o.). Mit Erreichen von $M_{tB}$ ist jedoch der gesamte Querschnitt bereits plastifiziert, so dass $\tau_{tB}$ lediglich ein fiktiver Spannungswert ist.

Stehen Werkstoffkennwerte aus dem Torsionsversuch nicht zur Verfügung, dann kann die Torsionsfließgrenze $\tau_{tF}$ und die Torsionsfestigkeit $\tau_{tB}$ auch aus Zugversuchskennwerten abgeschätzt werden. Aus dem Vergleich von Werkstoffkennwerten aus dem Torsions- und dem Zugversuch wurden empirische Zusammenhänge zwischen der Torsionsfließgrenze $\tau_{tF}$ bzw. der Torsionsfestigkeit $\tau_{tB}$ und der Streck- bzw. Dehngrenze ($R_e$ bzw. $R_p$) bzw. der Zugfestigkeit ($R_m$) abgeleitet.

Für **duktile Werkstoffe** gilt:

$$\tau_{tF} = \frac{R_e}{2} \text{ bzw. } \tau_{tF} = \frac{R_{p0,2}}{2} \tag{2.71}$$

$$\tau_{tB} \approx 0{,}6 \ldots 0{,}9 \cdot R_m \tag{2.72}$$

0,6·$R_m$ für hochfeste, 0,9·$R_m$ für niedrigfeste Werkstoffe

Für Stähle mit $R_m \leq 1800$ N/mm$^2$ verwendet man mitunter auch die empirisch abgeleitete Beziehung:

$$\tau_{tB} = 0{,}5 \cdot R_m + 140 \text{ N/mm}^2 \tag{2.73}$$

Für **spröde Werkstoffe** gilt:

$$\tau_{tB} = R_m \tag{2.74}$$

### 2.5.4 Zulässige Spannung bei Torsionsbeanspruchung

Duktile Werkstoffe versagen unter Torsionsbeanspruchung durch Fließen oder Bruch, spröde Werkstoffe hingegen nur durch Bruch. In Tabelle 2.7 sind in Abhängigkeit des Werkstoffverhaltens und der Versagensart die maßgebenden Werkstoffkennwerte sowie Sicherheitsbeiwerte bei reiner Torsionsbeanspruchung zusammengestellt.

**Tabelle 2.7** Kennwerte zur Bestimmung der zulässigen Spannung unter Torsionsbeanspruchung

| **Werkstoff bzw. Werkstoffzustand** | **Versagensart** | **Werkstoffkennwert** | **Ersatzwert** | **Sicherheitsbeiwert** [1)] |
|---|---|---|---|---|
| duktil | Fließen | $\tau_{tF}$ | $R_e / 2$ bzw. $R_{p0,2} / 2$ | $S_F = 1{,}2 \ldots 2{,}0$ |
| | Bruch | $\tau_{tB}$ | $0{,}6 \ldots 0{,}9 \cdot R_m$ oder $0{,}5 \cdot R_m + 140\ \text{N/mm}^2$ | $S_B = 2{,}0 \ldots 4{,}0$ |
| spröde | Bruch | $\tau_{tB}$ | $R_m$ | $S_B = 4{,}0 \ldots 9{,}0$ |

[1)] Anhaltswerte, falls keine einschlägigen Berechnungsvorschriften vorliegen.

Zusammenfassend errechnet sich die zulässige Schubspannung $\tau_{zul}$ unter Torsionsbeanspruchung also wie folgt:

**Bauteile aus duktilen Werkstoffen bzw. duktiles Werkstoffverhalten**

• Fließen: $\tau_{zul} = \dfrac{\tau_{tF}}{S_F}$ mit $S_F = 1{,}2 \ldots 2{,}0$ (2.75)

• Bruch: $\tau_{zul} = \dfrac{\tau_{tB}}{S_B}$ mit $S_B = 2{,}0 \ldots 4{,}0$ (2.76)

Maßgebend für den Festigkeitsnachweis ist der niedrigere der beiden Werte.

**Bauteile aus spröden Werkstoffen bzw. sprödes Werkstoffverhalten**

• Bruch: $\tau_{zul} = \dfrac{\tau_{tB}}{S_B}$ mit $S_B = 4{,}0 \ldots 9{,}0$ (2.77)

## 2.5.5 Übungsaufgaben

### Aufgabe 2.29

Ein Rohr aus Werkstoff S275JR mit einem Außendurchmesser $d_a$ = 50 mm und einer Wandstärke von $s$ = 6 mm wird durch ein Torsionsmoment $M_t$ statisch beansprucht.

Werkstoffkennwerte S275JR:
$R_e$ = 295 N/mm² $E$ = 210000 N/mm²
$R_m$ = 490 N/mm² $\mu$ = 0,30

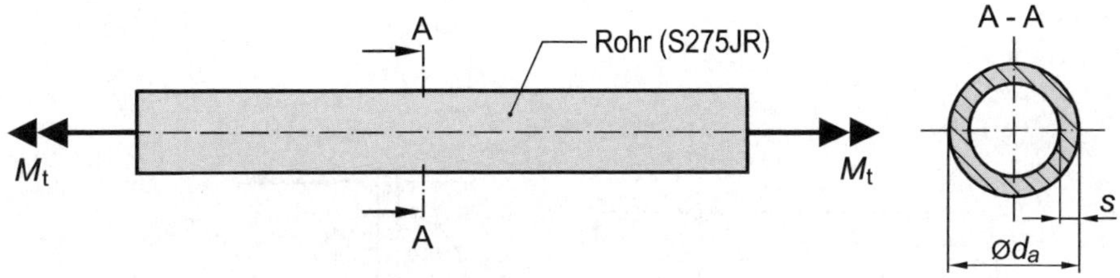


a) Skizzieren Sie qualitativ den Spannungsverlauf über der Querschnittsfläche.

b) Ermitteln Sie das zulässige Torsionsmoment, damit ein Versagen mit Sicherheit ausgeschlossen werden kann ($S_F$ = 1,2 und $S_B$ = 2,0).

c) Berechnen Sie für den Fall aus Aufgabenteil b) die maximale Schubspannung im Querschnitt.

### Aufgabe 2.30

Ein Torsionsstab aus Werkstoff S275JR (Werkstoffkennwerte siehe Aufgabe 2.29) mit Vollkreisquerschnitt und einer Länge von $l$ = 2 m ist an einem Ende fest eingespannt. Am anderen Ende des Stabes ist eine Platte angebracht, an der vier tangential gerichtete, statisch wirkende Kräfte von je $F$ = 900 N angreifen. Der Abstand der Wirkungslinien der Kräfte beträgt $c$ = 700 mm. Die Kerbwirkung an der Einspannstelle kann vernachlässigt werden.

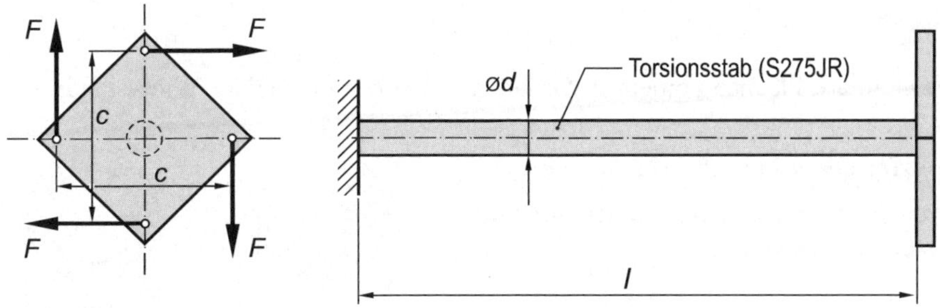


a) Dimensionieren Sie den Durchmesser $d$ des Stabes so, damit Fließen mit einer Sicherheit von $S_F$ = 2,0 ausgeschlossen werden kann.

b) Bestimmen Sie den mindestens erforderlichen Durchmesser $d^*$, falls der Stab aus der Graugusssorte EN-GJL-300 ($R_m$ = 300 N/mm²; $E$ = 110000 N/mm²; $\mu$ = 0,25) gefertigt wurde und eine Sicherheit von $S_B$ = 5,0 gegen Bruch verlangt wird.

c) Ermitteln Sie den Verdrehwinkel $\varphi$ für die Fälle aus Aufgabenteil a) und b).

## Aufgabe 2.31

Ein Stab mit kreiszylindrischer Querschnittsfläche aus dem Vergütungsstahl 42CrMo4 mit den in der Abbildung gegebenen Abmessungen, ist an einem Ende fest eingespannt und wird an seinem anderen Ende durch das statisch wirkende, tangential angreifende Kräftepaar $F$ auf Torsion beansprucht. Die Kerbwirkung an der Einspannstelle sowie im Bereich der Durchmesserveränderung kann vernachlässigt werden.

Werkstoffkennwerte 42CrMo4:
$R_{p0,2}$ = 1140 N/mm$^2$
$R_m$ = 1320 N/mm$^2$
$E$ = 205000 N/mm$^2$
$\mu$ = 0,30

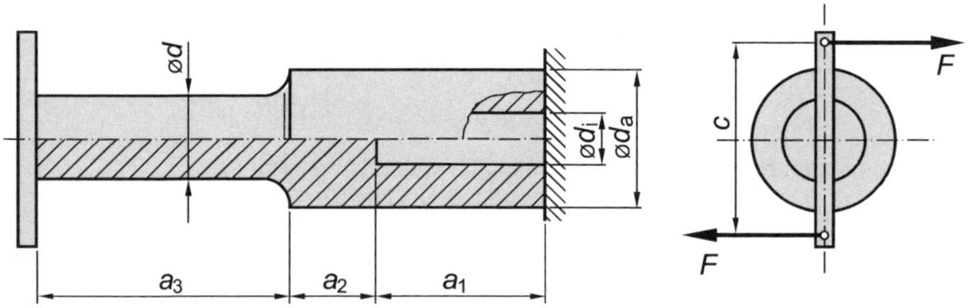


$a_1$ = 50 mm  $d_a$ = 40 mm
$a_2$ = 25 mm  $d_i$ = 15 mm
$a_3$ = 65mm  $d$ = 25 mm
$c$ = 80 mm

a) Berechnen Sie die Kräfte $F$, die erforderlich sind, um den Stab um 2,5° zu verdrehen.

b) Ermitteln Sie für die in Aufgabenteil a) berechnete Kraft $F$ die Sicherheiten gegen Fließen ($S_F$) in den einzelnen Abschnitten des Stabes.

## Aufgabe 2.32

Berechnen Sie das polare Flächenmoment 2. Ordnung ($I_p$) sowie das polare Widerstandsmoment ($W_t$):

a) für einen Vollkreisquerschnitt mit Durchmesser $d$,

b) für einen Kreisringquerschnitt mit Außendurchmesser $d_a$ und Innendurchmesser $d_i$.

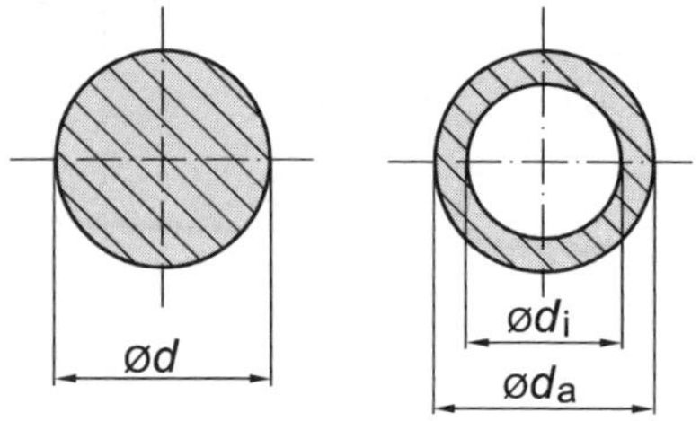

## Aufgabe 2.33

Die Abbildung zeigt ein einfaches Getriebe für eine Seilwinde (schematisch). Unter der Wirkung der zu übertragenden Torsionsmomente werden die beiden Wellen elastisch verdreht.

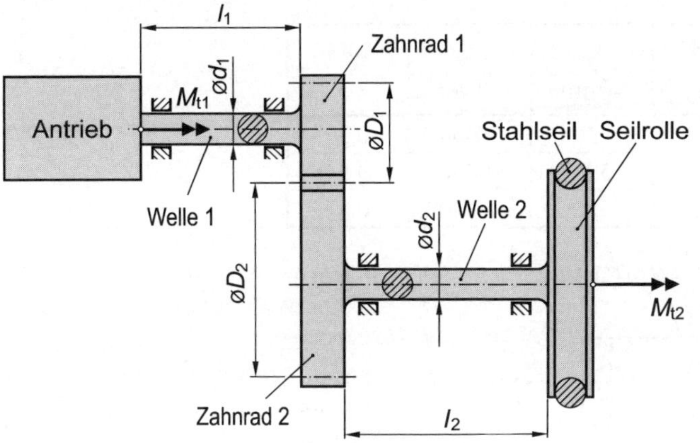


$l_1$ = 100 mm
$l_2$ = 200 mm
$d_1$ = 25 mm
$d_2$ = 35 mm
$D_1$ = 50 mm
$D_2$ = 100 mm

a) Ermitteln Sie allgemein den Zusammenhang zwischen dem Antriebsmoment $M_{t1}$ und dem Abtriebsmoment $M_{t2}$.

b) Berechnen Sie das zulässige Abtriebsmoment $M_{t2}$, falls der Verdrehwinkel der Seilrolle $\varphi_S = 3°$ gegenüber dem unbelasteten Zustand nicht überschreiten darf. Die Zahnräder sowie die Seilrolle sind als starre Scheiben zu betrachten. Als Werkstoff für die Stahlwellen wurde der Vergütungsstahl 36CrNiMo4 gewählt.

Werkstoffkennwerte 36CrNiMo4 (vergütet):

$R_{p0,2}$ = 900 N/mm²
$R_m$ = 1120 N/mm²
$E$ = 205000 N/mm²
$\mu$ = 0,30

## Aufgabe 2.34

Ein kegelstumpfförmiges Bauteil ($l$ = 2000 mm; $D$ = 50 mm; $d$ = 40 mm) aus der Federstahlsorte 54SiCr6 soll als Drehstabfeder eingesetzt werden.

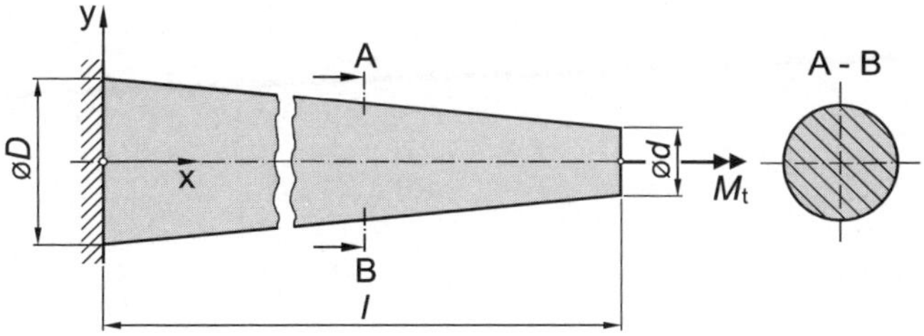


Ermitteln Sie das übertragbare Torsionsmoment $M_t$, falls der Verdrehwinkel des Stabes auf $\varphi = 5°$ begrenzt werden soll.

Werkstoffkennwerte 54SiCr6:

$R_{p0,2}$ = 1150 N/mm²
$R_m$ = 1520 N/mm²
$E$ = 205000 N/mm²
$\mu$ = 0,30

## Aufgabe 2.35

Zu Versuchszwecken wurde der abgebildete, abgesetzte Torsionsstab mit Vollkreisquerschnitt entwickelt. Die einzelnen Abschnitte setzen sich aus unterschiedlichen Werkstoffen zusammen.

| Werkstoff | $R_e$ bzw. $R_{p0,2}$ N/mm² | $R_m$ N/mm² | $E$ N/mm² | $\mu$ |
|---|---|---|---|---|
| S235JR | 240 | 450 | 210000 | 0,30 |
| CuAl10Fe3Mn2 | 330 | 590 | 108000 | 0,34 |
| EN AW-Al Cu4Mg1-T6 | 350 | 560 | 68000 | 0,33 |

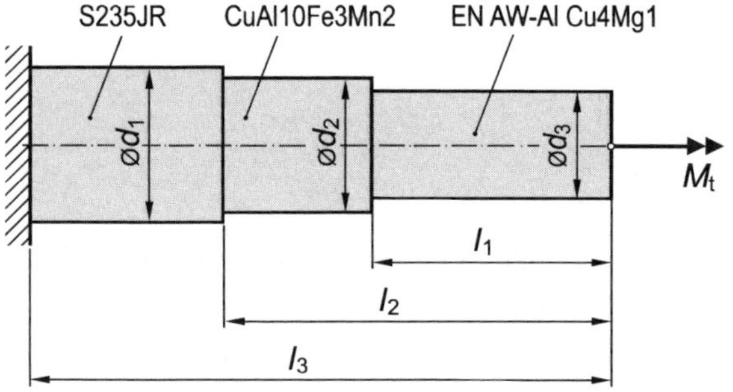


$d_1 = 30$ mm
$d_2 = 28$ mm
$d_3 = 26$ mm
$l_1 = 50$ mm
$l_2 = 80$ mm
$l_3 = 120$ mm

Ermitteln Sie das zulässige Torsionsmoment $M_{t\,zul}$ sowie den zulässigen Verdrehwinkel $\varphi_{zul}$ des Torsionsstabes, so dass Fließen mit einer Sicherheit von $S_F = 1,5$ ausgeschlossen werden kann. Kerbwirkung an der Einspannstelle sowie an den Stellen der Querschnittsveränderung ist zu vernachlässigen.

## 2.6 Zusammenfassung der Grundbelastungsarten

**Tabelle 2.8** Zusammenfassung der Grundbelastungsarten

| Belastungs-art | Spannungsverteilung | Mohr'scher Spannungskreis | Grund-gleichung | Werkstoffkennwert | Ersatzwert | Sicherheits-beiwerte [1] |
|---|---|---|---|---|---|---|
| **Zug** | 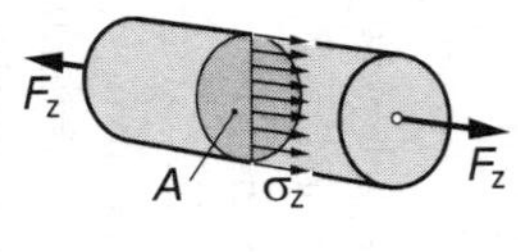 | 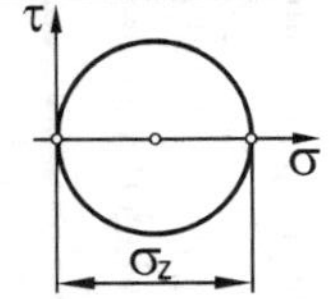 | $\sigma_z = \frac{F_z}{A}$ | **Duktiler Werkstoff**:<br>• Fließen: $R_e$ oder $R_p$ [2]<br>• Bruch: $R_m$<br>**Spröder Werkstoff**:<br>• Bruch: $R_m$ | ----<br>----<br><br>---- | $S_F = 1{,}2 \ldots 2{,}0$<br>$S_B = 2{,}0 \ldots 4{,}0$<br><br>$S_B = 4{,}0 \ldots 9{,}0$ |
| **Druck** | 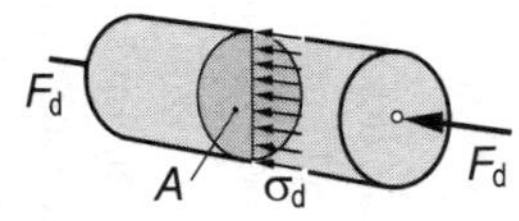 | 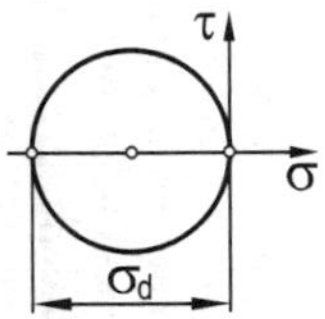 | $\sigma_d = \frac{F_d}{A}$ | **Duktiler Werkstoff**:<br>• Fließen: $\sigma_{dF}$ oder $\sigma_{dp}$ [3]<br>• Knickung: $\sigma_K = F_K / A$<br>**Duktiler Werkstoff**:<br>• Bruch: $\sigma_{dB}$<br>• Knickung: $\sigma_K = F_K / A$ | $R_e$ oder $R_p$<br>----<br><br>----<br>---- | $S_F = 1{,}2 \ldots 2{,}0$<br>$S_K = 2{,}5 \ldots 5{,}0$<br><br>$S_B = 4{,}0 \ldots 9{,}0$<br>$S_K = 2{,}5 \ldots 5{,}0$ |
| **Biegung** | 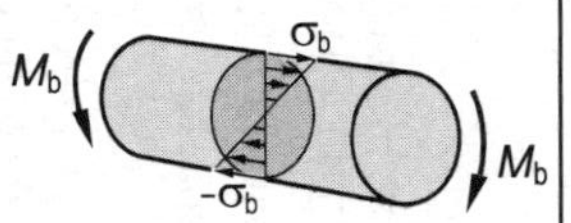 | 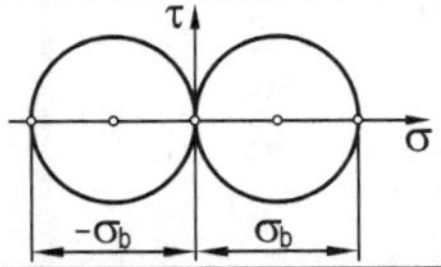 | $\sigma_b = \frac{M_b}{W_b}$ | **Duktiler Werkstoff**:<br>• Fließen: $\sigma_{bF}$<br>**Spröder Werkstoff**:<br>• Bruch: $\sigma_{bB}$ | $R_e$ oder $R_p$ [4]<br><br>[5] | $S_F = 1{,}2 \ldots 2{,}0$<br><br>$S_B = 4{,}0 \ldots 9{,}0$ |
| **Schub** (Abscherung) | 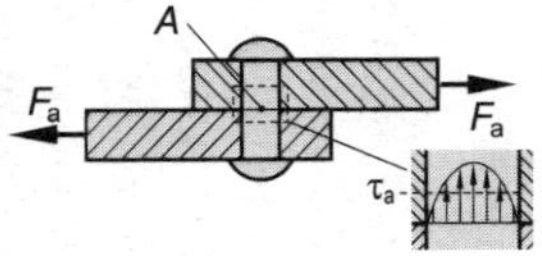 | 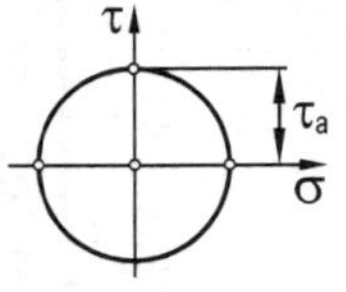 | $\tau_a = \frac{F_a}{A}$ | **Duktiler Werkstoff**:<br>• Bruch: $\tau_{aB}$<br>**Spröder Werkstoff**:<br>• Bruch: $\tau_{aB}$ | $0{,}6 ..0{,}9 \cdot R_m$ [6]<br><br>$\approx R_m$ [7] | $S_B = 2{,}0 \ldots 4{,}0$<br><br>$S_B = 4{,}0 \ldots 9{,}0$ |
| **Torsion** | 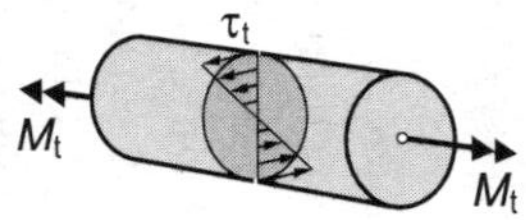 | 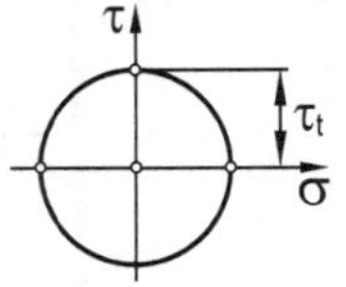 | $\tau_t = \frac{M_t}{W_t}$ | **Duktiler Werkstoff:**<br>• Fließen: $\tau_{tF}$<br>• Bruch: $\tau_{tB}$<br>**Spröder Werkstoff**:<br>• Bruch: $\tau_{tB}$ | $R_e/2$ oder $R_p/2$<br>$0{,}6 \ldots 0{,}9 \cdot R_m$ [6]<br><br>$R_m$ | $S_F = 1{,}2 \ldots 2{,}0$<br>$S_B = 2{,}0 \ldots 4{,}0$<br><br>$S_B = 4{,}0 \ldots 9{,}0$ |

[1] Anhaltswerte, falls keine einschlägigen Berechnungsvorschriften vorliegen.
[2] In der Regel 0,2%-Dehngrenze ($R_{p0,2}$) [3] In der Regel 0,2%-Stauchgrenze ($\sigma_{d0,2}$) [4] Mitunter auch 1,1 ... $1{,}2 \cdot R_e$ bzw. 1,1 ... $1{,}2 \cdot R_{p0,2}$
[5] Für ideal spröde Werkstoffe: $\sigma_{bB} \approx R_m$ ; für spröde metallische Werkstoffe: $\sigma_{bB} > R_m$ , insbesondere für Grauguss: $\sigma_{bB} = 2{,}0 \ldots 2{,}5 \cdot R_m$
[6] Faktor 0,6 für hochfeste Werkstoffe, Faktor 0,9 für niedrigfeste Werkstoffe. Insbesondere für Stähle mit $R_m \leq 1800$ N/mm²: $\tau_{aB} = 0{,}5 \cdot R_m + 140$ N/mm² bzw. $\tau_{tB} = 0{,}5 \cdot R_m + 140$ N/mm²
[7] Gültig für Grauguss.

# 3 Spannungszustand

**Spannungszustand**
Unter dem Begriff „Spannungszustand“ versteht man alle Spannungen (Normal- und Schubspannungen), die an einem beliebigen Ort eines Körpers wirken.

Das Ziel von Kapitel 2 war die Bereitstellung von Grundgleichungen mit deren Hilfe die Spannungsermittlung in Abhängigkeit der Bauteilgeometrie sowie der Art und Höhe der äußeren Beanspruchung ermöglicht wurde. Bei einachsiger Zugbeanspruchung zum Beispiel $\sigma = F/A$. Betrachtet wurden die Grundbelastungsarten Zug, Druck, Biegung, Schub (Abscherung) und Torsion.

Mit Hilfe der in Kapitel 2 abgeleiteten Grundgleichungen ist es allerdings nur möglich, die wirkenden Normal- und Schubspannungen in denjenigen Schnittebenen zu ermitteln, welche für die Herleitung der Grundgleichungen gewählt wurden. Bei einachsiger Zugbeanspruchung also beispielsweise in Ebenen senkrecht zur Beanspruchungsrichtung. Für Festigkeitsnachweise ist es jedoch erforderlich, unter anderem diejenigen Schnittebenen zu ermitteln, in denen die Normalspannungen Extremwerte annehmen (Hauptebenen, siehe Kapitel 6).

Das Ziel von Kapitel 3 ist dementsprechend die Bereitstellung von Methoden, mit deren Hilfe eine Spannungsermittlung in beliebigen Schnittebenen durchgeführt werden kann. Diese Problemstellung soll am Beispiel eines dünnwandigen Behälters unter Innendruck ($p_i$) mit einer überlagerten Torsionsbeanspruchung (Torsionsmoment $M_t$) erläutert werden (Bild 3.1a). Schneidet man entsprechend Bild 3.1b ein Flächenelement parallel zur Achsrichtung heraus, dann kann man auf einfache Weise die Lastspannungen in den Schnittebenen berechnen. Im vorliegenden Beispiel also:

$$\sigma_x = p_i \cdot \frac{d_i}{4 \cdot s} \text{ (siehe Kapitel 12)}$$

$$\sigma_y = p_i \cdot \frac{d_i}{2 \cdot s} \text{ (siehe Kapitel 12)}$$

$$\tau_{xy} = \tau_{yx} = M_t / W_t$$

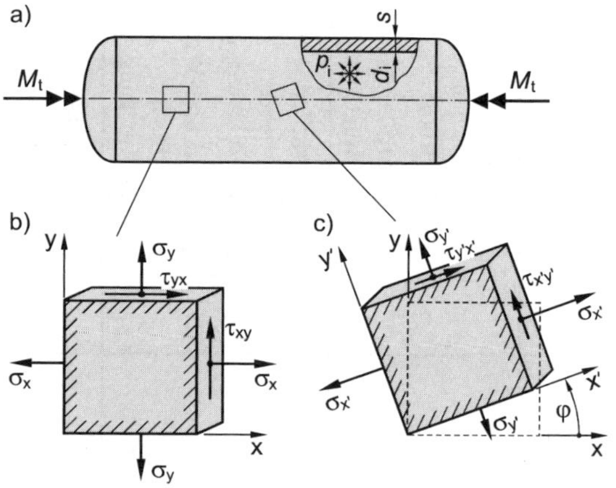


**Bild 3.1** Normal- und Schubspannungskomponenten in unterschiedlichen Schnittebenen am Beispiel eines dünnwandigen Behälters unter Innendruck mit überlagerter Torsionsbeanspruchung

Die Spannungen $\sigma_x$, $\sigma_y$ und $\tau_{xy} = \tau_{yx}$ in einem Flächenelement dessen Schnittebenen parallel zu den Koordinatenachsen $x$ und $y$ verlaufen (Bild 3.1b) unterscheiden sich von den Spannungen $\sigma_{x'}$ $\sigma_{y'}$ und $\tau_{x'y'} = \tau_{y'x'}$ in einem um den Winkel $\varphi$ gedrehten Flächenelement, dessen Schnittebenen parallel zur $x$‘- und $y$‘-Koordinatenachse verlaufen (Bild 3.1c). Die Herleitung der entsprechenden Zusammenhänge zwischen äußerer Belastung und den Spannungskomponenten (Normal- und Schubspannungen) in beliebigen Schnittebenen bzw. Schnittrichtungen soll nachfolgend getrennt für den ein-, zwei- und dreiachsigen Spannungszustand erfolgen (Kapitel 3.2 bis 3.4).

## 3.1 Spannungsbegriff

Denkt man sich ein in $A$ und $B$ gelagertes Bauteil unter der Wirkung einer äußeren Beanspruchung (z. B. Kräfte, Streckenlasten und Momente) an einer beliebigen Stelle durchgeschnitten, dann müssen sich die über die Schnittebene ungleichmäßig verteilten inneren Schnittkräfte mit der äußeren Beanspruchung im Gleichgewicht befinden. Die innere Beanspruchung an einer bestimmten Stelle der Schnittebene wird durch die dort angreifende und auf die Teilfläche $\Delta A$ wirkende Kraft $\Delta\vec{F}$ gekennzeichnet. Da die Kräfteverteilung über die Teilfläche $\Delta A$ ungleichmäßig ist, stellt $\Delta\vec{F}$ die gemittelte, resultierende Kraft dar. Um eine Aussage über die örtliche Beanspruchung machen zu können, also den Einfluss der Größe von $\Delta A$ auf $\Delta\vec{F}$ zu eliminieren, muss die Schnittfläche $\Delta A$ klein gemacht werden.

Als Maß für die auf eine unendlich kleine Querschnittsfläche bezogene Schnittkraft $\Delta\vec{F}$ führt man die **(mechanische) Spannung** $\vec{s}$ ein (Bild 3.2):

$$\vec{s} = \lim_{\Delta A \to 0} \frac{\Delta\vec{F}}{\Delta A} = \frac{d\vec{F}}{dA} \tag{3.1}$$

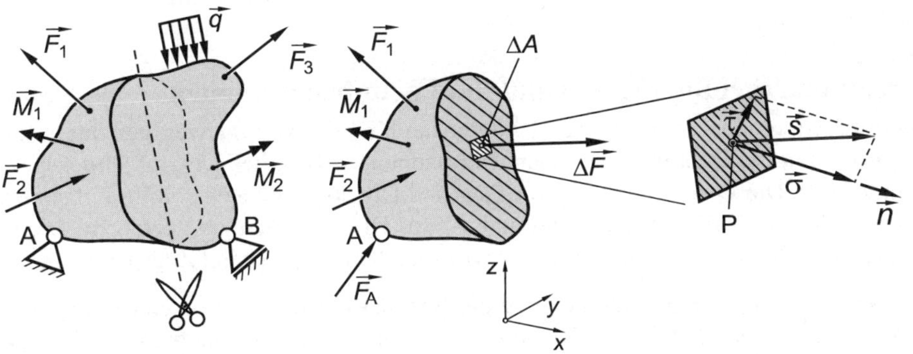


**Bild 3.2** Definition der mechanischen Spannung

### 3.1.1 Normal- und Schubspannungen

Spannungen sind, wie zum Beispiel Kräfte, vektorielle Größen, sie besitzen also eine Richtung und einen Betrag. Spannungen haben die Dimension Kraft pro Fläche und werden beispielsweise in der Einheit $N/mm^2$ oder $Pa = N/m^2$ ($1\ MPa = 1\ N/mm^2$) angegeben [1].

Der Spannungsvektor $\vec{s}$ ist im Allgemeinen schräg zum Flächenelement (Normalenvektor $\vec{n}$) orientiert. Für Festigkeitsnachweise ist es dabei zweckmäßig, den Spannungsvektor in eine Komponente senkrecht und tangential zur Schnittebene zu zerlegen. Man bezeichnet dann den Betrag der Komponente senkrecht zur Fläche als **Normalspannung** $\sigma$, den Betrag der Komponente tangential zur Fläche hingegen als **Schubspannung** $\tau$ (Bild 3.2).

[1] Pa = Pascal, benannt nach dem Mathematiker und Physiker ***Blaise Pascal*** (1623 ... 1662)

### 3.1.2 Indizierung von Normal- und Schubspannungen

Zur eindeutigen Festlegung von Spannungskomponenten führt man zwei Indizes ein. Definitionsgemäß soll gelten:

1. Index: Richtung der Schnittebenennormalen
2. Index: Richtung der Spannungskomponente

Liegt beispielsweise eine **Schubspannung** in einer Schnittebene deren Normalenvektor in x-Richtung zeigt, dann ist der 1. Index „x". Zeigt die Schubspannung selbst in y-Richtung, dann lautet der zweite Index „y". Die Schubspannung wird dementsprechend mit $\tau_{xy}$ bezeichnet.

Zur Kennzeichnung von **Normalspannungen** verzichtet man üblicherweise auf eine Doppelindizierung, da die Richtung der Flächennormalen mit der Spannungsrichtung übereinstimmt und schreibt dann beispielsweise $\sigma_x$ anstelle von $\sigma_{xx}$.

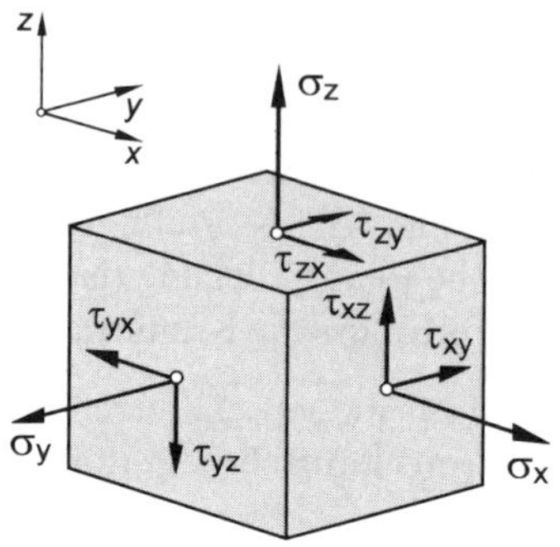


**Bild 3.3** Indizierung von Normal- und Schubspannungen

### 3.1.3 Vorzeichenregelung für Normal- und Schubspannungen

**Normalspannungen** können entweder zur Schnittebene hin oder von ihr weg gerichtet sein. Dementsprechend unterscheidet man zwischen Zugspannungen (Kapitel 2.1) und Druckspannungen (Kapitel 2.2). Die Unterscheidung von Zug- und Druckspannungen soll im Folgenden durch ein Vorzeichen („+" für Zugspannung und „-" für Druckspannungen) erfolgen. Die in Bild 3.3 dargestellten Normalspannungen ($\sigma_x$, $\sigma_y$, $\sigma_z$) sind dementsprechend Zugspannungen.

Bei **Schubspannungen** ist eine Unterscheidung der Spannungen mittels Vorzeichen physikalisch nicht sinnvoll und hat nur für die Richtung der Schubspannung innerhalb der Schnittebene eine Bedeutung. Für die Festlegung des Vorzeichens einer Schubspannung ist die folgende **allgemeine Vorzeichenregelung für Schubspannungen** zweckmäßig:

**Eine Schubspannung ist positiv, wenn sie in Schnittebenen mit Normalenvektor in positiver Achsrichtung liegt (positives Schnittufer) und ihre Richtung ebenfalls mit einer positiven Achsrichtung zusammenfällt.**

In Schnittebenen mit Normalenvektor in negativer Achsrichtung (negatives Schnittufer) sind Schubspannungen dann positiv, wenn ihre Richtung mit einer negativen Achsrichtung zusammenfällt. Demnach sind alle in Bild 3.3 dargestellten Schubspannungen positiv.

Häufig treten an der zu untersuchenden Stelle des Bauteils in einer der drei Schnittebenen weder Normal- noch Schubspannungen auf (z. B. lastfreie Bauteiloberflächen). Man spricht dann von einem zweiachsigen oder ebenen Spannungszustand (Kapitel 3.3). In diesem Fall ist es zweckmäßig, die erforderlichen Berechnungen mit Hilfe des Mohr'schen Spannungskreises (Kapitel 3.3.4) durchzuführen. Hierfür ist es jedoch empfehlenswert, von der allgemeinen Vorzeichenregelung abzurücken und die nachfolgende **spezielle Vorzeichendefinition für Schubspannungen** anzuwenden (siehe auch Kapitel 3.3.4.2):

**Eine Schubspannung ist positiv (negativ) anzusetzen, falls bei Blick in Richtung der Schubspannung die zugehörige Schnittebene rechts (links) von der Schubspannung liegt.**

### 3.1.4 Zugeordnete Schubspannungen

In Bild 3.4 ist ein quaderförmiges Werkstoffelement mit den Seitenlängen *dx*, *dy* und *dz* dargestellt. Man kann es sich beispielsweise aus einem Balken herausgeschnitten denken. In den Schnittebenen wirken die Schubspannungen $\tau_{xy}$ bzw. $\tau_{yx}$. Die Bedingung $\sum M_A = 0$ für das Momentengleichgewicht führt mit dem Momentenbezugspunkt *A* auf die Gleichung:

$$\tau_{xy} \cdot dy \cdot dz \cdot dx = \tau_{yx} \cdot dx \cdot dz \cdot dy \qquad (3.2)$$

Hieraus folgt:

$$\tau_{xy} = \tau_{yx} \qquad (3.3)$$

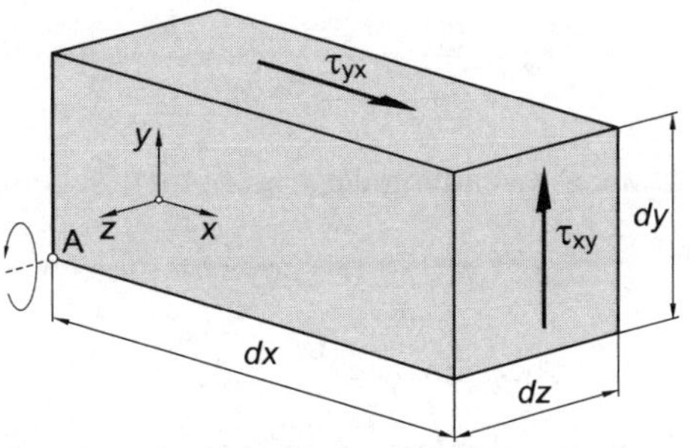


**Bild 3.4** Momentengleichgewicht an einem Würfelelement eines schubbeanspruchten Bauteils

Schubspannungen, die in zueinander senkrechten Schnittebenen wirken und auf eine gemeinsame Schnittkante zu oder von ihr weg zeigen, bezeichnet man als **zugeordnete Schubspannungen**. In Bild 3.3 sind somit zugeordnete Schubspannungen:

$\tau_{xy}$ und $\tau_{yx}$
$\tau_{xz}$ und $\tau_{zx}$
$\tau_{yz}$ und $\tau_{zy}$

## 3.2 Einachsiger Spannungszustand

Für die nachfolgenden Ausführungen soll zunächst ein einachsig auf Zug beanspruchter Stab betrachtet werden (Bild 3.5a). Zur Ermittlung des Zusammenhangs zwischen äußerer Beanspruchung und den Spannungen in einer beliebigen Schnittebene *E*, deren Normalenvektor $\vec{n}$ mit der x-Richtung den Winkel $\varphi$ einschließt (im Folgenden kurz als „Schnittrichtung $\varphi$" bezeichnet), wird das Schnittprinzip angewandt (Bild 3.5b).

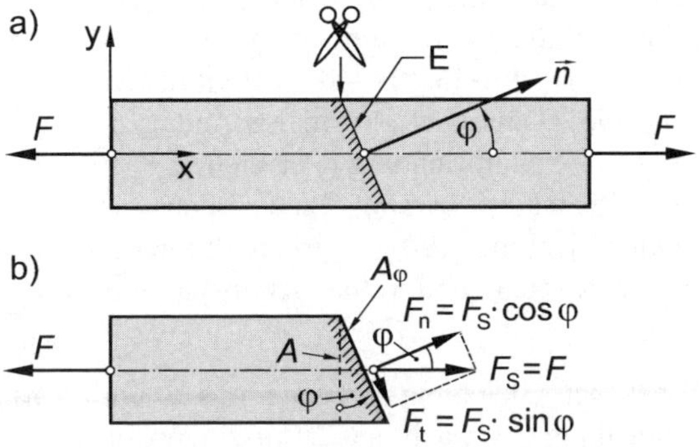


**Bild 3.5** Kräftegleichgewicht an einem einachsig beanspruchten Zugstab

Zur Sicherstellung des Kräftegleichgewichts des abgeschnittenen Teils, muss die Schnittkraft $F_S$ in der schrägen Schnittebene der äußeren Kraft *F* das Gleichgewicht halten. Es ist dabei zweckmäßig, die Kraft $F_S$ in eine Normalkomponente $F_n = F_S \cdot \cos\varphi$ und in eine Tangentialkomponente $F_t = F_S \cdot \sin\varphi$ zu zerlegen.

Geht man von einer gleichmäßigen Spannungsverteilung über der Querschnittfläche aus, dann folgt mit $A_\varphi = A/\cos\varphi$ und $\sigma = F_S/A$ für die Normalspannung $\sigma_\varphi$ in Abhängigkeit des Schnittwinkels:

$$\sigma_\varphi = \frac{F_n}{A_\varphi} = \frac{F_S \cdot \cos\varphi}{A/\cos\varphi} = \frac{F_S}{A} \cdot \cos^2\varphi = \sigma \cdot \cos^2\varphi \qquad (3.4)$$

und für die Tangentialspannung $\tau(\varphi)$:

$$\tau_\varphi = \frac{F_t}{A_\varphi} = \frac{F_S \cdot \sin\varphi}{A/\cos\varphi} = \frac{F_S}{A} \cdot \sin\varphi \cdot \cos\varphi = \sigma \cdot \sin\varphi \cdot \cos\varphi \tag{3.5}$$

Unter Anwendung der trigonometrischen Beziehungen:

$$\cos^2\varphi = \frac{1}{2} \cdot (1 + \cos 2\varphi) \tag{3.6}$$

$$\sin\varphi \cdot \cos\varphi = \frac{1}{2} \cdot \sin 2\varphi \tag{3.7}$$

folgt aus Gleichung 3.4 für die Normalspannungskomponente:

$$\sigma_\varphi = \frac{\sigma}{2} \cdot (1 + \cos 2\varphi) \tag{3.8}$$

**Normalspannungskomponente in der x-y-Ebene in Schnittrichtung $\varphi$ (einachsiger Spannungszustand)**

und aus Gleichung 3.5 für die Schubspannungskomponente:

$$\tau_\varphi = \frac{\sigma}{2} \cdot \sin 2\varphi \tag{3.9}$$

**Schubspannungskomponente in der x-y-Ebene in Schnittrichtung $\varphi$ (einachsiger Spannungszustand)**

Gleichungen 3.8 und 3.9 zeigen, dass sich in Abhängigkeit der gewählten Schnittrichtung $\varphi$, die Normal- und die Schubspannungen stetig ändern. Bild 3.6 zeigt insbesondere, dass in Schnittrichtungen von 45° und 135° die Schubspannungen einen Extremwert annehmen und mit $|\tau(45°)| = |\tau(135°)| = 0{,}5 \cdot \sigma$ betragsmäßig die Größe der Normalspannung in dieser Schnittrichtung erreichen. In Schnittebenen parallel zur Beanspruchungsrichtung (90°) wirken hingegen keine Normal- und keine Schubspannungen.

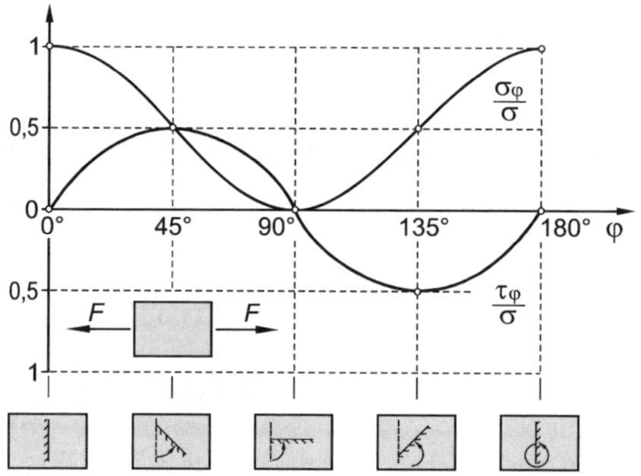


**Bild 3.6** Spannungsverlauf eines einachsig beanspruchten Zugstabes in Abhängigkeit der Schnittrichtung

Löst man Gleichung 3.8 nach $\cos 2\varphi$ und Gleichung 3.9 nach $\sin 2\varphi$ auf, dann erhält man:

$$\cos 2\varphi = \frac{2 \cdot \sigma_\varphi}{\sigma} - 1 \tag{3.10}$$

$$\sin 2\varphi = \frac{2 \cdot \tau_\varphi}{\sigma} \tag{3.11}$$

Quadriert und addiert man die Gleichungen 3.10 und 3.11, dann folgt:

$$\cos^2 2\varphi + \sin^2 2\varphi = \left(\frac{2 \cdot \sigma_\varphi}{\sigma} - 1\right)^2 + \left(\frac{2 \cdot \tau_\varphi}{\sigma}\right)^2 \tag{3.12}$$

mit $\cos^2 2\varphi + \sin^2 2\varphi = 1$ ergibt sich schließlich:

$$1 = \left(\frac{2}{\sigma}\right)^2 \cdot \left[\left(\sigma_\varphi - \frac{\sigma}{2}\right)^2 + \tau^2{}_\varphi\right] \tag{3.13}$$

und somit:

$$\left(\sigma_\varphi - \frac{\sigma}{2}\right)^2 + \tau^2{}_\varphi = \left(\frac{\sigma}{2}\right)^2 \tag{3.14}$$

**Gleichung des Mohr'schen Spannungskreises in der $\sigma$-$\tau$-Ebene bei einachsigem Spannungszustand**

Gleichung 3.14 beschreibt einen Kreis in der $\sigma$-$\tau$-Ebene mit Mittelpunkt in $(0{,}5\cdot\sigma | 0)$ und Radius $\sigma / 2$, den **Mohr'schen Spannungskreis** [1)] (Bild 3.7).

Jeder Bildpunkt des Mohr'schen Spannungskreises repräsentiert die Spannungskomponenten ($\sigma_\varphi$ und $\tau_\varphi$) in einer bestimmten Schnittebene. So repräsentiert beispielsweise der Bildpunkt $A$ die Spannungskomponenten in einer Schnittebene senkrecht zur Stabachse ($\varphi = 0$). In dieser Ebene tritt bekanntlich nur eine Normalspannungskomponente auf. Die Schubspannungskomponente ist hingegen Null (siehe auch Bild 3.6).

Zur Ermittlung der Spannungskomponenten in einer beliebigen Schnittebene $B$, deren Normalenvektor mit der x-Achse (Beanspruchungsrichtung) den Winkel $\varphi$ einschließt, trägt man den Winkel $2\varphi$ bzw. $\varphi$ in der in Bild 3.7a dargestellten Weise ab (Richtungssinn analog zum Lageplan, Bild 3.7b). Die Koordinaten des Bildpunktes $B$ ($\sigma_\varphi | \tau_\varphi$) sind dann die Spannungskomponenten in der Schnittebene $B$.

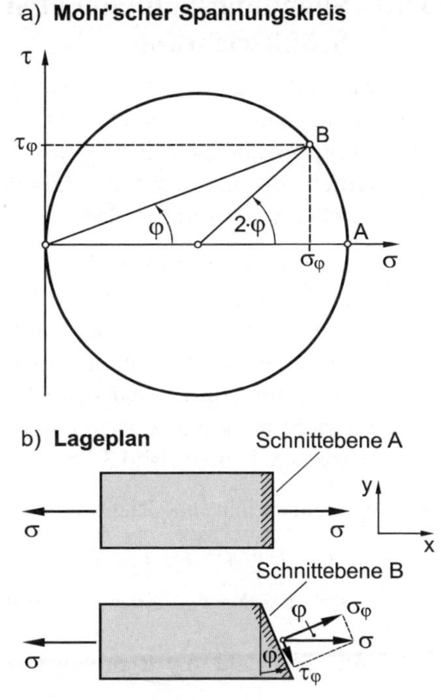


**Bild 3.7** Mohr'scher Spannungskreis für einachsige Zugbeanspruchung

[1)] benannt nach dem deutschen Ingenieur ***Christian Otto Mohr*** (1835 ... 1918)

## 3.3 Zweiachsiger (ebener) Spannungszustand

Als Beispiel eines zweiachsig beanspruchten Bauteils wird eine dünne Scheibe mit der Dicke $t$ entsprechend Bild 3.8a betrachtet. Die Scheibe wird durch die Normalspannungen $\sigma_x$ und $\sigma_y$ sowie durch die zugeordneten Schubspannungen $\tau_{xy}$ und $\tau_{yx}$ beansprucht.

Zweiachsige Spannungszustände findet man häufig im Bereich lastfreier Oberflächen, da senkrecht zur Oberfläche aus Gleichgewichtsgründen keine Spannungen auftreten können.

### 3.3.1 Spannungskomponenten und Schnittrichtung

Zur Durchführung von Festigkeitsnachweisen müssen, wie in späteren Kapiteln noch eingehender gezeigt wird, Spannungen in Schnittrichtungen ermittelt werden, die nicht mit der äußeren Beanspruchungsrichtung zusammenfallen.

Zur Ermittlung der Spannungskomponenten $\sigma_\varphi$ und $\tau_\varphi$ in einer beliebigen Schnittebene $E$, deren Normalenvektor $\vec{n}$ mit der x-Richtung den Winkel $\varphi$ einschließt, wendet man das bereits aus Kapitel 3.2 bekannte Schnittprinzip an und betrachtet das Kräftegleichgewicht in x- und y-Richtung am abgeschnittenen Scheibenelement (Bild 3.8b).

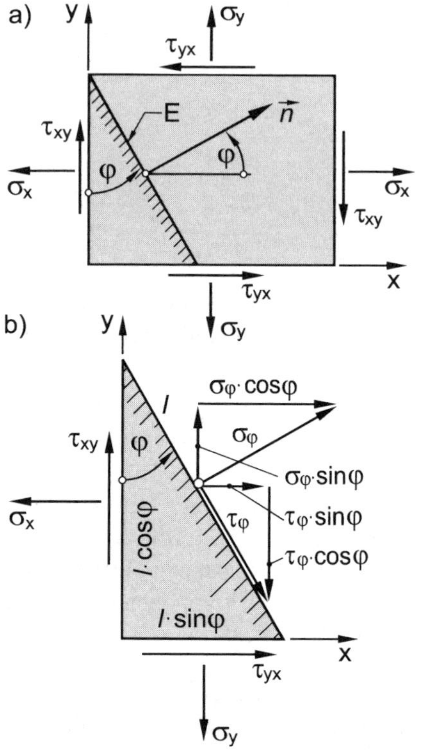


**Bild 3.8** Spannungen an einem zweiachsig beanspruchten Scheibenelement

Kräftegleichgewicht in x-Richtung $(\Sigma F_x = 0)$:

$$-\sigma_x \cdot l \cdot \cos\varphi \cdot t + \tau_{yx} \cdot l \cdot \sin\varphi \cdot t + \sigma_\varphi \cdot \cos\varphi \cdot l \cdot t + \tau_\varphi \cdot \sin\varphi \cdot l \cdot t = 0 \quad |:(l \cdot t)$$

$$-\sigma_x \cdot \cos\varphi + \tau_{yx} \cdot \sin\varphi + \sigma_\varphi \cdot \cos\varphi + \tau_\varphi \cdot \sin\varphi = 0 \qquad (3.15)$$

Kräftegleichgewicht in y-Richtung $(\Sigma F_y = 0)$:

$$-\sigma_y \cdot l \cdot \sin\varphi \cdot t + \tau_{xy} \cdot l \cdot \cos\varphi \cdot t + \sigma_\varphi \cdot \sin\varphi \cdot l \cdot t - \tau_\varphi \cdot \cos\varphi \cdot l \cdot t = 0 \quad |:(l \cdot t)$$

$$-\sigma_y \cdot \sin\varphi + \tau_{xy} \cdot \cos\varphi + \sigma_\varphi \cdot \sin\varphi - \tau_\varphi \cdot \cos\varphi = 0 \qquad (3.16)$$

**Berechnung der Normalspannungskomponente $\sigma_\varphi$**

Aus Gleichung 3.15 folgt:

$$\tau_\varphi = \sigma_x \cdot \frac{\cos\varphi}{\sin\varphi} - \tau_{yx} - \sigma_\varphi \cdot \frac{\cos\varphi}{\sin\varphi} \qquad (3.17)$$

Gleichung 3.17 in 3.16 eingesetzt und mit $\tau_{xy} = \tau_{yx}$ (zugeordnete Schubspannungen):

$$-\sigma_y \cdot \sin\varphi + \tau_{xy} \cdot \cos\varphi + \sigma_\varphi \cdot \sin\varphi - \left(\sigma_x \cdot \frac{\cos\varphi}{\sin\varphi} - \tau_{xy} - \sigma_\varphi \cdot \frac{\cos\varphi}{\sin\varphi}\right) \cdot \cos\varphi = 0 \qquad (3.18)$$

$$-\sigma_y \cdot \sin\varphi + \tau_{xy} \cdot \cos\varphi + \sigma_\varphi \cdot \sin\varphi - \sigma_x \cdot \frac{\cos^2\varphi}{\sin\varphi} + \tau_{xy} \cdot \cos\varphi + \sigma_\varphi \cdot \frac{\cos^2\varphi}{\sin\varphi} = 0 \quad (3.19)$$

Multiplikation von Gleichung 3.19 mit $\sin\varphi$ liefert:

$$-\sigma_y \cdot \sin^2\varphi + 2 \cdot \tau_{xy} \cdot \cos\varphi \cdot \sin\varphi + \sigma_\varphi \left(\sin^2\varphi + \cos^2\varphi\right) - \sigma_x \cdot \cos^2\varphi = 0 \quad (3.20)$$

Mit den trigonometrischen Beziehungen:

$$\sin^2\varphi + \cos^2\varphi = 1$$

$$\sin^2\varphi = 0{,}5 \cdot (1 - \cos 2\varphi)$$

$$\cos^2\varphi = 0{,}5 \cdot (1 + \cos 2\varphi)$$

$$2 \cdot \sin\varphi \cdot \cos\varphi = \sin 2\varphi$$

folgt schließlich aus Gleichung 3.20:

$$\sigma_\varphi = \frac{\sigma_x}{2} \cdot \left(1 + \cos 2\varphi\right) + \frac{\sigma_y}{2} \cdot \left(1 - \cos 2\varphi\right) - \tau_{xy} \cdot \sin 2\varphi \quad (3.21)$$

$$\sigma_\varphi = \frac{\sigma_x + \sigma_y}{2} + \frac{\sigma_x - \sigma_y}{2} \cdot \cos 2\varphi - \tau_{xy} \cdot \sin 2\varphi \quad (3.22)$$

**Normalspannungskomponente in der x-y-Ebene in Schnittrichtung $\varphi$ (zweiachsiger Spannungszustand)**

**Berechnung der Schubspannungskomponente $\tau_\varphi$**

Aus Gleichung 3.15 folgt:

$$\sigma_\varphi = \sigma_x - \tau_{yx} \cdot \frac{\sin\varphi}{\cos\varphi} - \tau_\varphi \cdot \frac{\sin\varphi}{\cos\varphi} \quad (3.23)$$

Gleichung 3.23 in 3.16 eingesetzt und mit $\tau_{xy} = \tau_{yx}$ (zugeordnete Schubspannungen):

$$-\sigma_y \cdot \sin\varphi + \tau_{xy} \cdot \cos\varphi + \left(\sigma_x - \tau_{xy} \cdot \frac{\sin\varphi}{\cos\varphi} - \tau_\varphi \cdot \frac{\sin\varphi}{\cos\varphi}\right) \cdot \sin\varphi - \tau_\varphi \cdot \cos\varphi = 0 \quad (3.24)$$

$$-\sigma_y \cdot \sin\varphi + \tau_{xy} \cdot \cos\varphi + \sigma_x \cdot \sin\varphi - \tau_{xy} \cdot \frac{\sin^2\varphi}{\cos\varphi} - \tau_\varphi \cdot \frac{\sin^2\varphi}{\cos\varphi} - \tau_\varphi \cdot \cos\varphi = 0 \quad (3.25)$$

Multiplikation von Gleichung 3.25 mit $\cos\varphi$ liefert:

$$-\sigma_y \cdot \sin\varphi \cdot \cos\varphi + \tau_{xy} \cdot \left(\cos^2\varphi - \sin^2\varphi\right) + \sigma_x \cdot \sin\varphi \cdot \cos\varphi - \tau_\varphi \cdot \left(\cos^2\varphi + \sin^2\varphi\right) = 0 \quad (3.26)$$

Mit den trigonometrischen Beziehungen:

$$\sin^2\varphi + \cos^2\varphi = 1$$

$$\cos^2\varphi - \sin^2\varphi = \cos 2\varphi$$

$$\sin\varphi \cdot \cos\varphi = 0{,}5 \cdot \sin 2\varphi$$

folgt schließlich aus Gleichung 3.26:

$$\tau_\varphi = -\frac{\sigma_y}{2} \cdot \sin 2\varphi + \tau_{xy} \cdot \cos 2\varphi + \frac{\sigma_x}{2} \cdot \sin 2\varphi \quad (3.27$$

$$\tau_\varphi = \frac{\sigma_x - \sigma_y}{2} \cdot \sin 2\varphi + \tau_{xy} \cdot \cos 2\varphi$$

**Schubspannungskomponente in der x-y-Ebene in Schnittrichtung $\varphi$ (zweiachsiger Spannungszustand)** (3.28)

Bei der Anwendung von Gleichung 3.22 und 3.28 ist hinsichtlich des Vorzeichens der Schubspannung $\tau_{xy}$ zu beachten, dass eine Schubspannung als positiv anzusetzen ist, falls sie entsprechend Bild 3.8 wirkt. Dies entspricht der Vorzeichenregelung für Schubspannungen für den ebenen Spannungszustand (spezielle Vorzeichenregelung). Erhält man aus Gleichung 3.28 ein negatives Ergebnis, dann wirkt die Schubspannung $\tau_\varphi$ entgegen der in Bild 3.8 dargestellten Richtung.

Mitunter findet man in der Literatur in Gleichung 3.22 vor dem letzten Summanden ein Pluszeichen ($\sigma_\varphi = ... + \tau_{xy} \cdot \sin 2\varphi$) und in Gleichung 3.28 ein Minuszeichen ($\tau_\varphi = ... - \tau_{xy} \cdot \cos 2\varphi$). Die Erklärung für diesen scheinbaren Unterschied findet sich in der Vorzeichenregelung für Schubspannungen. Während bei obiger Herleitung, wie bereits erwähnt, die spezielle Vorzeichenregelung (Kapitel 3.1.3) zugrunde gelegt wurde ($\tau_{xy}$ ist in Bild 3.8 positiv anzusetzen) wird in der Literatur mitunter auch die allgemeine Vorzeichenregelung für $\tau_{xy}$ angewandt. Gemäß der allgemeinen Vorzeichenregelung müsste $\tau_{xy}$ für die in Bild 3.8 eingezeichnete Richtung negativ eingesetzt werden, so dass sich die erwähnte Vorzeichenumkehr ergibt.

## 3.3.2 Mohr'scher Spannungskreis

Zur Ermittlung der Spannungskomponenten ($\sigma_\varphi$, $\tau_\varphi$) in einer beliebigen Schnittebene können prinzipiell die Gleichungen 3.22 und 3.28 herangezogen werden. Eine anschaulichere Möglichkeit derartige Fragestellungen zu beantworten, bietet der **Mohr'sche Spannungskreis**.

### 3.3.2.1 Mittelpunkt und Radius des Mohr'schen Spannungskreises

Zur Bestimmung von Mittelpunkt und Radius des Mohr'schen Spannungskreises eliminiert man aus den Gleichungen 3.22 und 3.28 den Winkel $\varphi$ und erhält dann die Gleichung eines Kreises in der $\sigma$-$\tau$-Ebene (Mohr'scher Spannungskreis). Um den Winkel $\varphi$ zu eliminieren, werden die Gleichungen 3.22 und 3.28 quadriert und addiert. Aus Gleichung 3.22 folgt:

$$\sigma_\varphi - \frac{\sigma_x + \sigma_y}{2} = \frac{\sigma_x - \sigma_y}{2} \cdot \cos 2\varphi - \tau_{xy} \cdot \sin 2\varphi \quad | \text{quadriert} \tag{3.29}$$

$$\left(\sigma_\varphi - \frac{\sigma_x + \sigma_y}{2}\right)^2 = \left(\frac{\sigma_x - \sigma_y}{2} \cdot \cos 2\varphi - \tau_{xy} \cdot \sin 2\varphi\right)^2 \tag{3.30}$$

$$\left(\sigma_\varphi - \frac{\sigma_x + \sigma_y}{2}\right)^2 = \left(\frac{\sigma_x - \sigma_y}{2}\right)^2 \cdot \cos^2 2\varphi - 2 \cdot \frac{\sigma_x - \sigma_y}{2} \cdot \tau_{xy} \cdot \cos 2\varphi \cdot \sin 2\varphi + \tau_{xy}^2 \cdot \sin^2 2\varphi \tag{3.31}$$

Aus Gleichung 3.28 folgt:

$$\tau_\varphi = \frac{\sigma_x - \sigma_y}{2} \cdot \sin 2\varphi + \tau_{xy} \cdot \cos 2\varphi \quad | \text{quadriert} \tag{3.32}$$

$$\tau_\varphi^2 = \left( \frac{\sigma_x - \sigma_y}{2} \cdot \sin 2\varphi + \tau_{xy} \cdot \cos 2\varphi \right)^2 \tag{3.33}$$

$$\tau_\varphi^2 = \left( \frac{\sigma_x - \sigma_y}{2} \right)^2 \cdot \sin^2 2\varphi + 2 \cdot \frac{\sigma_x - \sigma_y}{2} \cdot \tau_{xy} \cdot \cos 2\varphi \cdot \sin 2\varphi + \tau_{xy}^2 \cdot \cos^2 2\varphi \tag{3.34}$$

Addition der Gleichungen 3.31 und 3.34 führt auf eine Kreisgleichung im σ-τ-Koordinatensystem (Mohr'scher Spannungskreis):

$$\left( \sigma_\varphi - \frac{\sigma_x + \sigma_y}{2} \right)^2 + \tau_\varphi^2 = \left( \frac{\sigma_x - \sigma_y}{2} \right)^2 \cdot \left( \cos^2 2\varphi + \sin^2 2\varphi \right) + \tau_{xy}^2 \cdot \left( \sin^2 2\varphi + \cos^2 2\varphi \right)$$

$$\left( \sigma_\varphi - \frac{\sigma_x + \sigma_y}{2} \right)^2 + \tau_\varphi^2 = \left( \frac{\sigma_x - \sigma_y}{2} \right)^2 + \tau_{xy}^2 \tag{3.35}$$

**Gleichung des Mohr'schen Spannungskreises in der σ-τ-Ebene bei zweiachsigem Spannungszustand**

Für den Mittelpunkt des Mohr'schen Spannungskreises folgt:

$$M = \left( \frac{\sigma_x + \sigma_y}{2} \,\middle|\, 0 \right) \tag{3.36}$$

**Mittelpunkt des Mohr'schen Spannungskreises**

Der Radius des Mohr'schen Spannungskreises ergibt sich zu:

$$R = \sqrt{\left( \frac{\sigma_x - \sigma_y}{2} \right)^2 + \tau_{xy}^2} \tag{3.37}$$

**Radius des Mohr'schen Spannungskreises**

Jeder Bildpunkt $P$ des Mohr'schen Spannungskreises repräsentiert die Spannungskomponenten ($\sigma_\varphi$ und $\tau_\varphi$) in einer Schnittebene, deren Normalenvektor durch den Winkel $\varphi$ festgelegt ist.

### 3.3.2.2 Konstruktion des Mohr'schen Spannungskreises

Gegeben sei ein durch die Lastspannungen $\sigma_x$, $\sigma_y$ und $\tau_{xy}$ gekennzeichneter ebener Spannungszustand (Bild 3.9a). Gesucht sind der Mohr'sche Spannungskreis sowie die Spannungskomponenten $\sigma_\varphi$ ($\equiv \sigma_{x'}$) und $\tau_\varphi$ ($\equiv \tau_{x'y'}$) in der Schnittebene mit der x'-Achse als Normale (Bild 3.9b).

Zur Konstruktion des Mohr'schen Spannungskreises geht man wie folgt vor (Bild 3.9c):

1. Zeichnen eines $\sigma$-$\tau$-Koordinatensystems.
2. Eintragen des Bildpunktes $P_x$ ($\sigma_x$ | $\tau_{xy}$) der die Spannungskomponenten in der Schnittebene mit der x-Achse als Normale repräsentiert (Schnittebene $E_x$).

   Für die graphische Darstellung des Mohr'schen Spannungskreises ist es infolge der Kreisgeometrie zweckmäßig, von der allgemeinen Vorzeichenregelung für den dreiachsigen (räumlichen) Spannungszustand (Kapitel 3.1.3) abzurücken und die bereits in Kapitel 3.1.3 erwähnte **spezielle Vorzeichendefinition für Schubspannungen** anzuwenden:

   **Eine Schubspannung ist positiv (negativ) anzusetzen, falls bei Blick in Richtung der Schubspannung die zugehörige Schnittebene rechts (links) von der Schubspannung liegt.**

Unter Verwendung dieser speziellen Vorzeichenregelung ergibt sich eine Übereinstimmung der Vorzeichen der Schubspannungen am Flächenelement und im Mohr'schen Spannungskreis. Gemäß dieser speziellen Vorzeichenregelung ist die Schubspannung $\tau_{xy}$ in Bild 3.9a positiv, die Schubspannung $\tau_{yx}$ hingegen negativ anzusetzen.

3. Eintragen des Bildpunktes $P_y\,(\sigma_y \mid \tau_{yx})$ der die Spannungskomponenten in der Schnittebene mit der y-Achse als Normalenvektor repräsentiert (Schnittebene $E_y$). Die Schubspannung $\tau_{yx}$ ist entsprechend der speziellen Vorzeichenregelung negativ anzusetzen.
4. Die Schnittebenen $E_x$ und $E_y$ stehen senkrecht aufeinander (siehe Lageplan). Da die Bildpunkte zweier senkrechter Schnittebenen bzw. Schnittrichtungen auf einem Kreisdurchmesser liegen, schneidet die Strecke $\overline{P_x P_y}$ die σ-Achse im Kreismittelpunkt *M*.
5. Kreis um *M* durch die Bildpunkte $P_x$ oder $P_y$ ist der gesuchte Mohr'sche Spannungskreis.

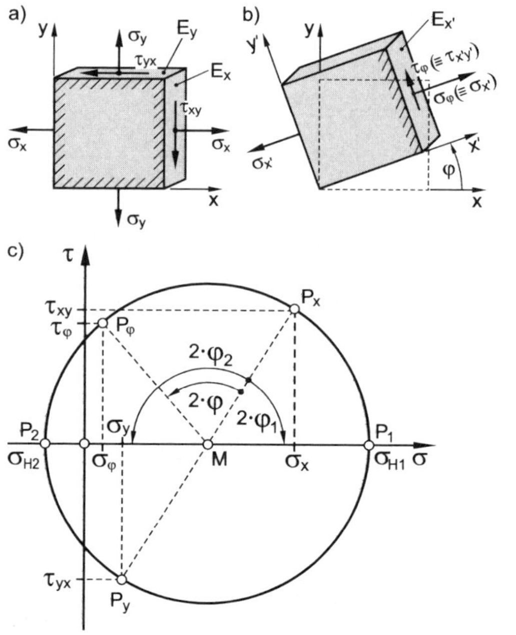


**Bild 3.9** Konstruktion des Mohr'schen Spannungskreises

Zur Ermittlung der Spannungskomponenten $\sigma_\varphi$ und $\tau_\varphi$ einer beliebigen Schnittebene $E_{x'}$, überträgt man, ausgehend von einer Schnittebene mit bekannten Spannungskomponenten (z. B. Schnittebene $E_x$ mit der x-Achse als Normale), den *doppelten* Richtungswinkel ($2\varphi$) in den Mohr'schen Spannungskreis. Der Drehsinn muss dabei dem Lageplan entsprechen. Die Koordinaten des Bildpunktes $P_\varphi\,(\sigma_\varphi \mid \tau_\varphi)$ kennzeichnen die Spannungskomponenten in der Schnittebene $E_{x'}$ (Bild 3.9b und 3.9c).

### 3.3.2.3 Hauptnormalspannungen und Hauptspannungsrichtungen

Aus dem Mohr'schen Spannungskreis (Bild 3.9c) ist ersichtlich, dass eine maximale Spannung $\sigma_{H1}$ und eine minimale Spannung $\sigma_{H2}$ existieren (Bildpunkte $P_1$ und $P_2$ in Bild 3.9c). Diese beiden extremalen Normalspannungen werden als **Hauptnormalspannungen** bezeichnet. Im praktischen Sprachgebrauch nennt man die Hauptnormalspannungen bisweilen auch **Hauptspannungen** (nicht zu verwechseln mit den Hauptschubspannungen, Kapitel 3.3.2.4). Die Richtungen zu den Hauptnormalspannungen (Winkel $\varphi_1$ und $\varphi_2$) nennt man dementsprechend **Hauptnormalspannungsrichtungen** oder kurz **Hauptspannungsrichtungen** bzw. **Hauptrichtungen** (nicht zu verwechseln mit den Hauptschubspannungsrichtungen). Schnittebenen, deren Normalenvektor mit der Hauptnormalspannungsrichtung zusammenfällt sind schubspannungsfrei.

Eine Richtung ist auch dann Hauptspannungsrichtung, falls die zugehörige Schnittebene völlig frei von Spannungen ist, wie zum Beispiel eine lastfreie Oberfläche (zweiachsiger Spannungs zustand). Die zugehörige Hauptnormalspannung ist dann Null. Im Hinblick auf die Bezeichnung soll vereinbart werden, dass mit $\sigma_{H1}$ die größere der beiden (von Null verschiedenen) Hauptspannungen bezeichnet wird, also $\sigma_{H1} > \sigma_{H2}$.

Die beiden Hauptnormalspannungen $\sigma_{H1}$ und $\sigma_{H2}$ ergeben sich aus den Schnittpunkten des Mohr'schen Spannungskreises mit der $\sigma$-Achse (Bild 3.9c), da in diesen als **Hauptspannungsebenen** oder **Hauptebenen** bezeichneten Ebenen, die Schubspannungen zu Null werden.

Der Winkel $\varphi_1$ zwischen der x-Richtung und der Normalen zur ersten Hauptebene (erste Hauptspannungsrichtung) kann graphisch mit Hilfe des Mohr'schen Spannungskreises ermittelt werden. Es gilt dabei: $2 \cdot \varphi_1 = \angle\,(MP_x, MP_1)$. Für den Winkel $\varphi_2$ zwischen der x-Richtung und der Normalen zur zweiten Hauptebene (zweite Hauptspannungsrichtung) gilt dementsprechend: $2 \cdot \varphi_2 = \angle\,(MP_x, MP_2)$.

Die Hauptnormalspannungen $\sigma_{H1}$ und $\sigma_{H2}$ können auch rechnerisch ermittelt werden. Aus dem Mohr'schen Spannungskreis lassen sich die folgenden Beziehungen ableiten:

$$\sigma_{H1} = \frac{\sigma_x + \sigma_y}{2} + \sqrt{\left(\frac{\sigma_x - \sigma_y}{2}\right)^2 + \tau_{xy}^2} \qquad (3.38)$$

**Hauptnormalspannungen in der x-y-Ebene bei zweiachsigem Spannungszustand**

$$\sigma_{H2} = \frac{\sigma_x + \sigma_y}{2} - \sqrt{\left(\frac{\sigma_x - \sigma_y}{2}\right)^2 + \tau_{xy}^2} \qquad (3.39)$$

Die Winkel $\varphi_1$ und $\varphi_2$ zwischen der x-Richtung und den Normalen zur den Hauptebenen (Hauptspannungsrichtungen) lassen sich ebenfalls rechnerisch ermitteln. Man erhält die Richtungswinkel $\varphi_1$ bzw. $\varphi_2$ aus Gleichung 3.28 mit der Bedingung $\tau_\varphi = 0$, da, wie bereits erwähnt, in Schnittebenen mit den Hauptspannungsrichtungen als Normale voraussetzungsgemäß keine Schubspannungen auftreten:

$$\varphi_{1;2} = \frac{1}{2} \cdot \arctan\left(\frac{-2 \cdot \tau_{xy}}{\sigma_x - \sigma_y}\right) \qquad (3.40)$$

**Richtungswinkel zwischen der x-Achse und der ersten oder der zweiten Hauptspannungsrichtung**

Der mit Hilfe von Gleichung 3.40 errechnete Winkel kann der Richtungswinkel zwischen der x-Achse und der ersten *oder* der zweiten Hauptspannungsrichtung sein. Eine Entscheidung kann mit Hilfe von Tabelle 3.1 erfolgen.

Aufgrund der π-Periodizität des Tangens ergibt sich der zweite Winkel zu:

$$\varphi_{2;1} = \varphi_{1;2} + \frac{\pi}{2} \qquad (3.41)$$

### 3.3.2.4 Hauptschubspannungen

Die im Bauteil auftretenden betragsmäßig größten Schubspannungen $\tau_{max}$ ergeben sich aus dem Mohr'schen Spannungskreis (Bild 3.9c) zu:

$$\tau_{max} = \pm\sqrt{\left(\frac{\sigma_x - \sigma_y}{2}\right)^2 + \tau_{xy}^2} = \pm\frac{\sigma_{H1} - \sigma_{H2}}{2} \qquad (3.42)$$

**Maximale Schubspannung in der x-y-Ebene bei zweiachsigem Spannungszustand**

**Tabelle 3.1** Rechnerische Ermittlung der Richtungswinkel $\varphi_1$ und $\varphi_2$ zwischen der x-Richtung und den Hauptspannungsrichtungen $\sigma_{H1}$ und $\sigma_{H2}$

| Fall [1] | Lageplan | Winkel zu den Hauptspannungsrichtungen [1] [2] | Hauptnormalspannungen | Mohr'scher Spannungskreis [1] |
|---|---|---|---|---|
| **Fall 1:** $\sigma_x > \sigma_y$ $\tau_{xy} > 0$ | 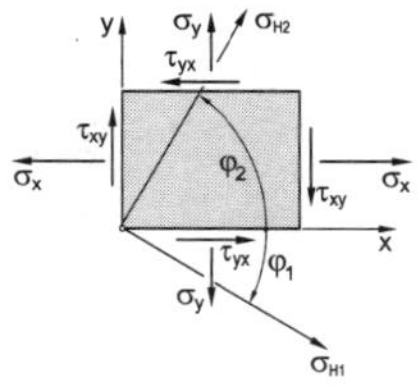 | $\varphi_1 = \frac{1}{2} \cdot \arctan\left(\frac{-2 \cdot \tau_{xy}}{\sigma_x - \sigma_y}\right)$ $\varphi_2 = \varphi_1 + 90°$ | | 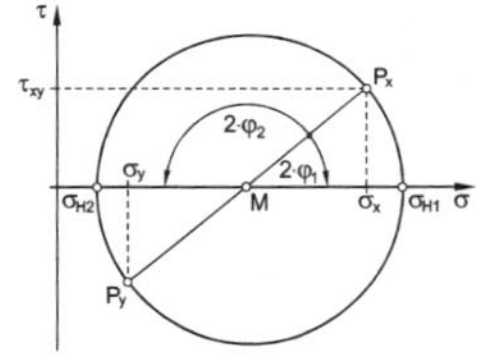 |
| **Fall 2:** $\sigma_x < \sigma_y$ $\tau_{xy} > 0$ | 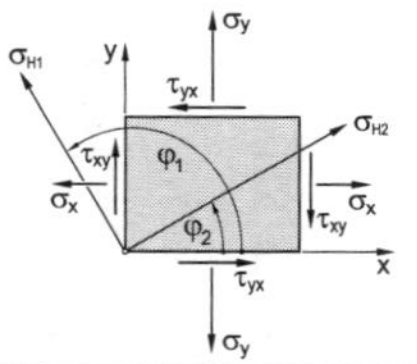 | $\varphi_2 = \frac{1}{2} \cdot \arctan\left(\frac{-2 \cdot \tau_{xy}}{\sigma_x - \sigma_y}\right)$ $\varphi_1 = \varphi_2 + 90°$ | $\sigma_{H1} = \frac{\sigma_x + \sigma_y}{2} + \sqrt{\left(\frac{\sigma_x - \sigma_y}{2}\right)^2 + \tau_{xy}^2}$ | 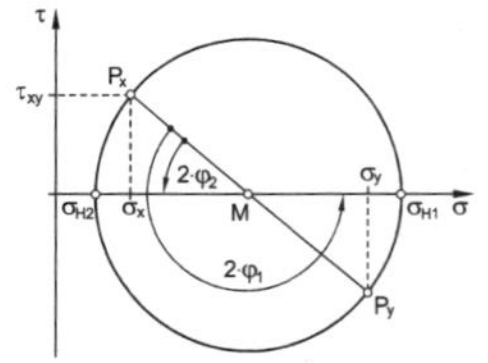 |
| **Fall 3:** $\sigma_x < \sigma_y$ $\tau_{xy} < 0$ | 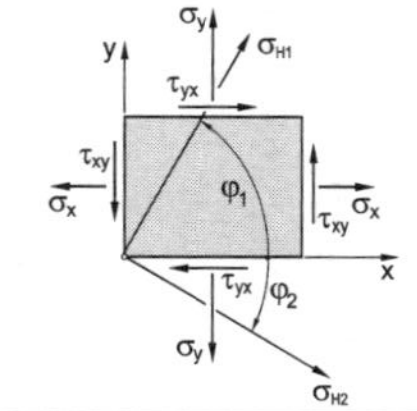 | $\varphi_2 = \frac{1}{2} \cdot \arctan\left(\frac{-2 \cdot \tau_{xy}}{\sigma_x - \sigma_y}\right)$ $\varphi_1 = \varphi_2 + 90°$ | $\sigma_{H2} = \frac{\sigma_x + \sigma_y}{2} - \sqrt{\left(\frac{\sigma_x - \sigma_y}{2}\right)^2 + \tau_{xy}^2}$ | 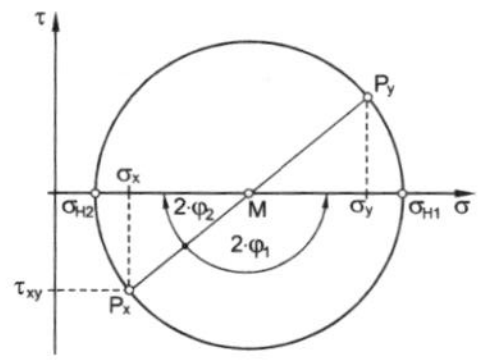 |
| **Fall 4:** $\sigma_x > \sigma_y$ $\tau_{xy} < 0$ | 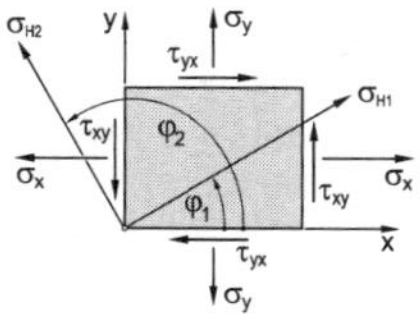 | $\varphi_1 = \frac{1}{2} \cdot \arctan\left(\frac{-2 \cdot \tau_{xy}}{\sigma_x - \sigma_y}\right)$ $\varphi_2 = \varphi_1 + 90°$ | | 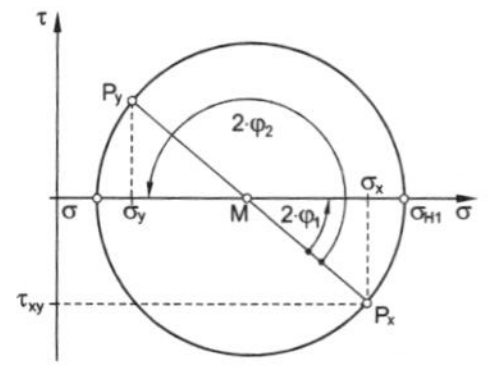 |

[1] Vorzeichenregelung für Schubspannungen entsprechend der speziellen Vorzeichenregelung für die Konstruktion des Mohr'schen Spannungskreises (Kapitel 3.1.3)
[2] $\varphi_1$: Winkel zwischen der x-Richtung und der ersten Hauptspannungsrichtung ($\sigma_{H1}$). $\varphi_2$: Winkel zwischen der x-Richtung und der zweiten Hauptspannungsrichtung ($\sigma_{H2}$).

## 3.4 Dreiachsiger (räumlicher) Spannungszustand

Unter der Voraussetzung eines zweiachsigen Spannungszustandes war es mit Hilfe des Mohr'schen Spannungskreises möglich, die Normal- und die Schubspannungskomponenten in beliebigen Schnittebenen zu ermitteln. Im Falle eines dreiachsigen (räumlichen) Spannungszustandes ist diese Vorgehensweise in der Regel nicht möglich [1].

Zur Beschreibung des Spannungszustandes in einem Punkt *P* eines beliebig beanspruchten Körpers (vgl. Bild 3.2) schneidet man ein würfelförmiges Volumenelement heraus, dessen Kanten parallel zu den Achsen des Koordinatensystems sind. Im allgemeinen Fall wirken am Volumenelement drei voneinander unabhängige Normalspannungen ($\sigma_x$, $\sigma_y$ und $\sigma_z$) sowie drei Paare voneinander unabhängiger, zugeordneter Schubspannungen ($\tau_{xy}$ und $\tau_{yx}$, $\tau_{xz}$ und $\tau_{zx}$, $\tau_{yz}$ und $\tau_{zy}$).

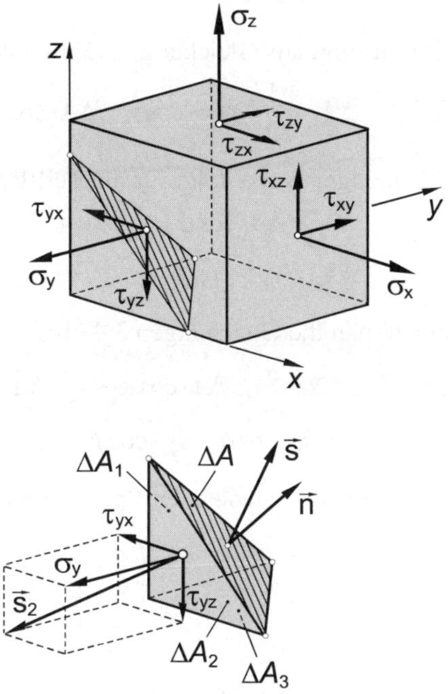


**Bild 3.10** Spannungen am räumlichen Tetraederelement

### 3.4.1 Spannungstensor

Zur Ermittlung der Schnittspannungen in einer beliebigen Schnittebene (charakterisiert durch den Normalenvektor $\vec{n}$) trennt man, analog zum zweiachsigen Spannungszustand, vom Würfelelement einen Tetraeder heraus und betrachtet das Kräftegleichgewicht (Bild 3.10).

Die Spannungsvektoren $\vec{s}$ bzw. $\vec{s}_1$, $\vec{s}_2$ und $\vec{s}_3$ in den einzelnen Tetraederflächen wirken schräg zur jeweiligen Fläche (Bild 3.10). Multipliziert man den jeweiligen Spannungsvektor mit der entsprechenden Tetraederfläche, dann erhält man die auf die jeweiligen Flächen wirkenden Kräfte, deren vektorielle Summe aus Gleichgewichtsgründen Null sein muss. Ansetzen des Kräftegleichgewichts am freigeschnittenen Tetraederelement liefert (Bild 3.10):

$$\vec{s} \cdot \Delta A = \vec{s}_1 \cdot \Delta A_1 + \vec{s}_2 \cdot \Delta A_2 + \vec{s}_3 \cdot \Delta A_3 = 0 \qquad (3.43)$$

Damit Gleichung (3.43) weiter umgeformt werden kann, müssen zunächst die Flächeninhalte der Teilflächen $\Delta A_1$, $\Delta A_2$ und $\Delta A_3$ berechnet werden. Die Berechnung soll am Beispiel von Teilfläche $\Delta A_3$ erfolgen (Bild 3.11).

Für den Inhalt der Tetraederfläche $\Delta A$ gilt:

$$\Delta A = \frac{1}{2} \cdot g \cdot h \qquad (3.44)$$

Für den Inhalt der Tetraederfläche $\Delta A_3$ gilt:

$$\Delta A_3 = \frac{1}{2} \cdot g \cdot h_3 \qquad (3.45)$$

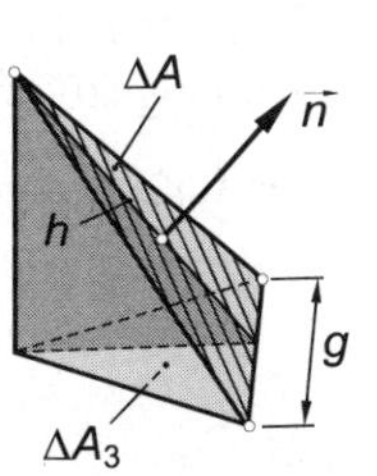


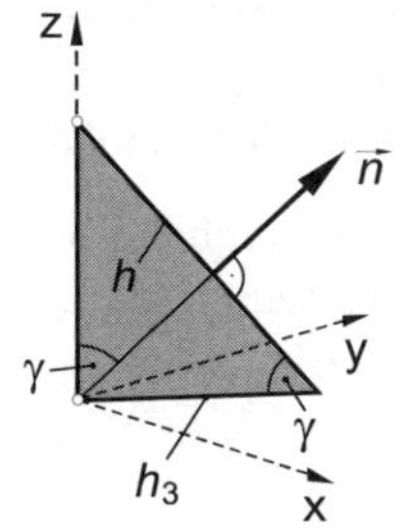


**Bild 3.11** Geometrische Beziehungen am Tetraederelement

---
[1] Die Berechnung von Spannungen in beliebigen Schnittrichtungen mit Hilfe des Mohr'schen Spannungskreises gelingt nur, falls das Volumenelement parallel zu den Hauptachsen herausgeschnitten vorliegt (Hauptspannungselement, Kapitel 3.4.3).

Zwischen den Höhen $h$ und $h_3$ der beiden Dreiecksflächen gilt weiterhin (Bild 3.11):

$$h_3 = h \cdot \cos\gamma \tag{3.46}$$

Damit folgt aus Gleichung 3.45 mit Gleichung 3.44:

$$\Delta A_3 = \frac{1}{2} \cdot g \cdot h \cdot \cos\gamma = \Delta A \cdot \cos\gamma \tag{3.47}$$

In analoger Weise folgt für die Teilflächen $\Delta A_1$ und $\Delta A_2$:

$$\Delta A_1 = \Delta A \cdot \cos\alpha \tag{3.48}$$

$$\Delta A_2 = \Delta A \cdot \cos\beta \tag{3.49}$$

Setzt man die Gleichungen 3.47 bis 3.49 in Gleichung 3.43 ein, dann folgt:

$$\vec{s} \cdot \Delta A = \vec{s}_1 \cdot \Delta A \cdot \cos\alpha + \vec{s}_2 \cdot \Delta A \cdot \cos\beta + \vec{s}_3 \cdot \Delta A \cdot \cos\gamma \quad \Big| : \Delta A \tag{3.50}$$

$$\vec{s} = \vec{s}_1 \cdot \cos\alpha + \vec{s}_2 \cdot \cos\beta + \vec{s}_3 \cdot \cos\gamma \tag{3.51}$$

Für die Komponenten der Spannungsvektoren ergibt sich (Bild 3.10):

$$\vec{s} = \begin{pmatrix} s_x \\ s_y \\ s_z \end{pmatrix} \qquad \vec{s}_1 = \begin{pmatrix} \sigma_x \\ \tau_{xy} \\ \tau_{xz} \end{pmatrix} \qquad \vec{s}_2 = \begin{pmatrix} \tau_{yx} \\ \sigma_y \\ \tau_{yz} \end{pmatrix} \qquad \vec{s}_3 = \begin{pmatrix} \tau_{zx} \\ \tau_{zy} \\ \sigma_z \end{pmatrix} \tag{3.52}$$

Eingesetzt in Gleichung 3.51 folgt für den Spannungsvektor $\vec{s}$ in der Schnittebene $\Delta A$:

$$\begin{pmatrix} s_x \\ s_y \\ s_z \end{pmatrix} = \begin{pmatrix} \sigma_x \\ \tau_{xy} \\ \tau_{xz} \end{pmatrix} \cdot \cos\alpha + \begin{pmatrix} \tau_{yx} \\ \sigma_y \\ \tau_{yz} \end{pmatrix} \cdot \cos\beta + \begin{pmatrix} \tau_{zx} \\ \tau_{zy} \\ \sigma_z \end{pmatrix} \cdot \cos\gamma \tag{3.53}$$

Gleichung 3.53 lässt sich auch in Matrizenform darstellen:

$$\underbrace{\begin{pmatrix} s_x \\ s_y \\ s_z \end{pmatrix}}_{\vec{s}} = \underbrace{\begin{pmatrix} \sigma_x & \tau_{yx} & \tau_{zx} \\ \tau_{xy} & \sigma_y & \tau_{zy} \\ \tau_{xz} & \tau_{yz} & \sigma_z \end{pmatrix}}_{\overline{S}} \cdot \underbrace{\begin{pmatrix} \cos\alpha \\ \cos\beta \\ \cos\gamma \end{pmatrix}}_{\vec{n}} \tag{3.54}$$

Die Größe $\overline{S}$ wird als **Spannungstensor** bezeichnet. Der Spannungstensor beschreibt den Spannungszustand in einem beliebigen Punkt eines Bauteils. Die Hauptdiagonale des Spannungstensors enthält die Normalspannungen $\sigma_x$, $\sigma_y$ und $\sigma_z$, daneben stehen die Schubspannungen. Da jeweils drei Paare von Schubspannungen gleich sind (zugeordnete Schubspannungen, d. h. $\tau_{xy} = \tau_{yx}, \tau_{xz} = \tau_{zx}$ und $\tau_{yz} = \tau_{zy}$) ist die Spannungsmatrix symmetrisch, so dass nur 6 voneinander unabhängige Spannungskomponenten vorliegen.

Entsprechend des Gesetzes für zugeordnete Schubspannungen können die Indizes der Schubspannungen vertauscht werden, so dass der Spannungstensor $\overline{S}$ auch wie folgt geschrieben werden kann:

$$\bar{S} = \begin{pmatrix} \sigma_x & \tau_{xy} & \tau_{xz} \\ \tau_{xy} & \sigma_y & \tau_{yz} \\ \tau_{xz} & \tau_{yz} & \sigma_z \end{pmatrix} \tag{3.55}$$

### 3.4.2 Berechnung der Normal- und Schubspannungen in einer beliebigen Schnittebene

Mit Hilfe des Spannungstensors wird der Spannungszustand in einem beliebigen Körperpunkt eindeutig beschrieben. Mitunter ist es von Interesse, die Spannungskomponenten in beliebigen Schnittrichtungen zu ermitteln. Die räumliche Lage der schrägen Schnittebene $\Delta A$ wird durch ihren Normaleneinheitsvektor $\vec{n}$ festgelegt, wobei gilt:

$$\vec{n} = \begin{pmatrix} n_x \\ n_y \\ n_z \end{pmatrix} = \begin{pmatrix} \cos\alpha \\ \cos\beta \\ \cos\gamma \end{pmatrix} \tag{3.56}$$

Bei bekanntem Spannungszustand (gekennzeichnet durch den Spannungstensor) errechnet sich der Spannungsvektor $\vec{s}$ zu:

$$\vec{s} = \begin{pmatrix} \sigma_x \\ \tau_{xy} \\ \tau_{xz} \end{pmatrix} \cdot \cos\alpha + \begin{pmatrix} \tau_{xy} \\ \sigma_y \\ \tau_{yz} \end{pmatrix} \cdot \cos\beta + \begin{pmatrix} \tau_{xz} \\ \tau_{yz} \\ \sigma_z \end{pmatrix} \cdot \cos\gamma$$

$$= \begin{pmatrix} \sigma_x \cdot \cos\alpha + \tau_{xy} \cdot \cos\beta + \tau_{xz} \cdot \cos\gamma \\ \tau_{xy} \cdot \cos\alpha + \sigma_y \cdot \cos\beta + \tau_{yz} \cdot \cos\gamma \\ \tau_{xz} \cdot \cos\alpha + \tau_{yz} \cdot \cos\beta + \sigma_z \cdot \cos\gamma \end{pmatrix} \tag{3.57}$$

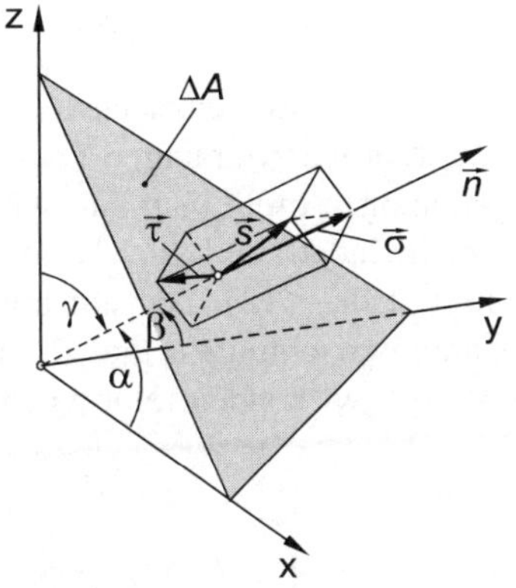


**Bild 3.12**
Spannungskomponenten in beliebiger Schnittrichtung bei dreiachsigem Spannungszustand

Sofern $\vec{n}$ keine Hauptspannungsebene kennzeichnet und damit $\vec{s}$ keine Hauptnormalspannung ist, fallen $\vec{s}$ und $\vec{n}$ nicht zusammen. Dann lässt sich der Spannungsvektor $\vec{s}$ in eine Komponente in Richtung der Flächennormalen (Normalspannung) und in eine Komponente senkrecht dazu (Schubspannung) zerlegen (Bild 3.12).

Die Normalspannungskomponente $\vec{\sigma}$ des Spannungsvektors $\vec{s}$ zur Schnittebene $\Delta A$ erhält man durch senkrechte Projektion des Spannungsvektors $\vec{s}$ auf den Normaleneinheitsvektor $\vec{n}$. Der Betrag der Normalspannung $\sigma$ ergibt sich dann als Skalarprodukt von $\vec{s}$ und $\vec{n}$:

$$\sigma = \vec{s} \cdot \vec{n} = \begin{pmatrix} \sigma_x \cdot \cos\alpha + \tau_{xy} \cdot \cos\beta + \tau_{xz} \cdot \cos\gamma \\ \tau_{xy} \cdot \cos\alpha + \sigma_y \cdot \cos\beta + \tau_{yz} \cdot \cos\gamma \\ \tau_{xz} \cdot \cos\alpha + \tau_{yz} \cdot \cos\beta + \sigma_z \cdot \cos\gamma \end{pmatrix} \cdot \begin{pmatrix} \cos\alpha \\ \cos\beta \\ \cos\gamma \end{pmatrix} \tag{3.58}$$

$$\sigma = \sigma_x \cdot \cos^2\alpha + \sigma_y \cdot \cos^2\beta + \sigma_z \cdot \cos^2\gamma + 2 \cdot \left(\tau_{xy} \cdot \cos\alpha \cdot \cos\beta + \tau_{yz} \cdot \cos\beta \cdot \cos\gamma + \tau_{xz} \cdot \cos\gamma \cdot \cos\alpha\right) \quad (3.59)$$

**Betrag der Normalspannungskomponente in beliebiger (räumlicher) Schnittrichtung**

Für den Betrag der Schubspannungskomponente in der Schnittebene $\Delta A$ ergibt sich unter Anwendung des Satzes von Pythagoras:

$$\tau = \sqrt{s^2 - \sigma^2} \quad (3.60)$$

**Betrag der Schubspannungskomponente in beliebiger (räumlicher) Schnittrichtung**

## 3.4.3 Hauptnormalspannungen bei dreiachsigem Spannungszustand

Wird ein Bauteil durch äußere Kräfte und Momente beansprucht, dann können zumindest bei einfachen geometrischen Verhältnissen, mit Hilfe der in Kapitel 2 beschriebenen Grundgleichungen die Lastspannungen und damit der Spannungszustand ermittelt werden. Allgemein wird der Spannungszustand in einem Punkt $P$ eines beanspruchten Bauteils durch drei voneinander unabhängige Normalspannungen ($\sigma_x$, $\sigma_y$ und $\sigma_z$) sowie drei Paare zugeordneter Schubspannungen ($\tau_{xy}$, $\tau_{xz}$, $\tau_{yz}$) beschrieben (Bild 3.10) und mathematisch durch den Spannungstensor $\overline{S}$ ausgedrückt (Kapitel 3.4.1). In Lastspannungen ausgedrückt lautet der Spannungstensor:

$$\overline{S} = \begin{pmatrix} \sigma_x & \tau_{xy} & \tau_{xz} \\ \tau_{xy} & \sigma_y & \tau_{yz} \\ \tau_{xz} & \tau_{yz} & \sigma_z \end{pmatrix} \quad (3.61)$$

Für einen Festigkeitsnachweis ist in der Regel die Kenntnis von Betrag und ggf. Richtung der Hauptnormalspannungen ($\sigma_{H1}$, $\sigma_{H2}$ und $\sigma_{H3}$) erforderlich. Zur Ermittlung der Hauptnormalspannungen dreht man das Würfelelement so, bis die Schubspannungen in den Schnittebenen verschwinden und die Normalspannungen Extremwerte annehmen (**Hauptspannungselement**, Bild 3.13). Die entsprechenden Schnittrichtungen bezeichnet man als Hauptnormalspannungsrichtungen und die in diesen Schnittebenen (Hauptspannungsebenen bzw. Hauptebenen) wirkenden Normalspannungen als Hauptnormalspannungen (siehe auch Kapitel 3.3.4.3).

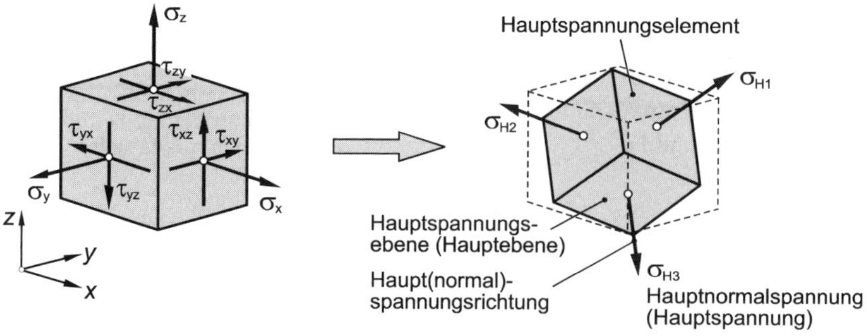


**Bild 3.13** Allgemeiner Spannungszustand und Hauptspannungselement

Im Allgemeinen sind in einem beliebigen Punkt eines Bauteils der Spannungsvektor $\vec{s}$ und der Normalenvektor $\vec{n}$ der zugehörigen Schnittebene nicht parallel zueinander (Bild 3.2). Die Hauptspannungsrichtungen sind jedoch dadurch gekennzeichnet, dass die Spannungsvektoren ($\vec{s}_{H1} \equiv \vec{\sigma}_{H1}, \vec{s}_{H2} \equiv \vec{\sigma}_{H2}$ und $\vec{s}_{H3} \equiv \vec{\sigma}_{H3}$) senkrecht zu den zugehörigen Schnittebenen bzw. parallel zu deren Normalenvektoren ($\vec{n}_{H1}, \vec{n}_{H2}$ und $\vec{n}_{H3}$) sind d. h. die Schubspannungskomponenten verschwinden. Der Betrag der Hauptnormalspannungen ist dabei das $\sigma_{H1}$- bzw. $\sigma_{H2}$- bzw. das $\sigma_{H3}$-fache des Normaleneinheitsvektors der jeweiligen Hauptspannungsebene. Mathematisch lässt sich dieser Sachverhalt wie folgt formulieren:

$$\vec{\sigma}_{Hi} = \sigma_{Hi} \cdot \vec{n}_{Hi} \quad (i = 1, 2, 3) \tag{3.62}$$

$$\begin{pmatrix} \sigma_{Hi\,x} \\ \sigma_{Hi\,y} \\ \sigma_{Hi\,z} \end{pmatrix} = \sigma_{Hi} \cdot \begin{pmatrix} \cos\alpha_i \\ \cos\beta_i \\ \cos\gamma_i \end{pmatrix}$$

daraus folgt:

$$\begin{aligned} \sigma_{Hi\,x} &= \sigma_{Hi} \cdot \cos\alpha_i \\ \sigma_{Hi\,y} &= \sigma_{Hi} \cdot \cos\beta_i \\ \sigma_{Hi\,z} &= \sigma_{Hi} \cdot \cos\gamma_i \end{aligned} \tag{3.63}$$

Andererseits muss sich bei bekannter Hauptspannungsrichtung und bekanntem Spannungszustand (gekennzeichnet durch den Spannungstensor $\overline{S}$) derselbe Spannungsvektor $\vec{\sigma}_{Hi}$ auch entsprechend Gleichung 3.54 ergeben:

$$\vec{\sigma}_{Hi} = \overline{S} \cdot \vec{n}_{Hi} \tag{3.64}$$

$$\begin{pmatrix} \sigma_{Hi\,x} \\ \sigma_{Hi\,y} \\ \sigma_{Hi\,z} \end{pmatrix} = \begin{pmatrix} \sigma_x & \tau_{xy} & \tau_{xz} \\ \tau_{xy} & \sigma_y & \tau_{yz} \\ \tau_{xz} & \tau_{yz} & \sigma_z \end{pmatrix} \cdot \begin{pmatrix} \cos\alpha_i \\ \cos\beta_i \\ \cos\gamma_i \end{pmatrix}$$

$$\begin{aligned} \sigma_{Hi\,x} &= \sigma_x \cdot \cos\alpha_i + \tau_{xy} \cdot \cos\beta_i + \tau_{xz} \cdot \cos\gamma_i \\ \sigma_{Hi\,y} &= \tau_{xy} \cdot \cos\alpha_i + \sigma_y \cdot \cos\beta_i + \tau_{yz} \cdot \cos\gamma_i \\ \sigma_{Hi\,z} &= \tau_{xz} \cdot \cos\alpha_i + \tau_{yz} \cdot \cos\beta_i + \sigma_z \cdot \cos\gamma_i \end{aligned} \tag{3.65}$$

Nach Gleichsetzen von Gleichung 3.63 mit 3.65 und ordnen, erhält man ein homogenes, lineares Gleichungssystem für den Richtungskosinus der Normalenvektoren der jeweiligen Hauptspannungsebenen ($\cos\alpha_i$, $\cos\beta_i$ und $\cos\gamma_i$) und damit auch der Hauptnormalspannungen.

$$\begin{aligned} (\sigma_x - \sigma_{Hi}) \cdot \cos\alpha_i + \tau_{xy} \cdot \cos\beta_i + \tau_{xz} \cdot \cos\gamma_i &= 0 \\ \tau_{xy} \cdot \cos\alpha_i + (\sigma_y - \sigma_{Hi}) \cdot \cos\beta_i + \tau_{yz} \cdot \cos\gamma_i &= 0 \\ \tau_{xz} \cdot \cos\alpha_i + \tau_{yz} \cdot \cos\beta_i + (\sigma_z - \sigma_{Hi}) \cdot \cos\gamma_i &= 0 \end{aligned} \tag{3.66}$$

Das Gleichungssystem hat nur dann nicht triviale Lösungen, falls die Determinante der Koeffizientenmatrix des Gleichungssystems Null ist. Dies führt auf die **charakteristische Gleichung** ($E$ = Einheitsmatrix, $S$ = Spannungsmatrix, $\sigma_{Hi}$ = Eigenwert der Spannungsmatrix):

$$\det(S - \sigma_{Hi} \cdot E) = \begin{vmatrix} \sigma_x - \sigma_{Hi} & \tau_{xy} & \tau_{xz} \\ \tau_{xy} & \sigma_y - \sigma_{Hi} & \tau_{yz} \\ \tau_{xz} & \tau_{yz} & \sigma_z - \sigma_{Hi} \end{vmatrix} = 0 \tag{3.67}$$

**charakteristische Gleichung**

Die Lösung der charakteristischen Gleichung liefert die Eigenwerte ($\sigma_{H1}$, $\sigma_{H2}$ und $\sigma_{H3}$) der Spannungsmatrix. Diese Eigenwerte entsprechen den jeweiligen Hauptspannungen. Die zu den Eigenwerten gehörenden Eigenvektoren ($\vec{n}_{H1}, \vec{n}_{H2}$ und $\vec{n}_{H3}$) sind identisch mit den Hauptspannungsrichtungen.

Die Berechnung der Determinante (Gleichung 3.67) führt auf eine Gleichung dritten Grades (**Eigenwertgleichung**), deren Lösung die gesuchten Eigenwerte der Spannungsmatrix d. h. die Hauptnormalspannungen $\sigma_{Hi}$ sind. Zu den mathematischen Grundlagen wird an dieser Stelle auf die entsprechende Literatur wie z. B. [3] verwiesen. Die Eigenwertgleichung lautet:

$$\sigma_{Hi}^3 - I_1 \cdot \sigma_{Hi}^2 + I_2 \cdot \sigma_{Hi} - I_3 = 0 \tag{3.68}$$

**Eigenwertgleichung**

Die Koeffizienten $I_1$, $I_2$ und $I_3$ der Eigenwertgleichung (Gleichung 3.68) sind die Invarianten des Spannungstensors (unveränderliche Größen in Bezug auf eine Koordinatentransformation) und berechnen sich wie folgt:

$$I_1 = \sigma_x + \sigma_y + \sigma_z \tag{3.69}$$

$$I_2 = \sigma_x \cdot \sigma_y + \sigma_y \cdot \sigma_z + \sigma_x \cdot \sigma_z - \tau_{xy}^2 - \tau_{yz}^2 - \tau_{xz}^2 \tag{3.70}$$

$$I_3 = \sigma_x \cdot \sigma_y \cdot \sigma_z + 2 \cdot \tau_{xy} \cdot \tau_{yz} \cdot \tau_{xz} - \sigma_x \cdot \tau_{yz}^2 - \sigma_y \cdot \tau_{xz}^2 - \sigma_z \cdot \tau_{xy}^2 \tag{3.71}$$

**Invarianten des Spannungstensors**

Aufgrund der Symmetrie der Koeffizientendeterminante hat Gleichung 3.68 stets drei reelle Lösungen, die Hauptspannungen $\sigma_{H1}$, $\sigma_{H2}$ und $\sigma_{H3}$. Damit existieren bei einen räumlichen Spannungszustand in jedem Punkt eines Bauteils drei zueinander senkrechte, schubspannungsfreie Schnittebenen.

Zur **Lösung einer Gleichung 3. Grades** der Form entsprechend Gleichung 3.68, schreibt man:

$$\sigma_{Hi}^3 + A \cdot \sigma_{Hi}^2 + B \cdot \sigma_{Hi} + C = 0 \tag{3.72}$$

Die Zahlenwerte für $A$, $B$ und $C$ erhält man durch Koeffizientenvergleich mit Gleichung 3.68:

$$A = -I_1 \qquad B = I_2 \qquad C = -I_3 \tag{3.73}$$

Zur Lösung von Gleichung 3.72 geht man wie nachfolgend beschrieben vor.

**1. Schritt**: Elimination von $A \cdot \sigma_{Hi}^2$ durch Substitution, gemäß:

$$\sigma_{Hi} = u - \frac{A}{3} \tag{3.74}$$

liefert die reduzierte Form der Gleichung 3. Grades:

$$u^3 + a \cdot u + b = 0 \tag{3.75}$$

mit: $a = B - \dfrac{A^2}{3}$ und $b = \dfrac{2}{27} \cdot A^3 - \dfrac{1}{3} \cdot A \cdot B + C$

**2. Schritt:** Berechnung der Diskriminante $D$ von Gleichung 3.75:

$$D = \left(\frac{b}{2}\right)^2 + \left(\frac{a}{3}\right)^3 \tag{3.76}$$

für **D > 0**: eine reelle und zwei konjugiert komplexe Lösungen

**D = 0**: zwei voneinander verschiedene reelle Lösungen (eine einfache Lösung und eine Doppellösung)

**D < 0**: drei reelle Lösungen

Da die Matrix der Koeffizienten-Determinante symmetrisch ist (Gleichung 3.67), erhält man drei reelle Lösungen aus denen sich die drei Hauptspannungen ermitteln lassen.

**3. Schritt:** Für die drei (reellen) Lösungen der Gleichung 3. Grades (Gleichung 3.75) folgt:

$$\begin{aligned} u_1 &= 2 \cdot \sqrt{-\frac{a}{3}} \cdot \cos\varphi \\ u_2 &= 2 \cdot \sqrt{-\frac{a}{3}} \cdot \cos(\varphi + 120°) \\ u_3 &= 2 \cdot \sqrt{-\frac{a}{3}} \cdot \cos(\varphi + 240°) \end{aligned} \qquad \text{mit } \varphi = \frac{1}{3} \arccos\left(\frac{-b}{2 \cdot \sqrt{(-a/3)^3}}\right) \tag{3.77}$$

Die Hauptspannungen $\sigma_{H1}$, $\sigma_{H2}$ und $\sigma_{H3}$ ergeben sich schließlich aus Gleichung 3.74:

$$\sigma_{Hi} = u_i - \frac{A}{3} \quad (i = 1,2,3)$$

Vereinbarungsgemäß wird die größte positive Hauptnormalspannung mit $\sigma_1$ und die kleinste Hauptnormalspannung mit $\sigma_3$ bezeichnet (siehe auch Kapitel 6), so dass gilt (ordnen der Hauptspannungen entsprechend ihrer algebraischen Größe):

$$\begin{aligned} \sigma_1 &= \max\{\sigma_{H1}, \sigma_{H2}, \sigma_{H3}\} \\ \sigma_3 &= \min\{\sigma_{H1}, \sigma_{H2}, \sigma_{H3}\} \\ \sigma_1 &< \sigma_2 < \sigma_3 \end{aligned} \tag{3.78}$$

**4. Schritt:** Kontrolle

Zur Kontrolle der Berechnungen kann die erste Invariante ($I_1$) herangezogen werden. Die Invarianten eines Tensors sind Größen, die sich auch bei einer Koordinatentransformation z. B. vom x-y-z-Koordinatensystem ins Hauptachsensystem nicht ändern, so dass gelten muss:

$$\sigma_{H1} + \sigma_{H2} + \sigma_{H3} = \sigma_x + \sigma_y + \sigma_z \tag{3.79}$$

### 3.4.4 Mohr'scher Spannungskreis für den dreiachsigen Spannungszustand

Unter der Voraussetzung eines zweiachsigen Spannungszustandes konnten mit Hilfe des Mohr'schen Spannungskreises die Normal- und Schubspannungskomponenten in jeder beliebigen Schnittebene ebenso wie die Hauptnormalspannungen $\sigma_{H1}$ und $\sigma_{H2}$ auf einfache und anschauliche Weise ermittelt werden (Kapitel 3.3.4).

Liegt hingegen ein dreiachsiger (allgemeiner) Spannungszustand vor, dann ist eine ähnliche Vorgehensweise mit Hilfe des Mohr'schen Spannungskreises nicht mehr möglich. Die Ermittlung der Hauptnormalspannungen sowie der Spannungskomponenten in beliebiger (räumlicher) Schnittrichtung muss in diesem Fall analytisch erfolgen (Kapitel 3.4.2 und 3.4.3).

Sind hingegen die drei Hauptnormalspannungen $\sigma_1$, $\sigma_2$ und $\sigma_3$ bekannt (siehe Gleichung 3.78), dann können für jede durch die Hauptspannungsrichtungen gekennzeichnete Hauptspannungsebene ($\sigma_1$-$\sigma_2$-Ebene, $\sigma_1$-$\sigma_3$-Ebene und $\sigma_2$-$\sigma_3$-Ebene) die Mohr'schen Spannungskreise angegeben werden. Man erhält dabei zwei sich berührende **Nebenkreise** ($\sigma_1$-$\sigma_2$-Ebene und $\sigma_2$-$\sigma_3$-Ebene), die von einem **Hauptkreis** ($\sigma_1$-$\sigma_3$-Ebene) eingeschlossen werden (Bild 3.14).

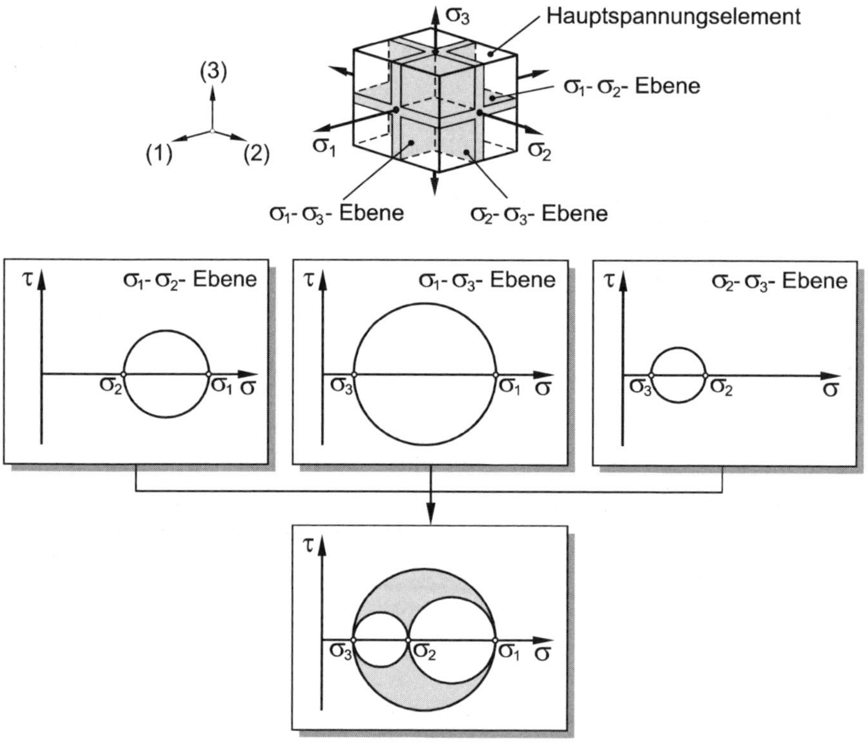


**Bild 3.14** Mohr'sche Spannungskreise für den dreiachsigen (allgemeinen) Spannungszustand

Die Spannungskomponenten ($\sigma_\varphi$, $\tau_\varphi$) in einem räumlich beliebig gerichteten Flächenelement findet man als Bildpunkt $P$ innerhalb des Hauptkreises und außerhalb der beiden Nebenkreise (grau markierter Bereich in Bild 3.14). Eine graphische Methode für das Auffinden des Bildpunktes bei gegebener Schnittrichtung wird in Kapitel 3.4.6 beschrieben.

Mit Hilfe der Mohr'schen Spannungskreise können nunmehr die folgenden Aufgabenstellungen auf anschauliche Weise gelöst werden:

- Ermittlung der Hauptschubspannungen (Kapitel 3.4.5).
- Graphische Bestimmung der Spannungskomponenten ($\sigma_\varphi$ und $\tau_\varphi$) in beliebigen räumlichen Schnittrichtungen (Kapitel 3.4.6).

### 3.4.5 Hauptschubspannungen bei dreiachsigem Spannungszustand

Zweckmäßigerweise ermittelt man die Hauptschubspannungen mit Hilfe der Mohr'schen Spannungskreise, nachdem die Hauptnormalspannungen bekannt sind (Kapitel 3.4.3). Die Hauptschubspannungen ($\tau_{H1}$, $\tau_{H2}$ und $\tau_{H3}$) ergeben sich sofort als Radien der drei Mohr'schen Spannungskreise zu:

$$\tau_{H1} = \tau_{max} = \frac{\sigma_1 - \sigma_3}{2}$$
$$\tau_{H2} = \frac{\sigma_1 - \sigma_2}{2} \qquad (3.80)$$
$$\tau_{H3} = \frac{\sigma_2 - \sigma_3}{2}$$

Die Hauptschubspannungen wirken jeweils in Schnittebenen, die zu den Hauptspannungsebenen einen Winkel von 45° einschließen und zu einer der Hauptachsen parallel sind (Bild 3.15).

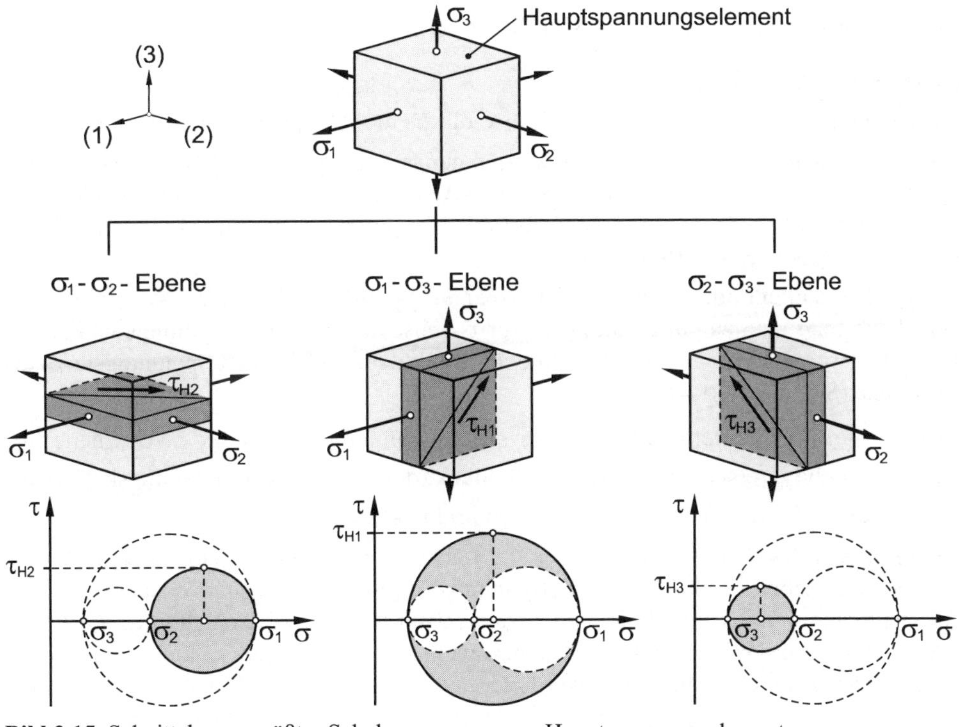


**Bild 3.15** Schnittebenen größter Schubspannungen am Hauptspannungselement

### 3.4.6 Graphische Ermittlung von Schnittspannungen bei dreiachsigem Spannungszustand

Unter der Voraussetzung, dass die Hauptnormalspannungen ($\sigma_1$, $\sigma_2$ und $\sigma_3$) in einem Punkt $P$ eines beliebig beanspruchten Bauteil bekannt sind, kann die Normalspannungskomponente $\sigma_\varphi$ sowie die Schubspannungskomponente $\tau_\varphi$ in einer beliebigen Schnittebene $E$ auch graphisch ermittelt werden. Die Vorgehensweise soll nachfolgend (ohne Beweis der Konstruktionsbeschreibung) aufgezeigt werden. Die Normale $\vec{n}$ der räumlichen Schnittebene $E$ schließt mit den *Hauptspannungsrichtungen* (1, 2 und 3) die Winkel $\alpha$, $\beta$, und $\gamma$ ein (Bild 3.16a)

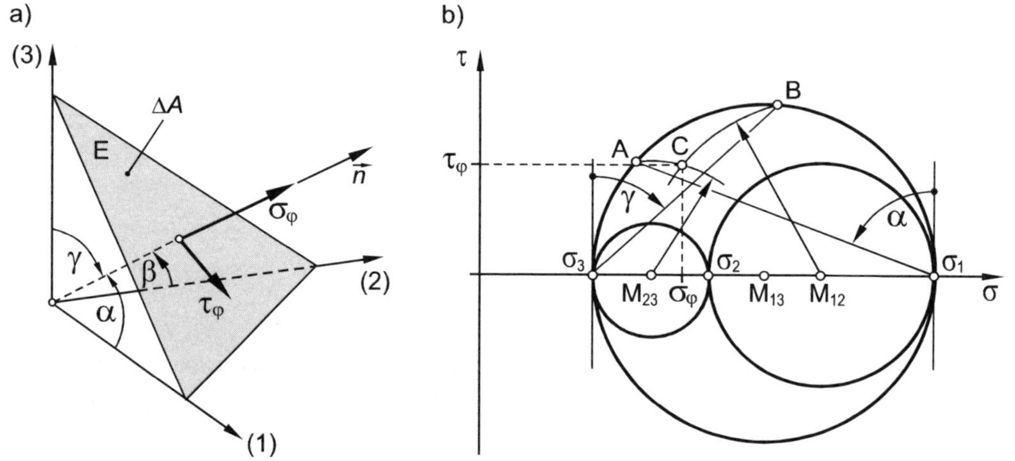


**Bild 3.16** Graphische Ermittlung von Schnittspannungen bei dreiachsigem Spannungszustand

**Konstruktionsbeschreibung:**

1. Konstruktion der Mohr'schen Spannungskreise für die drei Hauptspannungsebenen.
2. Die Normale $\vec{n}$ schließt mit der ersten Hauptspannungsrichtung (1) den Winkel $\alpha$ ein. Dementsprechend trägt man zu einer Parallelen zur τ-Achse durch $\sigma_1$ den Richtungswinkel $\alpha$ ab und bringt dessen Schenkel zum Schnitt mit den Hauptkreis d. h. dem Mohr'schen Spannungskreis der $\sigma_1$ -$\sigma_3$-Ebene (Schnittpunkt $A$).
3. Die Normale $\vec{n}$ schließt mit der dritten Hauptspannungsrichtung (3) den Winkel $\gamma$ ein. Dementsprechend trägt man zu einer Parallelen zur τ-Achse durch $\sigma_3$ den Richtungswinkel $\gamma$ ab und bringt dessen Schenkel ebenfalls zum Schnitt mit dem Mohr'schen Spannungskreis der $\sigma_1$ -$\sigma_3$-Ebene (Schnittpunkt $B$).
4. Kreisbogen um $M_{23}$ (Mittelpunkt des Mohr'schen Spannungskreises der $\sigma_2$-$\sigma_3$-Ebene) mit Radius $\overline{M_{23}A}$ und Kreisbogen um $M_{12}$ (Mittelpunkt des Mohr'schen Spannungskreises der $\sigma_1$-$\sigma_2$-Ebene) mit Radius $\overline{M_{12}B}$ schneiden sich im Punkt $C$.
5. Die Koordinaten des Schnittpunktes $C$ ($\sigma_\varphi$ | $\tau_\varphi$) charakterisieren die Spannungskomponenten in der Schnittebene $E$. Ist die Normalspannungskomponente $\sigma_\varphi$ positiv, dann liegt eine Zugbeanspruchung vor, ist sie hingegen negativ, dann herrscht in der Schnittebene $E$ eine Druckspannung. Die Wirkrichtung der Schubspannungskomponente $\tau_\varphi$ kann dieser Konstruktion allerdings nicht entnommen werden.

## 3.5 Übungsaufgaben

### Aufgabe 3.1

Die Abbildung zeigt ein durch die Spannungen $\sigma_x = 200$ N/mm$^2$; $\sigma_y = 100$ N/mm$^2$ und $\tau_{xy} = 75$ N/mm$^2$ zweiachsig beanspruchtes Scheibenelement aus Werkstoff S235JR.

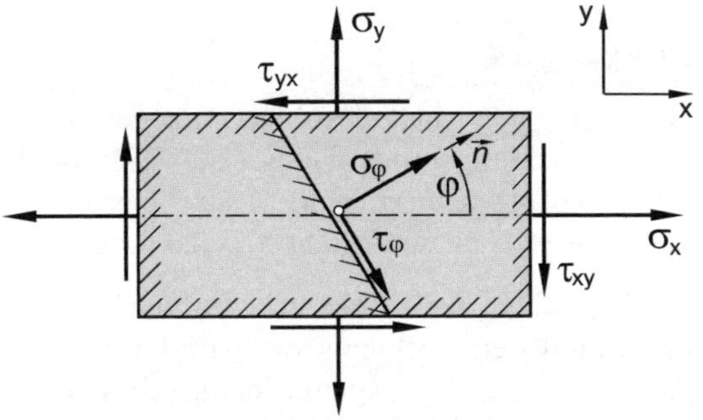


a) Zeichnen Sie maßstäblich den Mohr'schen Spannungskreis für die x-y-Ebene.

b) Berechnen Sie die Hauptnormalspannungen $\sigma_{H1}$ und $\sigma_{H2}$ sowie die Richtungswinkel $\varphi_1$ und $\varphi_2$ zwischen der x-Richtung und den Hauptspannungsrichtungen.

c) Ermitteln Sie die Spannungskomponenten $\sigma_\varphi$ und $\tau_\varphi$ in der Schnittebene $E$, deren Normalenvektor zur x-Richtung den Winkel $\varphi = 30°$ einschließt.

### Aufgabe 3.2

Ein Stahlrohr mit einem Außendurchmesser $d_a = 100$ mm und einer Wandstärke $s = 10$ mm wird gleichzeitig durch die Zugkraft $F = 425$ kN und das Torsionsmoment $M_t = 9250$ Nm statisch beansprucht.

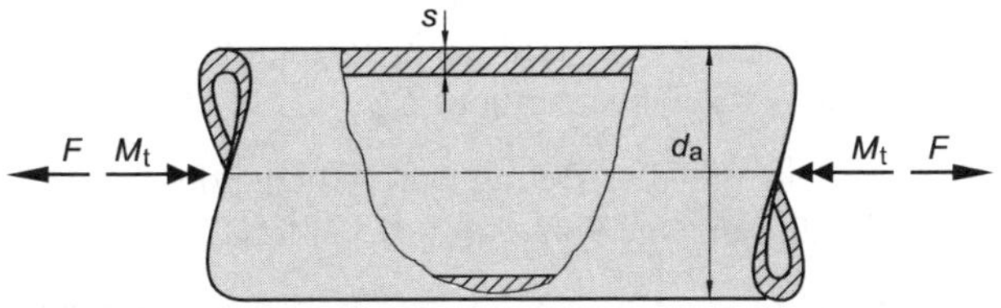


a) Skizzieren Sie den Mohr'schen Spannungskreis für die höchst beanspruchte Stelle.

b) Ermitteln Sie die größten Normalspannungen (Hauptnormalspannungen) sowie die größten Schubspannungen (Hauptschubspannungen) sowie die jeweiligen Richtungswinkel zur x-Achse.

### Aufgabe 3.3

Ein Blechstreifen wird zwischen zwei Druckplatten hindurch gezogen (siehe Abbildung). Dabei entstehen an der höchst beanspruchten Stelle des Bleches die folgenden Spannungen:

aus Zug: $\sigma_x = 200$ N/mm$^2$
aus Druck: $\sigma_y = -100$ N/mm$^2$
aus Reibung: $\tau_{xy} = 40$ N/mm$^2$

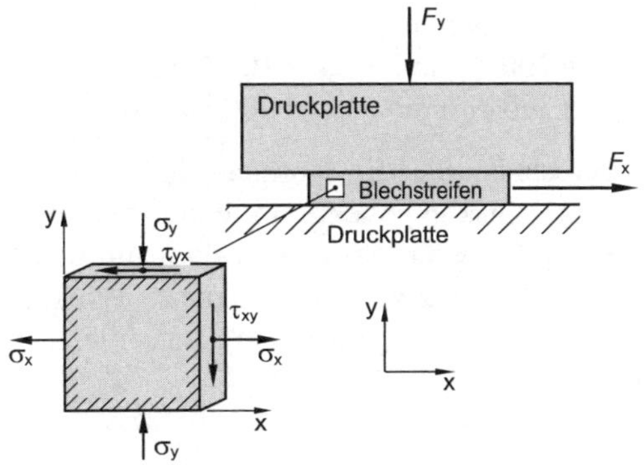


a) Berechnen Sie die im Blech auftretenden größten Zug- bzw. Druckspannungen (Hauptnormalspannungen).

b) Ermitteln Sie die Lage derjenigen Schnittebenen, in denen die größten Zug- bzw. Druckspannungen auftreten (Winkel $\varphi_1$ und $\varphi_2$ zwischen der x-Richtung und den Normalen zu diesen Schnittebenen).

## Aufgabe 3.4

Die Abbildung zeigt das Maschinengestell für eine Einpressvorrichtung aus dem Gusseisenwerkstoff EN-GJL-350 (alle Maßangaben in mm). Das Maschinengestell wird durch die statisch wirkenden Arbeitskräfte $F$ belastet.

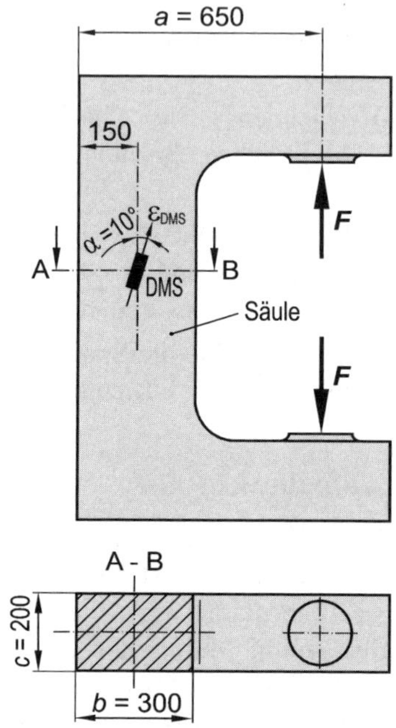


Zur Ermittlung der unbekannten Arbeitskräfte $F$ wird in der Säulenmitte ein Dehnungsmessstreifen (DMS) appliziert. Aufgrund einer Montageungenauigkeit schließt die Messrichtung des DMS einen Winkel von 10° zur Säulenlängsachse ein.

Werkstoffkennwerte EN-GJL-350:
$R_m$ = 350 N/mm$^2$
$E$ = 108000 N/mm$^2$
$\mu$ = 0,25

a) Auf welche Weise wird der Querschnitt A-B durch die Arbeitskräfte $F$ beansprucht ?

b) Ermitteln Sie den Betrag der Arbeitskräfte $F$ für eine Dehnungsanzeige von $\varepsilon_{DMS}$ = 0,1485 ‰

c) Ermitteln Sie für die höchst beanspruchte Stelle (im Querschnitt A-B) die Sicherheit gegen Bruch. Ist die Sicherheit ausreichend ?

## Aufgabe 3.5

Der Spannungszustand im Punkt $P$ einer Hochdruckleitung wird durch die folgenden Spannungskomponenten beschrieben:

$\sigma_x$ = 500 N/mm$^2$ $\tau_{xy}$ = 250 N/mm$^2$
$\sigma_y$ = 200 N/mm$^2$ $\tau_{yz}$ = 100 N/mm$^2$
$\sigma_z$ = 300 N/mm$^2$ $\tau_{xz}$ = 400 N/mm$^2$

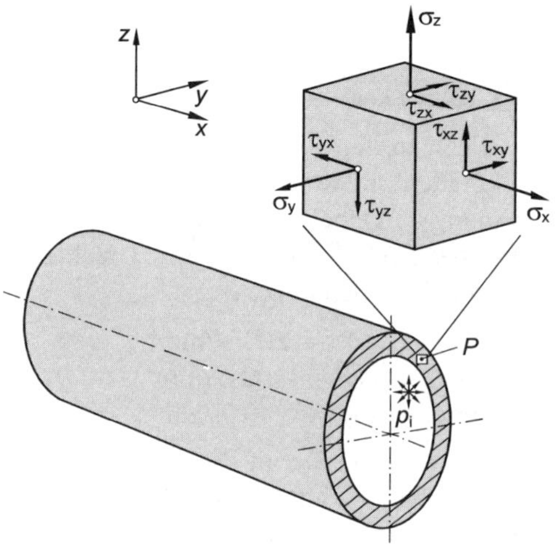


a) Berechnen Sie die Normal- und Schubspannungskomponente in einer Schnittebene $E_1$, deren Normalenvektor mit dem *x-y-z-Koordinatensystem* die Winkel $\alpha$ = 60°, $\beta$ = 60° und $\gamma$ = 45° einschließt.

b) Berechnen Sie die Normalspannungskomponente und die Schubspannungskomponente in einer Schnittebene $E_2$, deren Normalenvektor mit dem *x-y-z-Koordinatensystem* die Winkel $\alpha = 40{,}833°$, $\beta = 69{,}773°$ und $\gamma = 56{,}291°$ einschließt.

c) Berechnen Sie die Hauptnormalspannungen $\sigma_{H1}$, $\sigma_{H2}$ und $\sigma_{H3}$.

d) Ermitteln Sie die Hauptspannungsrichtungen im x-y-z-Koordinatensystem.

e) Bestimmen Sie rechnerisch und graphisch die Spannungskomponenten $\sigma_\varphi$ und $\tau_\varphi$ in einer Schnittebene $E_3$, deren Normalenvektor zu den *Hauptspannungsrichtungen* (zum *Hauptachsensystem*) die Winkel $\alpha = 50°$, $\beta = 50°$ und $\gamma = 65{,}4°$ einschließt.

# 4 Verformungszustand

Wirken an einem Bauteil äußere Kräfte oder Momente, dann treten im Innern des Bauteils Spannungen auf. Für Festigkeitsnachweise ist es dabei zweckmäßig, Normalspannungen ($\sigma$) und Schubspannungen ($\tau$) zu unterscheiden (Kapitel 3). Unter der Wirkung von Spannungen werden die Atome eines Festkörpers aus ihrer Ruhelage ausgelenkt und das Bauteil verformt sich elastisch.

In den vorangegangenen Kapiteln wurde bereits dargelegt, dass Normalspannungen ($\sigma$) zu Längenänderungen (Dehnungen $\varepsilon$) führen, Schubspannungen ($\tau$) hingegen Winkeländerungen (Schiebungen $\gamma$) zur Folge haben. Dehnungen ($\varepsilon$) und Schiebungen ($\gamma$) kennzeichnen den **Verformungszustand** eines Bauteils.

**Verformungszustand**

Unter dem Begriff „Verformungszustand" versteht man alle Formänderungen (Dehnungen und Schiebungen bzw. Winkelverzerrungen), die an einem beliebigen Ort eines Körpers wirken.

Ausgehend von einem bekannten Verformungszustand ist es das Ziel von Kapitel 4, Methoden bereitzustellen, mit deren Hilfe Verformungen (Dehnungen und Schiebungen) in beliebigen Schnittrichtungen ermittelt werden können.

Die Erläuterung der Problemstellung soll am Beispiel des bereits aus Bild 3.1 bekannten dünnwandigen Behälters unter Innendruck ($p_i$) mit überlagerter Torsionsbeanspruchung (Torsionsmoment $M_t$) erfolgen (Bild 4.1a). Schneidet man aus dem Bauteil ein Flächenelement in geeigneter Weise heraus (in Bild 4.1 parallel zu den Koordinatenachsen), dann ist es zunächst auf einfache Weise möglich, die Lastspannungen ($\sigma_x$, $\sigma_y$ und $\tau_{xy}$ bzw. $\tau_{yx}$) in den entsprechenden Schnittebenen zu ermitteln. Diese Lastspannungen bewirken eine (elastische) Formänderung ($\varepsilon_x$, $\varepsilon_y$ und $\gamma_{xy}$ bzw. $\gamma_{yx}$) des Flächenelementes (Bild 4.1b). Mit Hilfe entsprechender Stoffgesetze (Hooke'sches Gesetz, Kapitel 5) können diese Formänderungen aus den Lastspannungen berechnet werden.

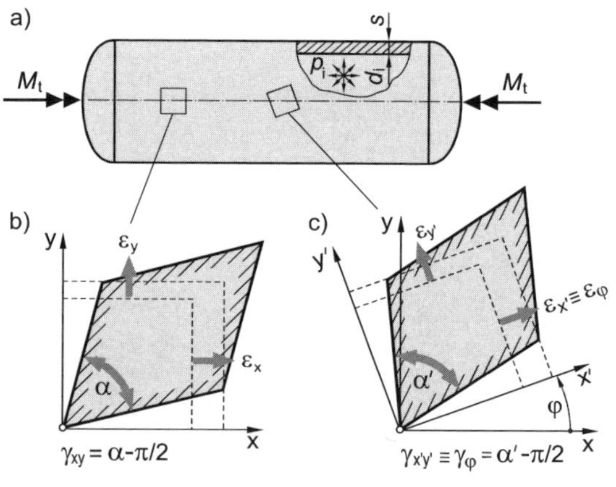


**Bild 4.1** Dehnungen und Schiebungen in unterschiedlichen Richtungen am Beispiel eines dünnwandigen Behälters unter Innendruck mit überlagerter Torsion

Häufig, wie zum Beispiel im Rahmen experimenteller Spannungsanalysen (Kapitel 4.4), ist es erforderlich, die Verformungsgrößen in beliebigen Schnittrichtungen ($\varepsilon_{x'}$, $\varepsilon_{y'}$ und $\gamma_{x'y'}$ bzw. $\gamma_{y'x'}$) zu ermitteln, in Bild 4.1c beispielsweise für ein um den Winkel $\varphi$ gedrehtes Flächenelement. Die Vorgehensweise soll nachfolgend erläutert werden.

Die folgenden Betrachtungen beschränken sich auf Verformungen in der Ebene. Außerdem sollen nur kleine Deformationen betrachtet werden, wie sie beispielsweise bei einer elastischen Verformung metallischer Bauteile auftreten. Trotz dieser Einschränkungen wird es mit Hilfe der nachfolgend zu erarbeitenden Verfahren möglich sein, eine Vielzahl praxisrelevanter Problemstellungen zu lösen.

## 4.1 Verformungsgrößen

Zur Ermittlung der Verformungsgrößen (Dehnungen und Schiebungen) betrachtet man die relative Lage zweier benachbarter Punkte z. B. $A$ und $B$ im unverformten bzw. $A^*$ und $B^*$ im verformten Zustand eines Bauteils (Bild 4.2).

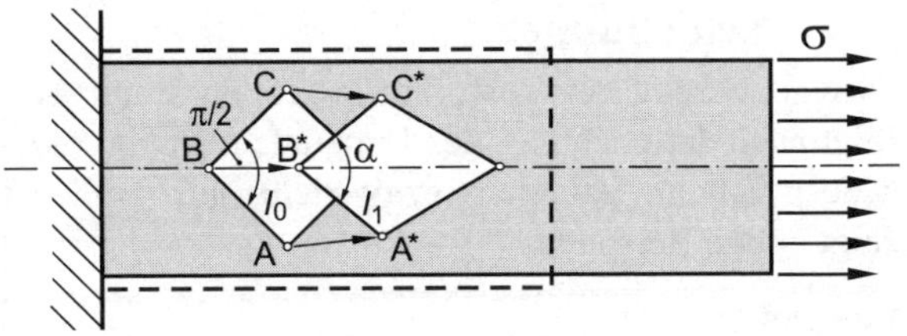


**Bild 4.2** Verformung einer quadratischen Scheibe am Beispiel eines Zugstabes

### 4.1.1 Dehnung

Unter der (**technischen**) **Dehnung** $\varepsilon$ versteht man definitionsgemäß die Längenänderung $\Delta l$ zweier benachbarter Punkte bezogen auf die Ausgangslänge $l_0$ im unbelasteten Zustand (z. B $A$ und $B$ bzw. $A^*$ und $B^*$):

$$\varepsilon = \frac{\Delta l}{l_0} = \frac{l_1 - l_0}{l_0}$$ **Definition der (technischen) Dehnung** (4.1)

Die Dehnung ist dimensionslos, sie wird bisweilen jedoch auch in Prozent (%) oder Promille (‰) angegeben. Mitunter ist auch die Angabe m/m, mm/mm oder µm/m gebräuchlich.

### 4.1.2 Schiebung (Winkelverzerrung)

Unter der **Schiebung** oder **Winkelverzerrung** $\gamma$ (mitunter auch als **Schubverzerrung** oder **Scherung** bezeichnet) versteht man die Winkeländerung eines ursprünglich rechtwinkeligen Winkelelementes (z. B. $\angle$ABC und $\angle$A*B*C* in Bild 4.2). Der mitunter auch verwendete Begriff „**Gleitung**" soll nach DIN 13316 nicht angewandt werden, da dieser Begriff bleibenden Verformungen vorbehalten ist.

$$\gamma = \angle \mathrm{A^*B^*C^*} - \angle \mathrm{ABC} = \alpha - \frac{\pi}{2}$$ **Definition der Schiebung (Winkelverzerrung)** (4.2)

Die Schiebung wird im Bogenmaß (rad) angegeben, sie ist daher dimensionslos. Bisweilen wird die Schiebung jedoch auch in Prozent (%) oder Promille (‰) angegeben.

### 4.1.3 Vorzeichenregelung für Dehnungen und Schiebungen

Die Vorzeichen von Dehnungen und Schiebungen lassen sich unmittelbar aus den Gleichungen 4.1 und 4.2 ableiten:

1. Verlängert sich ein betrachtetes Linienelement ($l_1 > l_0$), dann wird die Dehnung positiv angesetzt, verkürzt es sich hingegen, dann ist die Dehnung negativ (**Stauchung**), Bild 4.3.
2. Für die Lösung *ebener Probleme* ist es zweckmäßig, das Vorzeichen der Schiebung $\gamma$ positiv anzusetzen, falls sich der ursprünglich rechte Winkel des Winkelelements vergrößert. Verkleinert sich der Winkel hingegen, dann ist die Schiebung negativ anzusetzen (Bild 4.3). Bei der Anwendung dieser Vorzeichendefinition für Schiebungen werden positiven Schubspannungen (definiert gemäß der speziellen Vorzeichenregelung für Schubspannungen entsprechend Gleichung 2.43) ebenfalls positive Schiebungen zugeordnet (und umgekehrt).

### 4.1.4 Indizierung von Dehnungen und Schiebungen

Die Indizierung der Verformungsgrößen $\varepsilon$ und $\gamma$ erfolgt nach der Richtung des Linienelements im nicht beanspruchtem Bauteil (**Bezugsrichtung**). Bild 4.4 zeigt einige Beispiele.

**Beispiel 1**:

Das Linienelement OA in Bild 4.4b zeigt in x-Richtung. Eine Dehnung dieses Linienelementes (OA $\rightarrow$ OA*) wird dementsprechend mit $\varepsilon_x$ bezeichnet. Die zugehörige Schiebung mit der *x-Richtung als Bezugsrichtung* wird mit $\gamma_{xy}$ bezeichnet. Der 1. Index kennzeichnet dabei die Bezugsrichtung (hier: x-Richtung) der 2. Index die Koordinatenrichtung die sich ausgehend von der Bezugsrichtung bei Drehung im mathematisch positiven Sinn (Gegenuhrzeigersinn) um 90° ergibt. Hier also die y-Richtung.

Die Schiebung $\gamma_{xy}$ ist dementsprechend die Winkeländerung des rechten Winkels $\angle$ AOB, also:

$$\gamma_{xy} = \angle \mathrm{A}^*\mathrm{OB}^* - \angle \mathrm{AOB}$$
$$= \alpha - \pi/2$$

Im dargestellten Beispiel handelt es sich um eine Winkelverkleinerung, so dass $\gamma_{xy}$ definitionsgemäß negativ anzusetzen ist (Kapitel 4.1.3).

**Beispiel 2**:

Das Linienelement OB in Bild 4.4b zeigt in $y$-Richtung. Die Dehnung dieses Linienelementes (OB $\rightarrow$ OB*) wird dementsprechend mit $\varepsilon_y$ bezeichnet. Die zugehörige Schiebung *mit der y-Richtung* als Bezug wird entsprechend der Festlegung in Beispiel 1 mit $\gamma_{yx}$ bezeichnet ($\gamma_{yx} = \angle$ B*OD*-$\angle$ BOD = $\beta - \pi/2$). Da sich der ursprüngliche rechte Winkel ($\angle$ BOD) vergrößert ist $\gamma_{yx}$ positiv anzusetzen.

**Beispiel 3**:

Das Linienelement OA in Bild 4.4c zeigt in x'-Richtung ($\varphi$-Richtung). Die Dehnung dieses Linienelements (OA $\rightarrow$ OA*) wird dementsprechend mit $\varepsilon_{x'}$ bzw. $\varepsilon_\varphi$ bezeichnet. Die zugehörige Schiebung *mit der x'-Richtung* (*$\varphi$-Richtung*) *als Bezug* wird mit $\gamma_{x'y'}$ bzw. $\gamma_\varphi$ bezeichnet ($\gamma_{x'y'} \equiv \gamma_\varphi = \alpha - \pi/2$). Bei Anwendung der Schreibweise $\gamma_\varphi$ entfällt der zweite Index ($\varphi + \pi/2$) zweckmäßigerweise.

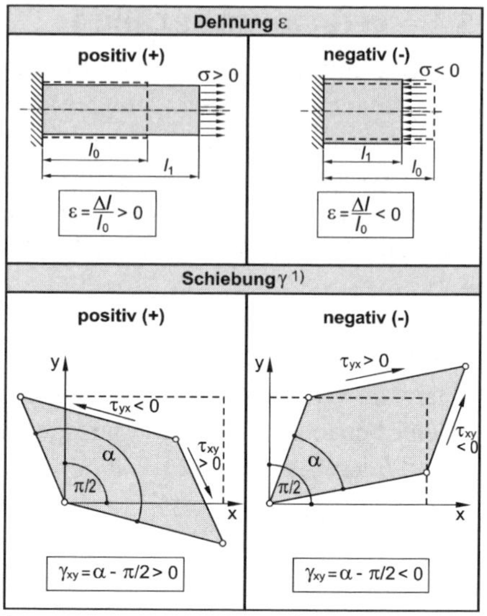


[1] Anwendung zweckmäßig für die Lösung ebener Probleme

**Bild 4.3** Vorzeichendefinition für Dehnungen und Schiebungen

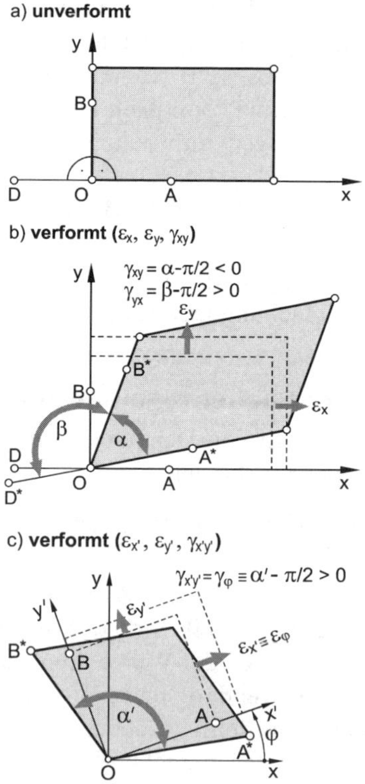


**Bild 4.4** Indizierung von Dehnungen und Schiebungen

## 4.2 Verformungszustand und Schnittrichtung

Für Festigkeitsnachweise ist die Kenntnis des Spannungszustandes (Normal- und Schubspannungen) an der höchst beanspruchten Stelle eines Bauteiles erforderlich. Häufig ist der Spannungszustand jedoch unbekannt und kann nicht oder nur sehr schwierig aus der äußeren Beanspruchung (Kräfte, Momente, Drücke, usw.) abgeleitet werden. Dies ist beispielsweise bei unbekannter äußerer Beanspruchung oder komplexen geometrischen Verhältnissen der Fall. Ein Festigkeitsnachweis kann unter diesen Bedingungen dennoch erfolgen, sofern der Verformungszustand an der zu untersuchenden Stelle bekannt ist. Letzterer lässt sich experimentell beispielsweise mit Hilfe von Dehnungsmessstreifen (Kapitel 4.5) relativ einfach erfassen.

Zur Ermittlung der äußeren Beanspruchung bzw. zur Durchführung eines Festigkeitsnachweises ist in der Regel die Kenntnis der Verformungsgrößen in bestimmte Bauteilrichtungen erforderlich. Da diese Verformungsgrößen häufig nicht bekannt sind bzw. messtechnisch teilweise nicht erfasst werden können, sollen nachfolgend geometrische Beziehungen abgeleitet werden, die es ermöglichen, ausgehend von bekannten Verformungsgrößen in einem Punkt ($\varepsilon_x$ , $\varepsilon_y$ , $\gamma_{xy}$), die entsprechenden Verformungen ($\varepsilon_\varphi$ , $\gamma_\varphi$) in einer beliebigen, anderen Schnittrichtung $\varphi$ zu berechnen. Die nachfolgenden Ausführungen beschränken sich, wie bereits erwähnt, auf ebene Probleme in der x-y-Ebene.

### 4.2.1 Berechnung der Dehnung $\varepsilon_\varphi$ in Schnittrichtung $\varphi$

Zur Ermittlung der Dehnungen $\varepsilon_\varphi$ in Schnittrichtung $\varphi$ betrachtet man zunächst ein (unendlich) kleines Rechteck OABC (Bild 4.5), dessen Kanten (Kantenlängen $\Delta x$ und $\Delta y$) parallel zu den Koordinatenachsen $x$ und $y$ ausgerichtet sind. Bekannt sei der Verformungszustand durch die Verformungsgrößen $\varepsilon_x$, $\varepsilon_y$ und $\gamma_{xy}$. Hierdurch wird das Rechteck deformiert und geht in die Lage O*A*B*C* über. Da die Translation mit dem Translationsvektor $\vec{v}$ alle Eckpunkte ($O$, $A$, $B$ und $C$) betrifft, wird dadurch keine Verformung hervorgerufen. Man kann also das Element O*A*B*C* nach $O$ verschieben (Bild 4.6).

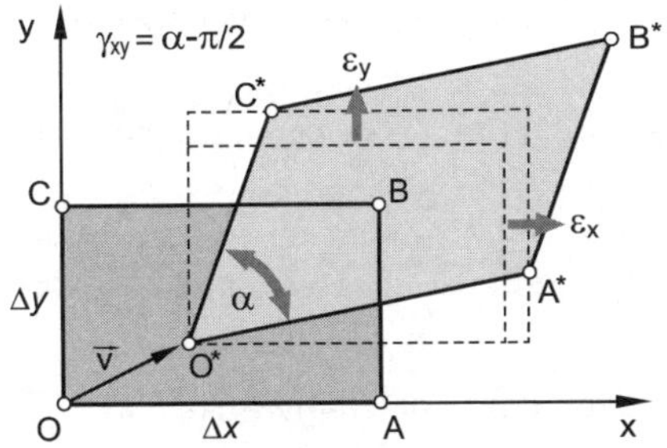


**Bild 4.5** Verformung eines rechtwinkligen Elements durch die Verformungsgrößen $\varepsilon_x$, $\varepsilon_y$ und $\gamma_{xy}$

Zur Ermittlung der Dehnungen in beliebiger Richtung betrachtet man das Linienelement OB im unverformten und im verformten Zustand (OB*). Aus Bild 4.6 leitet man unter Berücksichtigung kleiner Verschiebungen und Winkeländerungen die folgenden Beziehungen ab:

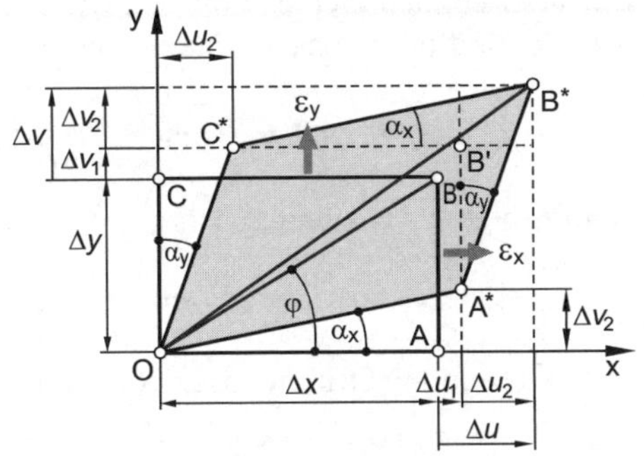


**Bild 4.6** Geometrische Beziehungen zur Ermittlung der Dehnung $\varepsilon_\varphi$ in Schnittrichtung $\varphi$

$$\Delta u_1 = \varepsilon_x \cdot \Delta x \qquad (4.3)$$

$$\Delta v_1 = \varepsilon_y \cdot \Delta y \qquad (4.4)$$

$$\Delta u_2 = \tan\alpha_y \cdot (\Delta y + \Delta v_1)$$

mit $\Delta v_1 << \Delta y$ und $\tan\alpha_y \approx \alpha_y$ (kleiner Winkel $\alpha_y$) folgt für $\Delta u_2$:

$$\Delta u_2 \approx \alpha_y \cdot \Delta y \tag{4.5}$$

Weiterhin gilt:

$$\Delta v_2 = \tan \alpha_x \cdot (\Delta x + \Delta u_1)$$

da $\Delta u_1 << \Delta x$ und $\tan\alpha_x \approx \alpha_x$ (kleiner Winkel $\alpha_x$) folgt für $\Delta v_2$:

$$\Delta v_2 \approx \alpha_x \cdot \Delta x \tag{4.6}$$

Somit ergibt sich für die x- und y-Komponenten der Verschiebung $B \rightarrow B^*$ (Bild 4.7):

$$\Delta u = \Delta u_1 + \Delta u_2 = \varepsilon_x \cdot \Delta x + \alpha_y \cdot \Delta y \tag{4.7}$$

$$\Delta v = \Delta v_1 + \Delta v_2 = \varepsilon_y \cdot \Delta y + \alpha_x \cdot \Delta x \tag{4.8}$$

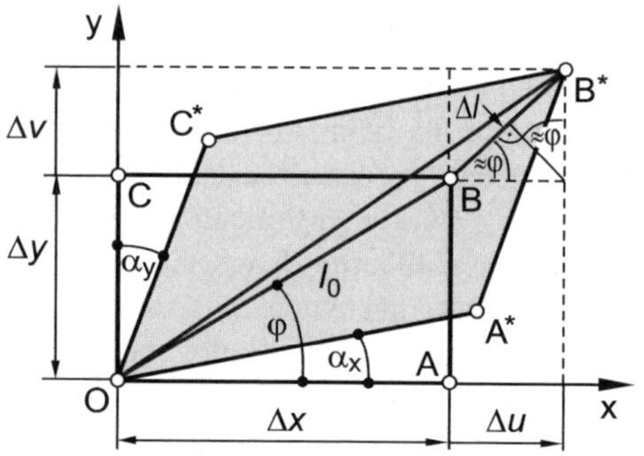


**Bild 4.7** Geometrische Beziehungen zur Herleitung der Dehnung $\varepsilon_\varphi$ in beliebiger Richtung $\varphi$

Für die Dehnung in $\varphi$-Richtung folgt näherungsweise (Bild 4.7):

$$\varepsilon_\varphi = \frac{\overline{BB^*}}{\overline{OB}} = \frac{\Delta l}{l_0} \tag{4.9}$$

mit $\quad \Delta l \approx \Delta u \cdot \cos\varphi + \Delta v \cdot \sin\varphi$

und $\quad \Delta u = \varepsilon_x \cdot \Delta x + \alpha_y \cdot \Delta y$ bzw. $\Delta v = \varepsilon_y \cdot \Delta y + \alpha_x \cdot \Delta x$

folgt $$\varepsilon_\varphi = \left(\varepsilon_x \cdot \frac{\Delta x}{l_0} + \alpha_y \cdot \frac{\Delta y}{l_0}\right) \cdot \cos\varphi + \left(\varepsilon_y \cdot \frac{\Delta y}{l_0} + \alpha_x \cdot \frac{\Delta x}{l_0}\right) \cdot \sin\varphi \tag{4.10}$$

Weiterhin gilt: $\dfrac{\Delta x}{l_0} = \cos\varphi$ und $\dfrac{\Delta y}{l_0} = \sin\varphi$

Damit folgt aus Gleichung 4.10:

$$\varepsilon_\varphi = \varepsilon_x \cdot \cos^2\varphi + \alpha_y \cdot \sin\varphi \cdot \cos\varphi + \varepsilon_y \cdot \sin^2\varphi + \alpha_x \cdot \sin\varphi \cdot \cos\varphi$$

$$= \varepsilon_x \cdot \cos^2\varphi + \varepsilon_y \cdot \sin^2\varphi + (\alpha_x + \alpha_y) \cdot \sin\varphi \cdot \cos\varphi \tag{4.11}$$

Der ursprünglich rechte Winkel $\angle$ AOC = π/2 verkleinert sich zum Winkel $\angle$ A*OC*. Es gilt dabei definitionsgemäß für die Schiebung $\gamma_{xy}$ (Kapitel 4.1.2):

$$\gamma_{xy} = \angle A^*OC^* - \angle AOC = \left[\frac{\pi}{2} - (\alpha_x + \alpha_y)\right] - \frac{\pi}{2} = -(\alpha_x + \alpha_y) \tag{4.12}$$

Damit folgt aus Gleichung 4.11:

$$\varepsilon_\varphi = \varepsilon_x \cdot \cos^2\varphi + \varepsilon_y \cdot \sin^2\varphi - \gamma_{xy} \cdot \sin\varphi \cdot \cos\varphi \tag{4.13}$$

Mit den trigonometrischen Beziehungen:

$$\cos^2\varphi = 0{,}5 \cdot (1 + \cos 2\varphi)$$

$$\sin^2\varphi = 0{,}5 \cdot (1 - \cos 2\varphi)$$

$$\sin\varphi \cdot \cos\varphi = 0{,}5 \cdot \sin 2\varphi$$

folgt schließlich aus Gleichung 4.13:

$$\varepsilon_\varphi = \frac{\varepsilon_x + \varepsilon_y}{2} + \frac{\varepsilon_x - \varepsilon_y}{2} \cdot \cos 2\varphi - \frac{\gamma_{xy}}{2} \cdot \sin 2\varphi \tag{4.14}$$

**Dehnung in $\varphi$-Richtung in der x-y-Ebene**

## 4.2.2 Berechnung der Schiebung $\gamma_\varphi$ in Schnittrichtung $\varphi$

Zur Ermittlung der Schiebung $\gamma_\varphi$ in Schnittrichtung $\varphi$ betrachtet man zweckmäßigerweise die Veränderung des ursprünglich rechten Winkels $\angle$BOD im unverformten Zustand und im verformten Zustand ($\angle$B*OD*). Die Winkeländerung des Winkelelementes BOD d. h. die Schiebung $\gamma_\varphi$ ergibt sich aus der Differenz der Drehwinkel von OB → OB* (Winkel $\beta_\varphi$) und von OD → OD* (Winkel $\beta_{\varphi+\pi/2}$).

$$\gamma_\varphi = \beta_{\varphi+\pi/2} - \beta_\varphi \tag{4.15}$$

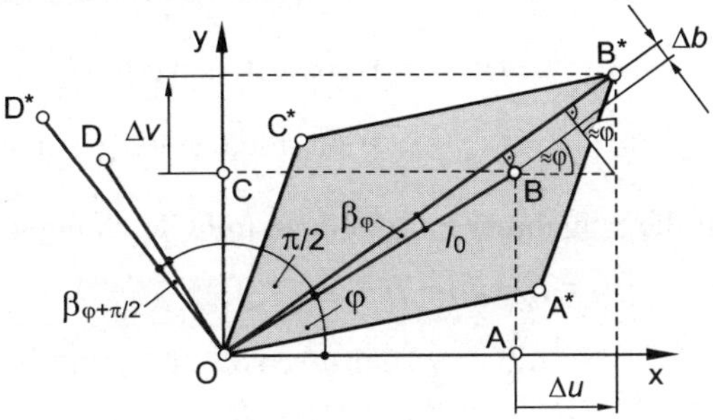


**Bild 4.8** Geometrische Beziehungen zur Ermittlung der Schiebung $\gamma_\varphi$ in Schnittrichtung $\varphi$

Für den Winkel $\beta_\varphi$ des Schenkels OB gilt:

$$\tan \beta_\varphi = \frac{\Delta b}{l_0} \tag{4.16}$$

mit $\quad \Delta b = \Delta v \cdot \cos\varphi - \Delta u \cdot \sin\varphi$

und $\tan \beta_\varphi \approx \beta_\varphi$ (da kleiner Winkel $\varphi$), folgt aus Gleichung 4.16:

$$\beta_\varphi = \frac{\Delta v \cdot \cos\varphi - \Delta u \cdot \sin\varphi}{l_0} \tag{4.17}$$

Mit Gleichung 4.7 und Gleichung 4.8 folgt weiter:

$$\beta_\varphi = \left(\varepsilon_y \cdot \frac{\Delta y}{l_0} + \alpha_x \cdot \frac{\Delta x}{l_0}\right) \cdot \cos\varphi - \left(\varepsilon_x \cdot \frac{\Delta x}{l_0} + \alpha_y \cdot \frac{\Delta y}{l_0}\right) \cdot \sin\varphi \tag{4.18}$$

Weiterhin gilt (Bild 4.7):

$$\frac{\Delta x}{l_0} = \cos\varphi \quad \text{und} \quad \frac{\Delta y}{l_0} = \sin\varphi$$

Damit ergibt sich aus Gleichung 4.18:

$$\begin{aligned} \beta_\varphi &= \varepsilon_y \cdot \sin\varphi \cdot \cos\varphi + \alpha_x \cdot \cos^2\varphi - \varepsilon_x \cdot \sin\varphi \cdot \cos\varphi - \alpha_y \cdot \sin^2\varphi \\ &= -(\varepsilon_x - \varepsilon_y) \cdot \sin\varphi \cdot \cos\varphi + \alpha_x \cdot \cos^2\varphi - \alpha_y \cdot \sin^2\varphi \end{aligned} \tag{4.19}$$

Zur Berechnung des Winkels $\beta_{\varphi+\pi/2}$ in Richtung $\varphi+\pi/2$ ersetzt man in Gleichung 4.19 den Winkel $\varphi$ durch $\varphi+\pi/2$ und erhält:

$$\beta_{\varphi+\pi/2} = (\varepsilon_y - \varepsilon_x)\cdot \sin\left(\varphi+\frac{\pi}{2}\right)\cdot\cos\left(\varphi+\frac{\pi}{2}\right)+\alpha_x\cdot\cos^2\left(\varphi+\frac{\pi}{2}\right)-\alpha_y\cdot\sin^2\left(\varphi+\frac{\pi}{2}\right)$$

Mit $\sin\left(\varphi+\frac{\pi}{2}\right)=\cos\varphi$ und $\cos\left(\varphi+\frac{\pi}{2}\right)=-\sin\varphi$ und folgt:

$$\beta_{\varphi+\pi/2} = (\varepsilon_y - \varepsilon_x)\cdot\cos\varphi\cdot(-\sin\varphi)+\alpha_x\cdot\sin^2\varphi-\alpha_y\cdot\cos^2\varphi$$

$$\beta_{\varphi+\pi/2} = (\varepsilon_x - \varepsilon_y)\cdot\sin\varphi\cdot\cos\varphi+\alpha_x\cdot\sin^2\varphi-\alpha_y\cdot\cos^2\varphi \qquad (4.20)$$

Für die Schiebung $\gamma_\varphi$ folgt dann mit Gleichung 4.19 und 4.20 aus Gleichung 4.15:

$$\begin{aligned}\gamma_\varphi &= \beta_{\varphi+\pi/2}-\beta_\varphi\\ &= (\varepsilon_x - \varepsilon_y)\cdot\sin\varphi\cdot\cos\varphi+\alpha_x\cdot\sin^2\varphi-\alpha_y\cdot\cos^2\varphi\\ &\quad -\left[-(\varepsilon_x - \varepsilon_y)\cdot\sin\varphi\cdot\cos\varphi+\alpha_x\cdot\cos^2\varphi-\alpha_y\cdot\sin^2\varphi\right]\\ &= (\alpha_x+\alpha_y)\cdot\sin^2\varphi-(\alpha_x+\alpha_y)\cdot\cos^2\varphi+2\cdot(\varepsilon_x - \varepsilon_y)\cdot\sin\varphi\cdot\cos\varphi\end{aligned}$$

Mit $\gamma_{xy}=-(\alpha_x+\alpha_y)$ folgt weiterhin (siehe Gleichung 4.12):

$$\gamma_\varphi=-\gamma_{xy}\cdot\sin^2\varphi+\gamma_{xy}\cdot\cos^2\varphi+2\cdot(\varepsilon_x - \varepsilon_y)\cdot\sin\varphi\cdot\cos\varphi \qquad (4.21)$$

Mit den trigonometrischen Beziehungen:

$$\begin{aligned}\cos^2\varphi &= 0{,}5\cdot(1+\cos 2\varphi)\\ \sin^2\varphi &= 0{,}5\cdot(1-\cos 2\varphi)\\ \sin\varphi\cdot\cos\varphi &= 0{,}5\cdot\sin 2\varphi\end{aligned}$$

folgt aus Gleichung 4.21 schließlich:

$$\begin{aligned}\gamma_\varphi &= (\varepsilon_x - \varepsilon_y)\cdot\sin 2\varphi-\frac{\gamma_{xy}}{2}\cdot(1-\cos 2\varphi)+\frac{\gamma_{xy}}{2}\cdot(1+\cos 2\varphi)\\ &= (\varepsilon_x - \varepsilon_y)\cdot\sin 2\varphi+\gamma_{xy}\cdot\cos 2\varphi \qquad (4.22)\end{aligned}$$

Gleichung 4.22 dividiert man letztlich noch durch 2, um eine mit Gleichung 4.14 vergleichbare Form zu erhalten:

$$\frac{\gamma_\varphi}{2}=\frac{\varepsilon_x-\varepsilon_y}{2}\cdot\sin 2\varphi+\frac{\gamma_{xy}}{2}\cdot\cos 2\varphi$$

**Schiebung in $\varphi$-Richtung in der x-y-Ebene** (4.23)

## 4.3 Mohr'scher Verformungskreis

Zur Ermittlung der Verformungsgrößen ($\varepsilon_\varphi$, $\gamma_\varphi$) in beliebiger Richtung $\varphi$ können die Gleichungen 4.14 und 4.23 herangezogen werden. Eine anschaulichere Möglichkeit, derartige Fragestellungen zu beantworten bietet in Analogie zum Mohr'schen Spannungskreis (Kapitel 3.3.4), der **Mohr'sche Verformungskreis**. Zur Bestimmung von Mittelpunkt und Radius des Mohr'schen Verformungskreises eliminiert man aus den Gleichungen 4.14 und 4.23 den Winkel $\varphi$ und erhält dann die Gleichung eines Kreises in der $\varepsilon$ - $\gamma/2$-Ebene (Mohr'scher Verformungskreis). Um den Winkel $\varphi$ zu eliminieren, werden die Gleichungen 4.14 und 4.23 quadriert und addiert:

$$\left(\varepsilon_\varphi - \frac{\varepsilon_x + \varepsilon_y}{2}\right)^2 + \left(\frac{\gamma_\varphi}{2}\right)^2 = \left(\frac{\varepsilon_x - \varepsilon_y}{2} \cdot \cos 2\varphi - \frac{\gamma_{xy}}{2} \cdot \sin 2\varphi\right)^2 + \left(\frac{\varepsilon_x - \varepsilon_y}{2} \cdot \sin 2\varphi + \frac{\gamma_{xy}}{2} \cdot \cos 2\varphi\right)^2$$

$$\left(\varepsilon_\varphi - \frac{\varepsilon_x + \varepsilon_y}{2}\right)^2 + \left(\frac{\gamma_\varphi}{2}\right)^2 = \left(\frac{\varepsilon_x - \varepsilon_y}{2}\right)^2 \cdot \left(\cos^2 2\varphi + \sin^2 2\varphi\right) + \left(\frac{\gamma_{xy}}{2}\right)^2 \cdot \left(\sin^2 2\varphi + \cos^2 2\varphi\right) \qquad (4.24)$$

Die Gleichung des Mohr'schen Verformungskreises lautet dann:

$$\left(\varepsilon_\varphi - \frac{\varepsilon_x + \varepsilon_y}{2}\right)^2 + \left(\frac{\gamma_\varphi}{2}\right)^2 = \left(\frac{\varepsilon_x - \varepsilon_y}{2}\right)^2 + \left(\frac{\gamma_{xy}}{2}\right)^2$$

**Gleichung des Mohr'schen Verformungskreises in der $\varepsilon$ - $\gamma/2$-Ebene** (4.25)

Für den Mittelpunkt des Mohr'schen Verformungskreises folgt:

$$M = \left(\frac{\varepsilon_x + \varepsilon_y}{2} \,\Big|\, 0\right)$$

**Mittelpunkt des Mohr'schen Verformungskreises** (4.26)

Der Radius des Mohr'schen Verformungskreises ergibt sich zu:

$$R = \sqrt{\left(\frac{\varepsilon_x - \varepsilon_y}{2}\right)^2 + \left(\frac{\gamma_{xy}}{2}\right)^2}$$

**Radius des Mohr'schen Verformungskreises** (4.27)

Mit Hilfe des Mohr'schen Verformungskreises können (in Analogie zum Mohr'schen Spannungskreis, Kapitel 3.3.4) die Verformungskomponenten (Dehnungen und Schiebungen) in beliebiger Richtung $\varphi$ auf einfache Weise ermittelt werden.

### 4.3.1 Konstruktion des Mohr'schen Verformungskreises

Gegeben sei ein durch die Verformungsgrößen $\varepsilon_x$, $\varepsilon_y$ und $\gamma_{xy}$ elastisch beanspruchtes Flächenelement (Bild 4.9a). Gesucht ist der Mohr'sche Verformungskreis sowie die Verformungsgrößen in der Richtung, die zur x-Achse den Winkel $\varphi$ einschließen ($\varepsilon_\varphi$ und $\gamma_\varphi$).

Zur Konstruktion des Mohr'schen Verformungskreises geht man wie folgt vor:

1. Zeichnen eines $\varepsilon$ - $\gamma$ / 2-Koordinatensystems.
2. Eintragen des Bildpunktes $P_x$ ($\varepsilon_x \mid 0{,}5 \cdot \gamma_{xy}$) in das Koordinatensystem. Die Dehnung $\varepsilon_x$ und die Schiebung $\gamma_{xy}$ kennzeichnen die Verformungsgrößen mit der x-Richtung als Bezug. In Analogie zum Mohr'schen Spannungskreis (Kapitel 3.3.4.1) wird bei der Konstruktion des Mohr'schen Verformungskreises die folgende **Vorzeichenregelung** eingeführt (siehe auch Bild 4.3):

   **Eine Schiebung ist positiv (negativ) anzusetzen, falls sich der ursprünglich rechte Winkel des betrachteten Winkelelementes vergrößert (verkleinert).**

   Die Schiebung $\gamma_{xy}$ in Bild 4.9a ist dementsprechend bei der Konstruktion des Mohr'schen Verformungskreises negativ anzusetzen, da sich der ursprünglich rechte Winkel verkleinert ($\alpha < \pi / 2$).
3. Eintragen des Bildpunktes $P_y$ ($\varepsilon_y \mid 0{,}5 \cdot \gamma_{yx}$) in das Koordinatensystem. Die Dehnung $\varepsilon_y$ und die Schiebung $\gamma_{yx}$ kennzeichnen die Verformungsgrößen mit der y-Richtung als Bezug. Die Schiebung $\gamma_{yx}$ ist positiv anzusetzen, da der ursprünglich rechte Winkel vergrößert wird ($\alpha' > \pi / 2$).
4. Die x- und y-Richtung stehen senkrecht zueinander (siehe Lageplan). Da die Bildpunkte zweier senkrechter Richtungen auf einem Kreisdurchmesser liegen, schneidet die Strecke $\overline{P_x P_y}$ die $\varepsilon$-Achse im Kreismittelpunkt $M$.

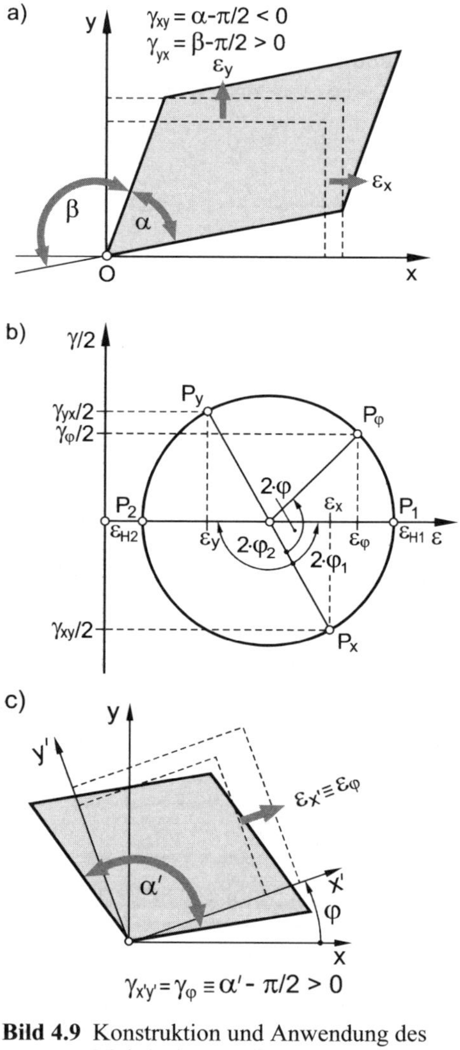


**Bild 4.9** Konstruktion und Anwendung des Mohr'schen Verformungskreises

5. Kreis um $M$ durch die Bildpunkte $P_x$ oder $P_y$ ist der gesuchte Mohr'sche Verformungskreis.

Zur Ermittlung der Verformungsgrößen $\varepsilon_\varphi$ und $\gamma_\varphi$ in beliebiger Richtung $\varphi$ überträgt man, ausgehend von einer bekannten Bezugsrichtung (z. B. $x$-Richtung), den *doppelten* Richtungswinkel ($2\varphi$) in den Mohr'schen Verformungskreis (Bild 4.9b). Der Drehsinn muss dabei dem Lageplan entsprechen. Die Koordinaten des Bildpunktes $P_\varphi$ ($\varepsilon_\varphi \mid \gamma_\varphi / 2$) kennzeichnen die Verformungsgrößen in $\varphi$-Richtung (Bild 4.9c).

### 4.3.2 Hauptdehnungen und Hauptdehnungsrichtungen

Aus dem Mohr'schen Verformungskreis (z. B. Bild 4.9b) ist ersichtlich, dass eine maximale Dehnung $\varepsilon_{H1}$ und eine minimale Dehnung $\varepsilon_{H2}$ existiert (Bildpunkte $P_1$ und $P_2$ in Bild 4.9b). Diese beiden extremalen Dehnungen werden als **Hauptdehnungen** bezeichnet. Die Richtungen zu den Hauptdehnungen (Winkel $\varphi_1$ und $\varphi_2$) nennt man dementsprechend **Hauptdehnungsrichtungen**. In Richtung der Hauptdehnungen treten keine Schiebungen (Winkelverzerrungen) auf.

Die Hauptdehnungen $\varepsilon_{H1}$ und $\varepsilon_{H2}$ ergeben sich rechnerisch zu (vgl. Bild 4.9b):

$$\varepsilon_{H1} = \frac{\varepsilon_x + \varepsilon_y}{2} + \sqrt{\left(\frac{\varepsilon_x - \varepsilon_y}{2}\right)^2 + \left(\frac{\gamma_{xy}}{2}\right)^2} \tag{4.28}$$

$$\varepsilon_{H2} = \frac{\varepsilon_x + \varepsilon_y}{2} - \sqrt{\left(\frac{\varepsilon_x - \varepsilon_y}{2}\right)^2 + \left(\frac{\gamma_{xy}}{2}\right)^2} \tag{4.29}$$

Die Winkel $\varphi_1$ und $\varphi_2$ zwischen der x-Richtung und den Hauptdehnungsrichtungen ($\varepsilon_{H1}$ und $\varepsilon_{H2}$) lassen sich auch rechnerisch ermitteln. Man erhält die Richtungswinkel $\varphi_1$ bzw. $\varphi_2$ aus Gleichung 4.23 mit der Bedingung $\gamma_\varphi = 0$, da in Richtung der Hauptdehnungen voraussetzungsgemäß keine Schiebungen auftreten:

$$\varphi_{1;2} = \frac{1}{2} \cdot \arctan\left(\frac{-\gamma_{xy}}{\varepsilon_x - \varepsilon_y}\right) \tag{4.30}$$

**Richtungswinkel zwischen der x-Achse und der ersten oder der zweiten Hauptdehnungsrichtung**

Der mit Hilfe von Gleichung 4.30 errechnete Winkel kann der Richtungswinkel zwischen der x-Achse und der ersten *oder* der zweiten Hauptdehnungsrichtung sein. Eine Entscheidung kann mit Hilfe von Tabelle 4.1 erfolgen.

Aufgrund der π-Periodizität des Tangens ergibt sich der zweite Winkel zu:

$$\varphi_{2;1} = \varphi_{1;2} + \frac{\pi}{2} \tag{4.31}$$

### 4.3.3 Verformungszustand

Entsprechend der Anzahl der von Null verschiedenen Hauptdehnungen definiert man den Verformungszustand:

- **einachsiger Verformungszustand**: *Eine* Hauptdehnung ist ungleich Null
- **zweiachsiger Verformungszustand**: *Zwei* Hauptdehnungen sind ungleich Null
- **dreiachsiger Verformungszustand**: *Drei* Hauptdehnungen sind ungleich Null

Der zweiachsige Verformungszustand wird bisweilen auch als **ebener Dehnungszustand** (**EDZ**) bezeichnet. Ein zweiachsiger Verformungszustand tritt an technischen Bauteilen unter anderem in Bereichen einer behinderten Dehnung in Dickenrichtung (**Querdehnungsbehinderung**) auf und begünstigt ein sprödes Werkstoffversagen (z. B. im Bereich von Rissen oder bei dickwandigen Bauteilen).

**Tabelle 4.1** Rechnerische Ermittlung der Richtungswinkel $\varphi_1$ und $\varphi_2$ zwischen der x-Richtung und den Hauptdehnungsrichtungen $\varepsilon_{H1}$ und $\varepsilon_{H2}$

| **Fall** [1] | **Lageplan** | **Winkel zu den Hauptdehnungsrichtungen** [1) 2)] | **Hauptdehnungen** | **Mohr'scher Verformungskreis** [1] |
|---|---|---|---|---|
| **Fall 1:** $\varepsilon_x > \varepsilon_y$ $\gamma_{xy} > 0$ | 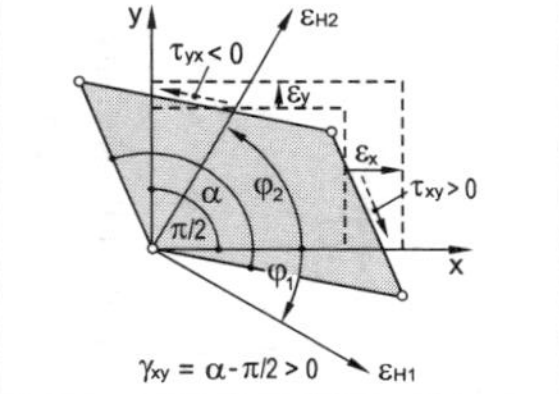 | $\varphi_1 = \frac{1}{2} \cdot \arctan\left(\frac{-\gamma_{xy}}{\varepsilon_x - \varepsilon_y}\right)$ <br> $\varphi_2 = \varphi_1 + 90°$ | | 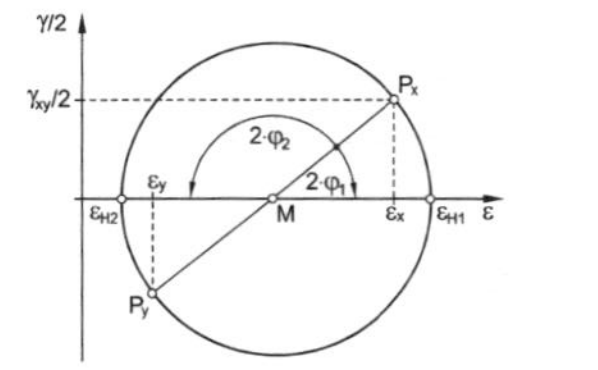 |
| **Fall 2:** $\varepsilon_x < \varepsilon_y$ $\gamma_{xy} > 0$ | 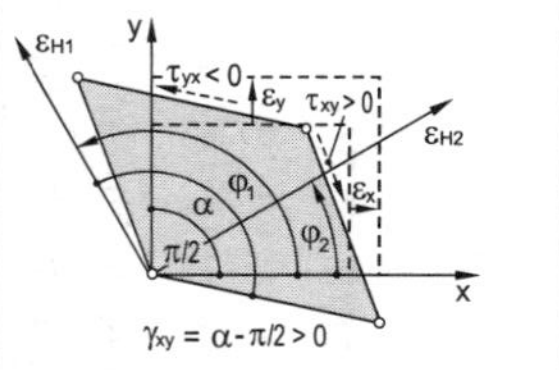 | $\varphi_2 = \frac{1}{2} \cdot \arctan\left(\frac{-\gamma_{xy}}{\varepsilon_x - \varepsilon_y}\right)$ <br> $\varphi_1 = \varphi_2 + 90°$ | $\varepsilon_{H1} = \frac{\varepsilon_x + \varepsilon_y}{2} + \sqrt{\left(\frac{\varepsilon_x - \varepsilon_y}{2}\right)^2 + \left(\frac{\gamma_{xy}}{2}\right)^2}$ | 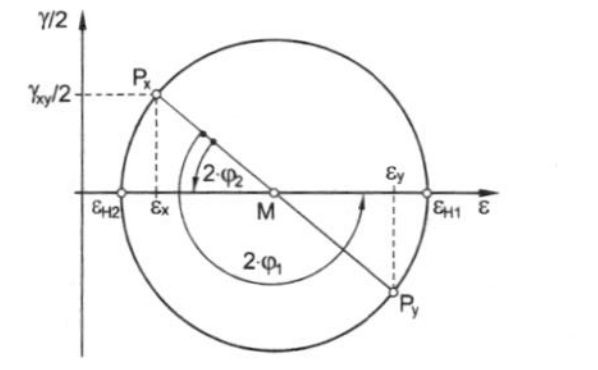 |
| **Fall 3:** $\varepsilon_x < \varepsilon_y$ $\gamma_{xy} < 0$ | 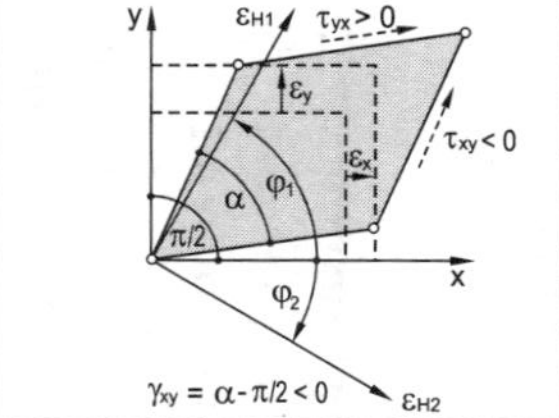 | $\varphi_2 = \frac{1}{2} \cdot \arctan\left(\frac{-\gamma_{xy}}{\varepsilon_x - \varepsilon_y}\right)$ <br> $\varphi_1 = \varphi_2 + 90°$ | $\varepsilon_{H2} = \frac{\varepsilon_x + \varepsilon_y}{2} - \sqrt{\left(\frac{\varepsilon_x - \varepsilon_y}{2}\right)^2 + \left(\frac{\gamma_{xy}}{2}\right)^2}$ | 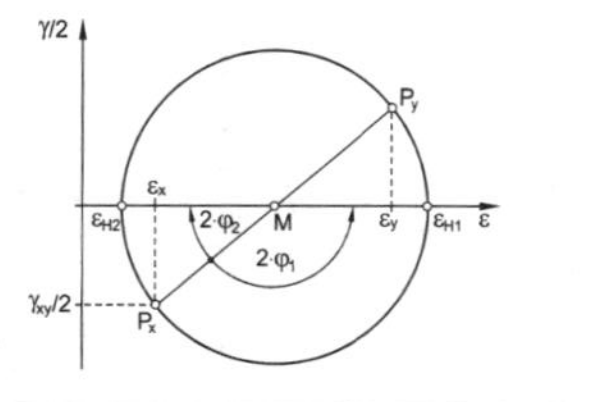 |
| **Fall 4:** $\varepsilon_x > \varepsilon_y$ $\gamma_{xy} < 0$ | 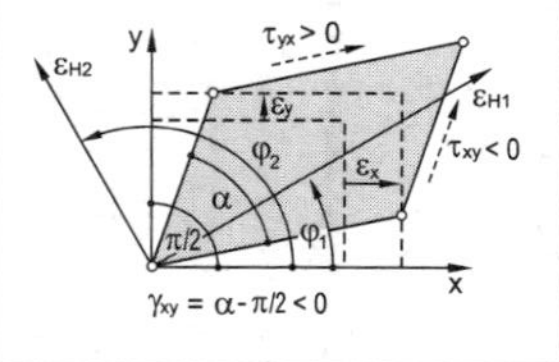 | $\varphi_1 = \frac{1}{2} \cdot \arctan\left(\frac{-\gamma_{xy}}{\varepsilon_x - \varepsilon_y}\right)$ <br> $\varphi_2 = \varphi_1 + 90°$ | | 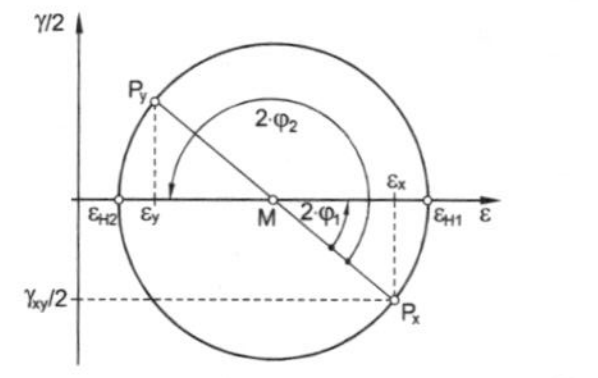 |

1) Vorzeichenregelung für Schiebungen entsprechend Kapitel 4.1.3
2) $\varphi_1$: Winkel zwischen der x-Richtung und der ersten Hauptdehnungsrichtung ($\varepsilon_{H1}$). $\varphi_2$: Winkel zwischen der x-Richtung und der zweiten Hauptdehnungsrichtung ($\varepsilon_{H2}$).

## 4.4 Praktische Anwendung des Mohr´schen Verformungskreises

Für Festigkeitsnachweise ist die Kenntnis des Spannungszustandes an den höchst beanspruchten Stellen eines Bauteils von Interesse. Aufgrund einer komplizierten Bauteilgeometrie sowie einer mitunter komplexen Beanspruchung durch äußere Kräfte oder Momente, können die Lastspannungen und damit der Spannungszustand häufig nur mit einem sehr hohen Berechnungsaufwand ermittelt werden. Zur Lösung des Problems werden im Rahmen einer **experimentellen Spannungsanalyse** an der höchst beanspruchten Stelle der Bauteiloberfläche Dehnungsmessstreifen (DMS) appliziert, um den Verformungszustand zu ermitteln. Bei bekanntem Verformungszustand kann dann der Spannungszustand ermittelt und ein Festigkeitsnachweis geführt werden (Bild 4.10).

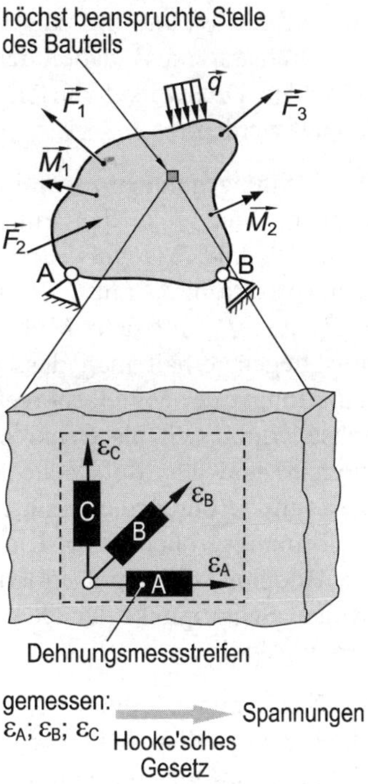


**Bild 4.10** Prinzip der experimentellen Spannungsanalyse mit Hilfe von Dehnungsmessstreifen (schematisch)

Entsprechend den Ausführungen in Kapitel 3 ist der Verformungszustand an einer bestimmten Stelle der Werkstückoberfläche eindeutig gekennzeichnet, falls die Verformungsgrößen ($\varepsilon_x$ und $\gamma_{xy}$ sowie $\varepsilon_y$ und $\gamma_{yx}$) in zwei zueinander senkrechten Bezugsrichtungen bekannt sind (Kapitel 4.3.1). Da Dehnungsmessstreifen allerdings nur Längenänderungen (Dehnungen) nicht jedoch Winkeländerungen (Schiebungen) erfassen können, können die Verformungsgrößen $\gamma_{xy}$ bzw. $\gamma_{yx}$ experimentell nicht ermittelt werden. Die Bestimmung des Verformungszustandes ist dennoch möglich, falls die Dehnungen sowie die zugehörigen Richtungswinkel in *drei* unterschiedlichen Messrichtungen bekannt sind.

Die Vorgehensweise zur graphischen und rechnerischen Ermittlung des Mohr'schen Verformungskreises soll, ausgehend von drei experimentell ermittelten Dehnungen, nachfolgend erläutert werden. Zweckmäßigerweise wird dabei unterschieden, ob die Dehnungsmessstreifen einen Winkel von jeweils 45° (**0°-45°-90° DMS-Rosette**) oder aber beliebige Winkel zueinander einschließen (allgemeiner Fall).

### 4.4.1 Auswertung dreier beliebig orientierter Dehnungsmessstreifen

An der Oberfläche eines Bauteils seien die Dehnungen in drei unterschiedliche Richtungen ($\varepsilon_A$, $\varepsilon_B$ und $\varepsilon_C$) gegeben. Die Messrichtungen schließen zur x-Richtung die Winkel $\alpha$, $\beta$ und $\gamma$ ein (Bild 4.11a). Die Auswertung soll graphisch und rechnerisch erfolgen.

**Graphisches Auswerteverfahren**

Zur graphischen Bestimmung der Lage des Mohr'schen Verformungskreises aus den drei bekannten Dehnungen sowie der relativen Lage der Messrichtungen zueinander, zeichnet man zunächst die zueinander und zur $\gamma$ / 2-Achse parallelen Geraden ($g_A$, $g_B$ und $g_C$) im Abstand $\varepsilon_A$, $\varepsilon_B$ und $\varepsilon_C$ von der Ordinate (Bild 4.11b).

Auf einer der drei Geraden (z. B. $g_B$) markiert man an einer beliebiger Stelle einen Bezugspunkt $P$. Ausgehend vom Bezugspunkt $P$ trägt man in der dargestellten Weise die Richtungswinkel (hier: $\psi_A$ und $\psi_C$) zu den beiden übrigen Messrichtungen (hier: A- und C-Richtung) ab. Der Drehsinn muss dabei dem Lageplan entsprechen. Die Drehwinkel dürfen außerdem *nicht* verdoppelt werden.

Die Richtungsgeraden $r_A$ und $r_C$ schneiden die Geraden $g_A$ und $g_C$ in den Punkten $P_A$ und $P_C$. Die Punkte $P_A$ und $P_C$ repräsentieren bereits die Verformungsgrößen in A- und C-Richtung. Da die Punkte $P$, $P_A$ und $P_C$ auf dem Mohr'schen Verformungskreis liegen, erhält man dessen Mittelpunkt $M$ als Schnittpunkt der Mittelsenkrechten. Die Lage der $\varepsilon$-Achse ergibt sich als Senkrechte zur $\gamma$ / 2-Achse durch $M$ und der Mohr'sche Verformungskreis als Kreis um $M$ durch die Punkte $P_A$, $P_C$ oder $P$. Die Verformungsgrößen in B-Richtung werden durch den Bildpunkt $P_B$ repräsentiert. Man erhält ihn als zweiten Schnittpunkt der Geraden $g_B$ mit dem Verformungskreis.

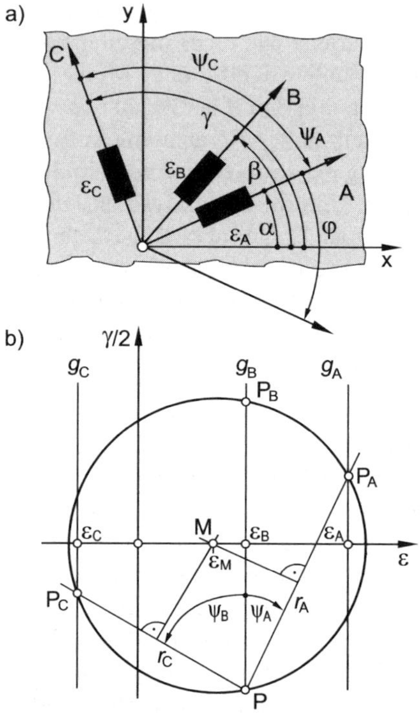


**Bild 4.11** Konstruktion des Mohr'schen Verformungskreises aus drei beliebig orientierten Dehnungsmessstreifen

Die Verformungsgrößen in beliebiger Richtung $\varphi$ erhält man, indem man den doppelten Richtungswinkel $\varphi$, ausgehend von einer bekannten Messrichtung (hier: A), mit im Vergleich zum Lageplan gleichem Drehsinn abträgt (Bild 4.11a und Bild 4.12). Die Koordinaten $\varepsilon_\varphi$ und $\gamma_\varphi/2$ des Punktes $P_\varphi$ kennzeichnen dann die Verformungsgrößen in $\varphi$-Richtung (Bild 4.12).

Zur Prüfung der Richtigkeit des Mohr´schen Verformungskreises müssen Betrag und Richtungssinn der Winkel zwischen den Messrichtungen im Lageplan und der (verdoppelten) Winkellage im Verformungskreis übereinstimmen.

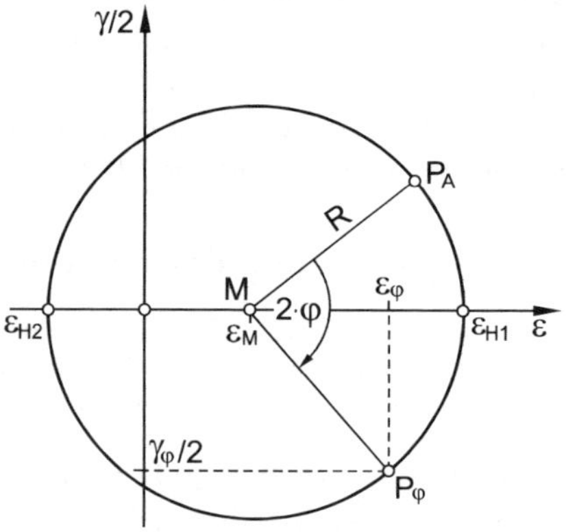


**Bild 4.12** Ermittlung der Verformungsgrößen für eine beliebige Schnittrichtung $\varphi$

## Rechnerisches Auswerteverfahren

Ist der Verformungszustand ($\varepsilon_x$, $\varepsilon_y$ und $\gamma_{xy}$) in einem Punkt eines Bauteils bekannt, dann kann mit Hilfe von Gleichung 4.14 die Dehnung in beliebige Bauteilrichtungen $\varphi$ ermittelt werden. Sind umgekehrt die Richtungswinkel ($\alpha$, $\beta$, $\gamma$) und die zugehörigen Dehnungen ($\varepsilon_A$, $\varepsilon_B$, $\varepsilon_c$) bekannt, dann erhält man durch Anwendung von Gleichung 4.14 ein lineares Gleichungssystem mit drei Gleichungen für die drei unbekannten Größen ($\varepsilon_x$ , $\varepsilon_y$ und $\gamma_{xy}$), Bild 4-13:

$$\varepsilon_A = \frac{\varepsilon_x + \varepsilon_y}{2} + \frac{\varepsilon_x - \varepsilon_y}{2} \cdot \cos 2\alpha - \frac{\gamma_{xy}}{2} \cdot \sin 2\alpha$$
$$\varepsilon_B = \frac{\varepsilon_x + \varepsilon_y}{2} + \frac{\varepsilon_x - \varepsilon_y}{2} \cdot \cos 2\beta - \frac{\gamma_{xy}}{2} \cdot \sin 2\beta \qquad (4.32)$$
$$\varepsilon_C = \frac{\varepsilon_x + \varepsilon_y}{2} + \frac{\varepsilon_x - \varepsilon_y}{2} \cdot \cos 2\gamma - \frac{\gamma_{xy}}{2} \cdot \sin 2\gamma$$

Lösen des Gleichungssystems liefert die gesuchten Verformungsgrößen ($\varepsilon_x$, $\varepsilon_y$ und $\gamma_{xy}$) und damit den Mohr'schen Verformungskreis. Eine allgemeine Lösung soll hier nicht angegeben, sondern stattdessen auf die Aufgaben 4.3 und 4.4 verwiesen werden.

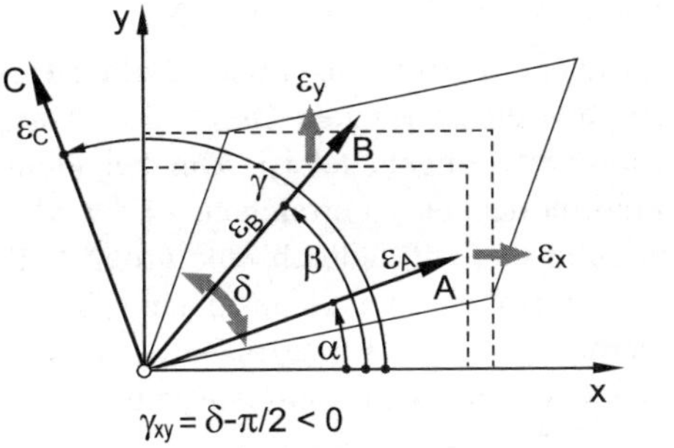


**Bild 4.13** Rechnerische Auswertung dreier beliebig orientierter Dehnungsmessstreifen

## 4.4.2 Auswertung einer 0°-45°-90° DMS-Rosette

In der Praxis werden im Rahmen experimenteller Spannungsanalysen häufig handelsübliche 0°-45°-90° DMS-Rosetten verwendet. Für diese besonderen Winkel zwischen den Messrichtungen kann der Mohr´sche Verformungskreis auf sehr einfache Weise ermittelt werden. Wie Bild 4.14 zeigt, nutzt man die Tatsache, dass die grau markierten Dreiecke kongruent und rechtwinkelig sind. Damit erhält man für die Lage $\varepsilon_M$ des Mittelpunktes $M$ (Bezeichnungen siehe Bild 4.14):

$$\varepsilon_M = \frac{\varepsilon_A + \varepsilon_C}{2} \qquad (4.33)$$

und für den Radius $R$ durch Anwendung des Satzes von Pythagoras:

$$R = \sqrt{(\varepsilon_A - \varepsilon_M)^2 + (\varepsilon_M - \varepsilon_B)^2} \qquad (4.34)$$

Bei der Konstruktion des Mohr'schen Verformungskreises ist auch hier zu beachten, dass Betrag und Richtungsinn der Winkel zwischen den Messrichtungen im Lageplan und der (verdoppelten) Winkellage im Verformungskreis übereinstimmen müssen.

Aufgabe 4.2 gibt ein Beispiel für die Anwendung des genannten Verfahrens.

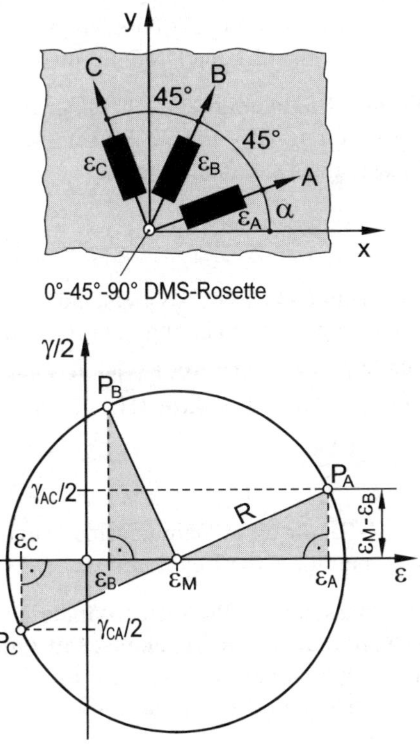


**Bild 4.14** Anwendung des Mohr'schen Verformungskreises für eine 0°-45°-90° DMS-Rosette

## 4.5 Grundlagen der Dehnungsmesstechnik

Technische Bauteile unterliegen häufig komplexen und zum Teil unbekannten Beanspruchungen. Sie sind dementsprechend schwierig zu berechnen. Es ist daher zweckmäßig, den Verformungszustand experimentell zu ermitteln und mit Hilfe der gemessenen Verformungsgrößen sowie der elastischen Kennwerte auf den Spannungszustand und damit auf die äußeren Beanspruchungen zu schließen (siehe auch Übungsaufgaben). Zur Ermittlung der Verformungsgrößen (wie z. B. die Dehnung $\varepsilon$) stehen unterschiedliche Messverfahren zur Verfügung. Weit verbreitet und in der Anwendung vergleichsweise einfach sind technische **Dehnungsmessstreifen** (kurz **DMS**).

Ein weite Verbreitung finden **Folien-Dehnungsmessstreifen**. Sie bestehen aus einem dünnen Draht, der in der Regel in eine Trägerfolie aus Kunststoff eingebettet ist. Um bei kleiner Baugröße eine ausreichende Empfindlichkeit zu erreichen, ist der Messdraht mäanderförmig angeordnet und erreicht dadurch eine große Leiterlänge (Bild 4.15). Als Leiterwerkstoff dient meist Konstantan (60% Cu, 40% Ni) oder eine Cr-Ni-Legierung mit 80% Cr, 20% Ni. Am Ende der Messdrähte befinden sich elektrische Kontakte zum Anschluss eines Messgerätes.

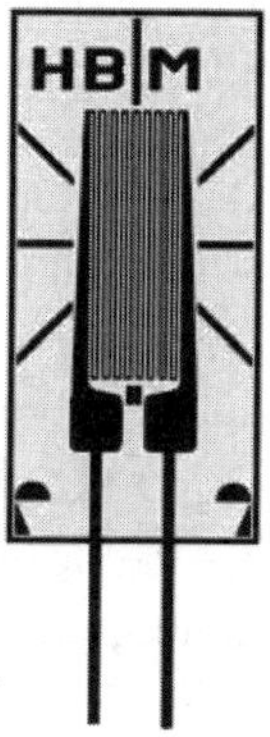


**Bild 4.15**
Folien-DMS
Foto: Fa. HBM, Darmstadt

Der Dehnungsmessstreifen wird auf die vorbereitete Bauteiloberfläche aufgeklebt (Folien-Dehnungsmessstreifen), bei höheren Betriebstemperaturen auch aufgeschweißt. Die Längsrichtung des Messgitters entspricht dabei der Messrichtung. Hinsichtlich der unterschiedlichen Messaufgaben (Zug-, Druck-, Biege-, Torsions- oder Schubbeanspruchung) unterscheidet man verschiedene DMS-Formen.

Erfährt die Bauteiloberfläche unter dem Dehnungsmessstreifen eine Längenänderung (0,1 µm ... 1 µm), dann ändert sich auch die Länge des Messdrahtes und damit wegen

$$R = \rho \cdot \frac{l}{A} \tag{4.35}$$

auch sein elektrischer Widerstand $R$ ($\rho$ = spezifischer elektrischer Widerstand, $l$ = Drahtlänge, $A$ = Querschnittsfläche des Drahtes).

Die Zuordnung der Widerstandsänderung $\Delta R$ zur Dehnung $\varepsilon$ erfolgt durch den ***k*-Faktor** (Herstellerangabe). Es gilt:

$$\frac{\Delta R}{R} = k \cdot \varepsilon \tag{4.36}$$

Der $k$-Faktor eines Dehnungsmessstreifens, seine Empfindlichkeit also, beträgt in der Regel um 2,0.

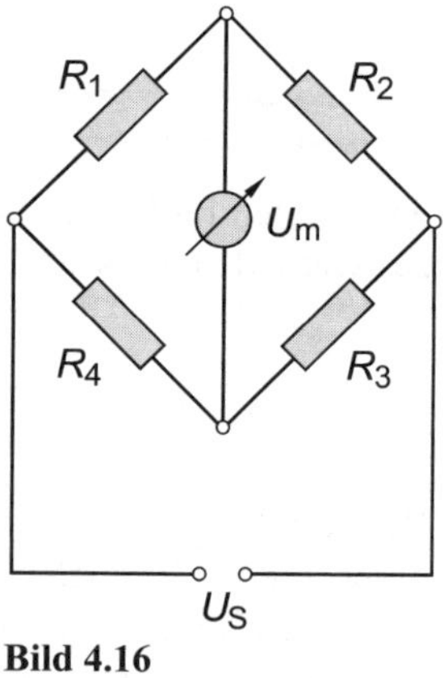


**Bild 4.16**
Wheatstone'sche Brückenschaltung
$U_m$ = Messspannung
$U_S$ = Speisespannung

Die Messung der Widerstandsänderung $\Delta R$ erfolgt mit Hilfe einer **Wheatstone'schen Brückenschaltung** (Bild 4.16). Aus der Elektrotechnik ist bekannt, dass die Brücke abgeglichen d. h. die Ausgangsspannung Null ist, falls gilt:

$$\frac{R_1}{R_2} = \frac{R_4}{R_3} \tag{4.37}$$

Ändern sich die Widerstände der Brücke, dann gilt für die Messspannung $U_m$ (Brückenverstimmung):

$$U_m = \frac{U_S}{4} \cdot \left( \frac{\Delta R_1}{R_1} - \frac{\Delta R_2}{R_2} + \frac{\Delta R_3}{R_3} - \frac{\Delta R_4}{R_4} \right) \tag{4.38}$$

Zwischen Messspannung $U_m$, Speisespannung $U_S$ und den Dehnungen $\varepsilon_1$ bis $\varepsilon_4$ an den jeweiligen Messstellen ergibt sich dann der folgende Zusammenhang (baugleiche Dehnungsmessstreifen vorausgesetzt):

$$\frac{U_m}{U_S} = \frac{k}{4} \cdot (\varepsilon_1 - \varepsilon_2 + \varepsilon_3 - \varepsilon_4) \tag{4.39}$$

**Zusammenhang zwischen Mess- und Speisespannung sowie den Dehnungen bei einer Vollbrückenschaltung**

Für eine Viertelbrücke folgt insbesondere wegen $\varepsilon_2 = \varepsilon_3 = \varepsilon_4 = 0$.

$$\frac{U_m}{U_S} = \frac{k}{4} \cdot \varepsilon_1 \tag{4.40}$$

**Zusammenhang zwischen Mess- und Speisespannung sowie der Dehnung bei einer Viertelbrückenschaltung**

In Abhängigkeit der Anzahl eingesetzter Dehnungsmessstreifen sind die in Tabelle 4.2 zusammengestellten Bezeichnungen für die Brückenschaltungen gebräuchlich. Die Vollbrücke sollte dabei bevorzugt angestrebt werden.

**Tabelle 4.2** Bezeichnung von Brückenschaltungen

| Anzahl aktiver DMS | Anzahl Ergänzungswiderstände | Bezeichnung der Brückenschaltung |
|---|---|---|
| 1 | 3 | **Viertelbrücke** |
| 2 | 2 | **Halbbrücke** |
| 4 | 0 | **Vollbrücke** |

Dehnungen eines Bauteils können nicht nur durch mechanische Spannungen sondern auch durch Temperaturänderungen hervorgerufen werden. Ändert sich die Temperatur während der Messung, dann ist eine eindeutige Zuordnung des Messsignals zur mechanischen Beanspruchung nicht möglich. Dieser Effekt ist beispielsweise bei Langzeitmessungen, oder falls Temperaturänderungen während der Messung auftreten, unerwünscht. Um den Temperatureinfluss zu kompensieren, wird ein **passiver Dehnungsmessstreifen** auf einem unbelasteten Vergleichsstück aus einem dem Bauteil entsprechenden Werkstoff appliziert und entsprechend Bild 4.17 in die Messbrücke geschaltet.

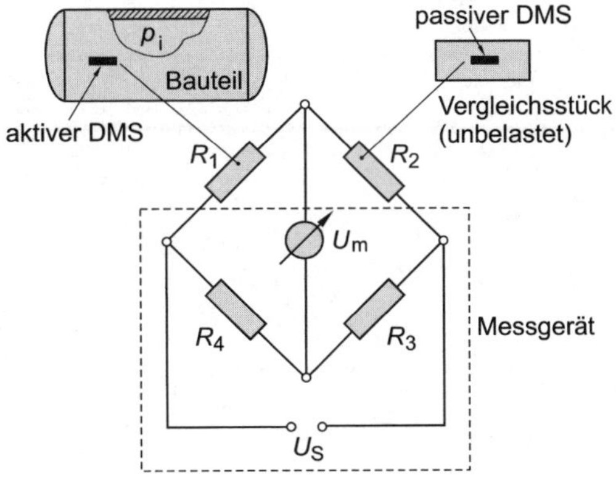


**Bild 4.17** Versuchsanordnung zur Kompensation von Temperaturänderungen

Aus Gleichung 4.39 folgt mit $\varepsilon_3 = \varepsilon_4 = 0$ für die Messspannung $U_m$:

$$\frac{U_m}{U_S} = \frac{k}{4} \cdot (\varepsilon_1 - \varepsilon_2) \qquad (4.41)$$

Für die Dehnung $\varepsilon_1$ (aktiver DMS am Bauteil) und $\varepsilon_2$ (passiver DMS) und gilt:

$$\begin{aligned} \varepsilon_1 &= \varepsilon_{Temp} + \varepsilon_{Last} \\ \varepsilon_2 &= \varepsilon_{Temp} \end{aligned} \qquad (4.42)$$

Eingesetzt in Gleichung 4.42 folgt:

$$\frac{U_m}{U_S} = \frac{k}{4} \cdot \left(\varepsilon_{Temp} + \varepsilon_{Last} - \varepsilon_{Temp}\right) = \frac{k}{4} \cdot \varepsilon_{Last} \qquad (4.43)$$

Gleichung 4.43 zeigt also, dass die Messspannung $U_m$ bei Verwendung eines passiven Dehnungsmessstreifens und einer Verschaltung entsprechend Bild 4.17 von der Temperatur bzw. von Temperaturänderungen unabhängig ist.

# 4.6 Übungsaufgaben

## Aufgabe 4.1

Eine Rechteckscheibe ($a$ = 10 mm; $b$ = 8 mm) aus dem Vergütungsstahl 42CrMo4 wird in der dargestellten Weise elastisch verformt ($a'$ = 10,02 mm; $b'$ = 8,01 mm; $\alpha$ = 89,75°).

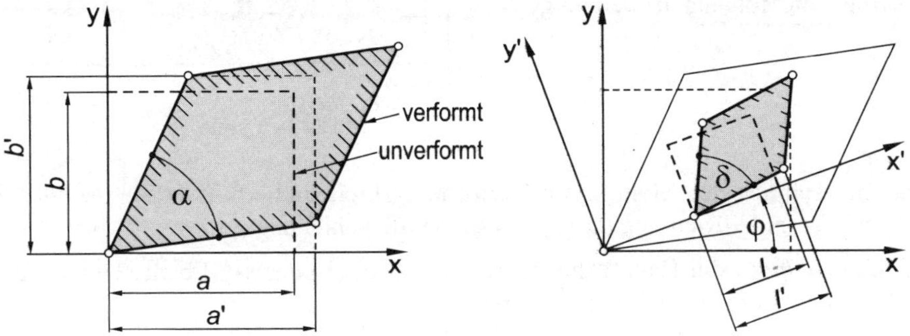


a) Berechnen Sie die Dehnungen $\varepsilon_x$ und $\varepsilon_y$ in x- und y-Richtung sowie die Schiebung $\gamma_{xy}$.

b) Ermitteln Sie die Dehnung $\varepsilon_{x'} \equiv \varepsilon_\varphi$ sowie die Schiebung $\gamma_{x'y'} \equiv \gamma_\varphi$ für ein um den Winkel $\varphi$ = 30° gedrehtes, rechteckiges Flächenelement mit der Seitenlänge $l$ = 5 mm
- rechnerisch,
- graphisch.

c) Berechnen Sie die Länge $l'$ sowie den Winkel $\delta$ des elastisch verformten, gedrehten Flächenelementes.

## Aufgabe 4.2

Zur experimentellen Spannungsanalyse an Gashochdruckleitungen sollen die in der Abbildung dargestellten Messelemente eingesetzt werden.

Am Messelement wurde eine 0°-45°-90° DMS-Rosette appliziert. Infolge einer Fertigungsungenauigkeit bei der Applikation schließt die A-Richtung der DMS-Rosette mit der Rohrachse (x-Richtung) einen Winkel von 8° ein.

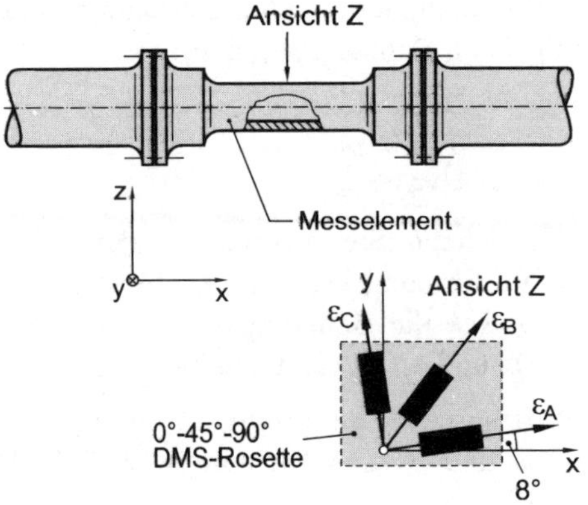


Nach Aufbringung des Innendrucks werden die folgenden Dehnungen gemessen:

$\varepsilon_A$ = 0,862 ‰
$\varepsilon_B$ = 0,224 ‰
$\varepsilon_C$ = 0,472 ‰

a) Skizzieren Sie den Mohr'schen Verformungskreis und ermitteln Sie die Dehnungen in $x$- und $y$-Richtung ($\varepsilon_x$ und $\varepsilon_y$) sowie die Schiebung $\gamma_{xy}$.

b) Ermitteln Sie die Hauptdehnungen $\varepsilon_{H1}$ und $\varepsilon_{H2}$ in der x-y-Ebene sowie die Winkel $\varphi_1$ und $\varphi_2$ zwischen der x-Richtung und den Hauptdehnungsrichtungen.

## Aufgabe 4.3

Im Rahmen einer experimentellen Spannungsanalyse wird an einer Stahlplatte eine 0°-120°-240° DMS-Rosette in der dargestellten Weise (siehe Abbildung) appliziert. Unter Betriebsbeanspruchung werden die folgenden Dehnungen gemessen:

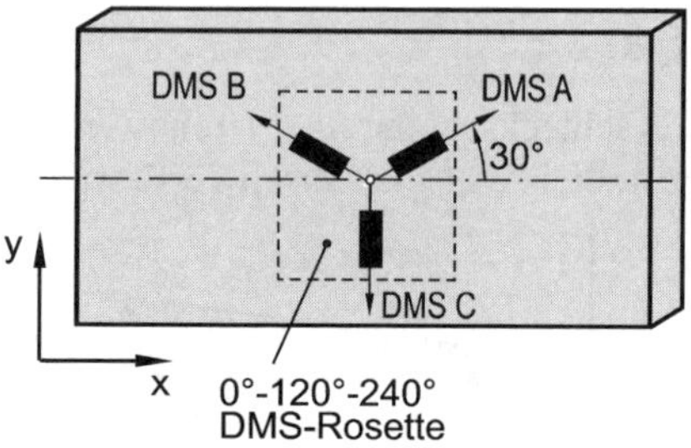


$\varepsilon_A$ = 0,0146 ‰
$\varepsilon_B$ = 1,6230 ‰
$\varepsilon_C$ = 0,2619 ‰

a) Zeichnen Sie maßstäblich den Mohr'schen Verformungskreis und ermitteln Sie *graphisch* die Dehnungen in $x$- und $y$-Richtung ($\varepsilon_x$ und $\varepsilon_y$) sowie die Schiebung $\gamma_{xy}$.

b) Bestimmen Sie *graphisch* die Hauptdehnungen $\varepsilon_{H1}$ und $\varepsilon_{H2}$ in der x-y-Ebene. Unter welchen Winkeln $\varphi_1$ und $\varphi_2$ zur x-Richtung wirken sie ?

c) Ermitteln Sie *rechnerisch*:
- die Dehnungen $\varepsilon_x$ und $\varepsilon_y$ in x- und y-Richtung sowie die Schiebung $\gamma_{xy}$.
- die Hauptdehnungen $\varepsilon_{H1}$ und $\varepsilon_{H2}$ in der x-y-Ebene sowie die Winkel $\varphi_1$ und $\varphi_2$ zwischen der x-Richtung und den Hauptdehnungsrichtungen.

## Aufgabe 4.4

Zur Ermittlung des Verformungszustandes ($\varepsilon_x$, $\varepsilon_y$ und $\gamma_{xy}$) eines durch Innendruck beanspruchten Behälters, werden an dessen Außenoberfläche drei Dehnungsmessstreifen in der dargestellten Weise appliziert. Unter Belastung werden die folgenden Dehnungen gemessen:

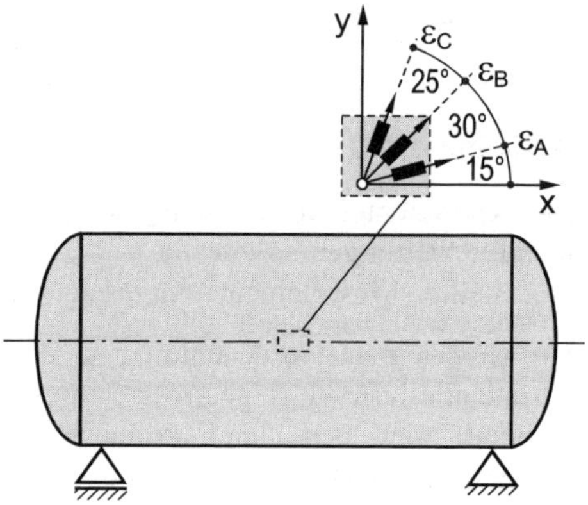


$\varepsilon_A$ = 3,665 ‰
$\varepsilon_B$ = 1,500 ‰
$\varepsilon_C$ = -0,415 ‰

a) Zeichnen Sie maßstäblich den Mohr'schen Verformungskreis und ermitteln Sie *graphisch* die Dehnungen in $x$- und $y$-Richtung ($\varepsilon_x$ und $\varepsilon_y$) sowie die Schiebung $\gamma_{xy}$.

b) Bestimmen Sie *graphisch* die Hauptdehnungen in der x-y-Ebene. Unter welchen Winkeln $\varphi_1$ und $\varphi_2$ zur x-Richtung wirken die Hauptdehnungen ?

c) Ermitteln Sie *rechnerisch*:
- die Dehnungen $\varepsilon_x$ und $\varepsilon_y$ in x- und y-Richtung sowie die Schiebung $\gamma_{xy}$.
- die Hauptdehnungen $\varepsilon_{H1}$ und $\varepsilon_{H2}$ in der x-y-Ebene sowie die Winkel $\varphi_1$ und $\varphi_2$ zwischen der x-Richtung und den Hauptdehnungsrichtungen.

# 5 Elastizitätsgesetze

Mechanische Spannungen bewirken in einem deformierbaren Festkörper Formänderungen, die sich durch Längen- und/oder Winkeländerungen äußern können. Der Zusammenhang zwischen Spannungen und Formänderungen wird durch **Stoffgesetze** beschrieben.

Die bereits in Kapitel 2.1.2 besprochenen Spannungs-Dehnungs-Diagramme charakterisieren das Werkstoffverhalten unter (einachsiger) Zugbeanspruchung. Prinzipiell unterscheidet man:

- linear-elastisches Werkstoffverhalten wie z. B. keramische Werkstoffe (Kurve 1 in Bild 5.1)
- nicht linear-elastisches Werkstoffverhalten wie z. B. Grauguss (Kurve 2 in Bild 5.1)
- linear-elastisch plastisches Werkstoffverhalten wie z. B. viele Stähle (Kurve 3 in Bild 5.1)
- nicht linear-elastisch plastisches Werkstoffverhalten wie z. B. Reinaluminium (Kurve 4 in Bild 5.1)

Für einen Festigkeitsnachweis an Bauteilen aus (duktilen) metallischen Werkstoffen ist als Grenzwert für die Beanspruchbarkeit in der Regel die Streck- bzw. Dehngrenze maßgebend. Werden Bauteile über diese Grenze hinaus beansprucht, dann treten plastische Verformungen auf, die in der Regel die Funktionsfähigkeit der Bauteile beeinträchtigen. Für die nachfolgenden Ausführungen soll ein linear-elastisches Werkstoffverhalten vorausgesetzt werden.

Das linear-elastische Werkstoffverhalten ist durch eine Proportionalität zwischen Spannungen $\sigma$ bzw. $\tau$ und Verformungen $\varepsilon$ bzw. $\gamma$ gekennzeichnet ($\sigma \sim \varepsilon$ bzw. $\tau \sim \gamma$ ).

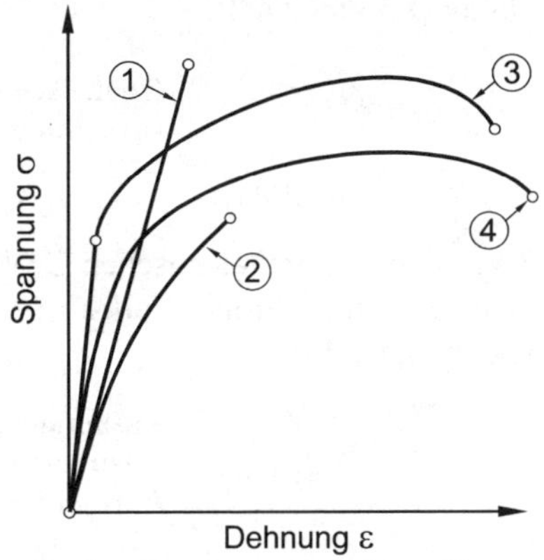


**Bild 5.1** Spannungs-Dehnungs-Verhalten verschiedener Werkstoffgruppen

## 5.1 Formänderungen durch einachsige Normalspannung

Unter einachsiger Beanspruchung durch eine Normalspannung (z. B. $\sigma_{H1} \neq 0$ und $\sigma_{H2} = \sigma_{H3} = 0$) erfährt ein elastisch beanspruchter Festkörper eine Längs- und eine Querverformung (Bild 5.2). Der Zusammenhang zwischen Normalspannung $\sigma$ und Dehnung $\varepsilon$ wird durch das **Hooke'sche Gesetz** beschrieben (Kapitel 2.1.4.1).

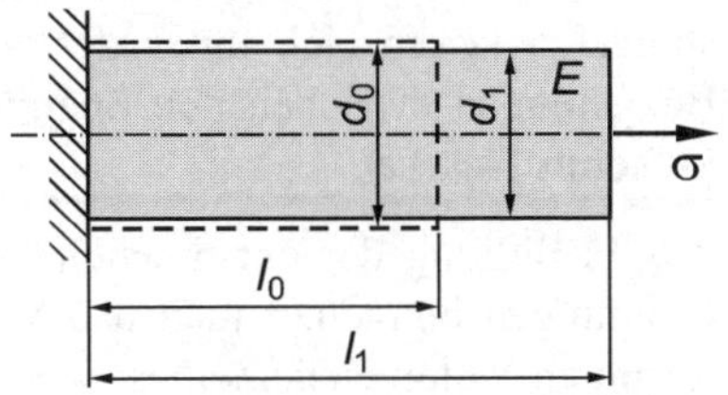


**Bild 5.2** Formänderung durch einachsige Normalspannung

$$\sigma = E \cdot \varepsilon = E \cdot \frac{l_1 - l_0}{l_0} = E \cdot \frac{\Delta l}{l_0} \quad (5.1)$$

**Hooke'sches Gesetz für Normalspannungen (einachsiger Spannungszustand)**

Der Proportionalitätsfaktor $E$ heißt **Elastizitätsmodul** oder kurz **E-Modul** (Kapitel 2.1.4.1).

Zwischen Längsdehnung ($\varepsilon_l \equiv \varepsilon$) und Querdehnung ($\varepsilon_q$) gilt das Poisson'sche Gesetz (Kapitel 2.1.4.3):

$$\varepsilon_q = -\mu \cdot \varepsilon_l \quad \text{und } \varepsilon_q = \frac{d_1 - d_0}{d_0} = \frac{\Delta d}{d_0}$$ **Poisson'sches Gesetz** (5.2)

Der Proportionalitätsfaktor $\mu$ wird als **Querkontraktionszahl** bezeichnet.

## 5.2 Formänderung durch Schubspannungen

Unter einer Schubbeanspruchung erfährt ein elastisch beanspruchter Festkörper eine Winkelveränderung (Bild 5.3). Zwischen Schubspannung $\tau$ und Schiebung (Winkelverzerrung) $\gamma$ gilt bei elastischer Beanspruchung eines Festkörpers das Hooke'sche Gesetz für Schubbeanspruchung (Kapitel 2.4.3):

$$\tau = G \cdot \gamma$$ **Hooke'sches Gesetz für Schubbeanspruchung** (5.3)

Der Proportionalitätsfaktor $G$ heißt **Schubmodul**.

Zwischen den drei elastischen Größen $E$, $G$ und $\mu$ gilt für elastisch beanspruchte, isotrope Werkstoffe der Zusammenhang (siehe auch Gleichung 2.45):

$$G = \frac{E}{2 \cdot (1 + \mu)}$$ **Zusammenhang zwischen den elastischen Werkstoffkonstanten *E*, *G* und $\mu$** (5.4)

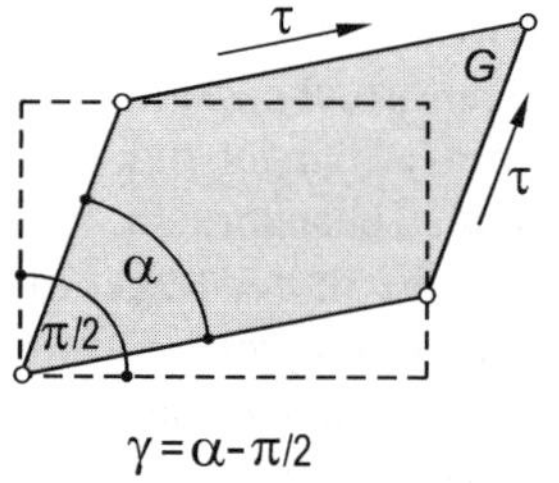


**Bild 5.3** Formänderung durch Schubspannungen

## 5.3 Formänderungen beim allgemeinen (dreiachsigen) Spannungszustand

Das Hooke'sche Gesetz entsprechend Gleichung 5.1 gilt nur bei einachsiger Beanspruchung durch Normalspannungen. Betrachtet man einen allgemeinen (dreiachsigen) Spannungszustand, so lassen sich unter der Voraussetzung eines linear-elastischen Werkstoffverhaltens Beziehungen zwischen den Spannungen und Dehnungen herleiten (**verallgemeinertes Hooke'sches Gesetz**).

Zur Ermittlung der entsprechenden Beziehungen zwischen den Normalspannungen und den Dehnungen betrachtet man das Verformungsverhalten eines elastisch beanspruchten würfelförmigen Volumenelementes, welches nacheinander durch die Normalspannungen $\sigma_x$, $\sigma_y$ und $\sigma_z$ beansprucht wird (Bild 5.4). Es wird ein isotroper Werkstoff vorausgesetzt, d. h. die Beträge der elastischen Konstanten $E$, $G$ und $\mu$ sind richtungsunabhängig.

Verformungen infolge Beanspruchung durch $\sigma_x$ (Bild 5.4a):

$$\varepsilon_{x1} = \frac{\sigma_x}{E} \tag{5.5}$$

$$\varepsilon_{y1} = -\mu \cdot \varepsilon_{x1} = -\mu \cdot \frac{\sigma_x}{E} \tag{5.6}$$

$$\varepsilon_{z1} = -\mu \cdot \varepsilon_{x1} = -\mu \cdot \frac{\sigma_x}{E} \tag{5.7}$$

Verformungen infolge Beanspruchung durch $\sigma_y$ (Bild 5.4b):

$$\varepsilon_{y2} = \frac{\sigma_y}{E} \tag{5.8}$$

$$\varepsilon_{x2} = -\mu \cdot \varepsilon_{y2} = -\mu \cdot \frac{\sigma_y}{E} \tag{5.9}$$

$$\varepsilon_{z2} = -\mu \cdot \varepsilon_{y2} = -\mu \cdot \frac{\sigma_y}{E} \tag{5.10}$$

Verformungen infolge Beanspruchung durch $\sigma_z$ (Bild 5.4c):

$$\varepsilon_{z3} = \frac{\sigma_z}{E} \tag{5.11}$$

$$\varepsilon_{x3} = -\mu \cdot \varepsilon_{z3} = -\mu \cdot \frac{\sigma_z}{E} \tag{5.12}$$

$$\varepsilon_{y3} = -\mu \cdot \varepsilon_{z3} = -\mu \cdot \frac{\sigma_z}{E} \tag{5.13}$$

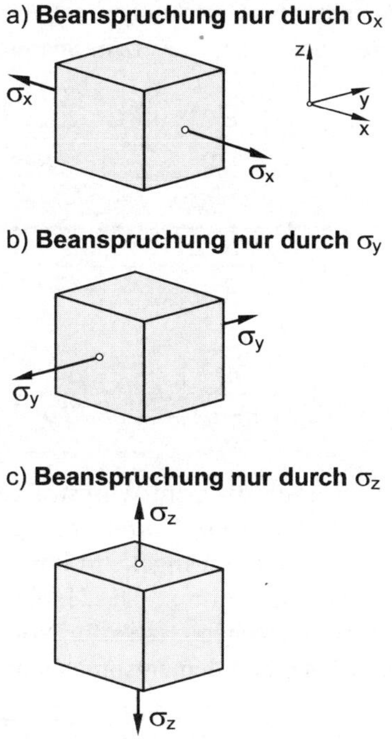


**Bild 5.4** Elastisch beanspruchtes Volumenelement

Wird das Volumenelement durch alle drei Normalspannungen gleichzeitig beansprucht (Bild 5.5), dann erhält man die Gesamtdehnung durch lineare Superposition. Für die Gesamtdehnung in x-Richtung folgt beispielsweise:

$$\varepsilon_x = \varepsilon_{x1} + \varepsilon_{x2} + \varepsilon_{x3}$$

$$= \frac{\sigma_x}{E} - \mu \cdot \frac{\sigma_y}{E} - \mu \cdot \frac{\sigma_z}{E} = \frac{1}{E} \cdot \left[\sigma_x - \mu\left(\sigma_y + \sigma_z\right)\right]$$

Auf analoge Weise erhält man auch die Gesamtdehnungen in y- und z-Richtung.

Insgesamt lautet also das Hooke'sche Gesetz für den allgemeinen (dreiachsigen) Spannungszustand in Dehnungen ausgedrückt:

$$\varepsilon_x = \frac{1}{E} \cdot \left[\sigma_x - \mu\left(\sigma_y + \sigma_z\right)\right]$$

$$\varepsilon_y = \frac{1}{E} \cdot \left[\sigma_y - \mu\left(\sigma_z + \sigma_x\right)\right]$$

$$\varepsilon_z = \frac{1}{E} \cdot \left[\sigma_z - \mu\left(\sigma_x + \sigma_y\right)\right] \tag{5.14}$$

**Hooke´sches Gesetz für Normalspannungen (nach den Dehnungen aufgelöst) für den allgemeinen (dreiachsigen) Spannungszustand**

Bild 5.5 veranschaulicht die Formänderung eines elastisch beanspruchten Festkörpers unter der Wirkung eines allgemeinen (dreiachsigen) Spannungszustandes.

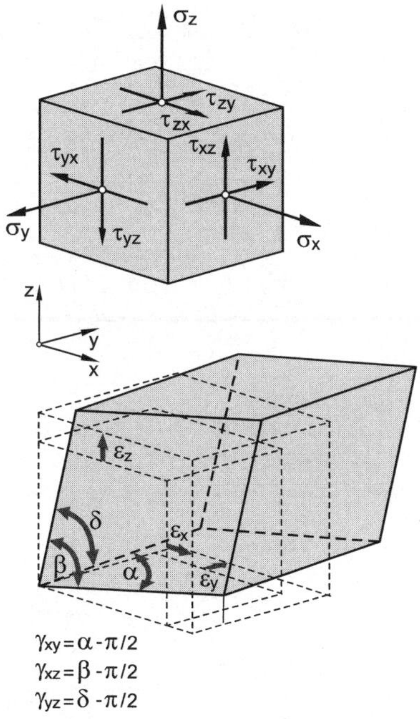


**Bild 5.5** Formänderung beim allgemeinen (dreiachsigen) Spannungszustand

Löst man die Gleichungen 5.14 nach den Spannungen auf, dann erhält man das verallgemeinerte Hooke'sche Gesetz in Spannungen ausgedrückt:

$$\sigma_x = \frac{E}{1+\mu} \cdot \left[ \varepsilon_x + \frac{\mu}{1-2\mu} \cdot \left( \varepsilon_x + \varepsilon_y + \varepsilon_z \right) \right]$$

$$\sigma_y = \frac{E}{1+\mu} \cdot \left[ \varepsilon_y + \frac{\mu}{1-2\mu} \cdot \left( \varepsilon_x + \varepsilon_y + \varepsilon_z \right) \right]$$

$$\sigma_z = \frac{E}{1+\mu} \cdot \left[ \varepsilon_z + \frac{\mu}{1-2\mu} \cdot \left( \varepsilon_x + \varepsilon_y + \varepsilon_z \right) \right]$$

**Hooke´sches Gesetz für Normalspannungen (nach den Spannungen aufgelöst) für den allgemeinen (dreiachsigen) Spannungszustand** (5.15)

Bei linear-elastischem Werkstoffverhalten und unter der Voraussetzung eines isotropen Werkstoffs besitzen die Normalspannungen ($\sigma_x$, $\sigma_y$ und $\sigma_z$) keinen Einfluss auf die Schiebungen ($\gamma_{xy}$, $\gamma_{xz}$ und $\gamma_{yz}$). Umgekehrt können Schubspannungen ($\tau_{xy}$, $\tau_{xz}$ und $\tau_{yz}$) keine Dehnungen ($\varepsilon_x$, $\varepsilon_y$ und $\varepsilon_z$) hervorrufen. Das Hooke'sche Gesetz für Schubbeanspruchung kann also unabhängig vom Hooke'schen Gesetz für Normalspannungen (Gleichung 5.14 bzw. 5.15) angewandt werden. Man erhält dementsprechend:

$$\tau_{xy} = G \cdot \gamma_{xy} \quad \text{bzw.} \quad \gamma_{xy} = \frac{\tau_{xy}}{G}$$

$$\tau_{xz} = G \cdot \gamma_{xz} \quad \text{bzw.} \quad \gamma_{xz} = \frac{\tau_{xz}}{G}$$

$$\tau_{yz} = G \cdot \gamma_{yz} \quad \text{bzw.} \quad \gamma_{yz} = \frac{\tau_{yz}}{G}$$

**Hooke´sches Gesetz für Schubbeanspruchung für den allgemeinen (dreiachsigen) Spannungszustand** (5.16)

# 5.4 Formänderungen beim ebenen (zweiachsigen) Spannungszustand

Aus dem verallgemeinerten Hooke'schen Gesetz für den dreiachsigen Spannungszustand (Gleichungen 5.14 bis 5.16) lassen sich die entsprechenden Beziehungen für den ebenen Spannungszustand (Bild 5.6) unter Berücksichtigung von $\sigma_z = \tau_{xz} = \tau_{yz} = 0$ ableiten:

$$\varepsilon_x = \frac{1}{E} \cdot \left(\sigma_x - \mu \cdot \sigma_y\right)$$
$$\varepsilon_y = \frac{1}{E} \cdot \left(\sigma_y - \mu \cdot \sigma_x\right)$$
$$\varepsilon_z = -\frac{\mu}{E} \cdot \left(\sigma_x + \sigma_y\right)$$

**Hooke´sches Gesetz für Normalspannungen (nach den Dehnungen aufgelöst) für den ebenen (zweiachsigen) Spannungszustand** (5.17)

bzw. nach den Spannungen aufgelöst:

$$\sigma_x = \frac{E}{1-\mu^2} \cdot \left(\varepsilon_x + \mu \cdot \varepsilon_y\right)$$
$$\sigma_y = \frac{E}{1-\mu^2} \cdot \left(\varepsilon_y + \mu \cdot \varepsilon_x\right)$$
$$\sigma_z = 0$$

**Hooke´sches Gesetz für Normalspannungen (nach den Spannungen aufgelöst) für den ebenen (zweiachsigen) Spannungszustand** (5.18)

Bild 5.6 veranschaulicht die Formänderung eines elastisch beanspruchten Festkörpers unter der Wirkung eines ebenen (zweiachsigen) Spannungszustandes.

Das Hooke'sche Gesetz für Schubbeanspruchung ergibt sich für den zweiachsigen Spannungszustand aus Gleichung 5.16:

$$\tau_{xy} = G \cdot \gamma_{xy} \quad \text{bzw.} \quad \gamma_{xy} = \frac{\tau_{xy}}{G} \qquad (5.19)$$

**Hooke´sches Gesetz für Schubspannungen für den ebenen (zweiachsigen) Spannungszustand**

Die Gleichungen 5.17 bis 5.19 besitzen für praktische Anwendungen eine besonders große Bedeutung, da ein zweiachsiger Spannungszustand unter anderem an lastfreien Oberflächen vorliegt und insbesondere diese Stellen häufig höchst beansprucht sind (z. B. durch Biege- oder Torsionsbeanspruchung). Bauteiloberflächen sind außerdem einer experimentellen Spannungsanalyse (Kapitel 4.4) zugänglich.

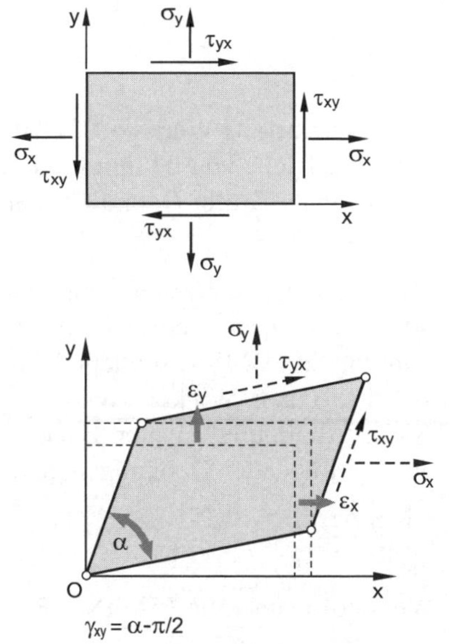


**Bild 5.6** Formänderung beim ebenen (zweiachsigen) Spannungszustand

## 5.5 Übungsaufgaben

### Aufgabe 5.1

Eine rechteckige Scheibe aus unlegiertem Baustahl ($E$ = 210 000 N/mm$^2$; $\mu$ = 0,30) mit den Seitenlängen $a$ = 210 mm, $b$ = 125 mm und einer Dicke $t$ = 6 mm wird durch die unbekannten Kräfte $F_x$ und $F_y$ statisch belastet (siehe Abbildung). Zwei an der Oberfläche der Scheibe applizierte Dehnungsmessstreifen liefern die folgenden Werte:

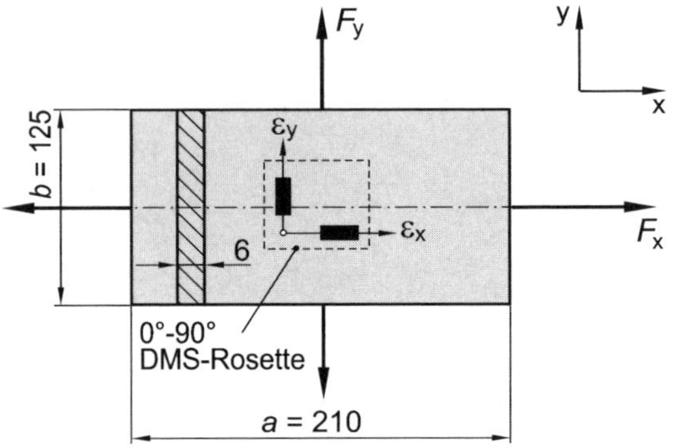


DMS A: $\varepsilon_x$ = 0,743 ‰
DMS B: $\varepsilon_y$ = 0,124 ‰

a) Berechnen Sie aus den gemessenen Dehnungen die unbekannten Kräfte $F_x$ und $F_y$.

b) Skizzieren Sie den Mohr'schen Spannungskreis für die x-y-Ebene. Ermitteln Sie außerdem die Normal- und Schubspannungen in den beiden diagonalen Schnittflächen der Scheibe.

### Aufgabe 5.2

Eine Scheibe aus Werkstoff 22NiMoCr3-7 mit einer Dicke von 20 mm wird durch die unbekannten Kräfte $F_x$ und $F_y$ statisch beansprucht.

Zur Spannungsermittlung wurde eine 0°-90° DMS-Rosette appliziert. Die Messrichtung von DMS A schließt dabei mit der x-Achse einen Winkel von $\alpha$ = 15° ein (siehe Abbildung). Unter Belastung werden die folgenden Dehnungen gemessen:

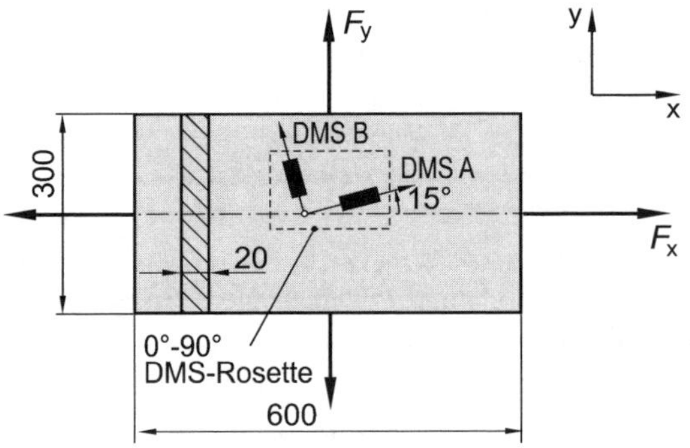


DMS A: $\varepsilon_A$ = 0,275 ‰
DMS B: $\varepsilon_B$ = - 0,530 ‰

Werkstoffkennwerte 15MnNi6-3:
$R_e$ = 400 N/mm$^2$
$R_m$ = 580 N/mm$^2$
$E$ = 210000 N/mm$^2$
$\mu$ = 0,30

a) Skizzieren Sie den Mohr'schen Verformungskreis und berechnen Sie seinen Mittelpunkt ($\varepsilon_M$) und Radius ($R$).

b) Berechnen Sie die unbekannten Kräfte $F_x$ und $F_y$.

## Aufgabe 5.3

Ein scheibenförmiges Bauteil aus der legierten Einsatzstahlsorte 15MnNi6-3 wird im Betrieb einer statischen Beanspruchung unterworfen. Es herrscht ein ebener Spannungszustand.

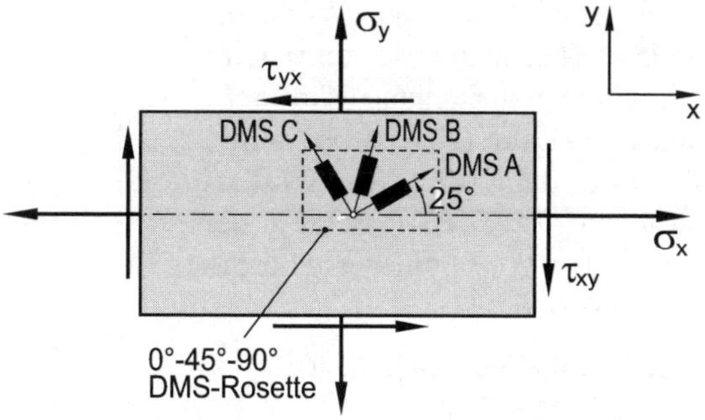


Werkstoffkennwerte 15MnNi6-3:

$R_e$ = 430 N/mm²
$R_m$ = 660 N/mm²
$E$ = 210000 N/mm²
$\mu$ = 0,30

Mit Hilfe einer 0°-45°-90° DMS-Rosette werden bei einer unbekannten Belastung die folgenden Dehnungen gemessen:

DMS A: $\varepsilon_A$ = 0,702 ‰
DMS B: $\varepsilon_B$ = - 0,012 ‰
DMS C: $\varepsilon_C$ = - 0,364 ‰

Errechnen Sie die an der Scheibe angreifenden Spannungen $\sigma_x$, $\sigma_y$ sowie $\tau_{xy}$.

## Aufgabe 5.4

An der Oberfläche einer Stahlplatte ($E$ = 210000 N/mm²; $\mu$ = 0,30) wurde eine 0°-45°-90° DMS-Rosette appliziert, die mit der x-Richtung einen Winkel von 22° einschließt (siehe Abbildung). Unter Belastung wurden die folgenden Dehnungen gemessen:

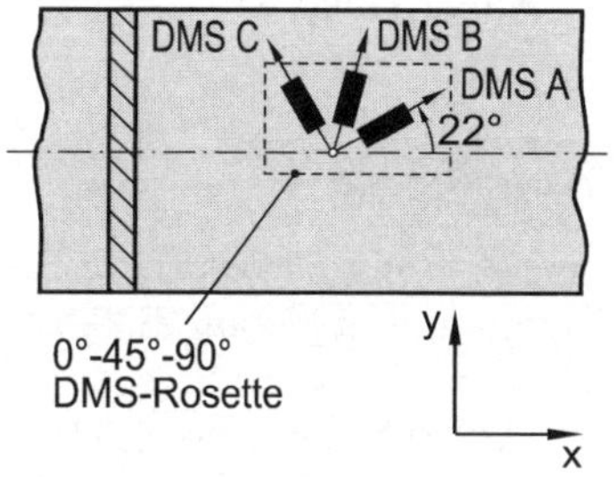


DMS A: $\varepsilon_A$ = -0,251 ‰
DMS B: $\varepsilon_B$ = -0,410 ‰
DMS C: $\varepsilon_C$ = 0,368 ‰

a) Ermitteln Sie die Dehnungen $\varepsilon_x$ und $\varepsilon_y$ in x- und y-Richtung sowie die Schiebung $\gamma_{xy}$.

b) Berechnen Sie die Hauptdehnungen $\varepsilon_{H1}$ und $\varepsilon_{H2}$. Unter welchen Winkeln $\varphi_2$ und $\varphi_2$ (zur x-Richtung gemessen) wirken die Hauptdehnungen ?

c) Berechnen Sie die Hauptnormalspannungen $\sigma_{H1}$ und $\sigma_{H2}$ in der x-y-Ebene.

## Aufgabe 5.5

Eine Stahlplatte aus Werkstoff S275J0 (Dicke $t$ = 15 mm) wird durch die unbekannten Kräfte $F_x$ und $F_y$ belastet (siehe Abbildung). Zur Ermittlung der Kräfte wird eine 0°-45°-90° DMS-Rosette in der skizzierten Weise auf der Oberfläche appliziert.

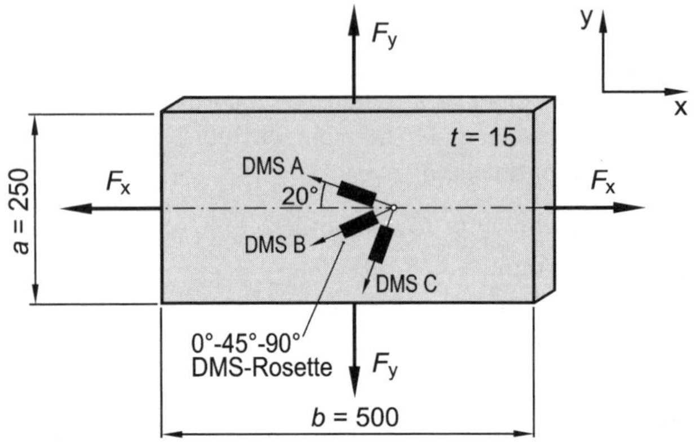


Werkstoffkennwerte S275J0:
$R_m$ = 275 N/mm²
$R_{p0,2}$ = 520 N/mm²
$E$ = 205000 N/mm²
$\mu$ = 0,30

a) Berechnen Sie die unbekannten Kräfte $F_x$ und $F_y$ für eine Dehnungsanzeige von:
DMS A: $\varepsilon_A$ = 0,7551 ‰
DMS B: $\varepsilon_B$ = 0,7160 ‰
DMS C: $\varepsilon_C$ = 0,2693 ‰

b) Berechnen Sie die Dehnungen $\varepsilon_A$, $\varepsilon_B$ und $\varepsilon_C$ für $F_x = F_y$ = 500 kN.

c) Ermitteln Sie die Dickenänderung $\Delta t$ der Stahlplatte aufgrund der Beanspruchung gemäß Aufgabenteil b ($F_x = F_y$ = 500 kN).

## Aufgabe 5.6

Eine einseitig eingespannte Platte aus der Aluminium-Legierung EN AW-AlCuMg1 ($R_{p0,2}$ = 250 N/mm²; $R_m$ = 380 N/mm²; $E$ = 72000 N/mm²; $\mu$ = 0,33) mit der Länge $l$ = 650 mm, der Breite $b$ = 150 mm und der Dicke $s$ = 5 mm wird in Längsrichtung durch die Kraft $F$ = 112,5 kN belastet (siehe Abbildung).

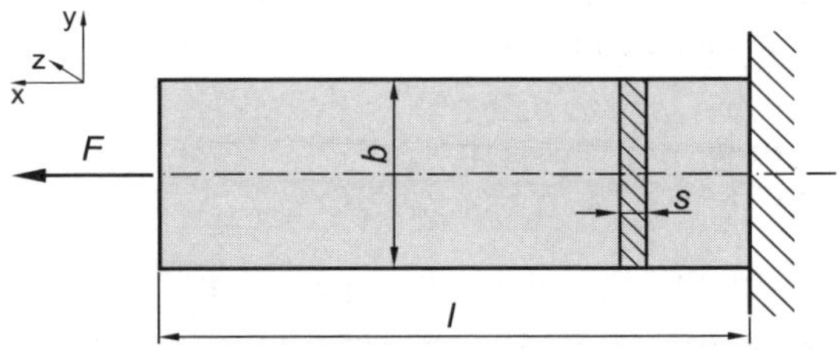


a) Berechnen Sie die Längenänderung $\Delta l$ der Platte in x-Richtung.

b) Ermitteln Sie die Verlängerung $\Delta l^*$ der Platte in x-Richtung für den Fall, dass die Längskanten so geführt werden, dass die Breite $b$ konstant bleibt.

## Aufgabe 5.7

Ein Blechstreifen aus unlegiertem Baustahl ($E$ = 210000 N/mm$^2$; $\mu$ = 0,30) besitzt eine Dicke von $s$ = 25 mm und eine Breite von $b$ = 80 mm (siehe Abbildung). Der Blechstreifen kann sich in x- und z-Richtung reibungsfrei verformen, wird aber zwischen zwei starren Platten so geführt, dass eine Verformung in y-Richtung nicht möglich ist.

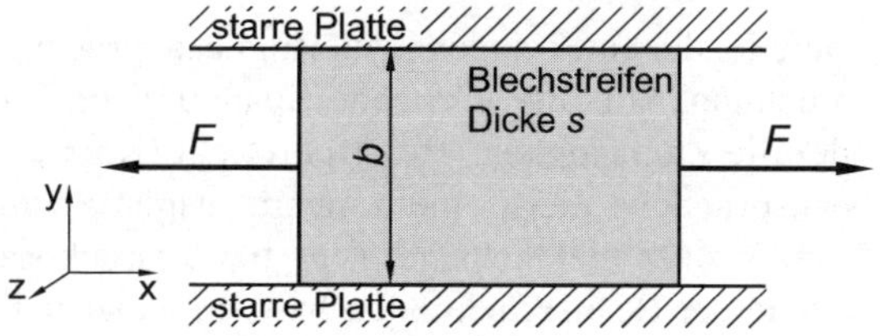


Berechnen Sie die Spannungen in x- und y-Richtung ($\sigma_x$ und $\sigma_y$) sowie die Dehnungen in x- und z-Richtung ($\varepsilon_x$ und $\varepsilon_z$), falls der Blechstreifen mit einer Zugkraft von $F$ = 420 kN in x-Richtung belastet wird.

## Aufgabe 5.8

Auf einem polierten Rundstab aus einer Kupfer-Zinn-Legierung mit dem Durchmesser $d$ = 50,00 mm gleitet ein Ring mit dem Innendurchmesser $d_i$ = 50,015 mm. Der Stab ist durch die axiale Druckkraft $F$ belastet.

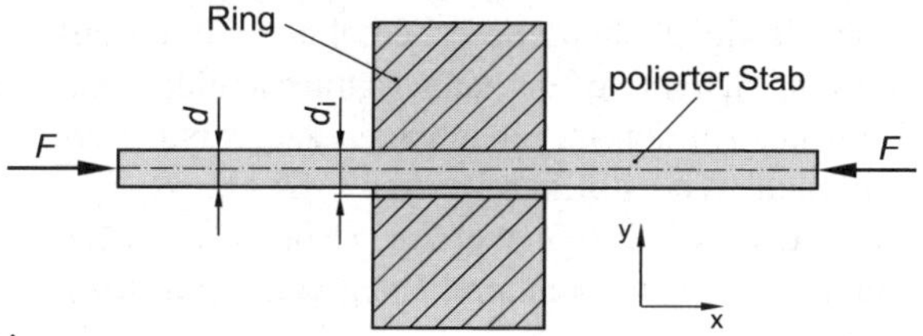


Werkstoffkennwerte der Kupfer-Zinn-Legierung:

$R_e$ = 250 N/mm$^2$
$R_m$ = 450 N/mm$^2$
$E$ = 116000 N/mm$^2$
$\mu$ = 0,35

Berechnen Sie die Druckkraft $F$ die gerade zu einer Blockierung der Gleitbewegung des Ringes führt.

# 6 Festigkeitshypothesen

Bauteile, die einer einachsigen Zugbeanspruchung unterliegen, versagen unter statischer Beanspruchung, falls die wirkende Spannung im Bauteil die Streck- bzw. Dehngrenze (Fließen) oder die Zugfestigkeit (Bruch) erreicht (Kapitel 2.1). Reale Bauteile unterliegen bei Betriebsbeanspruchung meist einem mehrachsigen Spannungszustand (z. B. Biegung mit überlagerter Torsion oder mehrachsige Zug- bzw. Druckbeanspruchung). Es stellt sich dabei die Frage, welche der Beanspruchungen bzw. in welcher Kombination die wirkenden Beanspruchungen zu einem Versagen des Bauteils führen. Eine Versuchsanordnung die es erlaubt, diese Frage allgemein zu beantworten gibt es nicht.

Zur Lösung des Problems wurden verschiedene **Festigkeitshypothesen** entwickelt. Eine Festigkeitshypothese ist eine Übertragungsfunktion (Berechnungsvorschrift), mit deren Hilfe ein mehrachsiger Spannungszustand in einen äquivalenten einachsigen Spannungszustand ($\sigma_V$) überführt werden kann (Bild 6.1). Die mit Hilfe einer Festigkeitshypothese berechnete fiktiv einachsige Spannung $\sigma_V$ kann dann, analog zum Zugstab, mit den im einachsigen Zugversuch ermittelten Werkstoffkennwerten ($R_e$ bzw. $R_{p0,2}$ und $R_m$) verglichen werden (Bild 6.1). Man nennt sie dementsprechend **Vergleichsspannung** ($\sigma_V$).

**Vergleichsspannung**

Die Vergleichsspannung $\sigma_V$ ist eine Rechengröße die es erlaubt, auf Basis von Festigkeitshypothesen, mehrachsige Spannungszustände auf eine werkstoffmechanisch äquivalente, einachsige Normalspannung umzurechnen. Für Festigkeitsnachweise kann die Vergleichsspannung dann wie eine einachsige Zug- oder Druckspannung behandelt werden. Die Vergleichsspannung repräsentiert also den Gesamtspannungszustand und erlaubt daher einen unmittelbaren Vergleich mit den einachsig ermittelten Kennwerten des Zugversuchs.

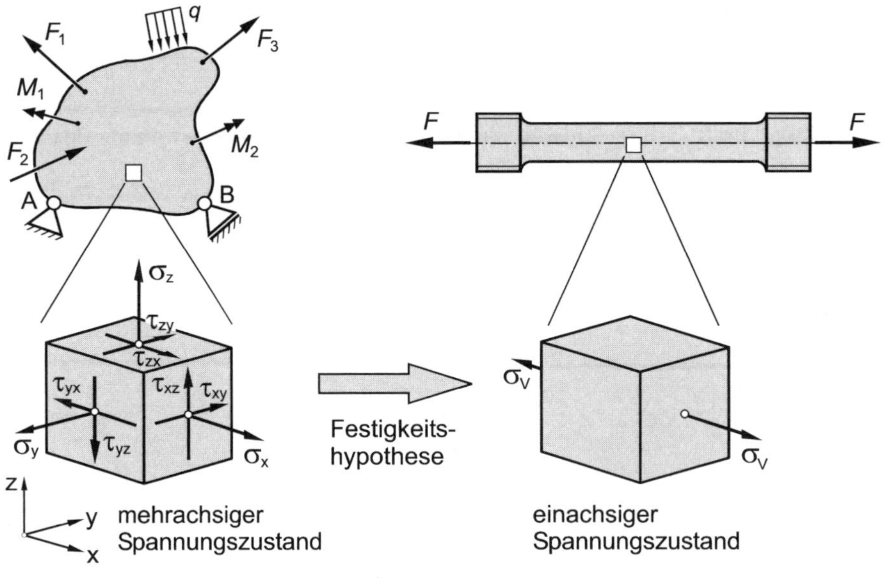


**Bild 6.1** Festigkeitsnachweis mehrachsig beanspruchter Bauteile mit Hilfe einer Festigkeitshypothese

Damit kein Versagen des Bauteils eintritt, muss gelten:

$$\sigma_V \leq \sigma_{zul} \qquad \textbf{Festigkeitsbedingung mehrachsig beanspruchter Bauteile} \qquad (6.1)$$

mit $\sigma_{zul} = \dfrac{R_e}{S_F}$ oder $\dfrac{R_{p0,2}}{S_F}$ (Fließen)

bzw. $\sigma_{zul} = \dfrac{R_m}{S_B}$ (Bruch).

Zur Ermittlung der Vergleichsspannung $\sigma_V$ geht man zweckmäßgierweise wie folgt vor (siehe auch Übungsaufgaben in Kapitel 6.5):

1. Berechnung der Lastspannungen ($\sigma_x$, $\sigma_y$, $\sigma_z$, $\tau_{xy}$, $\tau_{xz}$ und $\tau_{yz}$) im x-y-z-Koordinatensystem aus der äußeren Belastung (z. B. Zugkraft $F$, Biegemoment $M_b$, Torsionsmoment $M_t$ oder Innendruck $p_i$).
2. Berechnung der Hauptnormalspannungen ($\sigma_{H1}$, $\sigma_{H2}$ und $\sigma_{H3}$ ) aus den Lastspannungen ($\sigma_x$, $\sigma_y$, $\sigma_z$, $\tau_{xy}$, $\tau_{xz}$ und $\tau_{yz}$) beispielsweise mit Hilfe des Mohr'schen Spannungskreises.
3. Ordnen der Hauptnormalspannungen nach ihrer algebraischen Größe, wobei definitionsgemäß gelten soll (siehe auch Gleichung 3.78):

$$\sigma_1 := \max\{\sigma_{H1}, \sigma_{H2}, \sigma_{H3}\} \qquad (6.2)$$

$$\sigma_3 := \min\{\sigma_{H1}, \sigma_{H2}, \sigma_{H3}\} \qquad (6.3)$$

$$\sigma_3 < \sigma_2 < \sigma_1 \qquad (6.4)$$

4. Berechnung der Vergleichsspannung $\sigma_V$ aus den geordneten Hauptnormalspannungen $\sigma_1$, $\sigma_2$ und $\sigma_3$ mit Hilfe einer geeigneten Festigkeitshypothese (s. u). Mitunter kann die Vergleichsspannung unter Benutzung der entsprechenden Formeln auch direkt aus den Lastspannungen ($\sigma_x$, $\sigma_y$, $\sigma_z$, $\tau_{xy}$, $\tau_{xz}$ und $\tau_{yz}$) ermittelt werden (Kapitel 6.2 bis 6.4).

Die Anwendung von Festigkeitshypothesen setzt die Berücksichtigung des Werkstoffverhaltens voraus. Dementsprechend werden verschiedene Festigkeitshypothesen unterschieden. Für praktische Anwendungen wird in der Regel zwischen spröden Werkstoffen bzw. sprödem Werkstoffverhalten und duktilen Werkstoffen unterschieden.

Die für praktische Berechnungen wichtigsten Festigkeitshypothesen sind:

- **Normalspannungshypothese (NH)**
- **Schubspannungshypothese (SH)**
- **Gestaltänderungsenergiehypothese (GEH)**

Neben den drei genannten Festigkeitshypothesen wurden noch eine Reihe weiterer Hypothesen entwickelt, die jedoch für praktische Berechnungen, insbesondere im Bereich des Maschinenbaus, kaum Anwendung finden und daher nicht besprochen werden sollen.

## 6.1 Normalspannungshypothese (NH)

Die Anwendung der Normalspannungshypothese (NH), die bereits 1861 von ***William John Macquorn Rankine*** (schottischer Ingenieur und Physiker 1820 ... 1872) formuliert wurde und damit die älteste Festigkeitshypothese darstellt, setzt einen spröden Werkstoff (z. B. Grauguss oder keramische Werkstoffe) bzw. sprödes Werkstoffverhalten (z. B. martensitisch gehärteter Stahl) voraus. Zumindest muss jedoch ein eingeschränktes Verformungsvermögen des Werkstoffs vorliegen.

Nach der Normalspannungshypothese tritt bei statischer Beanspruchung ein verformungsloser (spröder) Trennbruch ein, sobald die größte Normalspannung ($\sigma_1$) die Trennfestigkeit $\sigma_T$, des Werkstoffs erreicht. Die Vergleichsspannung nach der Normalspannungshypothese lautet also (in Hauptnormalspannungen ausgedrückt):

$$\sigma_{V\,NH} = \sigma_1$$ **Vergleichsspannung nach der NH in Hauptnormalspannungen** (6.5)

Für ideal spröde Werkstoffe entspricht die Trennfestigkeit der Zugfestigkeit ($\sigma_T = R_m$). Die Festigkeitsbedingung nach der Normalspannungshypothese lautet demnach:

$$\sigma_{V\,NH} \le \frac{R_m}{S_B}$$ **Festigkeitsbedingung nach der NH** (6.6)

Für die Anwendung der Normalspannungshypothese benötigt man die größte Normalspannung $\sigma_1$, die jedoch in der Regel nicht gegeben ist. Sie muss vor der Anwendung der NH aus den gegebenen Lastspannungen errechnet werden.

### 6.1.1 Normalspannungshypothese in Lastspannungen für den zweiachsigen Spannungszustand

Für den technisch wichtigen Sonderfall der *zweiachsigen Beanspruchung* kann die Vergleichsspannung auch direkt in Lastspannungen ($\sigma_x$, $\sigma_y$ und $\tau_{xy}$) ausgedrückt werden. Aus dem Mohr'schen Spannungskreis (Bild 6.2) folgt für die Hauptnormalspannung $\sigma_1$ und damit für die Vergleichsspannung nach der Normalspannungshypothese ($\sigma_{V\,NH} \equiv \sigma_1$):

$$\sigma_{VNH} = \frac{\sigma_x + \sigma_y}{2} + \sqrt{\left(\frac{\sigma_x - \sigma_y}{2}\right)^2 + \tau_{xy}^2} \qquad (6.7)$$

**Vergleichsspannung nach der NH in Lastspannungen bei zweiachsigem Spannungszustand**

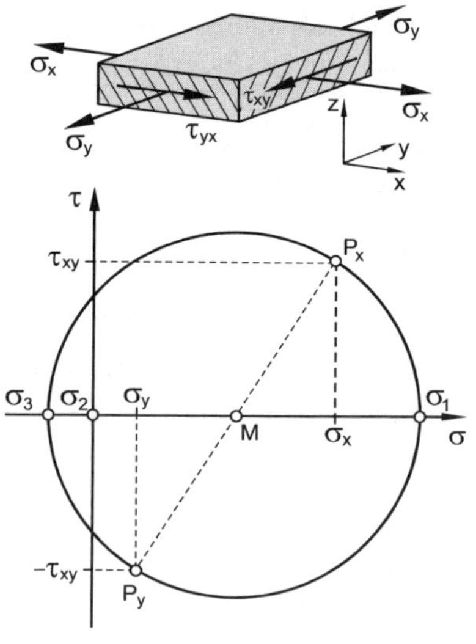

**Bild 6.2** Herleitung von Gleichung 6.7

Bei der Anwendung der Normalspannungshypothese ist zu berücksichtigen, dass nur Zugspannungen einen verformungslosen Trennbruch auslösen können. Dementsprechend muss bei der Anwendung von Gleichung 6.5 bzw. 6.7 gelten: $\sigma_1 > 0$ (siehe auch Kapitel 6.1.3).

### 6.1.2 Normalspannungshypothese bei Zug- oder Biegebeanspruchung mit überlagerter Torsion

Für den bedeutsamen Fall einer Zug- bzw. Biegebeanspruchung mit überlagerter Torsions- oder Abscherbeanspruchung folgt mit $\sigma_x \equiv \sigma_b$, $\sigma_y = 0$ und $\tau_{xy} \equiv \tau_t$ aus Gleichung 6.7:

$$\sigma_{VNH} = \frac{\sigma_b}{2} + \sqrt{\left(\frac{\sigma_b}{2}\right)^2 + \tau_t^2} \qquad (6.8)$$

**Vergleichsspannung nach der NH in Lastspannungen bei Biegebeanspruchung mit überlagerter Torsion**

Bei Zugbeanspruchung ist $\sigma_b$ sinngemäß durch $\sigma_z$ zu ersetzen. Bei Abscherbeanspruchung ersetzt man $\tau_t$ durch $\tau_a$. Für eine zusammengesetzte Beanspruchung aus Druck und Torsion bzw. Abscherung ist aufgrund der ausgeprägten Zug-Druck-Anisotropie für das Werkstoffversagen Kapitel 6.1.3 zu beachten.

### 6.1.3 Grenzkurve für das Werkstoffversagen nach der NH für den zweiachsigen Spannungszustand

Unter Zugbeanspruchung versagen spröde Werkstoffe durch Trennbruch. Werden spröde Werkstoffe hingegen auf Druck beansprucht, dann sind aufgrund der ausgeprägten Zug-Druck-Anisotropie in der Regel nicht nur deutlich höhere Beanspruchungen ertragbar ($\sigma_{dB} > R_m$), sondern es ändert sich auch der Versagensmechanismus (Kapitel 2.2.2.2).

Unter Druckbeanspruchung tritt bei spröden Werkstoffen ein Versagen durch Abscherung ein, sobald die maximale Schubspannung einen kritischen Wert, die **Bruchschubspannung** $\tau_B$, überschreitet. Man beobachtet dann einen **Scherbruch** bzw. **Schiebungsbruch** (Kapitel 2.2.2.2). Zwischen der Bruchschubspannung $\tau_B$ und der beim Versagen wirkenden Normalspannung, also die im einachsigen Druckversuch messbare Druckfestigkeit ($\sigma_{dB}$), besteht der Zusammenhang $\sigma_{dB} = 2 \cdot \tau_B$ (Bild 6.3).

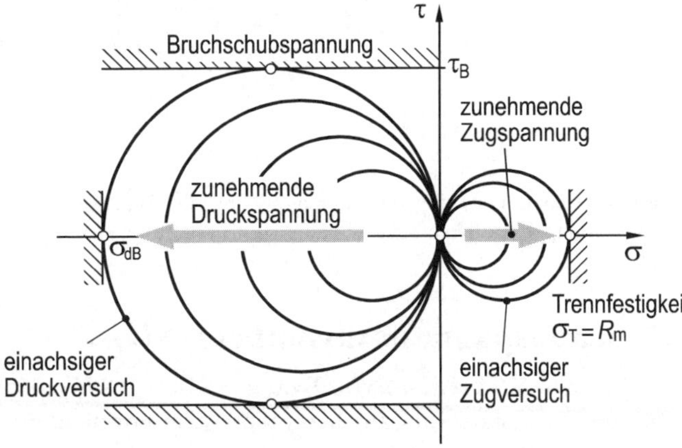


**Bild 6.3** Werkstoffversagen unter einachsiger Zug- bzw. Druckbeanspruchung (Zug- bzw. Druckversuch).

Bei zweiachsigem Spannungszustand ergibt sich dementsprechend im $\sigma_{H1}$-$\sigma_{H2}$-Hauptspannungsdiagramm die in Bild 6.4 dargestellte Grenzkurve für das Werkstoffversagen. Sind beide Komponenten Zugbeanspruchungen, dann ist mit einem spröden Trennbruch zu rechnen, sobald eine der beiden Hauptnormalspannungen die Zugfestigkeit ($R_m$) des Werkstoffs erreicht. Sind hingegen beide Komponenten Druckspannungen, dann ist entsprechend der Schubspannungshypothese (Kapitel 6.2) mit einem Scherbruch zu rechnen, sobald die größte Hauptnormalspannungsdifferenz die Druckfestigkeit ($\sigma_{dB}$) erreicht.

Wird das Bauteil durch Zug- und Druck beansprucht, dann kann die Grenzkurve für Werkstoffversagen als Gerade zwischen der Druckfestigkeit ($\sigma_{dB}$) und der Zugfestigkeit ($R_m$) angenommen werden. Hauptnormalspannungen die sich innerhalb des grau markierten Feldes in Bild 6.4 befinden, führen nicht zu einem Versagen.

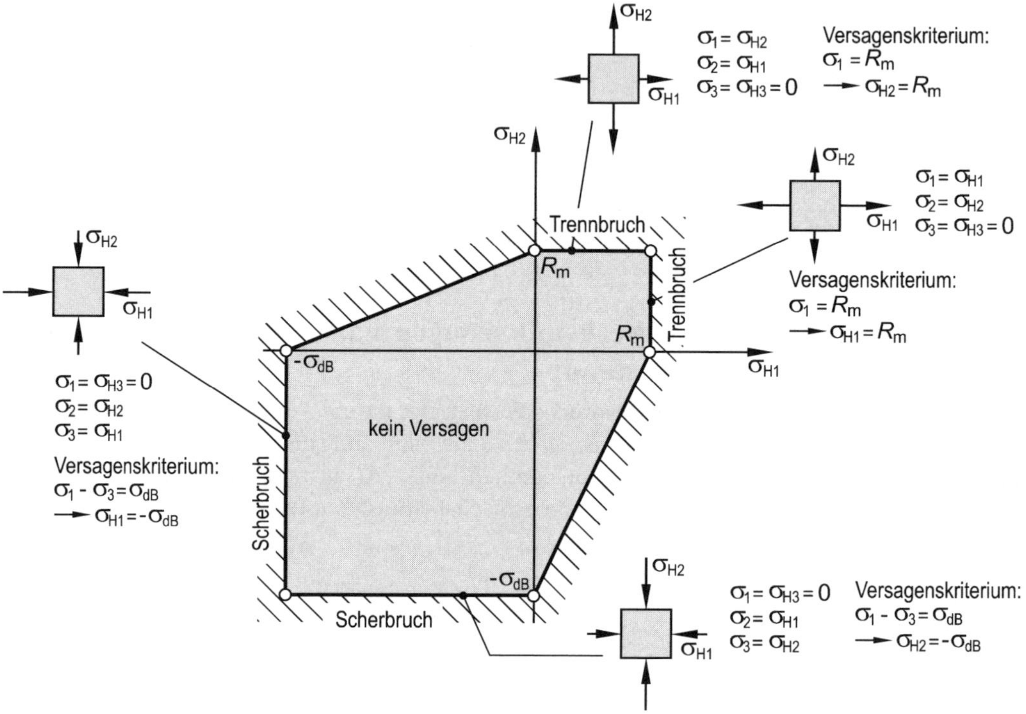


**Bild 6.4** Grenzkurven für das Versagen spröder Werkstoffe unter Zugrundelegung der Normalspannungshypothese bei zweiachsigem Spannungszustand

## 6.2 Schubspannungshypothese (SH)

Die 1864 von ***Henri Edouard Tresca*** (1814 ... 1885) aufgestellte Schubspannungshypothese geht von der Vorstellung aus, dass plastische Formänderungen als Gleitvorgänge im Kristallgitter erfolgen und durch Schubspannungen ausgelöst werden. Die Anwendung setzt dementsprechend einen duktilen Werkstoff bzw. duktiles Werkstoffverhalten und damit Versagen durch Fließen voraus. Die Schubspannungshypothese kann jedoch auch für Festigkeitsnachweise bei spröden Werkstoffen unter mehrachsiger Druckbeanspruchung eingesetzt werden, da letztere unter Druckbeanspruchung ebenfalls durch einen Scher- bzw. Schiebungsbruch versagen (Kapitel 6.1.3).

Nach der Schubspannungshypothese (SH) ist die größte im Bauteil auftretende Schubspannung ($\tau_{max}$) für das Versagen verantwortlich. Der (duktile) Werkstoff versagt somit durch plastisches Fließen, sobald die größte Schubspannung $\tau_{max}$ die Fließschubspannung $\tau_F$ erreicht (Bild 6.5a):

$$\tau_{max} = \frac{\sigma_{max} - \sigma_{min}}{2} = \frac{\sigma_1 - \sigma_3}{2} = \tau_F \tag{6.9}$$

Die Fließschubspannung $\tau_F$ kann im einachsigen Zugversuch einfach ermittelt werden. Entsprechend Bild 6.5b gilt der folgende Zusammenhang:

$$\tau_F = \frac{R_e}{2} \tag{6.10}$$

Mit Gleichung (6.9) und (6.10) ergibt sich somit:

$$\frac{\sigma_{max} - \sigma_{min}}{2} = \frac{\sigma_1 - \sigma_3}{2} = \frac{R_e}{2} \tag{6.11}$$

Die Vergleichsspannung $\sigma_V$ errechnet sich nach der Schubspannungshypothese damit zu:

$$\sigma_{V\,SH} = \sigma_1 - \sigma_3 \tag{6.12}$$

**Vergleichsspannung nach der SH in Hauptnormalspannungen**

Die Festigkeitsbedingung nach der Schubspannunghypothese lautet dementsprechend:

$$\sigma_{V\,SH} \le \frac{R_e}{S_F} \text{ bzw. } \frac{R_{p0,2}}{S_F} \tag{6.13}$$

**Festigkeitsbedingung nach der SH**

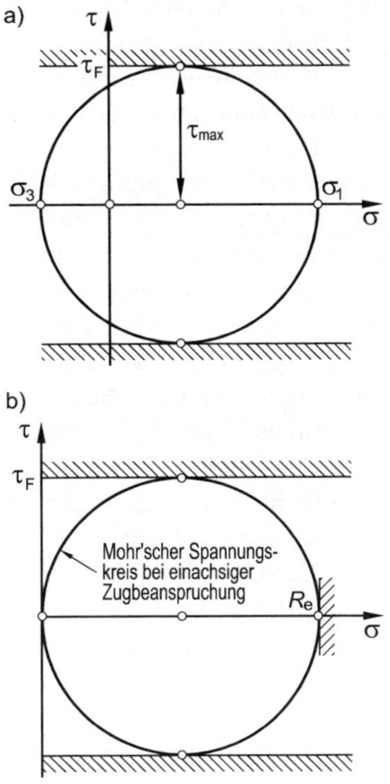


**Bild 6.5** Beziehung zwischen Fließschubspannung ($\tau_F$) und Streckgrenze ($R_e$)

Abhängig von der Größe der an einem Volumenelement wirkenden Hauptnormalspannungen $\sigma_1$, $\sigma_2$ und $\sigma_3$, kann die größte Schubspannung in unterschiedlichen Diagonalebenen des durch die Hauptnormalspannungen gekennzeichneten Volumenelements (Hauptspannungselement) auftreten. Für ein Versagen ist immer die größte der drei Hauptschubspannungen ($\tau_{H1}$, $\tau_{H2}$ oder $\tau_{H3}$) entscheidend (in Bild 6.6 also $\tau_{max} = \tau_{H1}$).

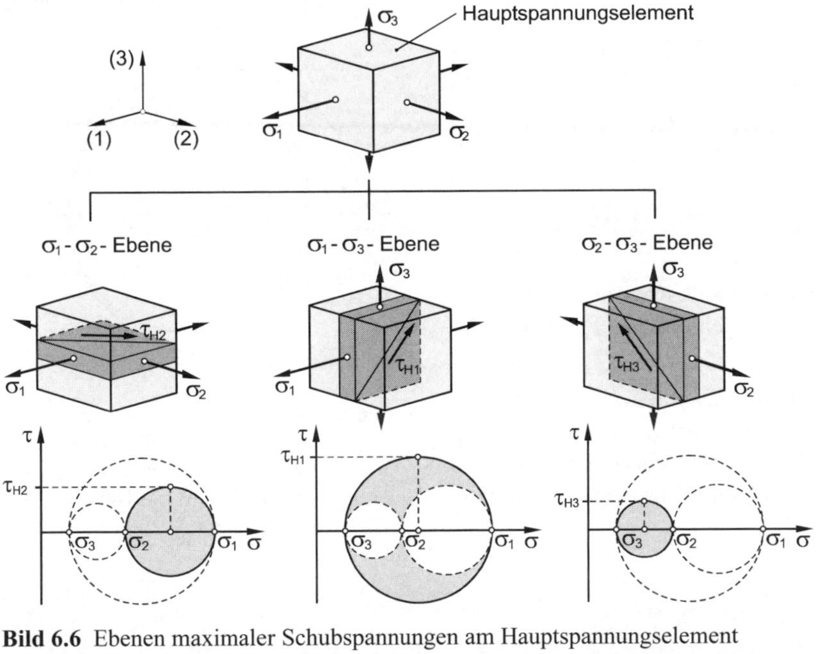


**Bild 6.6** Ebenen maximaler Schubspannungen am Hauptspannungselement

Bei der Anwendung der Schubspannungshypothese bei zweiachsigem Spannungszustand muss außerdem berücksichtigt werden, dass auch Hauptnormalspannungen mit Wert Null als maximale oder minimale Hauptnormalspannung auftreten können. Als Vergleichsspannung ist also stets die *maximale* Hauptspannungsdifferenz zu verwenden. Bild 6.7 veranschaulicht diesen wichtigen Sachverhalt anhand von zwei Beispielen.

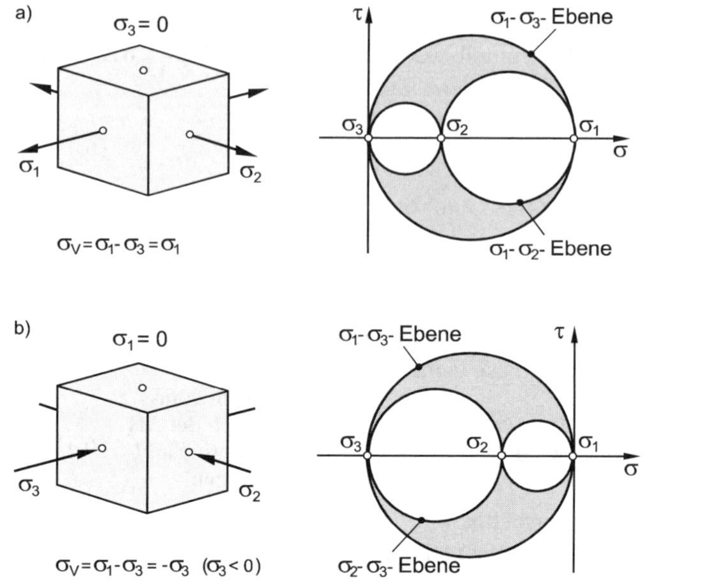


**Bild 6.7** Ermittlung der maximalen Hauptspannungsdifferenz bei zweiachsigem Spannungszustand (Beispiele)

## 6.2.1 Schubspannungshypothese in Lastspannungen für den zweiachsigen Spannungszustand

Unter der Voraussetzung des technisch bedeutsamen zweiachsigen Spannungszustandes ($\sigma_x$, $\sigma_y$ und $\tau_{xy}$) kann, analog zur Normalspannungshypothese, die Vergleichsspannung nach der Schubspannungshypothese auch in Lastspannungen ausgedrückt werden.

Bei *zweiachsigem Spannungszustand* folgt zunächst für die Hauptnormalspannungen (Bild 6.2):

$$\sigma_1 = \frac{\sigma_x + \sigma_y}{2} + \sqrt{\left(\frac{\sigma_x - \sigma_y}{2}\right)^2 + \tau_{xy}^2}$$

$$\sigma_2 = 0$$

$$\sigma_3 = \frac{\sigma_x + \sigma_y}{2} - \sqrt{\left(\frac{\sigma_x - \sigma_y}{2}\right)^2 + \tau_{xy}^2}$$

Vor dem Ansetzen der Schubspannungshypothese müssen jedoch zwei unterschiedliche Fälle berücksichtigt werden.

1. Die beiden von Null verschiedenen Hauptnormalspannungen besitzen *unterschiedliches Vorzeichen* (z. B. Welle unter Zug-, Druck- oder Biegebeanspruchung mit überlagerter Torsion, Bild 6.8).

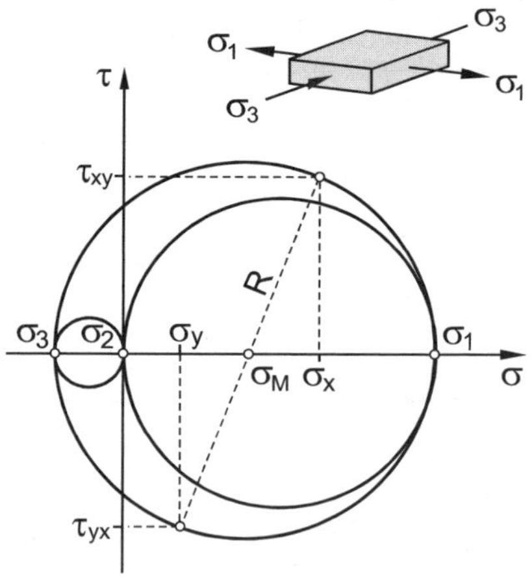


**Bild 6.8** Lage des Mohr'schen Spannungskreises bei *unterschiedlichem Vorzeichen* der von Null verschiedenen Hauptnormalspannungen

Dies ist der Fall, falls gilt:

$$\left|\sigma_\mathrm{M}\right| \le R$$

$$\left|\frac{\sigma_\mathrm{x}+\sigma_\mathrm{y}}{2}\right| \le \sqrt{\left(\frac{\sigma_\mathrm{x}-\sigma_\mathrm{y}}{2}\right)^2+\tau_\mathrm{xy}^2}$$

Hieraus folgt nach Umformung die Bedingung:

$$\sigma_\mathrm{x}\cdot\sigma_\mathrm{x} \le \tau_\mathrm{xy}^2$$

Unter dieser Voraussetzung ergibt sich für die Vergleichsspannung $\sigma_{\mathrm{V\,SH}}$:

$$\sigma_\mathrm{VSH}=\sigma_1-\sigma_3=\frac{\sigma_\mathrm{x}+\sigma_\mathrm{y}}{2}+\sqrt{\left(\frac{\sigma_\mathrm{x}-\sigma_\mathrm{y}}{2}\right)^2+\tau_\mathrm{xy}^2}-\left(\frac{\sigma_\mathrm{x}+\sigma_\mathrm{y}}{2}-\sqrt{\left(\frac{\sigma_\mathrm{x}-\sigma_\mathrm{y}}{2}\right)^2+\tau_\mathrm{xy}^2}\right)$$

$$=2\cdot\sqrt{\left(\frac{\sigma_\mathrm{x}-\sigma_\mathrm{y}}{2}\right)^2+\tau_\mathrm{xy}^2}$$

also:

$$\sigma_\mathrm{VSH}=\sqrt{(\sigma_\mathrm{x}-\sigma_\mathrm{y})^2+4\cdot\tau_\mathrm{xy}^2} \qquad (6.14)$$

**Vergleichsspannung nach der SH in Lastspannungen bei *zweiachsigem Spannungszustand***

**Gilt nur, falls $\sigma_\mathrm{x}\cdot\sigma_\mathrm{y}\le\tau^2{}_\mathrm{xy}$**

2. Die beiden von Null verschiedenen Hauptnormalspannungen besitzen *gleiches Vorzeichen*. Dies ist der Fall, falls gilt (Bild 6.9):

$$\left|\sigma_\mathrm{M}\right| > R$$

$$\left|\frac{\sigma_\mathrm{x}+\sigma_\mathrm{y}}{2}\right| > \sqrt{\left(\frac{\sigma_\mathrm{x}-\sigma_\mathrm{y}}{2}\right)^2+\tau_\mathrm{xy}^2} \qquad (6.15)$$

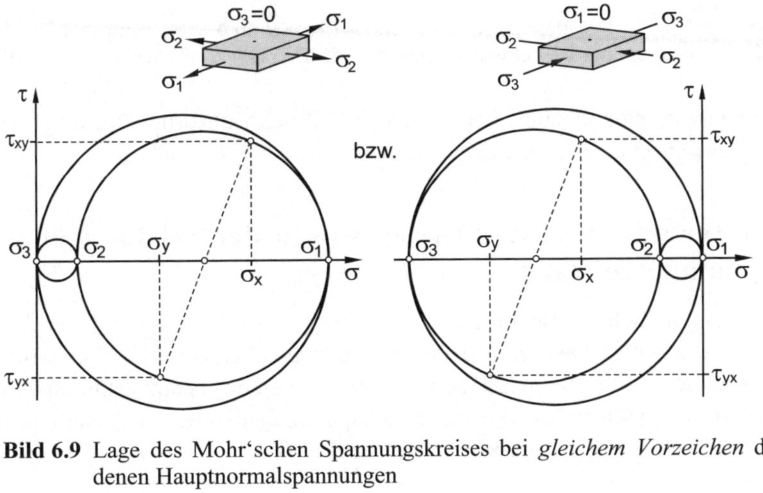


**Bild 6.9** Lage des Mohr'schen Spannungskreises bei *gleichem Vorzeichen* der von Null verschiedenen Hauptnormalspannungen

Aus Gleichung 6.15 folgt nach Umformung die Bedingung:

$$\sigma_x \cdot \sigma_x > \tau_{xy}^2$$

Unter dieser Voraussetzung ergibt sich für die Vergleichsspannung $\sigma_{V\,SH}$:

$$\sigma_{VSH} = \sigma_1 - \sigma_3 = \sigma_1 - 0 = \sigma_1$$

$$= \frac{\sigma_x + \sigma_y}{2} + \sqrt{\left(\frac{\sigma_x - \sigma_y}{2}\right)^2 + \tau_{xy}^2} \quad (\sigma_x \geq 0 \text{ und } \sigma_y \geq 0)$$

bzw.

$$\sigma_{VSH} = \sigma_1 - \sigma_3 = 0 - \sigma_3 = -\sigma_3$$

$$= -\left(\frac{\sigma_x + \sigma_y}{2} - \sqrt{\left(\frac{\sigma_x - \sigma_y}{2}\right)^2 + \tau_{xy}^2}\right)$$

$$= -\frac{\sigma_x + \sigma_y}{2} + \sqrt{\left(\frac{\sigma_x - \sigma_y}{2}\right)^2 + \tau_{xy}^2} \quad (\sigma_x < 0 \text{ und } \sigma_y < 0)$$

also:

$$\sigma_{VSH} = \frac{\sigma_x + \sigma_y}{2} + \sqrt{\left(\frac{\sigma_x - \sigma_y}{2}\right)^2 + \tau_{xy}^2} \qquad (6.16)$$

**Vergleichsspannung nach der SH in Lastspannungen bei *zweiachsigem* Spannungszustand**

**Gilt nur, falls $\sigma_x \cdot \sigma_y > \tau^2_{xy}$**

## 6.2.2 Schubspannungshypothese bei Zug-, Druck- oder Biegebeanspruchung mit überlagerter Torsion

Für den technisch bedeutsamen Sonderfall einer Zug-, Druck- oder Biegebeanspruchung mit überlagerter Torsions- oder Abscherbeanspruchung folgt mit $\sigma_x \equiv \sigma_b$, $\sigma_y = 0$ und $\tau_{xy} \equiv \tau_t$ aus Gleichung 6.14:

$$\sigma_{VSH} = \sqrt{\sigma_b^2 + 4 \cdot \tau_t^2} \qquad (6.17)$$

**Vergleichsspannung nach der SH in Lastspannungen bei Biegebeanspruchung mit überlagerter Torsion**

Bei Zugbeanspruchung ist $\sigma_b$ sinngemäß durch $\sigma_z$ und bei Druckbeanspruchung durch $\sigma_d$ zu ersetzen. Bei Abscherbeanspruchung ersetzt man $\tau_t$ durch $\tau_a$.

## 6.2.3 Grenzkurve für das Werkstoffversagen nach der SH für den zweiachsigen Spannungszustand

Duktile Werkstoffe versagen nach der Schubspannungshypothese (SH) sobald die Vergleichsspannung $\sigma_{V\,SH}$ die Streck- oder Dehngrenze des Werkstoffs überschreitet, falls also gilt $\sigma_{V\,SH} = \sigma_1 + \sigma_3 > R_e$ bzw. $R_{p0,2}$. Für alle möglichen Kombinationen der Hauptspannungen lässt sich dieses Kriterium als Grenzkurve im $\sigma_{H1}$-$\sigma_{H2}$-Hauptspannungsdiagramm darstellen. Man erhält als Grenzkurve ein Sechseck (**Tresca-Sechseck**), Bild 6.10.

Demnach tritt keine plastische Verformung (Fließen) ein, falls sich der durch die beiden (von Null verschiedenen) Hauptspannungen gekennzeichnete Spannungszustand innerhalb der Grenzkurve befindet.

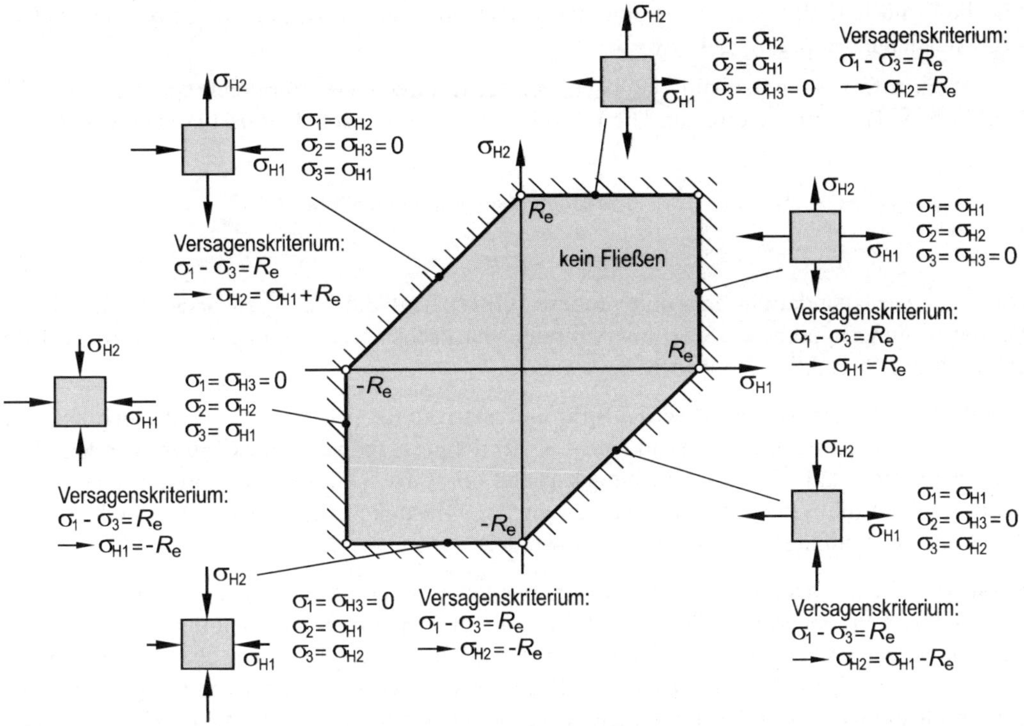


**Bild 6.10** Grenzkurve für das Versagen duktiler Werkstoffe unter Zugrundelegung der Schubspannungshypothese bei zweiachsigem Spannungszustand (Tresca-Sechseck)

## 6.3 Gestaltänderungsenergiehypothese (GEH)

Ein Körperelement, das durch allseitig gleiche Zug- oder Druckspannung belastet wird (hydrostatischer Spannungszustand) ändert lediglich sein Volumen, nicht aber seine Form. Subtrahiert man von der gesamten Formänderungsarbeit denjenigen Anteil, der zur Volumenänderung erforderlich ist, dann verbleibt der für die Gestaltänderung verantwortliche Anteil, die **Gestaltänderungsarbeit** oder **Gestaltänderungsenergie**.

Nach der Gestaltänderungsenergiehypothese (GEH), die auf ***Maksymilian Tytus Huber*** (1872 ... 1950), ***Richard Edler von Mises*** (1883 ... 1953) und ***H. Hencky*** (1885 ... 1951) zurückgeht, ist für die Werkstoffbeanspruchung die in einem elastisch verformten Volumenelement gespeicherte Gestaltänderungsenergie maßgebend. Die Gestaltänderungsenergie ist hierbei die bei einem räumlichen Spannungszustand für die Gestaltänderung erforderliche Energie. Sobald diese einen werkstoffabhängigen Grenzwert erreicht, der sich aus dem Vergleich mit der einachsigen Beanspruchung im Zugversuch ergibt, versagt der Werkstoff durch Auftreten plastischer Verformungen. Drückt man diesen Grenzwert in den geordneten Hauptnormalspannungen $\sigma_1$, $\sigma_2$ und $\sigma_3$ aus (Gleichungen 6.2 bis 6.4), dann erhält man für die Vergleichsspannung $\sigma_V$ nach der GEH (ohne Herleitung):

$$\sigma_{\mathrm{VGEH}} = \frac{1}{\sqrt{2}} \cdot \sqrt{(\sigma_1 - \sigma_2)^2 + (\sigma_2 - \sigma_3)^2 + (\sigma_3 - \sigma_1)^2}$$

**Vergleichsspannung nach der GEH in Hauptnormalspannungen** (6.18)

Für die Ermittlung der geordneten Hauptnormalspannungen $\sigma_1$, $\sigma_2$ und $\sigma_3$ gilt das bereits Gesagte (Gleichungen 6.2 bis 6.4).

Der Werkstoff versagt, sobald die nach der GEH errechnete Vergleichsspannung $\sigma_V$ die Streck- bzw. Dehngrenze erreicht. Die Festigkeitsbedingung nach der GEH lautet demnach:

$$\sigma_{\mathrm{VGEH}} \leq \frac{R_e}{S_F} \ \textbf{bzw.} \ \frac{R_{p0,2}}{S_F}$$

**Festigkeitsbedingung nach der GEH** (6.19)

Nach der Gestaltänderungsenergiehypothese (GEH) liegt die Versagensursache, analog zur Schubspannungshypothese (SH), im Auftreten plastischer Verformungen. Sie wird deshalb ebenfalls nur für duktile Werkstoffe angewandt.

Bei Vorliegen eines **hydrostatischen Spannungszustandes** ($\sigma_1 = \sigma_2 = \sigma_3$) tritt auch bei sehr hohen Spannungen kein Fließen ein ($\sigma_{\mathrm{V\,GEH}} = 0$). Es muss jedoch berücksichtigt werden, dass bei einem hydrostatischen *Zug*spannungszustand ($\sigma_1 = \sigma_2 = \sigma_3 > 0$) ein spröder Trennbruch eintritt, sobald die wirkenden Spannungen die Trennfestigkeit des Werkstoff erreichen, d. h. die atomaren Bindungskräfte überschritten werden.

Da sowohl die SH als auch die GEH von ähnlichen Vorstellungen ausgehen, liefern sie auch vergleichbare Ergebnisse. Es lässt sich für alle möglichen Kombinationen der drei Hauptnormalspannungen $\sigma_1$, $\sigma_2$ und $\sigma_3$ zeigen, dass der größte Unterschied zwischen GEH und SH etwa 15,5% beträgt, wobei die nach der SH errechnete Vergleichsspannung ($\sigma_{\mathrm{V\,SH}}$) stets größer ist, als die nach der GEH errechnete Vergleichsspannung ($\sigma_{\mathrm{V\,GEH}}$). Die maximale Abweichung zwischen GEH und SH ergibt sich für $\sigma_2 = 0{,}5 \cdot \sigma_1$ (z. B. dünnwandiger Behälter unter Innendruck, Kapitel 12.1) sowie für $\sigma_2 = -\sigma_1$ (z. B. Rundstab unter Torsion), Bild 6.11.

Sofern in technischen Regelwerken die Verwendung der Festigkeitshypothese (SH oder GEH) nicht vorgeschrieben ist, kann man einen Festigkeitsnachweis mit beiden Hypothesen führen. Vorteil der GEH ist eine experimentell bessere Bestätigung und sie erlaubt eine wirtschaftlichere Bauteilauslegung. Eine Fallunterscheidung im Hinblick auf die größten Hauptspannungsdifferenzen ist ebenfalls nicht erforderlich. Mit der SH ist allerdings die Berechnung meist einfacher und es ergibt sich allenfalls ein Fehler zur sicheren Seite hin.

## 6.3.1 Gestaltänderungsenergiehypothese in Lastspannungen für den zweiachsigen Spannungszustand

Liegt ein zweiachsiger Spannungszustand vor, dann kann analog zur Normalspannungshypothese (NH) bzw. Schubspannungshypothese (SH), die Vergleichsspannung nach der Gestaltänderungsenergiehypothese auch in Lastspannungen ausgedrückt werden.

Bei *zweiachsigem Spannungszustand* folgt für die Hauptnormalspannungen (Bild 6.2):

$$\sigma_1 = \frac{\sigma_x + \sigma_y}{2} + \sqrt{\left(\frac{\sigma_x - \sigma_y}{2}\right)^2 + \tau_{xy}^2}$$

$$\sigma_2 = 0$$

$$\sigma_3 = \frac{\sigma_x + \sigma_y}{2} - \sqrt{\left(\frac{\sigma_x - \sigma_y}{2}\right)^2 + \tau_{xy}^2}$$

Setzt man diese Beziehungen in Gleichung 6.18 ein, dann erhält man nach Umformung und Zusammenfassung die Vergleichsspannung nach der GEH in Lastspannungen bei zweiachsigem Spannungszustand:

$$\sigma_{VGEH} = \sqrt{\sigma_x^2 + \sigma_y^2 - \sigma_x \cdot \sigma_y + 3 \cdot \tau_{xy}^2} \qquad (6.20)$$

**Vergleichsspannung nach der GEH in Lastspannungen bei *zweiachsigem Spannungszustand***

## 6.3.2 Gestaltänderungsenergiehypothese bei Zug-, Druck- oder Biegebeanspruchung mit überlagerter Torsion

Für den technisch bedeutsamen Sonderfall einer Zug-, Druck- oder Biegebeanspruchung mit überlagerter Torsions- oder Abscherbeanspruchung folgt mit $\sigma_x \equiv \sigma_b$, $\sigma_y = 0$ und $\tau_{xy} \equiv \tau_t$ aus Gleichung 6.20:

$$\sigma_{VGEH} = \sqrt{\sigma_b^2 + 3 \cdot \tau_t^2} \qquad (6.21)$$

**Vergleichsspannung nach der GEH in Lastspannungen bei Biegebeanspruchung mit überlagerter Torsion**

Bei Zugbeanspruchung ist $\sigma_b$ sinngemäß durch $\sigma_z$ und bei Druckbeanspruchung durch $\sigma_d$ zu ersetzen. Bei Abscherbeanspruchung ersetzt man $\tau_t$ durch $\tau_a$.

## 6.3.3 Grenzkurve für das Werkstoffversagen nach der GEH für den zweiachsigen Spannungszustand

Duktile Werkstoffe versagen nach der Gestaltänderungsenergiehypothese (GEH) sobald die Vergleichsspannung $\sigma_{VGEH}$ die Streck- oder Dehngrenze des Werkstoffs überschreitet. Für den zweiachsigen Spannungszustand folgt beispielsweise mit $\sigma_3 = 0$ aus Gleichung 6.18:

$$\frac{1}{\sqrt{2}} \cdot \sqrt{(\sigma_1 - \sigma_2)^2 + \sigma_2^2 + \sigma_1^2} = R_e$$

$$\sigma_1^2 - \sigma_1 \cdot \sigma_2 + \sigma_2^2 = R_e^2 \qquad (6.22)$$

Gleichung 6.22 beschreibt eine elliptische Grenzkurve im $\sigma_{H1}$-$\sigma_{H2}$-Hauptspannungsdiagramm (Bild 6.11). Die Länge der großen Halbachse beträgt dabei $\sqrt{2} \cdot R_e$, die Länge der kleinen Hauptachse $\sqrt{2/3} \cdot R_e$. Die Grenzkurve schneidet die Koordinatenachsen in den Punkten ($R_e$ | 0) und (0 | $R_e$). Befindet sich der durch die beiden (von Null verschiedenen) Hauptnormalspannungen gekennzeichnete Spannungszustand innerhalb der Grenzkurve, dann tritt kein Werkstoffversagen durch plastische Verformung ein.

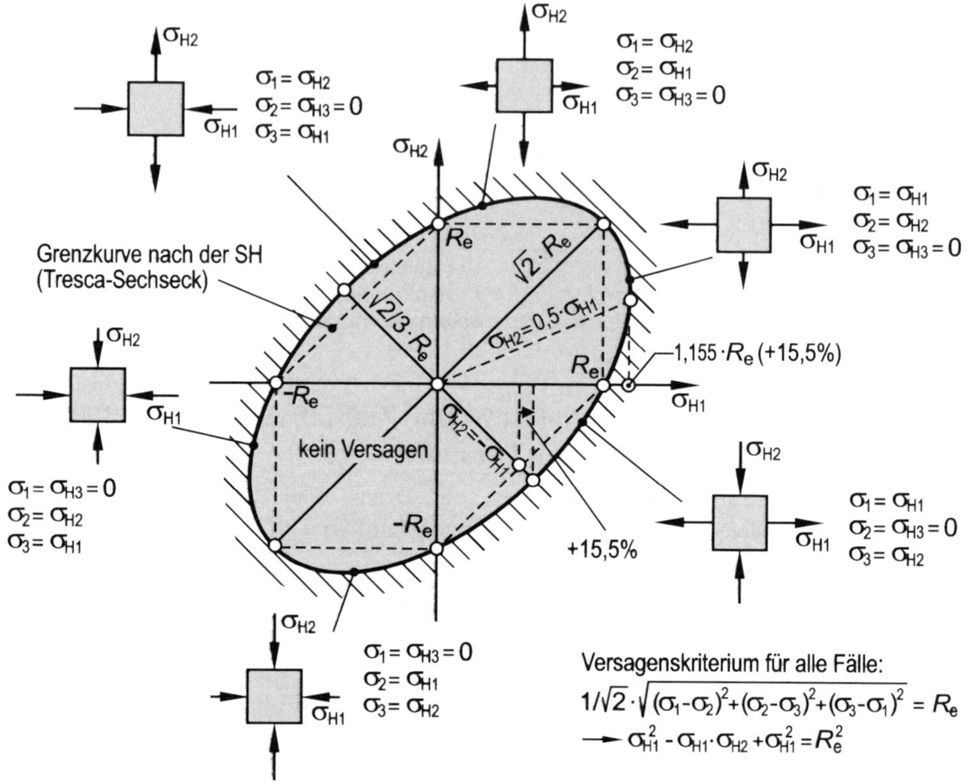


**Bild 6.11** Grenzkurve für das Versagen duktiler Werkstoffe unter Zugrundelegung der Gestaltänderungsenergiehypothese bei zweiachsigem Spannungszustand

# 6.4 Zusammenfassung der Festigkeitshypothesen

**Tabelle 6.1** Zusammenfassung der Festigkeitshypothesen

| Festigkeits-hypothese | Vergleichsspannung $\sigma_{V\,NH}$, $\sigma_{V\,SH}$, $\sigma_{V\,GEH}$ — dreiachsiger Spannungszustand in Hauptspannungen | zweiachsiger Spannungszustand in Hauptspannungen | zweiachsiger Spannungszustand in Lastspannungen | Sonderfall [2] Biegung u. Torsion |
|---|---|---|---|---|
| **Normalspannungs-hypothese (NH)** | $\sigma_1$ [1] | $\sigma_1$ [1] | $\frac{\sigma_x+\sigma_y}{2}+\sqrt{\left(\frac{\sigma_x-\sigma_y}{2}\right)^2+\tau_{xy}^2}$ | $\frac{\sigma_b}{2}+\sqrt{\left(\frac{\sigma_b}{2}\right)^2+\tau_t^2}$ |
| **Schubspannungs-hypothese (SH)** | $\sigma_1-\sigma_3$ | $\sigma_1-\sigma_3$ | falls $\sigma_x \cdot \sigma_y \le \tau^2_{xy}$: $\sqrt{(\sigma_x-\sigma_y)^2+4\cdot\tau_{xy}^2}$ falls $\sigma_x \cdot \sigma_y > \tau^2_{xy}$: $\frac{\sigma_x+\sigma_y}{2}+\sqrt{\left(\frac{\sigma_x-\sigma_y}{2}\right)^2+\tau_{xy}^2}$ | $\sqrt{\sigma_b^2+4\cdot\tau_t^2}$ |
| **Gestaltänderungs-energiehypothese (GEH)** | $\frac{1}{\sqrt{2}}\cdot\sqrt{(\sigma_1-\sigma_2)^2+(\sigma_2-\sigma_3)^2+(\sigma_3-\sigma_1)^2}$ | falls $\sigma_3=0$: $\sqrt{\sigma_1^2+\sigma_2^2-\sigma_1\cdot\sigma_2}$ falls $\sigma_2=0$: $\sqrt{\sigma_1^2+\sigma_3^2-\sigma_1\cdot\sigma_3}$ falls $\sigma_1=0$: $\sqrt{\sigma_2^2+\sigma_3^2-\sigma_2\cdot\sigma_3}$ | $\sqrt{\sigma_x^2+\sigma_y^2-\sigma_x\cdot\sigma_y+3\cdot\tau_{xy}^2}$ | $\sqrt{\sigma_b^2+3\cdot\tau_t^2}$ |

[1] nur gültig falls $\sigma_1 > 0$

[2] oder Zug ($\sigma_z$) bzw. Druck ($\sigma_d$) und Torsion ($\tau_t$) bzw. Abscherung ($\tau_a$)

**Festlegung der Hauptnormalspannungen**

$\sigma_1 := \max\{\sigma_{H1}, \sigma_{H2}, \sigma_{H3}\}$

$\sigma_3 := \min\{\sigma_{H1}, \sigma_{H2}, \sigma_{H3}\}$

$\sigma_3 < \sigma_2 < \sigma_1$

## 6.5 Übungsaufgaben

### Aufgabe 6.1

Ein Rundstab aus der Graugusssorte EN-GJL-300 mit einem Durchmesser von $d$ = 30 mm (Vollkreisquerschnitt) wird durch die statisch wirkende Längskraft $F_1$ = 50 kN und das statische Torsionsmoment $M_{t1}$ = 450 Nm belastet. Die Zugfestigkeit des Werkstoffs beträgt $R_m$ = 370 N/mm$^2$.

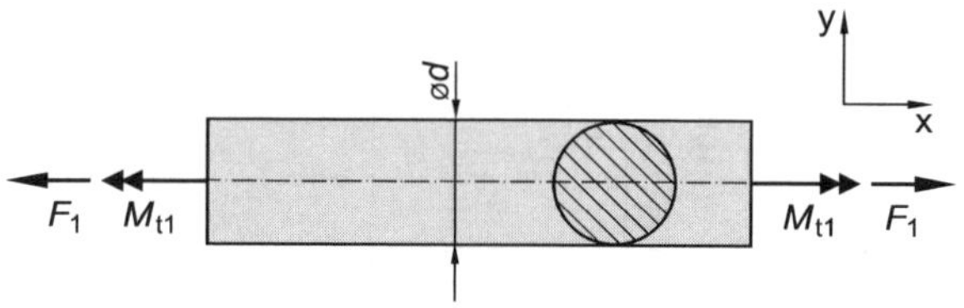


a) Ermitteln Sie die höchst beanspruchten Stellen im Stabquerschnitt.

b) Berechnen Sie die Zugspannung $\sigma_x$ im Stabquerschnitt.

c) Ermitteln Sie die maximale Schubspannung $\tau_{xy}$ im Stabquerschnitt.

d) Charakterisieren Sie den Spannungszustand an der höchst beanspruchten Stelle, indem Sie den Mohr´schen Spannungskreis skizzieren (qualitativ).

e) Berechnen Sie die Sicherheit gegen Versagen. Ist die Sicherheit ausreichend ?

f) Berechnen Sie die statische Längskraft $F_2$, die bei gleichbleibendem, statisch wirkendem Torsionsmoment $M_{t1}$ = 450 Nm zu einem Bruch des Rundstabes führt.

g) Ermitteln Sie das statische Torsionsmoment $M_{t2}$, welches bei gleichbleibender, statisch wirkender Längskraft $F_1$ = 50 kN zum Bruch führt.

h) Ermitteln Sie die Kurvengleichung aller $\sigma$-$\tau$-Kombinationen, die zu einem Bruch des Stabes führen würden. Zeichnen Sie diese Kurve in das $\sigma$-$\tau$-Koordinatensystem aus Abschnitt d) ein.

### Aufgabe 6.2

Eine vergütete Welle mit Vollkreisquerschnitt aus der Vergütungsstahlsorte C35E ($R_e$ = 410 N/mm$^2$; $R_m$ = 660 N/mm$^2$) mit einem Durchmesser von $d$ = 50 mm wird auf unterschiedliche Weise beansprucht.

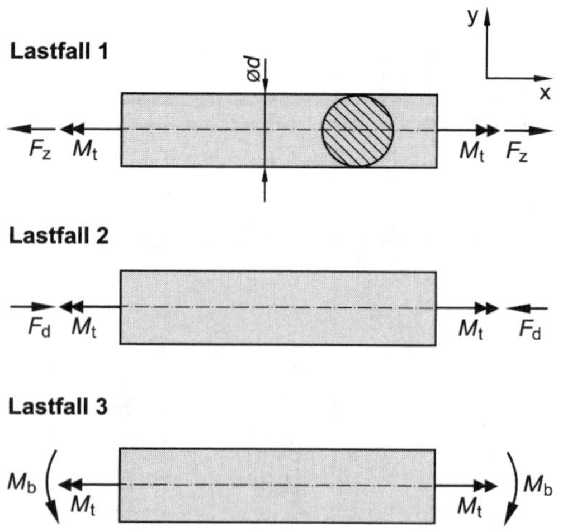


1. Durch das statisch wirkende Torsionsmoment $M_t$ = 1500 Nm und die statische Zugkraft $F_z$ = 100 kN.
2. Durch das statisch wirkende Torsionsmoment $M_t$ = 1500 Nm und die statische Druckkraft $F_d$ = -100 kN.
3. Durch das statisch wirkende Torsionsmoment $M_t$ = 1500 Nm und das statische Biegemoment $M_b$ = 1000 Nm.

a) Berechnen Sie die durch die Einzelbelastungen ($F_z$, $F_d$, $M_t$ und $M_b$) erzeugten Lastspannungen an der höchst beanspruchten Stelle.

b) Skizzieren Sie jeweils maßstäblich für die drei Belastungsfälle den Mohr'schen Spannungskreis.

c) Ermitteln Sie für alle drei Belastungsfälle die Hauptnormalspannungen an der höchst beanspruchten Stelle.

Berechnen Sie jeweils getrennt für die drei Belastungsfälle:

d) Die Vergleichsspannung $\sigma_V$ an der höchst beanspruchten Stelle nach der GEH und der SH.

e) Ermitteln Sie für die einzelnen Belastungsfälle, unter Zugrundelegung der GEH, die Sicherheit gegen Fließen.

## Aufgabe 6.3

Auf eine vertikale Turbinenwelle mit dem Durchmesser $d$ = 90 mm (Vollkreisquerschnitt) aus Vergütungsstahl C45E ($R_e$ = 490 N/mm$^2$; $R_m$ = 710 N/mm$^2$) wirkt im Betrieb zunächst ein statisches Torsionsmoment von $M_t$ = 14000 Nm und eine statisch wirkende Zugkraft von $F$ = 890 kN.

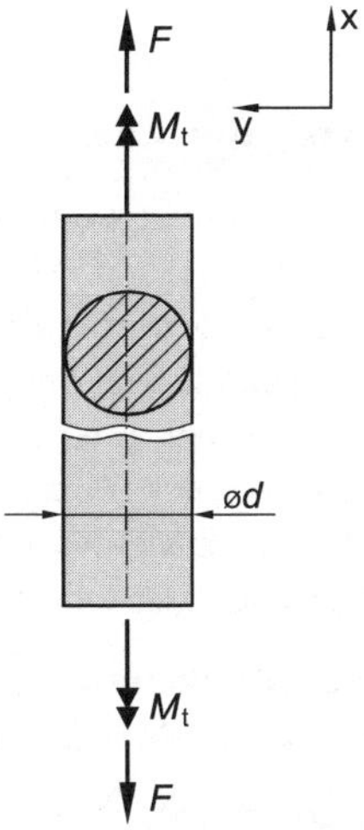


a) Berechnen Sie die Sicherheit gegen Fließen. Ist die Sicherheit ausreichend ?

Um ein höheres Torsionsmoment aufnehmen zu können, wird eine vergütete Welle aus der legierten Vergütungsstahlsorte 30CrMoV9 ($R_{p0,2}$ = 900 N/mm$^2$; $R_m$ = 1100 N/mm$^2$) eingebaut.

b) Auf welchen Betrag $M_t^*$ kann dadurch das Torsionsmoment bei gleicher Zugkraft ($F$ = 890 kN) und gleicher Sicherheit gesteigert werden, falls Fließen ausgeschlossen werden soll ?

## Aufgabe 6.4

Eine Stellspindel aus dem legierten Vergütungsstahl 34CrNiMo6 hat einen zylindrischen Schaft mit dem Durchmesser $d$ = 30 mm und eine Länge von $l$ = 650 mm. Die Kerbwirkung des Gewindes soll unberücksichtigt bleiben.

Werkstoffkennwerte 34CrNiMo6:

$R_{p0,2}$ = 1000 N/mm$^2$
$R_m$ = 1200 N/mm$^2$
$E$ = 210000 N/mm$^2$

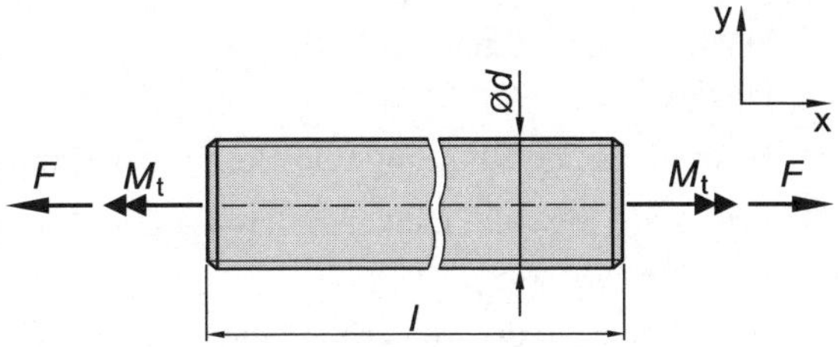

a) Im Normalbetrieb ist die Spindel durch die Zugkraft $F$ = 280 kN statisch beansprucht. Berechnen Sie die Zugspannung in der Spindel. Um welchen Betrag verlängert sich die Spindel dabei ?

b) Beim Verstellen der Spindel wirkt zusätzlich zu der Kraft $F$ noch ein statisches Torsionsmoment, dessen Größe mit $M_t$ = 2000 Nm angenommen wird. Berechnen Sie die durch das Torsionsmoment $M_t$ erzeugte Schubspannung $\tau_t$ in der Spindel.

c) Zeichnen Sie für die Beanspruchung aus $F$ und $M_t$ maßstäblich den Mohr'schen Spannungskreis und berechnen Sie die Hauptnormalspannungen.

Bei einem Verstellvorgang klemmte die Spindel und brach. Die Untersuchung der Bruchfläche ergab, dass der Werkstoff offenbar durch eine falsche Wärmebehandlung versprödet wurde (Anlassversprödung). Die Zugfestigkeit $R_m$ der versprödeten Spindel betrug 1800 N/mm$^2$.

d) Berechnen Sie unter der Voraussetzung einer unveränderten Zugkraft von $F$ = 280 kN das Torsionsmoment beim Bruch.

## Aufgabe 6.5

Eine Platte aus der Aluminium-Legierung EN AW-Al Zn5Mg3Cu mit einer Dicke von $t$ = 15 mm wird durch die unbekannten Spannungen $\sigma_x$, $\sigma_y$ und $\tau_{xy}$ elastisch beansprucht (siehe Abbildung). Zur Ermittlung der Spannungen wird eine 0°-45°-90° DMS-Rosette in der skizzierten Weise auf der Oberfläche appliziert.

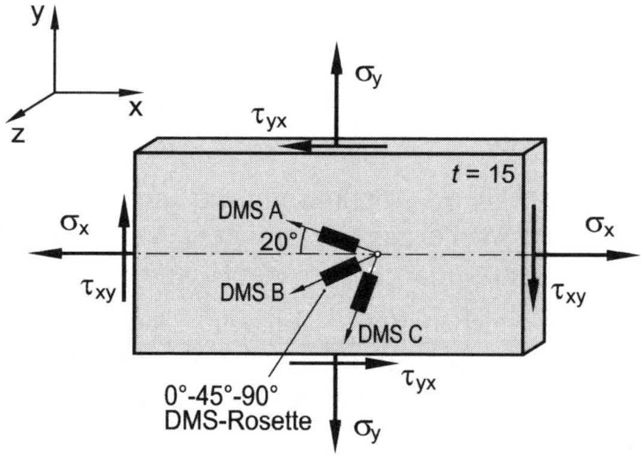


Werkstoffkennwerte für die Aluminiumlegierung EN AW-Al Zn5Mg3Cu:

$R_{p0,2}$ = 380 N/mm$^2$
$R_m$ = 550 N/mm$^2$
$E$ = 75000 N/mm$^2$
$\mu$ = 0,33

a) Berechnen Sie die unbekannten Spannungen $\sigma_x$, $\sigma_y$ und $\tau_{xy}$ für eine Dehnungsanzeige von:
DMS A: $\varepsilon_A$ = 3,159 ‰
DMS B: $\varepsilon_B$ = 0,552 ‰
DMS C: $\varepsilon_C$ = -0,479 ‰

b) Bestimmen Sie Richtung und Betrag der Hauptnormalspannungen.

c) Ermitteln Sie die Dickenänderung der Stahlplatte aufgrund der Beanspruchung gemäß Aufgabenteil a).

d) Berechnen Sie die Sicherheit gegen Fließen ($S_F$). Ist die Sicherheit ausreichend ?

## Aufgabe 6.6

Im Rahmen einer experimentellen Spannungsanalyse wurde am Übergang zwischen Zylinder und Stutzen eines Druckbehälters aus der Stahlsorte 36CrNiMo4 ($R_m$ = 1150 N/mm$^2$; $R_{p0,2}$ = 850 N/mm$^2$; $E$ = 210000 N/mm$^2$; $\mu$ = 0,30) die folgenden Dehnungen gemessen:

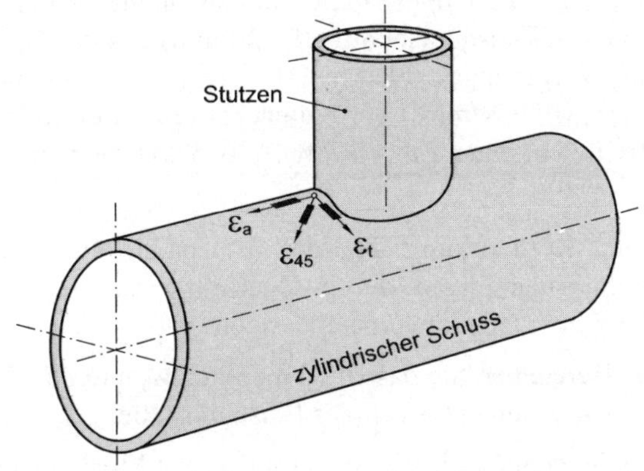


$\varepsilon_t$ = 0,900 ‰
$\varepsilon_a$ = -0,500 ‰
$\varepsilon_{45}$ = 0,840 ‰

a) Berechnen Sie mit Hilfe der gemessenen Dehnungen die Hauptdehnungen $\varepsilon_{H1}$ und $\varepsilon_{H2}$ sowie die Hauptnormalspannungen $\sigma_{H1}$ und $\sigma_{H2}$. Ermitteln Sie außerdem die Winkel der Hauptdehnungen bzw. Hauptnormalspannungen zur Behälterlängsachse (Axialrichtung).

b) Berechnen Sie an der Messstelle die Vergleichsspannung nach der Gestaltänderungsenergiehypothese (GEH).

c) Ermitteln Sie für die Stutzenabzweigung die Sicherheit gegen Fließen. Ist die Sicherheit ausreichend ?

## Aufgabe 6.7

Zur Überprüfung der Belastung eines Zugankers mit Vollkreisquerschnitt (∅ 30mm) aus der Vergütungsstahlsorte 30CrNiMo8 wird ein Dehnungsmessstreifen appliziert. Versehentlich wird der Dehnungsmessstreifen schräg ($\alpha$ =15°) zur Längsachse angebracht (siehe Abbildung).

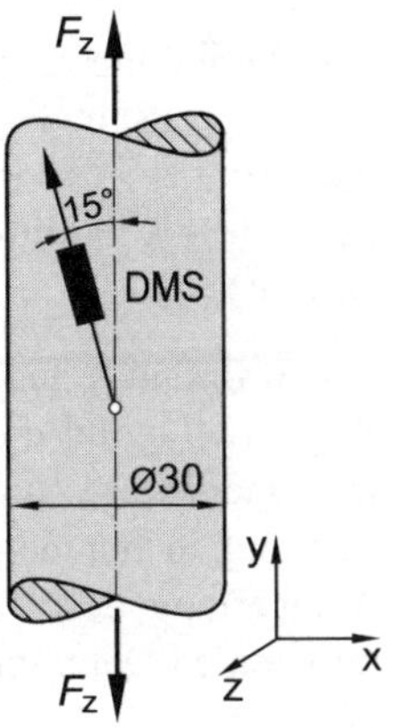


Werkstoffkennwerte 30CrNiMo8:

$R_{p0,2}$ = 1020 N/mm$^2$
$R_m$ = 1390 N/mm$^2$
$E$ = 204000 N/mm$^2$
$\mu$ = 0,30

a) Berechnen Sie für eine Zugkraft von $F_1$ = 320 kN die Dehnungsanzeige ($\varepsilon_{DMS}$).

b) Bestimmen Sie die Zugkraft $F_2$ bei einer Dehnungsanzeige von $\varepsilon_{DMS}$ = 3,000 ‰.

c) Ermitteln Sie die Zugkraft $F_3$ bei Fließbeginn des Zugankers sowie die zugehörige Anzeige des Dehnungsmessstreifens.

## Aufgabe 6.8

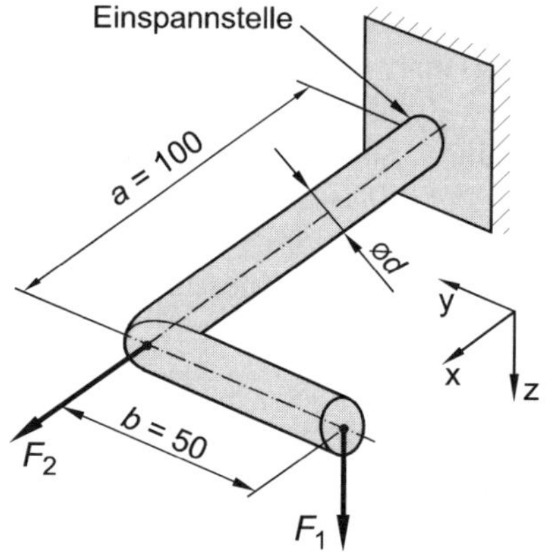


Ein einseitig eingespannter, abgewinkelter Rundstab mit Vollkreisquerschnitt ($d$ = 30 mm) aus der legierten Vergütungsstahlsorte 41Cr4 ($R_{p0,2}$ = 780 N/mm$^2$, $R_m$ = 1050 N/mm$^2$) wird zunächst nur durch die statisch wirkende Einzelkraft $F_1$ = 5 kN beansprucht ($F_2 = 0$).

Die Kerbwirkung an der Einspannstelle sowie Schubspannungen durch Querkräfte sind für alle Aufgabenteile zu vernachlässigen.

a) Berechnen Sie das Biegemoment $M_b$ und das Torsionsmoment $M_t$ an der Einspannstelle.

b) Berechnen Sie die Sicherheit gegen Fließen an der Einspannstelle. Ist die Sicherheit ausreichend ?

c) Berechnen Sie die zusätzliche, statisch wirkenden Kraft $F_2$, die zu einem Bruch des Stabes an der Einspannstelle führt.

Bei einer preisgünstigeren Ausführung wurde für den gebogenen Rundstab der Baustahl S235JR ($R_e$ = 245 N/mm$^2$; $R_m$ = 440 N/mm$^2$) verwendet.

d) Berechnen Sie den Durchmesser $d$ so, dass bei ansonsten gleichen Abmessungen, die Kraft $F_1$ = 5 kN mit Sicherheit ($S_B$ = 2) aufgenommen werden kann, d. h. kein Bruch eintritt. Die Kraft $F_2$ soll nicht mehr wirken ($F_2 = 0$).

## Aufgabe 6.9

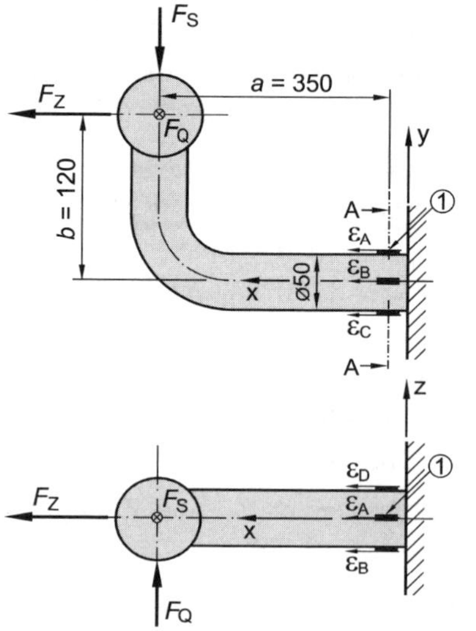


Die Abbildung zeigt eine Anhängerkupplung für Kraftfahrzeuge (Seitenansicht und Draufsicht) mit Vollkreisquerschnitt aus der Vergütungsstahlsorte 34CrMo4 ($R_{p0,2}$ = 800 N/mm$^2$; $R_m$ = 1080 N/mm$^2$; $E$ = 210000 N/mm$^2$).

Um während eines Fahrversuchs die Stützkraft $F_S$, die Zugkraft $F_Z$ und die Querkraft $F_Q$ zu ermitteln, wurden im Querschnitt A-A Dehnungsmessstreifen in Achsrichtung in der dargestellten Weise appliziert. Bei der Auswertung des Versuchs ergaben sich die folgenden maximalen Dehnungswerte:

DMS A: $\varepsilon_A$ = 2,2312 ‰
DMS B: $\varepsilon_B$ = 0,7761 ‰
DMS C: $\varepsilon_C$ = -2,0372 ‰
DMS D: $\varepsilon_D$ = -0,5821 ‰

Die Kerbwirkung an der Einspannstelle sowie eine Schubbeanspruchung aus $F_S$ und $F_Q$ sind zu vernachlässigen.

a) Berechnen Sie die Zugkraft $F_Z$.

b) Berechnen Sie die Stützkraft $F_S$.

c) Berechnen Sie die Querkraft $F_Q$.

d) Für einen Sicherheitsnachweis an der Stelle 1 (bei DMS A, siehe Abbildung) im Querschnitt A-A werden die folgenden statisch wirkenden Kräfte angenommen:

$F_S = 2$ kN
$F_Z = 40$ kN
$F_Q = 5$ kN

Ermitteln Sie für die Stelle 1 die Sicherheiten gegen Fließen und Bruch.

## Aufgabe 6.10

Zwei identische Stäbe mit Vollkreisquerschnitt werden mit einem stetig zunehmenden Torsionsmoment $M_t$ bis zum Bruch belastet. Der linke Stab wurde aus dem unlegierten Baustahl S275JR gefertigt, der rechte Stab hingegen aus der Graugusssorte EN-GJL-250.

Zeichnen Sie den zu erwartenden Bruchverlauf in die Abbildung ein und erklären Sie mit Hilfe des Mohr'schen Spannungskreises und der in Betracht kommenden Festigkeitshypothese die unterschiedlichen Bruchformen.

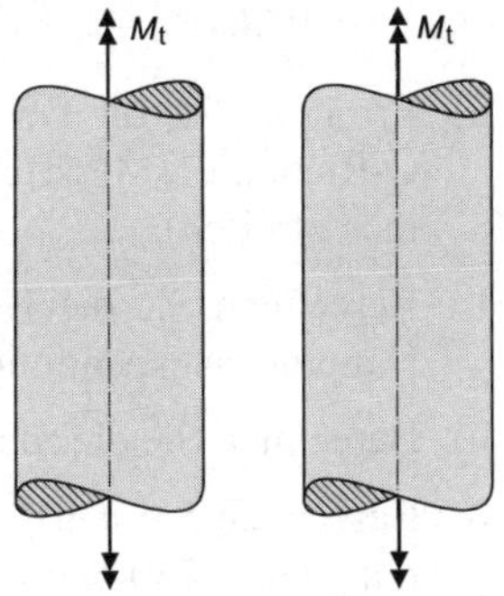


## Aufgabe 6.11

Der dargestellte Winkelhebel mit Vollkreisquerschnitt ($d$ = 50 mm) aus dem Vergütungsstahl C45E wird durch die senkrecht wirkende Kraft $F$ = 10 kN statisch beansprucht.

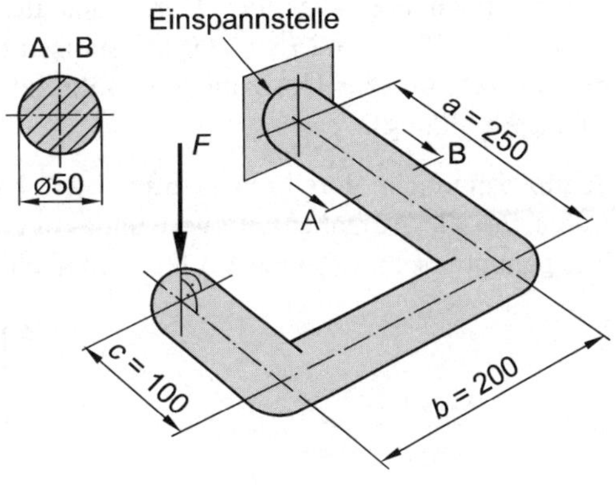


Werkstoffkennwerte C45E (vergütet):

$R_{p0,2} = 460$ N/mm$^2$
$R_m = 750$ N/mm$^2$
$E = 209000$ N/mm$^2$
$\mu = 0{,}30$

Berechnen Sie die Sicherheit gegen Fließen ($S_F$) an der Einspannstelle. Ist die Sicherheit ausreichend ?

Die Kerbwirkung an der Einspannstelle sowie Schubspannungen durch Querkräfte können vernachlässigt werden. Alle Maßangaben in mm.

## Aufgabe 6.12

An einem plattenförmigen Bauteil aus Werkstoff C60E wurde für eine experimentelle Spannungsanalyse eine 0°-120°-240° DMS-Rosette appliziert, deren A-Richtung mit der x-Richtung einen Winkel von 30° einschließt. Unter Belastung wirken am Bauteil die folgenden Spannungen (Vorzeichen für Schubspannung gemäß spezieller Vorzeichenregelung):

$\sigma_x = 250\ \text{N/mm}^2$
$\sigma_y = 130\ \text{N/mm}^2$
$\tau_{xy} = 150\ \text{N/mm}^2$

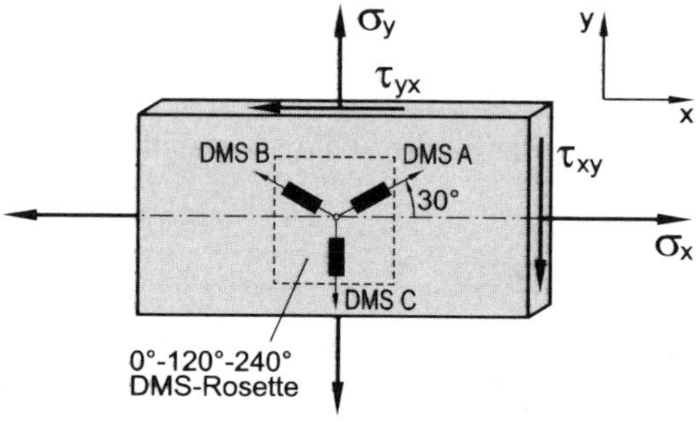


Werkstoffkennwerte C60E:

$R_{p0,2} = 570\ \text{N/mm}^2$
$R_m = 780\ \text{N/mm}^2$
$E = 210000\ \text{N/mm}^2$
$\mu = 0{,}30$

a) Ermitteln Sie die Dehnungen in A-, B- und C-Richtung (Messrichtung der Dehnungsmessstreifen).

b) Berechnen Sie die Hauptnormalspannungen $\sigma_{H1}$ und $\sigma_{H2}$. Welchen Winkel schließen die Hauptnormalspannungen zur $x$-Richtung ein ?

c) Berechnen Sie die Sicherheit der Stahlplatte gegen Fließen. Ist die Sicherheit ausreichend ?

d) Berechnen Sie den Betrag der Schubspannung $\tau_{xy}$, die bei gleich bleibender Normalspannung ($\sigma_x = 250\ \text{N/mm}^2$ und $\sigma_y = 130\ \text{N/mm}^2$) zu einem Fließen der Stahlplatte führt.

## Aufgabe 6.13

Ein zweifach abgewinkelter Hebel aus dem Vergütungsstahl 30CrNiMo8 wird durch die Kräfte $F_1 = 25$ kN und $F_2 = 200$ kN statisch beansprucht. Die Kraft $F_1$ wirkt unter einem Winkel von $\alpha = 60°$ zur Horizontalen, während die Kraft $F_2$ in Achsrichtung (x-Richtung) wirkt (siehe Abbildung).

Schubspannungen durch Querkräfte sowie Kerbwirkung im Bereich des Einspannquerschnitts sollen für alle Aufgabenteile vernachlässigt werden. Der Winkelhebel besitzt im Bereich des Einspannquerschnitts einen Vollkreisquerschnitt (∅ 50 mm).

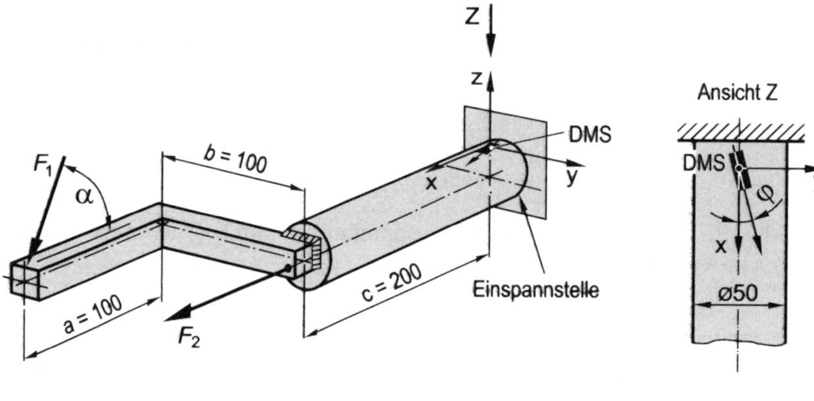

Werkstoffkennwerte 30CrNiMo8 (vergütet):

$R_{p0,2}$ = 10500 N/mm$^2$
$R_m$ = 1420 N/mm$^2$
$E$ = 209000 N/mm$^2$
$\mu$ = 0,30

a) Ermitteln Sie die Lastspannungen im Bereich des Einspannquerschnitts ($x = 0$).

b) Berechnen Sie die Sicherheit gegen Fließen ($S_F$) an der höchst beanspruchten Stelle des Einspannquerschnitts. Ist die Sicherheit ausreichend ?

Zur Kontrolle der Beanspruchung wird auf der Oberseite des Hebels im Bereich des Einspannquerschnitts (x = 0) ein Dehnungsmessstreifen (DMS) appliziert. Infolge einer Fertigungsungenauigkeit schließt die Messrichtung des DMS mit der Längsachse des Hebels (x-Achse) einen Winkel von $\varphi = 15°$ ein (siehe Abbildung).

c) Berechnen Sie die Anzeige des Dehnungsmessstreifens für die gleichzeitige statische Belastung aus $F_1$ = 25 kN und $F_2$ = 200 kN.

# 7 Kerbwirkung

In den vorangegangenen Kapiteln wurden homogene Bauteile mit konstanten Querschnittsabmessungen betrachtet. Derartige (ungekerbte) Bauteile kommen jedoch in der Technik kaum vor. Aufgrund konstruktiver Gegebenheiten (Veränderung der Querschnittsabmessungen) aber auch bedingt durch Fertigungsfehler kann lokal die Spannung überhöht, ungünstige (mehrachsige Spannungszustände) erzeugt und damit ein vorzeitiges Materialversagen begünstigt werden.

## 7.1 Technische Kerben

Technische Bauteile weisen stets Stellen mit einer mehr oder weniger abrupten Veränderung der inneren oder äußeren Kontur auf (Bild 7.1), die zu einer Störung des „Kraftflusses" führen (Bild 7.2). Diese Stellen sollen im folgenden als **technische Kerben** bezeichnet werden.

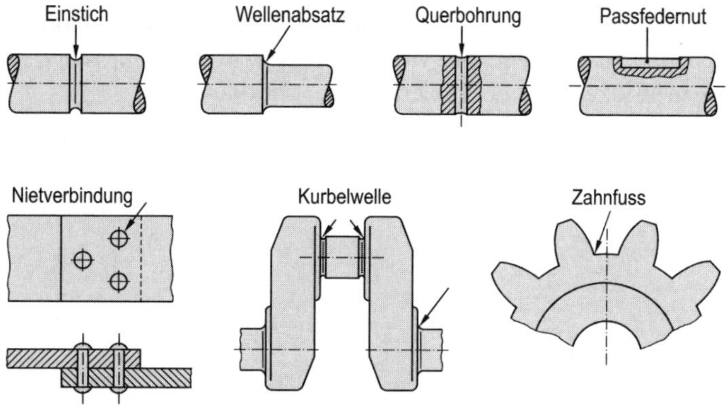


**Bild 7.1** Bauteile mit technischen Kerben (Beispiele)

Technische Kerben sind nicht nur konstruktiv bedingt, auch innere Fehlstellen (z. B. Einschlüsse) oder Fügestellen (z. B. Schweißnähte) können im Sinne technischer Kerben wirken (Tabelle 7.1). Wie später noch eingehender gezeigt wird, geht das Versagen eines Bauteils unter statischer und insbesondere zeitlich veränderlicher Beanspruchung häufig von derartigen Kerbstellen aus, da in ihrer Umgebung der Werkstoff besonders hoch und ungünstig (mehrachsig) beansprucht wird (Kapitel 13.2). Die einen Bruch begünstigende Wirkungsweise technischer Kerben bezeichnet man als **Kerbwirkung**.

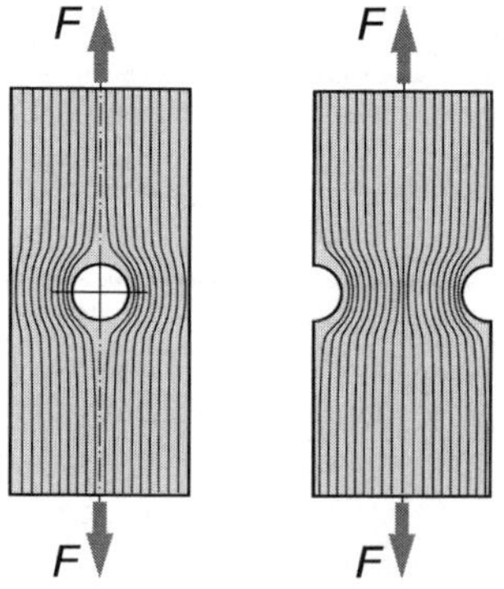


**Bild 7.2** Störung des „Kraftflusses" durch technische Kerben (Stromlinienanalogie)

**Tabelle 7.1:** Beispiele für technische Kerben

| Kerbart | Beispiel |
|---|---|
| Konstruktive Kerben | • Querbohrungen<br>• Einstiche<br>• Gewinde<br>• Querschnittsveränderungen |
| Fügestellen | • Schweißnähte<br>• Lötverbindungen<br>• Nietverbindungen |
| Innere Fehlstellen | • Poren<br>• Einschlüsse<br>• Risse |

## 7.2 Auswirkung technischer Kerben

Kerbwirkung kann auf unterschiedliche Weise hervorgerufen werden. Im Einzelnen sind dies:

- **Verminderung der tragenden Querschnittsfläche** und damit Erhöhung der (Nenn-)Spannung (Bild 7.3a).
- **Spannungsüberhöhung im Kerbgrund**. Durch eine Kerbe wird der „Kraftfluss" gestört (Bild 7.2). In Analogie zur Erhöhung der Strömungsgeschwindigkeit eines von einer inkompressiblen Flüssigkeit durchströmten Kanals, wird auch die Spannung im Kerbgrund überhöht. Die Spannungsüberhöhung ist umso ausgeprägter, je geringer der Kerbradius und je tiefer die Kerbe ist. Da sich im Bauteil unmittelbar hinter der Kerbstelle, im **Kerbgrund** also, eine mehr oder weniger ausgeprägte Spannungsüberhöhung einstellt, muss wegen $\int \sigma \cdot dA = F$ die Spannung im Inneren des Bauteils unter die Nennspannung absinken, d. h. es stellt sich ein von Belastungsart und Bauteilgeometrie abhängiger Spannungsverlauf ein (Bild 7.3b).
- **Ausbildung eines mehrachsigen Spannungszustandes**. Kerben behindern die freie Verformung des Werkstoffs. Infolge dieser Querdehnungsbehinderung bildet sich ein mehrachsiger Spannungszustand aus. Neben einer Längsspannung treten nunmehr weitere Spannungskomponenten (z. B. Normalspannungen in radialer und tangentialer Richtung) auf, die zusätzlich zur Längsspannung wirken (Bild 7.3c).
- **Ausbildung von Sekundärspannungen** bei unsymmetrischer Lage der Kerbstelle in Bezug auf den ungestörten Querschnitt (z. B. einseitige Lage der Kerbe). Hierbei fällt die Wirkungslinie der Kraft nicht mehr mit dem Flächenschwerpunkt *S* zusammen (Exzentrizität *e*). Es entsteht ein Biegemoment und demzufolge Biegespannungen, die sich der Nennspannung linear überlagern (Bild 7.3d).

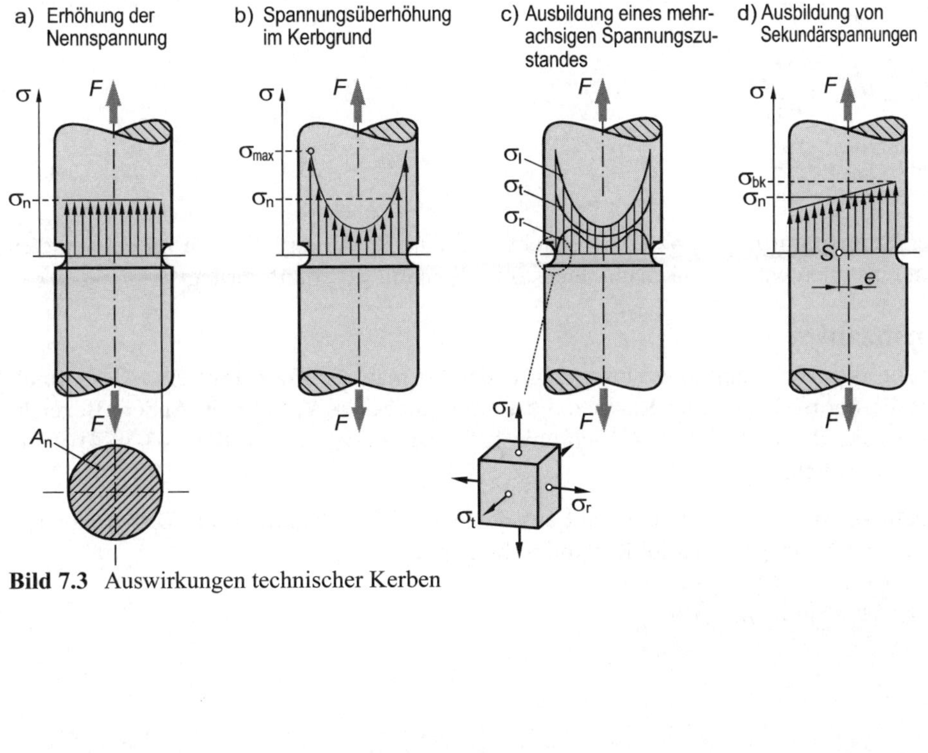


**Bild 7.3** Auswirkungen technischer Kerben

## 7.3 Nennspannung und Formzahl

In Kapitel 7.2 wurden vier wesentliche, die Kerbwirkung beeinflussenden Faktoren genannt. Bei Festigkeitsnachweisen ist es in der Regel nur erforderlich, die Nennspannung (Bild 7.3a) sowie die Spannungsüberhöhung im Kerbgrund (Bild 7.3b) zu berücksichtigen. Die Ausbildung eines mehrachsigen Spannungszustandes (Bild 7.3c) sowie die Auswirkung von Sekundärspannungen (Bild 7.3d) können im Hinblick auf den Berechnungsaufwand in der Regel vernachlässigt werden, ohne das Ergebnis wesentlich zu verfälschen bzw. sind mitunter durch die gewählten Sicherheitsfaktoren bereits berücksichtigt. Die nachfolgenden Ausführungen sollen sich daher auf die Ermittlung der Nennspannung ($\sigma_n$) sowie der maximalen Spannung ($\sigma_{max}$) im Kerbgrund beschränken.

### 7.3.1 Nennspannung

In geraden, prismatischen bzw. runden Bauteilen wie Stäben, Balken oder Wellen stellt sich bei einer Beanspruchung entsprechend den Grundbelastungsarten ein über die Querschnittsfläche konstanter Spannungsverlauf ein (Zug oder Druck) oder die Spannung nimmt ausgehend von der neutralen Faser (Biegung) bzw. der Drehachse (Torsion) zu den höchst beanspruchten Randfasern hin linear zu bzw. ab. Die entsprechenden Nennspannungen $\sigma_n$ erhält man entsprechend Kapitel 2 nach den folgenden Grundgleichungen:

Zug: $$\sigma_n = \frac{F}{A_n} \tag{7.1}$$

Druck: $$\sigma_{dn} = \frac{F_d}{A_n} \tag{7.2}$$

Schub: $$\tau_{an} = \frac{F_a}{A_n} \tag{7.3}$$

Biegung: $$\sigma_{bn} = \frac{M_b}{W_{bn}} \tag{7.4}$$

Torsion: $$\tau_{tn} = \frac{M_t}{W_{tn}} \tag{7.5}$$

Unter einer **Nennspannung** $\sigma_n$ bzw. $\tau_n$ versteht man eine Spannung, die sich im betrachteten Querschnitt einstellen würde, sofern ein ungestörter Spannungsverlauf vorliegt.

### 7.3.2 Formzahl

Zur Erfassung der Spannungsspitze im Kerbgrund führt man die **Formzahl** ein. Als Formelzeichen für die Formzahl wird im Rahmen dieses Lehrbuches $\alpha_k$ verwendet. Andere Bezeichnungen, wie zum Beispiel $K_t$ (FKM-Richtlinie [2]) oder $\alpha_\sigma$ bzw. $\alpha_\tau$ (DIN 743-1 [4]), sind ebenfalls gebräuchlich.

Die Formzahl $\alpha_k$ ist definiert als Quotient aus der maximalen Spannung im Kerbgrund $\sigma_{max}$ bzw. $\tau_{max}$ und der Nennspannung im Kerbquerschnitt $\sigma_n$ bzw. $\tau_n$:

$$\alpha_k = \frac{\sigma_{max}}{\sigma_n} \text{ bzw. } \alpha_k = \frac{\tau_{max}}{\tau_n} \tag{7.6}$$

Die Formzahl ist also ein dimensionsloser Faktor und kennzeichnet die Überhöhung der Nennspannung.

Unter der Voraussetzung einer elastischen Beanspruchung, also $\sigma_{max} < R_e$ bzw. $\sigma_{max} < R_{p0,2}$ ist die Formzahl im Wesentlichen abhängig von der Geometrie der Kerbe und des Bauteils sowie von der Belastungsart (Zug, Druck, Biegung, Torsion). Bei gleicher Geometrie von Kerbe und Bauteil wird die Nennspannung durch eine Zugbeanspruchung stärker überhöht im Vergleich zu einer Biegebeanspruchung. Torsion führt in der Regel zur geringsten Überhöhung der Nennspannung, d. h. es gilt: $\alpha_{kz} > \alpha_{kb} > \alpha_{kt}$.

Im Kerbgrund treten mehrachsige Spannungszustände auf, so dass nicht nur eine Überhöhung der Längsspannung stattfindet, sondern auch der Einfluss einer Umfangs- und Radialspannung berücksichtigt werden müsste (Bild 7.3c). Da die Berechnung dieser Spannungskomponenten schwierig ist und das Ergebnis dadurch nur unwesentlich verändert wird, kann ihr Einfluss, zumindest bei zähen Werkstoffen, vernachlässigt werden. Man macht dabei lediglich einen Fehler zur sicheren Seite hin. Bei spröden Werkstoffen wird hingegen die tatsächliche Beanspruchung unterschätzt. Dennoch können aufgrund ihres geringen Einflusses die Umfangs- und Radialspannungen auch in diesem Fall häufig vernachlässigt werden.

### 7.3.3 Ermittlung von Formzahlen

Um die Formzahl $\alpha_k$ zu ermitteln, muss nach Gleichung (7.6) die maximale Spannung $\sigma_{max}$ oder $\tau_{max}$ errechnet und auf die Nennspannung $\sigma_n$ bzw. $\tau_n$ bezogen werden. Dies kann auf unterschiedliche Weise erfolgen:

1. **Ermittlung einer geschlossenen Lösung:**
   Die Ermittlung einer geschlossenen Lösung, also eines formelmäßigen Zusammenhangs zwischen $\alpha_k$ und den geometrischen Kenngrößen des Bauteils gelingt nur für relativ einfache Geometrien, wie zum Beispiel eine abgesetzte Welle (siehe auch Anhang 4).

2. **Numerische Lösung:**
   Für die meisten technischen Kerbfälle können keine geschlossenen Lösungen für die Formzahl $\alpha_k$ formuliert werden, so dass numerische Näherungslösungen herangezogen werden müssen. Viele numerischen Rechenverfahren basieren dabei auf der **Finite-Elemente-Methode (FEM)**.

3. **Experimentelle Methoden:**
   Die Formzahl $\alpha_k$ kann auch experimentell ermittelt werden. Hierzu bedient man sich häufig der **Spannungsoptik** oder der **DMS-Technik** (siehe zum Beispiel Aufgabe 7.2 und 7.3).

## 7.3.4 Formzahldiagramme

Für praktische Anwendungen stehen die nach einem der vorgenannten Verfahren ermittelten Formzahlen in Form von Gleichungen oder Diagrammen, den **Formzahldiagrammen**, zur Verfügung. Aus den Formzahldiagrammen lassen sich in Abhängigkeit von Geometrie und Belastungsart die Formzahlen ablesen. Bild 7.4 zeigt beispielhaft ein Formzahldiagramm für einen Rundstab mit Umdrehungskerbe unter Zug- oder Druckbeanspruchung. Weitere Formzahldiagramme technisch wichtiger Kerbfälle finden sich im Anhang 3 sowie in einer Vielzahl von Fachbüchern und Richtlinien wie zum Beispiel [2; 4 bis 8]:

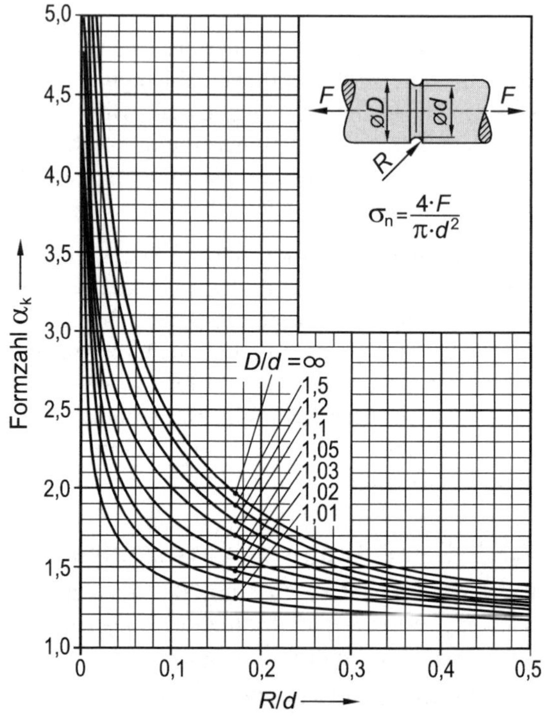


**Bild 7.4** Formzahldiagramm am Beispiel eines auf Zug beanspruchten Rundstabes mit Umdrehungskerbe (Einstich)

- Rechnerischer Festigkeitsnachweis für Maschinenbauteile aus Stahl, Eisenguss und Aluminiumwerkstoffen
  Hrsg: Forschungskuratorium Maschinenbau (FKM)
  VDMA-Verlag, 5. Auflage 2003
- *DIN 743:*
  Tragfähigkeitsberechnung von Wellen und Achsen. Teil 2: Formzahlen und Kerbwirkungszahlen
- *Wellinger, K.; H. Dietmann:*
  Festigkeitsberechnung - Grundlagen und technische Anwendung
  Kröner-Verlag, 3. Auflage 1976
- *Pilkey, W.D.:*
  Peterson's Stress Concentration Factors
  John Wiley & Sons, 2nd Edition 1997
- *Young, W.C.; R.G. Budynas:*
  *Roark's Formulas for Stress and Strain*;
  McGraw-Hill, 7th Edition 2002
- *Muhs, D.; H. Wittel, D. Jannasch, J. Voßiek:*
  Roloff/Matek Maschinenelemente. Normung, Berechnung, Gestaltung
  Lehr- und Tabellenbuch
  Vieweg-Verlag, 17. Auflage 2005

## 7.4 Kerbwirkung und Bauteilverhalten

Kerben beeinflussen das Bauteilverhalten in entscheidender Weise. Nachfolgend werden die Auswirkungen von Kerben für duktile und für spröde Werkstoffe untersucht und Festigkeitsbedingungen für gekerbte Bauteile aufgestellt. Die nachfolgenden Aussagen gelten sinngemäß auch unter der Wirkung von Schubspannungen, falls die Normalspannung ($\sigma$) durch die Schubspannung ($\tau$) ersetzt und die Werkstoffkennwerte entsprechend der Belastungsart verwendet werden.

### 7.4.1 Kerbwirkung bei spröden Werkstoffen

Spröde Werkstoffe verhalten sich mehr oder weniger elastisch bis zum Bruch. Erreicht die maximale Spannung die Zugfestigkeit $R_m$ des Werkstoffs, dann entsteht im Kerbgrund ein Riss. Hierdurch wird nicht nur die tragende Querschnittsfläche geschwächt, sondern auch die Kerbwirkung deutlich verschärft, da die Formzahl an der Rissspitze sehr hohe Werte annehmen kann ($\alpha_k > 20$). Die Folge ist eine rasche Rissausbreitung, die zu einem katastrophalen Bruch führen kann.

Mit dem Versagen (Bruch) eines gekerbten Bauteils aus einem spröden Werkstoff ist zu rechnen, sobald gilt:

$$\sigma_{max} = R_m \tag{7.7}$$

Um einen Bruch mit Sicherheit auszuschließen, muss demzufolge gelten ($\sigma_{zul}$ = zulässige Spannung):

$$\sigma_{max} \leq \sigma_{zul}$$

$$\sigma_n \cdot \alpha_k \leq \frac{R_m}{S_B}$$

$$\sigma_n \leq \frac{R_m}{\alpha_k \cdot S_B} \quad \text{Festigkeitsbedingung gekerbter Bauteile aus spröden Werkstoffen} \tag{7.8}$$

### 7.4.2 Kerbwirkung bei duktilen Werkstoffen

Wird ein gekerbtes Bauteil aus einem duktilen Werkstoff beansprucht (in Bild 7.5 beispielsweise ein durch die Zugkraft $F$ beanspruchter Flachstab), dann verformt sich das Bauteil zunächst elastisch. Der Zusammenhang zwischen der äußeren Beanspruchung (hier: Zugkraft $F$) und der Dehnung $\varepsilon_{max}$ an der höchst beanspruchten Stelle (im Kerbgrund) stellt sich zunächst als Gerade dar (OA in Bild 7.5). Plastische Verformung (Fließen) setzt ein, sobald die Spannungsspitze ($\sigma_{max}$) die Streck- bzw. Dehngrenze ($R_e$ bzw. $R_{p0,2}$) erreicht:

$$\sigma_{max} = R_e \tag{7.9}$$

$$\sigma_n \cdot \alpha_k = R_e$$

$$\frac{F_F}{A_n} \cdot \alpha_k = R_e$$

$$F_F = \frac{R_e}{\alpha_k} \cdot A_n \quad \text{Äußere Beanspruchung bei Fließbeginn eines gekerbten Bauteils} \tag{7.10}$$

Die Beanspruchbarkeit eines gekerbten Bauteils (hier durch die Zugkraft $F$) ist also um den Betrag der Formzahl $\alpha_k$ niedriger im Vergleich zu einem ungekerbten Bauteil.

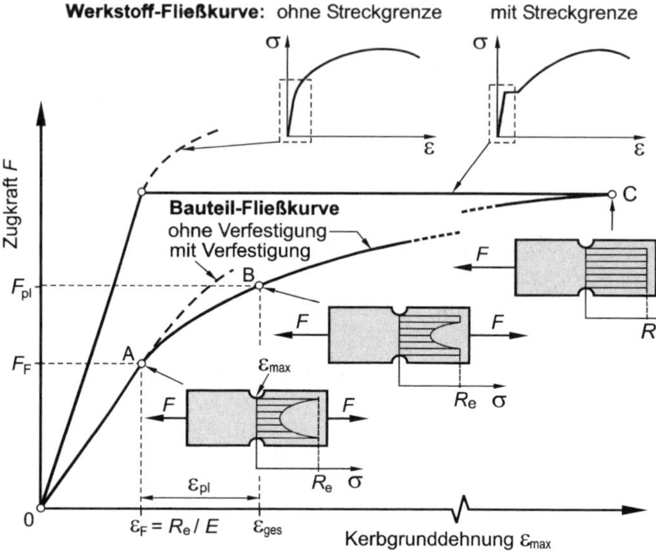


**Bild 7.5** Werkstoff- und Bauteilfließkurven

Nimmt die äußere Beanspruchung weiter zu, dann beginnt der Kerbgrund zu plastifizieren. Die plastischen Verformungen breiten sich mit zunehmender Beanspruchung in das Innere des Bauteils aus. Da anfänglich größere Bereiche der tragenden Querschnittsfläche noch elastisch beansprucht sind, kann die äußere Belastung (z. B. die Zugkraft $F$) weiter gesteigert werden. Hierbei nimmt jedoch die Kerbgrunddehnung $\varepsilon_{max}$ rascher zu, da die plastifizierten Bereiche, unter der Voraussetzung eines linear-elastisch idealplastischen Werkstoffverhaltens, keine weitere Lastaufnahme mehr ermöglichen. Aufgrund des stoffschlüssigen Zusammenhanges übt der elastische Kern eine **Stützwirkung** auf die bereits plastifizierten Randfasern aus, so dass die äußere Beanspruchung weiter gesteigert werden kann (in Bild 7.5 über $F_F$ hinaus). Die Bauteilfließkurve weicht daher zunehmend vom linearen Verlauf ab (Kurvenzug A-B-C in Bild 7.5). Ausgehend vom Kerbgrund bereiten sich die plastischen Zonen so weit aus, bis die gesamte Querschnittsfläche plastisch ist d. h. der **vollplastische Zustand** erreicht wird (Punkt C in Bild 7.5).

Bei der Auslegung gekerbter Bauteile ist es üblich, örtliche plastische Verformungen zuzulassen, um den Werkstoff besser auszunutzen. Das Bauteil wird also nicht gegen Fließbeginn, sondern gegen ein vorgegebenes Maß an plastischer Verformung ausgelegt. Die Größe der zugestandenen plastischen Dehnung $\varepsilon_{pl}$ richtet sich im Wesentlichen nach der Verformungsfähigkeit des eingesetzten Werkstoffs. Häufig geht man dabei von einem festen Betrag der Gesamtdehnung $\varepsilon_{ges}$ (Kerbgrunddehnung) aus, weil das plastische Formänderungsvermögen der Metalle mit zunehmender Streck- bzw. Dehngrenze abnimmt. Bei Werkstoffen mit hoher Streck- bzw. Dehngrenze erhält man wegen $\varepsilon_{pl} = \varepsilon_{ges} - \varepsilon_F = \varepsilon_{ges} - R_e/E$ (bzw. $\varepsilon_{pl} = \varepsilon_{ges} - R_{p0,2}/E$) eine geringere plastische Dehnung (Bild 7.5). Für ferritisch-perlitische Stähle hat sich eine Gesamtdehnung von $\varepsilon_{ges} = 0{,}5\%$ und für austenitische Stähle eine Gesamtdehnung von $\varepsilon_{ges} = 1{,}0\%$ als zweckmäßig erwiesen.

Bei der überelastischen Auslegung gekerbter Bauteile sollte jedoch stets beachtet werden, dass die zugestandene Kerbgrunddehnung nicht die Funktionsfähigkeit des Bauteils oder die Korrosionsanfälligkeit durch lokale Schädigung von Schutzschichten beeinträchtigt. Auch muss stets die Sicherheit gegen Bruch sowie ein eventuelles Versagen durch Werkstoffermüdung berücksichtigt werden.

Gibt man sich bei der Festigkeitsberechnung gekerbter Bauteile eine bestimmte Gesamtdehnung $\varepsilon_{ges}$ vor, dann wird die dadurch ermöglichte Steigerung der äußeren Belastung (in Bild 7.5 von $F_F$ auf $F_{pl}$) durch die **plastische Stützziffer** (oder **Stützzahl**) $n_{pl}$ gekennzeichnet. Es gilt definitionsgemäß:

$$n_{pl} = \frac{F_{pl}}{F_F}$$ **Definition der plastischen Stützziffer** (7.11)

Bei bekannter plastischer Stützziffer $n_{pl}$ kann aus Gleichung 7.11 die ertragbare Beanspruchung ($F_{pl}$) errechnet werden. In Gleichung 7.11 kann anstelle der Zugkraft $F$ auch eine andere äußere Belastung wie zum Beispiel das Biege- oder Torsionsmoment ($M_b$ oder $M_t$) oder der Innendruck ($p_i$) stehen.

Die Ermittlung der plastischen Stützziffer setzt die Kenntnis der **Bauteilfließkurve** voraus. Die nachfolgenden Ausführungen sollen ein linear-elastisch idealplastisches Werkstoffverhalten zugrunde legen d. h. der Werkstoff soll im Bereich der Kerbgrunddehnung nicht verfestigen. Dieses Verhalten findet sich annähernd bei Stählen mit ausgeprägter Streckgrenze (z. B. unlegierte Baustähle). Auf die Berechnung von Fließkurven gekerbter Bauteile mit einem durch Verfestigung gekennzeichneten Werkstoffverhalten (gestrichelte Kurve in Bild 7.5) soll im Rahmen dieses Buches verzichtet werden.

**Bauteilfließkurve**

Unter einer Bauteilfließkurve versteht man den Zusammenhang zwischen der Dehnung $\varepsilon_{ges}$ an der höchst beanspruchten Stelle (bei gekerbten Bauteilen die Kerbgrunddehnung) und der äußeren Beanspruchung (z. B. Kraft, Moment, Innendruck).

Im Falle eines linear-elastisch idealplastischen Werkstoffverhaltens d. h. bei Stählen mit ausgeprägter Streckgrenze, erhält man für die plastische Stützziffer die folgende Beziehung:

$$n_{pl} = \sqrt{\frac{\varepsilon_{ges}}{\varepsilon_F}}$$ **Plastische Stützziffer** (7.12)

bzw. da $\varepsilon_{ges} = \varepsilon_F + \varepsilon_{pl}$

$$n_{pl} = \sqrt{1 + \frac{\varepsilon_{pl}}{\varepsilon_F}} \qquad (7.13)$$

Die Gleichungen 7.12 bzw. 7.13 können auch als konservativer Näherungswert für Metalle ohne ausgeprägte Streckgrenze herangezogen werden.

## 7.5 Übungsaufgaben

### Aufgabe 7.1

Die Abbildung zeigt drei gekerbte Rundstäbe aus dem Vergütungsstahl 42CrMo4, die auf unterschiedliche Weise elastisch beansprucht werden ($F_z$ = 500 kN sowie $M_b$ = 2500 Nm und $M_t$ = 5000 Nm).

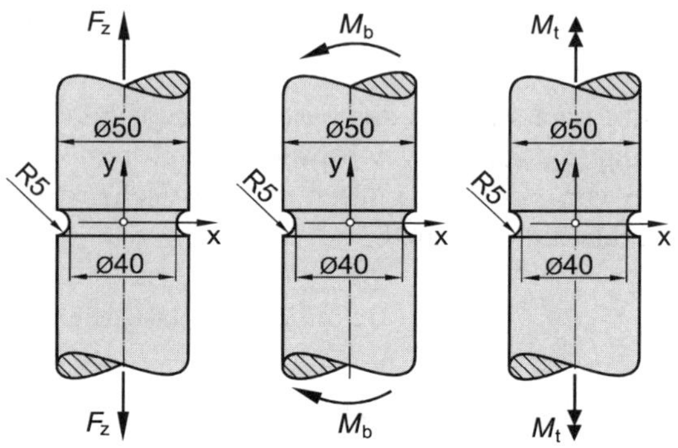


a) Ermitteln Sie die Formzahlen $\alpha_k$ für die drei Kerbstäbe mit Hilfe geeigneter Formzahldiagramme.

b) Berechnen Sie die Nennspannungen $\sigma_n$ und die maximalen Spannungen $\sigma_{max}$ und skizzieren Sie die jeweiligen Spannungsverläufe.

### Aufgabe 7.2

Ein mittig gelochter Flachstab aus Werkstoff 17MnMoV6-4 ($E$ = 203000 N/mm²) wird durch die statisch wirkende Zugkraft $F$ = 100 kN belastet. Im Kerbgrund wurde ein Dehnungsmessstreifen zur Ermittlung der Längsdehnung $\varepsilon_l$ appliziert (siehe Abbildung). Bei der Zugkraft von $F$ = 100 kN wird eine Längsdehnung von $\varepsilon_l$ = 1,00 ‰ gemessen.

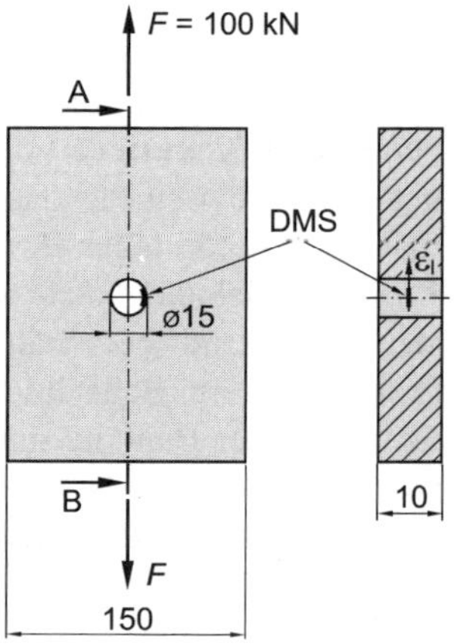


Berechnen Sie aus dem Messwert für die Dehnung die Formzahl $\alpha_k$ und überprüfen Sie das Ergebnis mit Hilfe eines geeigneten Formzahldiagrammes.

### Aufgabe 7.3

Ein Halteband aus unlegiertem Baustahl S275JR ($E$ = 210000 N/mm²; $R_e$ = 430 N/mm²) ist an seinem oberen Ende fest eingespannt und am unteren Ende durch die Kraft $F$ statisch belastet (siehe Abbildung). Bei der Kraft $F$ = 25 kN wurde an der höchst beanspruchten Stelle $A$ in Längsrichtung die Dehnung $\varepsilon_l$ = 1,042 ‰ gemessen.

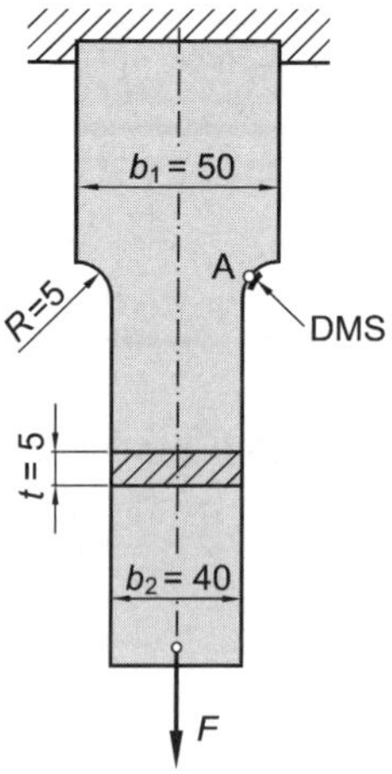


a) Berechnen Sie die Formzahl $\alpha_k$.

b) Ermitteln Sie die Sicherheit gegen Fließen.

c) Berechnen Sie die Zugkraft $F_F$, die zum Fließen des Bandes führt.

Um den Werkstoff besser auszunutzen, soll an der höchst beanspruchten Stelle des Haltebandes (im Kerbgrund) eine Gesamtdehnung von $\varepsilon_{ges}$ = 0,30 % zugelassen werden.

d) Mit welcher Kraft $F_{pl}$ kann das Halteband dann beansprucht werden (linear-elastisch idealplastisches Werkstoffverhalten) ?

e) Berechnen Sie die Kraft $F_{vpl}$, die zum vollplastischen Zustand des Haltebandes führt.

## Aufgabe 7.4

Der Deckel eines Druckbehälters ist mit Hilfe von Dehnschrauben (S) aus Vergütungsstahl C45E ($R_{p0,2}$ = 490 N/mm$^2$; $R_m$ = 710 N/mm$^2$; $E$ = 210000 N/mm$^2$) und Hülsen (H) aus unlegiertem Baustahl S275JR ($R_e$ = 260 N/mm$^2$; $R_m$ = 420 N/mm$^2$; $E$ = 210000 N/mm$^2$) befestigt (siehe Abbildung).

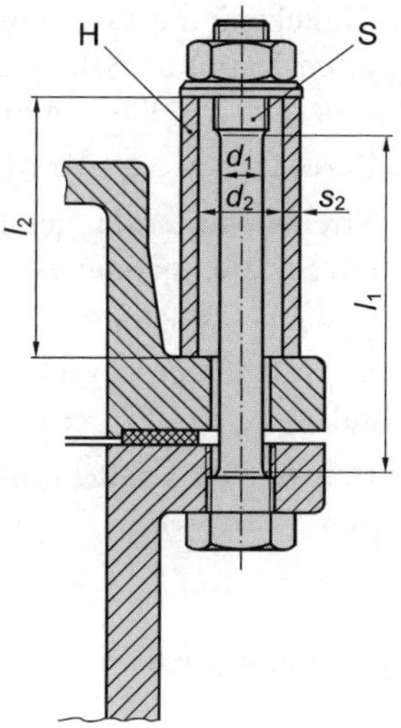


Schraube: $d_1$ = 12 mm
$l_1$ = 128 mm

Hülse: $d_2$ = 24 mm
$s_2$ = 3 mm
$l_2$ = 84 mm

a) Im drucklosen Zustand wird jede Schraube mit einer statischen Zugkraft von $F_V$ = 24 kN vorgespannt.
   - Berechnen Sie die Längenänderung der Schraube sowie die Höhenänderung der Hülse.
   - Führt eine Steigerung der Vorspannkraft $F_V$ zuerst zu plastischen Verformungen in der Hülse oder in der Schraube ?

b) Während des Anziehens wird zusätzlich zu der als konstant anzunehmenden Vorspannkraft $F_V$ = 24 kN infolge Reibung noch ein Torsionsmoment $M_t$ auf die Schrauben übertragen, das mit 40% des Anzugsmomentes $M_A$ anzunehmen ist. Berechnen Sie das maximal zulässige Anzugsmoment $M_A$, falls die Gesamtbeanspruchung der Schrauben auf 2/3 ihrer 0,2%-Dehngrenze $R_{p0,2}$ begrenzt werden muss.

Nach Druckaufbringung erhöht sich die Zugkraft auf $F_{ges}$ = 36,5 kN je Schraube. In die Hülse muss außerdem nachträglich eine Querbohrung von 4,5 mm Durchmesser eingebracht werden.

c) Überprüfen Sie, ob unter diesen Bedingungen noch ein sicherer Betrieb (Belastung durch $F_{ges}$) gewährleistet ist, falls lokale Dehnungen bis $\varepsilon_{ges}$ = 0,5 % als zulässig erachtet werden und eine Mindestsicherheit von $S_{pl}$ = 1,5 gefordert wird (das Torsionsmoment soll unberücksichtigt bleiben). Falls nein, auf welchen Wert muss dann die Schraubenkraft im Betrieb reduziert werden ?

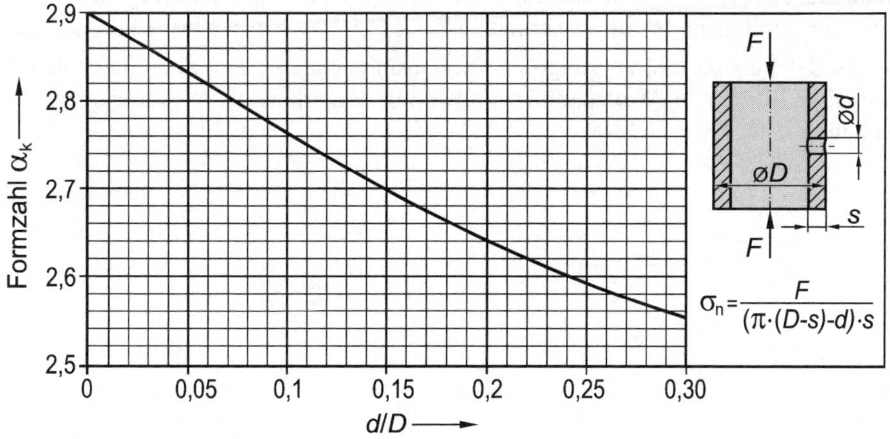

## Aufgabe 7.5

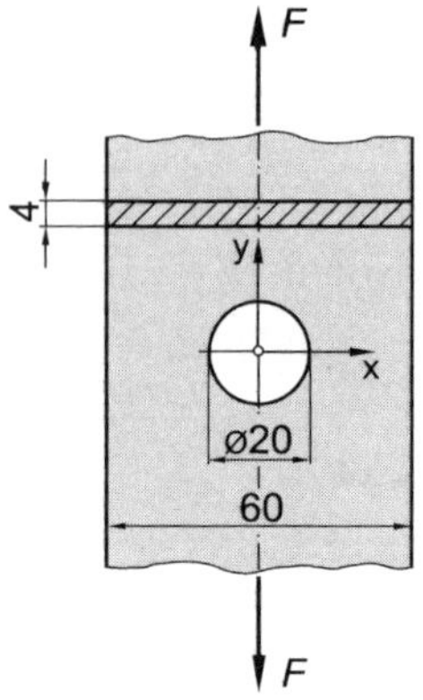


Ein Halteband mit Querbohrung ($d$ = 20 mm, $b$ = 60 mm) aus der unlegierten Vergütungsstahlsorte C45E wird durch die Kraft $F$ statisch belastet ($E$ = 210000 N/mm$^2$; $R_e$ = 490 N/mm$^2$; $R_m$ = 710 N/mm$^2$).

a) Berechnen Sie die Kraft $F_F$ bei Fließbeginn des Haltebandes.

b) Errechnen Sie die Nennspannung $\sigma_n$ bei Fließbeginn und skizzieren Sie die Spannungsverteilung.

c) Die Gesamtdehnung an der höchst beanspruchten Stelle soll auf $\varepsilon_{ges}$ = 0,5% beschränkt werden. Berechnen Sie für diesen Fall die zulässige Kraft $F_{zul}$ ($S_{pl}$ = 1,5).

d) Bei welcher Kraft $F_B$ ist mit dem Bruch des Haltebandes zu rechnen ?

## Aufgabe 7.6

Die dargestellte abgesetzte Welle aus Werkstoff 38Cr2 wird durch die statisch wirkende Kraft $F_Z$ und das statisch wirkende Torsionsmoment $M_t$ beansprucht. Zur Ermittlung der Belastung wurden außerdem in hinreichendem Abstand vom Wellenabsatz zwei Dehnungsmessstreifen (DMS) in der dargestellten Weise appliziert. Die beiden Dehnungsmessstreifen stehen senkrecht zueinander.

Werkstoffkennwerte 38Cr2:

$R_{p0,2}$ = 510 N/mm$^2$
$R_m$ = 760 N/mm$^2$
$E$ = 210000 N/mm$^2$
$\mu$ = 0,30

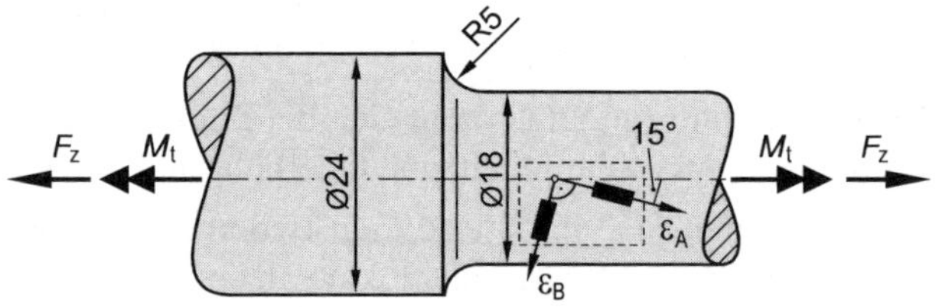


a) Berechnen Sie die Dehnungen $\varepsilon_A$ und $\varepsilon_B$ in Messrichtung der DMS bei einer Belastung von $F_Z$ = 30 kN und $M_t$ = 100 Nm.

b) Ermitteln Sie für den Wellenabsatz für eine Beanspruchung gemäß Aufgabenteil a) die Sicherheit gegen Fließen. Ist die Sicherheit ausreichend ?

c) Bestimmen Sie das maximal übertragbare Torsionsmoment $M_t$* damit bei gleichbleibender Zugkraft ($F_Z$ = 30 kN) am Wellenabsatz Fließen mit Sicherheit ($S_F$ = 1,35) ausgeschlossen werden kann.

## Aufgabe 7.7

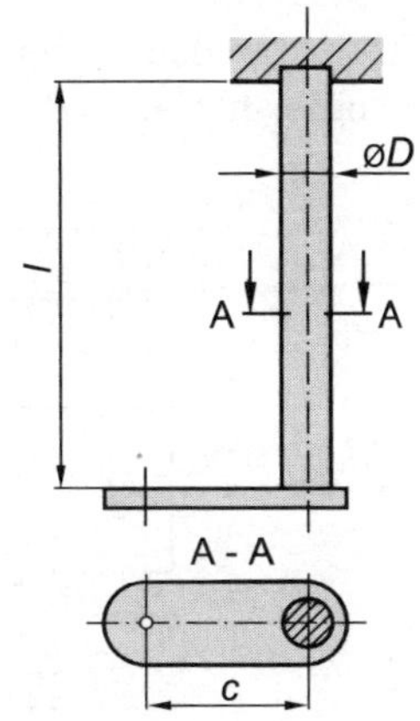


Ein Rundstab mit Vollkreisquerschnitt aus der unlegierten Vergütungsstahlsorte C45E ($\varnothing D$ = 32 mm, $l$ = 420 mm, $c$ = 120 mm) ist an seinem oberen Ende fest eingespannt und am unteren Ende mit einer Lasche verbunden (siehe Abbildung). Über die Lasche kann der Rundstab auf unterschiedliche Weise beansprucht werden. Die Kerbwirkung an der Einspannstelle soll vernachlässigt werden.

Werkstoffkennwerte C45E:

$R_e$ = 490 N/mm$^2$
$R_m$ = 720 N/mm$^2$
$E$ = 210000 N/mm$^2$
$\mu$ = 0,30

Es sind verschiedene Lastfälle zu untersuchen:

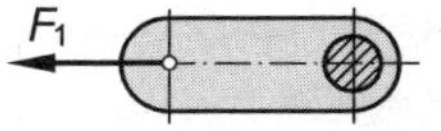


a) An der Lasche greift die statische Kraft $F_1$ = 1250 N an (siehe Abbildung). Berechnen Sie die Spannung und die Dehnung an der höchst beanspruchten Stelle des Rundstabes.

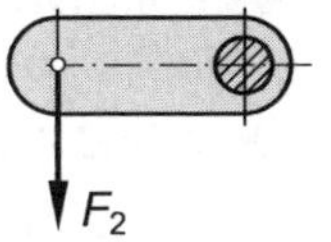


b) An der Lasche greift die statische Kraft $F_2$ = 2250 N entsprechend der Abbildung an. Berechnen Sie die Sicherheit gegen Fließen. Ist die Sicherheit ausreichend ?

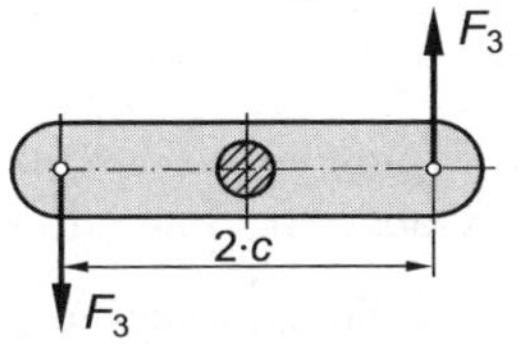


Anstelle der einseitigen wird eine symmetrische Lasche angebracht. Die Lasche wird durch die beiden statischen Kräfte $F_3$ beansprucht. Außerdem wird in Stabmitte ein halbkreisförmiger Einstich mit dem Radius $R$ = 3,2 mm eingearbeitet (siehe Abbildung).

c) Berechnen Sie die zulässigen Kräfte $F_3$, falls mit 1,4-facher Sicherheit keine plastische Verformungen auftreten dürfen.

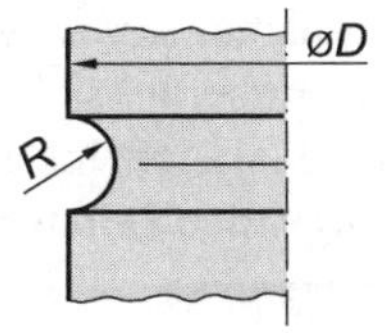


d) Berechnen Sie die zulässigen Kräfte $F_3$ falls mit 1,4-facher Sicherheit die plastische Dehnung an der höchst beanspruchten Stelle auf $\varepsilon_{pl}$ = 0,2 % begrenzt werden soll.

## Aufgabe 7.8

Die Abbildung zeigt eine abgesetzte Welle mit Vollkreisquerschnitt aus unlegiertem Vergütungsstahl C45E ($R_e$ = 340 N/mm²; $R_m$ = 620 N/mm²; $E$ = 205000 N/mm²; $\mu$ = 0,30).

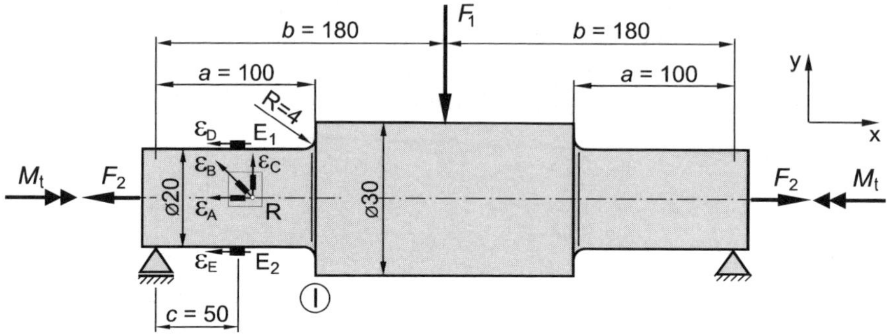


Die Welle wird durch die mittig angreifende Querkraft $F_1$ = 1050 N und das Torsionsmoment $M_t$ = 72 Nm statisch beansprucht. Die Zugkraft $F_2$ wirkt zunächst nicht ($F_2$ = 0).

a) Berechnen Sie das Biegemoment im Kerbgrund (Stelle I).

b) Bestimmen Sie für die Kerbstelle I die Sicherheiten gegen Fließen ($S_F$) und Gewaltbruch ($S_B$). Sind die Sicherheiten ausreichend ?

Die Welle wird nun durch eine baugleiche Welle aus dem legierten Vergütungsstahl 50CrV4 ersetzt ($R_{p0,2}$ = 900 N/mm²; $R_m$ = 1100 N/mm²; $E$ = 205000 N/mm²; $\mu$ = 0,30).

c) Ermitteln Sie das maximal übertragbare Torsionsmoment $M_t$* damit bei gleichbleibender Querkraft $F_1$ kein Fließen im Kerbgrund eintritt (Zugkraft $F_2$ = 0).

Die Welle unterliegt nun einer unbekannten Betriebsbeanspruchung. Die Querkraft $F_1$ und die Zugkraft $F_2$ sowie das Torsionsmoment $M_t$ sind nicht bekannt. Zur Ermittlung der Kräfte und des Torsionsmomentes werden in hinreichendem Abstand vom Wellenabsatz (die Kerbwirkung kann unberücksichtigt bleiben) in der skizzierten Weise eine 0°-45°-90° DMS-Rosette ($R$) sowie zwei einzelne DMS ($E1$ und $E2$) in Längsrichtung appliziert. Unter Belastung werden die folgenden Dehnungen ermittelt:

$\varepsilon_A$ = 1,300 ‰
$\varepsilon_B$ = 0,065 ‰
$\varepsilon_C$ = - 0,390 ‰
$\varepsilon_D$ = 1,050 ‰
$\varepsilon_E$ = 1,550 ‰

d) Ermitteln Sie anhand der Dehnungswerte die Zugkraft $F_2$.

e) Berechnen Sie die Querkraft $F_1$.

f) Ermitteln Sie Betrag und Drehsinn des Torsionsmomentes $M_t$.

g) Berechnen Sie unter Betriebsbeanspruchung die Sicherheit $S_F$ gegen Fließen im Kerbquerschnitt I ($R_{p0,2}$ = 900 N/mm²).

## Aufgabe 7.9

An einem Bauteil ist eine Dehnschraube aus dem Vergütungsstahl C35E zu überprüfen. Der gefährdete Querschnitt liegt im glatten, zylindrischen Teil des Schraubenbolzens (siehe Abbildung).

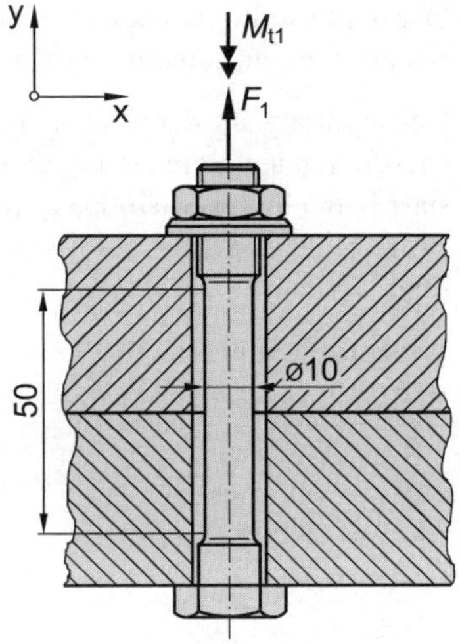


Werkstoffkennwerte C35E (vergütet):

$R_{p0,2} = 430 \text{ N/mm}^2$
$R_m = 740 \text{ N/mm}^2$
$E = 210000 \text{ N/mm}^2$
$\mu = 0{,}30$

Der Schraubenbolzen wird zunächst durch die Vorspannkraft $F_1 = 7860$ N und zusätzlich durch das Torsionsmoment $M_{t1} = 11{,}78$ Nm (bedingt durch das Anziehen der Schraube) beansprucht.

a) Berechnen Sie die durch die Vorspannkraft $F_1$ im gefährdeten Querschnitt ($d_0 = 10$ mm) erzeugte Zugspannung $\sigma_z$. Um welchen Betrag verlängert sich dabei der zylindrische Teil des Schraubenbolzens ($l_0 = 50$ mm) ?

b) Berechnen Sie die durch das Torsionsmoment $M_{t1}$ im gefährdeten Querschnitt erzeugte maximale Schubspannung $\tau_t$. Um welchen Winkel $\varphi$ wird der zylindrische Teil des Schraubenbolzens dabei verdreht ?

c) Skizzieren Sie den Mohr'schen Spannungskreis für die Außenoberfläche im glatten zylindrischen Teil des Schraubenbolzens. Ermitteln Sie die Hauptnormalspannungen sowie die Winkel zwischen den Hauptspannungsrichtungen und der Schraubenlängsachse.

d) Berechnen Sie für den zylindrischen Teil der Dehnschraube das Torsionsmoment $M_{t2}$ bei Fließbeginn. Die Vorspannkraft soll als konstant angenommen werden ($F_1 = 7860$ N) .

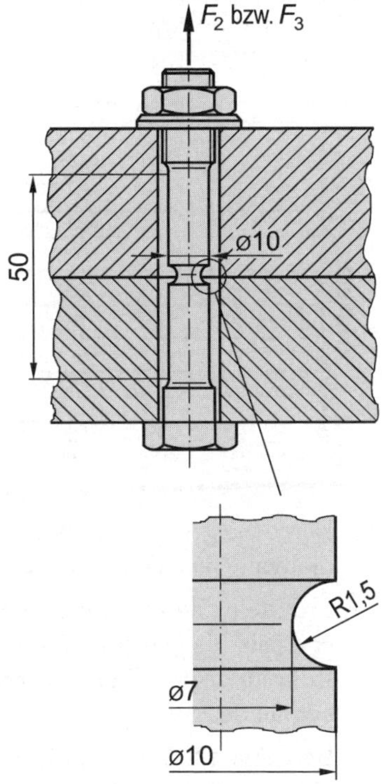


Die Schraube wird nun mit einer hydraulischen Vorspanneinrichtung eingebaut, so dass kein Drehmoment übertragen werden kann ($M_t = 0$). Außerdem werden jetzt Dehnschrauben mit einem halbkreisförmigen Einstich eingesetzt. Der Kerbradius $R$ beträgt 1,5 mm (siehe Abbildung).

e) Berechnen Sie zu zulässige Vorspannkraft $F_2$, falls mit 1,5-facher Sicherheit ($S_F = 1{,}5$) keinerlei plastische Verformungen auftreten sollen.

f) Ermitteln Sie die Vorspannkraft $F_3$, falls mit 1,5-facher Sicherheit die plastische Dehnung ($\varepsilon_{pl}$) an der höchst beanspruchten Stelle auf 0,3% beschränkt werden soll.

## Aufgabe 7.10

Der dargestellte Ausleger aus den Werkstoffen E295 (Vierkantrohr) und S275JR (Vierkantprofilstab) wird an seinem rechten Ende durch die Einzelkraft $F$ belastet.

Kerbwirkung an der Einspannstelle sowie Schubspannungen durch Querkräfte sind bei den nachfolgenden Berechnungen zu vernachlässigen. Die Enden des Auslegers können als ideal starr betrachtet werden. Das Eigengewicht des Auslegers wird vernachlässigt. Für beide Werkstoffe (E295 und S275JR) soll linear-elastisch idealplastisches Werkstoffverhalten vorausgesetzt werden.

Werkstoffkennwerte:

Vierkantprofilstab S275JR:

$R_{e1} = 275$ N/mm$^2$
$R_{m1} = 500$ N/mm$^2$
$E_1 = 209000$ N/mm$^2$
$\mu_1 = 0{,}30$

Vierkantrohr E295:

$R_{e2} = 295$ N/mm$^2$
$R_{m2} = 750$ N/mm$^2$
$E_2 = 209000$ N/mm$^2$
$\mu_2 = 0{,}30$

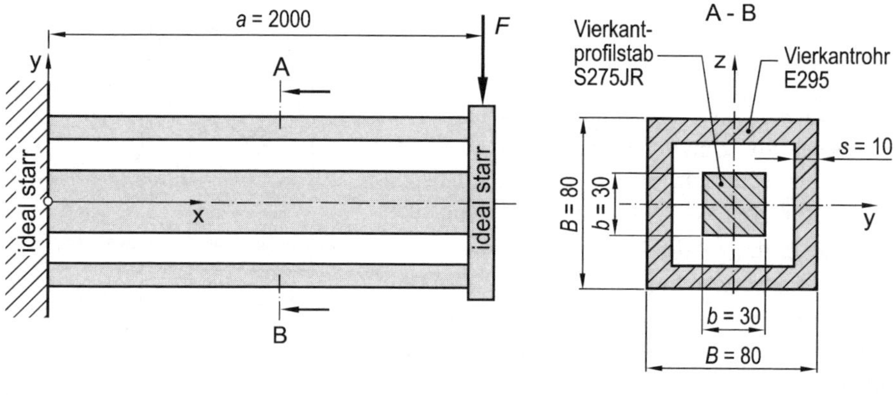


a) Berechnen Sie das axiale Flächenmoment 2. Ordnung ($I_y$) sowie das axiale Widerstandsmoment ($W_{by}$) des Auslegers bezüglich der y-Achse.

b) Ermitteln Sie diejenige Stelle am Ausleger, die mit zunehmender Erhöhung der Kraft $F$ erstmals Fließen zeigt (Begründung !). Beachten Sie, dass der Vierkantprofilstab sowie das Rohr unterschiedliche Werkstoffkennwerte besitzen. Berechnen Sie die Kraft $F_F$ bei Fließbeginn des Auslegers.

c) Berechnen Sie die Kraft $F_{pl}$, die erforderlich ist, um das Vierkantrohr bis $z_{pl} = 30$ mm zu plastifizieren.

d) Berechnen Sie die Kraft $F^*_{pl}$ bei Fließbeginn des Vierkantprofilstabes.

e) Ermitteln Sie die Kraft $F_{vpl}$ mit Erreichen des vollplastischen Zustandes des Auslegers.

f) Skizzieren Sie mit Hilfe der in Aufgabenteil b) bis e) berechneten Werte die Bauteilfließkurve des Auslegers in das vorbereitete Diagramm.

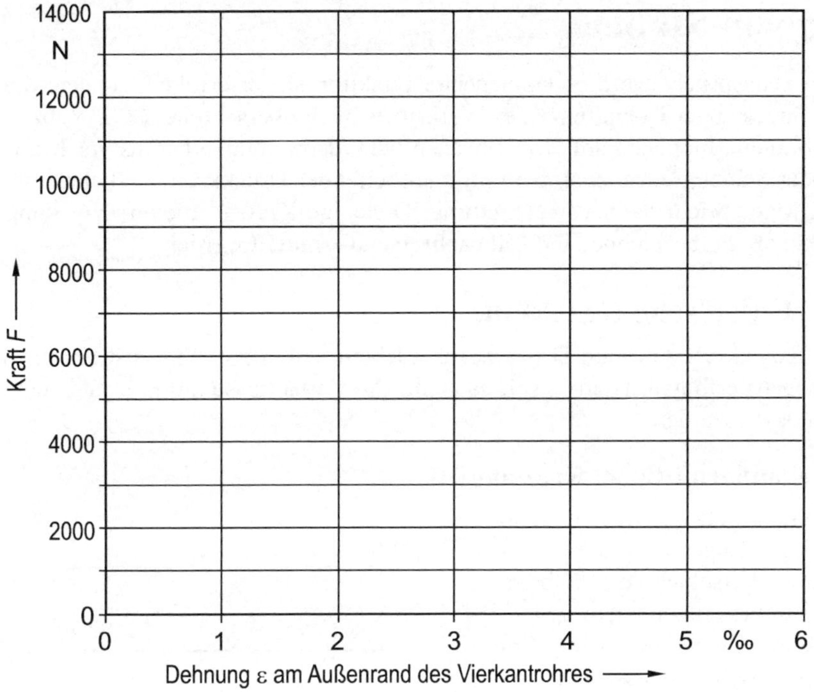


## Aufgabe 7.11

Der dargestellte Lagerzapfen aus dem legierten Vergütungsstahl 34CrMo4 ($R_{p0,2}$ = 800 N/mm²; $R_m$ = 1000 N/mm²; $E$ = 205000 N/mm²; $\mu$ = 0,30) wird durch die statischen Kräfte $F_1$ und $F_2$ sowie durch das statische Torsionsmoment $M_t$ belastet. Zur Ermittlung der unbekannten Kräfte und des Torsionsmomentes werden in der skizzierten Weise eine 0°-45°-90° DMS-Rosette (*R*) sowie zwei einzelne DMS (*E1* und *E2*) in Längsrichtung appliziert. Unter Belastung werden die folgenden Dehnungen ermittelt:

$\varepsilon_A$ = 1,60 ‰
$\varepsilon_B$ = 0,00 ‰
$\varepsilon_C$ = - 0,48 ‰
$\varepsilon_D$ = 1,40 ‰
$\varepsilon_E$ = 1,80 ‰

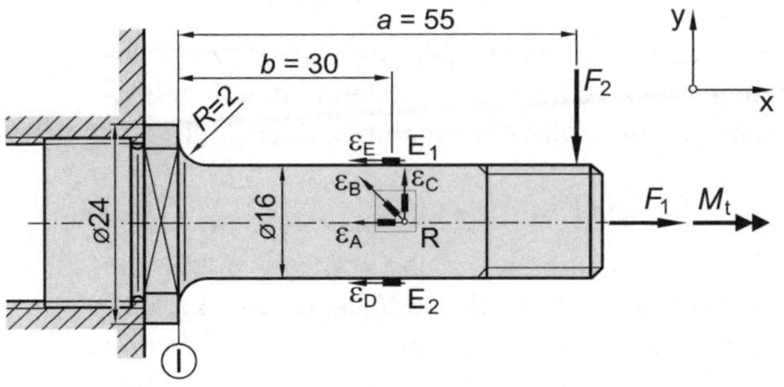


a) Ermitteln Sie anhand der Dehnungswerte die Zugkraft $F_1$.
b) Berechnen Sie die Querkraft $F_2$.
c) Ermitteln Sie Betrag und Richtung des Torsionsmomentes $M_t$.
d) Bestimmen Sie die Sicherheit gegen Fließen im Kerbquerschnitt I. Ist die Sicherheit ausreichend ?

# 8 Knickung von Stäben

Bauteile die auf Zug beansprucht werden, können ihre Funktion sicher erfüllen, solange die Zugspannung $\sigma_z$ die Streck- oder Dehngrenze des Werkstoffs nicht überschreitet ($\sigma_z \leq R_e$ bzw. $\sigma_z \leq R_{p0,2}$). Werden Bauteile hingegen auf Druck beansprucht, dann können bereits vor Erreichen der Quetsch- oder Stauchgrenze, auch bei mittig angreifender Druckkraft, seitliche Ausbiegungen auftreten. Man spricht dann von **Knickung**. Diejenige Kraft $F$, die zur Knickung führt, wird als **Knickkraft $F_K$** bezeichnet und soll nachfolgend ermittelt werden.

## 8.1 Knickkraft (Euler'sche Knickfälle)

Die Berechnung der Knickkraft eines auf Druck beanspruchten Stabes soll zunächst für einen außermittigen Kraftangriff erfolgen. Hieraus soll dann auf die Verhältnisse mittig beanspruchter Druckstäbe geschlossen werden.

### 8.1.1 Knickung bei außermittigem Kraftangriff

Zur Herleitung der Knickkraft $F_K$ wird zunächst ein beidseitig gelenkig gelagerter, jedoch quer zur Stablängsachse nicht verschiebbarer Stab betrachtet, dessen Querabmessungen klein gegenüber seiner Länge sein sollen (Bild 8.1a). Der Kraftangriffspunkt soll sich voraussetzungsgemäß außerhalb der Stabmitte (Exzentrizität $e$ zur Stabachse) befinden. Diese Voraussetzung ist häufig gerechtfertigt, da auch in der Praxis, selbst bei mittig auf Druck beanspruchten Stäben, eine geringe Exzentrizität $e$ auftritt (z. B. Montageungenauigkeiten).

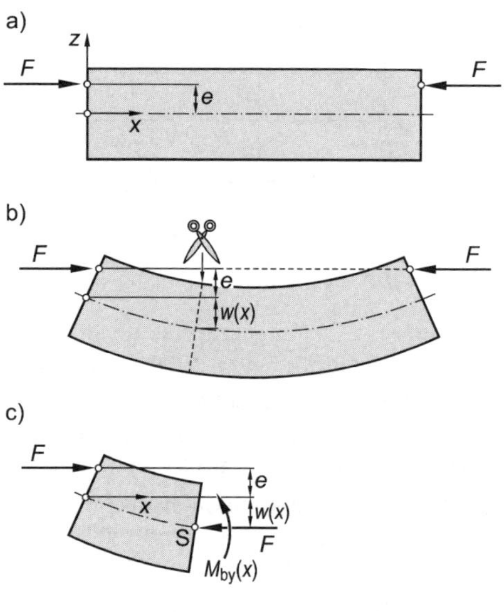


**Bild 8.1** Druckstab mit außermittiger Belastung
a) gerader Stab
b) gebogener Stab
c) Kräfte und Momente am frei geschnittenen Stab

Die Kraft $F$ bewirkt ein in Stablängsrichtung veränderliches Biegemoment $M_{by}(x)$ und führt zu einer Durchbiegung $w(x)$ des Stabes (Bild 8.1b).

Für das Biegemoment $M_{by}$ um die zur Zeichenebene senkrechte y-Achse durch den Flächenschwerpunkt $S$ des Querschnitts gilt (Bild 8.1c):

$$M_{by}(x) = F \cdot (w(x) + e) \qquad (8.1)$$

Zur Berechnung der Knickkraft $F_K$ muss die Durchbiegung $w(x)$ des Stabes bereits berücksichtigt werden, da man aus der Voraussetzung eines geraden Stabes keine Aussagen für einen gebogenen Stab ableiten kann.

Für kleine Durchbiegungen $w(x)$ lautet die Differentialgleichung der Biegelinie:

$$\frac{M_{by}(x)}{E \cdot I_y} = -w''(x) \qquad (8.2)$$

Gleichung 8.1 in Gleichung 8.2 eingesetzt ergibt:

$$\frac{F \cdot (w(x)+e)}{E \cdot I_{\mathrm{y}}} = -w''(x) \tag{8.3}$$

bzw. umgeformt:

$$w''(x) + \frac{F}{E \cdot I_{\mathrm{y}}} \cdot \left(w(x)+e\right) = 0 \tag{8.4}$$

Führt man zur Lösung dieser Differentialgleichung die neue Veränderliche $u(x)$ ein, wobei gelten soll:

$$\begin{aligned} u(x) &= w(x) + e \\ u''(x) &= w''(x) \end{aligned} \tag{8.5}$$

und definiert außerdem zur Vereinfachung

$$\eta = \sqrt{\frac{F}{E \cdot I_{\mathrm{y}}}} \tag{8.6}$$

dann folgt aus Gleichung 8.4:

$$u''(x) + \eta^2 \cdot u(x) = 0 \tag{8.7}$$

Die allgemeine Lösung dieser Differentialgleichung lautet:

$$u(x) = C_1 \sin(\eta \cdot x) + C_2 \cos(\eta \cdot x) \tag{8.8}$$

bzw. wegen $w(x) = u(x) - e$ schließlich:

$$w(x) = C_1 \sin(\eta \cdot x) + C_2 \cos(\eta \cdot x) - e \tag{8.9}$$

Voraussetzungsgemäß sollen die beiden Enden des Stabes gelenkig gelagert, jedoch senkrecht zur Stabachse nicht verschiebbar sein. Damit ergeben sich die folgenden Randbedingungen:

$$w\,(x = 0) = 0$$
$$w\,(x = l) = 0$$

Setzt man diese Randbedingungen in die Lösung der Differentialgleichung (Gleichung 8.9) ein, dann lassen sich die Konstanten $C_1$ und $C_2$ einfach ermitteln. Man erhält:

$$\begin{aligned} 0 &= C_1 \cdot \sin(\eta \cdot 0) + C_2 \cdot \cos(\eta \cdot 0) - e \\ 0 &= C_2 - e \\ C_2 &= e \end{aligned} \tag{8.10}$$

und

$$0 = C_1 \cdot \sin(\eta \cdot l) + C_2 \cdot \cos(\eta \cdot l) - e$$
$$0 = C_1 \cdot \sin(\eta \cdot l) + e \cdot \cos(\eta \cdot l) - e$$

$$C_1 = e \cdot \frac{1-\cos(\eta \cdot l)}{\sin(\eta \cdot l)} = e \cdot \frac{2 \cdot \sin^2\left(\frac{\eta \cdot l}{2}\right)}{2 \cdot \sin\left(\frac{\eta \cdot l}{2}\right) \cdot \cos\left(\frac{\eta \cdot l}{2}\right)} = e \cdot \tan\left(\frac{\eta \cdot l}{2}\right) \tag{8.11}$$

Die Gleichung der Biegelinie $w(x)$ lautet somit (Gleichung 8.9):

$$w(x) = e \cdot \tan\left(\frac{\eta \cdot l}{2}\right) \cdot \sin(\eta \cdot x) + e \cdot \cos(\eta \cdot x) - e$$

$$= e \cdot \left( \tan\left(\frac{\eta \cdot l}{2}\right) \cdot \sin(\eta \cdot x) + \cos(\eta \cdot x) - 1 \right) \qquad (8.12)$$

Zur Vereinfachung von Gleichung 8.12 wendet man das folgende Additionstheorem an:

$$\tan x \cdot \sin y + \cos y = \frac{\sin x}{\cos x} \cdot \sin y + \cos y = \frac{\sin x \cdot \sin y + \cos x \cdot \cos y}{\cos x}$$

$$= \frac{\cos(x - y)}{\cos x} \qquad (8.13)$$

Damit lässt sich Gleichung 8.12 (Biegelinie) wie folgt umformen:

$$w(x) = e \cdot \left( \frac{\cos\left(\frac{\eta \cdot l}{2} - \eta \cdot x\right)}{\cos\left(\frac{\eta \cdot l}{2}\right)} - 1 \right) = e \cdot \left( \frac{\cos\left(\eta \cdot \left(\frac{l}{2} - x\right)\right)}{\cos\left(\frac{\eta \cdot l}{2}\right)} - 1 \right) \qquad (8.14)$$

Aus Symmetriegründen erhält man die maximale Durchbiegung $w(x)$ in der Stabmitte, also für $x = l \,/\, 2$. Damit folgt aus Gleichung 8.14:

$$w\left(x = \frac{l}{2}\right) = w_{\max} = e \cdot \frac{\cos(\eta \cdot 0)}{\cos\left(\frac{\eta \cdot l}{2}\right)} - e = \frac{e}{\cos\left(\frac{\eta \cdot l}{2}\right)} - e \qquad (8.15)$$

Mit einem Versagen des Stabes durch ein seitliches Ausknicken ist dann zu rechnen, sobald $w_{\max}$ „unendlich“ wird. Dies ist der Fall, sobald gilt:

$$\cos\left(\frac{\eta \cdot l}{2}\right) = 0 \qquad (8.16)$$

und damit:

$$\frac{\eta \cdot l}{2} = \frac{\pi}{2}$$

Die Fälle $n \cdot \pi/2$ mit $n = 3, 5$, usw. müssen nicht betrachtet werden, da nur die kleinste, zum Ausknicken führende Kraft (Knickkraft) ermittelt werden soll.

Mit $\eta = \sqrt{\frac{F}{E \cdot I_y}}$ (Gleichung 8.6) erhält man damit letztlich diejenige Kraft $F = F_K$ die $w_{\max}$ „unendlich“ werden lässt, d. h. eine Knickung des Stabes verursacht:

$$\sqrt{\frac{F_K}{E \cdot I_y}} \cdot \frac{l}{2} = \frac{\pi}{2}$$

$$F_K = \frac{\pi^2 \cdot E \cdot I_y}{l^2}$$ **Knickkraft eines beidseitig gelenkig gelagerten und außermittig beanspruchten Stabes** (8.17)

Man nennt $F_K$ nach ihrem Entdecker ***Leonhard Euler*** (1707 ... 1783) auch **Euler'sche Knickkraft**.

Löst man Gleichung 8.17 nach $E \cdot I_y$ auf und setzt das Ergebnis in Gleichung 8.6 ein, dann erhält man:

$$\eta = \sqrt{\frac{F}{E \cdot I_y}} = \frac{\pi}{l} \cdot \sqrt{\frac{F}{F_K}} \qquad (8.18)$$

und damit:

$$\frac{\eta \cdot l}{2} = \frac{\pi}{2} \cdot \sqrt{\frac{F}{F_K}} \qquad (8.19)$$

Setzt man Gleichung 8.19 in Gleichung 8.15 ein, dann erhält man für die maximale Durchbiegung $w_{max}$:

$$w_{max} = \frac{e}{\cos\left(\frac{\pi}{2} \cdot \sqrt{\frac{F}{F_K}}\right)} - e$$ **Maximale Durchbiegung eines an beiden Enden gelenkig gelagerten und außermittig beanspruchten Stabes** (8.20)

Trägt man die maximale Durchbiegung $w_{max}$ in Abhängigkeit der bezogenen Kraft $F/F_K$ für verschiedene Werte der Exzentrizität $e$ auf, dann erkennt man, dass mit abnehmender Exzentrizität der Übergang zu größeren Durchbiegungen abrupter erfolgt (Bild 8.2). Im Grenzfall $e = 0$ beobachtet man mit Erreichen der Knickkraft ($F = F_K$) einen sofortigen, unstetigen Anstieg der Durchbiegung d. h. es sind beliebige Durchbiegungen möglich.

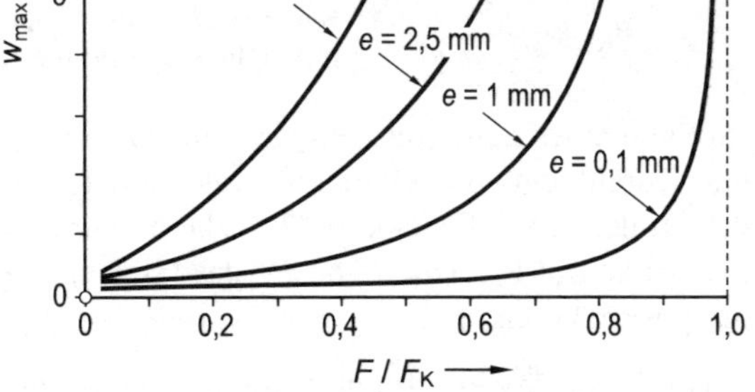


**Bild 8.2** Maximale Durchbiegung $w_{max}$ in Abhängigkeit der bezogenen Druckkraft für unterschiedliche Exzentrizitäten $e$

### 8.1.2 Knickung bei mittigem Kraftangriff

Die Herleitung der Knickkraft $F_K$ erfolgte im vorangegangenen Kapitel für einen außermittig beanspruchten und beidseitig gelenkig gelagerten Stab (Exzentrizität $e \neq 0$). Es ist zu prüfen, ob und in welcher Weise sich die Euler'sche Knickkraft (Gleichung 8.17) bei mittigem Kraftangriff ($e = 0$) ändert.

Die allgemeine Lösung der Differentialgleichung (Gleichung 8.9) lautet für $e = 0$:

$$w(x) = C_1 \cdot \sin(\eta \cdot x) + C_2 \cdot \cos(\eta \cdot x) \qquad (8.21)$$

mit den Randbedingungen

$$w(x = 0) = 0$$
$$w(x = l) = 0$$

erhält man:

$$C_2 = 0 \qquad (8.22)$$

und

$$0 = C_1 \cdot \sin(\eta \cdot l) + C_2 \cdot \cos(\eta \cdot l)$$
$$0 = C_1 \cdot \sin(\eta \cdot l) \qquad (8.23)$$

Die Bedingung 8.23 kann nur erfüllt werden, falls gilt [1]:

$$\eta \cdot l = \pi$$
$$\sqrt{\frac{F}{E \cdot I_y}} \cdot l = \pi$$
$$F = \frac{\pi^2 \cdot E \cdot I_y}{l^2} \equiv F_K \qquad (8.24)$$

Eine Lösung der Differentialgleichung (Gleichung 8.21) kann physikalisch als Beginn des Ausknickens des Stabes gedeutet werden. Dies geschieht mit Erreichen der Kraft $F_K$ (Euler'sche Knickkraft). Ein mittig beanspruchter und an seinen beiden Enden gelenkig gelagerter Stab beginnt nach obiger Berechnung also dann auszuknicken, sobald die Druckkraft $F$ die Euler'sche Knickkraft $F_K$ erreicht:

$$F_K = \frac{\pi^2 \cdot E \cdot I_y}{l^2} \qquad (8.25)$$

**Knickkraft eines beidseitig gelenkig gelagerten und mittig beanspruchten Stabes**

Im Falle eines außermittigen Kraftangriffs ($e \neq 0$) war der Zusammenhang zwischen Kraft $F$ und Durchbiegung $w$ eindeutig. Das Gleichgewicht war also stabil. Erreichte die Druckkraft $F$ die (Euler'sche) Knickkraft $F_K$, dann wurde $w_{max}$ „unendlich". Bei mittigem Kraftangriff ($e = 0$) ist mit Erreichen von $F_K$ das Gleichgewicht indifferent, d. h. jede beliebige Durchbiegung ist möglich.

Unabhängig davon, ob ein mittiger oder ein außermittiger Kraftangriff erfolgt, kennzeichnet die Euler'sche Knickkraft gemäß Gleichung 8.25 diejenige Belastung, bei der ein beidseitig gelenkig gelagerter Stab durch Knickung versagt.

[1] Die Lösung $C_1 = 0$ würde die hier nicht interessierende Gleichgewichtslage des geraden Stabes beschreiben. Die Fälle $\eta \cdot l = n \cdot \pi$ mit $n = 2, 3$, usw. müssen nicht betrachtet werden, da nur diejenige Kraft ermittelt werden soll, die zum Ausknicken führt.

Zur Herleitung der Knickkraft $F_K$ wurde vorausgesetzt, dass der Druckstab nur in der Ebene senkrecht zur y-Achse des Stabquerschnittes, der Zeichenebene also, ausknicken kann. Bei einem räumlich (z. B. in einer Kugelpfanne) gelagerten Stab kann ein Ausknicken jedoch in jeder die x-Achse beinhaltenden Ebene erfolgen. Falls nicht durch konstruktive Maßnahmen die Biegeebene vorgegeben ist bzw. erzwungen wird, erhält man die kleinste Knickkraft für das Ausknicken senkrecht zur Querschnittsachse mit dem kleinsten axialen Flächenmoment 2. Ordnung ($I = I_{min}$).

Die Herleitung der Euler'schen Knickkraft (Gleichung 8.25) setzte einen an beiden Enden gelenkig gelagerten Druckstab voraus. Bei veränderten Randbedingungen kann man in analoger Weise ebenfalls Differentialgleichungen aufstellen und die zugehörigen Knickkräfte $F_K$ berechnen [9]. Man unterscheidet in der Regel die vier in Bild 8.3 dargestellten Knickfälle (Einspannbedingungen), die nach *Leonhard Euler* auch als **Euler'sche Knickfälle** bezeichnet werden.

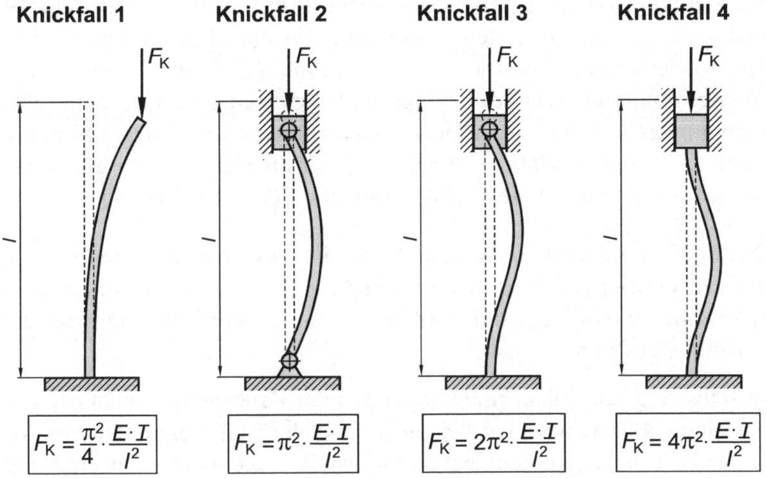


**Bild 8.3** Euler'sche Knickfälle

**Fall 1:** Der Stab ist an einem Ende fest eingespannt. Er kann dort weder zur Seite hin ausweichen noch kann er sich schräg stellen. Die Einspanntangente bleibt vertikal. Das andere Ende des Stabes ist hingegen frei beweglich d. h. ohne äußere Führung oder Einspannung. Die Knickkraft $F_K$ berechnet sich unter diesen Bedingungen zu:

$$F_K = \frac{\pi^2}{4} \cdot \frac{E \cdot I}{l^2}$$

**Knickkraft eines an einem Ende fest eingespannten, am anderen Ende frei beweglichen Stabes** (8.26)

**Fall 2:** Der Stab ist an beiden Enden gelenkig gelagert. Er kann dort nicht zur Seite hin ausweichen, wohl aber können sich die Stabenden schräg stellen, die Einspanntangente bleibt nicht vertikal. Die Knickkraft berechnet sich in diesem Fall (wie bereits bekannt) zu:

$$F_K = \pi^2 \cdot \frac{E \cdot I}{l^2}$$

**Knickkraft eines an beiden Enden gelenkig gelagerten Stabes** (8.27)

**Fall 3:** Der Stab ist an einem Ende fest eingespannt und an seinem anderen Ende gelenkig gelagert. Die Knickkraft errechnet sich unter diesen Einspannbedingungen zu:

$$F_K = 2\pi^2 \cdot \frac{E \cdot I}{l^2} \qquad \textbf{Knickkraft eines an einem Ende fest eingespannten, am anderen Ende gelenkig gelagerten Stabes} \tag{8.28}$$

**Fall 4:** Beide Stabenden sind fest eingespannt. Diese Einspannbedingungen führen zur höchsten Belastbarkeit des Stabes. Die Knickkraft $F_K$ errechnet sich zu:

$$F_K = 4\pi^2 \cdot \frac{E \cdot I}{l^2} \qquad \textbf{Knickkraft eines beidseitig fest eingespannten Stabes} \tag{8.29}$$

Die Gleichungen 8.26 bis 8.29 zeigen, dass die Knickkraft $F_K$ vom Elastizitätsmodul ($E$), von der Geometrie der Querschnittsfläche, gekennzeichnet durch das axiale Flächenmoment 2. Ordnung ($I$) sowie von der Stablänge ($l$) abhängen. Einen besonderen Einfluss auf die Knickkraft übt hierbei die Stablänge $l$ aus, da sie in den Gleichungen im Quadrat erscheint. Eine Verdoppelung der Stablänge bedeutet damit beispielsweise, dass die Knickkraft auf ein Viertel ihres ursprünglichen Wertes abnimmt. Weiterhin hängt die Knickkraft $F_K$ im hohem Maße von den Einspannungsbedingungen ab. So ist bei gleicher Stabgeometrie die Knickkraft eines beidseitig fest eingespannten Stabes (Knickfall 4) 16 mal so hoch im Vergleich zu einem an einem Ende fest eingespannten, am anderen Ende frei beweglichen Stab (Knickfall 1).

Die Gleichungen 8.26 bis 8.29 beinhalten außerdem keine Festigkeitskennwerte wie die Streck- bzw. Dehngrenze oder die Zugfestigkeit. Die Knickung ist, ebenso wie das hier nicht besprochene **Beulen**, ein Instabilitätsvorgang und wird daher im Wesentlichen nur von der geometrischen Form des Bauteils bestimmt.

In der Praxis ist es häufig schwierig, die Einspannbedingungen der Druckstäbe einem der Euler'schen Knickfälle zuzuordnen. Betrachtet man beispielsweise die Stäbe eines Fachwerks, dann sind die Stabenden elastisch durch Knotenbleche miteinander verbunden. Der Grad der Einspannung in der Fachwerkebene wird daher auch von der Biegesteifigkeit $E \cdot I$ der Nachbarstäbe mitbestimmt und liegt zwischen dem Euler'schen Knickfall 2 und 4.

## 8.2 Spannungsermittlung bei Knickung

Die **Knickspannung**, also die Druckspannung unmittelbar im Moment des Ausknickens, errechnet sich zu:

$$\sigma_K = \frac{F_K}{A} \qquad \textbf{Knickspannung} \tag{8.30}$$

Die Knickkraft $F_K$ erhält man in Abhängigkeit der Einspannbedingungen aus den Gleichungen 8.26 bis 8.29.

## 8.3 Zulässige Spannung bei Knickung

Ein Stab unter Druckbeanspruchung kann nicht nur durch Knickung sondern auch durch Fließen oder durch Bruch versagen. Bei der Berechnung der zulässigen Spannung müssen daher ggf. alle drei Fälle (Fließen, Bruch und Knickung) berücksichtigt werden.

**Tabelle 8.1** Kennwerte zur Bestimmung der zulässigen Spannung unter reiner Druckbeanspruchung

| Werkstoff bzw. Werkstoffzustand | Versagensart | Werkstoffkennwert | Ersatzwert | Sicherheitsbeiwert [1] |
|---|---|---|---|---|
| duktil | Fließen | $\sigma_{dF}$ bzw. $\sigma_{d0,2}$ | $R_e$ bzw. $R_{p0,2}$ | $S_F = 1{,}2 \ldots 2{,}0$ |
| | Knickung | $\sigma_K$ | ---- | $S_K = 2{,}5 \ldots 5{,}0$ |
| spröde | Bruch | $\sigma_{dB}$ | [2] | $S_B = 4{,}0 \ldots 9{,}0$ |
| | Knickung | $\sigma_K$ | ---- | $S_K = 2{,}5 \ldots 5{,}0$ |

[1] Anhaltswerte, falls keine einschlägigen Berechnungsvorschriften vorliegen.
[2] In der Regel ist bei spröden Werkstoffen $\sigma_{dB} > R_m$

Zusammenfassend errechnet sich die zulässige Spannung $\sigma_{zul}$ unter Druckbeanspruchung also wie folgt:

**Bauteile aus duktilen Werkstoffen bzw. duktiles Werkstoffverhalten**

• Fließen: $$\sigma_{Zul} = \frac{\sigma_{dF}}{S_F} \text{ bzw. } \frac{\sigma_{d0,2}}{S_F} \quad \text{mit } S_F = 1{,}2 \ldots 2{,}0 \qquad (8.31)$$

• Knickung: $$\sigma_{Zul} = \frac{\sigma_K}{S_K} \quad \text{mit } S_K = 2{,}5 \ldots 5{,}0 \qquad (8.32)$$

Maßgebend für den Festigkeitsnachweis ist der niedrigere der beiden Werte.

**Bauteile aus spröden Werkstoffen bzw. spröder Werkstoffzustand**

• Bruch: $$\sigma_{Zul} = \frac{\sigma_{dB}}{S_B} \quad \text{mit } S_B = 4{,}0 \ldots 9{,}0 \qquad (8.33)$$

• Knickung: $$\sigma_{Zul} = \frac{\sigma_K}{S_K} \quad \text{mit } S_K = 2{,}5 \ldots 5{,}0 \qquad (8.34)$$

Maßgebend für den Festigkeitsnachweis ist der niedrigere der beiden Werte.

## 8.4 Knicklänge

Vergleicht man die Biegelinien der Knickfälle 1, 3 und 4 mit der Biegelinie des beidseitig gelenkig gelagerten Stabes (Knickfall 2), dann fällt folgendes auf (Bild 8.4):

Knickfall 1: Eine Spiegelung der Biegelinie am fest eingespannten Ende ergibt die Biegelinie des beidseitig gelenkig gelagerten Druckstabes (Knickfall 2).

Knickfall 3: Die Biegelinie von Knickfall 3 besitzt einen Wendepunkt. Am Wendepunkt ist $w''(x) = 0$ und damit $M_{by} = 0$ (Gleichung 8.2). Damit kann man sich den Wendepunkt von Knickfall 3 auch durch eine gelenkige Einspannung ersetzt denken. Daher entspricht die Biegelinie zwischen Wendepunkt und der oberen, gelenkigen Einspannung der Biegelinie des beidseitig gelenkig gelagerten Stabes (Knickfall 2).

Knickfall 4: Auch hier gilt an den Wendepunkten $w''(x) = 0$ und dementsprechend $M_{by} = 0$, so dass die Biegelinie zwischen den Wendepunkten von Knickfall 4 wieder der Biegelinie von Knickfall 2 entspricht.

Die Länge der Abschnitte innerhalb derer die Biegelinien mit derjenigen des beidseitig gelenkig gelagerten Stabes übereinstimmen, wird als **Knicklänge** $l_K$ bezeichnet (Bild 8.4). Für den Zusammenhang zwischen Knicklänge $l_K$ und Stablänge $l$ folgt dann:

Knickfall 1: $l_K = 2 \cdot l$ (8.35)

Knickfall 2: $l_K = l$ (8.36)

Knickfall 3: $l_K \approx 0{,}7 \cdot l$ (8.37)

Knickfall 4: $l_K = 0{,}5 \cdot l$ (8.38)

Damit können die Gleichungen 8.26 bis 8.29 auch durch *eine* Gleichung ersetzt werden, indem man die Stablänge $l$ durch die Knicklänge $l_k$ ersetzt.

$$F_K = \frac{\pi^2 \cdot E \cdot I}{l_K^2} \tag{8.39}$$

Man überzeugt sich leicht, dass man durch Einsetzen der Knicklängen $l_K$ (Gleichungen 8.35 bis 8.38) in Gleichung 8.39 wieder die bekannten Gleichungen 8.26 bis 8.29 erhält. Für den Knickfall 2 entspricht die Knicklänge $l_K$ der Stablänge $l$, so dass Gleichung 8.39 mit Gleichung 8.27 übereinstimmt.

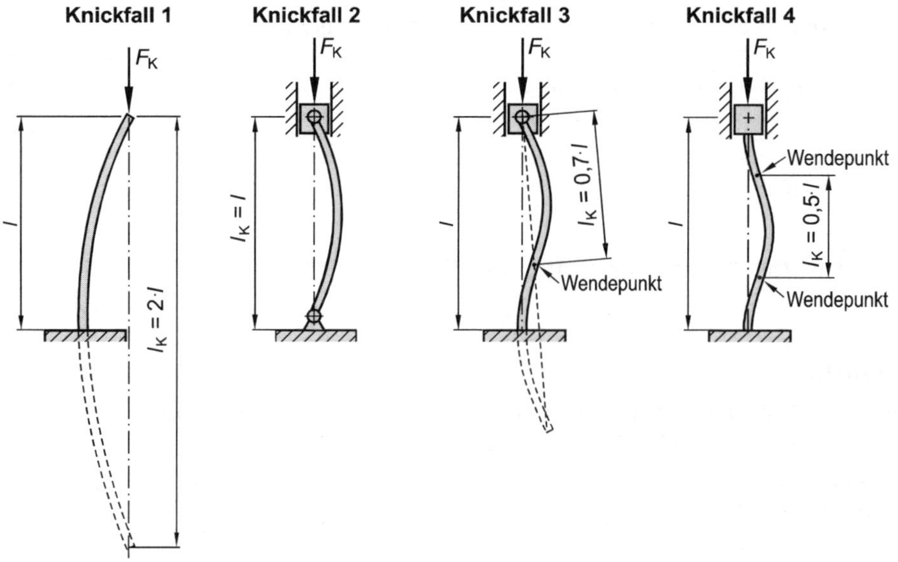


**Bild 8.4** Biegelinien und Knicklängen für unterschiedliche Einspannbedingungen (Euler'sche Knickfälle)

## 8.5 Knickspannungsdiagramme

Die Knickspannung $\sigma_K$ errechnet sich entsprechend Gleichung 8.30 zu:

$$\sigma_K = \frac{F_K}{A} \tag{8.40}$$

mit der Knickkraft $F_K$ gemäß Gleichung 8.39 folgt:

$$\sigma_K = \frac{\pi^2 \cdot E \cdot I}{l_K^2 \cdot A} \tag{8.41}$$

Definiert man für die Geometrie des Stabes den **Schlankheitsgrad** $\lambda$ zu (mit $I = I_{min}$):

$$\lambda = \frac{l_K}{\sqrt{I / A}} \tag{8.42}$$

**Definition des Schlankheitsgrades**

dann folgt aus Gleichung 8.41:

$$\sigma_K = \frac{\pi^2 \cdot E}{\lambda^2} \tag{8.43}$$

**Gleichung der Euler-Kurve**

Trägt man diese Gleichung in einem σ-λ-Diagramm, dem so genannten **Knickspannungsdiagramm** auf, dann erhält man eine Hyperbel, die als **Euler-Kurve** bezeichnet wird (Bild 8.5).

Erreicht die Knickspannung $\sigma_K$ mit abnehmendem Schlankheitsgrad $\lambda$ die Proportionalitätsgrenze für Druckbeanspruchung ($\sigma_{dP}$), dann verliert Gleichung 8.43 ihre Gültigkeit, da oberhalb von $\sigma_{dP}$ das Hooke'sche Gesetz nicht mehr gilt. Der **Grenzschlankheitsgrad** $\lambda_G$ lässt sich dann einfach berechnen:

$$\sigma_K = \frac{\pi^2 \cdot E}{\lambda_G^2} = \sigma_{dP} \tag{8.44}$$

Damit ergibt sich der Grenzschlankheitsgrad $\lambda_G$:

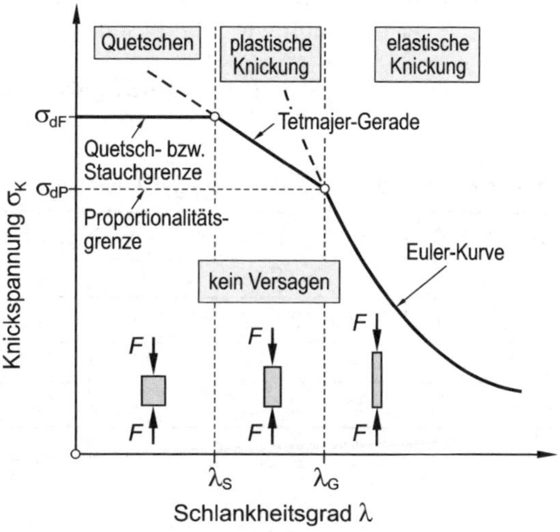


**Bild 8.5** Knickspannungsdiagramm

$$\lambda_G = \pi \cdot \sqrt{\frac{E}{\sigma_{dP}}} \tag{8.45}$$

**Grenzschlankheitsgrad für elastische Knickung (Euler-Bereich)**

Da die Proportionalitätsgrenze $\sigma_{dP}$ experimentell praktisch nicht ermittelt werden kann, ist ersatzweise auch eine Berechnung mit Hilfe der technischen Elastizitätsgrenze $R_{p0,01}$ (Kapitel 2.2.2.1) möglich.

Im Euler-Bereich, also für Stäbe mit einem Schlankheitsgrad $\lambda > \lambda_G$ (Bild 8.5) ist die Knickspannung nur vom Elastizitätsmodul $E$ des Werkstoffs und von der Stabgeometrie (Schlankheitsgrad $\lambda$) abhängig. Eine höhere Festigkeit des Werkstoffs ($\sigma_{dP}$ bzw. $R_{p0,0,1}$) liefert hierbei keine zusätzliche Sicherheit, da innerhalb einer Werkstoffgruppe der Elastizitätsmodul $E$ nur wenig variiert (Kapitel 2.1.4.1). Daher lässt sich durch die Wahl eines höherfesten Werkstoffs (in der Regel auch höhere Werkstoff- und Bearbeitungskosten !) keine Verbesserung im Hinblick auf das Ausknicken erreichen d. h. die Tragfähigkeit des Druckstabes wird nicht erhöht. Wohl aber führt gemäß Gleichung 8.45 eine höhere Festigkeit zu kleineren Grenzschlankheitsgraden $\lambda_G$ und erweitert dadurch den Euler-Bereich, so dass bei einer zusätzlichen, konstruktiven Verminderung des Schlankheitsgrades (z. B. Verminderung der Stablänge unter Beibehaltung der Querschnittsgeometrie) die Knickspannung und damit die Tragfähigkeit erhöht werden kann.

Während lange, dünne Stäbe ($\lambda > \lambda_G$) mit steigender Druckbeanspruchung durch **elastische Knickung** versagen, werden kurze, dicke Stäbe ($\lambda < \lambda_S$) mit Überschreiten der Quetsch- bzw. Stauchgrenze ($\sigma_{dF}$ bzw. $\sigma_{d0,2}$, siehe Kapitel 2.2.2.1) plastisch verformt (zusammengedrückt) ohne zu knicken. Für mittellange Stäbe, mit Schlankheitsgraden nur wenig unter $\lambda_G$ ($\lambda_S < \lambda < \lambda_G$) kommt es hingegen zur **plastischen Knickung**. Experimentelle Untersuchungen ergeben für diesen Bereich eine Übergangskurve, die näherungsweise unter anderem durch die **Tetmajer-Gleichung** (***Ludwig von Tetmajer,*** 1850 ... 1905) beschrieben werden kann. Die empirisch ermittelte Tetmajer-Gleichung schneidet für duktile Werkstoffe die Euler-Kurve in $\lambda = \lambda_G$ und $\sigma = \sigma_{dP}$ und kann wie folgt beschrieben werden:

$$\sigma_K = a - b \cdot \lambda + c \cdot \lambda^2 \qquad \textbf{Tetmajer-Gleichung} \qquad (8.46)$$

**Tabelle 8.2** Koeffizienten der Tetmajer-Gleichung

| **Werkstoff** | ***a*** | ***b*** | ***c*** | **Gültigkeit** |
|---|---|---|---|---|
| | N/mm² | | | |
| EN-GJL-200 | 776 | 12 | 0,053 | $0 < \lambda < 80$ |
| S235JR | 310 | 1,14 | 0 | $60 < \lambda < 104$ |
| E335 | 335 | 0,62 | 0 | $0 < \lambda < 88$ |

## 8.6 Biegeknickung

Die bisherigen Betrachtungen sind davon ausgegangen, dass die auf Druck beanspruchten Stäbe keine Biegung erfahren, die Exzentrizität $e$ also Null ist. Durch Fertigungs- oder Montageungenauigkeiten ist in der Praxis jedoch stets mit einer gewissen Exzentrizität $e$ der Druckkraft zu rechnen. Dann überlagert sich der Druckspannung $\sigma_d = F / A$ noch ein Biegeanteil $\sigma_b = M_{b\,max} / W_b$. Die Gesamtspannung $\sigma_{ges}$ ergibt sich dann zu:

$$\sigma_{ges} = \sigma_d + \sigma_b$$

$$= \frac{F}{A} + \frac{M_{b\,max}}{W_b}$$

$$\sigma_{ges} = \frac{F}{A} + \frac{F \cdot (w_{max} + e)}{W_b} \tag{8.47}$$

Mit Gleichung (8.15) folgt:

$$\sigma_{ges} = \frac{F}{A} + \frac{F \cdot e}{W_b \cdot \cos\left(\frac{\eta \cdot l}{2}\right)} \tag{8.48}$$

und mit Gleichung 8.6 schließlich:

$$\sigma_{ges} = \frac{F}{A} + \frac{F \cdot e}{W_b \cdot \cos\left(\frac{l}{2} \cdot \sqrt{\frac{F}{E \cdot I}}\right)} \tag{8.49}$$

Gleichung 8.49 gilt zunächst für den beidseitig gelenkig gelagerten Stab (Knickfall 2). Ersetzt man jedoch die Stablänge $l$ durch die Knicklänge $l_K$, dann kann die Beziehung unter Berücksichtigung der Gleichungen 8.35 bis 8.38 für alle Knickfälle angewandt werden.

$$\sigma_{ges} = \frac{F}{A} + \frac{F \cdot e}{W_b \cdot \cos\left(\frac{l_K}{2} \cdot \sqrt{\frac{F}{E \cdot I}}\right)} \tag{8.50}$$

Gleichung 8.50 zeigt, dass bei Druckstäben mit außermittigem Kraftangriff (Wirkungslinie der Druckkraft fällt nicht mit dem Flächenschwerpunkt des Stabquerschnitts zusammen) zusätzlich zur Druckspannung noch ein nicht unerheblicher Biegeanteil zu berücksichtigen ist. Bei größerer Exzentrizität $e$ kann daher die Spannung $\sigma_{ges}$ bereits lange vor einer Knickung, unzulässig hohe Werte erreichen. Da bei Druckstäben die Exzentrizität $e$ nur schwer abzuschätzen ist, wird in der Praxis daher meist mit hohen Sicherheitsbeiwerten gegen Knickung gerechnet (Tabelle 8.1).

## 8.7 Übungsaufgaben

### Aufgabe 8.1

Ein beidseitig gelenkig gelagerter Profilstab aus dem Vergütungsstahl C22 mit einer Länge von $l = 2$ m und einer quadratischen Querschnittsfläche ($a = 50$ mm) wird durch die im Flächenschwerpunkt angreifende, statisch wirkende Druckkraft $F_d = 50$ kN mittig beansprucht.

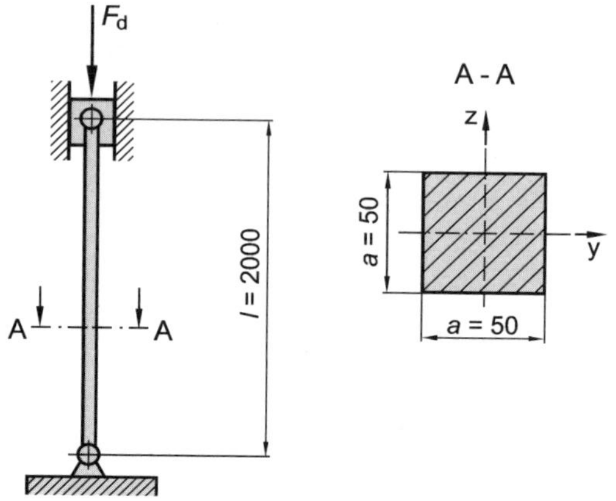


Werkstoffkennwerte C22 (vergütet):

$R_{p0,2}$ = 320 N/mm²
$R_m$ = 460 N/mm²
$E$ = 210000 N/mm²
$\mu$ = 0,30

Berechnen Sie die Knickkraft $F_K$ sowie die Sicherheit gegen Knickung ($S_K$) und gegen Fließen ($S_F$).

### Aufgabe 8.2

Ein Profilstab aus der unlegierten Baustahlsorte S275JR mit einer Länge von $l = 1200$ mm und der dargestellten Querschnittsfläche, wird durch eine im Flächenschwerpunkt $S$ angreifende Druckkraft $F_d$ statisch beansprucht. Der Profilstab ist an beiden Enden gelenkig gelagert.

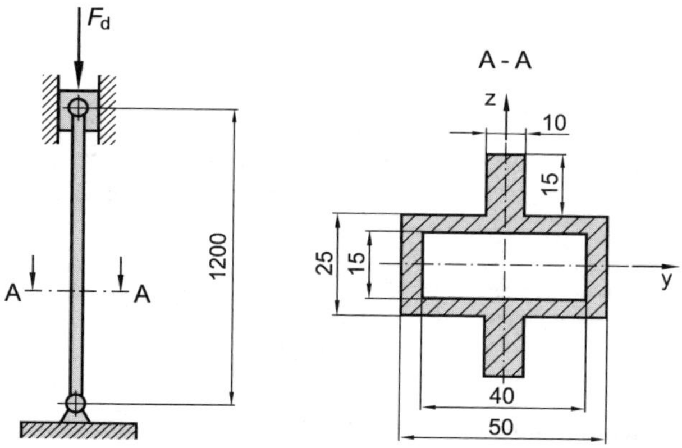


Werkstoffkennwerte S275JR:

$R_e$ = 255 N/mm²
$R_m$ = 510 N/mm²
$E$ = 210000 N/mm²
$\mu$ = 0,30

a) Berechnen Sie für den dargestellten Querschnitt die axialen Flächenmomente 2. Ordnung bezüglich der y-Achse ($I_y$) sowie bezüglich der z-Achse ($I_z$).

b) Ermitteln Sie die zulässige Druckbelastung $F_d$ des Profilstabes ($S_K = 4$ und $S_F = 1,5$).

c) Berechnen Sie die Verkürzung $\Delta l$ des Profilstabes unmittelbar vor dem Versagen.

## Aufgabe 8.3

Die Abbildung zeigt eine einfache hydraulische Hebevorrichtung bestehend aus Tragarm (*T*), einer beidseitig gelenkig gelagerten Kolbenstange (*K*) und einem Hydraulikzylinder (*Z*). Durch Veränderung des Drucks im Zylinder kann die Masse *m* am Ende des Tragarms angehoben oder abgesenkt werden. Das Eigengewicht von Tragarm und Kolbenstange darf vernachlässigt werden.

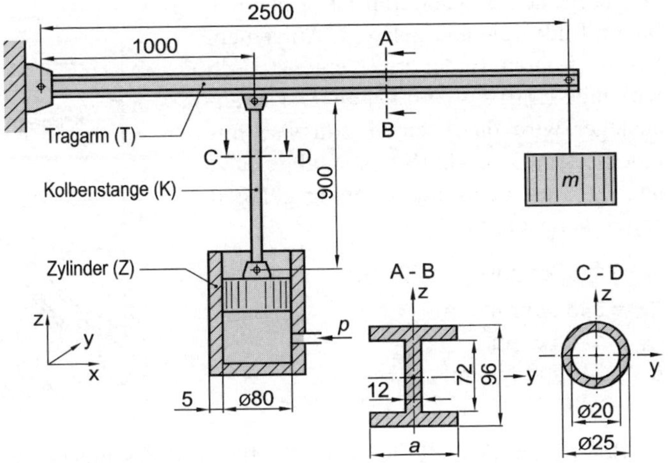


Werkstoffkennwerte:

| Werkstoffkenn-werte | Tragarm (S235JR) | Kolbenstange (C35E) | Zylinder (EN-GJL-350) |
|---|---|---|---|
| $R_e$ [N/mm²] | 235 | 355 | --- |
| $R_m$ [N/mm²] | 360 | 470 | 350 |
| $E$ [N/mm²] | 210000 | 210000 | 115000 |
| $\mu$ [-] | 0,30 | 0,30 | 0,26 |

a) Berechnen Sie die Druckkraft $F_d$ auf die Kolbenstange, falls die an den Tragarm angehängte Masse $m = 1000$ kg beträgt.

b) Ermitteln Sie die Sicherheiten gegen Fließen ($S_F$) und Knickung ($S_K$) für die beidseitig gelenkig gelagerte Kolbenstange (*K*). Sind die Sicherheiten ausreichend ?

c) Berechnen Sie für die höchst beanspruchte Stelle des Tragarms (*T*) das Biegemoment $M_{b\,max}$. Berechnen Sie außerdem das Maß *a* des I-Profils des Tragarms, so dass die Sicherheit gegen Fließen an der höchst beanspruchten Stelle $S_F = 1{,}5$ beträgt.

## Aufgabe 8.4

Der dargestellte Wandkran ist an seinem linken Ende gelenkig gelagert. An seinem freien, rechten Ende greift eine statisch wirkende Kraft $F = 800$ kN an. Der Kranausleger wird durch einen Stützstab aus unlegiertem Baustahl (S235JR) abgestützt und kann als beidseitig gelenkig gelagert angesehen werden.

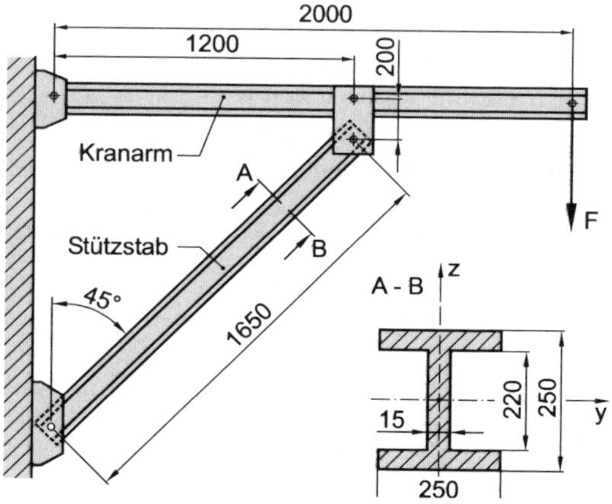


Werkstoffkennwerte S235JR:

$R_e = 235$ N/mm$^2$
$R_m = 440$ N/mm$^2$
$E = 210000$ N/mm$^2$
$\mu = 0{,}30$

a) Berechnen Sie die Druckkraft $F_d$, die auf den Stützstab wirkt.

b) Bestimmen Sie für die Querschnittsfläche des Stützstabes das axiale Flächenmoment 2. Ordnung bezüglich der y-Achse ($I_y$).

c) Ermitteln Sie für den Stützstab die Sicherheiten gegen Fließen und gegen Knickung. Sind die Sicherheiten ausreichend ?

## Aufgabe 8.5

Eine Stahlstütze aus der unlegierten Baustahlsorte S235JR mit kreisförmigem Querschnitt ($d_i = 50$ mm; $s = 5$ mm) und einer Länge von $l = 2500$ mm wird durch die statisch wirkende, mittig angreifende Druckkraft $F$ beansprucht. Die Stahlstütze kann an ihrem unteren Ende als fest eingespannt, an ihrem oberen Ende hingegen als frei beweglich betrachtet werden.

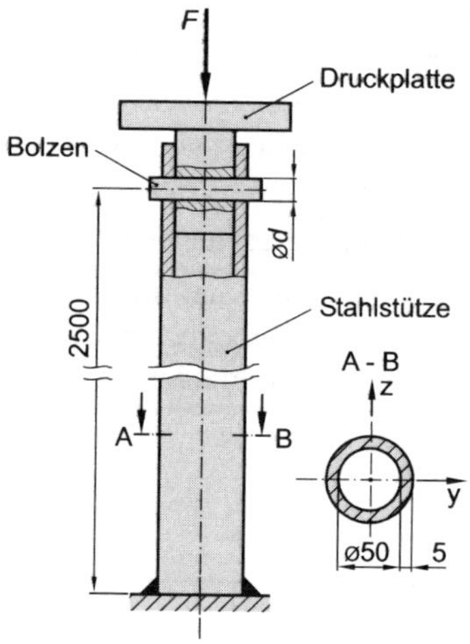


Am oberen Ende der Stütze wurde außerdem eine Druckplatte montiert, die mittels eines Bolzens mit der Stütze verbunden ist. Der Bolzen aus dem unlegierten Vergütungsstahl C45E besitzt einen Vollkreisquerschnitt.

Werkstoffkennwerte:

S235JR: $R_e = 235$ N/mm$^2$
$R_m = 380$ N/mm$^2$
$A = 26$ %
$E = 210000$ N/mm$^2$

C45E: $R_{p0,2} = 310$ N/mm$^2$
$R_m = 620$ N/mm$^2$
$\tau_{aB} = 490$ N/mm$^2$
$A = 16$ %

a) Berechnen Sie die zulässige Druckkraft $F_d$, damit Fließen der Stahlstütze mit einer Sicherheit von $S_F = 1{,}5$ ausgeschlossen werden kann.
b) Ermitteln Sie die Druckkraft $F_d^*$, die zu einer Knickung der Stahlstütze führt.
c) Berechnen Sie den erforderlichen Durchmesser $d$ des Bolzens, damit bei einer Belastung von $F = 25$ kN ein Abscheren mit einer Sicherheit von $S_B = 2{,}0$ ausgeschlossen werden kann.

## Aufgabe 8.6

Ein Wendelbohrer aus Schnellarbeitsstahl HS 6-5-2 ($E = 208000$ N/mm$^2$) und dem in der Abbildung dargestellten idealisierten Querschnitt besitzt einen Durchmesser von $d = 12$ mm.

Ermitteln Sie die maximale Länge $l$ des Bohrers, damit die Knickkraft $F_K$ mindestens 2 kN beträgt.

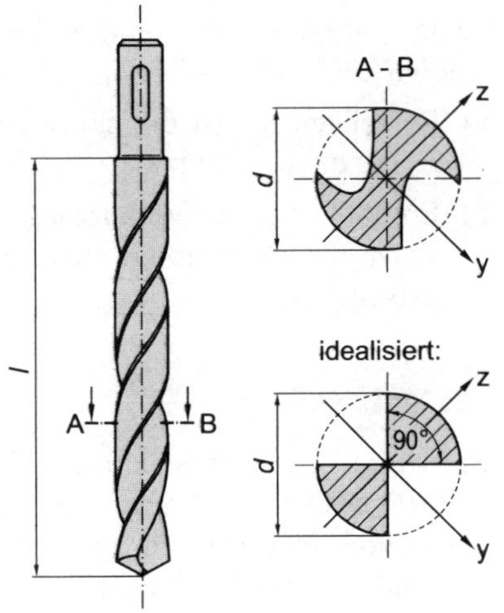


Hinweis:
Das kleinste Flächenmoment 2. Ordnung (bezüglich der z-Achse) ergibt sich für den idealisierten Querschnitt zu:

$$I_z = \frac{d^4}{64} \cdot \left( \frac{\pi}{2} - 1 \right)$$

## Aufgabe 8.7

Die Stütze eines Stahlgerüsts aus Werkstoff S275J0 besitzt einen Kreisringquerschnitt und soll eine axiale Druckkraft von $F = 150$ kN aufnehmen. Die Länge der Stütze beträgt $l = 1500$ mm und der Außendurchmesser $d_a = 100$ mm. Die Stütze kann an ihrem unteren Ende als fest eingespannt und am oberen Enden als frei beweglich betrachtet werden.

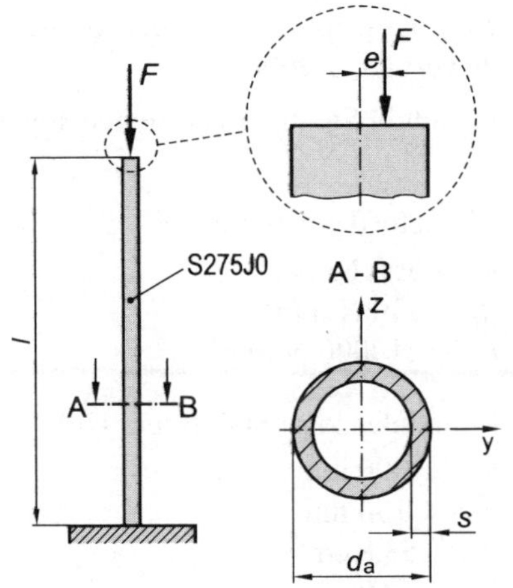


a) Berechnen Sie die mindestens erforderliche Wandstärke $s$, damit die Belastung von $F = 150$ kN mit der notwendigen Sicherheit ($S_F = 1{,}5$ und $S_K = 3{,}0$) ertragen werden kann. Die Druckkraft $F$ soll zunächst als mittig angreifend ($e = 0$) betrachtet werden.
b) Aufgrund von Montageungenauigkeiten ist es mitunter möglich, dass die Druckkraft außermittig angreift ($e \neq 0$). Bestimmen Sie die maximal zulässige Exzentrizität $e$, damit eine Sicherheit von $S_F = 1{,}2$ gegen Fließen gegeben ist. Die Wandstärke der rohrförmigen Stütze soll $s = 5$ mm betragen

Werkstoffkennwerte S275J0:
$R_e = 290$ N/mm$^2$
$R_m = 560$ N/mm$^2$
$E = 208000$ N/mm$^2$

## Aufgabe 8.8

Für ein Baugerüst werden Rohrstützen aus S235JR ($R_e$ = 240 N/mm$^2$; $R_m$ = 420 N/mm$^2$ und $E$ = 210000 N/mm$^2$) verwendet. Die Länge der Stützen beträgt $l$ = 3,50 m, der Außendurchmesser $d_a$ = 60 mm und die Wandstärke $s$ = 5 mm. Die Stützen werden statisch auf Druck beansprucht und sind so eingebaut, dass beide Enden als fest eingespannt betrachtet werden können ($S_F$ = 1,5; $S_K$ = 4,0).

a) Berechnen Sie ist die zulässige Druckkraft $F_d$ auf die Rohrstütze.

b) Ermitteln Sie die Verkürzung $\Delta l$ der Rohrstütze für die zulässige Belastung aus Aufgabenteil a).

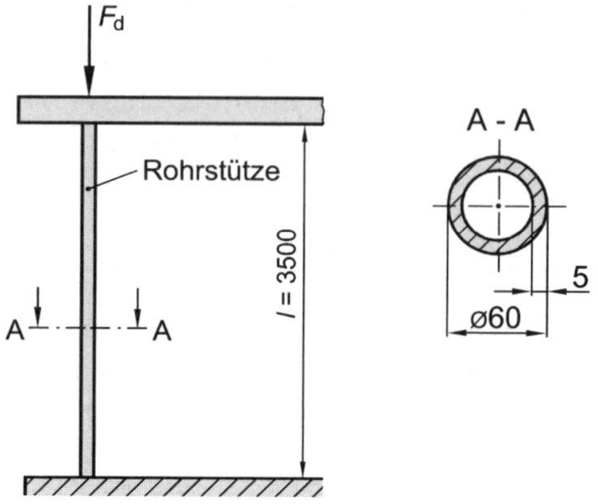


## Aufgabe 8.9

Ein warm gewalzter Stahlträger (IPE 300) aus S235JR besitzt eine Länge von $l$ = 3,5 m und wird durch eine statisch wirkende, mittig angreifende, axiale Druckkraft $F$ = 1300 kN belastet. Der Träger ist an seinem unteren Ende in einer Kugelpfanne gelagert und am oberen Ende vertikal geführt.

Ermitteln Sie die Sicherheiten gegen Versagen.

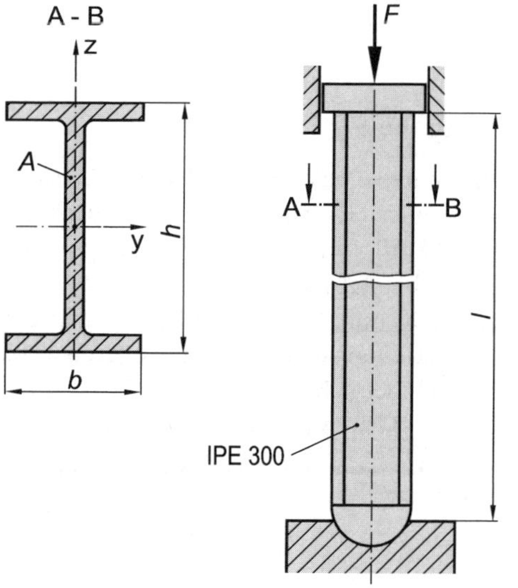


Werkstoffkennwerte:

$R_e$ = 300 N/mm$^2$
$R_m$ = 530 N/mm$^2$
$E$ = 210000 N/mm$^2$

Kenndaten zum Stahlträger (IPE 300):

$h$ = 300 mm
$b$ = 150 mm
$A$ = 53,8 cm$^2$
$I_y$ = 8360 cm$^4$
$I_x$ = 604 cm$^4$

# 9 Schiefe Biegung

Von **schiefer Biegung** (mitunter auch als **zweiachsige Biegung** oder **allgemeine Biegung** bezeichnet) spricht man, sofern an einem Balken Kräfte (Einzelkräfte oder Streckenlasten) oder Momente angreifen, deren Momentenvektor $M_b$ *nicht* mit einer der beiden Hauptachsen des Balkenquerschnitts zusammenfällt. Dies ist der Fall:

- bei Balken mit symmetrischem Querschnitt falls der Biegemomentenvektor schräg zur Symmetrieebene wirkt d. h. nicht mit der Symmetrieebene oder ihrer Senkrechten durch den Flächenschwerpunkt zusammenfällt (Bild 2.18c).
- bei Balken mit unsymmetrischem Querschnitt sofern der Biegemomentenvektor nicht mit einer der Hauptachsen zusammenfällt (Bild 2.18d).

Ziel dieses Kapitels ist die Ermittlung der Biegespannung in jedem Punkt der Querschnittsfläche eines biegebeanspruchten Balkens und damit auch Ort und Betrag der maximalen Biegespannung. Zur Lösung dieser Aufgabe ist es zunächst erforderlich, die Begriffe „Flächenmoment" und „Hauptachsen" einer Fläche zu erläutern.

## 9.1 Flächenmomente

Flächenmomente sind Rechengrößen in Form von Integralen. Ein Flächenmoment kann man sich dadurch veranschaulichen, indem man eine Querschnittsfläche $A$ in unendlich viele kleine Flächenelemente $dA$ aufteilt, den Abstand (oder das Quadrat des Abstands) eines jeden Elementes von den Bezugsachsen (z. B. $y$ oder $z$ in Bild 9.1) mit seinem Flächeninhalt multipliziert und alle so gewonnenen Produkte über die gesamte Querschnittsfläche summiert (integriert).

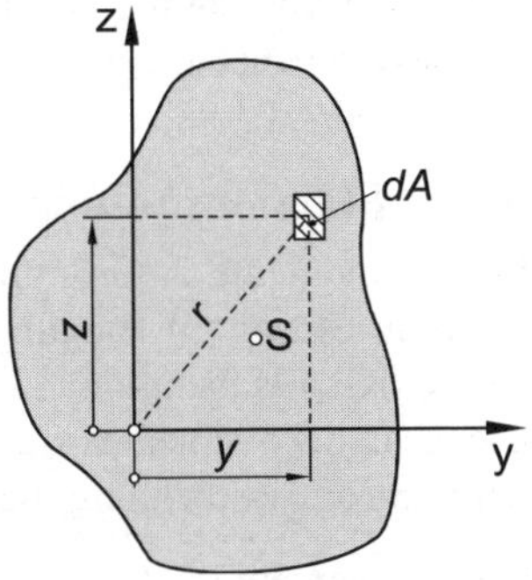


**Bild 9.1** Aufteilung einer Querschnittsfläche in unendlich kleine Flächenelemente $dA$

Man unterscheidet:

- Flächenmomente 1. Ordnung
- Flächenmomente 2. Ordnung

### 9.1.1 Flächenmomente 1. Ordnung

Unter einem Flächenmoment 1. Ordnung (mitunter auch als **statisches Moment** bezeichnet) versteht man einen mathematischen Ausdruck der Form:

$$H_y = \int_A z \cdot dA$$ **Flächenmoment 1. Ordnung bezüglich der y-Achse** (9.1)

bzw.

$$H_z = \int_A y \cdot dA$$ **Flächenmoment 1. Ordnung bezüglich der z-Achse** (9.2)

Die Flächenmomente sind von erster Ordnung, da die Integranden (z. B. die Koordinaten $y$ oder $z$) in der ersten Potenz auftreten. Die Dimension des Flächenmomentes 1. Ordnung ist beispielsweise $m^3$, $cm^3$ oder $mm^3$. Für praktische Berechnungen verwendet man in der Regel jedoch $mm^3$.

Flächenmomente 1. Ordnung benötigt man unter anderem zur Berechnung von Flächenschwerpunkten oder bei der Ermittlung von Schubspannungen, die durch Querkräfte (Querkraftschub) hervorgerufen werden (Kapitel 10.1).

Für die Ermittlung von Flächenmomenten 1. Ordnung gelten die folgenden Aussagen:

1. Flächenmomente 1. Ordnung können in Abhängigkeit der Lage der Bezugsachse positive oder negative Zahlenwerte annehmen.
2. Flächenmomente 1. Ordnung sind von der Lage der Bezugsachsen abhängig. Bezüglich Achsen durch den Flächenschwerpunkt $S$ (Schwereachsen) sind die Flächemomente 1. Ordnung Null. Damit sind bei symmetrischen Querschnittsflächen die Flächenmomente 1. Ordnung auch bezüglich der Symmetrieachse(n) Null. Bild 9.2 verdeutlicht diesen Sachverhalt: für jedes positive Produkt ($y \cdot dA$) existiert ein entsprechend negatives Produkt ($-y \cdot dA$) auf der jeweils der Symmetrieachse gegenüberliegenden Seite. Nach einer Summation bzw. Integration heben sich die Zahlenwerte gegenseitig auf.

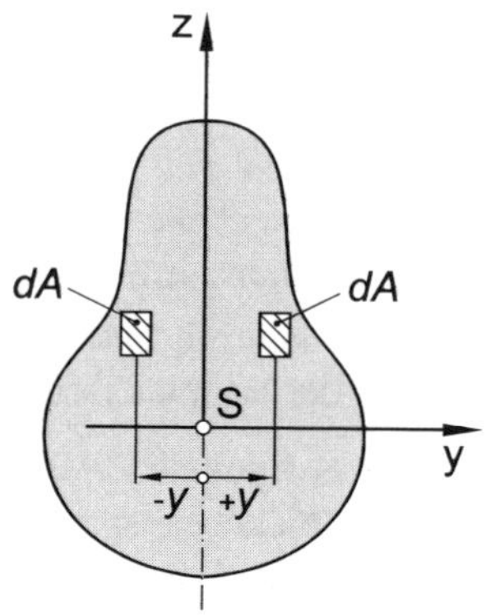


**Bild 9.2** Flächenmomente 1. Ordnung bei symmetrischen Querschnittsflächen

## 9.1.2 Flächenmomente 2. Ordnung

Flächenmomente 2. Ordnung kennzeichnen die Steifigkeit einer Querschnittsfläche beispielsweise in Bezug auf Biegung, Torsion oder Knickung. Aus Kapitel 2.3 und 2.5 ist bereits bekannt, dass Flächenmomente 2. Ordnung als Rechengrößen bei der Spannungsermittlung unter Biege- und Torsionsbeanspruchung benötigt werden. In Kapitel 8 wurden Flächenmomente 2. Ordnung zur Berechnung der Knickkraft benötigt.

Flächenmomente 2. Ordnung werden unterschieden in:

- Axiale Flächenmomente 2. Ordnung (z. B. $I_y$ und $I_z$)
- Polare Flächenmomente (z. B. $I_p$)
- Gemischte Flächenmomente (z. B. $I_{yz}$)

### 9.1.2.1 Axiale Flächenmomente 2. Ordnung

Unter einem axialen Flächenmoment 2. Ordnung versteht man einen mathematischen Ausdruck der Form:

$$I_y = \int_A z^2 \cdot dA$$ **Axiales Flächenmoment 2. Ordnung bezüglich der y-Achse** (9.3)

bzw.

$$I_z = \int_A y^2 \cdot dA$$ **Axiales Flächenmoment 2. Ordnung bezüglich der z-Achse** (9.4)

Die Zahlenwerte axialer Flächenmomente 2. Ordnung sind von der Geometrie der Querschnittsfläche sowie von der Lage der Bezugsachse abhängig und nehmen stets positive Werte an.

Vielfach werden die axialen Flächenmomente 2. Ordnung aufgrund ihrer mathematischen Ähnlichkeit zu den Massenträgheitsmomenten der Dynamik als **axiale Flächenträgheitsmomente** bezeichnet. Da Flächen jedoch keine Massenträgheit besitzen, sollte diese Bezeichnung vermieden werden.

### 9.1.2.2 Polare Flächenmomente

Addiert man die beiden axialen Flächenmomente $I_y$ und $I_z$ dann erhält man:

$$I_y + I_z = \int_A z^2 \cdot dA + \int_A y^2 \cdot dA = \int_A \left(z^2 + y^2\right) \cdot dA$$

und wegen $y^2 + z^2 = r^2$ (Bild 9.1) folgt:

$$I_y + I_z = \int_A r^2 \cdot dA$$

Damit erhält man das **polare Flächenmoment** $I_p$:

$$I_p = \int_A r^2 \cdot dA \qquad (9.5)$$

**Polares Flächenmoment**

Das polare Flächemoment $I_p$ hat eine Bedeutung in Bezug auf die Berechnung von Schubspannungen bei Torsion kreissymmetrischer Querschnitte (Kapitel 2.5).

### 9.1.2.3 Gemischte Flächenmomente

Neben den beiden axialen Flächenmomenten ($I_y$ und $I_z$) entsprechend Gleichung 9.3 und 9.4 und dem polaren Flächenmoment $I_p$ (Gleichung 9.5) unterscheidet man noch das **gemischte Flächenmoment** $I_{yz}$:

$$I_{yz} = -\int_A y \cdot z \cdot dA \qquad (9.6)$$

**Gemischtes Flächenmoment bezüglich dem y-z-Koordinatensystem**

Die für das gemischte Flächenmoment in Anlehnung an die Dynamik mitunter gewählten Bezeichnungen **(Flächen-)Deviationsmoment** oder **(Flächen-)Zentrifugalmoment** sollten aus dem oben genannten Grund ebenfalls nicht verwendet werden. Das gemischte Flächenmoment $I_{yz}$ wird üblicherweise negativ definiert. Damit ergibt sich bei tensorieller Darstellung eine formale Übereinstimmung mit dem Spannungs- bzw. Dehnungstensor.

Während die axialen Flächenmomente 2. Ordnung und das polare Flächenmoment stets Werte größer oder gleich Null annehmen, kann das gemischte Flächenmoment, abhängig von der Verteilung der Querschnittsfläche über die einzelnen Quadranten des Koordinatensystems, Werte annehmen, die größer, gleich oder kleiner Null sind.

Da bei symmetrischen Flächen jedem Flächenelement $dA$ mit positivem gemischtem Flächenmoment ein Flächenelement mit negativem gemischtem Flächenmoment entspricht, ist das gemischte Flächenmoment $I_{yz}$ in Bezug auf ein die Symmetrieachse beinhaltendes Koordinatensystem Null. Dies lässt sich leicht verstehen, da jedem Flächenelement $dA$ (Koordinaten $y$ und $z$) ein symmetrisch gelegenes Flächenelement (Koordinaten $-y$ und $z$) entspricht. Bei der Summation bzw. Integration heben sich ihre Beiträge gegenseitig auf (Bild 9.3).

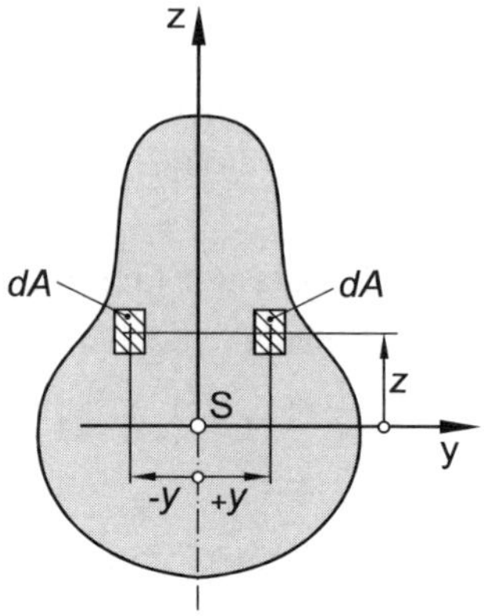


**Bild 9.3** Gemischtes Flächenmoment bei symmetrischen Querschnittsflächen

### 9.1.3 Abhängigkeit der Flächenmomente 2. Ordnung von der Lage des Koordinatensystems

Der Betrag eines Flächenmomentes 2. Ordnung hängt von der Lage der Bezugsachsen ab. Bei einer Parallelverschiebung der Koordinatenachsen oder bei einer Drehung des Koordinatensystems um den Flächenschwerpunkt ändert sich auch der Betrag der Flächenmomente $I_y$, $I_z$ und $I_{yz}$.

#### 9.1.3.1 Parallelverschiebung des Koordinatensystems

Durch eine Parallelverschiebung der Koordinatenachsen ändert sich der Betrag der axialen und des gemischten Flächenmomentes. Die Zusammenhänge werden nachfolgend erläutert.

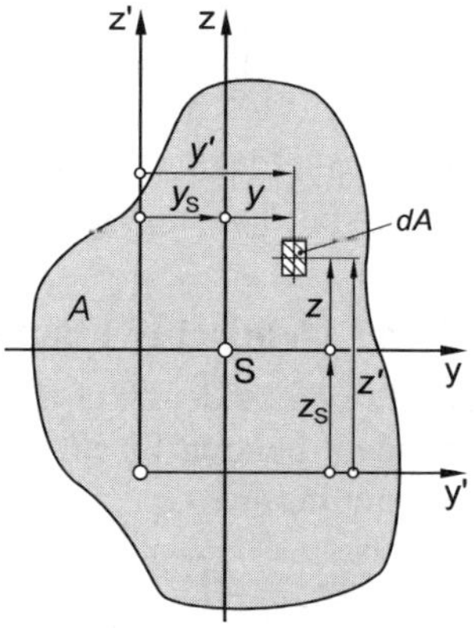


**Bild 9.4** Parallelverschiebung des Koordinatensystems

**a) Axiale Flächenmomente**

Es sei

$$I_y = \int_A z^2 \cdot dA \tag{9.7}$$

das axiale Flächenmoment 2. Ordnung der in Bild 9.4 dargestellten Fläche in Bezug auf die y-Achse durch den Flächenschwerpunkt $S$. Führt man eine Parallelverschiebung der y'-Achse um den Betrag $z_s$ durch (y'-Achse), dann folgt aus Gleichung 9.7 mit der Transformationsgleichung $z' = z + z_S$:

$$I_{y'} = \int_A z'^2 \cdot dA = \int_A (z + z_S)^2 \cdot dA = \int_A z^2 \cdot dA + 2 \cdot z_S \int_A z \cdot dA + z_S^2 \int_A dA$$

Da das Flächenmoment 1. Ordnung in Bezug auf das y-z-Koordinatensystem durch den Flächenschwerpunkt Null ist (Kapitel 9.1.1), folgt schließlich:

$$I_{y'} = \int_A z^2 \cdot dA + z_S^2 \cdot A$$

und damit für das axiale Flächenmoment 2. Ordnung in Bezug auf die y'-Achse:

$$I_{y'} = I_y + z_S^2 \cdot A \tag{9.8}$$

**Axiales Flächenmoment 2. Ordnung bei einer Parallelverschiebung der Koordinatenachsen**

Auf analoge Weise kann auch aus dem axialen Flächenmoment 2. Ordnung bezüglich der z-Achse ($I_z$), das auf eine beliebige Achse bezogene Flächenmoment ($I_{z'}$) berechnet werden.

**b) Gemischte Flächenmomente**

Eine Parallelverschiebung der Bezugsachsen führt auch zu einer Änderung des Betrags des gemischten Flächenmomentes. Es sei

$$I_{yz} = -\int_A y \cdot z \cdot dA$$

das gemischte Flächenmoment der in Bild 9.4 dargestellten Fläche in Bezug auf das y-z-Koordinatensystem. Für das gemischte Flächenmoment in Bezug auf das parallel verschobene y'-z'-Koordinatensystem folgt mit den Transformationsbeziehungen $y' = y + y_S$ und $z' = z + z_S$:

$$\begin{aligned} I_{y'z'} &= -\int_A (y + y_S) \cdot (z + z_S) \cdot dA \\ &= -\int_A y \cdot z \cdot dA - \int_A y_S \cdot z \cdot dA - \int_A z_S \cdot y \cdot dA - \int_A y_S \cdot z_S \cdot dA \\ &= I_{yz} - y_S \int_A z \cdot dA - z_S \int_A y \cdot dA - z_S \cdot y_S \int_A dA \end{aligned}$$

Da die Flächenmomente 1. Ordnung in Bezug auf das y-z-Koordinatensystem durch den Flächenschwerpunkt Null sind (Kapitel 9.1.1), folgt schließlich:

$$I_{y'z'} = I_{yz} - 0 - 0 - z_S \cdot y_S \cdot A$$

$$I_{y'z'} = I_{yz} - y_S \cdot z_S \cdot A \qquad (9.9)$$

**Gemischtes Flächenmoment bei einer Parallelverschiebung der Koordinatenachsen**

Bei der Anwendung von Gleichung 9.9 sind die Vorzeichen von $y_S$ und $z_S$ in Bezug auf das gewählte Koordinatensystem zu berücksichtigen.

Die Gleichungen 9.8 und 9.9 wurden bereits um 1850 von ***Jakob Steiner*** (1796 ... 1863) formuliert und sind in verbaler Form als „**Satz von Steiner**" bekannt geworden.

Aus Gleichung 9.8 und 9.9 lassen sich die folgenden Erkenntnisse ableiten:

1. Axiale Flächenmomente 2. Ordnung ($I_y$ und $I_z$) besitzen in Bezug auf Achsen durch den Flächenschwerpunkt Kleinstwerte im Vergleich zu parallel verschobenen Bezugsachsen.
2. Das gemischte Flächenmoment ($I_{yz}$) ändert seinen Betrag nicht, falls nur eine Achse parallel verschoben wird.

Bei der Anwendung des Steiner'schen Satzes ist weiterhin zu beachten:

1. Axiale Flächenmomente 2. Ordnung, die sich auf dieselbe Achse beziehen bzw. gemischte Flächenmomente die sich auf dasselbe Koordinatensystem beziehen, dürfen addiert oder subtrahiert werden.
2. Der Steiner'sche Satz stellt stets einen Zusammenhang zwischen den Flächenmomenten bezüglich einer *Achse durch den Flächenschwerpunkt* bzw. eines *Koordinatensystems mit Ursprung im Flächenschwerpunkt* und einer dazu parallelen Achse bzw. eines parallel verschobenen Koordinatensystems her. Der Steiner'sche Satz darf hingegen *nicht* angewandt werden, um eine Beziehung zwischen den Flächenmomenten bezüglich beliebiger Achsen bzw. Koordinatensysteme herzustellen (siehe auch Aufgabe 2.17).

### 9.1.3.2 Drehung des Koordinatensystems um den Flächenschwerpunkt

Der Betrag eines Flächenmomentes 2. Ordnung ändert sich nicht nur bei einer Parallelverschiebung der Bezugsachsen, sondern auch bei einer Drehung des (rechtwinkeligen) Koordinatensystems um den Flächenschwerpunkt *S*.

Gegeben sei eine Fläche *A* sowie ein rechtwinkliges Koordinatensystem (*y* und *z*) durch den Flächenschwerpunkt *S*. Weiterhin seien die Flächenmomente 2. Ordnung in Bezug auf das y-z-Koordinatensystem bekannt ($I_y$, $I_z$ und $I_{yz}$), Bild 9.5.

Bei einer Drehung des Koordinatensystems um den Flächenschwerpunkt *S* mit Drehwinkel $\varphi$ ändert sich auch der Betrag der Flächenmomente. Ohne auf die Herleitung einzugehen (siehe hierzu beispielsweise [9]) ergeben sich zwischen den Flächenmomenten in Bezug auf das ursprüngliche y-z-Koordinatensystem ($I_y$, $I_z$ und $I_{yz}$) und den Flächenmomenten 2. Ordnung bezogen auf das gedrehte η-ζ-System ($I_\eta$, $I_\zeta$ und $I_{\eta\zeta}$) die folgenden Transformationsbeziehungen:

$$I_\eta = \frac{I_y + I_z}{2} + \frac{I_y - I_z}{2} \cdot \cos 2\varphi + I_{yz} \cdot \sin 2\varphi \qquad (9.10)$$

$$I_\zeta = \frac{I_y + I_z}{2} - \frac{I_y - I_z}{2} \cdot \cos 2\varphi - I_{yz} \cdot \sin 2\varphi \qquad (9.11)$$

$$I_{\eta\zeta} = -\frac{I_y - I_z}{2} \cdot \sin 2\varphi + I_{yz} \cdot \cos 2\varphi \qquad (9.12)$$

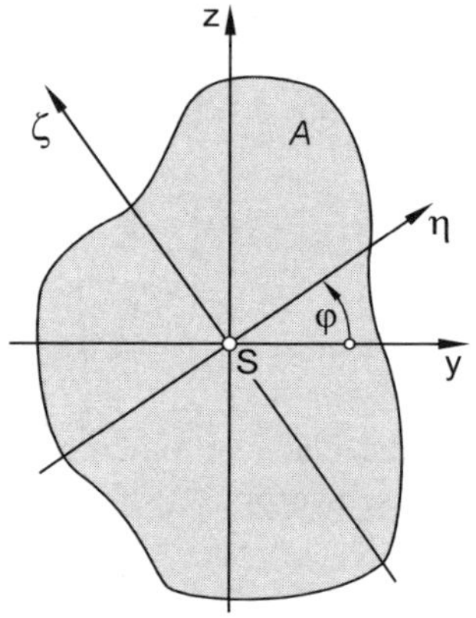


**Bild 9.5** Drehung des Koordinatensystems um den Flächenschwerpunkt

Für die Spannungsermittlung, insbesondere bei schiefer Biegung, ist diejenige Lage des Koordinatensystems von Interesse für die das gemischte Flächenmoment ($I_{\eta\zeta}$) Null wird. Gleichzeitig nehmen bezüglich dieses gedrehten Koordinatensystems die axialen Flächenmomente 2. Ordnung Extremwerte an. Diese neuen Koordinatenachsen werden daher als **Hauptachsen** der Fläche und das aus ihnen gebildete Koordinatensystem als **Hauptachsensystem** bezeichnet. Die entsprechenden axialen Flächenmomente 2. Ordnung bezeichnet man als **Hauptflächenmomente**.

#### a) Bestimmung der Richtungswinkel zu den Hauptachsen

Den Richtungswinkel zu den Hauptachsen erhält man aus Gleichung 9.12 mit der Bedingung $I_{\eta\zeta} = 0$:

$$\tan 2\varphi = \frac{2 \cdot I_{yz}}{I_y - I_z} \qquad (9.13)$$

Damit ergibt sich der Richtungswinkel $\varphi$ zu:

$$\varphi_{1;2} = \frac{1}{2} \cdot \arctan\left(\frac{2 \cdot I_{yz}}{I_y - I_z}\right) \qquad (9.14)$$

**Richtungswinkel zwischen der y-Achse und der ersten oder zweiten Hauptachse**

Der mit Hilfe von Gleichung 9.14 errechnete Winkel $\varphi$ kann der Richtungswinkel zwischen der ersten oder der zweiten Hauptachse sein. Eine Entscheidung kann mit Hilfe der zweiten Ableitung von Gleichung 9.10 erfolgen:

$$\frac{d^2 I_\eta}{d\varphi^2} = -2 \cdot \left(I_y - I_z\right) \cdot \cos 2\varphi - 4 \cdot I_{yz} \cdot \sin 2\varphi \qquad (9.15)$$

Setzt man den gemäß Gleichung 9.14 ermittelten Richtungswinkel in Gleichung 9.15 ein und erhält für die zweite Ableitung ein negatives Ergebnis, dann ist $\varphi = \varphi_1$ der Richtungswinkel zwischen der y-Achse und der ersten Hauptachse. Bezüglich der ersten Hauptachse besitzt das axiale Flächenmoment 2. Ordnung ein Maximum. Erhält man hingegen ein positives Ergebnis, dann ist $\varphi = \varphi_2$ der Richtungswinkel zwischen der y-Achse und der zweiten Hauptachse. Bezüglich der zweiten Hauptachse besitzt das axiale Flächenmoment 2. Ordnung ein Minimum.

Aufgrund der $\pi$-Periodizität des Tangens ergibt sich der zweite Winkel zu:

$$\varphi_{2;1} = \varphi_{1;2} + 90° \qquad (9.16)$$

Bei Anwendung von Gleichung 9.14 ist zu berücksichtigen, dass $I_y$ bzw. $I_z$ die axialen Flächenmomente 2. Ordnung bezüglich der y-Achse bzw. der z-Achse sind. $I_{yz}$ ist das gemischte Flächenmoment bezüglich des y-z-Koordinatensystems. Weiterhin ergibt sich die z-Richtung des Bezugssystems, ausgehend von der y- Richtung, stets durch eine Drehung um 90° im mathematisch positiven Sinn (Gegenuhrzeigersinn).

Bei symmetrischen Flächen ist das gemischte Flächenmoment ($I_{yz}$) in Bezug auf ein die Symmetrieachse beinhaltendes Achsensystem Null. Die Symmetrieachse und die hierzu senkrechte Achse durch den Flächenschwerpunkt $S$ sind also stets Hauptachsen.

**Auffinden von Hauptachsen bei symmetrischen Flächen**

Bei symmetrischen Flächen sind die Symmetrieachse und die hierzu senkrechte Achse durch den Flächenschwerpunkt $S$ stets Hauptachsen.

**b) Berechnung der Hauptflächenmomente**

Zur Berechnung der Hauptflächenmomente ist es zweckmäßig, die trigonometrischen Beziehungen

$$\cos 2\varphi = \frac{1}{\sqrt{1 + \tan^2 2\varphi}} \qquad (9.17)$$

und

$$\sin 2\varphi = \frac{\tan 2\varphi}{\sqrt{1 + \tan^2 2\varphi}} \qquad (9.18)$$

anzuwenden.

Gleichung 9.13 in 9.17 eingesetzt ergibt:

$$\cos 2\varphi = \frac{1}{\sqrt{1+\left(\dfrac{2 \cdot I_{yz}}{I_y - I_z}\right)^2}} = \frac{I_y - I_z}{\sqrt{(I_y - I_z)^2 + 4 \cdot I_{yz}^2}} \qquad (9.19)$$

Gleichung 9.13 in 9.18 eingesetzt liefert:

$$\sin 2\varphi = \frac{2 \cdot I_{yz}}{\sqrt{(I_y - I_z)^2 + 4 \cdot I_{yz}^2}} \qquad (9.20)$$

Setzt man schließlich die Gleichungen 9.19 und 9.20 in Gleichung 9.10 ein, dann erhält man für das maximale Flächenmoment 2. Ordnung ($I_1$):

$$I_1 = \frac{I_y + I_z}{2} + \frac{I_y - I_z}{2} \cdot \frac{I_y - I_z}{\sqrt{(I_y - I_z)^2 + 4 \cdot I_{yz}^2}} + I_{yz} \cdot \frac{2 \cdot I_{yz}}{\sqrt{(I_y - I_z)^2 + 4 \cdot I_{yz}^2}}$$

$$= \frac{I_y + I_z}{2} + \frac{\frac{1}{2} \cdot \left[(I_y - I_z)^2 + 4 \cdot I_{yz}^2\right]}{\sqrt{(I_y - I_z)^2 + 4 \cdot I_{yz}^2}} = \frac{I_y + I_z}{2} + \frac{1}{2} \cdot \sqrt{(I_y - I_z)^2 + 4 \cdot I_{yz}^2}$$

$$I_1 = \frac{I_y + I_z}{2} + \sqrt{\left(\frac{I_y - I_z}{2}\right)^2 + I_{yz}^2}$$

**Maximales Flächenmoment 2. Ordnung (Hauptflächenmoment)** (9.21)

Setzt man schließlich die Gleichungen 9.17 und 9.18 in Gleichung 9.11 ein, dann erhält man nach Umformung in analoger Weise für das minimale Flächenmoment 2. Ordnung:

$$I_2 = \frac{I_y + I_z}{2} - \sqrt{\left(\frac{I_y - I_z}{2}\right)^2 + I_{yz}^2}$$

**Minimales Flächenmoment 2. Ordnung (Hauptflächenmoment)** (9.22)

## 9.2 Spannungsermittlung bei schiefer Biegung

Von schiefer Biegung spricht man, sofern der Biegemomentenvektor nicht mit einer der beiden Hauptachsen der Fläche zusammenfällt. Zerlegt man den Biegemomentenvektor $M_b$ in Komponenten in Richtung der Hauptachsen (1) und (2), dann kann man die schiefe Biegung als Überlagerung zweier gerader Biegungen auffassen, daher auch die Bezeichnung „zweiachsige Biegung“. Bild 9.6 veranschaulicht diesen Sachverhalt.

Gegeben sei eine beliebige Querschnittsfläche eines biegebeanspruchten Balkens. Die Balkenachse soll voraussetzungsgemäß in der Lastebene liegen. Zur Ermittlung der Biegespannungen geht man schrittweise wie folgt vor:

1. Ermittlung der Lage der beiden Hauptachsen (1) und (2) der Querschnittsfläche sowie der zugehörigen Hauptflächenmomente $I_1$ und $I_2$ (Kapitel 9.1.3). Mit dem Index „1" soll vereinbarungsgemäß diejenige Hauptachse bezeichnet werden, bezüglich derer das axiale Flächenmoment 2. Ordnung ein Maximum besitzt („große Hauptachse"). Mit dem Index „2" wird hingegen diejenige Hauptachse bezeichnet, bezüglich derer das axiale Flächenmoment 2. Ordnung ein Minimum besitzt („kleine Hauptachse").
2. Festlegung eines a-b-Koordinatensystems. Es ist zweckmäßig den Hauptachsen einen Richtungssinn zuzuordnen bzw. ein mit den Hauptachsen zusammenfallendes a-b-Koordinatensystem wie folgt einzuführen: Die a-Koordinatenrichtung soll mit der Richtung der großen Hauptachse ($a \equiv$ (1)), die b-Koordinatenrichtung mit der kleinen Hauptachse zusammenfallen ($b \equiv$ (2)). Die b-Richtung muss dabei aus der a-Richtung durch eine Drehung um 90° im mathematisch positiven Sinn (Gegenuhrzeigersinn) hervorgehen.
3. Einführung des Richtungswinkels $\alpha$ zwischen der a-Achse und dem Biegemomentenvektor $M_b$. Der Winkel wird von der positiven a-Achse aus abgetragen und ist im mathematisch positiven Sinn positiv und in die Gegenrichtung negativ zu berücksichtigen.

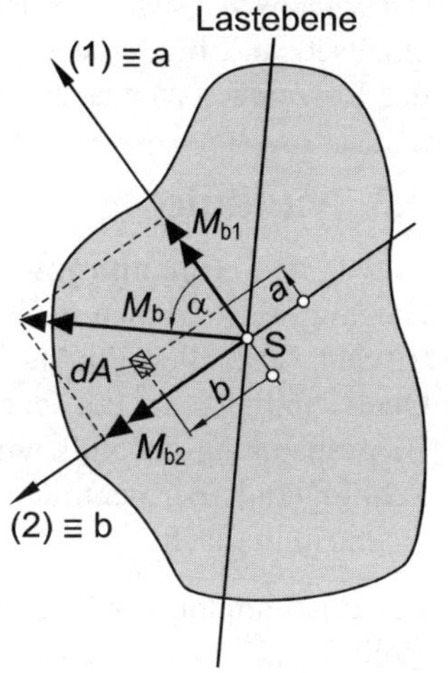


**Bild 9.6** Zerlegung des Biegemomentenvektors in Richtung der Hauptachsen

Um die in Kapitel 2.3.1 abgeleitete Grundgleichung 2.32 bzw. 2.33 für die Berechnung der Biegespannung bei gerader Biegung auch bei schiefer Biegung anwenden zu können, wird der Biegemomentenvektor $M_b$ in Komponenten in Richtung der beiden Hauptachsen ($M_{b1}$ und $M_{b2}$) zerlegt:

$$M_{b1} = M_b \cdot \cos\alpha \tag{9.23}$$

$$M_{b2} = M_b \cdot \sin\alpha \tag{9.24}$$

Damit folgt für die Biegespannungen in einem Flächenelement $dA$ mit den Koordinaten $a$ und $b$ (siehe auch Gleichung 2.32):

$$\sigma_x(b) = \frac{M_{b1}}{I_1} \cdot b \tag{9.25}$$

und $$\sigma_x(a) = \frac{M_{b2}}{I_2} \cdot a \tag{9.26}$$

Die resultierende Biegespannung im Flächenelement $dA$ erhält man durch Superposition der Spannungskomponenten $\sigma_x(a)$ und $\sigma_x(b)$:

$$\sigma_x = \sigma_x(b) - \sigma_x(a)$$

$$\sigma_x = \frac{M_{b1}}{I_1} \cdot b - \frac{M_{b2}}{I_2} \cdot a$$

$$\sigma_x = M_b \cdot \left( \frac{\cos\alpha}{I_1} \cdot b - \frac{\sin\alpha}{I_2} \cdot a \right) \tag{9.27}$$

**Resultierende Biegespannung in einem Flächenelement *dA* (Koordinaten *a* und *b* bezüglich des Hauptachsensystems)**

Die Abstände $a$ und $b$ sind bei Anwendung von Gleichung 9.27 entsprechend des festgelegten a-b-Koordinatensystems (Hauptachsensystem) *vorzeichengerecht* einzusetzen. Ebenso ist für den Winkel $\alpha$ das Vorzeichen zu beachten.

## 9.3 Nulllinie

Unter der **(Spannungs-)Nulllinie** bei Biegung versteht man denjenigen geometrischen Ort aller Punkte innerhalb der Querschnittsfläche, an deren Stelle die Biegespannung zu Null wird. Sie ist die Schnittgerade der neutralen Faser mit der Querschnittsfläche.

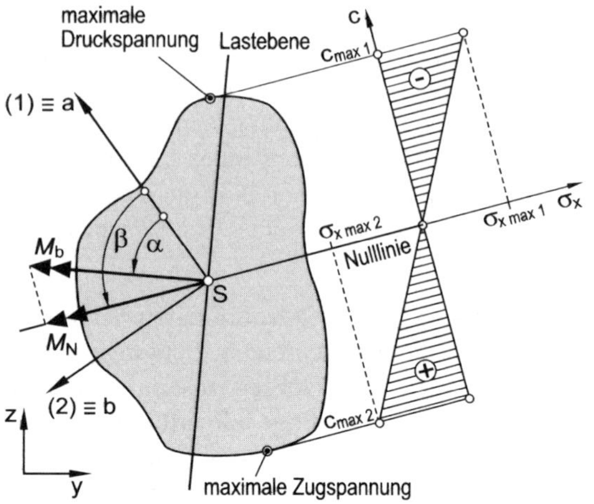


**Bild 9.7** Lage der Nulllinie

Zur Bestimmung der Lage der Nulllinie setzt man in Gleichung 9.27 die Biegspannung $\sigma_b$ zu Null:

$$\sigma_x = M_b \cdot \left( \frac{\cos\alpha}{I_1} \cdot b - \frac{\sin\alpha}{I_2} \cdot a \right) = 0 \tag{9.27}$$

Damit erhält man die Kurvengleichung der (Spannung-)Nulllinie in a-b-Koordinatensystem:

$$b(a) = \frac{I_1}{I_2} \cdot \tan\alpha \cdot a$$ **Gleichung der Nulllinie im a-b-Koordinatensystem** (9.28)

Der Winkel $\beta$ zwischen der $a$-Achse und der Nulllinie ergibt sich aus der Geradensteigung zu:

$$\beta = \arctan\left( \frac{I_1}{I_2} \cdot \tan\alpha \right)$$ **Winkel zwischen a-Achse und Nulllinie** (9.29)

Da in der Regel $I_1 \neq I_2$ gilt, ist auch $\beta \neq \alpha$, so dass die Nulllinie nicht mit dem Biegemomentenvektor zusammenfällt, daher auch die Bezeichnung „schiefe Biegung". Nur für Querschnitte mit gleichen Hauptflächenmomenten ($I_1 = I_2$) wie zum Beispiel Kreis, Kreisring oder Quadrat fallen Momentenvektor und Nulllinie zusammen ($\beta = \alpha$).

Bei bekannter Lage der Nulllinie kann die Biegespannung an einem beliebigen Ort der Querschnittsfläche, und damit auch die maximale Biegespannung, auf einfache Weise ermittelt werden. Bild 9.7 zeigt, dass sich die Biegespannung linear mit dem Abstand zur Nulllinie verändert. Es gilt (Strahlensatz):

$$\sigma_x(c) = \sigma_{x\,max} \cdot \frac{c}{c_{max}} \tag{9.30}$$

Die Biegespannung $\sigma_x(c)$ erzeugt im Abstand $c$ von der Nulllinie das Moment:

$$dM = \sigma_x(c) \cdot dA \cdot c = \frac{\sigma_{x\,max}}{c_{max}} \cdot c^2 \cdot dA \tag{9.31}$$

Das Gesamtmoment $M$ ergibt sich als Summe aller Teilmomente $dM$ über die gesamte Querschnittsfläche $A$, d. h. als Integral über die Querschnittsfläche $A$:

$$M = \int_A dM = \frac{\sigma_{x\,max}}{c_{max}} \int_A c^2 \cdot dA = \frac{\sigma_{x\,max}}{c_{max}} \cdot I_N \qquad (9.32)$$

Aus Gründen des Momentengleichgewichts muss das Moment $M$ der Komponente des Biegemomentenvektors in Richtung der Nulllinie $M_{bN}$ (Biegemoment um die Nulllinie) entsprechen. Für den Biegemomentenvektor $M_{bN}$ in Bezug auf die Nulllinie gilt (Bild 9.7):

$$M_{bN} = M_b \cdot \cos(\beta - \alpha)$$ **Biegemoment in Bezug auf die Nulllinie** (9.33)

Aus Gleichung 9.32 folgt damit für die maximale Biegespannung $\sigma_{x\,max}$ im maximalen senkrechten Abstand $c_{max}$ von der Nulllinie:

$$\sigma_{x\,max} = \frac{M_{bN}}{I_N} \cdot c_{max}$$ **Maximale Biegespannung in der Querschnittsfläche** (9.34)

Das axiale Flächenmoment 2. Ordnung bezüglich der Nulllinie ($I_N$) erhält man aus der Transformationsgleichung 9.10, wobei der Drehwinkel ($\varphi$) dem Winkel zwischen der großen Hauptachse (1) und der Nulllinie entspricht, also $\varphi \equiv \beta$. Da das gemischte Flächenmoment in Bezug auf das Hauptachsensystem Null ist, entfällt der zweite Summand in Gleichung 9.10 und es folgt:

$$I_N = \frac{I_1 + I_2}{2} + \frac{I_1 - I_2}{2} \cdot \cos 2\beta$$ **Axiales Flächenmoment 2. Ordnung bezüglich der Nulllinie** (9.35)

Gleichung 9.34 stellt mit den Gleichungen 9.33 und 9.35 eine alternative Methode dar, die Biegespannung an einer beliebigen Stelle der Querschnittsfläche, insbesondere jedoch die maximale Biegespannung $\sigma_{x\,max}$ zu ermitteln.

## 9.4 Übungsaufgaben

### Aufgabe 9.1

Die Abbildung zeigt einen einseitig eingespannten Kastenträger mit Rechteckquerschnitt aus einem vergüteten Feinkornbaustahl (S890QL). Der Träger wird durch eine unter dem Winkel $\varphi = 30°$ schräg zur z-Achse angreifende Kraft $F = 100$ kN auf Biegung beansprucht. Die Wirkungslinie der Kraft geht durch den Flächenschwerpunkt. Schubspannungen durch Querkräfte, das Eigengewicht des Kastenträgers sowie eine eventuelle Kerbwirkung am Einspannquerschnitt sind zu vernachlässigen.

Werkstoffkennwerte S890QL:

$R_e$ = 890 N/mm$^2$
$R_m$ = 1050 N/mm$^2$
$E$ = 210000 N/mm$^2$
$\mu$ = 0,30

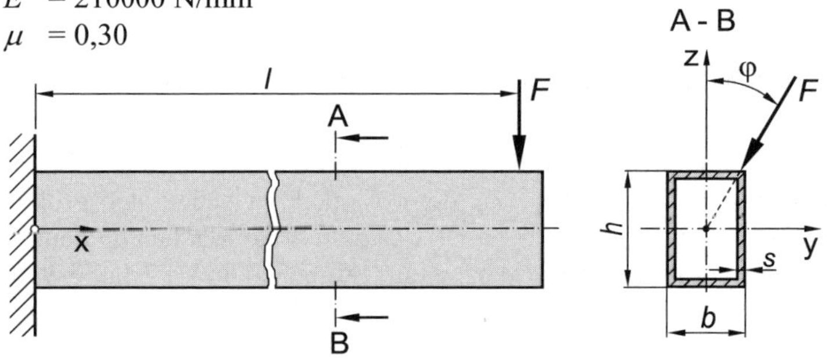


**Abmessungen:**
$l$ = 5000 mm
$h$ = 300 mm
$b$ = 200 mm
$s$ = 20 mm

a) Ermitteln Sie die Lage der beiden Hauptachsen für die gegebene Querschnittsfläche.

b) Berechnen Sie die axialen Flächenmomente zweiter Ordnung bezüglich der beiden Hauptachsen (Hauptflächenmomente $I_1$ und $I_2$).

c) Ermitteln Sie die Lage der Nulllinie und bestimmen Sie Ort und Betrag der maximalen Biegespannung.

d) Berechnen Sie für die gefährdete Stelle die Sicherheit gegen Fließen.

### Aufgabe 9.2

Der abgebildete Träger aus einem warmgewalzten Flachstahl mit Rechteckquerschnitt (Flachstab EN 10058 - 100x60x4000 F - S235JR) wird durch eine unter dem Winkel $\varphi = 22°$ schräg zur z-Achse angreifende Querkraft $F = 10$ kN auf Biegung beansprucht. Die Wirkungslinie der Kraft geht dabei durch den Schwerpunkt der Querschnittsfläche.

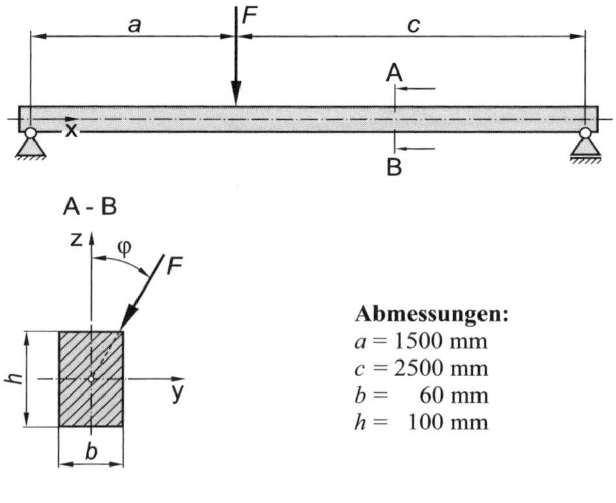


**Abmessungen:**
$a$ = 1500 mm
$c$ = 2500 mm
$b$ = 60 mm
$h$ = 100 mm

Schubspannungen durch Querkräfte sowie das Eigengewicht des Trägers sind zu vernachlässigen.

Werkstoffkennwerte S235JR:

$R_e$ = 245 N/mm$^2$
$R_m$ = 440 N/mm$^2$
$E$ = 210000 N/mm$^2$
$\mu$ = 0,30

a) Ermitteln Sie Ort und Betrag des maximalen Biegemomentes.
b) Bestimmen Sie die Lage der beiden Hauptachsen des Rechteckquerschnitts.
c) Ermitteln Sie die Lage der Nulllinie und bestimmen Sie Ort und Betrag der maximalen Biegespannung.
d) Berechnen Sie für die höchst beanspruchte Stelle die Sicherheit gegen Fließen.

## Aufgabe 9.3

Ein einseitig eingespannter, gleichschenkliger, scharfkantiger T-Profilstahl nach DIN 59051 (TPS 40) aus S355JR mit einer Länge von $l$ = 2 m wird durch eine unter dem Winkel $\varphi$ = 20° schräg zur z-Achse angreifende Kraft $F$ = 250 N auf Biegung beansprucht. Die Wirkungslinie der Kraft geht durch den Flächenschwerpunkt. Schubspannungen durch Querkräfte, das Eigengewicht des Bauteils sowie Kerbwirkung am Einspannquerschnitt sind zu vernachlässigen.

Werkstoffkennwerte S355JR:

$R_e$ = 360 N/mm$^2$
$R_m$ = 610 N/mm$^2$
$E$ = 207000 N/mm$^2$
$\mu$ = 0,30

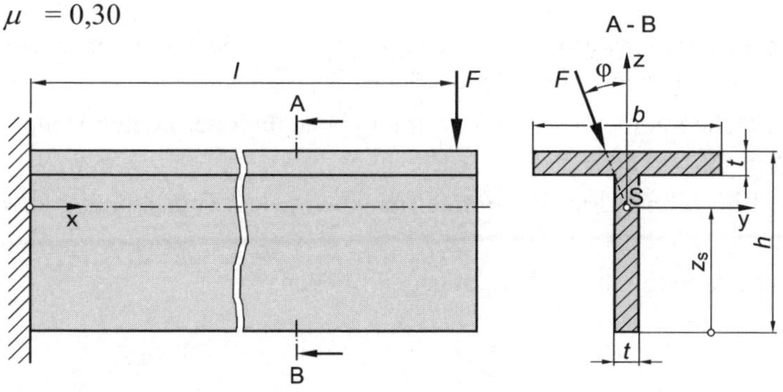


**Abmessungen:**
$l$ = 2000 mm
$b$ = 40 mm
$h$ = 40 mm
$t$ = 5 mm

a) Ermitteln Sie die Lage des Flächenschwerpunktes ($z_S$) sowie die Lage der beiden Hauptachsen für die gegebene Querschnittsfläche.
b) Berechnen Sie die axialen Flächenmomente zweiter Ordnung bezüglich der beiden Hauptachsen (Hauptflächenmomente $I_1$ und $I_2$).
c) Ermitteln Sie die Lage der Nulllinie und bestimmen Sie Ort und Betrag der maximalen Zugspannung sowie der maximalen Druckspannung.
d) Berechnen Sie für die gefährdete Stelle die Sicherheit gegen Fließen.

## Aufgabe 9.4

Ein einseitig eingespannter ungleichschenkeliger Winkelträger aus C60E+QT wird durch eine Einzelkraft $F = 7000$ N an seinem freien Ende belastet. Die Wirkungslinie der Kraft geht durch den Flächenschwerpunkt. Schubspannungen durch Querkräfte, das Eigengewicht des Winkelträgers sowie Kerbwirkung am Einspannquerschnitt sind zu vernachlässigen.

Werkstoffkennwerte S355JR:

$R_e = 590$ N/mm$^2$
$R_m = 890$ N/mm$^2$
$\sigma_{dF} \approx R_e = 590$ N/mm$^2$
$E = 209000$ N/mm$^2$
$\mu = 0{,}30$

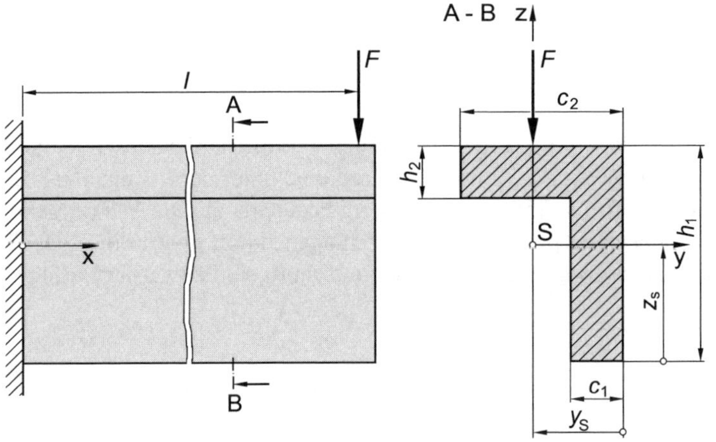


**Abmessungen:**

$h_1 = 120$ mm
$h_2 = 15$ mm
$c_1 = 15$ mm
$c_2 = 90$ mm
$l = 2500$ mm

a) Ermitteln Sie die Lage des Flächenschwerpunktes ($y_S$ und $z_S$) sowie die Lage der ersten und zweiten Hauptachse für die gegebene Querschnittsfläche.

b) Berechnen Sie die axialen Flächenmomente zweiter Ordnung bezüglich der beiden Hauptachsen (Hauptflächenmomente $I_1$ und $I_2$).

c) Bestimmen Sie den Ort und berechnen Sie den Betrag der maximalen Zugspannung sowie der maximalen Druckspannung.

d) Berechnen Sie für die gefährdete Stelle die Sicherheit gegen Fließen.

## Aufgabe 9.5

Ein einseitig eingespannter T-Profilstab aus der legierten Vergütungsstahlsorte 25CrMo4 ($\rho$ = 7,78 g/cm$^3$) wird durch zwei statisch wirkende Kräfte $F_1$ = 1,5 kN und $F_2$ = 4 kN beansprucht. Die Wirkungslinien der Kräfte gehen jeweils durch den Schwerpunkt der Querschnittsfläche. Schubbeanspruchung durch Querkräfte und Kerbwirkung an der Einspannstelle sind zu vernachlässigen. Das Eigengewicht des Profilstabes muss jedoch berücksichtigt werden.

Berechnen Sie die Sicherheit gegen Fließen an der höchst beanspruchten Stelle. Ist die Sicherheit ausreichend ?

Werkstoffkennwerte S235JR:

$R_e$ = 600 N/mm$^2$
$R_m$ = 830 N/mm$^2$
$E$ = 209000 N/mm$^2$
$\mu$ = 0,30

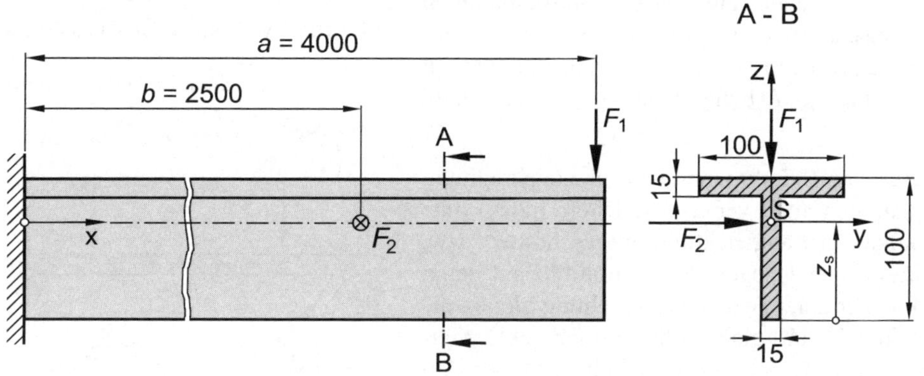

# 10 Schubspannungen durch Querkräfte bei Biegung

Wird ein Balken durch ein veränderliches Biegemoment $M_b(x)$ beansprucht, dann treten in jeder Querschnittsfläche des Balkens Querkräfte ($Q$) auf, die sich bei bekanntem Verlauf des Biegemomentes $M_b(x)$ entsprechend $Q(x) = dM_b(x) / dx$ berechnen lassen (Bild 10.1). Diese Querkräfte erzeugen Schubspannungen $\tau_q$ (**Querkraftschub**). Zwischen den Schubspannungen $\tau_q$ in einer bestimmten Querschnittsfläche und der dort herrschenden Querkraft $Q$ gilt:

$$Q = \int_A \tau_q \cdot dA \qquad (10.1)$$

Aus Kapitel 2.4.1 ist bekannt, dass Schubspannungen immer paarweise auftreten (zugeordnete Schubspannungen). Dementsprechend treten Schubspannungen in Querrichtung ($\tau_q$) *und* Längsrichtung ($\tau_l$) auf (Bild 10.2).

Das Auftreten von Schubspannungen in Längsrichtung ($\tau_l$) kann man sich auch veranschaulichen, indem man sich den Balken in Längsrichtung aufgeschnitten bzw. aus lose aufeinander gelegten Brettern aufgebaut denkt (Bild 10.3). Unter einer Biegebeanspruchung gleiten die Bretter aufeinander ab, eine vorher aufgebrachte Markierung wird dementsprechend verschoben. Dieses Abgleiten wird beim massiven Balken durch die Längsschubspannungen $\tau_l$ verhindert.

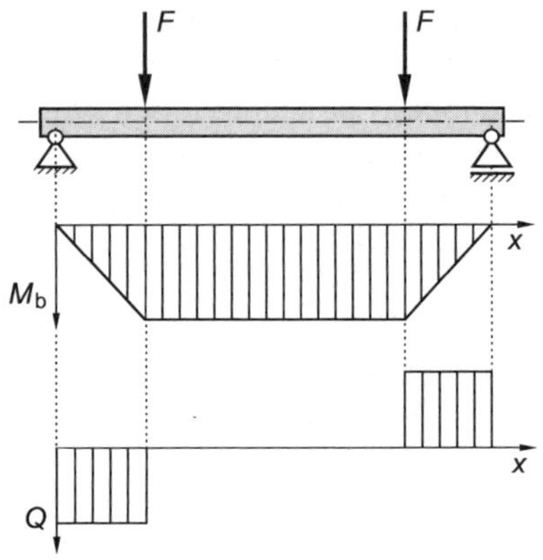


**Bild 10.1** Momenten- und Querkraftverlauf am biegebeanspruchten Balken (Beispiel)

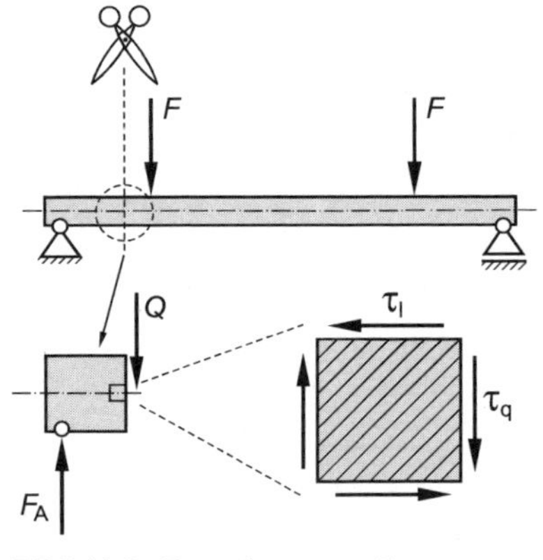


**Bild 10.2** Entstehung von Längsschubspannungen

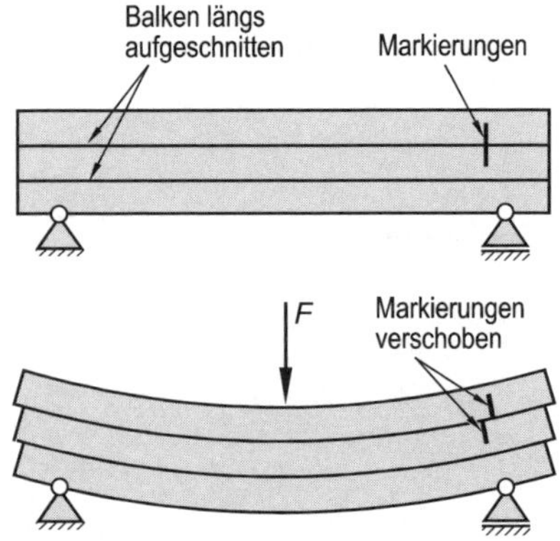


**Bild 10.3** Veranschaulichung für das Auftreten von Längsschubspannungen

## 10.1 Spannungsermittlung bei Querkraftschub

Zur Ermittlung der Schubspannungsverteilung sollen zunächst die folgenden Voraussetzungen gelten:

1. An lastfreien Oberflächen treten keine Schubspannungen auf ($\tau_q = \tau_l = 0$). Bei gekrümmten Querschnittsflächen verlaufen die Schubspannungen dementsprechend tangential zum Rand. Bei dünnwandigen Profilen verläuft die Schubspannung tangential zur Mittellinie der Querschnittsfläche (Bild 10.4a). Bei dicken Bauteilen schneiden sich die Schubspannungen einer Faser $z$ = konst. in einem Pol (Bild 10.4b).
2. Die parallel zur Querkraft gerichteten Vertikalkomponenten $\tau_p$ der Schubspannung $\tau_{ges}$ sollen nur in z-

Richtung, nicht jedoch in y-Richtung veränderlich sein, d. h. $\tau_p$ soll über die gesamte Breite der Querschnittsfläche als konstant angenommen werden. Diese Annahme trifft allerdings nicht exakt zu, da die Schubspannung am Rand einer beliebig geformten Querschnittsfläche immer tangential zur Oberfläche verläuft. Dementsprechend ist $\tau_p$ eine mittlere Schubspannung in Bezug auf die Breite der Querschnittsfläche (Bild 10.4b).

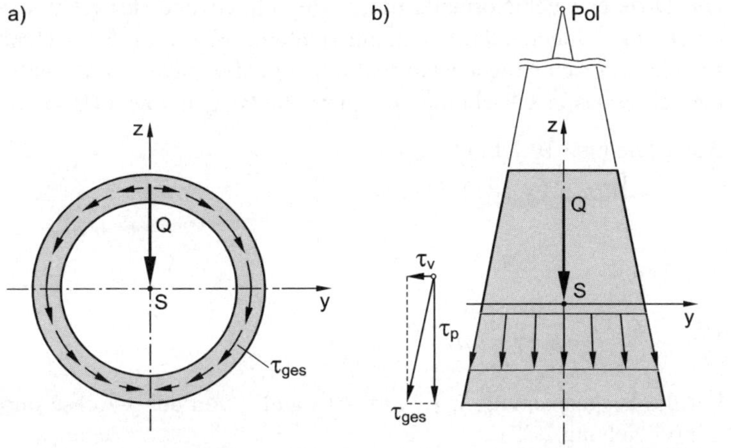


**Bild 10.4** Schubspannungsverlauf durch Querkräfte in unterschiedlichen Querschnitten

Zur Ermittlung der Schubspannungen durch Querkräfte bei Biegung betrachtet man den in Bild 10.5a auf Biegung und Querkraftschub beanspruchten Balken. Die Querkraft $Q$ soll dabei in Richtung der z-Achse wirken (gerade Biegung).

Zur Ermittlung der Schubspannungsverteilung wird ein Volumenelement der Länge $dx$ herausgeschnitten (Bild 10.5b). Von diesem Volumenelement wird weiterhin an einer beliebigen Stelle $z$ senkrecht zur z-Achse ein Teilelement abgetrennt (Bild 10.5c).

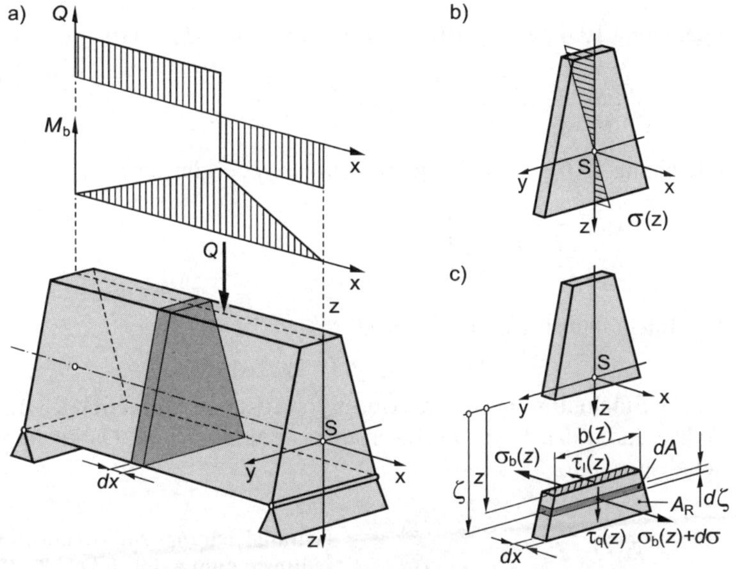


**Bild 10.5** Kräfte- bzw. Spannungsverhältnisse am Teilelement eines auf Biegung und Querkraftschub beanspruchten Balkens

Ansetzen des Kräftegleichgewichts in x-Richtung an diesem Teilelement liefert:

$$\underbrace{\int_{A_R}(\sigma(z)+d\sigma)\cdot dA}_{\text{Normalkraft in der rechten Schnittfläche}} - \underbrace{\int_{A_R}\sigma(z)\cdot dA}_{\text{Normalkraft in der linken Schnittfläche}} - \underbrace{\tau_1(z)\cdot b(z)\cdot dx}_{\text{Tangentialkraft } F_t \text{ in Längsrichtung}} = 0 \qquad (10.2)$$

Die Differenz der Normalkräfte in der linken und der rechten Schnittfläche kann also nur durch eine Tangentialkraft in Längsrichtung ($F_t = \tau_l(z) \cdot b(z) \cdot dx$) ausgeglichen werden. Ursache für die unterschiedlichen Normalkräfte in der linken und rechten Schnittfläche des Teilelementes ist das in x-Richtung veränderliche Biegemoment (Bild 10.5a).

Aus Gleichung 10.2 folgt:

$$\int_{A_R} d\sigma \cdot dA = \tau_l(z) \cdot b(z) \cdot dx \qquad (10.3)$$

und damit:

$$\tau_l(z) = \frac{1}{b(z)} \int_{A_R} \frac{d\sigma}{dx} dA \qquad (10.4)$$

Für die Biegespannung $\sigma(\zeta)$ im Abstand $\zeta$ von der y-Achse durch den Flächenschwerpunkt gilt (Gleichung 2.32):

$$\sigma(\zeta) = \frac{M_b(x)}{I_y} \cdot \zeta \qquad (10.5)$$

Gleichung 10.4 nach $x$ differenziert liefert mit $dM_b(x) / dx = Q =$ konst.:

$$\frac{d\sigma(\zeta)}{dx} = \frac{dM_b(x)}{dx} \cdot \frac{\zeta}{I_y} = Q \cdot \frac{\zeta}{I_y} \qquad (10.6)$$

Gleichung 10.6 in Gleichung 10.4 eingesetzt ergibt für die Längsschubspannung:

$$\tau_l(z) = \frac{Q}{b(z) \cdot I_y} \int_{A_R} \zeta \cdot dA \qquad (10.7)$$

Der Integralausdruck $\int_{A_R} \zeta \cdot dA = H_y(z)$

ist das **Flächenmoment 1. Ordnung (statisches Moment)** der Restfläche $A_R$ bezüglich der y-Achse durch den Flächenschwerpunkt (Kapitel 9.1.1). Damit folgt schließlich für die Längsschubspannung:

$$\tau_l(z) = \tau_q(z) = \frac{Q \cdot H_y(z)}{b(z) \cdot I_y} \qquad (10.8)$$

**Grundgleichung zur Ermittlung der Längsschubspannung durch Querkräfte bei Biegung**

$Q$ Querkraft (konstant)

$H_y(z)$ Flächenmoment 1. Ordnung der Restfläche $A_R$ bezüglich der y-Achse durch den Flächenschwerpunkt. $H_y(z)$ ist mit der Koordinate $z$ veränderlich.

$A_R$ Restfläche d. h. Fläche zwischen der Koordinate $z$ an deren Stelle die Schubspannung $\tau_l$ bzw. $\tau_q$ ermittelt werden soll und dem Rand (Bild 10.5c).

$b(z)$ Breite des Teilelements an der Stelle $z$ (Bild 10.5c).

$I_y$ Axiales Flächenmoment 2. Ordnung der *gesamten* Querschnittsfläche bzgl. der y-Achse durch den Flächenschwerpunkt.

In Tabelle 10.1 ist die Verteilung der Längs- bzw. Querschubspannungen ausgewählter Querschnittsflächen zusammengestellt. Die Spannungsverläufe erhält man durch Berechnung des

Flächenmomentes 1. Ordnung $H_y(z)$ sowie des axialen Flächenmomentes $I_y$ für die entsprechenden Querschnittsgeometrien (siehe auch Aufgaben 10.1 bis 10.3).

Der Einfluss von Schubspannungen durch Querkräfte bei Biegung soll am Beispiel dünnwandiger Profilträger (Kapitel 10.2) sowie genieteter bzw. geschweißter dünnwandiger Profilträger (Kapitel 10.3) detaillierter untersucht werden.

**Tabelle 10.1** Schubspannungsverteilung durch Querkraftschub ausgewählter Querschnitte

| Querschnittsfläche | Schubspannungsverteilung | Maximale Schubspannung |
|---|---|---|
| **Rechteckquerschnitt** 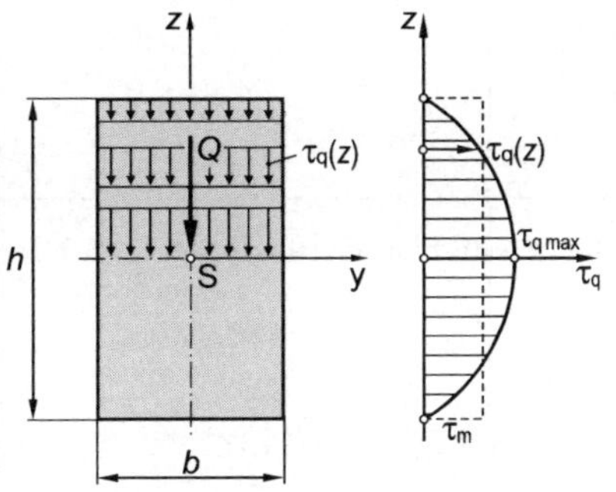  | $\tau_q(z)=\frac{3}{2}\cdot\frac{Q}{b\cdot h}\left(1-\frac{4\cdot z^2}{h^2}\right)$ | $\tau_{q\,max}=\frac{3}{2}\cdot\frac{Q}{b\cdot h}=\frac{3}{2}\cdot\tau_m$<br>mit $\tau_m=\frac{Q}{A}$ |
| **Vollkreisquerschnitt** 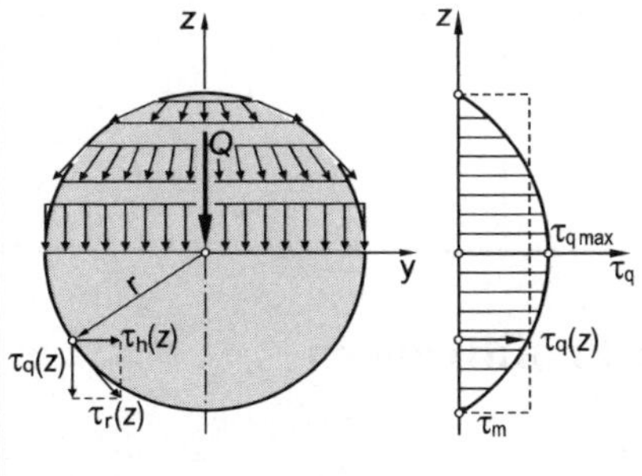  | Vertikalkomponente:<br>$\tau_q(z)=\frac{4}{3}\cdot\frac{Q}{\pi\cdot r^2}\left(1-\frac{z^2}{r^2}\right)$<br>Resultierende Randschubspannung:<br>$\tau_r(z)=\frac{4}{3}\cdot\frac{Q}{\pi\cdot r^2}\cdot\sqrt{1-\frac{z^2}{r^2}}$ | $\tau_{q\,max}=\frac{4}{3}\cdot\frac{Q}{\pi\cdot r^2}=\frac{4}{3}\cdot\tau_m$<br>mit $\tau_m=\frac{Q}{A}$ |
| **Kreisring (dünnwandig)** 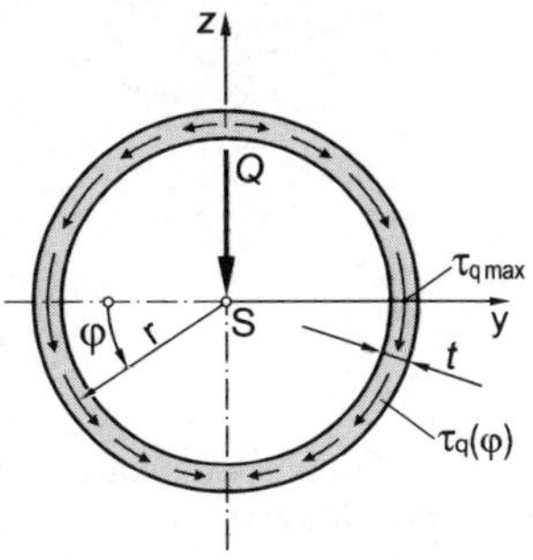  | $\tau(\varphi)=\frac{Q}{\pi\cdot r\cdot t}\cdot\cos\varphi$ | $\tau_{max}=\frac{Q}{\pi\cdot r\cdot t}=2\cdot\tau_m$<br>mit $\tau_m=\frac{Q}{A}$ |

**Fortsetzung Tabelle 10.1** Schubspannungsverteilung durch Querkraftschub ausgewählter Querschnitte

<table>
<tr>
<td rowspan="2">

**[-Profil**

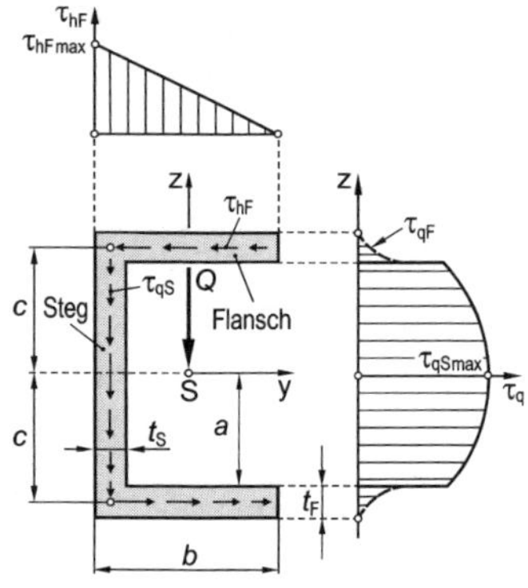


</td>
<td>

Horizontale Schubspannungen im Flansch

$$\tau_{hF}(\eta)=\frac{Q\cdot c}{I_y}\cdot\eta$$

</td>
<td>

$$\tau_{hF\,max}=\frac{Q\cdot c\cdot b}{I_y}$$

</td>
</tr>
<tr>
<td>

Vertikale Schubspannungen im Steg ($-a\le z\le a$)

$$\tau_{qS}(z)=\frac{Q}{I_y}\cdot\left[b\cdot c\cdot\frac{t_F}{t_S}+\frac{a^2}{2}\cdot\left(1-\frac{z^2}{a^2}\right)\right]$$

</td>
<td>

$$\tau_{qS\,max}=\frac{Q}{I_y}\left[b\cdot c\cdot\frac{t_F}{t_S}+\frac{a^2}{2}\right]$$

</td>
</tr>
<tr>
<td rowspan="2">

**I-Profil**

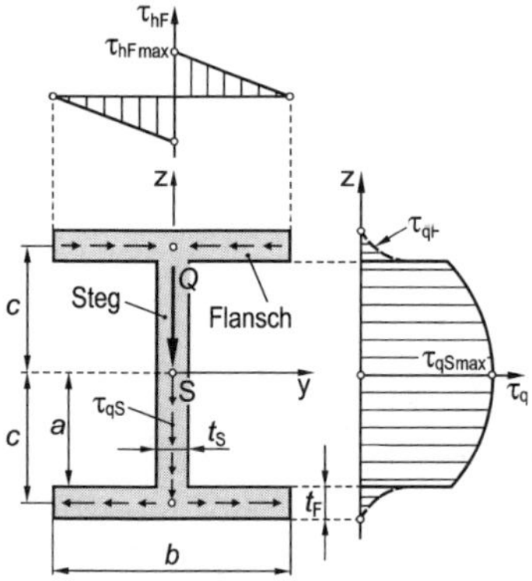


</td>
<td>

Horizontale Schubspannungen im Flansch ($0\le\eta\le b/2$)

$$\tau_{hF}(\eta)=\frac{Q\cdot c}{I_y}\cdot\eta$$

</td>
<td>

$$\tau_{hF\,max}=\frac{Q\cdot c}{I_y}\cdot\frac{b}{2}$$

</td>
</tr>
<tr>
<td>

Vertikale Schubspannungen im Steg ($-a\le z\le a$)

$$\tau_{qS}(z)=\frac{Q}{I_y}\cdot\left[b\cdot c\cdot\frac{t_F}{t_S}+\frac{a^2}{2}\cdot\left(1-\frac{z^2}{a^2}\right)\right]$$

</td>
<td>

$$\tau_{qS\,max}=\frac{Q}{I_y}\left[b\cdot c\cdot\frac{t_F}{t_S}+\frac{a^2}{2}\right]$$

</td>
</tr>
</table>

## 10.2 Schubspannungen in dünnwandigen Profilträgern

Im Stahlbau werden häufig Profilträger mit I-, U- oder C-Profil eingesetzt. Da ihre Wanddicke im Verhältnis zu den Querschnittsabmessungen (Breite und Höhe) in der Regel gering ist, können die Schubspannungen vereinfacht als zur Querschnittsberandung parallel verlaufend und konstant über der Wanddicke angesehen werden. Vertikale Schubspannungen im Flansch sowie horizontale Schubspannungen im Steg können dementsprechend vernachlässigt werden.

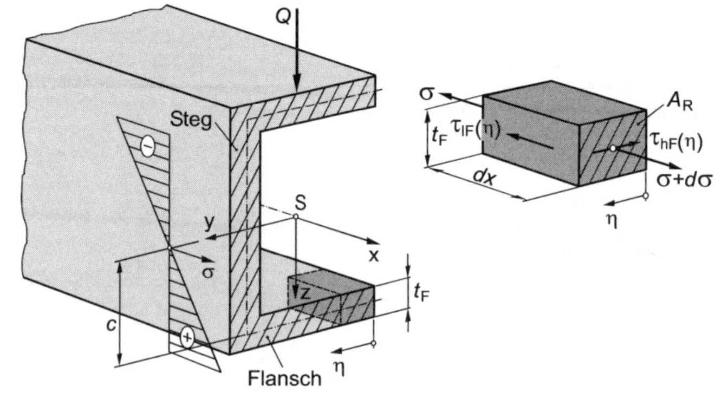


**Bild 10.6** Ermittlung der horizontalen Schubspannungen im Flansch eines dünnwandigen Profilträgers

### 10.2.1 Horizontale Schubspannungen im Flansch

Zur Ermittlung der **horizontalen Schubspannungen im Flansch** $\tau_{hF}(\eta)$ betrachtet man ein herausgeschnittenes Volumenelement der Länge *dx* und setzt das Kräftegleichgewicht in x-Richtung an (Bild 10.6):

$$\int_{A_R}(\sigma(z)+d\sigma)\cdot dA-\int_{A_R}\sigma(z)\cdot dA-\tau_{lF}(\eta)\cdot t_F\cdot dx=0 \tag{10.9}$$

Aus Gleichung 10.9 folgt:

$$\int_{A_R}d\sigma\cdot dA=\tau_{lF}(\eta)\cdot t_F\cdot dx \tag{10.10}$$

$$\tau_{lF}(\eta)=\frac{1}{t_F}\int_{A_R}\frac{d\sigma}{dx}\cdot dA \tag{10.11}$$

Für die in y-Richtung konstante Biegespannung im Abstand *c* von der Biegeachse gilt:

$$\sigma(z=c)=\frac{M_b(x)}{I_y}\cdot c \tag{10.12}$$

und damit:

$$\frac{d\sigma}{dx}=\frac{dM_b}{dx}\cdot\frac{c}{I_y}=\frac{Q\cdot c}{I_y} \tag{10.13}$$

Mit $\tau_{lF}(\eta)=\tau_{hF}(\eta)$ und Gleichung 10.13 folgt aus Gleichung 10.11:

$$\tau_{hF}(\eta)=\frac{Q\cdot c}{I_y\cdot t_F}\int_{A_R}dA=\frac{Q\cdot c}{I_y\cdot t_F}\cdot A_R=\frac{Q\cdot c}{I_y\cdot t_F}\cdot t_F\cdot\eta \tag{10.14}$$

$$\tau_{hF}(\eta)=\frac{Q\cdot c}{I_y}\cdot\eta \tag{10.15}$$

**Horizontale Schubspannungen im Flansch eines dünnwandigen C-Profils**

### 10.2.2 Vertikale Schubspannungen im Steg

Zur Ermittlung der **vertikalen Schubspannungen im Steg** $\tau_{qS}(z)$ schneidet man den Profilträger entsprechend Bild 10.7 frei und setzt ebenfalls das Kräftegleichgewicht in x-Richtung für das abgeschnittene Volumenelement an ($0\le z\le a$):

$$\int_{A_R}(\sigma(z)+d\sigma)\cdot dA-\int_{A_R}\sigma(z)\cdot dA-\tau_{lS}(z)\cdot t_S\cdot dx=0 \tag{10.16}$$

Aus Gleichung 10.16 folgt:

$$\int_{A_R}d\sigma\cdot dA=\tau_{lS}(z)\cdot t_S\cdot dx \tag{10.17}$$

$$\tau_{lS}(z)=\frac{1}{t_S}\int_{A_R}\frac{d\sigma}{dx}\cdot dA \tag{10.18}$$

Für die Biegespannung $\sigma(\zeta)$ im Abstand $\zeta$ von der y-Achse durch den Flächenschwerpunkt gilt:

$$\sigma(\zeta) = \frac{M_b(x)}{I_y} \cdot \zeta \qquad (10.19)$$

und damit:

$$\frac{d\sigma(\zeta)}{dx} = \frac{dM_b(x)}{dx} \cdot \frac{\zeta}{I_y}$$

$$= Q \cdot \frac{\zeta}{I_y} \qquad (10.20)$$

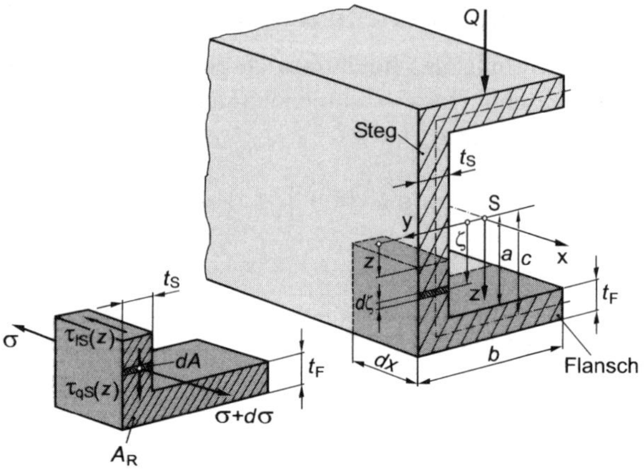


**Bild 10.7** Ermittlung der vertikalen Schubspannungen im Steg eines dünnwandigen Profilträgers

Gleichung 10.20 in Gleichung 10.18 eingesetzt ergibt:

$$\tau_{lS}(z) = \frac{Q}{t_S \cdot I_y} \int_{A_R} \zeta \cdot dA \qquad (10.21)$$

Der Integralausdruck ist das Flächenmoment 1. Ordnung (statisches Moment) der Restfläche $A_R$, d. h. von Flansch *und* Steg. Es muss nachfolgend noch gelöst werden:

$$\int_{A_R} \zeta \cdot dA = b \int_a^{a+t_F} \zeta \cdot d\zeta + t_S \int_z^a \zeta \cdot d\zeta = \frac{b}{2} \cdot \left[\zeta^2\right]_a^{a+t_F} + \frac{t_S}{2} \cdot \left[\zeta^2\right]_z^a$$

$$= \frac{b}{2} \cdot \left((a+t_F)^2 - a^2\right) + \frac{t_S}{2} \cdot (a^2 - z^2) = \frac{b}{2} \cdot \left(2\,a\,t_F + t_F^2\right) + \frac{t_S}{2} \cdot (a^2 - z^2)$$

$$= t_F \cdot b \cdot \left(a + \frac{t_F}{2}\right) + \frac{t_S}{2} \cdot (a^2 - z^2) = b \cdot c \cdot t_F + \frac{t_S}{2} \cdot \left(a^2 - z^2\right) \qquad (10.22)$$

Damit folgt für die Spannungsverteilung im Steg $\tau_{lS}(z)$:

$$\tau_{lS}(z) = \frac{Q}{t_S \cdot I_y} \cdot \left[b \cdot c \cdot t_F + \frac{t_S}{2} \cdot \left(a^2 - z^2\right)\right] \qquad (10.23)$$

Mit $\tau_{lS}(z) = \tau_{qS}(z)$ folgt damit letztlich:

$$\tau_{qS}(z) = \frac{Q}{I_y} \cdot \left[b \cdot c \cdot \frac{t_F}{t_S} + \frac{a^2}{2} \cdot \left(1 - \frac{z^2}{a^2}\right)\right] \qquad (10.24)$$

**Vertikale Schubspannungen im Steg eines dünnwandigen C-Profils**

Die Gleichungen 10.15 und 10.24 lassen sich auch auf die für die Praxis wichtigen I-Profile übertragen (Tabelle 10.1).

### 10.2.3 Schubmittelpunkt

In unsymmetrischen Profilen wie zum Beispiel C-Profilen (Bild 10.6) oder Z-Profilen verursachen die Schubspannungen $\tau_{hF}$ im Flansch ein Kräftepaar (Bild 10.8a). Die daraus resultierenden Flansch-Schubkräfte bewirken insbesondere bei dünnwandigen Profilen (z.B. Abkantprofilen aus Blech) eine Verdrehung um die Längsachse (Bild 10.8b). Diese Verdrehung kann verhindert werden, sofern die Wirkungslinie der Querkraft $Q$ durch den so genannten **Schubmittelpunkt** $M$ geht und dadurch ein den Flansch-Schubkräften entgegengesetzt wirkendes Drehmoment erzeugt (Bild 10.8c). Auf die Berechnung der Lage des Schubmittelpunktes soll nicht näher eingegangen werden [9].

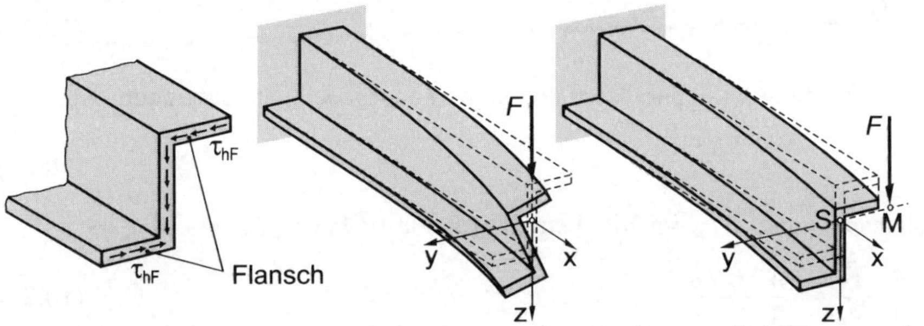


**Bild 10.8** Verdrehung unsymmetrischer dünnwandiger Profile unter Schubbeanspruchung

# 10.3 Schubspannungen in genieteten oder geschweißten Profilträgern

Schneidet man gemäß Bild 10.9 aus einem biegebeanspruchten Balken mit veränderlichem Biegemoment ein schmales Volumenelement heraus, dann muss die Differenz der Normalkräfte in der linken und rechten Schnittfläche durch eine Tangentialkraft $F_t$ in Längsrichtung (Längsschubkraft) ausgeglichen werden. Diese Tangentialkräfte müssen von den Verbindungsmitteln wie Nieten oder Bolzen aber auch von Schweißnähten oder Klebstoffschichten aufgenommen werden (als Beispiele siehe Aufgabe 10.4 bis 10.6). Von Bedeutung sind diese Längsschubkräfte aber auch bei Holzkonstruktionen, da die erzeugten Schubkräfte von Nägeln oder Leimschichten übertragen werden müssen.

## 10.3.1 Genietete Träger

Zur Veranschaulichung soll der in Bild 10.9 dargestellte einseitig eingespannte Freiträger mit konstanter Breite betrachtet werden. Zur Erhöhung der Beanspruchbarkeit werden beidseitig Verstärkungsbleche aufgenietet. Um die Schubspannungen im Nietquerschnitt zu ermitteln, schneidet man ein Stück der Länge $t$ ($t$ = Nietteilung) des Verstärkungsbleches frei und betrachtet das Kräftegleichgewicht in x-Richtung. Aufgrund des veränderlichen Biegemomentes muss die Differenz der Normalspannungen an beiden Schnittflächen durch eine Tangentialkraft $F_t = \tau_l(z) \cdot A$ ausgeglichen werden.

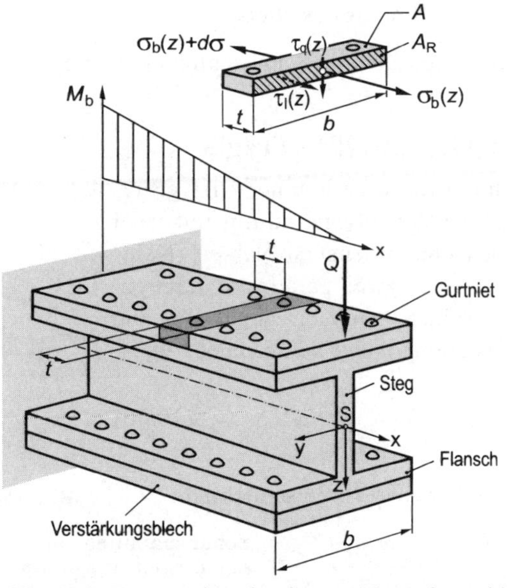


**Bild 10.9** Träger mit aufgenieteten Verstärkungsblechen

Mit Gleichung 10.8 gilt damit für die Längsschubkraft $F_t$:

$$F_t = \frac{Q \cdot H_y(z)}{b(z) \cdot I_y} \cdot A \qquad (10.25)$$

Für $b(x) = b(z) = b$ = konst. folgt weiter mit $A = b \cdot t$:

$$F_t = \frac{Q \cdot H_y(z)}{I_y} \cdot t \qquad (10.26)$$

Im Falle einer Nietverbindung mit $n$ parallelen Nieten wirkt auf jede Niete die Schubkraft:

$$F_N = \frac{F_t}{n} \qquad (10.27)$$

Die maximale Schubspannung $\tau_{N\,max}$ im Niet beträgt (Tabelle 10.1):

$$\tau_{N\,max} == \frac{4}{3} \cdot \frac{F_N}{\pi r^2} = \frac{4}{3} \cdot \frac{F_t / n}{\pi r^2} \qquad (10.28)$$

und mit Gleichung 10.26 schließlich:

$$\tau_{N\,max} = \frac{4}{3 \cdot n} \cdot \frac{Q \cdot H_y(z) \cdot t}{I_y \cdot \pi r^2} \qquad (10.29)$$

**Maximale Schubspannung in den Gurtnieten eines Profilträgers unter Querkraftschub (gilt nur für die in Bild 10.9 dargestellten geometrischen Verhältnisse)**

$Q$ Querkraft (konstant)

$H_y(z)$ Flächenmoment 1. Ordnung (statisches Moment) der Restfläche $A_R$ bezüglich der y-Achse durch den Flächenschwerpunkt

$I_y$ Axiales Flächenmoment der *gesamten* Querschnittsfläche bezüglich der y-Achse durch den Flächenschwerpunkt

$t$ Nietteilung (Bild 10.9)

$n$ Anzahl paralleler Nieten

$r$ Radius des Niets

$\tau_{N\,max}$ darf die zulässige Schubspannung $\tau_{zul}$ des Nietwerkstoffs nicht überschreiten.

## 10.3.2 Geschweißte Träger

Betrachtet man anstelle einer Nietverbindung eine **Schweißverbindung** mit zwei parallelen unterbrochenen Nähten (Nahtlänge $l_S$) oder zwei parallelen durchgehenden Nähten, dann errechnet sich die Schubspannung in der Schweißnaht zu:

$$\tau_S = \frac{F_t / 2}{a \cdot l_S} \qquad (10.30)$$

und mit Gleichung 10.26 schließlich:

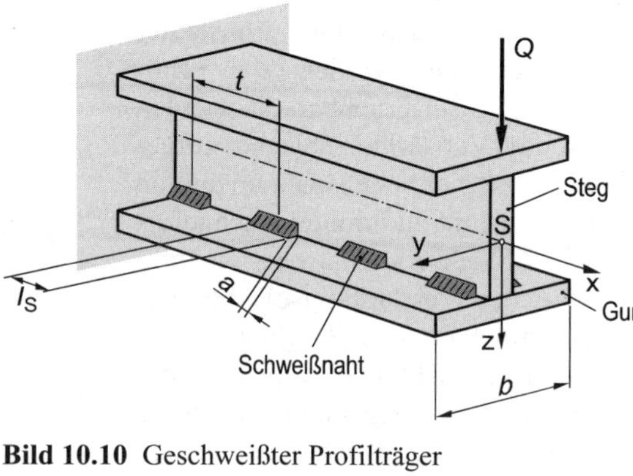


**Bild 10.10** Geschweißter Profilträger

$$\tau_S = \frac{Q \cdot H_y(z)}{2a \cdot I_y} \cdot \frac{t}{l_S} \qquad (10.31)$$

**Schubspannung in der Schweißnaht zwischen Gurt- und Stegblech eines Profilträgers unter Querkraftschub (zwei parallele Schweißnähte)**

Hierbei ist $a$ die Nahtdicke. Bei Kehlnähten wird für Festigkeitsbetrachtungen in der Regel das Diagonalmaß $a$ verwendet (Bild 10.10). Für durchgehende Nähte ist $t = l_S$, also $t / l_S = 1$.

$\tau_S$ darf die zulässige Schubspannung $\tau_{zul}$ der Naht nicht überschreiten.

Für die Auslegung von Schweißverbindungen muss zusätzlich berücksichtigt werden, dass in der Schweißnaht neben den genannten Schubspannungen auch Zug- bzw. Druckspannungen infolge der zusätzlichen Biegebeanspruchung auftreten. Maßgebend für ein Versagen ist daher insgesamt die **Vergleichsspannung** $\sigma_V$, wobei nach der Gestaltänderungsenergiehypothese (Kapitel 6.3) gilt:

$$\sigma_{V\,GEH} = \sqrt{\sigma_b^2 + 3 \cdot \tau_s^2} \qquad (10.32)$$

**Vergleichsspannung in der Schweißnaht zwischen Gurt- und Stegblech eines Profilträgers unter Querkraftschub (zwei parallele Schweißnähte)**

mit $\sigma_b = \dfrac{M_b}{I} \cdot z$ nach Gleichung 2.32 und $\tau_s$ nach Gleichung 10.31.

## 10.4 Berücksichtigung von Schub- und Normalspannungen bei biegebeanspruchten Balken

Balken, die durch ein veränderliches Biegemoment beansprucht werden (z. B. Bild 10.11) erfahren Schubspannungen durch Querkräfte *und* Normalspannungen aufgrund der Biegebeanspruchung. In den vorangegangenen Kapiteln 10.1 bis 10.3 wurden die in biegebeanspruchten Balken auftretenden Schubspannungen ermittelt, in Kapitel 2.3.1 wurden hingegen nur die Normalspannungen durch Biegung berücksichtigt (reine Biegung).

Nachfolgend soll der gemeinsame Einfluss von Schub- und Biegenormalspannungen betrachtet und anschließend am Beispiel eines einseitig eingespannten Trägers mit Rechteckquerschnitt (Bild 10.11) quantifiziert werden.

Die größte Schubspannung eines biegebeanspruchten Balkens mit veränderlichem Biegemoment tritt nach Gleichung 10.8 bei $z = 0$ auf, da das Flächenmoment 1. Ordnung dort maximal wird (Restfläche $A_R$ wird maximal). Für die maximale Schubspannung $\tau_q(z = 0) = \tau_{q\,max}$ gilt also:

$$\tau_{q\,max} = \tau_{1\,max} = \frac{Q_{max} \cdot H_y(0)}{b(0) \cdot I_y} \qquad (10.33)$$

Die größte Biegespannung $\sigma_{b\,max}$ errechnet sich nach Gleichung 2.35 zu:

$$\sigma_{b\,max} = \frac{M_{b\,max}}{W_{by}} \qquad (10.34)$$

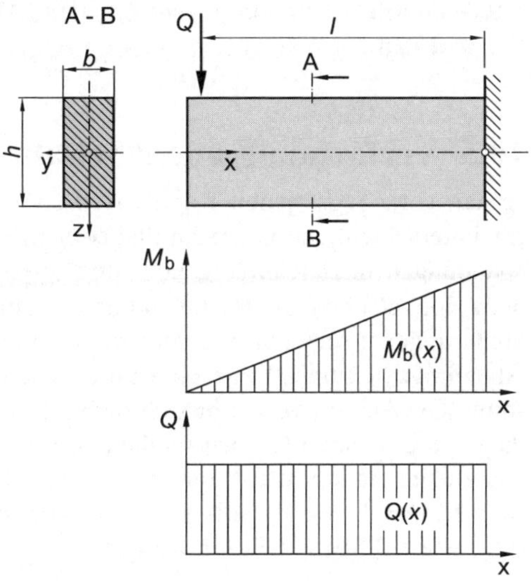


**Bild 10.11** Einseitig eingespannter Träger mit Rechteckquerschnitt

Das Verhältnis der maximalen Schubspannung zur maximalen Biegespannung beträgt dann:

$$\frac{\tau_{\mathrm{q\,max}}}{\sigma_{\mathrm{b\,max}}} = \frac{Q_{\max}}{M_{\mathrm{b\,max}}} \cdot \frac{H_{\mathrm{y}}(0)}{b(0)\cdot(I_{\mathrm{y}}/W_{\mathrm{by}})} \qquad (10.35)$$

Das Verhältnis $\tau_{\mathrm{q\,max}}/\sigma_{\mathrm{b\,max}}$ soll am Beispiel eines einseitig eingespannten Träges mit Rechteckquerschnitt entsprechend Bild 10.11 quantifiziert werden.

Es gilt:

$$\tau_{\mathrm{q\,max}} = \frac{3}{2}\cdot\frac{Q}{b\cdot h} \quad \text{(Tabelle 10.1)} \qquad (10.36)$$

$$\sigma_{\mathrm{b\,max}} = \frac{M_{\mathrm{b\,max}}}{W_{\mathrm{by}}} = \frac{Q\cdot l}{b\cdot h^2/6} = \frac{6\cdot Q\cdot l}{b\cdot h^2} \qquad (10.37)$$

damit folgt:

$$\frac{\tau_{\mathrm{q\,max}}}{\sigma_{\mathrm{b\,max}}} = \frac{h}{4\cdot l} \qquad (10.38)$$

Aus Gleichung 10.38 lässt sich der folgende wichtige Sachverhalt ableiten:

**Schubspannungen und Normalspannungen in einem biegebeanspruchten Balken haben etwa dieselbe Größenordnung, falls Balkenhöhe und Balkenlänge etwa dieselbe Größenordnung besitzen (kurzer Balken). In diesem Fall darf bei einer Festigkeitsberechnung der Einfluss der Schubspannungen nicht vernachlässigt werden. Bei langen Balken können die Schubspannungen gegenüber den Normalspannungen hingegen vernachlässigt werden. So beträgt beispielsweise für einen einseitig eingespannten Balken mit Rechteckquerschnitt (Bild 10.11) und $l = 5\cdot h$ die Schubspannung $\tau_{\mathrm{q\,max}}$ nur 5% der (Biege-)Normalspannung $\sigma_{\mathrm{b\,max}}$ und ist damit vernachlässigbar.**

## 10.5 Verformung unter Schubbeanspruchung (Schubverformung)

In den vorangegangenen Kapiteln 10.1 bis 10.3 wurde die Verteilung der Schubspannungen für unterschiedliche Querschnittsgeometrien ermittelt. Es zeigte sich dabei, dass die Schubspannungen ungleichmäßig über der Querschnittsfläche verteilt sind (Tabelle 10.1). Gemäß dem Hooke'schen Gesetz für Schubspannungen ($\tau = G \cdot \gamma$) sind dann aber auch die Winkeländerungen (Schiebungen) ungleichmäßig verteilt d. h. jedes Volumenelement erfährt in Abhängigkeit seiner Lage eine unterschiedliche Winkelverzerrung (Schiefstellung). Der gesamte Querschnitt verwölbt sich dadurch. Damit ist die in Kapitel 2.3.1 getroffene Annahme, dass die Querschnitte eben bleiben (Bernoullische Hypothese) zumindest für kurze, biegebeanspruchte Balken nicht zutreffend. Auf die Ermittlung der durch Schubspannungen verursachten Durchbiegung soll allerdings verzichtet und statt dessen auf die weiterführende Literatur wie z.B. [9] verwiesen werden.

## 10.6 Übungsaufgaben

### Aufgabe 10.1

Der dargestellte kurze Freiträger mit Rechteckquerschnitt der Breite $b$ und der Höhe $h$ wird an seinem rechten Ende durch die Einzelkraft $Q$ beansprucht. Berechnen Sie die Spannungsverteilung $\tau(z)$ durch Querkraftschub in Abhängigkeit der Koordinate $z$ und vergleichen Sie Ihr Ergebnis mit Tabelle 10.1.

Kerbwirkung an der Einspannstelle ist zu vernachlässigen.

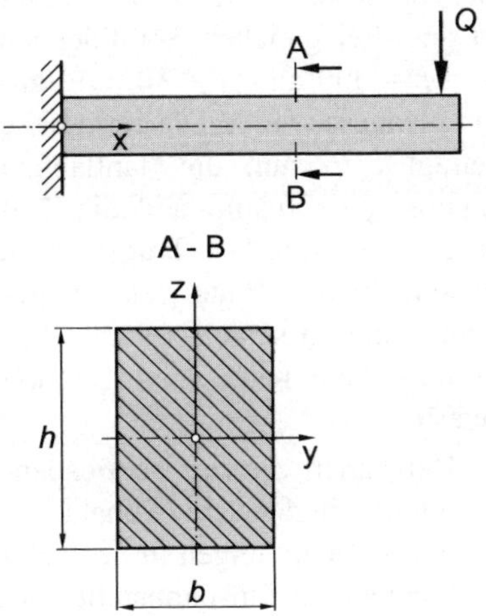


### Aufgabe 10.2

Der dargestellte kurze Freiträger mit Vollkreisquerschnitt (Durchmesser $d$) wird an seinem rechten Ende durch die Einzelkraft $Q$ beansprucht. Berechnen Sie die Spannungsverteilung $\tau_q(z)$ durch Querkraftschub in Abhängigkeit der Koordinate $z$ und vergleichen Sie Ihr Ergebnis mit Tabelle 10.1.

Kerbwirkung an der Einspannstelle ist zu vernachlässigen.

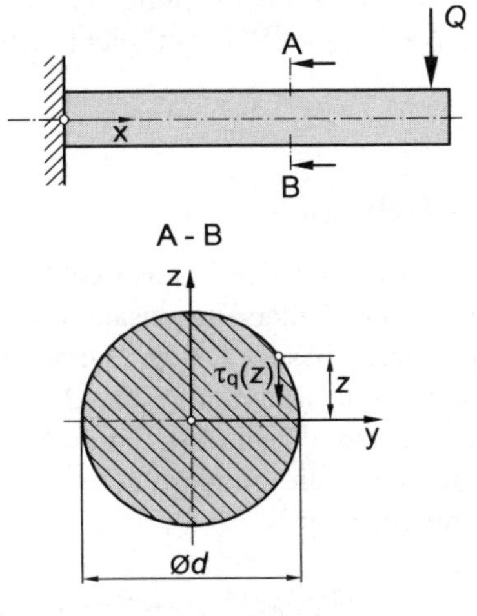


### Aufgabe 10.3

Das dargestellte dünnwandige Kreisrohr (Außendurchmesser $d_a$, Wandstärke $s$) wird an seinem rechten Ende durch die Einzelkraft $Q$ beansprucht. Berechnen Sie die Spannungsverteilung $\tau(\varphi)$ durch Querkraftschub in Abhängigkeit der Koordinate $\varphi$ und vergleichen Sie Ihr Ergebnis mit Tabelle 10.1.

Kerbwirkung an der Einspannstelle ist zu vernachlässigen.

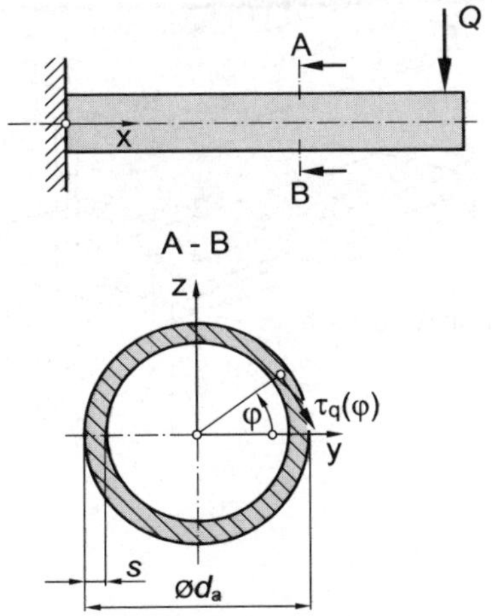

## Aufgabe 10.4

Der dargestellte kurze Freiträger ist aus drei gleichen Stahlblechen ($h = b = 300$ mm, $s = 30$ mm) zusammengeschweißt. Die Nahtdicke beträgt $a = 7$ mm, die Nahtlängen jeweils $l_S = 30$ mm und die Teilung $t = 50$ mm. Der Träger ist an seinem linken Ende fest eingespannt und an seinem rechten Ende durch die Kraft $F = 100$ kN belastet.

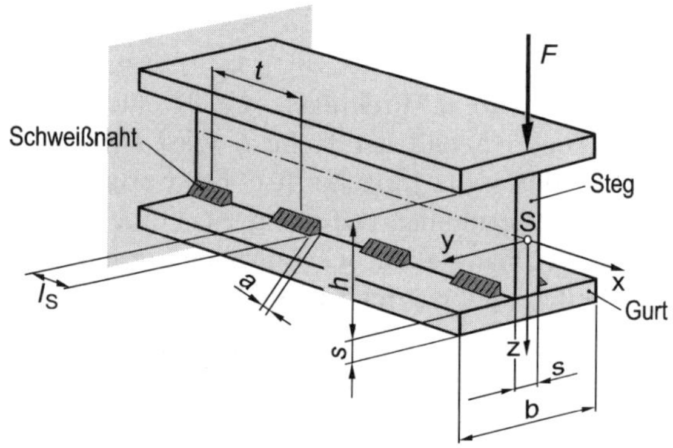


a) Berechnen Sie die Schubspannung $\tau_S$ in der Schweißnaht.
Normalspannungen in der Schweißnaht aufgrund der Biegebeanspruchung sowie Kerbwirkung an der Einspannstelle sollen vernachlässigt werden.

b) Ist die Beanspruchung der Schweißnaht noch zulässig, falls die Schubspannung in der Naht $\tau_{zul} = 85$ N/mm$^2$ nicht überschreiten darf?

## Aufgabe 10.5

Zur Erhöhung der Beanspruchbarkeit eines einseitig eingespannten Trägers werden an der Ober- und Unterseite zusätzliche Verstärkungsbleche (250 mm x 20 mm) aufgenietet. Die Gurtnieten besitzen einen Durchmesser von $d_N = 12$ mm. Die zulässige Spannung für den Nietwerkstoff beträgt $\tau_{zul} = 120$ N/mm$^2$. Der Träger wird entsprechend der Abbildung durch die konstante Querkraft $F = 60$ kN sowie die konstante Streckenlast $q = 25$ kN/m belastet. Ermitteln Sie die mindestens erforderliche Nietteilung $t$, damit ein Abscheren der Gurtnieten vermieden wird.

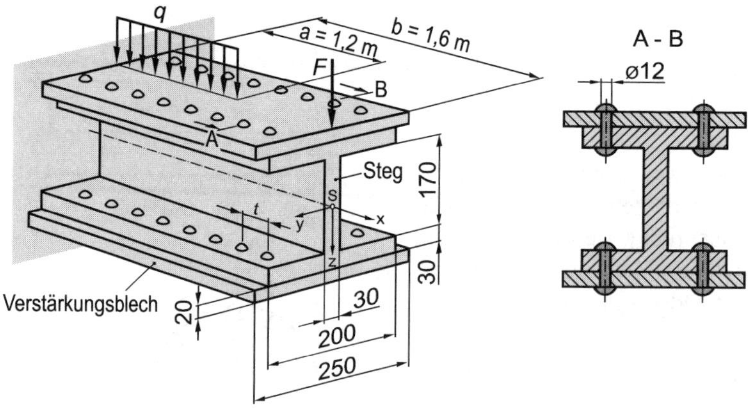

## Aufgabe 10.6

Zum Bau einer Stahlbrücke sollen Träger entsprechend der Abbildung eingesetzt werden. Die zulässige Querkraft soll auf $Q = 150$ kN begrenzt werden.

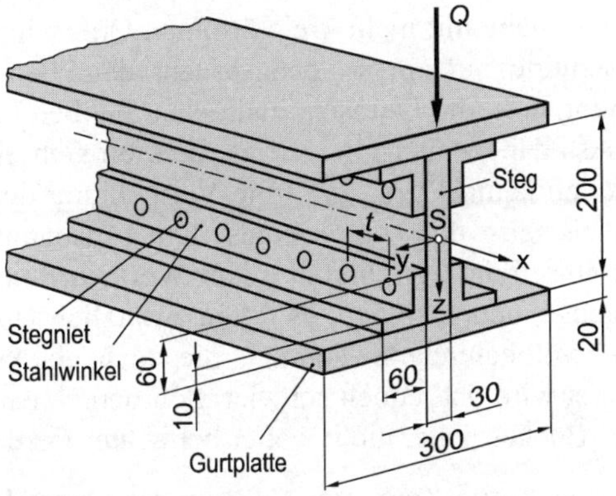


Die Gurtplatten (300 x 20 mm) und die Stahlwinkel (60 x 60 x 10 mm) sind fest miteinander verschweißt. Die Stahlwinkel sollen hingegen mit dem Stegblech (200 x 30 mm) vernietet werden. Der Nietdurchmesser wurde mit $d$ = 15 mm festgelegt. Die maximale zulässige Schubspannung des Nietwerkstoffs beträgt $\tau_{zul}$ = 150 N/mm$^2$.

Berechnen Sie die erforderliche Teilung $t$ der Stegnieten, damit ein Abscheren ausgeschlossen werden kann.

# 11 Torsion nicht kreisförmiger Querschnitte

Werden Stäbe mit nicht kreisförmigen Querschnitten (z. B. Rechteckquerschnitte) auf Torsion beansprucht, dann beobachtet man eine Verwölbung d. h. die Querschnittsflächen bleiben nicht eben (Bild 11.1). Es muss daher unterschieden werden, ob sich eine freie Verwölbung einstellen kann. Wird eine freie Verwölbung der Querschnittsflächen beispielsweise durch eine beidseitige Einspannung verhindert, dann kann eine freie Verschiebung von Werkstoffteilchen in Richtung der Stabachse nicht erfolgen, es treten zusätzlich Normalspannungen auf. Diese wölbbehinderte Torsion, die auch als **Wölbkrafttorsion** bezeichnet wird, ist jedoch schwierig zu berechnen und soll im Rahmen dieses Buches daher nicht weiter betrachtet werden.

Sofern sich eine freie Verwölbung der Querschnitte einstellen kann und keine Querkräfte auftreten, spricht man von **reiner Torsion** oder **Saint-Venant'scher Torsion**. Jedoch auch unter der Voraussetzung einer freien Verwölbung der Querschnittsflächen ist die Berechnung von Spannungen und Verformungen bei Torsion nicht kreisförmiger Querschnitte mit elementaren Mitteln häufig nicht möglich. Die nachfolgenden Ausführungen sollen sich daher auf einige ausgewählte technisch bedeutsame Fälle beschränken.

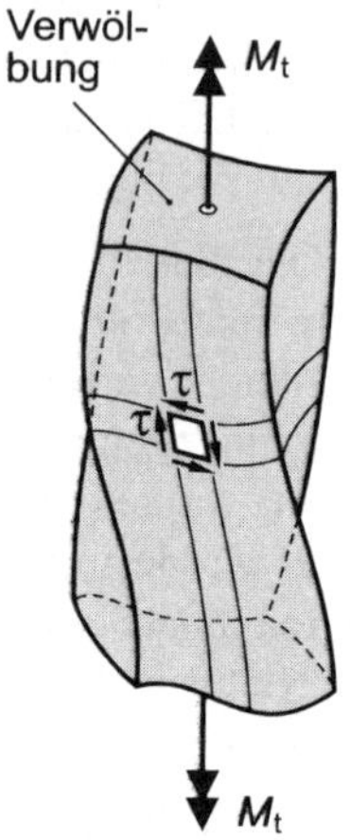


**Bild 11.1**
Torsion eines nicht kreisförmigen Querschnittes

## 11.1 Torsion dünnwandiger, geschlossener Hohlprofile

Die Spannungsermittlung torsionsbeanspruchter beliebiger Querschnitte ist, wie eingangs erwähnt, im Allgemeinen komplex. Eine Ausnahme bilden die kreisförmigen Querschnitte (Kapitel 2.5.1) sowie die dünnwandigen Hohlquerschnitte. Letztere besitzen in der Technik eine nicht unerhebliche Bedeutung, beispielsweise für Stahlkonstruktionen.

In die Gruppe der dünnwandigen Hohlquerschnitte fallen alle Profile deren Wanddicke $t$ klein gegenüber den übrigen Querschnittsabmessungen ist. Unter der Annahme, dass:

1. die Belastung durch ein Drehmoment um die Stabachse erfolgt, Querkräfte nicht auftreten und die Verwölbung der Querschnitte ungehindert stattfinden kann d. h. keine Normalspannungen in Längsrichtung auftreten (reine Torsion oder Saint-Venant'sche Tosion),
2. die Wanddicke $t$ klein gegenüber den Querschnittsabmessungen und nur wenig veränderlich ist, d. h. die Schubspannungen konstant verteilt sind und tangential zum Rand verlaufen,
3. die Gestalt der Querschnittsfläche bei der Verformung erhalten bleibt (analog zum Vollkreis- bzw. Kreisringquerschnitt),

dann ist der **Schubfluss** $T = \tau(s) \cdot t$ an jeder Stelle des Querschnitts gleich groß, also:

$$T = \tau(s) \cdot t = \text{konstant} \qquad (11.1)$$

Die Beziehung zwischen dem Schubfluss $T$ und dem Torsionsmoment $M_t$ stellt die **erste Bredt'sche Formel** (***Rudolph Bredt***, 1842 ... 1900) her:

$$\tau_{max} = \tau_t = \frac{M_t}{2 \cdot A_m \cdot t_{min}} \quad \textbf{1. Bredt'sche Formel} \qquad (11.2)$$

$\tau_t$ Maximale Schubspannung im Hohlquerschnitt ($N/mm^2$)

$M_t$ Torsionsmoment (Nmm)

$A_m$ Fläche, die von der Profilmittellinie umschlossen wird ($mm^2$). Sie darf nicht mit der Querschnittsfläche $A$ verwechselt werden (siehe Bild 11.2)

$t_{min}$ kleinste Wanddicke (mm)

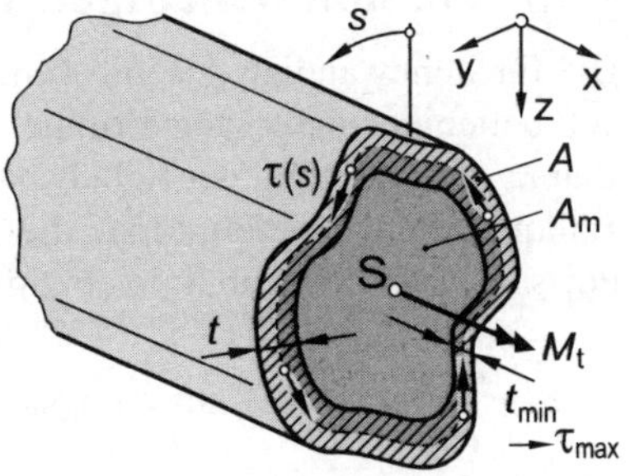


**Bild 11.2** Torsion dünnwandiger, geschlossener Hohlprofile

Die maximale Schubspannung tritt an der Stelle mit der kleinsten Wanddicke ($t_{min}$) auf.

## 11.2 Torsion dünnwandiger, offener Hohlprofile

Die Ermittlung von Schubspannungen in dünnwandigen, offenen (einzelligen) Hohlprofilen soll sich auf Profile beschränken, die sich aus schmalen Rechtecken zusammensetzen wie z. B. T-, U-, L- oder Z-Profile, Bild 11.3. Die Berechnung kann ebenfalls noch mit elementaren Mitteln erfolgen. Ohne auf die Herleitung (z. B. [9]) einzugehen, folgt für das **Torsionsflächenmoment** oder den **Drillwiderstand** $I_t$:

$$I_t = \frac{1}{3} \cdot \sum_i h_i \cdot t_i^3 \qquad (11.3)$$

**Torsionsflächenmoment eines aus schmalen Rechtecken zusammengesetzten offenen Hohlprofils**

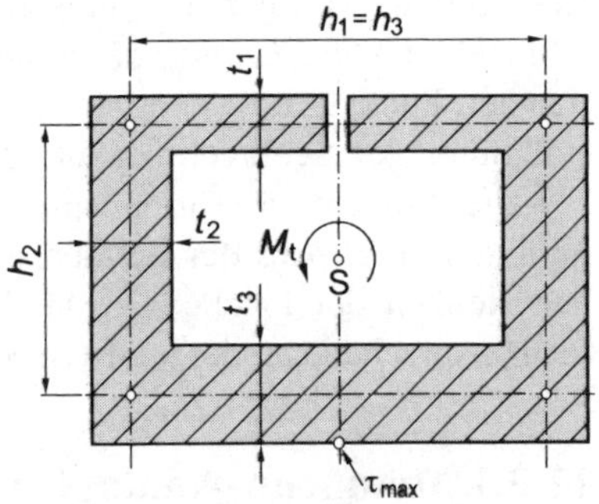


**Bild 11.3** Torsion dünnwandiger, offener Hohlprofile

In Analogie zur Torsion kreisförmiger Querschnitte führt man das **Torsionswiderstandsmoment** $W_t$ ein und errechnet analog zu Gleichung 2.64:

$$W_t = \frac{I_t}{t_{max}} = \frac{1}{3 \cdot t_{max}} \cdot \sum_i h_i \cdot t_i^3 \qquad (11.4)$$

Damit ergibt sich die maximale Schubspannung $\tau_{max} = \tau_t$ zu:

$$\tau_{max} = \tau_t = \frac{M_t}{W_t} = \frac{3 \cdot t_{max}}{\sum_i h_i \cdot t_i^3} \cdot M_t \qquad (11.5)$$

**Maximale Schubspannung bei Torsion eines aus schmalen Rechtecken zusammengesetzten offenen Hohlprofils**

Der Ort maximaler Schubspannung findet sich am Rechteck mit der größten Breite ($t_{max}$) und zwar an seinem Außenrand in der Mitte der längeren Seite (Bild 11.3). Falls das Profil Querschnitte mit gekrümmter Mittellinie enthält, dann können diese Flächen näherungsweise wie gestreckte Rechtecke mit der Länge der abgewickelten Mittellinie betrachtet werden (siehe Aufgabe 11.4).

## 11.3 Torsion beliebiger Vollquerschnitte

Die für dünnwandige geschlossene und offene Profile abgeleiteten Beziehungen dürfen nicht auf beliebige nicht kreisförmige Vollquerschnitte übertragen werden. Zur Ermittlung von Betrag und Richtung der Schubspannung in einem beliebigen Punkt eines nicht kreisförmigen Vollquerschnitts benötigt man die **Torsionsfunktion** $\Phi(y,z)$. Man erhält sie durch Lösen einer Poisson'sche Differentialgleichung der Form

$$\frac{\partial^2 \Phi}{\partial y^2}+\frac{\partial^2 \Phi}{\partial z^2}=\Delta\Phi=\text{konst.} \qquad (11.6)$$

für die jeweilige Querschnittsfläche unter Beachtung der Randbedingung $\Phi_{\text{Rand}} = 0$. Falls für eine Querschnittsfläche die Torsionsfunktion $\Phi(y,z)$ gefunden wurde, dann erhält man die Komponenten der Schubspannung durch partielle Differentiation der Torsionsfunktion nach den Koordinaten $y$ bzw. $z$:

$$\tau_{xy}=\frac{\partial \Phi}{\partial z} \quad \text{und} \quad \tau_{xz}=-\frac{\partial \Phi}{\partial y} \qquad (11.7)$$

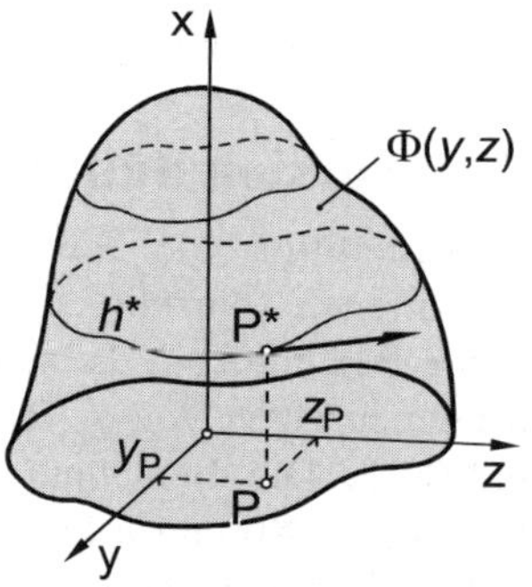


**Bild 11.4** Veranschaulichung der Torsionsfunktion

Die Torsionsfunktion $\Phi(y,z)$ lässt sich anschaulich als Fläche über der tordierten Querschnittsfläche interpretieren (Bild 11.4). Die *Richtung* der Schubspannung in einem beliebigen Punkt $P(y_P \mid z_P)$ erhält man, indem man im Durchstoßpunkt der Senkrechten zur Querschnittsfläche (Punkt $P^*$) die Tangente an die entsprechende Höhenlinie $h^*$ ermittelt. Den *Betrag* der Schubspannungen erhält man aus der Steilheit der Fläche. Die höchste Schubspannung tritt dementsprechend an der steilsten Stelle auf.

### 11.3.1 Membran-Analogie von Prandtl

Die mathematische Lösung der Poisson'schen Differentialgleichung 11.6 ist im Allgemeinen schwierig und erfordert weiterführende mathematische Kenntnisse. Dennoch ist es mit entsprechenden Analogien möglich, sich einen Überblick über den Spannungsverlauf und die Orte der größten Schubspannung, die potentiellen Versagensstellen also, zu verschaffen. Hierzu bedient man sich beispielsweise der **Membran-Analogie von Prandtl** (***Ludwig Prandtl***, 1875 ... 1953, Veröffentlichung der Membran-Analogie 1904).

Man denkt sich zunächst den Vollkreisquerschnitt beispielsweise aus einer ebenen Blechplatte ausgeschnitten und mit einer Membran (z. B. Seifenhaut) überspannt. Bei einem geringen Überdruck wölbt sich diese Membran zu einer räumlich gekrümmten Fläche $u(y,z)$, die analog der Torsionsfunktion einer Poisson'schen Differentialgleichung genügt (Bild 11.5):

$$\frac{\partial^2 u}{\partial y^2}+\frac{\partial^2 u}{\partial z^2}=\Delta u=\text{konst.} \qquad (11.8)$$

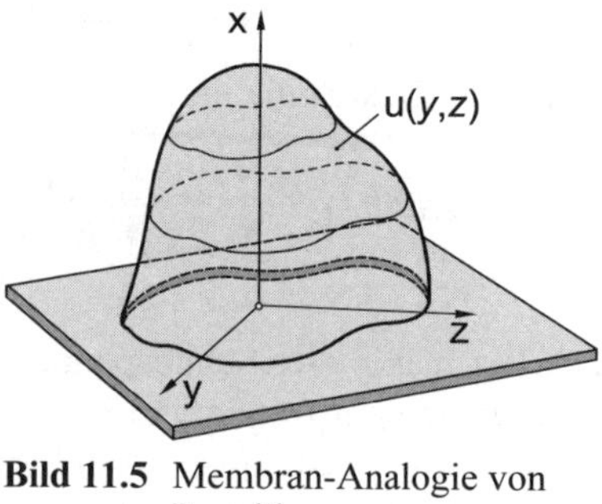


**Bild 11.5** Membran-Analogie von Prandtl

Aufgrund der mathematischen Identität der Gleichungen 11.6 und 11.8 findet man in Analogie zur Torsionsfunktion die höchste Schubspannung an der steilsten Stelle des Seifenhautberges. Der **Drillwiderstand** $I_t$ ist proportional zum Volumen der verformten Membran. Ein zunehmender Drillwiderstand führt zu einer geringeren Verdrehung des Stabes.

## 11.3.2 Strömungsanalogie von Thomson

Ähnlich der Membran-Analogie von Prandtl lässt sich das Torsionsproblem qualitativ auch mit Hilfe der **Strömungsanalogie von Thomson** (***W. Thomson***, 1824 ... 1907) veranschaulichen.

Denkt man sich einen tordierten Stab von einer reibungsfreien, inkompressiblen Flüssigkeit mit konstanter Zirkulation durchströmt, dann stimmen die Richtung der Stromlinien mit der Richtung der resultierenden Schubspannung überein und die Strömungsgeschwindigkeit (Abstand der Stromlinien) ist proportional zur Schubspannung an derselben Stelle im tordierten Querschnitt.

Die Strömungsanalogie zeigt insbesondere, dass mit enger werdendem Querschnitt die Strömungsgeschwindigkeit und dementsprechend die Schubspannung steigt. Die höchsten Schubspannungen treten dabei immer am Querschnittsrand der engsten Stelle auf (Bild 11.6).

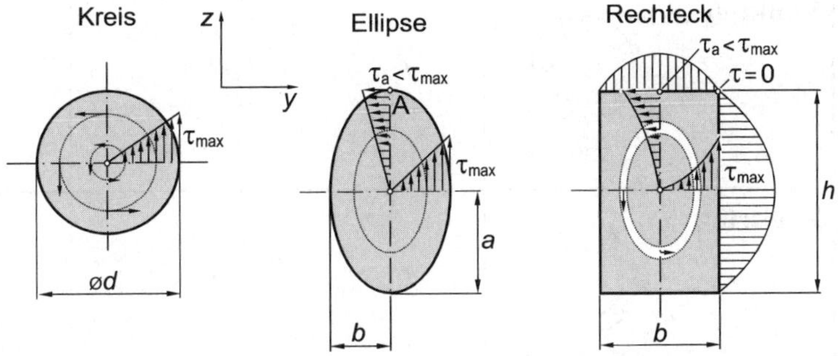


**Bild 11.6** Schubspannungsverlauf nach der Strömungsanalogie von Thomson in ausgewählten Vollquerschnitten

Die Strömungsanalogie zeigt weiterhin, dass an der Ecke eines tordierten Stabes (z. B. eines Rechteckquerschnittes) die Schubspannung Null sein muss, da ein unstetiger Richtungswechsel der Strömung physikalisch nicht möglich ist. Im Bereich scharfkantiger Ecken erfolgt eine „schroffe" Umlenkung der Strömungsrichtung d. h. an diesen Stellen sind eine hohe Strömungsgeschwindigkeit und dementsprechend hohe Schubspannungen zu erwarten (Bild 11.7). Bei spröden Werkstoffen können sich dabei Risse bilden, zähe Werkstoffe werden sich hingegen plastisch verformen (Ausrundung der Ecke und dementsprechend Spannungsabbau).

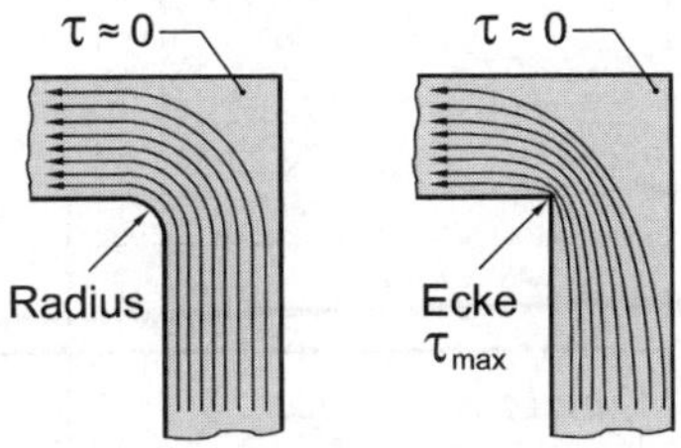


**Bild 11.7**
Schubspannungsverlauf nach der Strömungsanalogie von Thomson im Bereich von Ecken

## 11.4 Grundgleichungen zur Torsion ausgewählter Querschnitte

Für die Berechnung von Stäben mit beliebiger Querschnittsform ist es zweckmäßig, die Berechnungsformeln auf die Form entsprechend des Kreisquerschnitts zu bringen (Gleichung 2.65). Die maximale Spannung $\tau_{max}$ ($\equiv \tau_t$) errechnet sich dann gemäß:

$$\tau_{max} = \tau_t = \frac{M_t}{W_t} \qquad (11.9)$$

**Maximale Torsionsschubspannung in einem geraden prismatischen Stab mit beliebiger Querschnittsform**

$W_t$ Torsions-Widerstandsmoment (aus Tabelle 11.1)
$M_t$ Torsionsmoment

**Tabelle 11.1** Torsionsflächenmomente $I_t$ und Torsionswiderstandsmomente $W_t$ technisch bedeutsamer Querschnittsflächen

| Profil | Torsionsflächenmoment $I_t$ | Torsionswiderstandsmoment $W_t$ |
|---|---|---|
| **Vollkreis** 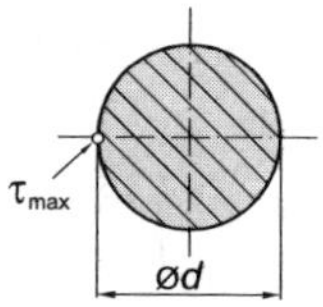 | $I_t = I_p = \frac{\pi}{32} \cdot d^4$ | $W_t = \frac{\pi}{16} \cdot d^3$ |
| **Kreisring** [1] 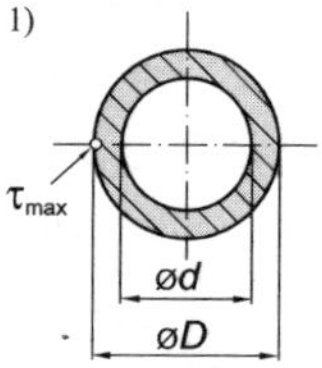 | $I_t = I_p = \frac{\pi}{32} \cdot \left(D^4 - d^4\right)$ | $W_t = \frac{\pi}{16} \cdot \frac{D^4 - d^4}{D}$ |
| **Rechteck** 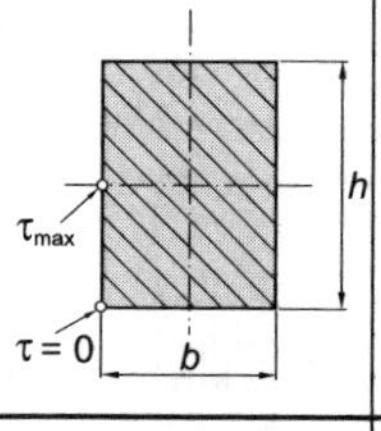 | $I_t = c_1 \cdot h \cdot b^3$<br>mit<br>$c_1 = \frac{1}{3} \cdot \left(1 - \frac{0{,}630}{h/b} + \frac{0{,}052}{(h/b)^5}\right)$ | $W_t = \frac{c_1}{c_2} \cdot h \cdot b^2$<br>und $c_2 = 1 - \frac{0{,}650}{1 + (h/b)^3}$ |
| **Quadrat** 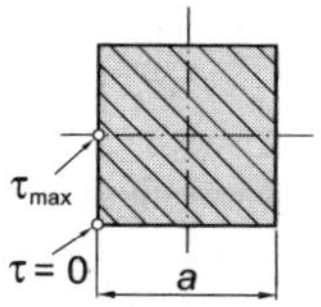 | $I_t = 0{,}141 \cdot a^4$ | $W_t = 0{,}208 \cdot a^3$ |
| **Ellipse** 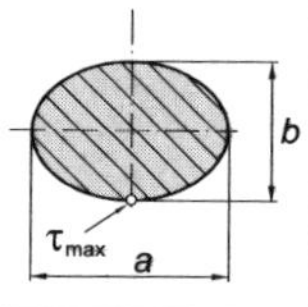 | $I_t = \frac{\pi}{16} \cdot \frac{a^3 \cdot b^3}{a^2 + b^2}$ | $W_t = \frac{\pi}{16} \cdot a \cdot b^2$ |

[1] dickwandig

**Fortsetzung Tabelle 11.1** Torsionsflächenmomente $I_t$ und Torsionswiderstandsmomente $W_t$ technisch bedeutsamer Querschnittsflächen

| Profil | Torsionsflächenmoment $I_t$ | Torsionswiderstandsmoment $W_t$ |
|---|---|---|
| **Gleichseitiges Dreieck** 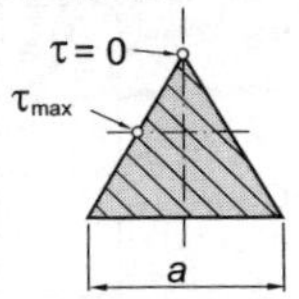  | $I_t = \frac{a^4}{46{,}2}$ | $W_t = \frac{a^3}{20}$ |
| **Dünnwandiges, geschlossenes Kreisrohr ($t$ = konst.)** 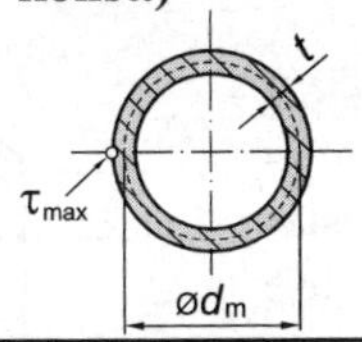  | $I_t = \frac{\pi}{4} \cdot d_m^3 \cdot t$ | $W_t = \frac{\pi}{2} \cdot d_m^2 \cdot t$ |
| **Dünnwandige offene Hohlquerschnitte** [1] 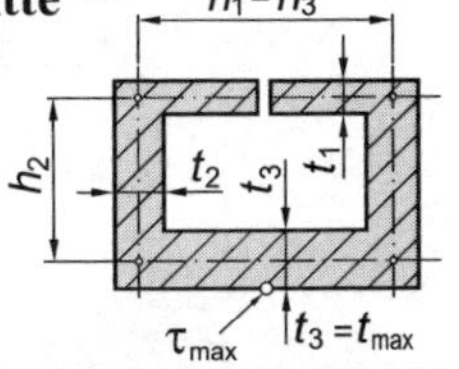  | $I_t = \frac{1}{3} \cdot \sum_i h_i \cdot t_i^3$ | $W_t = \frac{1}{3 \cdot t_{max}} \cdot \sum_i h_i \cdot t_i^3$ |
| **Dünnwandige, geschlossene Hohlquerschnitte mit veränderlicher Wanddicke** [2] 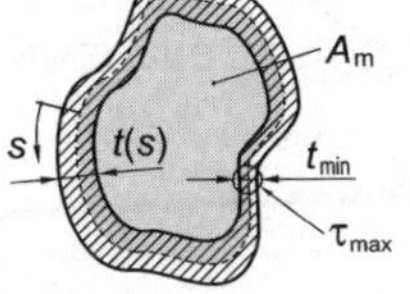  | $I_t = \frac{4 \cdot A_m^2}{\oint \frac{ds}{t(s)}}$ | $W_t = 2 \cdot A_m \cdot t_{min}$ |
| **Dünnwandige, geschlossene Hohlquerschnitte mit konstanter Wanddicke** [3] 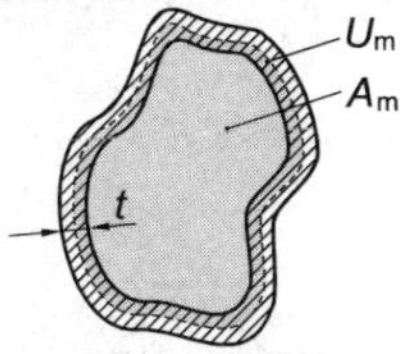  | $I_t = \frac{4 \cdot A_m^2 \cdot t}{U_m}$ | $W_t = 2 \cdot A_m \cdot t$ |

[1] aus Rechteckquerschnitten zusammengesetzt

[2] $\oint ds / t(s)$ ist das Linienintegral längs der Profilmittellinie

[3] $U_m$ ist die Länge der Mittellinie

## 11.5 Übungsaufgaben

### Aufgabe 11.1

Der dargestellte Kastenträger aus dem unlegierten Baustahl S235JR ($R_e$ = 240 N/mm$^2$; $R_m$ = 440 N/mm$^2$) besitzt einen dünnwandigen Rechteckquerschnitt und wird durch das Torsionsmoment $M_t$ = 500 Nm um die Stabachse statisch beansprucht.

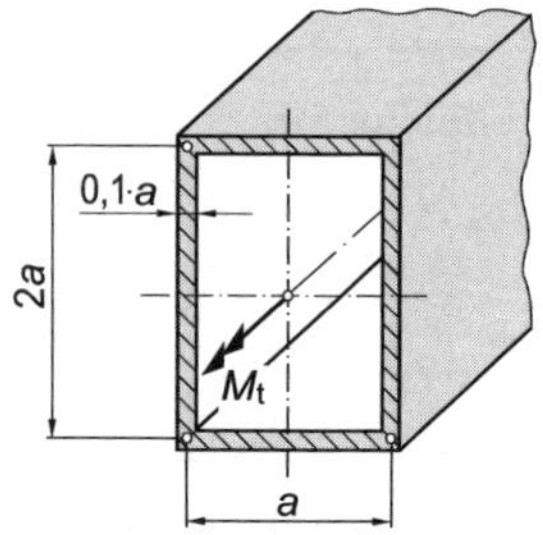


Berechnen Sie das Maß $a$, damit Fließen mit einer Sicherheit von $S_F$ = 1,5 ausgeschlossen werden kann.

### Aufgabe 11.2

Der dünnwandige Kastenträger aus Aufgabe 11.1 (Werkstoff S235JR; $R_e$ = 240 N/mm$^2$; $R_m$ = 440 N/mm$^2$) erhält einen schmalen, durchgehenden seitlichen Schlitz (siehe Abbildung). Das statisch wirkende Torsionsmoment $M_t$ = 500 Nm um die Stabachse soll unverändert bleiben.

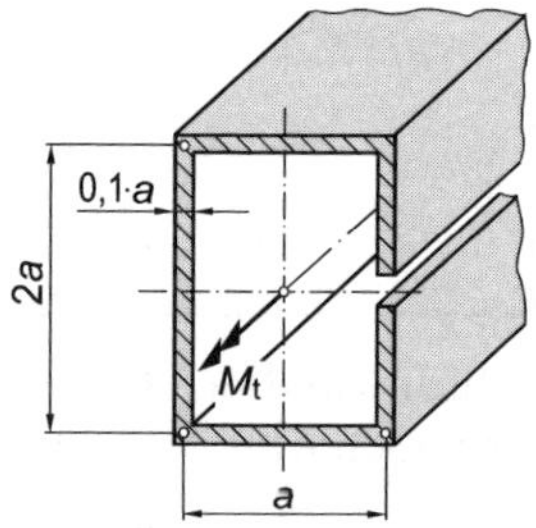


Berechnen Sie für diese Variante das Maß $a$, damit Fließen mit einer Sicherheit von $S_F$ = 1,5 ausgeschlossen werden kann.

### Aufgabe 11.3

Das dargestellte dünnwandige, geschlossene Trapezprofil aus EN AW-Al Zn5Mg3Cu -T6 ($R_{p0,2}$ = 500 N/mm$^2$; $R_m$ = 680 N/mm$^2$) wird durch das statisch wirkende Torsionsmoment $M_t$ = 250 kNm um die Stabachse beansprucht.

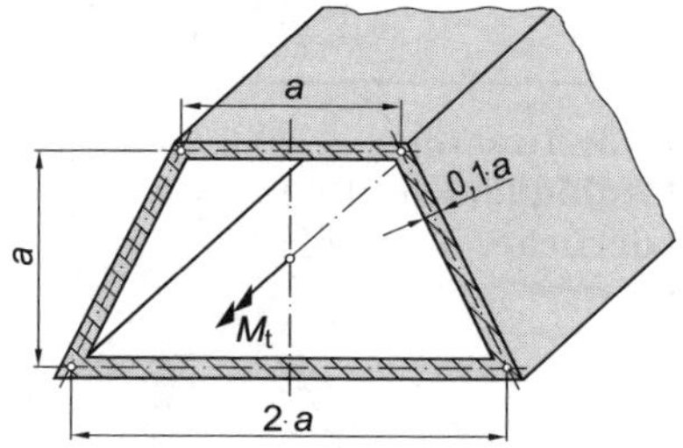


Berechnen Sie das Maß $a$, damit Fließen mit einer Sicherheit von $S_F$ = 1,5 ausgeschlossen werden kann.

### Aufgabe 11.4

Zwei dünnwandige Stahlrohre mit Kreisringquerschnitt (Werkstoff S355J0) werden durch die um die Stabachse wirkenden Momente $M_{t1}$ und $M_{t2}$ auf Torsion beansprucht (siehe Abbildung). Während eines der beiden Stahlrohre einen durchgehenden Schlitz besitzt, ist das andere Stahlrohr geschlossen.

Berechnen Sie das Verhältnis $M_{t2}$ / $M_{t1}$ der übertragbaren Torsionsmomente, so dass kein Fließen eintritt.

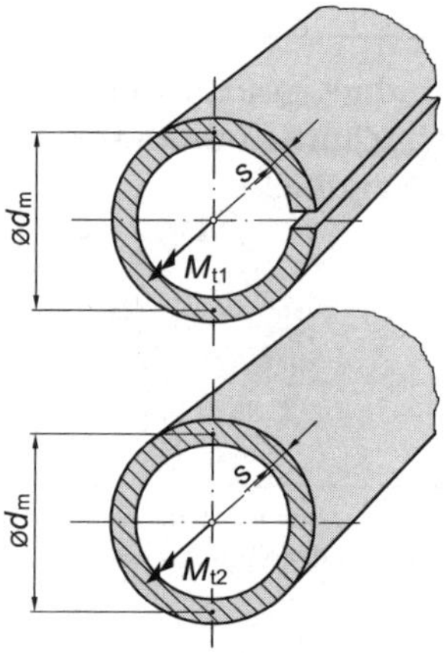

# 12 Behälter unter Innen- und Außendruck

Eine Vielzahl technischer Bauteile wie zum Beispiel Druckbehälter, Dampf- und Gasleitungen, Pipelines, Hydraulik- und Pneumatikzylinder aber auch Bremsleitungen in Fahrzeugen, werden durch einen inneren Überdruck beansprucht. Mitunter erfolgt jedoch auch eine Beanspruchung durch einen äußeren Überdruck. Als Beispiele können Ansaug- oder Kondensationsleitungen genannt werden. Da ein Versagen derartiger, insbesondere durch Innendruck beanspruchter Bauteile zumeist mit erheblichen Schäden einher geht (man denke beispielsweise an eine Dampfkesselexplosion), ist ein sorgfältiger Festigkeitsnachweis aus Sicherheitsgründen von größter Bedeutung.

Ziel dieses Kapitels ist die Spannungsermittlung und der Festigkeitsnachweis von Behältern unter einem inneren oder äußeren Überdruck. Unter dem Begriff "Behälter" sollen dabei offene Hohlzylinder wie zum Beispiel Rohrleitungen, geschlossene Hohlzylinder wie Druckbehälter sowie Hohlkugeln verstanden werden.

Vielfach ist die Wandstärke von Druckbehältern und Rohrleitungen klein gegenüber ihrem Durchmesser, so dass die Tangentialspannung in der Behälterwand als konstant angesehen werden kann. Außerdem kann die Radialspannung vernachlässigt oder ein linearer Spannungsverlauf zugrunde gelegt werden. Dementsprechend ist es aus Gründen des Berechnungsaufwandes zweckmäßig, zwischen dünnwandigen und dickwandigen Behältern zu unterscheiden.

## 12.1 Dünnwandige Behälter

Ein Behälter wird nach DIN 2413 als dünnwandig bezeichnet, falls für sein Durchmesserverhältnis gilt:

$$\frac{d_\mathrm{a}}{d_\mathrm{i}} \le 1{,}2 \quad \text{bzw.} \quad \frac{s}{d_\mathrm{i}} \le 0{,}1 \tag{12.1}$$

Bei einem dünnwandigen Behälter kann dann, wie bereits erwähnt, die Tangentialspannung in der Behälterwand als konstant angesehen werden. Außerdem kann die Radialspannung vernachlässigt oder ein linearer Spannungsverlauf zugrunde gelegt werden, so dass sich der Berechnungsaufwand zur Spannungsermittlung erheblich reduziert.

### 12.1.1 Dünnwandige Behälter unter Innendruck

Ein innerer Überdruck ($p_\mathrm{i}$), nachfolgend kurz als "Innendruck" bezeichnet, weitet den Behälter zunächst auf, d. h. sein Durchmesser bzw. Umfang wird vergrößert. Hierdurch entstehen Spannungen in Umfangsrichtung die im Folgenden als **Umfangsspannungen** oder **Tangentialspannungen** $\sigma_\mathrm{t}$ bezeichnet werden sollen.

Sofern der Behälter beidseitig verschlossen ist (z. B. Druckbehälter) oder eine abgewinkelte Rohrleitung vorliegt, wirkt der Innendruck auch auf die Böden bzw. die Leitungsbögen und führt zu einer Verlängerung des Behälters in Axialrichtung. Hierbei entstehen Spannungen in Längsrichtung, die als **Längsspannungen** oder **Axialspannungen** $\sigma_\mathrm{a}$ bezeichnet werden.

Letztlich wirkt der Innendruck auch auf die Innenoberfläche des Behälters und erzeugt eine Spannung in radialer Richtung, also senkrecht zur Behälterwand, die **Radialspannung** $\sigma_\mathrm{r}$.

Zur Spannungsermittlung wendet man das Schnittprinzip an, indem man ein Flächenelement senkrecht zur wirkenden Tangential- bzw. Axialspannung herausschneidet (Bild 12.1).

Die nachfolgenden Beziehungen beschränken sich, mit Ausnahme der Hohlkugel, auf den zylindrischen Teil des Behälters, d. h. es soll ein ausreichender Abstand von seinen Enden angenommen werden. Eine Beeinflussung durch die komplexen, einer elementaren Berechnung nicht zugänglichen Spannungsverhältnisse im Bereich der Endböden von Druckbehältern oder Bögen von Rohrleitungen ist dementsprechend nicht zu erwarten (Prinzip von *de Saint-Venant*).

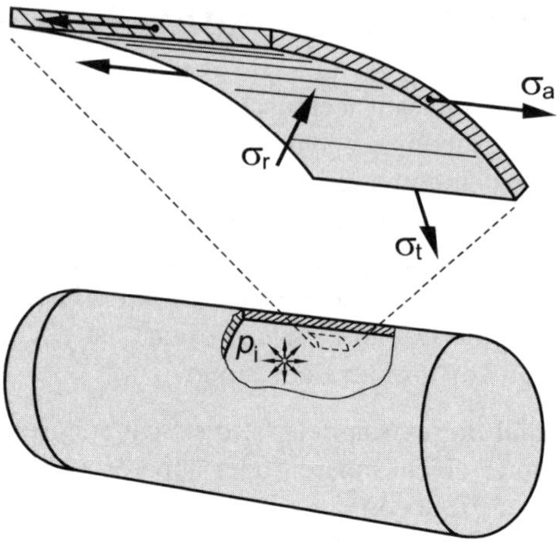


**Bild 12.1** Spannungskomponenten an einem Schnittelement aus der Wand eines durch Innendruck beanspruchten, dünnwandigen Behälters

**Tangentialspannung (Umfangsspannung)**

Zur Ermittlung der Tangentialspannung ($\sigma_t$) führt man einen Schnitt längs der Behälterachse durch und betrachtet den in Bild 12.2 dargestellten Halbring. Ansetzen des Kräftegleichgewichts ergibt ($l$ = Länge des Behälters):

$$p_i \cdot d_i \cdot l = 2 \cdot \sigma_t \cdot s \cdot l$$

$$\sigma_t = p_i \cdot \frac{d_i}{2 \cdot s}$$ **Tangentialspannung eines dünnwandigen Behälters unter Innendruck** (12.2)

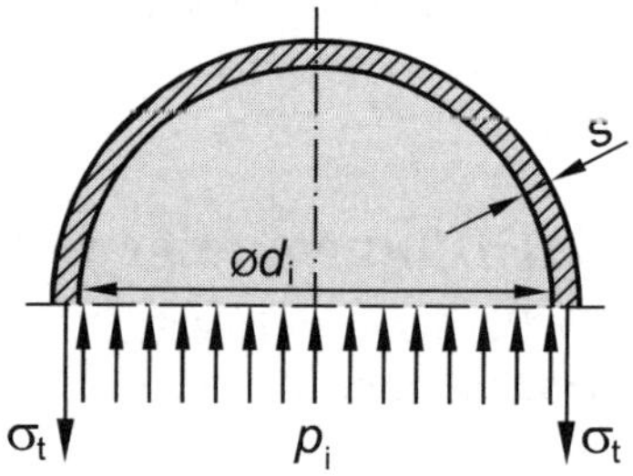


**Bild 12.2** Längsschnitt am dünnwandigen Behälter unter Innendruck

**Axialspannung (Längsspannung)**

Zur Berechnung der Axialspannung ($\sigma_a$) führt man einen Querschnitt senkrecht zur Behälterachse durch (Bild 12.3). Das Kräftegleichgewicht in Axialrichtung liefert:

$$p_i \cdot \frac{\pi \cdot d_i^2}{4} = \sigma_a \cdot \frac{\pi}{4} \cdot (d_a^2 - d_i^2)$$

$$= \sigma_a \cdot \frac{\pi}{4} \cdot \left((d_i + 2s)^2 - d_i^2\right)$$

$$= \sigma_a \cdot \frac{\pi}{4} \cdot \left(d_i^2 + 4 \cdot d_i \cdot s + 4 \cdot s^2 - d_i^2\right)$$

Da die Wandstärke $s$ voraussetzungsgemäß klein sein soll, kann man $s^2$ vernachlässigen und erhält:

$$p_i \cdot \frac{\pi \cdot d_i^2}{4} = \sigma_a \cdot \frac{\pi}{4} \cdot 4 \cdot d_i \cdot s$$

$$\sigma_a = p_i \cdot \frac{d_i}{4 \cdot s} = \frac{\sigma_t}{2}$$ **Axialspannung eines dünnwandigen Behälters unter Innendruck** (12.3)

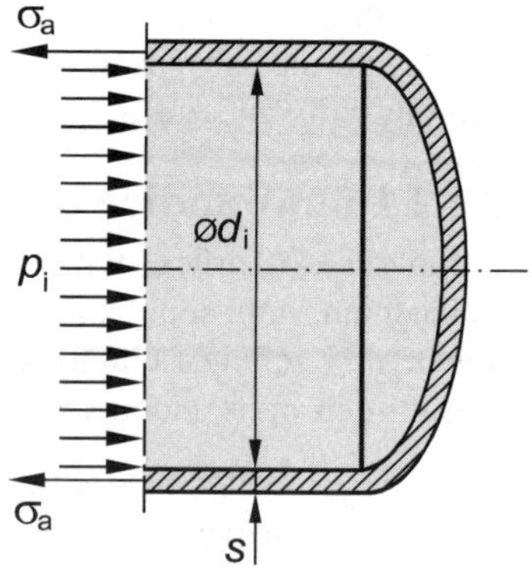


**Bild 12.3** Querschnitt am dünnwandigen Behälter unter Innendruck

Die Gleichungen 12.2 und 12.3 werden in der Praxis auch als "**Kesselformeln**" bezeichnet.

**Radialspannung**

Da der Innendruck unmittelbar auf die Innenoberfläche der Behälterwand wirkt, entsteht dort eine radiale Druckspannung vom Betrag des Innendrucks, also $\sigma_{ri} = -p_i$ (Hinweis: 1 bar = 0,1 N/mm$^2$ = 0,1 MPa). An der lastfreien Außenoberfläche ist die Radialspannung Null ($\sigma_{ra} = 0$). Üblicherweise rechnet man beim dünnwandigen Behälter mit einem konstanten Mittelwert und erhält dann für die Radialspannung $\sigma_r$:

$$\sigma_r = -\frac{p_i}{2} \qquad (12.4)$$

**Radialspannung eines dünnwandigen Behälters unter Innendruck (Mittelwert)**

Da die Radialspannung sehr viel kleiner ist im Vergleich zur Tangential- oder Axialspannung wird sie mitunter auch vernachlässigt und ein näherungsweise zweiachsiger Spannungszustand zugrunde gelegt.

Für einen Festigkeitsnachweis müssen noch die Hauptspannungen $\sigma_1$, $\sigma_2$ und $\sigma_3$ bestimmt werden. Da die gewählten Schnittflächen Symmetrieebenen von Form und Belastung sind, können dort keine Schubspannungen wirken. Das Vorhandensein von Schubspannungen würde gemäß dem Hooke'schen Gesetz für Schubbeanspruchung (Gleichung 2.44) in den Schnittflächen Schiebungen (Winkelverzerrungen) hervorrufen und damit zu einer unsymmetrischen Verformung führen. Dies ist jedoch bei reiner Innendruckbeanspruchung nicht der Fall. Normalspannungen, die in schubspannungsfreien Symmetrieschnitten auftreten, müssen daher zugleich Hauptspannungen sein. Dementsprechend sind also $\sigma_t$ und $\sigma_a$ Hauptspannungen. Damit muss aber auch $\sigma_r$ eine Hauptspannung sein, da die drei Hauptspannungen stets senkrecht zueinander sind. Mit der Indizierungsregel gemäß den Gleichungen 6.2 bis 6.4 folgt dann:

$$\sigma_1 \equiv \sigma_t = p_i \cdot \frac{d_i}{2 \cdot s} \qquad (12.5)$$

$$\sigma_2 \equiv \sigma_a = p_i \cdot \frac{d_i}{4 \cdot s} \qquad (12.6)$$

$$\sigma_3 \equiv \sigma_r = -\frac{p_i}{2} \qquad (12.7)$$

In der Wand eines dünnwandigen, kreiszylindrischen Behälters unter Innendruck herrscht ein dreiachsiger Spannungszustand. Falls die Radialspannung vernachlässigt wird, kann der Spannungszustand, wie bereits erwähnt, näherungsweise auch als zweiachsig angesehen werden.

Zur Durchführung eines Festigkeitsnachweises, muss der dreiachsige Spannungszustand mit Hilfe einer geeigneten Festigkeitshypothese (Kapitel 6) in einen äquivalenten, fiktiv einachsigen Spannungszustand überführt werden. Da Druckbehälter üblicherweise aus duktilen Werkstoffen hergestellt werden, stehen hierfür die Schubspannungshypothese (SH) oder die Gestaltänderungsenergiehypothese (GEH) zur Verfügung. Da die Schubspannungshypothese im Vergleich zur Gestaltänderungsenergiehypothese höhere Vergleichsspannungen und damit konservative Ergebnisse liefert, wird sie, auch der Einfachheit halber, häufig zur Berechnung dünnwandiger Druckbehälter herangezogen. Man erhält damit die Beziehung:

$$\sigma_{V\,SH} = \sigma_1 - \sigma_3 = \sigma_t - \sigma_r = p_i \cdot \frac{d_i}{2 \cdot s} - \left(-\frac{p_i}{2}\right) = p_i \cdot \frac{d_i + s}{2 \cdot s}$$

$$\sigma_{\text{V SH}} = p_{\text{i}} \cdot \frac{d_{\text{m}}}{2 \cdot s} \qquad (12.8)$$

**Vergleichsspannung eines dünnwandigen Behälters unter Innendruck unter Anwendung der Schubspannungshypothese**

Bild 12.4 zeigt den wahren Verlauf der Spannungskomponenten (Gleichungen 12.53 bis 12.55) in Wand eines durch Innendruck beanspruchten Behälters, im Vergleich zu den vereinfacht berechneten Verläufen gemäß den Gleichungen 12.2 bis 12.4.

Errechnet man aus den vereinfacht ermittelten Spannungskomponenten die Vergleichsspannung (Gleichung 12.8) und vergleicht diese mit den Vergleichsspannungen die sich aus dem wahren Verlauf der Spannungskomponenten ergeben würde, dann erkennt man, dass bis zu einem Verhältnis von $d_a/d_i$ = 1,16 Gleichung 12.8 konservative Ergebnisse liefert (Bild 12.4c). Die vereinfachte Berechnung der Spannungskomponenten bis zu einem Verhältnis von $d_a/d_i$ = 1,2 (Gleichung 12.1) ist also durchaus gerechtfertigt.

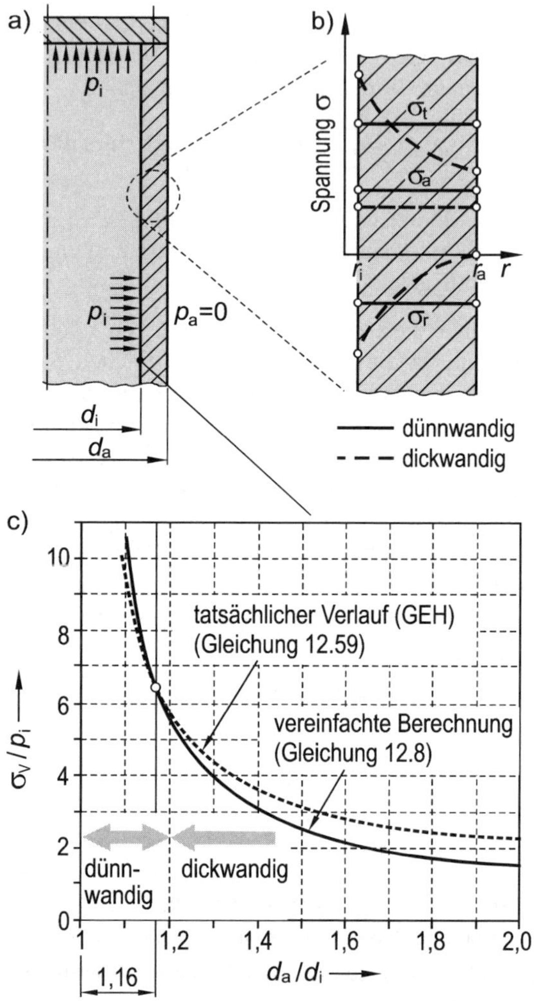


**Bild 12.4** Spannungsverläufe in der Behälterwand unter Innendruck

a) Übersicht

b) Vergleich der vereinfacht berechneten mit den wahren Spannungskomponenten

c) Vergleich der vereinfacht berechneten mit der wahren Vergleichsspannung am Innenrand des Behälters

## 12.1.2 Dünnwandige Behälter unter Außendruck

Werden dünnwandige Behälter durch einen äußeren Überdruck ($p_a$), nachfolgend kurz als "Außendruck" bezeichnet, beansprucht, dann können die Herleitungen aus Kapitel 12.1.1 sinngemäß übernommen werden und man erhält für die Spannungskomponenten in der Behälterwand die folgenden Beziehungen:

**Tangentialspannung:**

$$\sigma_{\text{t}} = -p_{\text{a}} \cdot \frac{d_{\text{a}}}{2 \cdot s} \qquad (12.9)$$

**Tangentialspannung eines dünnwandigen Behälters unter Außendruck**

**Axialspannung:**

$$\sigma_a = -p_a \cdot \frac{d_a}{4 \cdot s}$$ **Axialspannung eines dünnwandigen Behälters unter Außendruck (Mittelwert)** (12.10)

**Radialspannung:**

$$\sigma_r = -\frac{p_a}{2}$$ **Radialspannung eines dünnwandigen Behälters unter Außendruck** (12.11)

In Analogie zum dünnwandigen Behälter unter Innendruck und unter Beachtung der Indizierungsregel entsprechend den Gleichungen 6.2 bis 6.4 folgt für die Hauptspannungen:

$$\sigma_1 \equiv \sigma_r = -\frac{p_a}{2} \tag{12.12}$$

$$\sigma_2 \equiv \sigma_a = -p_a \cdot \frac{d_a}{4 \cdot s} \tag{12.13}$$

$$\sigma_3 \equiv \sigma_t = -p_a \cdot \frac{d_a}{2 \cdot s} \tag{12.14}$$

## 12.1.3 Dünnwandige Hohlkugel unter Innen- bzw. Außendruck

Schneidet man eine dünnwandige Hohlkugel längs einer Ebene durch den Kugelmittelpunkt, dann liegen im Hinblick auf die Schnittspannungen dieselben Verhältnisse vor, verglichen mit dem Querschnitt durch einen zylindrischen Behälter (Bild 12.5). Dementsprechend gilt an der aufgeschnittenen Kugelhälfte unter der Wirkung eines inneren Überdrucks (Innendruck):

$$p_i \cdot \frac{\pi \cdot d_i^2}{4} = \sigma_t \cdot \frac{\pi}{4} \cdot (d_a^2 - d_i^2)$$

$$= \sigma_t \cdot \frac{\pi}{4} \cdot \left((d_i + 2s)^2 - d_i^2\right)$$

$$= \sigma_t \cdot \frac{\pi}{4} \cdot \left(d_i^2 + 4 \cdot d_i \cdot s + 4 \cdot s^2 - d_i^2\right)$$

Da die Wandstärke $s$ voraussetzungsgemäß klein sein soll, kann man $s^2$ vernachlässigen und erhält:

$$\sigma_t = p_i \cdot \frac{d_i}{4 \cdot s}$$ **Tangentialspannung einer dünnwandigen Hohlkugel unter Innendruck** (12.15)

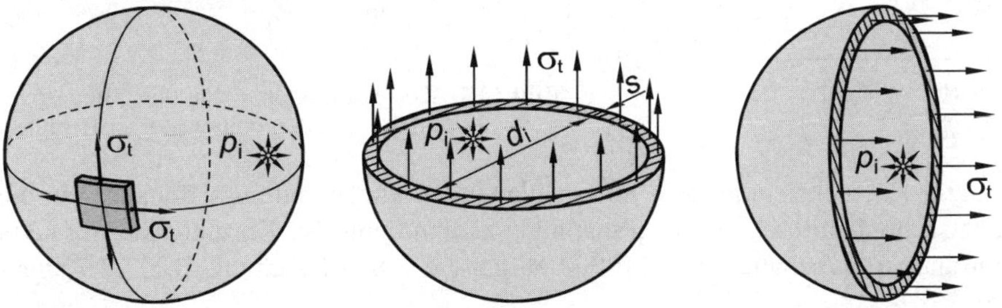


**Bild 12.5** Längs- und Querschnitt an einer dünnwandigen Hohlkugel unter Innendruck

In analoger Weise erhält man für die Druckspannung in der Wand einer dünnwandigen Hohlkugel unter der Wirkung eines äußeren Überdrucks (Außendruck):

$$\sigma_t = -p_a \cdot \frac{d_a}{4 \cdot s} \qquad (12.16)$$

**Tangentialspannung einer dünnwandigen Hohlkugel unter Außendruck**

Die beschriebenen Spannungsverhältnisse sind aus Gründen der Kugelsymmetrie in jeder den Kugelmittelpunkt beinhaltenden Schnittebene identisch, d. h. an jeder beliebigen Stelle der Kugelwand sind die Spannungen gleich groß.

## 12.1.4 Dünnwandige Behälter mit elliptischer Unrundheit

Hohlzylinder sind aus fertigungstechnischen Gründen in der Regel nicht exakt kreisförmig, sondern mehr oder weniger unrund.

Wird ein unrunder Behälter durch Innendruck beansprucht, dann versucht der Behälter die Kreisform anzunehmen. Hierbei entsteht eine zusätzliche Biegespannung in Umfangsrichtung in der Behälterwand. Die Biegespannung überlagert sich der Tangentialspannung.

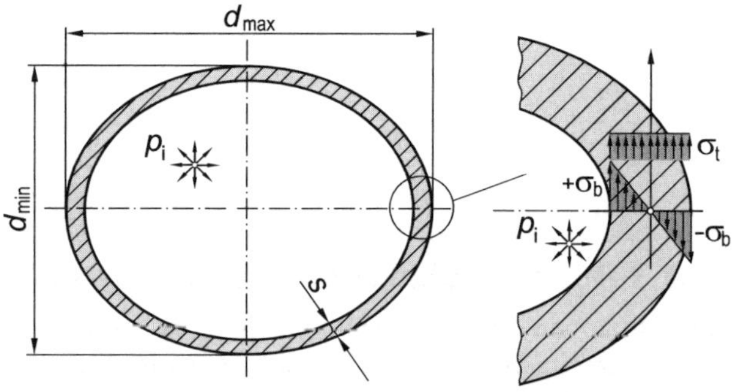


**Bild 12.6** Spannungsverhältnisse in unrunden, dünnwandigen Behältern unter Innendruck

Unter der Voraussetzung einer elliptischen Unrundheit berechnet sich die zusätzliche Biegespannung $\sigma_b$ zu:

$$\sigma_b = \pm \frac{3}{4} \cdot p_i \cdot \left(\frac{d_i}{s}\right)^2 \cdot \kappa \cdot f \qquad (12.17)$$

**Biegespannung in der Wand eines unrunden, dünnwandigen Behälters**

$$\text{mit} \quad \kappa = \frac{2 \cdot (d_{max} - d_{min})}{d_{max} + d_{min}} \qquad (12.18)$$

$$\text{und} \quad f = \frac{1}{1 + \frac{1-\mu^2}{2 \cdot E} \cdot p_i \cdot \left(\frac{d_i}{s}\right)^3} \qquad (12.19)$$

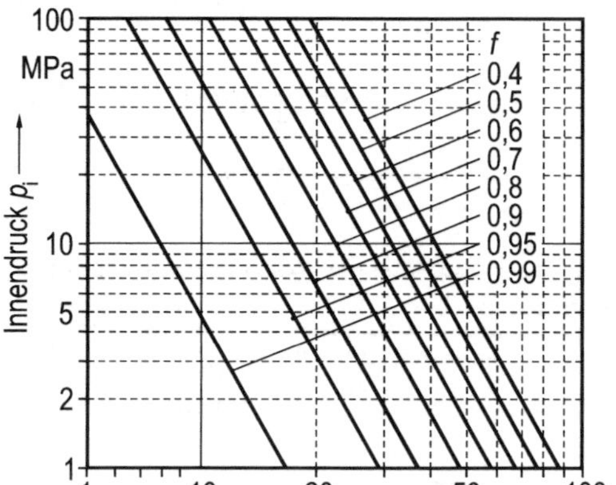


**Bild 12.7** Korrekturfaktor $f$ für die Biegespannung unrunder, dünnwandiger Behälter

Der Korrekturfaktor $f$ berücksichtigt, dass mit zunehmender Annäherung des Behälters an die Kreisform, die tatsächlich auftretende Biegespannung $\sigma_b$ abnimmt. Der Korrekturfaktor $f$ kann für elliptisch unrunde *Stahl*behälter ($E$ = 210000 N/mm$^2$; $\mu$ = 0,30) auch aus Bild 12.7 abgeschätzt werden.

## 12.2 Dickwandige Behälter

Im Unterschied zum dünnwandigen Behälter muss bei der Berechnung dickwandiger Behälter unter Innen- bzw. Außendruck eine ungleichmäßige Spannungsverteilung über der Wanddicke berücksichtigt werden.

Voraussetzung für die nachfolgenden Berechnungen sind:

- eine große Länge des Zylinders (keine Randeinflüsse)
- linear-elastisches ideal-plastisches Werkstoffverhalten
- Vernachlässigung von Volumenkräften (Eigengewicht)

Zur Spannungsermittlung dickwandiger Behälter ist es sinnvoll, die folgenden Zustände getrennt zu betrachten:

- **Elastischer Zustand**: der gesamte Behälter bzw. die gesamte Behälterwand ist elastisch beansprucht.
- **Teilplastischer Zustand**: der innere Teil der Behälterwand ist elastisch beansprucht (elastischer Innenring), während der übrige Wandteil bereits plastifiziert ist (vollplastischer Außenring).
- **Vollplastischer Zustand**: die gesamte Behälterwand ist plastifiziert.

### 12.2.1 Elastischer Zustand unter Innen- und Außendruck

Ein elastischer Zustand liegt vor, sofern an keiner Stelle der Behälterwand plastische Verformungen auftreten.

#### 12.2.1.1 Spannungsermittlung

Da aus Symmetriegründen die Lastspannungen unabhängig vom Winkel $\varphi$ sind, empfiehlt es sich, Polarkoordinaten einzuführen. Dann sind die Spannungen nur noch vom Radius $r$ abhängig (Bild 12.8a).

Zur Spannungsermittlung wird entsprechend Bild 12.8b ein Segment aus der Behälterwand herausgeschnitten und das Kräftegleichgewicht betrachtet. Am herausgeschnittenen Segment wirken die Schnittspannungen $\sigma_t$, $\sigma_r$ und $\sigma_r + d\sigma_r$. Diese Schnittspannungen sind unbekannt und sollen nachfolgend in Abhängigkeit vom Radius $r$ sowie der äußeren Belastung durch den Innendruck $p_i$ bzw. den Außendruck $p_a$ ermittelt werden.

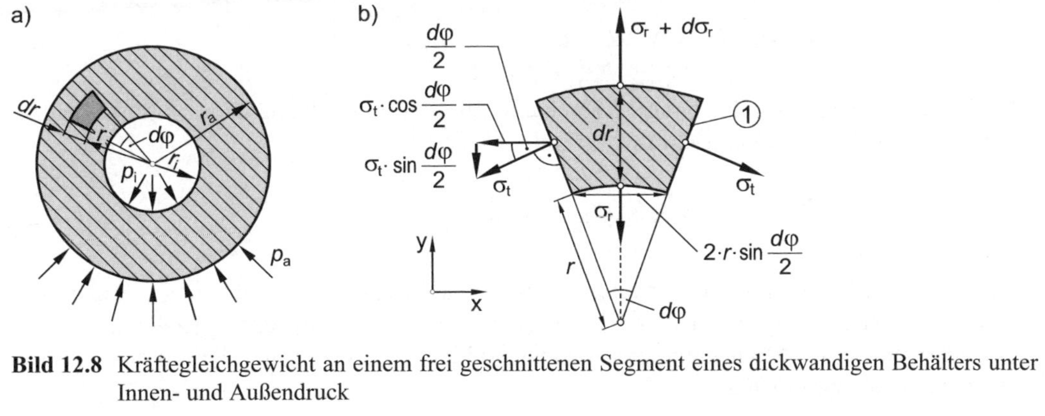


**Bild 12.8** Kräftegleichgewicht an einem frei geschnittenen Segment eines dickwandigen Behälters unter Innen- und Außendruck

Die **Tangentialspannung** $\sigma_t$ wirkt in der Schnittfläche 1 (Bild 12.8b). Hieraus resultiert die Schnittkraft $F_t$:

$$F_t = \sigma_t \cdot dr \cdot l \quad (l = \text{Länge des zylindrischen Behälters}) \tag{12.20}$$

Die Schnittkraft $F_t$ kann in die Komponenten $F_{tx}$ in x-Richtung und $F_{ty}$ in y-Richtung zerlegt werden. Für die Komponenten der Tangentialkraft in y-Richtung gilt:

$$F_{ty} = \sigma_t \cdot dr \cdot l \cdot \sin\left(\frac{d\varphi}{2}\right) \tag{12.21}$$

Für kleine Winkel kann näherungsweise $\sin(d\varphi / 2) \approx d\varphi / 2$ gesetzt werden. Damit folgt aus Gleichung 12.21:

$$F_{ty} = \sigma_t \cdot dr \cdot l \cdot \frac{d\varphi}{2} \tag{12.22}$$

Der Innen- bzw. Außendruck erzeugt weiterhin eine **Radialspannung** $\sigma_r$ in der Mantelfläche des herausgeschnittenen Segments und damit eine Radialkraft $F_r$. Die aus der Radialspannung $\sigma_r$ resultierende radiale Kraftkomponente in y-Richtung errechnet sich zu:

$$F_{ry} = \sigma_r \cdot 2 \cdot r \cdot \sin\left(\frac{d\varphi}{2}\right) \cdot l \tag{12.23}$$

Für kleine Winkel kann näherungsweise wiederum $\sin(d\varphi / 2) \approx d\varphi / 2$ gesetzt werden. Damit folgt aus Gleichung 12.23:

$$F_{ry} = \sigma_r \cdot r \cdot d\varphi \cdot l \tag{12.24}$$

In analoger Weise liefert auch die Radialspannung $\sigma_r + d\sigma_r$ eine Kraftkomponente in y-Richtung:

$$F_{ry}^* = (\sigma_r + d\sigma_r) \cdot (r + dr) \cdot d\varphi \cdot l \tag{12.25}$$

Kräftegleichgewicht in y-Richtung liefert:

$$F_{ry}^* = F_{ry} + 2 \cdot F_{ty}$$

$$(\sigma_r + d\sigma_r) \cdot (r + dr) \cdot d\varphi \cdot l = \sigma_r \cdot r \cdot d\varphi \cdot l + 2 \cdot \sigma_t \cdot dr \cdot \frac{d\varphi}{2} \cdot l \quad \Big| : (l \cdot d\varphi)$$

$$\sigma_r \cdot r + d\sigma_r \cdot r + \sigma_r \cdot dr + d\sigma_r \cdot dr = \sigma_r \cdot r + \sigma_t \cdot dr \tag{12.26}$$

Mit $d\varphi \cdot dr \approx 0$ folgt aus Gleichung 12.26 eine lineare Differentialgleichung zwischen den gesuchten Spannungen $\sigma_r(r)$ und $\sigma_t(r)$:

$$\sigma_t - \sigma_r - r \cdot \frac{d\sigma_r}{dr} = 0 \quad \textbf{Kräftegleichgewicht} \tag{12.27}$$

Gleichung 12.27 genügt zur Ermittlung der beiden unbekannten Funktionen $\sigma_r(r)$ und $\sigma_t(r)$ nicht. Das Kräftegleichgewicht in x-Richtung, das Kräftegleichgewicht in Richtung der Behälterachse sowie das Momentengleichgewicht sind identisch erfüllt und liefern daher keinen weiteren Beitrag zur Lösung.

Eine zweite unabhängige Gleichung erhält man aus der geometrischen Verträglichkeit. Damit unter dem Einfluß der Spannungen $\sigma_t$ und $\sigma_r$ keine Klaffungen oder Überdeckungen im Zylinder auftreten, ist nur die in Bild 12.9 dargestellte Verformung des Elements möglich. Die nach außen (radial) gerichtete Verschiebung sei *u*, deren Änderung zwischen Außen- und Innenrand des Volumenelements *du*. Die Verschiebungen in radialer Richtung am herausgeschnittenen Segment betragen somit (Bild 12.9):

- am Innenrand : $u$
- am Außenrand: $u + du$

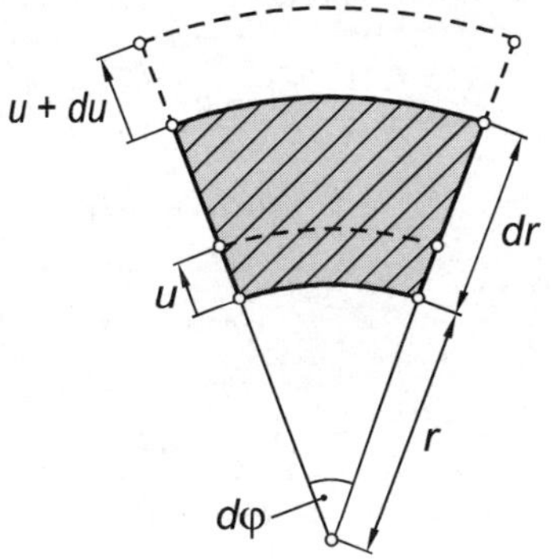


**Bild 12.9** Verschiebungen an einem herausgeschnittenen Segment eines dickwandigen Behälters

Damit errechnen sich die Dehnungen $\varepsilon_r(r)$ in radialer Richtung zu:

$$\varepsilon_r(r) = \frac{u + du - u}{dr} = \frac{du}{dr} \qquad (12.28)$$

und in Umfangsrichtung $\varepsilon_t(r)$ am Innenrand:

$$\varepsilon_t(r) = \frac{(r+u)\cdot d\varphi - r\cdot d\varphi}{r\cdot d\varphi} = \frac{u}{r} \qquad (12.29)$$

Um einen Zusammenhang zwischen der Radialdehnung $\varepsilon_r(r)$ und der Tangentialdehnung $\varepsilon_t(r)$ zu erhalten, werden die Gleichungen 12.28 und 12.29 miteinander kombiniert. Hierzu löst man Gleichung 12.29 zunächst nach *u* auf:

$$u = \varepsilon_t(r)\cdot r \qquad (12.30)$$

Differentiation von Gleichung 12.30 nach *r* unter Beachtung der Produktregel ergibt:

$$\frac{du}{dr} = r\cdot\frac{d\varepsilon_t}{dr} + \varepsilon_t \qquad (12.31)$$

Einsetzen von Gleichung 12.31 in Gleichung 12.28:

$$\varepsilon_r = r\cdot\frac{d\varepsilon_t}{dr} + \varepsilon_t \qquad (12.32)$$

$$r\cdot\frac{d\varepsilon_t}{dr} + \varepsilon_t - \varepsilon_r = 0 \qquad (12.33)$$

Unter Anwendung des allgemeinen Hooke'schen Gesetzes können schließlich die Spannungen $\sigma_t(r)$ und $\sigma_r(r)$ mit den Dehnungen $\varepsilon_t(r)$ und $\varepsilon_r(r)$ verknüpft werden. Zu berücksichtigen ist dabei noch die Längsspannung $\sigma_a$, die beispielsweise bei einem beidseitig verschlossenen Zylinder oder einer abgewinkelten Rohrleitung auftritt. Die Längsspannung ist über den Querschnitt konstant, also keine Funktion vom Radius *r*. Das allgemeine Hooke'sche Gesetz lautet für die Dehnungen in Tangential- und Radialrichtung (Gleichungen 5.14):

$$\varepsilon_t = \frac{1}{E}\cdot\left(\sigma_t - \mu\cdot(\sigma_r + \sigma_a)\right) \qquad (12.34)$$

$$\varepsilon_r = \frac{1}{E}\cdot\left(\sigma_r - \mu\cdot(\sigma_t + \sigma_a)\right) \qquad (12.35)$$

Differentiation von Gleichung 12.34 nach $r$ liefert unter Berücksichtigung von $d\sigma_a / dr = 0$ (da $\sigma_a$ = konstant):

$$\frac{d\varepsilon_t}{dr} = \frac{1}{E} \cdot \left( \frac{d\sigma_t}{dr} - \mu \cdot \frac{d\sigma_r}{dr} \right) \tag{12.36}$$

Setzt man die Gleichungen 12.34, 12.35 und 12.36 in Gleichung 12.33 ein, dann erhält man:

$$\frac{r}{E} \cdot \left( \frac{d\sigma_t}{dr} - \mu \cdot \frac{d\sigma_r}{dr} \right) + \frac{1}{E} \cdot (\sigma_t - \mu \cdot (\sigma_r + \sigma_a)) - \frac{1}{E} \cdot (\sigma_r - \mu \cdot (\sigma_t + \sigma_a)) = 0 \quad | \cdot E$$

$$-r \cdot \left( \mu \cdot \frac{d\sigma_r}{dr} - \frac{d\sigma_t}{dr} \right) + \sigma_t - \mu \cdot \sigma_r - \mu \cdot \sigma_a - \sigma_r + \mu \cdot \sigma_t + \mu \cdot \sigma_a = 0$$

$$-r \cdot \left( \mu \cdot \frac{d\sigma_r}{dr} - \frac{d\sigma_t}{dr} \right) - (\sigma_r - \sigma_t) - \mu \cdot (\sigma_r - \sigma_t) = 0 \quad | \cdot (-1)$$

$$r \cdot \left( \mu \cdot \frac{d\sigma_r}{dr} - \frac{d\sigma_t}{dr} \right) + (1 + \mu) \cdot (\sigma_r - \sigma_t) = 0 \quad \textbf{Verträglichkeitsbedingung} \tag{12.37}$$

Gleichung 12.37 (Verträglichkeitsbedingung) ist die noch fehlende zweite Differentialgleichung zwischen den Spannungen $\sigma_r(r)$ und $\sigma_t(r)$. Das System der beiden Differentialgleichungen 12.27 und 12.37 wird wie ein System gewöhnlicher Gleichungen gelöst, d. h. eine der beiden unbekannten Funktionen wird eliminiert. Hierbei ist es zweckmäßig, Gleichung 12.27 nach $\sigma_t$ aufzulösen, nach $r$ zu differenzieren (Beachtung der Produktregel !) und schließlich $\sigma_t$ sowie $d\sigma_t / dr$ in Gleichung 12.37 einzusetzen.

Aus Gleichung 12.27 folgt:

$$\sigma_t = \sigma_r + r \cdot \frac{d\sigma_r}{dr} \tag{12.38}$$

Differentiation von Gleichung 12.38 nach $r$ liefert unter Beachtung der Produktregel:

$$\frac{d\sigma_t}{dr} = \frac{d\sigma_r}{dr} + \frac{d\sigma_r}{dr} + r \cdot \frac{d^2\sigma_r}{dr^2}$$

$$\frac{d\sigma_t}{dr} = 2 \cdot \frac{d\sigma_r}{dr} + r \cdot \frac{d^2\sigma_r}{dr^2} \tag{12.39}$$

Gleichung 12.38 und 12.39 in Gleichung 12.37 (Verträglichkeitsbedingung) eingesetzt liefert:

$$r \cdot \left( \mu \cdot \frac{d\sigma_r}{dr} - 2 \cdot \frac{d\sigma_r}{dr} - r \cdot \frac{d^2\sigma_r}{dr^2} \right) + (1 + \mu) \cdot \left( \sigma_r - \sigma_r - r \cdot \frac{d\sigma_r}{dr} \right) = 0$$

$$r \cdot \left( \mu \cdot \frac{d\sigma_r}{dr} - 2 \cdot \frac{d\sigma_r}{dr} - r \cdot \frac{d^2\sigma_r}{dr^2} \right) - (1 + \mu) \cdot r \cdot \frac{d\sigma_r}{dr} = 0 \quad | : r$$

$$\mu \cdot \frac{d\sigma_r}{dr} - 2 \cdot \frac{d\sigma_r}{dr} - r \cdot \frac{d^2\sigma_r}{dr^2} - \frac{d\sigma_r}{dr} - \mu \cdot \frac{d\sigma_r}{dr} = 0 \quad | \cdot (-r)$$

$$r^2 \cdot \frac{d^2\sigma_r}{dr^2} + 3 \cdot r \cdot \frac{d\sigma_r}{dr} = 0 \tag{12.40}$$

Gleichung 12.40 ist eine homogene, lineare Differentialgleichung 2. Ordnung (Euler'sche Differentialgleichung) für die unbekannte Radialspannung $\sigma_r(r)$. Die allgemeine Lösung dieser Differentialgleichung ergibt sich aus dem Potenzansatz:

$$\sigma_{\mathrm{r}} = C_1 \cdot r^{\mathrm{n}} + C_2 \tag{12.41}$$

Ein- bzw. zweimalige Differentiation von Gleichung 12.41 ergibt:

$$\frac{d\sigma_{\mathrm{r}}}{dr} = C_1 \cdot n \cdot r^{\mathrm{n}-1} \tag{12.42}$$

$$\frac{d^2\sigma_{\mathrm{r}}}{dr^2} = C_1 \cdot n \cdot (n-1) \cdot r^{\mathrm{n}-2} \tag{12.43}$$

Setzt man die Gleichungen 12.42 und 12.43 in Gleichung 12.40 ein, dann erhält man:

$$r^2 \cdot C_1 \cdot n \cdot (n-1) \cdot r^{\mathrm{n}-2} + 3 \cdot r \cdot C_1 \cdot n \cdot r^{\mathrm{n}-1} = 0 \qquad \big| : C_1 \; (C_1 \neq 0)$$

$$n \cdot (n-1) \cdot r^{\mathrm{n}} + 3 \cdot n \cdot r^{\mathrm{n}} = 0$$

$$r^{\mathrm{n}} \cdot \big(n \cdot (n-1) + 3 \cdot n\big) = 0$$

$$r^{\mathrm{n}} \cdot \left(n^2 + 2 \cdot n\right) = 0$$

$$r^{\mathrm{n}} \cdot n \cdot (n+2) = 0 \tag{12.44}$$

Gleichung 12.44 ist erfüllt für $n = 0$ und für $n = -2$. Die Lösung $n = 0$ ist trivial, da sie eine identisch erfüllte Gleichung liefert, während $n = -2$ zur gesuchten Lösung führt. Mit $n = -2$ ergibt sich aus Gleichung 12.41:

$$\sigma_{\mathrm{r}} = C_2 + \frac{C_1}{r^2} \tag{12.45}$$

Die Tangentialspannung $\sigma_t$ erhält man, indem man Gleichung 12.45 in Gleichung 12.38 einsetzt:

$$\sigma_{\mathrm{t}} = C_2 + \frac{C_1}{r^2} + r \cdot \left(-2 \cdot \frac{C_1}{r^3}\right)$$

$$\sigma_{\mathrm{t}} = C_2 - \frac{C_1}{r^2} \tag{12.46}$$

Die Konstanten $C_1$ und $C_2$ erhält man aus den Randbedingungen:

- für den Innenrand ($r = r_i$): $\sigma_r(r = r_i) = -p_i$
- für den Außenrand ($r = r_a$): $\sigma_r(r = r_a) = -p_a$

Einsetzen der Randbedingung in Gleichung 12.45 ergibt:

$$-p_{\mathrm{i}} = C_2 + \frac{C_1}{r_{\mathrm{i}}^2} \tag{12.47}$$

und

$$-p_{\mathrm{a}} = C_2 + \frac{C_1}{r_{\mathrm{a}}^2} \tag{12.48}$$

Subtrahiert man Gleichung 12.48 von Gleichung 12.47 dann folgt:

$$-p_\mathrm{i} + p_\mathrm{a} = \frac{C_1}{r_\mathrm{i}^2} - \frac{C_1}{r_\mathrm{a}^2}$$

$$C_1 = \frac{r_\mathrm{a}^2 \cdot r_\mathrm{i}^2}{r_\mathrm{a}^2 - r_\mathrm{i}^2} \cdot (p_\mathrm{a} - p_\mathrm{i}) \qquad (12.49)$$

Gleichung 12.49 in Gleichung 12.47 eingesetzt liefert für $C_2$:

$$C_2 = -p_\mathrm{i} - \frac{C_1}{r_\mathrm{i}^2}$$

$$= -p_\mathrm{i} - \frac{1}{r_\mathrm{i}^2} \cdot \frac{r_\mathrm{a}^2 \cdot r_\mathrm{i}^2}{r_\mathrm{a}^2 - r_\mathrm{i}^2} \cdot (p_\mathrm{a} - p_\mathrm{i})$$

$$= \frac{-p_\mathrm{i} \cdot (r_\mathrm{a}^2 - r_\mathrm{i}^2) - p_\mathrm{a} \cdot r_\mathrm{a}^2 + p_\mathrm{i} \cdot r_\mathrm{a}^2}{r_\mathrm{a}^2 - r_\mathrm{i}^2}$$

$$C_2 = \frac{p_\mathrm{i} \cdot r_\mathrm{i}^2 - p_\mathrm{a} \cdot r_\mathrm{a}^2}{r_\mathrm{a}^2 - r_\mathrm{i}^2} \qquad (12.50)$$

Setzt man die Gleichungen 12.49 und 12.50 schließlich in 12.45 und 12.46 ein, dann erhält man:

$$\sigma_\mathrm{r} = C_2 + \frac{C_1}{r^2}$$

$$\sigma_\mathrm{r} = \frac{p_\mathrm{i} \cdot r_\mathrm{i}^2 - p_\mathrm{a} \cdot r_\mathrm{a}^2}{r_\mathrm{a}^2 - r_\mathrm{i}^2} + \frac{r_\mathrm{a}^2 \cdot r_\mathrm{i}^2}{r_\mathrm{a}^2 - r_\mathrm{i}^2} \cdot \frac{p_\mathrm{a} - p_\mathrm{i}}{r^2} \qquad (12.51)$$

und

$$\sigma_\mathrm{t} = C_2 - \frac{C_1}{r^2}$$

$$\sigma_\mathrm{t} = \frac{p_\mathrm{i} \cdot r_\mathrm{i}^2 - p_\mathrm{a} \cdot r_\mathrm{a}^2}{r_\mathrm{a}^2 - r_\mathrm{i}^2} - \frac{r_\mathrm{a}^2 \cdot r_\mathrm{i}^2}{r_\mathrm{a}^2 - r_\mathrm{i}^2} \cdot \frac{p_\mathrm{a} - p_\mathrm{i}}{r^2} \qquad (12.52)$$

Formt man die Gleichungen 12.51 und 12.52 weiter um, dann erhält man schließlich:

$$\sigma_\mathrm{r} = -p_\mathrm{i} \cdot \frac{r_\mathrm{i}^2}{r_\mathrm{a}^2 - r_\mathrm{i}^2} \cdot \left(\frac{r_\mathrm{a}^2}{r^2} - 1\right) - p_\mathrm{a} \cdot \frac{r_\mathrm{a}^2}{r_\mathrm{a}^2 - r_\mathrm{i}^2} \cdot \left(1 - \frac{r_\mathrm{i}^2}{r^2}\right) \qquad (12.53)$$

**Radialspannung unter Innen- und Außendruck im elastischen Zustand eines dickwandigen Behälters**

$$\sigma_\mathrm{t} = p_\mathrm{i} \cdot \frac{r_\mathrm{i}^2}{r_\mathrm{a}^2 - r_\mathrm{i}^2} \cdot \left(\frac{r_\mathrm{a}^2}{r^2} + 1\right) - p_\mathrm{a} \cdot \frac{r_\mathrm{a}^2}{r_\mathrm{a}^2 - r_\mathrm{i}^2} \cdot \left(1 + \frac{r_\mathrm{i}^2}{r^2}\right) \qquad (12.54)$$

**Tangentialspannung unter Innen- und Außendruck im elastischen Zustand eines dickwandigen Behälters**

Ist der Hohlzylinder an beiden Enden verschlossen bzw. handelt es sich um eine abgewinkelte Rohrleitung, dann tritt zusätzlich zur Tangential- und Radialspannung noch eine über den Querschnitt konstante Axialspannung $\sigma_\mathrm{a}$ auf. Sie hat in hinreichender Entfernung von den Enden des Zylinders, also im Bereich der Zylindermitte, keinen Einfluss mehr auf Tangential- und Radialspannung. Die Axialspannung $\sigma_\mathrm{a}$ errechnet sich zu (Bild 12.10):

$$\sigma_a = \frac{F_a}{A} = \frac{\pi \cdot r_i^2 \cdot p_i - \pi \cdot r_a^2 \cdot p_a}{\pi \cdot (r_a^2 - r_i^2)}$$

$$\sigma_a = \frac{p_i \cdot r_i^2 - p_a \cdot r_a^2}{r_a^2 - r_i^2} \qquad (12.55)$$

**Axialspannung unter Innen- und Außendruck im elastischen Zustand eines dickwandigen Behälters**

Zur Veranschaulichung der Gleichungen 12.53, 12.54 und 12.55 sind in Bild 12.11 die Verläufe der Tangential-, Axial- und Radialspannung in der Zylinderwand am Beispiel eines elastisch beanspruchten, dickwandigen Behälters mit $r_a$ / $r_i$ = 2 unter Innen- und Außendruck graphisch dargestellt.

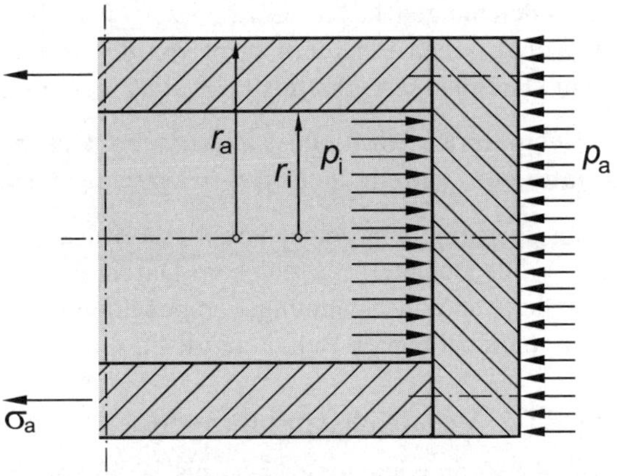


**Bild 12.10** Querschnitt am dickwandigen Behälter unter Innen- und Außendruck

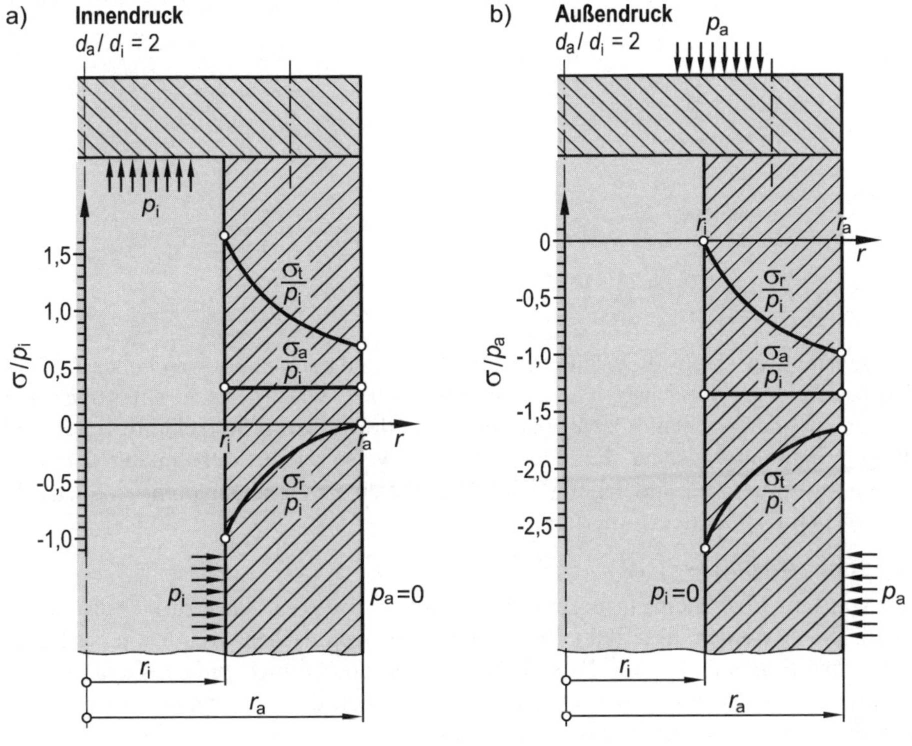


**Bild 12.11** Abhängigkeit der Radial-, Tangential- und Axialspannung vom Radius $r$ eines elastisch beanspruchten, dickwandigen Behälters

a) unter Innendruck für $d_a / d_i = 2$

b) unter Außendruck für $d_a / d_i = 2$

Die Gleichungen 12.53 bis 12.55 zeigen auch, dass die Spannungskomponenten $\sigma_t$, $\sigma_r$ und $\sigma_a$ in zylindrischen Behältern nicht von der absoluten Größe des Behälters sondern nur von seinem Durchmesserverhältnis $r_a / r_i$ abhängen. Es gilt daher die folgende Aussage:

**Geometrisch ähnliche zylindrische Hohlzylinder ($r_a$ / $r_i$ = konstant) unter Innen- und/oder Außendruck sind bei gleicher Druckbelastung gleich hoch beansprucht.**

Man überzeugt sich leicht von dieser Tatsache, indem man beispielsweise für zwei verschieden große Behälter mit gleichem Durchmesserverhältnis $d_a$ / $d_i$ an einer beliebigen Stelle der Behälterwand die Spannungskomponenten berechnet und vergleicht (das Verhältnis $r_a / r$ bzw. $r$ / $r_i$ muss bei beiden Behältern gleich sein).

### 12.2.1.2 Vergleichsspannungen

Mit Hilfe von Gleichung 12.53 bis 12.55 können die Spannungskomponenten $\sigma_t$, $\sigma_r$ und $\sigma_a$ an einer beliebigen Stelle der Wand eines durch Innen- und/oder Außendruck beanspruchten Behälters berechnet werden. Da die Schnittflächen in Bild 12.8b aus Gründen der Symmetrie von Form und Belastung keine Schubspannungen enthalten, sind die Lastspannungen $\sigma_t$, $\sigma_r$ und $\sigma_a$ gleichzeitig Hauptspannungen.

Für $p_i > p_a$ gilt entsprechend der Indizierungsregel für Hauptnormalspannungen (Gleichungen 6.2 bis 6.4):

$$\begin{aligned} \sigma_t &\equiv \sigma_1 \\ \sigma_a &\equiv \sigma_2 \\ \sigma_r &\equiv \sigma_3 \end{aligned} \tag{12.56}$$

Für $p_i < p_a$ folgt:

$$\begin{aligned} \sigma_r &\equiv \sigma_1 \\ \sigma_a &\equiv \sigma_2 \\ \sigma_t &\equiv \sigma_3 \end{aligned} \tag{12.57}$$

Der Spannungszustand in einem dickwandigen Druckbehälter unter Innen- und/oder Außendruck ist also in der Regel dreiachsig. Falls kein Außendruck wirkt, herrscht am Außenrand ein zweiachsiger Spannungszustand bzw. falls kein Innendruck wirkt, herrscht am Innenrand ein zweiachsiger Spannungszustand. Für Festigkeitsnachweise ist die Berechnung der Vergleichsspannung $\sigma_V$ unter Zugrundelegung einer geeigneten Festigkeitshypothese (NH, SH oder GEH, siehe auch Kapitel 6) erforderlich.

**a) Normalspannungshypothese (NH)**

Ein Versagen von Druckbehältern, insbesondere bei hohen Drücken, kann zu katastrophalen Schäden führen. Daher werden diese Bauteile aus sicherheitstechnischen Gründen in der Regel aus duktilen Werkstoffen gefertigt. Ein Druckbehälter oder eine Druckleitung aus einem spröden oder versprödeten Werkstoff und damit die Notwendigkeit der Anwendung der Normalspannungshypothese ist in der Praxis selten anzutreffen.

Bei spröden Werkstoffen bzw. bei einem spröden Werkstoffverhalten und für den Fall, dass alle Hauptnormalspannungen positiv sind (Behälter unter Innendruck) tritt unter statischer Zugbeanspruchung ein verformungsloser Trennbruch ein, sobald die größte Normalspannung

($\sigma_1$) die Trennfestigkeit des Werkstoffs erreicht (Kapitel 6.1). Die Vergleichsspannung nach der Normalspannungshypothese entspricht also $\sigma_1$:

$$\sigma_{VNH} = \sigma_1 \tag{12.58}$$

Die größte Normalspannung herrscht unabhängig vom Durchmesserverhältnis sowie von der Höhe des Drucks stets am Innenrand des Behälters ($r = r_i$). Ein Bruch tritt unter Innendruck ein, sobald gilt:

$$\sigma_{VNH} \geq R_m \tag{12.59}$$

Für den seltenen Fall, dass positive und negative Hauptnormalspannungen (Behälter unter Innen- und Außendruck) bzw. nur negative Hauptnormalspannungen (Behälter unter Außendruck) auftreten sind die Grenzen der Anwendbarkeit der Normalspannungshypothese zu beachten (Kapitel 6.1.3).

**b) Schubspannungshypothese (SH)**

Zur Berechnung der Vergleichsspannung $\sigma_V$ kann bei duktilen Werkstoffen die Schubspannungshypothese (SH) herangezogen werden. Im Vergleich zur Gestaltänderungsenergiehypothese (GEH) führt die in der Anwendung einfachere Schubspannungshypothese zu konservativen Ergebnissen (Kapitel 6.3). Gemäß der Schubspannungshypothese gilt für die Vergleichsspannung:

$$\sigma_{VSH} = \sigma_1 - \sigma_3 \tag{12.60}$$

Die Festlegung von $\sigma_1$ und $\sigma_3$ folgt entsprechend Gleichung 12.56 bzw. 12.57.

Mit plastischen Verformungen (Fließen) ist zu rechnen, sobald gilt:

$$\sigma_{V\,SH} \geq R_e \text{ bzw. } R_{p0,2} \tag{12.61}$$

**c) Gestaltänderungsenergiehypothese (GEH)**

Neben der Schubspannungshypothese kann bei duktilen Werkstoffen auch die zu genaueren Ergebnissen führende Gestaltänderungsenergiehypothese (GEH) zur Berechnung der Vergleichsspannung $\sigma_V$ herangezogen werden:

$$\sigma_{VGEH} = \frac{1}{\sqrt{2}} \cdot \sqrt{(\sigma_1 - \sigma_2)^2 + (\sigma_2 - \sigma_3)^2 + (\sigma_3 - \sigma_1)^2} \tag{12.62}$$

Zur Indizierung der Hauptnormalspannungen sind ebenfalls die Gleichungen 12.56 bzw. 12.57 zu beachten.

Mit plastischen Verformungen (Fließen) ist zu rechnen, sobald gilt:

$$\sigma_{V\,GEH} \geq R_e \text{ bzw. } R_{p0,2} \tag{12.63}$$

In Bild 12.12 ist die Vergleichsspannung nach der NH, SH und GEH für einen dickwandigen Behälter unter Innendruck (Bild 12.12a) bzw. Außendruck (Bild 10.12b) im elastischen Zustand in Abhängigkeit der Ortskoordinate $r$ graphisch dargestellt. Aus der Abbildung wird ersichtlich, dass die höchste Beanspruchung an der Innenwand ($r = r_i$) herrscht, und zwar unabhängig davon, ob der Behälter nur durch Innendruck, Innen- und Außendruck oder nur durch Außendruck beansprucht wird. Für den Festigkeitsnachweis eines dickwandigen zylindrischen Behälters ist also die Beanspruchung der Innenwand maßgebend.

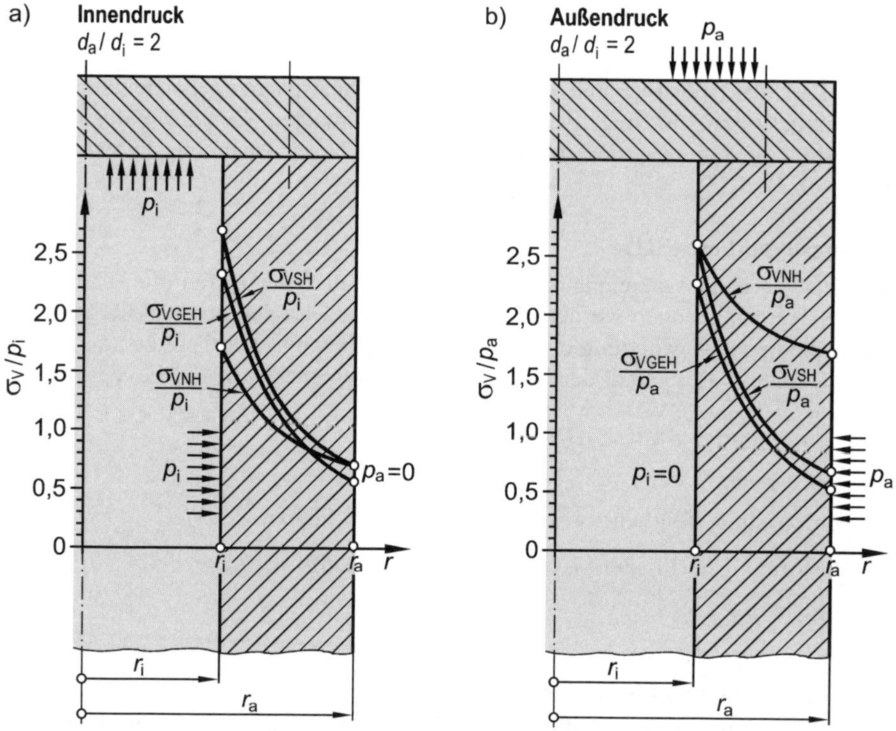


**Bild 12.12** Abhängigkeit der Vergleichsspannungen $\sigma_{V\ NH}$, $\sigma_{V\ SH}$ und $\sigma_{V\ GEH}$ vom Radius $r$ eines dickwandigen Behälters unter Innendruck bzw. Außendruck im elastischen Zustand

### 12.2.1.3 Fließbeginn unter Innendruck

Mit steigendem Innendruck setzt eine Plastifizierung des Hohlzylinders zuerst am Innenrand ein, sobald die Vergleichsspannung ($\sigma_{VGEH}$) die Streck- bzw. Dehngrenze erreicht. Der zum Fließen führende Innendruck ($p_{iFB}$) soll nachfolgend berechnet werden.

Der Übersichtlichkeit halber sollen sich die nachfolgenden Ausführungen auf den in der Praxis wichtigsten Fall eines durch Innendruck beanspruchten Behälters beschränken. Für Druckbehälter welche durch Innen- und Außendruck bzw. nur durch Außendruck beansprucht sind, können die nachfolgenden Rechenschritte analog durchgeführt werden. Außerdem soll die zu genaueren Ergebnissen führende GEH Anwendung finden.

Die maximale Vergleichsspannung tritt bei einem dickwandigen Behälter stets am Innenrand ($r = r_i$) auf (Kapitel 12.2.1.2). Der (duktile) Werkstoff plastifiziert also dort zuerst. Damit eine Plastifizierung des Werkstoffs mit Sicherheit vermieden wird, muss für die Vergleichsspannung am Innenrand gelten:

$$\sigma_{\text{V GEH}}(r = r_i) \leq \frac{R_e}{S_F} \quad \text{bzw.} \quad \frac{R_{p0,2}}{S_F} \tag{12.64}$$

Zur Berechnung der Vergleichsspannung, müssen zunächst die Spannungskomponenten am Innenrand ermittelt werden. Aus den Gleichungen 12.53, 12.54 und 12.55 erhält man für $r = r_i$:

Tangentialspannung am Innenrand:

$$\sigma_t(r_i) = p_i \cdot \frac{r_i^2}{r_a^2 - r_i^2} \cdot \left( \frac{r_a^2}{r_i^2} + 1 \right) = p_i \cdot \frac{r_a^2 + r_i^2}{r_a^2 - r_i^2} \tag{12.65}$$

Axialspannung am Innenrand:

$$\sigma_a(r_i) = p_i \cdot \frac{r_i^2}{r_a^2 - r_i^2} \tag{12.66}$$

Radialspannung am Innenrand:

$$\sigma_r(r_i) = -p_i \cdot \frac{r_i^2}{r_a^2 - r_i^2} \cdot \left( \frac{r_a^2}{r_i^2} - 1 \right) = -p_i \tag{12.67}$$

Für die Vergleichsspannung nach der GEH gilt (Gleichung 12.62):

$$\sigma_{\text{VGEH}}(r_i) = \frac{1}{\sqrt{2}} \cdot \sqrt{(\sigma_1(r_i) - \sigma_2(r_i))^2 + (\sigma_2(r_i) - \sigma_3(r_i))^2 + (\sigma_3(r_i) - \sigma_1(r_i))^2} \tag{12.68}$$

Unter Berücksichtigung der Indizierung der Hauptnormalspannungen entsprechend Gleichung 12.56 folgt:

$$\sigma_{\text{VGEH}}(r_i) = \frac{1}{\sqrt{2}} \cdot \sqrt{(\sigma_t(r_i) - \sigma_a(r_i))^2 + (\sigma_a(r_i) - \sigma_r(r_i))^2 + (\sigma_r(r_i) - \sigma_t(r_i))^2} \tag{12.69}$$

Setzt man die Gleichungen 12.65 bis 12.67 in Gleichung 12.69 ein, dann erhält man:

$$\sigma_{\text{VGEH}}(r_i) = \frac{p_i}{\sqrt{2}} \cdot \sqrt{\left( \frac{r_a^2 + r_i^2}{r_a^2 - r_i^2} - \frac{r_i^2}{r_a^2 - r_i^2} \right)^2 + \left( \frac{r_i^2}{r_a^2 - r_i^2} + 1 \right)^2 + \left( -1 - \frac{r_a^2 + r_i^2}{r_a^2 - r_i^2} \right)^2}$$

$$\sigma_{\text{VGEH}}(r_i) = \frac{p_i}{\sqrt{2}} \cdot \sqrt{\left( \frac{r_a^2}{r_a^2 - r_i^2} \right)^2 + \left( \frac{r_a^2}{r_a^2 - r_i^2} \right)^2 + \left( \frac{-2 \cdot r_a^2}{r_a^2 - r_i^2} \right)^2}$$

$$\sigma_{\text{VGEH}}(r_i) = \frac{p_i}{\sqrt{2}} \cdot \frac{r_a^2}{r_a^2 - r_i^2} \cdot \sqrt{6}$$

$$\sigma_{\text{VGEH}}(r_i) = p_i \cdot \frac{\sqrt{3} \cdot r_a^2}{r_a^2 - r_i^2} \tag{12.70}$$

Damit an der höchst beanspruchten Stelle (Innenrand) eines durch Innendruck beanspruchten Behälters keine plastischen Verformungen auftreten, muss also gelten (Gleichung 12.70 in Gleichung 12.64 eingesetzt):

$$p_\mathrm{i} \cdot \frac{\sqrt{3} \cdot r_\mathrm{a}^2}{r_\mathrm{a}^2 - r_\mathrm{i}^2} \leq \frac{R_\mathrm{e}}{S_\mathrm{F}} \text{ bzw. } \frac{R_\mathrm{p0,2}}{S_\mathrm{F}} \tag{12.71}$$

Den zum Fließen führenden Innendruck erhält man damit aus Gleichung 12.71 mit $p_\mathrm{i} \equiv p_\mathrm{i\,FB}$:

$$p_\mathrm{i\,FB} = R_\mathrm{e} \cdot \frac{r_\mathrm{a}^2 - r_\mathrm{i}^2}{\sqrt{3} \cdot r_\mathrm{a}^2} \tag{12.72}$$

**Innendruck mit Erreichen des Fließbeginns (am Innenrand) eines dickwandigen Behälters**

Für Festigkeitsnachweise druckbeanspruchter Behälter sollte der Sicherheitsbeiwert gegen Fließen ($S_\mathrm{F}$) größer 1,5 gewählt werden.

### 12.2.2 Vollplastischer Zustand unter Innendruck

Der Übersichtlichkeit halber sollen sich auch hier die nachfolgenden Ausführungen auf den in der Praxis wichtigsten Fall eines durch Innendruck beanspruchten Behälters beschränken. Für Druckbehälter welche durch Innen- und Außendruck bzw. nur durch Außendruck beansprucht sind, können die nachfolgenden Rechenschritte analog durchgeführt werden. Außerdem soll die zu genaueren Ergebnissen führende GEH Anwendung finden.

Wird ein Behälter einer stetig zunehmenden Beanspruchung durch Innendruck ausgesetzt, dann setzt am Innenrand die Plastifizierung ein, sobald der Innendruck $p_\mathrm{i}$ den Grenzwert $p_\mathrm{i\,FB}$ (Gleichung 12.72) erreicht. Steigert man den Innendruck weiter, dann schreitet die Plastifizierung bis zum Außenrand fort. Sobald auch dort Fließen eintritt, wird der vollplastische Zustand erreicht. Zur Berechnung der Spannungskomponenten für den vollplastischen Zustand geht man von Gleichung 12.27 aus. Die Beziehung wurde aus dem Kräftegleichgewicht hergeleitet und besitzt daher, unter der Voraussetzung kleiner Verformungen, auch für den vollplastischen Zustand Gültigkeit. Das Kräftegleichgewicht lautet (Gleichung 12.27):

$$\sigma_\mathrm{t} - \sigma_\mathrm{r} - r \cdot \frac{d\sigma_\mathrm{r}}{dr} = 0 \tag{12.73}$$

#### 12.2.2.1 Spannungsermittlung

Liegt ein mehrachsiger Spannungszustand vor, dann ist mit einer Plastifizierung des Bauteils zu rechnen, sobald die Vergleichsspannung ($\sigma_\mathrm{V}$) die Streck- bzw. Dehngrenze ($R_\mathrm{e}$ bzw. $R_\mathrm{p0,2}$) erreicht. Unter der Voraussetzung eines linear-elastischen ideal-plastischen Werkstoffverhaltens ist die Vergleichsspannung im vollplastischen Zustand an jeder Stelle $r$ des zylindrischen Behälters konstant.

Die Ermittlung der Spannungskomponenten in der Behälterwand kann entweder unter Zugrundelegung der Schubspannungshypothese oder der Gestaltänderungsenergiehypothese erfolgen. Nachfolgend soll, wie bereits erwähnt, die zu genaueren Ergebnissen führende GEH zugrunde gelegt werden.

Im vollplastischen Zustand muss die nach der GEH errechnete Vergleichsspannung $\sigma_\mathrm{V\,GEH}$ an jeder Stelle $r$ des zylindrischen Behälters konstant sein. Es muss also gelten:

$$\sigma_{\text{VGEH}} = \frac{1}{\sqrt{2}} \cdot \sqrt{(\sigma_t - \sigma_a)^2 + (\sigma_a - \sigma_r)^2 + (\sigma_r - \sigma_t)^2} = R_e \text{ bzw. } R_{p0,2} \tag{12.74}$$

Anhand der Gleichungen 12.53, 12.54 und 12.55 lässt sich leicht überprüfen, dass bei einer rein elastischen Beanspruchung zwischen den Spannungskomponenten $\sigma_t$, $\sigma_r$ und $\sigma_a$ die Beziehung gilt:

$$\sigma_a = \frac{\sigma_t + \sigma_r}{2} \tag{12.75}$$

Geht man von einer näherungsweisen Gültigkeit dieser Beziehungen auch im plastischen Zustand aus, dann erhält man (näherungsweise) im vollplastischen Zustand aus Gleichung 12.74:

$$\frac{1}{\sqrt{2}} \cdot \sqrt{\left(\sigma_t - \frac{\sigma_t + \sigma_r}{2}\right)^2 + \left(\frac{\sigma_t + \sigma_r}{2} - \sigma_r\right)^2 + (\sigma_r - \sigma_t)^2} = R_e$$

$$\frac{1}{\sqrt{2}} \cdot \sqrt{\frac{(\sigma_t - \sigma_r)^2}{2^2} + \frac{(\sigma_t - \sigma_r)^2}{2^2} + \frac{4 \cdot (\sigma_t - \sigma_r)^2}{2^2}} = R_e$$

$$\frac{\sqrt{3}}{2} \cdot (\sigma_t - \sigma_r) = R_e$$

$$\sigma_t - \sigma_r = \frac{2}{\sqrt{3}} \cdot R_e \tag{12.76}$$

Gleichung 12.76 in Gleichung 12.73 (Kräftegleichgewicht) eingesetzt ergibt:

$$\frac{2}{\sqrt{3}} \cdot R_e - r \cdot \frac{d\sigma_r}{dr} = 0 \tag{12.77}$$

Separation und Integration der Veränderlichen liefert:

$$\int d\sigma_r = \frac{2}{\sqrt{3}} \cdot R_e \cdot \int \frac{1}{r} dr$$

$$\sigma_r = \frac{2}{\sqrt{3}} \cdot R_e \cdot \ln r + C \tag{12.78}$$

Die Integrationskonstante $C$ ergibt sich aus der Randbedingung $\sigma_r(r = r_a) = 0$. Damit folgt aus Gleichung 12.78:

$$0 = \frac{2}{\sqrt{3}} \cdot R_e \cdot \ln r_a + C$$

$$C = -\frac{2}{\sqrt{3}} \cdot R_e \cdot \ln r_a \tag{12.79}$$

Gleichung 12.79 in Gleichung 12.78 eingesetzt ergibt schließlich für die **Radialspannung** $\sigma_r$:

$$\sigma_r = -\frac{2}{\sqrt{3}} \cdot R_e \cdot \ln\left(\frac{r_a}{r}\right) \tag{12.80}$$

**Radialspannung unter Innendruck im vollplastischen Zustand eines dickwandigen Behälters**

Aus Gleichung 12.76 folgt dann für die **Tangentialspannung**:

$$\sigma_t = \frac{2}{\sqrt{3}} \cdot R_e + \sigma_r$$

$$\sigma_t = \frac{2}{\sqrt{3}} \cdot R_e \cdot \left(1 - \ln\left(\frac{r_a}{r}\right)\right) \qquad (12.81)$$

**Tangentialspannung unter Innendruck im vollplastischen Zustand eines dickwandigen Behälters**

Aufgrund der bereits erwähnten, näherungsweisen Gültigkeit von Gleichung 12.75 auch im vollplastischen Zustand, ergibt sich schließlich für die **Axialspannung** $\sigma_a$:

$$\sigma_a = \frac{R_e}{\sqrt{3}} \cdot \left(1 - 2 \cdot \ln\left(\frac{r_a}{r}\right)\right) \qquad (12.82)$$

**Axialspannung unter Innendruck im vollplastischen Zustand eines dickwandigen Behälters**

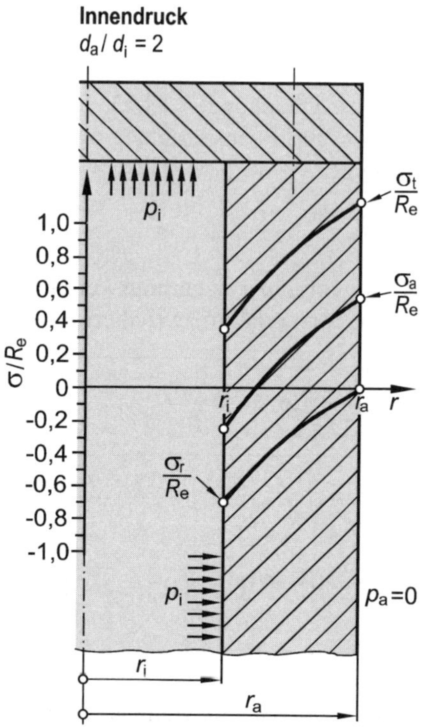


**Bild 12.13** Verlauf von Radial-, Tangential- und Axialspannung eines dickwandigen Behälters unter Innendruck im vollplastischen Zustand

Vergleicht man den Verlauf der Tangentialspannungen für den elastischen und den vollplastischen Zustand eines Behälters unter Innendruck (Bild 12.12a und Bild 12.13), dann wird deutlich, dass im vollplastischen Zustand die größte Tangentialspannung am Außenrand auftritt. Steigert man also den Innendruck über $p_{i\,VPL}$ (Gleichung 12.83) hinaus, dann tritt an der Außenseite des dickwandigen Behälters der Trennbruch ein. Diese Beobachtung wurde auch durch Versuche bestätigt.

### 12.2.2.2 Innendruck zum Erreichen des vollplastischen Zustandes

Den zum Erreichen des vollplastischen Zustandes erforderlichen Innendruck $p_{i\,VPL}$ erhält man aus der Bedingung:

$$\sigma_r(r = r_i) = -p_{i\,VPL}$$

Mit Gleichung 12.80 folgt damit letztlich:

$$p_{i\,VPL} = \frac{2}{\sqrt{3}} \cdot R_e \cdot \ln\left(\frac{r_a}{r_i}\right)$$

**Innendruck zum Erreichen des vollplastischen Zustandes eines dickwandigen Behälters** (12.83)

Bild 12.14 veranschaulicht die Spannungskomponenten in Abhängigkeit vom Radius $r$ für den vollplastischen Zustand eines zylindrischen Behälters ($r_a / r_i = 2$) unter Innendruck ($p_i$).

Trägt man die auf die Streck- bzw. Dehngrenze ($R_e$ bzw. $R_{p0,2}$) bezogenen Innendrücke $p_{i\ FB}$ und $p_{i\ VPL}$ (Gleichung 12.72 und 12.83) über dem Durchmesserverhältnis $d_a$ / $d_i$ auf, dann erhält man zwei Grenzkurven I und II. Unterhalb der Grenzkurve I ist der Behälter elastisch beansprucht, oberhalb von Grenzkurve II hingegen vollplastisch (Bild 12.14). Dazwischen befindet sich der teilplastische Bereich, der im nachfolgenden Kapitel 12.2.3 besprochen wird.

Zum Vergleich sind in Bild 12.14 zusätzlich die nach der SH berechneten Drücke für den Beginn der Plastifizierung sowie für das Erreichen des vollplastischen Zustandes mit eingetragen. Man erkennt auch hier, dass die Anwendung der SH konservative Ergebnisse liefert.

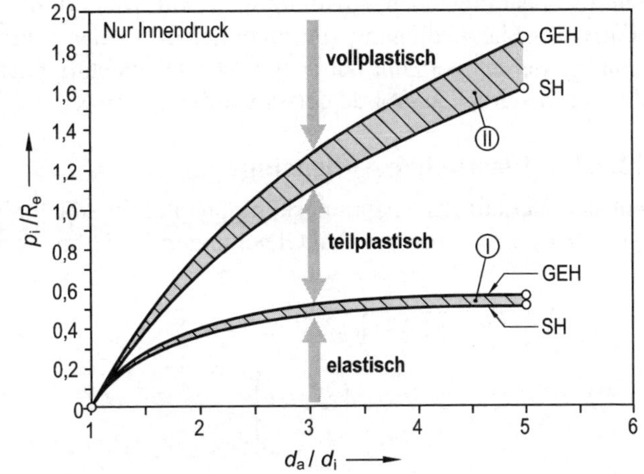


**Bild 12.14** Grenzkurven des bezogenen Innendrucks ($p_i$ / $R_e$) in Abhängigkeit vom Durchmesserverhältnis ($d_a$/$d_i$) für den elastischen, teilplastischen und vollplastischen Zustand

## 12.2.3 Teilplastischer Zustand unter Innendruck

Überschreitet der Innendruck den Grenzwert $p_{iFB}$ (Gleichung 12.72), dann beginnt der Hohlzylinder an der Innenseite (entspricht der höchst beanspruchten Stelle) zu plastifizieren. Mit steigendem Innendruck schreitet die plastische Verformung von innen nach außen fort, bis schließlich der Innendruck den Wert $p_{i\ VPL}$ (Gleichung 12.83) erreicht und der vollplastische Zustand eintritt. Innendrücke zwischen $p_{i\ FB}$ und $p_{i\ VPL}$ führen zum teilplastischen Zustand (siehe auch Bild 12.14).

Der teilplastische Zustand ist dadurch gekennzeichnet, dass zwischen Innenrand ($r = r_i$) und Radius $r = c$ ($r_i < c < r_a$) ein **plastischer Innenring**, zwischen Radius $r = c$ und dem Außenrand ($r = r_a$) hingegen ein **elastischer Außenring** vorliegt (Bild 12.15). Der zu einer Plastifizierung bis zum Radius $r = c$ führende Innendruck soll im Folgenden mit $p_{ic}$ bezeichnet.

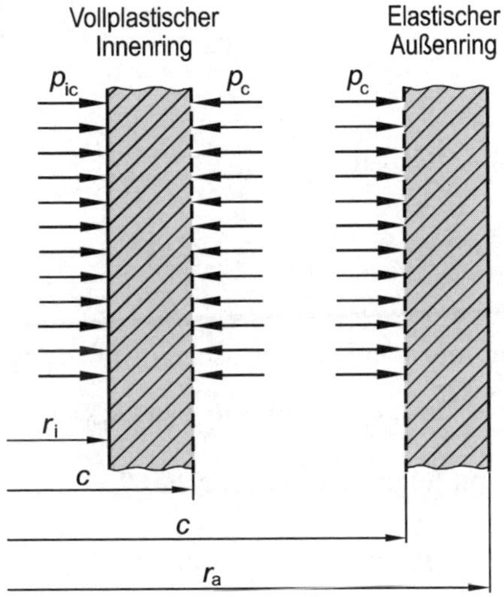


**Bild 12.15** Vollplastischer Innenring und elastischer Außenring im teilplastischen Zustand eines innendruckbeanspruchten dickwandigen Behälters

Für die nachfolgenden Ausführungen soll wiederum die Gestaltänderungsenergiehypothese (GEH) als Fließbedingung zugrunde gelegt werden. Elastischer Außenring und plastischer Innenring werden getrennt betrachtet. Der Übersichtlichkeit halber soll nur eine Beanspruchung durch Innendruck zugrunde gelegt werden ($p_a = 0$).

### 12.2.3.1 Elastischer Außenring

Für den Verlauf der Spannungskomponenten in Abhängigkeit der Koordinate $r$ im elastischen Außenring erhält man aus den Gleichungen 12.53 bis 12.55 mit $p_i = p_c$, $p_a = 0$ und $r_i = c$:

$$\sigma_t = p_c \cdot \frac{c^2}{r_a^2 - c^2} \cdot \left( \frac{r_a^2}{r^2} + 1 \right) \tag{12.84}$$

$$\sigma_r = -p_c \cdot \frac{c^2}{r_a^2 - c^2} \cdot \left( \frac{r_a^2}{r^2} - 1 \right) \tag{12.85}$$

$$\sigma_a = \frac{p_c \cdot c^2}{r_a^2 - c^2} \tag{12.86}$$

Setzt man die Gleichungen 12.84 bis 12.86 unter Berücksichtigung der Indizierungsregel (Gleichung 12.56) in Gleichung 12.62 (GEH) ein, dann erhält man:

$$\sigma_{VGEH} = \frac{1}{\sqrt{2}} \cdot \sqrt{\left( \frac{p_c \cdot c^2}{r_a^2 - c^2} \cdot \left( \frac{r_a^2}{r^2} + 1 \right) - \frac{p_c \cdot c^2}{r_a^2 - c^2} \right)^2 + \left( \frac{p_c \cdot c^2}{r_a^2 - c^2} + \frac{p_c \cdot c^2}{r_a^2 - c^2} \cdot \left( \frac{r_a^2}{r^2} - 1 \right) \right)^2 + \left( \frac{-p_c \cdot c^2}{r_a^2 - c^2} \cdot \left( \frac{r_a^2}{r^2} - 1 \right) - \frac{p_c \cdot c^2}{r_a^2 - c^2} \cdot \left( \frac{r_a^2}{r^2} + 1 \right) \right)^2}$$

$$\sigma_{VGEH} = \frac{1}{\sqrt{2}} \cdot \sqrt{\left( \frac{p_c \cdot c^2}{r_a^2 - c^2} \cdot \frac{r_a^2}{r^2} \right)^2 + \left( \frac{p_c \cdot c^2}{r_a^2 - c^2} \cdot \frac{r_a^2}{r^2} \right)^2 + \left( 2 \cdot \frac{p_c \cdot c^2}{r_a^2 - c^2} \cdot \frac{r_a^2}{r^2} \right)^2}$$

$$\sigma_{VGEH} = p_c \cdot \sqrt{3} \cdot \frac{r_a^2 \cdot c^2}{r_a^2 - c^2} \cdot \frac{1}{r^2} \tag{12.87}$$

Am Innenrand des elastischen Außenrings treten plastische Verformungen ein, falls gilt:

$$\sigma_{VGEH}(r = c) = R_e \text{ bzw. } R_{p0,2}$$

Damit folgt aus Gleichung 12.87:

$$p_c \cdot \sqrt{3} \cdot \frac{r_a^2}{r_a^2 - c^2} = R_e$$

$$p_c = \frac{R_e}{\sqrt{3}} \cdot \left( 1 - \frac{c^2}{r_a^2} \right) \tag{12.88}$$

Die Spannungsverläufe im elastischen Außenring erhält man letztlich durch Einsetzen von Gleichung 12.88 in die Gleichungen 12.84 bis 12.86.

Für die **Tangentialspannung** im elastischen Außenring ergibt sich aus Gleichung 12.84:

$$\sigma_\mathrm{t} = \frac{R_\mathrm{e}}{\sqrt{3}} \cdot \left(1 - \frac{c^2}{r_\mathrm{a}^2}\right) \cdot \frac{c^2}{r_\mathrm{a}^2 - c^2} \cdot \left(\frac{r_\mathrm{a}^2}{r^2} + 1\right)$$

$$= \frac{R_\mathrm{e}}{\sqrt{3}} \cdot \frac{r_\mathrm{a}^2 - c^2}{r_\mathrm{a}^2} \cdot \frac{c^2}{r_\mathrm{a}^2 - c^2} \cdot \left(\frac{r_\mathrm{a}^2}{r^2} + 1\right)$$

$$\sigma_\mathrm{t} = \frac{R_\mathrm{e}}{\sqrt{3}} \cdot \frac{c^2}{r_\mathrm{a}^2} \cdot \left(\frac{r_\mathrm{a}^2}{r^2} + 1\right)$$

**Tangentialspannung unter Innendruck im elastischen Außenring eines dickwandigen Behälters** (12.89)

Für die **Radialspannung** im elastischen Außenring folgt aus Gleichung 12.85:

$$\sigma_\mathrm{r} = -\frac{R_\mathrm{e}}{\sqrt{3}} \cdot \left(1 - \frac{c^2}{r_\mathrm{a}^2}\right) \cdot \frac{c^2}{r_\mathrm{a}^2 - c^2} \cdot \left(\frac{r_\mathrm{a}^2}{r^2} - 1\right)$$

$$= -\frac{R_\mathrm{e}}{\sqrt{3}} \cdot \frac{r_\mathrm{a}^2 - c^2}{r_\mathrm{a}^2} \cdot \frac{c^2}{r_\mathrm{a}^2 - c^2} \cdot \left(\frac{r_\mathrm{a}^2}{r^2} - 1\right)$$

$$\sigma_\mathrm{r} = -\frac{R_\mathrm{e}}{\sqrt{3}} \cdot \frac{c^2}{r_\mathrm{a}^2} \cdot \left(\frac{r_\mathrm{a}^2}{r^2} - 1\right)$$

**Radialspannung unter Innendruck im elastischen Außenring eines dickwandigen Behälters** (12.90)

Für die **Axialspannung** im elastischen Außenring folgt schließlich aus Gleichung 12.86:

$$\sigma_\mathrm{a} = \frac{R_\mathrm{e}}{\sqrt{3}} \cdot \left(1 - \frac{c^2}{r_\mathrm{a}^2}\right) \cdot \frac{c^2}{r_\mathrm{a}^2 - c^2}$$

$$= \frac{R_\mathrm{e}}{\sqrt{3}} \cdot \frac{r_\mathrm{a}^2 - c^2}{r_\mathrm{a}^2} \cdot \frac{c^2}{r_\mathrm{a}^2 - c^2}$$

$$\sigma_\mathrm{a} = \frac{R_\mathrm{e}}{\sqrt{3}} \cdot \frac{c^2}{r_\mathrm{a}^2}$$

**Axialspannung unter Innendruck im elastischen Außenring eines dickwandigen Behälters** (12.91)

### 12.2.3.2 Vollplastischer Innenring

Für die Radialspannung im vollplastischen Zustand wurde unter Zugrundelegung der GEH bereits in Kapitel 12.2.2.1 die folgende Beziehung hergeleitet (Gleichung 12.78):

$$\sigma_\mathrm{r} = \frac{2}{\sqrt{3}} \cdot R_\mathrm{e} \cdot \ln r + C \tag{12.92}$$

Für den vollplastischen Innenring gelten nunmehr die folgenden Randbedingungen (Bild 12.15):

$$\sigma_\mathrm{r}(r = r_\mathrm{i}) = -p_\mathrm{ic} \tag{12.93}$$

$$\sigma_\mathrm{r}(r = c) = -p_\mathrm{c} \tag{12.94}$$

Die Integrationskonstante $C$ in Gleichung 12.92 erhält man unter Berücksichtigung von Gleichung 12.93 zu:

$$-p_{ic} = \frac{2}{\sqrt{3}} \cdot R_e \cdot \ln r_i + C$$

$$C = -\frac{2}{\sqrt{3}} \cdot R_e \cdot \ln r_i - p_{ic} \tag{12.95}$$

Gleichung 12.95 in Gleichung 12.92 eingesetzt, ergibt für die radiale Spannungskomponente $\sigma_r$ im vollplastischen Innenring:

$$\sigma_r = \frac{2}{\sqrt{3}} R_e \cdot \ln\left(\frac{r}{r_i}\right) - p_{ic} \tag{12.96}$$

Unter Berücksichtigung der Randbedingung aus Gleichung 12.94 erhält man aus Gleichung 12.96 schließlich einen Zusammenhang zwischen dem wirkenden Innendruck $p_{ic}$ und dem Grenzradius $c$ zwischen dem plastischen Innenring und dem elastischem Außenring:

$$\sigma_r(r = c) = -p_c$$

$$\frac{2}{\sqrt{3}} \cdot R_e \cdot \ln\left(\frac{c}{r_i}\right) - p_{ic} = -p_c$$

$$p_{ic} = \frac{2}{\sqrt{3}} \cdot R_e \cdot \ln\left(\frac{c}{r_i}\right) + p_c \tag{12.97}$$

Mit Gleichung 12.88 erhält man schließlich aus Gleichung 12.97:

$$p_{ic} = \frac{2}{\sqrt{3}} \cdot R_e \cdot \ln\left(\frac{c}{r_i}\right) + \frac{R_e}{\sqrt{3}} \cdot \left(1 - \frac{c^2}{r_a^2}\right) \tag{12.98}$$

und umgeformt:

$$p_{ic} = \frac{R_e}{\sqrt{3}} \cdot \left(\ln\left(\frac{c}{r_i}\right)^2 - \left(\frac{c}{r_a}\right)^2 + 1\right) \tag{12.99}$$

**Zusammenhang zwischen wirkendem Innendruck $p_{ic}$ und dem Grenzradius $c$ zwischen plastischem Innenring und elastischem Außenring**

Die **Radialspannungskomponente** $\sigma_r$ im vollplastischen Innenring erhält man schließlich durch Einsetzen von Gleichung 12.99 in Gleichung 12.96:

$$\sigma_r = \frac{R_e}{\sqrt{3}} \cdot \left(\ln\left(\frac{r}{r_i}\right)^2 - \ln\left(\frac{c}{r_i}\right)^2 + \left(\frac{c}{r_a}\right)^2 - 1\right)$$

$$\sigma_r = \frac{R_e}{\sqrt{3}} \cdot \left(\ln\left(\frac{r}{c}\right)^2 + \left(\frac{c}{r_a}\right)^2 - 1\right) \tag{12.100}$$

**Radialspannung unter Innendruck im plastischen Innenring eines dickwandigen Behälters**

Die **Tangentialspannung** $\sigma_t$ ergibt sich durch Einsetzen von Gleichung 12.100 in Gleichung 12.76 zu:

$$\sigma_t = \frac{2}{\sqrt{3}} \cdot R_e + \sigma_r$$

$$\sigma_t = \frac{R_e}{\sqrt{3}} \cdot \left( \ln\left(\frac{r}{c}\right)^2 + \left(\frac{c}{r_a}\right)^2 + 1 \right)$$

**Tangentialspannung unter Innendruck im plastischen Innenring eines dickwandigen Behälters** (12.101)

Im plastischen Zustand gilt näherungsweise für die Axialspannung $\sigma_a$ (siehe Gleichung 12.75):

$$\sigma_a = \frac{\sigma_t + \sigma_r}{2}$$

Durch Einsetzen und Umformen der Gleichungen 12.100 und 12.101 folgt schließlich für die **Axialspannung** im plastischen Innenring:

$$\sigma_a = \frac{R_e}{\sqrt{3}} \cdot \left( \ln\left(\frac{r}{c}\right)^2 + \left(\frac{c}{r_a}\right)^2 \right)$$

**Axialspannung unter Innendruck im plastischen Innenring eines dickwandigen Behälters** (12.102)

In Tabelle 12.1 sind abschließend die Berechnungsformeln für die Spannungskomponenten eines dickwandigen Behälters im elastischen, teilplastischen und vollplastischen Zustand zusammengefasst.

**Tabelle 12.1** Zusammenfassung der Berechnungsformeln für den dickwandigen Behälter

| | | | |
|---|---|---|---|
| **Elastischer Zustand unter Innen- und Außendruck** | | | |
| **Spannungsverläufe** | | **Spannungen am Innenrand ($r = r_i$)** | **Spannungen am Außenrand ($r = r_a$)** |
| **Tangential-spannung** | $\sigma_t = p_i \cdot \frac{r_i^2}{r_a^2 - r_i^2} \cdot \left( \frac{r_a^2}{r^2} + 1 \right) - p_a \cdot \frac{r_a^2}{r_a^2 - r_i^2} \cdot \left( 1 + \frac{r_i^2}{r^2} \right)$ | $\sigma_{ti} = p_i \cdot \frac{r_a^2 + r_i^2}{r_a^2 - r_i^2} - p_a \cdot \frac{2 \cdot r_a^2}{r_a^2 - r_i^2}$ | $\sigma_{ta} = p_i \cdot \frac{2 \cdot r_i^2}{r_a^2 - r_i^2} - p_a \cdot \frac{r_a^2 + r_i^2}{r_a^2 - r_i^2}$ |
| **Axial-spannung** | $\sigma_a = \frac{p_i \cdot r_i^2 - p_a \cdot r_a^2}{r_a^2 - r_i^2}$ | $\sigma_{ai} = \frac{p_i \cdot r_i^2 - p_a \cdot r_a^2}{r_a^2 - r_i^2}$ | $\sigma_{aa} = \frac{p_i \cdot r_i^2 - p_a \cdot r_a^2}{r_a^2 - r_i^2}$ |
| **Radial-spannung** | $\sigma_r = -p_i \cdot \frac{r_i^2}{r_a^2 - r_i^2} \cdot \left( \frac{r_a^2}{r^2} - 1 \right) - p_a \cdot \frac{r_a^2}{r_a^2 - r_i^2} \cdot \left( 1 - \frac{r_i^2}{r^2} \right)$ | $\sigma_{ri} = -p_i$ | $\sigma_{ra} = -p_a$ |
| **Teilplastischer Zustand unter Innendruck - vollplastischer Innenring ($r_i \le r \le c$)** | | | |
| **Innendruck bei Fließbeginn:** $p_{i\,FB} = R_e \cdot \frac{r_a^2 - r_i^2}{\sqrt{3} \cdot r_a^2}$ | | **Spannungen am Innenrand ($r = r_i$)** | **Spannungen am Außenrand ($r = c$)** |
| **Tangential-spannung** | $\sigma_t = \frac{R_e}{\sqrt{3}} \cdot \left( \ln\left(\frac{r}{c}\right)^2 + \left(\frac{c}{r_a}\right)^2 + 1 \right)$ | $\sigma_{ti} = \frac{R_e}{\sqrt{3}} \cdot \left( \ln\left(\frac{r_i}{c}\right)^2 + \left(\frac{c}{r_a}\right)^2 + 1 \right)$ | $\sigma_{ta} = \frac{R_e}{\sqrt{3}} \cdot \left( \left(\frac{c}{r_a}\right)^2 + 1 \right)$ |
| **Axial-spannung** | $\sigma_a = \frac{R_e}{\sqrt{3}} \cdot \left( \ln\left(\frac{r}{c}\right)^2 + \left(\frac{c}{r_a}\right)^2 \right)$ | $\sigma_{ai} = \frac{R_e}{\sqrt{3}} \cdot \left( \ln\left(\frac{r_i}{c}\right)^2 + \left(\frac{c}{r_a}\right)^2 \right)$ | $\sigma_{aa} = \frac{R_e}{\sqrt{3}} \cdot \left(\frac{c}{r_a}\right)^2$ |
| **Radial-spannung** | $\sigma_r = \frac{R_e}{\sqrt{3}} \cdot \left( \ln\left(\frac{r}{c}\right)^2 + \left(\frac{c}{r_a}\right)^2 - 1 \right)$ | $\sigma_{ri} = \frac{R_e}{\sqrt{3}} \cdot \left( \ln\left(\frac{r_i}{c}\right)^2 + \left(\frac{c}{r_a}\right)^2 - 1 \right)$ | $\sigma_{ra} = \frac{R_e}{\sqrt{3}} \cdot \left( \left(\frac{c}{r_a}\right)^2 - 1 \right)$ |

**Fortsetzung Tabelle 12.1** Zusammenfassung der Berechnungsformeln für den dickwandigen Behälter

| **Teilplastischer Zustand unter Innendruck - elastischer Außenring ($c < r \le r_a$)** | | | |
|---|---|---|---|
| **Zusammenhang zwischen Innendruck und Grenzradius $c$:** $p_{ic} = \frac{R_e}{\sqrt{3}} \cdot \left( \ln\left(\frac{c}{r_i}\right)^2 - \left(\frac{c}{r_a}\right)^2 + 1 \right)$ | | **Spannungen am Innenrand ($r = c$)** | **Spannungen am Außenrand ($r = r_a$)** |
| **Tangential-spannung** | $\sigma_t = \frac{R_e}{\sqrt{3}} \cdot \frac{c^2}{r_a^2} \cdot \left( \frac{r_a^2}{r^2} + 1 \right)$ | $\sigma_{ti} = \frac{R_e}{\sqrt{3}} \cdot \frac{c^2}{r_a^2} \cdot \left( \frac{r_a^2}{c^2} + 1 \right)$ | $\sigma_{ta} = 2 \cdot \frac{R_e}{\sqrt{3}} \cdot \frac{c^2}{r_a^2}$ |
| **Axial-spannung** | $\sigma_a = \frac{R_e}{\sqrt{3}} \cdot \frac{c^2}{r_a^2}$ | $\sigma_{ai} = \frac{R_e}{\sqrt{3}} \cdot \frac{c^2}{r_a^2}$ | $\sigma_{aa} = \frac{R_e}{\sqrt{3}} \cdot \frac{c^2}{r_a^2}$ |
| **Radial-spannung** | $\sigma_r = -\frac{R_e}{\sqrt{3}} \cdot \frac{c^2}{r_a^2} \cdot \left( \frac{r_a^2}{r^2} - 1 \right)$ | $\sigma_{ri} = -\frac{R_e}{\sqrt{3}} \cdot \frac{c^2}{r_a^2} \cdot \left( \frac{r_a^2}{c^2} - 1 \right)$ | $\sigma_{ra} = 0$ |
| **Vollplastischer Zustand unter Innendruck** | | | |
| **Innendruck mit Erreichen des vollplastischen Zustandes:** $p_{i\,VPL} = \frac{2}{\sqrt{3}} \cdot R_e \cdot \ln\left(\frac{r_a}{r_i}\right)$ | | **Spannungen am Innenrand ($r = r_i$)** | **Spannungen am Außenrand ($r = r_a$)** |
| **Tangential-spannung** | $\sigma_t = \frac{2}{\sqrt{3}} \cdot R_e \cdot \left( 1 - \ln\left(\frac{r_a}{r}\right) \right)$ | $\sigma_{ti} = \frac{2}{\sqrt{3}} \cdot R_e \cdot \left( 1 - \ln\left(\frac{r_a}{r_i}\right) \right)$ | $\sigma_{ta} = \frac{2}{\sqrt{3}} \cdot R_e$ |
| **Axial-spannung** | $\sigma_a = \frac{R_e}{\sqrt{3}} \cdot \left( 1 - 2 \cdot \ln\left(\frac{r_a}{r}\right) \right)$ | $\sigma_{ai} = \frac{R_e}{\sqrt{3}} \cdot \left( 1 - 2 \cdot \ln\left(\frac{r_a}{r_i}\right) \right)$ | $\sigma_{aa} = \frac{R_e}{\sqrt{3}}$ |
| **Radial-spannung** | $\sigma_r = -\frac{2}{\sqrt{3}} \cdot R_e \cdot \ln\left(\frac{r_a}{r}\right)$ | $\sigma_{ri} = -\frac{2}{\sqrt{3}} \cdot R_e \cdot \ln\left(\frac{r_a}{r_i}\right)$ | $\sigma_{ra} = 0$ |

## 12.3 Übungsaufgaben

### Aufgabe 12.1

Ein Hochdruck-Hydraulikzylinder (Außendurchmesser $d_a$ = 50 mm; Wandstärke $s$ = 2,5 mm) aus 42CrMo4 ist für einen maximalen statischen Innendruck von $p_i$ = 25 MPa ausgelegt. Berechnen Sie die Spannungskomponenten in der Zylinderwand.

### Aufgabe 12.2

Ein Druckspeichergefäß mit einem Innendurchmesser von $d_i$ = 150 mm und einer Wandstärke von $s$ = 10 mm soll in eine hydraulische Anlage eingebaut werden.

a) Berechnen Sie den zulässigen statischen Innendruck $p_i$, falls der Zylinder aus:
   1. der unlegierten Baustahlsorte P295GH (Berechnung gegen Fließen; $S_F$ = 1,5)
   2. der Graugusssorte EN-GJL-200 (Berechnung gegen Bruch; $S_B$ = 4,0)

   gefertigt werden soll.

b) Ermitteln Sie für beide Werkstoffvarianten jeweils die mittlere Aufweitung des Behälters, d. h. die Vergrößerung des mittleren Behälterdurchmessers.

Werkstoffkennwerte P295GH:

$R_e$ = 310 N/mm$^2$
$R_m$ = 550 N/mm$^2$
$E$ = 210000 N/mm$^2$
$\mu$ = 0,30

Werkstoffkennwerte EN-GJL-200:

$R_m$ = 200 N/mm$^2$
$E$ = 100000 N/mm$^2$
$\mu$ = 0,25

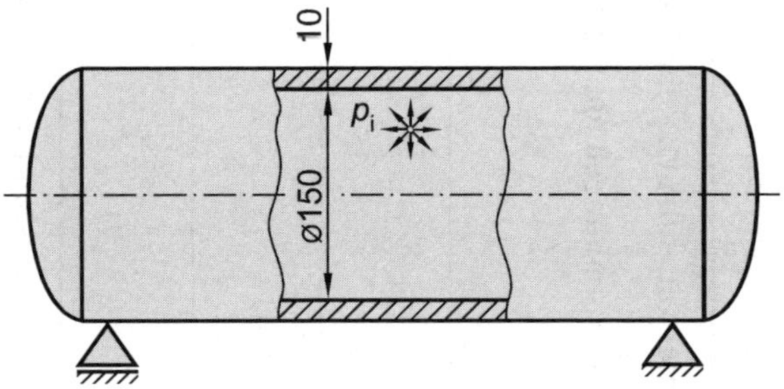


### Aufgabe 12.3

An einem beidseitig verschlossenen Rohr aus der unlegierten Stahlsorte C45E+QT mit einem Innendurchmesser von $d_i$ = 140 mm und einer Wandstärke von $s$ = 5 mm werden in Tangentialrichtung und in Axialrichtung Dehnungsmessungen durchgeführt.

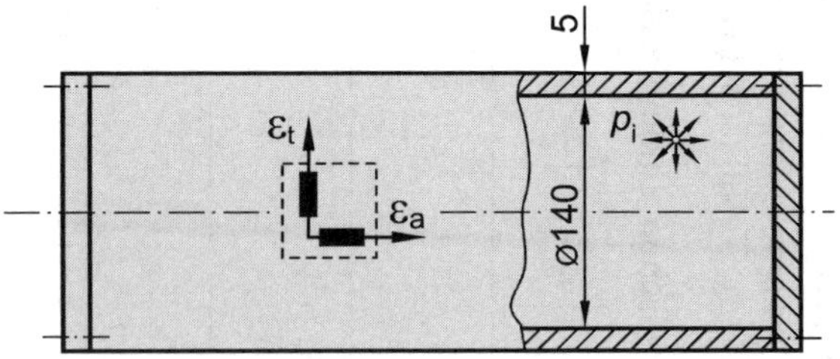


Werkstoffkennwerte C45E+QT:

$R_{p0,2}$ = 420 N/mm$^2$
$R_m$ = 750 N/mm$^2$
$E$ = 210000 N/mm$^2$
$\mu$ = 0,30

a) Berechnen Sie den Innendruck $p_1$, falls mit Hilfe der Dehnungsmessstreifen in Tangentialrichtung eine Dehnung von $\varepsilon_{t1} = 0{,}8095$ ‰ und in Axialrichtung $\varepsilon_{a1} = 0{,}1905$ ‰ ermittelt wird.

b) Zusätzlich zum Innendruck $p_1$ soll eine statische Zugkraft $F_1$ in Axialrichtung des Rohres wirken. Berechnen Sie die zulässige statische Zugkraft $F_1$, falls Fließen mit einer Sicherheit von $S_F = 1{,}5$ ausgeschlossen werden soll.

c) Bei einem zweiten Versuch wird der Druckbehälter durch einen unbekannten Innendruck $p_2$ und eine unbekannte Längskraft $F_2$ statisch beansprucht. Berechnen Sie den Innendruck und die Längskraft für eine Dehnungsanzeige von $\varepsilon_{t2} = 0{,}2524$ ‰ und $\varepsilon_{a2} = 0{,}5743$ ‰.

## Aufgabe 12.4

Ein zylindrischer Druckbehälter mit einem Innendurchmesser von $d_i = 500$ mm und einer Wandstärke von $s = 8$ mm aus der Stahlsorte P355GH ($R_e = 355$ N/mm$^2$; $R_m = 620$ N/mm$^2$; $E = 210000$ N/mm$^2$; $\mu = 0{,}30$) wird durch den Innendruck $p_i$ statisch beansprucht (Abbildung a).

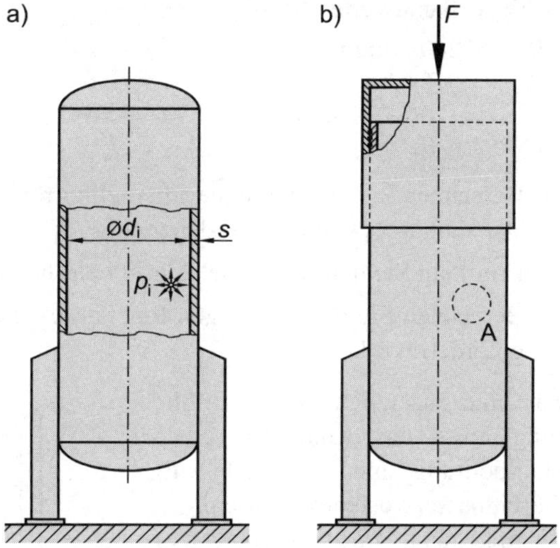


Die zulässige Tangentialspannung $\sigma_t$ im zylindrischen Mantel muss aus Sicherheitsgründen auf $\sigma_t = 250$ N/mm$^2$ beschränkt werden.

a) Berechnen Sie den zulässigen statischen Innendruck.

b) Ermitteln Sie die Axialspannung $\sigma_a$ und die Radialspannung $\sigma_r$ in der Behälterwand.

c) Berechnen Sie die Aufweitung des Druckbehälters am Außenrand, d. h. die Vergrößerung des äußeren Zylinderdurchmessers.

d) Überprüfen Sie, ob eine ausreichende Sicherheit gegen Fließen vorliegt.

Bei einer Variante des Druckbehälters wird ein axial beweglicher, druckdichter Deckel verwendet (Abbildung b).

e) Berechnen Sie die erforderliche Haltekraft $F$, damit der Deckel keine axiale Verschiebung erfährt ($p_i = 8$ MPa).

f) Berechnen Sie für diese Variante die Tangential-, die Axial- und die Radialspannung im Bereich $A$ der zylindrischen Behälterwand.

g) Bestimmen Sie mit Hilfe des Mohr'schen Spannungskreises die maximale Schubspannung in der von $\sigma_t$ und $\sigma_a$ aufgespannten Ebene (Zylindermantelfläche) für den geschlossenen Behälter sowie für den Behälter mit Deckel.

## Aufgabe 12.5

Ein beidseitig verschlossenes Rohrstück einer Hochdruck-Dampfleitung aus der warmfesten Stahlsorte 16Mo3 wird für eine Materialuntersuchung durch einen statischen Innendruck $p_i$ beansprucht.

Der Innendurchmesser des Rohres beträgt $d_i$ = 240 mm, die Wandstärke $s$ = 16 mm und die Länge $l$ = 2500 mm.

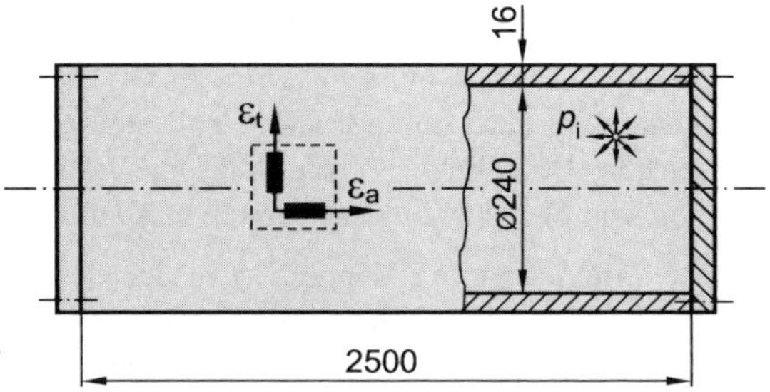


An der Außenoberfläche des Rohres werden die Dehnungen $\varepsilon_t$ = 0,4048 ‰ (in tangentialer Richtung) und $\varepsilon_a$ = 0,0952 ‰ (in axialer Richtung) gemessen.

Werkstoffkennwerte 16Mo3:

$R_{p0,2}$ = 280 N/mm$^2$
$R_m$ = 570 N/mm$^2$
$E$ = 210000 N/mm$^2$
$\mu$ = 0,30

a) Berechnen Sie aus den experimentell ermittelten Dehnungswerten ($\varepsilon_t$ und $\varepsilon_a$) die Tangentialspannung $\sigma_t$ und die Axialspannung $\sigma_a$.

b) Ermitteln Sie den wirkenden statischen Innendruck $p_i$.

c) Berechnen Sie den zulässigen Innendruck, falls eine Sicherheit gegen Fließen von $S_F$ = 1,6 gefordert wird.

Für eine zusätzliche Druckzuführung muss das Rohr mit einer Querbohrung mit $t$ = 24 mm Durchmesser versehen werden.

d) Berechnen für einen statischen Innendruck von $p_i$ = 10 MPa jeweils für die höchst beanspruchte Stelle:
   1. die Sicherheit gegen Fließen,
   2. die Sicherheit gegen das Erreichen einer plastischen Dehnung von $\varepsilon_{pl}$ = 0,30 %.

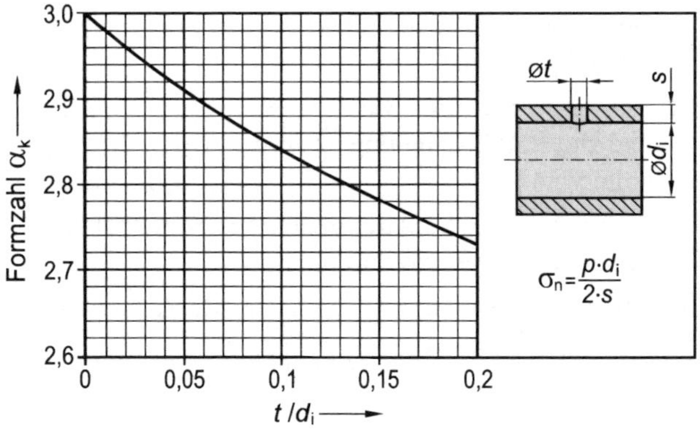

## Aufgabe 12.6

An der Außenoberfläche eines Druckbehälters ($d_i$ = 400 mm; $s$ = 10 mm) aus der legierten Stahlsorte 13CrMo4-5 werden die Dehnungen $\varepsilon_t$ = 0,929 ‰ (in tangentialer Richtung) und $\varepsilon_a$ = -0,929 ‰ (in axialer Richtung) gemessen.

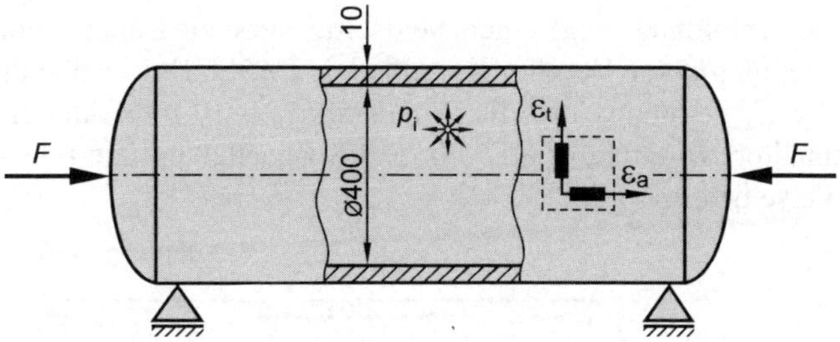


Der Druckbehälter wird durch einen unbekannten Innendruck $p_i$ und eine unbekannte axiale Druckkraft $F$ statisch beansprucht.

Werkstoffkennwerte 13CrMo4-5:

$R_{p0,2}$ = 380 N/mm²
$R_m$ = 620 N/mm²
$E$ = 210000 N/mm²
$\mu$ = 0,30

a) Berechnen Sie aus den experimentell ermittelten Dehnungswerten ($\varepsilon_t$ und $\varepsilon_a$) die Tangentialspannung $\sigma_t$ und die Axialspannung $\sigma_a$.

b) Zeichnen Sie den Mohr'schen Spannungskreis für die durch $\sigma_t$ und $\sigma_a$ aufgespannte Ebene (Zylindermantelfläche). Ermitteln Sie diejenigen Schnittflächen dieser Ebene, die keine Schubspannungen beinhalten. Welche Schnittflächen enthalten hingegen keine Normalspannungen ?

c) Berechnen Sie die Sicherheit gegen Fließen. Ist die Sicherheit ausreichend ?

d) Ermitteln Sie den Innendruck $p_i$ und die axiale Druckkraft $F$, die gemeinsam die Dehnungen $\varepsilon_t$ und $\varepsilon_a$ verursachen.

e) Anstelle einer Beanspruchung aus Innendruck $p_i$ mit überlagerter Druckkraft $F$, kann derselbe Spannungszustand in der Behälterwand auch durch eine andere Beanspruchungsart erzeugt werden. Nennen Sie eine mögliche Beanspruchung und berechnen Sie deren Größe.

## Aufgabe 12.7

Die Abbildung zeigt einen beidseitig verschlossenen, dünnwandigen Hochdruckbehälter aus der unlegierten Vergütungsstahlsorte C45E. Der Außendurchmesser des Druckbehälters beträgt $d_a$ = 160 mm und die Wandstärke $s$ = 10 mm. An der markierten Stelle ("X") des Druckbehälters wird eine 0°-45°-90° DMS-Rosette appliziert. Der Behälter wird auf unterschiedliche Weise beansprucht.

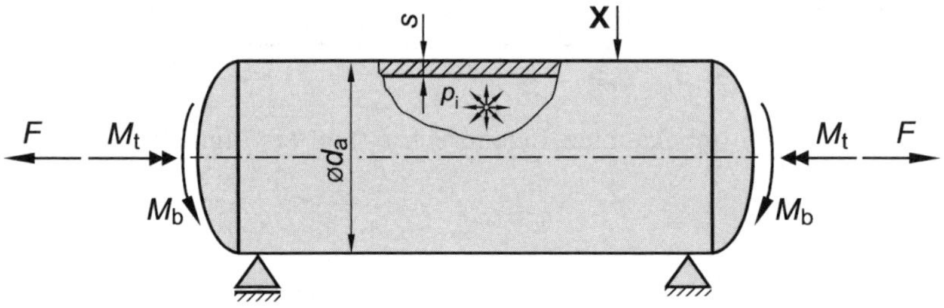


Ansicht "X"

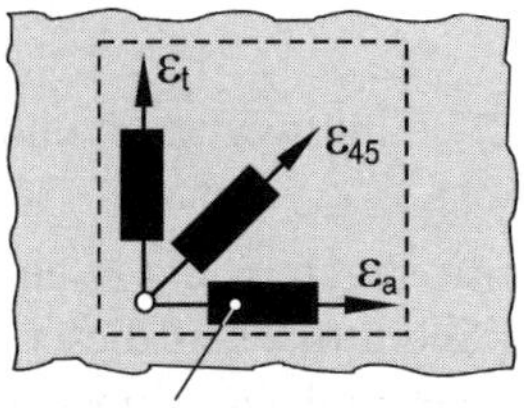


0°-45°-90° DMS-Rosette

Bei einem ersten Versuch wird der (drucklose) Behälter mit einer statischen Zugkraft von $F$ = 500 kN belastet.

a) Ermitteln Sie die Dehnungen in Axial-, Tangential- und in 45°-Richtung.

b) Zeichnen Sie für die Beanspruchung durch die Zugkraft $F$ den Mohr'schen Spannungskreis sowie den Mohr'schen Verformungskreis.

Bei einem zweiten Versuch wird der Hochdruckbehälter mit einem statischen Innendruck von $p_i$ = 15 MPa beaufschlagt.

c) Ermitteln Sie die Dehnungen in Axial-, Tangential- und in 45°-Richtung.

d) Zeichnen Sie für die Beanspruchung durch den Innendruck $p_i$ den Mohr'schen Spannungskreis sowie den Mohr'schen Verformungskreis.

Bei einem dritten Versuch wird der Behälter mit einem statisch wirkenden Biegemoment von $M_b$ = 13500 Nm belastet.

e) Ermitteln Sie die Dehnungen in Axial-, Tangential- und in 45°-Richtung.

f) Zeichnen Sie für die Beanspruchung durch das Biegemoment $M_b$ den Mohr'schen Spannungskreis sowie den Mohr'schen Verformungskreis.

Bei einem vierten Versuch wird der Behälter schließlich mit einem statischen Torsionsmoment von $M_t$ = 15000 Nm belastet.

g) Ermitteln Sie die Dehnungen in Axial-, Tangential- und in 45°-Richtung.

h) Zeichnen Sie für die Beanspruchung durch das Torsionsmoment $M_t$ den Mohr'schen Spannungskreis sowie den Mohr'schen Verformungskreis.

## Aufgabe 12.8

Am Umfang eines dünnwandigen, beidseitig verschlossenen Hohlzylinders aus Werkstoff 34CrNiMo6 wurden an vier jeweils um 90° zueinander versetzten Stellen Dehnungsmessstreifen in gleicher Weise appliziert (siehe Abbildung). Der Hohlzylinder wird durch den Innendruck $p_i$, das Biegemoment $M_b$ und das Torsionsmoment $M_t$ statisch beansprucht.

| Messstelle | | 1 | 2 und 4 | 3 |
|---|---|---|---|---|
| $\varepsilon_a$ | [‰] | 0,449 | 0,146 | -0,156 |
| $\varepsilon_t$ | [‰] | 0,531 | 0,622 | 0,713 |
| $\varepsilon_{45}$ | [‰] | 0,785 | 0,679 | 0,573 |

Werkstoffkennwerte 34CrNiMo6:

$R_e$ = 270 N/mm²
$R_m$ = 420 N/mm²
$E$ = 205000 N/mm²
$\mu$ = 0,30

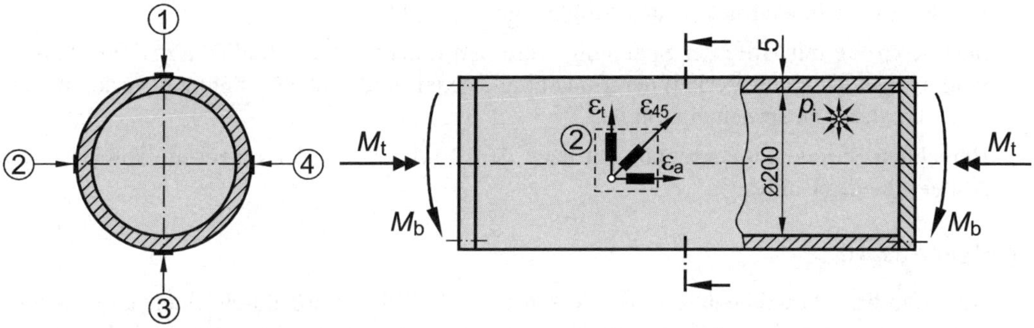


Berechnen Sie aus den Messergebnissen (siehe Tabelle) den Innendruck $p_i$, das Biegemoment $M_b$ und das Torsionsmoment $M_t$.

## Aufgabe 12.9

Ein dickwandiges, an beiden Enden verschlossenes Rohrstück aus dem niedrig legierten Vergütungsstahl 20MnMoNi5-5 wird durch einen statischen Innendruck beansprucht.

Zur Überwachung des Innendrucks sind auf der Außenoberfläche des Rohres zwei Dehnungsmessstreifen in der dargestellten Weise appliziert worden (siehe Abbildung).

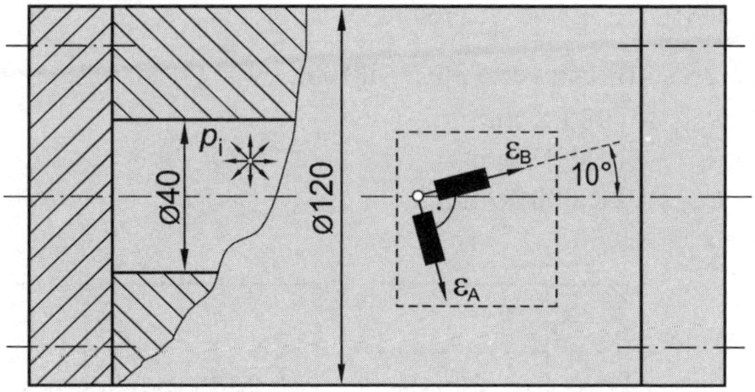

Werkstoffkennwerte 20MnMoNi5-5:

$R_{p0,2}$ = 340 N/mm²
$R_m$ = 650 N/mm²
$E$ = 210000 N/mm²
$\mu$ = 0,30

a) Berechnen Sie den statisch wirkenden Innendruck, falls an der Außenoberfläche die Dehnungen $\varepsilon_A = 0{,}158$ ‰ und $\varepsilon_B = 0{,}042$ ‰ gemessen werden. Bestimmen Sie außerdem die Hauptnormalspannungen sowie die Hauptspannungsrichtungen. Das Rohrstück kann zunächst als elastisch beansprucht angesehen werden.

b) Ermitteln Sie den Innendruck $p_{iFB}$ bei Fließbeginn des Rohres.

c) Um das Rohr höher auszunutzen, wird ein plastischer Bereich bis zum Radius $c$ = 30 mm zugelassen. Berechnen Sie den nunmehr zulässigen Innendruck $p_{ic}$. Es kann ein linear-elastisch ideal-plastisches Werkstoffverhalten angenommen werden.

d) Ermitteln Sie die Messwerte der Dehnungsmessstreifen an der Außenoberfläche ($\varepsilon^*_A$ und $\varepsilon^*_B$) sofern der Innendruck $p_{ic}$ aus Aufgabenteil c) wirkt.

e) Skizzieren Sie mit Hilfe der Spannungswerte am Innenrand, am Radius $c$ und am Außenrand, maßstäblich den Verlauf der Tangential-, Axial- und Radialspannung über der Wanddicke bei der Beanspruchung mit $p_{ic}$.

f) Berechnen Sie die Eigenspannungen nach dem Entlasten an der Innenseite sowie an der Außenseite des Rohres.

## Aufgabe 12.10

Ein dickwandiger Druckbehälter aus Werkstoff 30CrNiMo8 wird durch einen unbekannten statischen Innendruck $p_i$ und ein unbekanntes statisches Torsionsmoment $M_t$ belastet. Zur Ermittlung der Belastung wird eine 0°-45°-90° DMS-Rosette unter 45° zur Rohrachse appliziert (siehe Abbildung). Nach dem Aufbringen der Belastung ($p_i$ und $M_t$) werden die folgenden Dehnungen ermittelt:

DMS A: $\varepsilon_A$ = 0,1496 ‰
DMS B: $\varepsilon_B$ = 1,1657 ‰
DMS C: $\varepsilon_C$ = 1,2904 ‰

Werkstoffkennwerte 30CrNiMo8:

$R_{p0,2}$ = 980 N/mm²
$R_m$ = 1450 N/mm²
$E$ = 210000 N/mm²
$\mu$ = 0,30

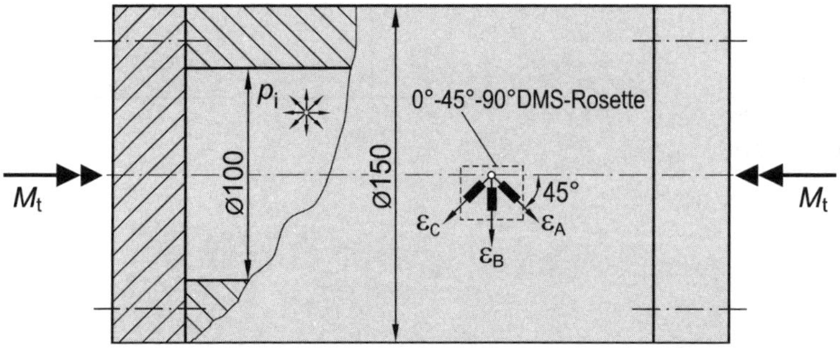

a) Berechnen Sie aus den experimentell ermittelten Dehnungen den Innendruck $p_i$ und das Torsionsmoment $M_t$ unter der Voraussetzung eines elastisch beanspruchten Druckbehälters.

b) Überprüfen Sie, unter Zugrundelegung der Gestaltänderungsenergiehypothese, ob bei der Belastung gemäß Aufgabenteil a), der Behälter überhaupt noch vollelastisch beansprucht war. Führen Sie den Nachweis für die Innen- und die Außenoberfläche des Rohres durch.

Der Druckbehälter wird in einer zweiten Versuchsreihe nur noch durch einen statisch wirkenden Innendruck $p_i$ beaufschlagt. Das Torsionsmoment $M_t$ wirkt nicht mehr ($M_t = 0$)

c) Ermitteln Sie den Innendruck $p_{i\,FB}$ der zum Fließen des Druckbehälters führt. Verwenden Sie für Ihre Berechnung die Gestaltänderungsenergiehypothese.

d) Bestimmen Sie den Innendruck $p_{ic}$ der erforderlich ist, um den inneren Teil der Behälterwand bis in eine Tiefe von 10 mm ($c$ = 60 mm) zu plastifizieren. Es kann ein linear-elastisches ideal-plastisches Werkstoffverhalten angenommen werden.

e) Bestimmen Sie für den Innendruck $p_{ic}$ (siehe Aufgabenteil d) die Dehnungsanzeigen von DMS A, DMS B und DMS C.

## Aufgabe 12.11

Ein Druckbehälter mit $d_i$ = 600 mm und $s$ = 12 mm aus dem legierten Vergütungsstahl 50CrMo4 wird im Betrieb durch den statisch wirkenden Innendruck $p_i$ = 20 MPa sowie durch die statisch wirkenden Kräfte $F_1$ = 900 kN und $F_2$ = 1500 kN belastet.

Im Rahmen einer experimentellen Spannungsanalyse werden vier Dehnungsmessstreifen appliziert. Die Messebenen von DMS B und DMS C fallen hierbei mit der neutralen Faser zusammen (siehe Abbildung).

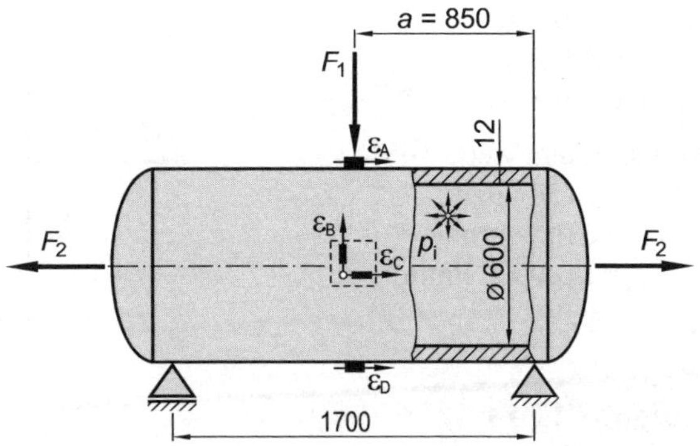


Werkstoffkennwerte 50CrMo4:

$R_{p0,2}$ = 870 N/mm²
$R_m$ = 1080 N/mm²
$E$ = 210000 N/mm²
$\mu$ = 0,30

a) Berechnen Sie die Dehnungsanzeigen der vier Dehnungsmessstreifen, falls der Druckbehälter durch den Innendruck $p_i$ sowie durch die Kräfte $F_1$ und $F_2$ beansprucht wird. Schubspannungen durch Querkräfte sollen vernachlässigt werden.

b) Berechnen Sie, unter Verwendung der Schubspannungshypothese, die Sicherheit gegen Fließen an der höchst beanspruchten Stelle der Außenoberfläche. Ist die Sicherheit ausreichend ?

Hinweis: Versuchen Sie, zur weiteren Übung, aus den in Aufgabenteil a) errechneten Dehnungen die Kräfte $F_1$ und $F_2$ sowie den Innendruck $p_i$ zu berechnen.

## Aufgabe 12.12

Zur Ermittlung des unbekannten Innendrucks $p_i$ werden an einem dünnwandigen Hochdruckbehälter ($d_i$ = 450 mm; $s$ = 15 mm) aus Werkstoff P355GH zwei Dehnungsmessstreifen appliziert (siehe Abbildung).

Ermitteln Sie den statisch wirkenden Innendruck $p_i$ für die folgenden Dehnungswerte:

DMS A: $\varepsilon_A$ = 0,1972 ‰
DMS B: $\varepsilon_B$ = 0,5528 ‰

Werkstoffkennwerte P355GH:

$R_{p0,2}$ = 400 N/mm$^2$
$R_m$ = 630 N/mm$^2$
$E$ = 210000 N/mm$^2$
$\mu$ = 0,30

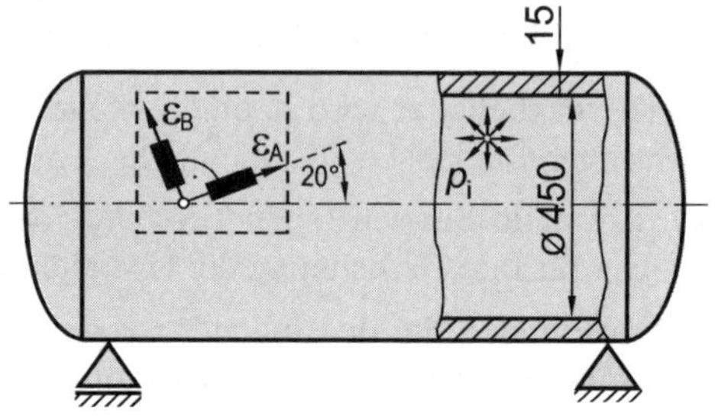


## Aufgabe 12.13

Ein Druckbehälter aus Werkstoff 16Mo3 ($d_i$ = 300 mm; $s$ = 15 mm) wird durch einen unbekannten Innendruck $p_i$ und ein zusätzliches, unbekanntes Torsionsmoment $M_t$ statisch beansprucht.

Ermitteln Sie den Innendruck $p_i$ sowie den Betrag und die Wirkungsrichtung des Torsionsmomentes $M_t$, falls die auf der Behälteroberfläche applizierte DMS-Rosette (siehe Abbildung) die folgenden Messwerte liefert:

$\varepsilon_A$ = 0,2011 ‰
$\varepsilon_B$ = 0,5715 ‰
$\varepsilon_C$ = 0,3989 ‰

Werkstoffkennwerte 16Mo3:
$R_{p0,2}$ = 275 N/mm$^2$
$R_m$ = 510 N/mm$^2$
$E$ = 210000 N/mm$^2$
$\mu$ = 0,30

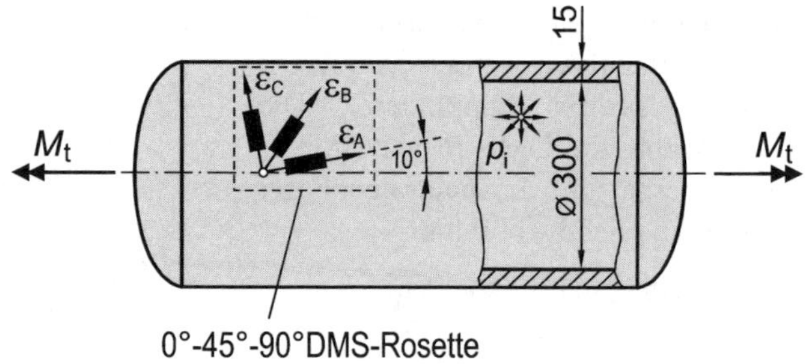


## Aufgabe 12.14

Für den Teleskopzylinder einer Aufzugsanlage soll ein Festigkeitsnachweis für die Stellen 1 bis 4 (siehe Abbildung) erbracht werden.

Der Teleskopzylinder besteht im Wesentlichen aus zwei ineinander geführten Stahlrohren aus Werkstoff 42CrMo4 ($d_{i1}$ = 60 mm; $s_1$ = 5 mm; $d_{i2}$ = 80 mm). Reibung sowie radiale Druckkräfte im Bereich der Dichtstellen können vernachlässigt werden. Außerdem soll das Eigengewicht vernachlässigt werden.

Werkstoffkennwerte 42CrMo4:

$R_{p0,2}$ = 780 N/mm$^2$
$R_m$ = 1090 N/mm$^2$
$E$ = 208000 N/mm$^2$
$\mu$ = 0,30

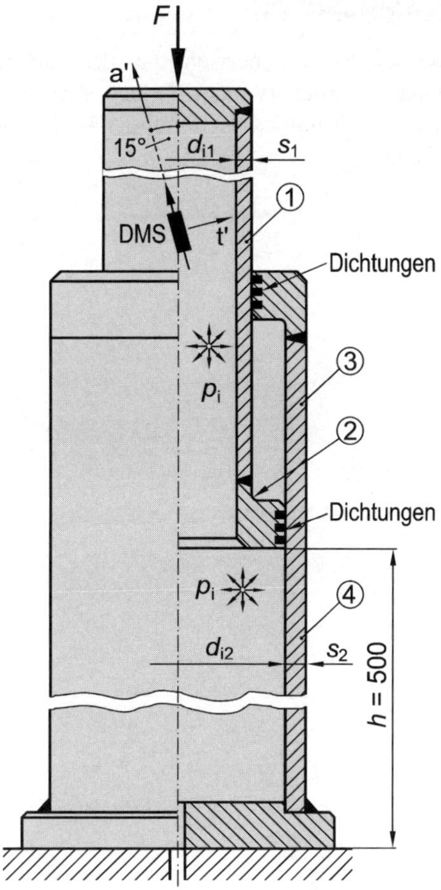


a) Berechnen Sie den erforderlichen Innendruck $p_i$, um die Last $F = 150$ kN in einer Höhe von $h = 500$ mm im Gleichgewicht zu halten.

b) Ermitteln Sie unter Verwendung der Schubspannungshypothese die Sicherheit gegen Fließen ($S_F$) in der Zylinderwand an der Stelle 1 für den Innendruck $p_i$ (siehe Aufgabenteil a). Ist die Sicherheit ausreichend, falls $S_F \geq 1{,}5$ gefordert wird ?

c) Dimensionieren Sie für den in Aufgabenteil a) errechneten Innendruck $p_i$, die Dicke $s_2$ der äußeren Zylinderwand so, dass die Sicherheit gegen Fließen an der Stelle 4 der Sicherheit gegen Fließen an der Stelle 1 entspricht.

d) Ermitteln Sie für den in Aufgabenteil a) errechneten Innendruck $p_i$ und die in Aufgabenteil c) berechnete Wanddicke $s_2$ die Sicherheit gegen Versagen an der Stelle 3 des äußeren Zylinders.

Zur Kontrolle des Innendrucks wird auf der Außenoberfläche des inneren Zylinders ein Dehnungsmessstreifen (DMS) appliziert. Durch eine Montageungenauigkeit schließt der DMS mit der Zylinderlängsachse einen Winkel von $\alpha = 15°$ ein (siehe Abbildung).

e) Berechnen Sie den Messwert des Dehnungsmessstreifens für den Innendruck $p_i$ aus Aufgabenteil a).

Der maximale Innendruck wird durch ein Überdruckventil auf $p_{max} = 40$ MPa begrenzt. Die Wanddicke des äußeren Zylinders wird zu $s_2 = 6$ mm gewählt.

f) Berechnen Sie für den Innendruck $p_{max} = 40$ MPa und eine Last von $F = 150$ kN die Sicherheiten gegen Fließen an den Stellen 1 und 4. Sind die Sicherheiten ausreichend, falls $S_F \geq 1{,}50$ gefordert wird ?

   Hinweis: Berücksichtigen Sie bei der Berechnung der Sicherheiten gegen Fließen die neue Position des inneren Zylinders und die mögliche Auswirkung auf die Spannungskomponenten.

Für den Radius an der Stelle 2 kann eine Formzahl von $\alpha_k = 2{,}25$ angenommen werden, die sich außerdem nur auf die Axialspannung überhöhend auswirken soll.

g) Überprüfen Sie, ob für den Innendruck $p_{max} = 40$ MPa an der Kerbstelle 2 noch eine ausreichende Sicherheit gegen Fließen gegeben ist.

## Aufgabe 12.15

Weisen Sie rechnerisch für die Außenoberfläche eines dünnwandigen Druckbehälters aus einem duktilen Werkstoff (Streckgrenze $R_e$) unter Innendruck nach, dass Fließen erst eintritt, falls die Tangentialspannung das 1,155-fache der Streckgrenze des Behälterwerkstoffs erreicht.

# 13 Werkstoffermüdung und Schwingfestigkeit

In den vorangegangenen Kapiteln wurde ausschließlich eine statische (ruhende) Beanspruchung zugrunde gelegt. Die äußere Belastung wird einmal aufgebracht und wirkt dann mit konstanter, zeitlich unveränderlicher Größe.

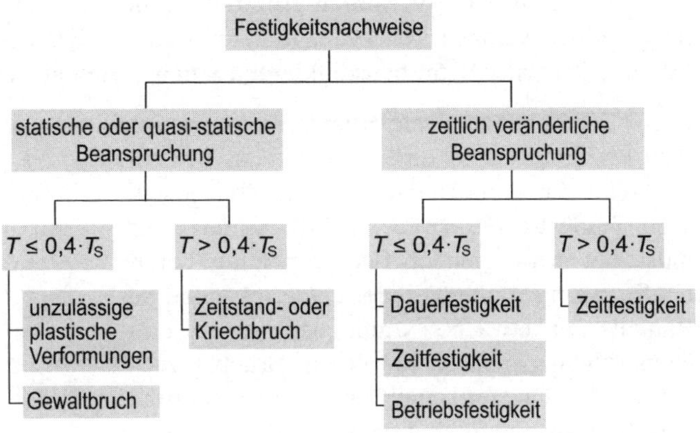


**Bild 13.1** Festigkeitsnachweise für metallische Werkstoffe in Abhängigkeit von Beanspruchungsart und Temperatur

Während bei statischer oder quasi-statischer Beanspruchung und Temperaturen ($T$) die etwa 40% der absoluten Schmelztemperatur ($T_S$) des Werkstoffs nicht überschreiten, ein Festigkeitsnachweis gegen unzulässige plastische Verformungen oder Gewaltbruch erfolgt, muss bei zeitlich veränderlicher Beanspruchung ein Nachweis der Dauer-, Zeit- oder Betriebsfestigkeit geführt werden (Bild 13.1).

Die Mehrzahl der technischen Bauteile unterliegt im Betrieb einer zeitlich veränderlichen Beanspruchung. Eine derartige Schwingbeanspruchung kann entstehen durch:

- Umlaufbiegung rotierender Wellen,
- Vibrationen, insbesondere in oder in der Nähe der Resonanzfrequenz,
- An- und Abfahrvorgänge von Maschinen und Anlagen,
- Straßenunebenheiten bei Fahrzeugen,
- Seegang bei Schiffen und Off-Shore-Strukturen,
- Turbulenzen, Start- und Landevorgänge bei Flugzeugen.

Häufig beobachtet man eine statische Grundbeanspruchung, der sich eine zeitlich veränderliche Beanspruchung überlagert. Die Frequenz einer solchen Schwingbeanspruchung kann sich dabei von einer Schwingung pro Tag (z. B. Temperaturschwankungen) bis in den kHz-Bereich (z. B. Resonanzschwingungen) erstrecken (Bild 13.2).

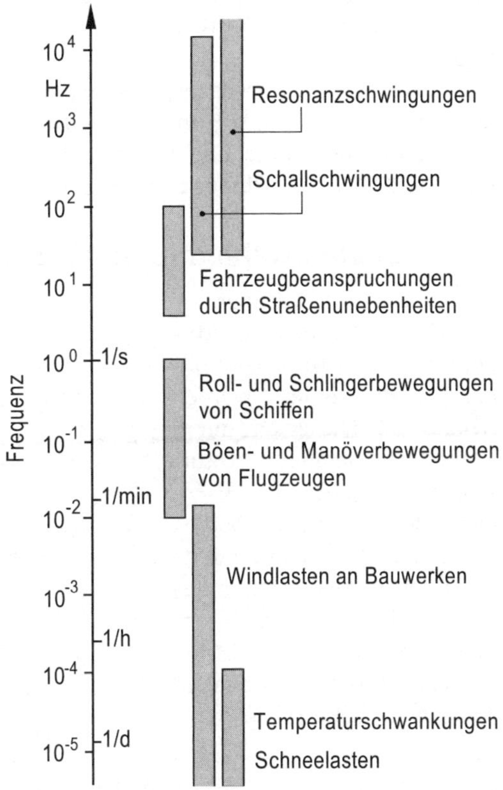


**Bild 13.2** Frequenzbereiche schwingbruchgefährdeter Maschinenteile und Bauwerke (nach Jacoby)

Die Erfahrung zeigt, dass Bauteile unter schwingender Beanspruchung bereits bei weitaus geringeren Belastungen als der im (quasi-)statischen Zugversuch ermittelten Zugfestigkeit zu Bruch gehen können. Man spricht dann von einem **Ermüdungsbruch**. Werkstoffkennwerte, die mit statischen Prüfverfahren ermittelt wurden, dürfen daher keinesfalls zur Dimensionierung zeitlich veränderlich beanspruchter Bauteile herangezogen werden. Ein Nachweis der Dauer-, Zeit- oder Betriebsfestigkeit muss in diesem Fall separat geführt werden.

Den beschriebenen Sachverhalt veranschaulicht Bild 13.3 am Beispiel eines Bauteils aus S235JR. Während die vom Hersteller angegebene statische Zugfestigkeit bei etwa 340 N/mm$^2$ liegt, muss bei schwingender Beanspruchung bereits bei Spannungen oberhalb der Dauerfestigkeit des Bauteils von etwa 60 N/mm$^2$ nach einer endlichen Schwingspielzahl mit einem Bruch gerechnet werden. Die auf Dauer ohne Versagen ertragbare Nennspannung liegt damit deutlich unter der statischen Festigkeit!

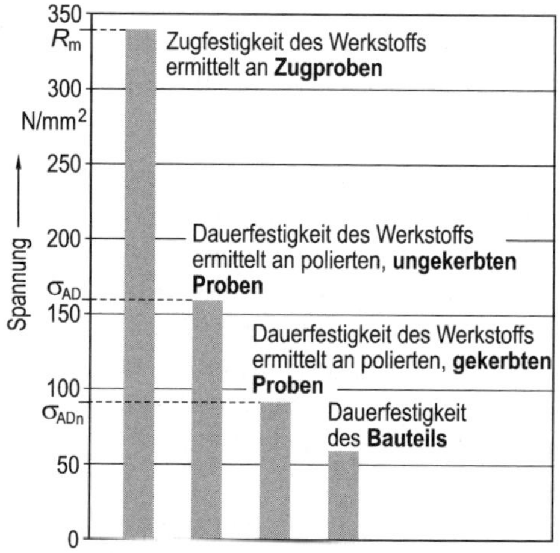


**Bild 13.3** Bruchnennspannungen am Beispiel eines Bauteils aus S235JR

Im Gegensatz zu einem Gewaltbruch, der bei einer einmaligen Überbeanspruchung auftreten kann, ist es für den Schwingbruch kennzeichnend, dass er im Laufe der Zeit unter zeitlich veränderlicher Betriebsbeanspruchung entsteht. Die Zeit, die das Bauteil unter Einwirkung der Schwingungsbeanspruchung bis zum Bruch erträgt, wird als **Lebensdauer** bezeichnet.

## 13.1 Schadensfälle infolge Werkstoffermüdung

Mehr als ein Drittel aller bekannten Werkstoffschäden können auf Materialermüdung zurückgeführt werden (Bild 13.4). Die ersten durch Werkstoffermüdung verursachten Schäden an Eisenbahnachsen wurden bereits Mitte des 19. Jahrhunderts beschrieben. Bis heute ereigneten sich eine Vielzahl ermüdungsbedingter Schäden mit zum Teil katastrophalem Ausmaß (Tabelle 13.1).

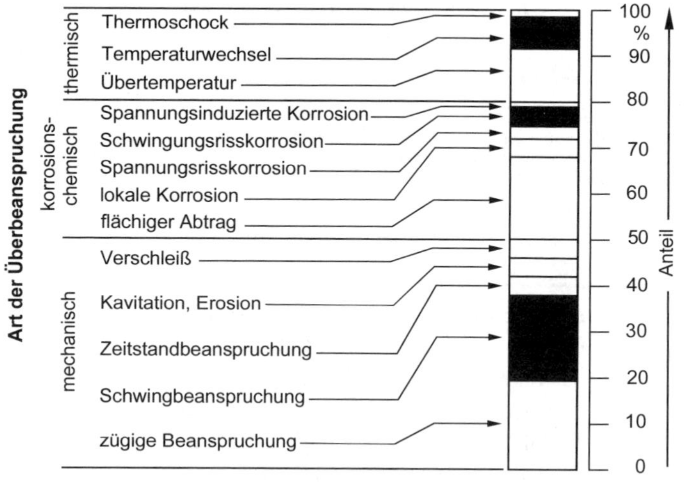


**Bild 13.4** Ergebnis einer statistischen Auswertung von 1002 Schadensfällen nach [10]. Versagensfälle infolge Werkstoffermüdung sind schwarz gekennzeichnet

**Tabelle 13.1** Beispiele für teilweise katastrophale Schadensfälle infolge Materialermüdung

| Datum | Schadensfall | Ursache |
|---|---|---|
| 1842 | Zugunglück auf der Versailler Bahn. | Ermüdungsbruch an den Achsen. |
| 1927 | Auf der Fahrt nach USA fallen am Luftschiff LZ 127 ("Graf Zeppelin") innerhalb von nur wenigen Stunden vier der fünf Motoren aus. Nur durch den fünften, noch intakten Motor gelingt es, Luftschiff und Passagiere zu retten. | Torsionsschwingungen führen zu Schwingbrüchen an den Kurbelwellen. |
| 10.01.1954<br>08.04.1954 | Absturz zweier Passagierflugzeuge des Typs „De Havilland Comet" aus großer Höhe bereits nach kurzer Betriebszeit. | Aufreissen des Rumpfes ausgehend von einem Ermüdungsriss u. a. an einer Fensteröffnung. |
| 27.03.1980 | Kentern der halbtauchenden Bohrplattform „Alexander L. Kielland". | Ermüdungsbruch einer Rohrstrebe zwischen den Pontonsäulen ausgehend von einem eingeschweißten Hydrophonstutzen. |
| 4.10.1992 | Absturz eines voll betankten Großraumfrachtflugzeuges vom Typ Boeing 747-200 in einen Wohnblock in Amsterdam kurz nach dem Start. | Ermüdungsbruch an einem Bolzen der Triebwerkaufhängung. Durch das Abreißen zweier Triebwerke wurde der Flügel beschädigt, sodass die Steuerbarkeit verloren ging. Der Ermüdungsriss mit einer Tiefe von etwa 3,5 mm wurde wahrscheinlich bei der Inspektion übersehen. |
| 03.06.1998 | ICE Unglück bei Eschede. | Ermüdungsbruch an einem Radreifen. |

## 13.2 Mechanismen der Entstehung eines Ermüdungsrisses

Die Entstehung eines Ermüdungsrisses kann in die Phasen der Risseinleitung, des stabilen Risswachstums und des instabilen Rissfortschritts, der schließlich zum Restgewaltbruch führt, unterteilt werden (Bild 13.5).

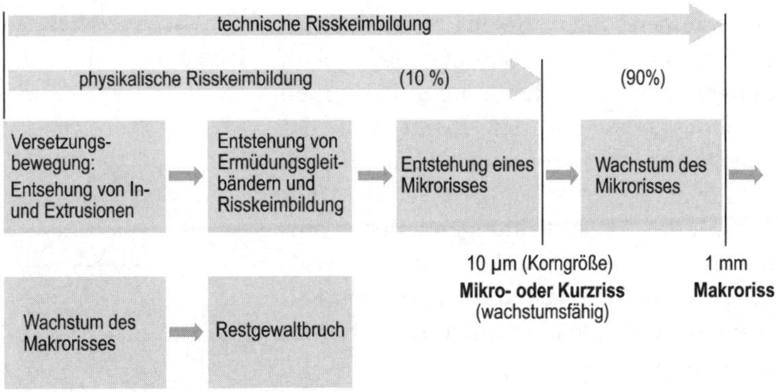


**Bild 13.5** Phasen der Entstehung eines Ermüdungsrisses

### Risseinleitung

Überschreiten die mechanischen Spannungen im Innern eines Bauteils die Proportionalitätsgrenze, dann treten im Werkstoff plastische Verformungen auf (Kapitel 2.1.2.3). Auch relativ niedrige Beanspruchungen, die makroskopisch lediglich eine elastische Verformung des Bauteils hervorrufen würden, können im Mikrobereich irreversible Abgleitungen durch Versetzungsbewegungen auslösen und dabei zu plastischen Verformungen führen.

Versetzungen können an der Bauteiloberfläche austreten und dort z. B. während der ersten Zugphase eine Gleitstufe erzeugen. Bei der Umkehrung der Belastungsrichtung werden in diesem Bereich erneut Versetzungen aktiviert, die in der Regel jedoch auf parallelen Ebenen abgleiten. Auf diese Weise bilden sich mit zunehmender Schwingspielzahl an der Proben- oder Bauteiloberfläche zunächst **Extrusionen** und **Intrusionen** (Bild 13.6).

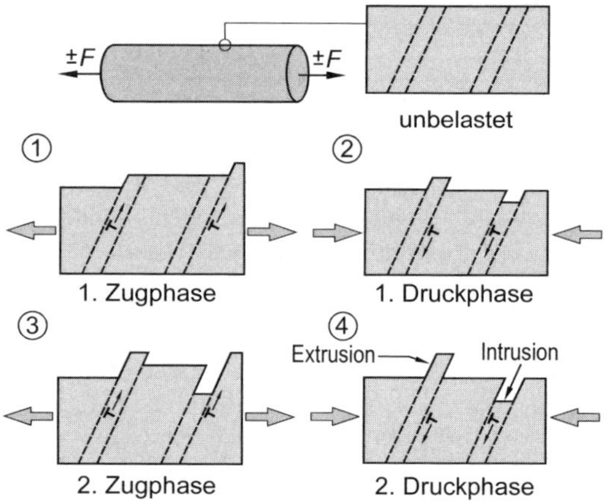


**Bild 13.6** Entstehung von Extrusionen und Intrusionen bei Schwingbeanspruchung

Mit steigender Schwingspielzahl bilden sich aus diesen Extrusionen bzw. Intrusionen in Richtung der maximalen Schubspannung **Ermüdungsgleitbänder** (Bild 13.7), die nach einer ausreichend hohen Schwingspielzahl Risskeime, also Ausgangspunkte für eine Rissentstehung darstellen. Aus den Risskeimen entsteht ein wachstumsfähiger **Mikroriss** (**Kurzriss**), sobald die Risslänge etwa der Korngröße entspricht (Bild 13.8). Man spricht von **physikalischer Risskeimbildung**.

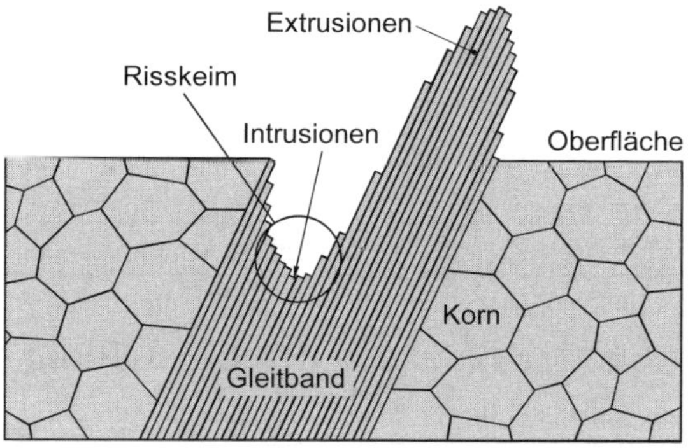


**Bild 13.7** Entstehung von Ermüdungsgleitbändern und Risskeimbildung

Ermüdungsgleitbänder entstehen bevorzugt an Stellen örtlicher Spannungsüberhöhung wie Formkerben, Einschlüssen, Hohlräumen oder bereits vorhandenen Rissen (z. B. Aufhärtungsrisse beim Schweißen). Aus diesen Gründen gehen Ermüdungsrisse in der Regel von der Oberfläche aus. Allerdings können auch nichtmetallische Einschlüsse (z. B. Mangansulfide), Ausscheidungen oder Korngrenzen Ausgangspunkte einer Ermüdungsrissbildung darstellen. In diesem Fall können Risse auch unterhalb der Oberfläche entstehen.

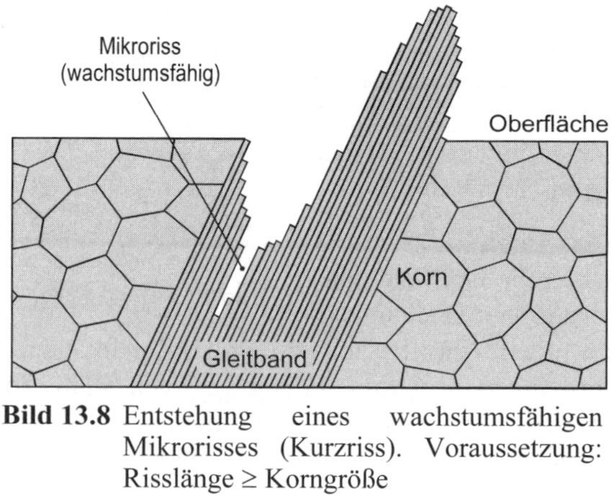


**Bild 13.8** Entstehung eines wachstumsfähigen Mikrorisses (Kurzriss). Voraussetzung: Risslänge ≥ Korngröße

### Stabiles Risswachstum

Im Anschluss an die physikalische Risskeimbildung breiten sich die Ermüdungsrisse zunächst entlang der Gleitebene aus, bis sie auf ein Hindernis, in der Regel eine Korngrenze, stoßen. Dann erfolgt die Rissausbreitung senkrecht zur größten Normalspannung. In dieser Phase schreitet der Riss bei jedem Lastwechsel um einen bestimmten Betrag voran (stabiles Risswachstum), Bild 13.9.

Von **technischer Risskeimbildung** spricht man, sobald die Risslänge eine Größe von etwa 1 mm erreicht hat (**Makroriss**). Ein Riss dieser Größenordnung kann in der Regel mit Hilfe betrieblich anwendbarer Inspektionsverfahren wie z. B. Eindringprüfung oder Ultraschallprüfung vor Ort nachgewiesen werden.

Der Makroriss breitet sich aus, bis die verbleibende Querschnittsfläche die Beanspruchung nicht mehr aufnehmen kann und schließlich ein Restgewaltbruch eintritt.

Mit Hilfe experimenteller Untersuchungen an ungekerbten Proben konnte nachgewiesen werden, dass etwa 10% der Zeitdauer bis zum Erreichen eines technischen Anrisses von 1 mm Tiefe, der Entstehung eines Mikrorisses (physikalische Risskeimbildung) und etwa 90% dem Wachstum des Mikrorisses zugeordnet werden können (Bild 13.5).

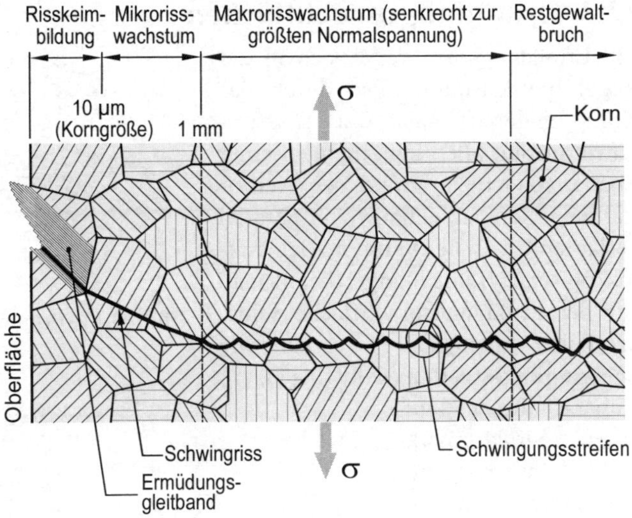


**Bild 13.9** Stabiles Risswachstum und Restgewaltbruch

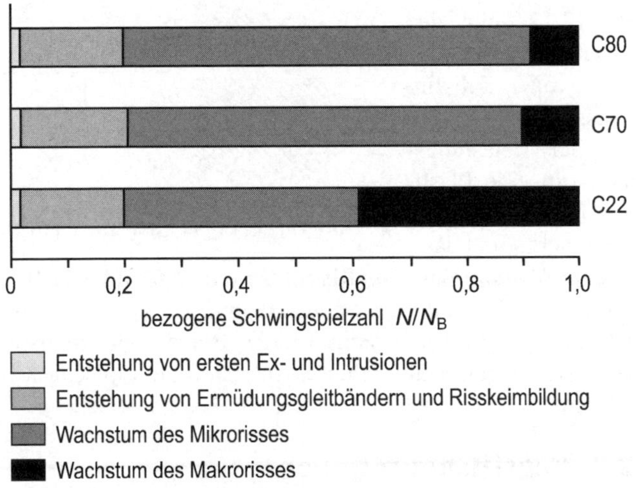


**Bild 13.10** Zeitliche Anteile der einzelnen Phasen der Werkstoffermüdung bis zum Ermüdungsbruch ($N_B$ = Anzahl der Lastwechsel bis zum Bruch)

Betrachtet man die Zeitspannen bis zum Ermüdungsbruch, dann entfallen etwa 60% bis 90% der Lebensdauer auf das Wachstum des Mikrorisses, während die Zeitdauer für das Wachstum des Makrorisses (Risslänge > 1 mm) nur noch einen relativ geringen Anteil an der gesamten Lebensdauer einnimmt (Bild 13.10). Diese Beobachtung ist insofern von Bedeutung, als ein bereits vorhandener Riss, wie er zum Beispiel beim Schweißen entstehen kann (z. B. Aufhärtungsriss), die Lebensdauer eines Bauteils erheblich reduziert.

## 13.3 Ermüdungsbruchflächen

Ein Ermüdungsriss breitet sich in der Regel transkristallin (also durch das Korn hindurch) aus. Der Rissfortschritt erfolgt allerdings nicht in einer Ebene, sondern aufgrund des vielkristallinen Gefüges entlang von parallel verlaufenden **Bruchbahnen**. Bei mikroskopischer Betrachtung erkennt man auf der Ermüdungsbruchfläche feine, parallel zueinander verlaufende **Schwingungsstreifen** (Bild 13.11).

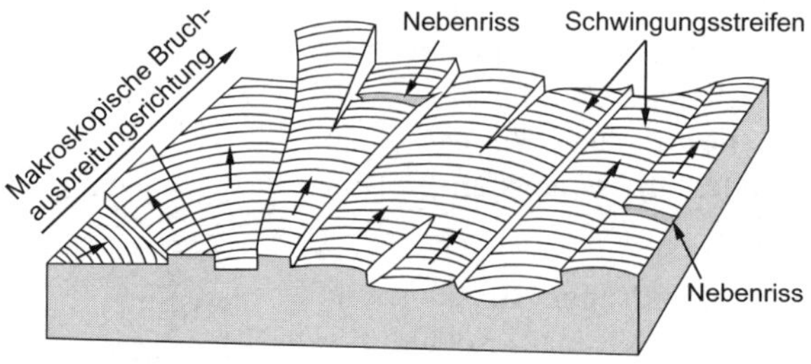


**Bild 13.11** Ermüdungsbruchfläche

Anhand dieser typischen Strukturmerkmale können Ermüdungsbrüche in der Regel eindeutig identifiziert werden.

Bild 13.12 zeigt den Entstehungsmechanismus von Schwingungsstreifen. Während der Belastungsphase tritt eine Plastifizierung des Rissspitzenbereiches und damit eine Abstumpfung der Rissspitze ein (Teilbild 3 in Bild 13.12). Der Riss erweitert sich in Richtung der maximalen Schubspannungen ($\tau_{max}$), sodass sich beidseitig zwei Rissspitzen ausbilden (Teilbild 4 in Bild 13.12). Bei der anschließenden Entlastung werden die beiden Rissspitzen zusammengefaltet, sodass sich die typische wellenartige Bruchfläche (Bild 13.11) ausbildet.

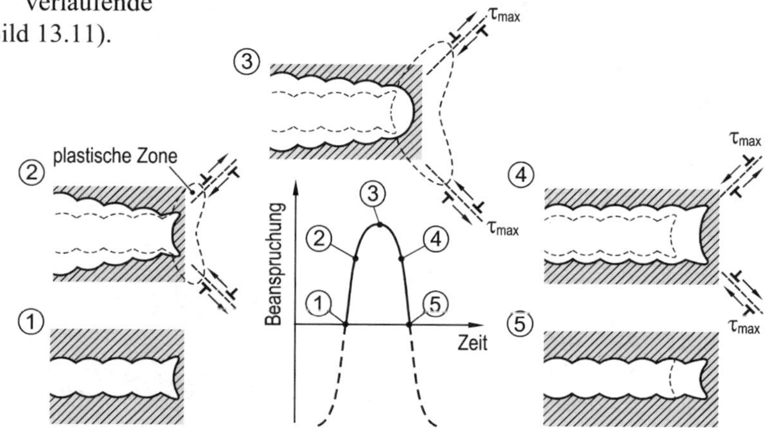


**Bild 13.12** Entstehungsmechanismus für Schwingungsstreifen

## 13.4 Begriffsdefinitionen

Für die nachfolgenden Ausführungen ist es sinnvoll, zwischen den Begriffen Ermüdungs-, Schwing- und Betriebsfestigkeit zu unterscheiden. Von **Schwingfestigkeit** soll gesprochen werden, falls es sich um einen periodisch veränderlichen Beanspruchungs-Zeit-Verlauf handelt (z. B. eine sinusförmige Funktion). Der Begriff **Betriebsfestigkeit** soll hingegen verwendet werden, falls eine zeitlich veränderliche Beanspruchung zugrunde liegt. **Ermüdungsfestigkeit** findet als Überbegriff Anwendung (Bild 13.13).

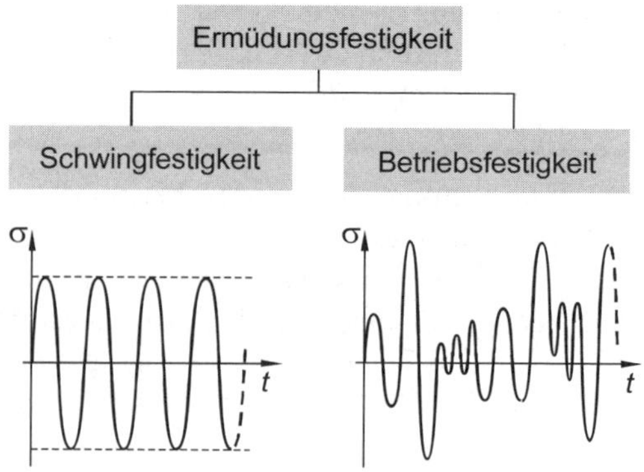


**Bild 13.13** Ermüdungs-, Schwing- und Betriebsfestigkeit

Der zeitliche Verlauf einer sinusförmigen Schwingbeanspruchung wird üblicherweise festgelegt durch die **Mittelspannung $\sigma_m$** und die **Spannungsamplitude $\sigma_a$**. Die höchste Spannung wird als **Oberspannung $\sigma_o$**, die niedrigste Spannung als **Unterspannung $\sigma_u$** bezeichnet. Alternativ können auch die mittlere Dehnung $\varepsilon_m$ und die Dehnungsamplitude $\varepsilon_a$ zur Begriffsbestimmung herangezogen werden.

Es gelten die Beziehungen (Bild 13.14):

$$\sigma_m = \frac{\sigma_o + \sigma_u}{2}$$ **Mittelspannung** (13.1)

$$\sigma_a = \frac{\sigma_o - \sigma_u}{2}$$ **Spannungsamplitude** (13.2)

Anstelle der Spannungsamplitude $\sigma_a$ wird alternativ auch die **Schwingbreite $\Delta\sigma$** verwendet, wobei gilt:

$$\Delta\sigma = \sigma_o - \sigma_u = 2 \cdot \sigma_a \quad (13.3)$$

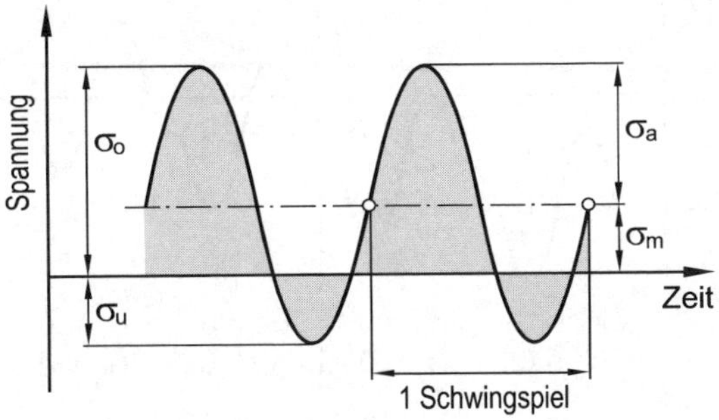


**Bild 13.14** Begriffsfestlegungen nach DIN 50 100

Den Quotienten aus Unter- und Oberspannung nennt man **Spannungsverhältnis *R***:

$$R = \frac{\sigma_u}{\sigma_o}$$ **Definition des Spannungsverhältnisses** (13.4)

Zwischen dem Spannungsverhältnis $R$, der Spannungsamplitude $\sigma_a$ und der Mittelspannung $\sigma_m$ besteht der Zusammenhang:

$$\sigma_a = \frac{1-R}{1+R} \cdot \sigma_m$$ **Zusammenhang zwischen Spannungsamplitude, Mittelspannung und Spannungsverhältnis** (13.5)

Ein vollständiger Zyklus wird als **Schwingspiel** oder **Lastspiel** bezeichnet. Die Anzahl der Schwingungen in einem vorgegebenen Zeitintervall $\Delta t$ nennt man **Schwingspielzahl *N*** (oder **Lastspielzahl**). Bei bekannter **Schwingungs-** oder **Schwingspielfrequenz *f*** (Bild 13.14) ergibt sich zwischen der Zeitdauer der Schwingbeanspruchung ($\Delta t$) und der Schwingspielzahl ($N$) der Zusammenhang:

$$N = f \cdot \Delta t$$ **Schwingspielzahl** (13.6)

Entsprechend der Lage der Mittelspannung sowie der Höhe der Spannungsamplitude bzw. dem Vorzeichen von Ober- und Unterspannung unterscheidet man die in Bild 13.15 dargestellten Beanspruchungsbereiche.

- Zug-Schwellbereich: $\sigma_o > 0$ und $\sigma_u > 0$ bzw. $0 \le R < 1$
- Wechselbereich: $\sigma_o > 0$ und $\sigma_u < 0$ bzw. $-\infty < R < 0$
- Druck-Schwellbereich: $\sigma_o < 0$ und $\sigma_u < 0$ bzw. $1 < R \le \infty$

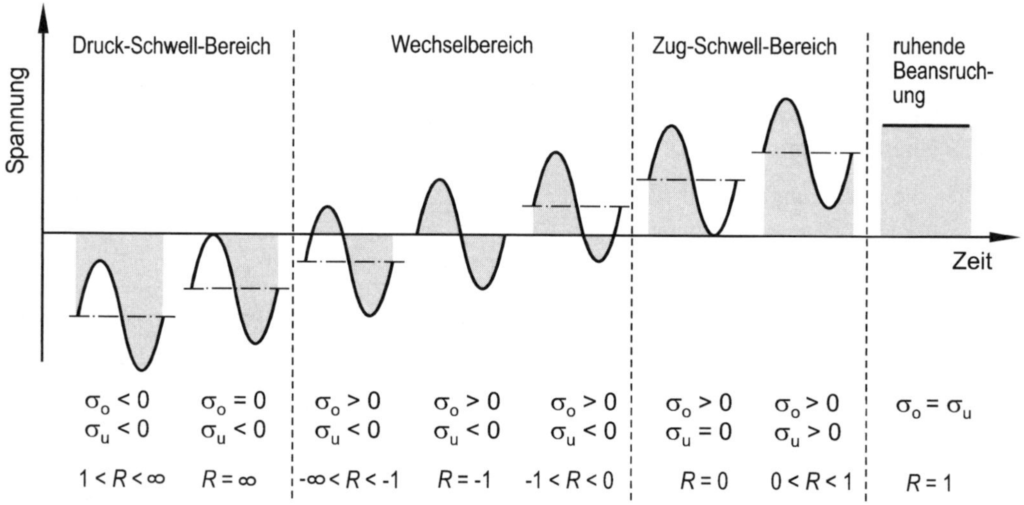


**Bild 13.15** Begriffsfestlegungen nach DIN 50 100

## 13.5 Werkstoffverhalten und Kennwerte

Zur Beurteilung des Werkstoffverhaltens unter einstufiger Schwingbeanspruchung hat die nach ***August Wöhler*** (1819 ... 1914) benannte Wöhlerkurve (oder Wöhlerlinie) eine zentrale Bedeutung.

### 13.5.1 Wöhlerversuch und Wöhlerkurve

Beim **Wöhlerversuch** werden hinsichtlich Werkstoff, Geometrie und Bearbeitung gleichwertige, ungekerbte oder gekerbte Proben oder Bauteile nacheinander mit (für alle Proben) gleicher Mittelspannung $\sigma_m$ und jeweils gestaffelter Spannungsamplitude $\sigma_a$ solange einer meist sinusförmigen Schwingbeanspruchung unterworfen, bis ein Ermüdungsbruch eintritt. Mitunter werden Wöhlerversuche auch mit konstantem Spannungsverhältnis $R$ und gestufter Schwingbreite $\Delta\sigma = 2 \cdot \sigma_a$ durchgeführt. Üblicherweise wird eine sinusförmige Schwingbeanspruchung gewählt, jedoch werden bisweilen auch Versuche mit dreieckigem oder trapezförmigem Belastungsverlauf realisiert.

Werden die jeweiligen Spannungsamplituden $\sigma_a$ bzw. die Schwingbreiten $\Delta\sigma = 2 \cdot \sigma_a$ über der bis zum Bruch ertragbaren Schwingspielzahl $N_B$ in einem Diagramm aufgetragen und eine ausreichende Anzahl von Messpunkten miteinander verbunden, dann erhält man eine Kurve, die als **Wöhlerkurve** (oder **Wöhlerlinie** bzw. **Wöhlerdiagramm**) bezeichnet wird (Bild 13.16). Bei Verwendung von bauteilähnlichen Proben oder gar von Bauteilen spricht man auch von der **Bauteil-Wöhlerkurve**. *August Wöhler* erklärte erstmals diese Zusammenhänge, nachdem sich in zunehmendem Maße Eisenbahnunglücke durch Materialfehler an Schienen, Achsen und Radreifen ereignet hatten.

Es soll an dieser Stelle vereinbart werden, dass *Beanspruchungswerte* Kleinbuchstaben als Index (z. B. $\sigma_a$, $\sigma_o$ oder $\sigma_u$), *Festigkeitskennwerte* hingegen Großbuchstaben (z. B. $\sigma_A$, $\sigma_W$, $\sigma_O$ oder $\sigma_U$) erhalten sollen.

Üblicherweise trägt man in der Wöhlerkurve sowohl die Schwingspielzahl als auch die Spannungsamplitude bzw. die Schwingbreite logarithmisch auf, da bei linearer Aufteilung keine sinnvolle Auflösung der Versuchsergebnisse möglich ist. Eine einfach logarithmische Auftragung (Schwingspielzahl logarithmisch, Spannungsamplitude linear) ist jedoch auch möglich.

Die Ordinatenbezeichnung der Wöhlerkurve muss näher erläutert werden. Aus Sicht der Versuchsauswertung handelt es sich bei der Wöhlerkurve um eine Grenzlinie der Bruchschwingspielzahl $N_B$ in Abhängigkeit der Spannungsamplitude $\sigma_a$, allerdings in horizontaler Auftragung, also um ein $\sigma_a$-$N_B$-Diagramm. Im Hinblick auf die Anwendung (z. B für Festigkeitsnachweise) ist die Wöhlerkurve eine Grenzlinie der ertragbaren Spannungsamplitude $\sigma_A$ (zyklische Festigkeit des Werkstoffs) in Abhängigkeit der Schwingspielzahl $N$, also ein $\sigma_A$-$N$-Diagramm. Je nachdem, ob die Versuchsauswertung oder die Anwendung im Vordergrund steht, wird bei den nachfolgend dargestellten Wöhlerkurven als Ordinatenbezeichnung entweder $\sigma_a$ (z. B. Bild 13.16 und Bild 13.17) oder $\sigma_A$ (z. B. Bild 13.18) gewählt.

Für eine statistisch ausreichend abgesicherte Wöhlerkurve sollten zweckmäßigerweise etwa vier Lastniveaus mit mindestens jeweils fünf Prüflingen geprüft werden. Sofern große Streuungen zu erwarten sind, werden in der Praxis im Hinblick auf eine statistische Auswertung der Ergebnisse mitunter auch deutlich mehr Proben geprüft (siehe auch Kapitel 13.5.5)

Die Belastungsart (Zug, Druck, Biegung, Torsion, Innendruck) und die Art und Höhe der Beanspruchung (wie z. B. konstante Mittelspannung, konstante Unterspannung, konstantes Spannungsverhältnis) müssen entsprechend den Betriebsbedingungen gewählt werden. Mitunter ist es erforderlich, die Umgebungsbedingungen des Bauteils (z. B. Temperatur oder korrosive Medien) bei der Durchführung des Wöhlerversuchs zu berücksichtigen.

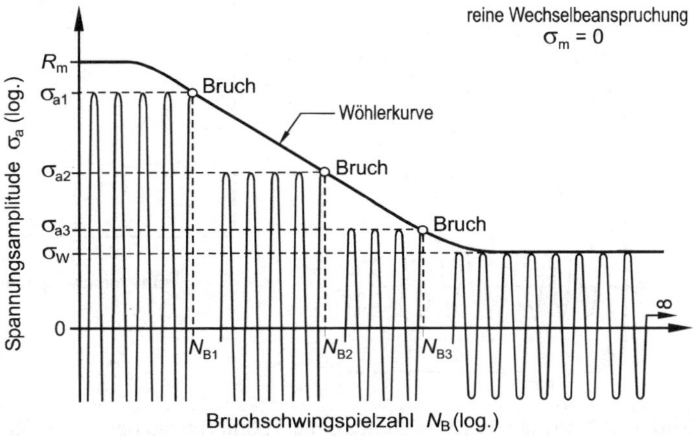


**Bild 13.16** Wöhlerkurve für den Fall einer Schwingbeanspruchung ohne Mittelspannung ($\sigma_m = 0$)

Es ist zu beachten, dass Wöhlerkurven nur für die Bedingungen gelten, unter denen sie aufgestellt wurden, also beispielsweise konstante Mittelspannung oder konstantes Spannungsverhältnis. Diese wichtigen Parameter *müssen* bei der Darstellung einer Wöhlerkurve bzw. mit den Ergebnissen des Wöhlerversuchs angegeben werden. Bild 13.17 zeigt beispielhaft die Erstellung einer Wöhlerkurve bei konstanter Mittelspannung ($\sigma_m \neq 0$).

Das Ende des Wöhlerversuches ist erreicht, sobald erste Anrisse zu beobachten sind, oder der Bruch eintritt. Im Hinblick auf eine sichere Auslegung wäre eigentlich das Auftreten erster Anrisse als Versagenskriterium zu definieren. Bei der praktischen Durchführung lastkontrollierter Wöhlerversuche dient jedoch aus Gründen einer einfacheren Versuchsdurchführung der Bruch als Versagenskriterium.

Mit der entsprechenden Messtechnik ist jedoch auch eine Anrisserkennung möglich (z. B. Potentialsondenmesstechnik, Beobachtung der Veränderung der Probensteifigkeit während des Versuches, Frequenzabfall bei Resonanzprüfmaschinen).

Anstelle einer last- bzw. spannungsgeregelten Versuchsdurchführung können Wöhlerkurven auch mit geregelter Verformung bzw. Dehnung durchgeführt werden. Man spricht dann von **Dehnungs-Wöhlerkurven**.

Wird nicht der Bruch sondern der Anriss der Probe oder des Bauteils als Versagenskriterium gewählt, dann spricht man von einer **Anriss-Wöhlerkurve** (im Unterschied zur **Bruch-Wöhlerkurve**). Bei einer Anriss-Wöhlerkurve ist jedoch zu beachten, dass die Lage der Kurve von der ausgewerteten Anrissgröße abhängt.

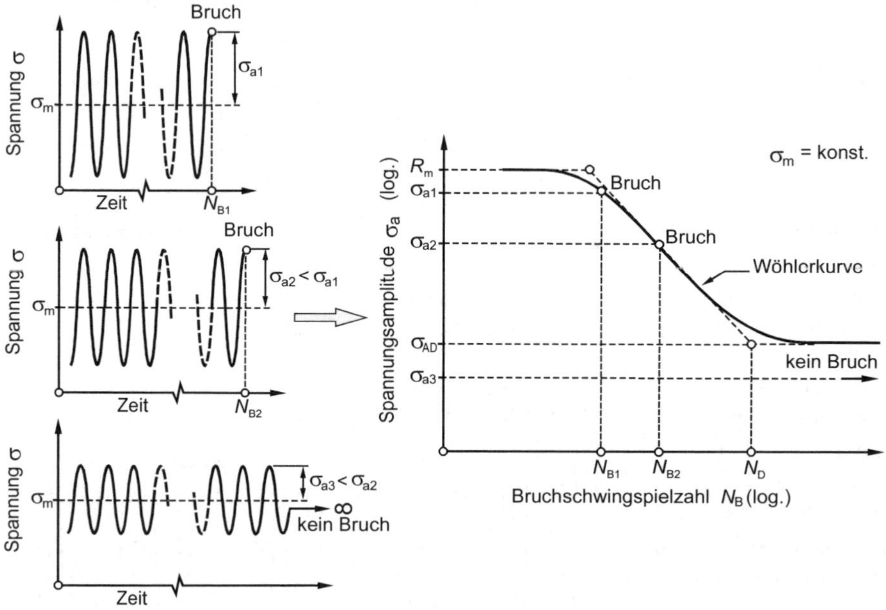


**Bild 13.17** Prinzip der Erstellung einer Wöhlerkurve bei konstanter Mittelspannung $\sigma_m$

## 13.5.2 Einteilung der Wöhlerkurve

Mit Hilfe der Wöhlerkurve können verschiedene Gebiete voneinander abgegrenzt werden. Üblicherweise unterscheidet man (Bild 13.18):

- Kurzzeitfestigkeit (quasi-statische Festigkeit)
- Zeitfestigkeit
- Dauerfestigkeit
- Betriebsfestigkeit

**Kurzzeitfestigkeit**

Bei einer einstufigen Schwingbeanspruchung mit Oberspannungen im Bereich zwischen der Dehngrenze und der Zugfestigkeit können nur etwa 100 ... 10000 Schwingspiele bis zum Bruch ertragen werden. Dieser nach oben durch die Zugfestigkeit ($R_m$) begrenzte Bereich bezeichnet man als das Gebiet der **Kurzzeitfestigkeit** oder der **quasi-statischen Festigkeit**.

**Zeitfestigkeit**
Der Bereich unterhalb der Kurzzeitfestigkeit wird als das Gebiet der **Zeitfestigkeit** bezeichnet. Mit sinkender Beanspruchung nimmt dort die ertragbare Schwingspielzahl stetig zu. Die Anzahl der ertragbaren Schwingspiele hängt in hohem Maße von der Beanspruchungshöhe ab.

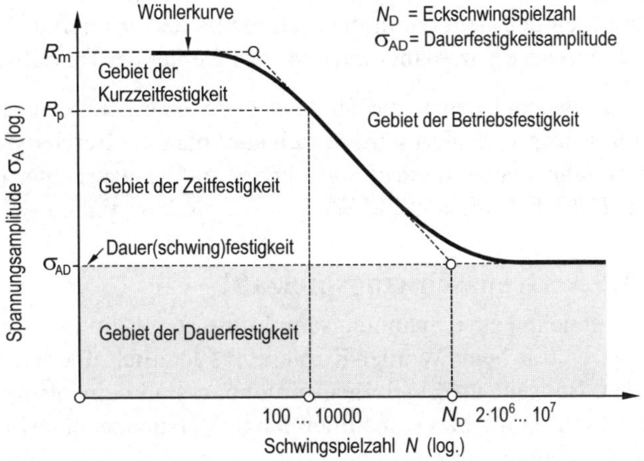


**Bild 13.18** Einteilung der Wöhlerkurve

**Dauerfestigkeit**
Mit weiter abnehmender Belastung wird in Abhängigkeit des Werkstoffes bzw. des Werkstoffzustandes zwischen zwei Kurvenverläufen unterschieden:

1. Bei ferritisch-perlitischen Stählen und Titanlegierungen geht die Wöhlerkurve bei etwa $2 \cdot 10^6$ bis $10^7$ Schwingspielen in eine Parallele zur Abszisse über. Spannungsamplituden kleiner als $\sigma_{AD}$ können demnach beliebig oft ertragen werden, ohne dass ein Bruch eintritt. Die Wöhlerkurve hat das Gebiet der **Dauerfestigkeit** erreicht. Dieser Kurvenverlauf wird auch als **Wöhler-Kurventyp I** bezeichnet (Bild 13.19a).
2. Kubisch-flächenzentrierte Metalle wie Aluminium oder Kupfer sowie die meisten ihrer Legierungen, austenitische Stähle aber auch gehärtete Stähle sowie Werkstoffe in korrosiver Umgebung oder bei erhöhten Temperaturen, weisen keine ausgeprägte („echte") Dauerschwingfestigkeit auf. Die Wöhlerkurve geht auch bei sehr niedrigen Spannungsamplituden nicht mehr in eine horizontale Linie über, sondern fällt stetig ab. Die ertragbare Schwingspielzahl bleibt von der Spannungsamplitude abhängig. Man spricht auch vom **Wöhler-Kurventyp II** (Bild 13.19b).

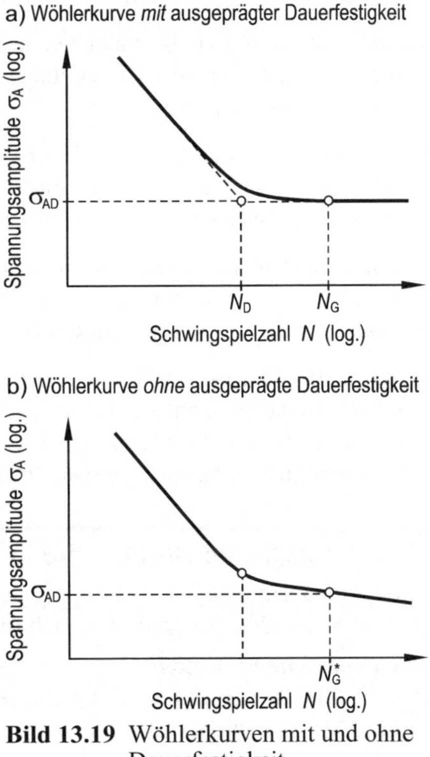


**Bild 13.19** Wöhlerkurven mit und ohne Dauerfestigkeit

**Betriebsfestigkeit**
Der Wöhlerversuch besteht aus einer Folge von Einstufenversuchen. Jeder dieser Einstufenversuche wird mit über die gesamte Versuchsdauer konstanter Spannungsamplitude durchgeführt. Die tatsächliche Betriebsbelastung ist demgegenüber jedoch eine zufallsartige Folge unterschiedlicher Spannungsamplituden mit zudem veränderlicher Mittelspannung. Die unter diesen Bedingungen bis zum Bruch ertragbare Schwingspielzahl, die Betriebslebensdauer,

kann die Bruchschwingspielzahl des Wöhlerversuchs um mehrere Größenordnungen überschreiten und liegt damit deutlich rechts der Wöhlerkurve (Bild 13.18). Der Bereich rechts der Wöhlerkurve wird daher auch als das Gebiet der Betriebsfestigkeit bezeichnet.

Versuche, bei denen die Höhe der Beanspruchung nach einem bestimmten Programm oder zufallsartig verändert wird, bezeichnet man als **Betriebsfestigkeitsversuche**. Sie erlauben eine wirklichkeitsgetreue Prüfung schwingend beanspruchter Bauteile. Ausführliche Abhandlungen zur Betriebsfestigkeit und Werkstoffermüdung finden sich beispielsweise in [11-19].

## 13.5.3 Grenzschwingspielzahl

Mit abnehmender Spannungsamplitude steigt die bis zum Bruch ertragbare Schwingspielzahl bzw. es tritt beim Wöhler-Kurventyp I letztlich überhaupt kein Bruch mehr ein (Dauerfestigkeit). Bei sehr niedriger Beanspruchung sind dementsprechend sehr hohe Schwingspielzahlen d. h. sehr lange bzw. unendlich lange Versuchzeiten erforderlich. Da die zu prüfenden Proben oder Bauteile aus Zeit- und Kostengründen jedoch nicht unendlich lange einer schwingenden Beanspruchung ausgesetzt werden können, führt man Wöhlerversuche in der Regel bis zu einer bestimmten **Grenzschwingspielzahl $N_G$** durch.

Wöhlerkurven vom Typ I zeigen bei hohen Schwingspielzahlen ($N_D = 2 \cdot 10^6 \ldots 10^7$) einen horizontalen Verlauf (Bild 13.19a), daher genügt es bei diesen Werkstoffen bis maximal $N_G = 10^7$ Schwingspiele zu prüfen.

Wöhlerkurven vom Typ II (Bild 13.19b) zeigen auch bei sehr hohen Schwingspielzahlen keinen horizontalen Verlauf, sondern einen weiteren, stetigen Festigkeitsabfall. In diesem Fall wird ersatzweise bis zu einer Schwingspielzahl von $N^*_G = 10^7$ bis maximal $N^*_G = 10^8$ geprüft.

Tritt mit Erreichen der Grenzschwingspielzahl $N_G$ bzw. $N^*_G$ noch kein Bruch ein, dann bezeichnet man die zugehörige Spannungsamplitude $\sigma_{AD}$ (bei vorgegebener Mittelspannung) als **(technische) Dauerschwingfestigkeit** (kurz: **Dauerfestigkeit**).

Nach DIN 50 100 wird, insbesondere im Hinblick auf Wöhlerkurven von Typ II empfohlen, die Grenzschwingspielzahl $N_G$ bzw. $N^*_G$ bei der Angabe des (technischen) Dauerfestigkeitswertes mit zu vermerken, also z. B. $\sigma_{AD(10^7)}$. Proben, die die Grenzschwingspielzahl $N_G$ ohne Bruch erreicht haben, bezeichnet man üblicherweise als **„Dauerläufer"** oder **„Durchläufer"**.

## 13.5.4 Analytische Beschreibung der Wöhlerkurve

Bei doppeltlogarithmischer Auftragung der Ergebnisse des Wöhlerversuchs kann die Wöhlerkurve durch Geradenabschnitte angenähert und analytisch beschrieben werden (Bild 13.20).

- **Quasi-statische Festigkeit**:
  Erreicht die Oberspannung $\sigma_o$ die Zugfestigkeit $R_m$, dann muss mit einem Bruch gerechnet werden. Mit Gleichung 13.2 und $R = \sigma_u / \sigma_o$ folgt für die zum Bruch führende Amplitude $\sigma_{A\,max}$:

$$\sigma_{A\,max} = R_m \cdot \frac{1-R}{2}$$ **Zum Bruch führende Spannungsamplitude** (13.7)

- **Zeitfestigkeit**

Wöhlerversuche mit unterschiedlichen Werkstoffen, Probenformen bzw. Bauteilgeometrien und Belastungsarten haben gezeigt, dass sich die Bruchschwingspielzahlen im Gebiet der Zeitfestigkeit bei doppeltlogarithmischer Auftragung durch eine Gerade annähern lassen. Man erhält für die Geradengleichung der Wöhlerkurve für den Bereich der Zeitfestigkeit:

$$\lg \sigma_A = -m \cdot \lg N + \lg C \qquad (13.8)$$

Unter Verwendung des **Neigungsexponenten** $k = 1/m$ (auch als **k-Faktor** bezeichnet) folgt:

$$\lg \sigma_A = -\frac{1}{k} \cdot \lg N + \lg C \qquad (13.9)$$

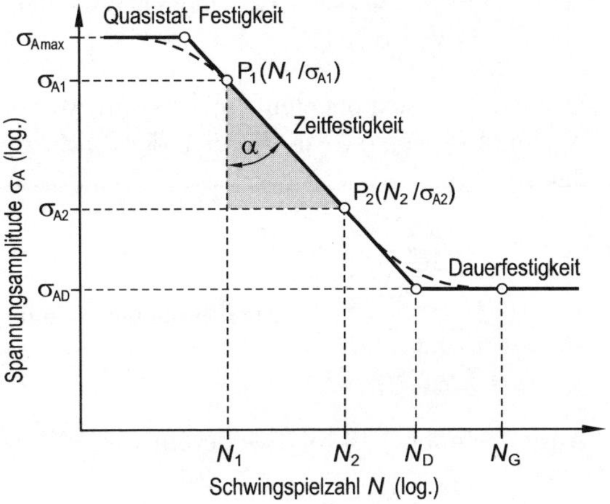


**Bild 13.20** Idealisierte Wöhlerkurve in doppeltlogarithmischer Auftragung

Einsetzen der Koordinaten des Stützpunktes $P_1$ ($N_1$, $\sigma_{A1}$) in Gleichung 13.9 liefert:

$$\lg \sigma_{A1} - \lg\left(N_1^{-\frac{1}{k}}\right) = \lg C$$

$$\lg\left(\frac{\sigma_{A1}}{N_1^{-\frac{1}{k}}}\right) = \lg C \qquad (13.10)$$

Gleichung 13.10 in Gleichung 13.9 eingesetzt liefert:

$$\lg \sigma_A = \lg N^{-\frac{1}{k}} + \lg\left(\frac{\sigma_{A1}}{N_1^{-\frac{1}{k}}}\right)$$

$$\lg \sigma_A - \lg \sigma_{A1} = \lg N^{-\frac{1}{k}} - \lg N_1^{-\frac{1}{k}}$$

$$\lg\left(\frac{\sigma_A}{\sigma_{A1}}\right) = \lg\left(\frac{N^{-\frac{1}{k}}}{N_1^{-\frac{1}{k}}}\right)$$

$$\sigma_A = \sigma_{A1} \cdot \left(\frac{N}{N_1}\right)^{-\frac{1}{k}}$$ **Gleichung der Wöhlerkurve im Zeitfestigkeitsbereich** (13.11)

bzw. nach der Schwingspielzahl $N$ aufgelöst:

$$\left(\frac{\sigma_A}{\sigma_{A1}}\right)^{-k} = \frac{N}{N_1} \qquad (13.12)$$

$$N = N_1 \cdot \left(\frac{\sigma_A}{\sigma_{A1}}\right)^{-k}$$ **Gleichung der Wöhlerkurve im Zeitfestigkeitsbereich** (13.13)

Den Neigungsexponenten $k$ der Wöhlerkurve erhält man, sofern zwei Stützpunkte $P_1$ ($N_1$, $\sigma_{A1}$) und $P_2$ ($N_2$, $\sigma_{A2}$) im Bereich der Zeitfestigkeit bekannt sind. Aus Gleichung 13.13 folgt dann:

$$k = -\frac{\lg\left(\frac{N_1}{N_2}\right)}{\lg\left(\frac{\sigma_{A1}}{\sigma_{A2}}\right)}$$ **Ermittlung des Neigungsexponenten der Wöhlerkurve** (13.14)

Aus Gleichung 3.14 folgt weiterhin:

$$k = -\frac{\lg N_1 - \lg N_2}{\lg \sigma_{A1} - \lg \sigma_{A2}} = \frac{\lg N_2 - \lg N_1}{\lg \sigma_{A1} - \lg \sigma_{A2}} = \tan \alpha \qquad (13.15)$$

Bei *gleicher Teilung* des Abszissen- und Ordinatenmaßstabes kann der Neigungsexponent $k$ aus dem Steigungswinkel $\alpha$ ermittelt werden (Bild 13.20):

$k = \tan \alpha$ **Berechnung des Neigungsexponenten aus dem Steigungswinkel** (13.16)

Je größer der Betrag des Neigungsexponenten $k$ ist, desto flacher verläuft die Wöhlerkurve.

- **Dauerfestigkeit**

  Ein horizontaler Verlauf des Dauerfestigkeitsastes der Wöhlerkurve ergibt sich nur bei Vorliegen einer „echten" Dauerfestigkeit (Bild 13.19a). In diesem Fall kann die horizontale Linie in Höhe der dauernd ertragbaren Amplitude $\sigma_{AD}$ wie folgt beschrieben werden:

$$\sigma_{AD} = \text{konstant} \qquad (13.17)$$

### 13.5.5 Statistische Auswertung von Wöhlerversuchen

Die praktische Durchführung von Wöhlerversuchen zeigt, dass die Schwingspielzahlen im Zeitfestigkeitsgebiet, auch unter genau definierten Prüfbedingungen, erheblichen Streuungen unterliegen.

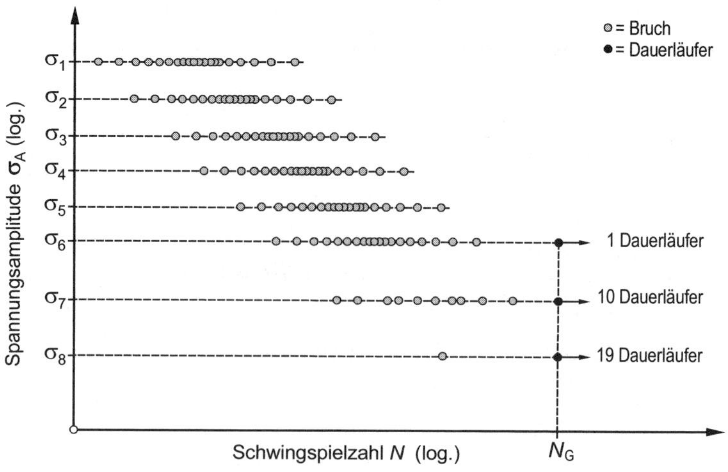


**Bild 13.21** Streuung der Ergebnisse eines Wöhlerversuchs (Beispiel)

Auch am Übergang zur Dauerfestigkeit beobachtet man mit sinkender Spannungsamplitude keinen abrupten

Wechsel von 100% Brüchen zu 100% Dauerläufern. Vielmehr nimmt die Anzahl der Dauerläufer stetig zu, bis schließlich alle geprüften Proben oder Bauteile die Grenzschwingspielzahl $N_G$ bzw. $N^*_G$ ohne Bruch erreichen (Bild 13.21).

Die Ursachen der genannten Streuungen liegen einerseits in einer unvermeidlichen, zufälligen Abweichung der Prüfstücke zueinander (z. B. unterschiedliche Oberflächenrauigkeiten, Werkstoffinhomogenitäten) und andererseits in gewissen Ungenauigkeiten bei der Lastaufbringung (z. B. Einspannung und Lastregelung). Dies bedeutet, dass die Schwankungen der Versuchsergebnisse nicht das Resultat einer einzigen Veränderlichen sondern vielmehr das Produkt einer Vielzahl von Zufallsvariablen ist, deren Beitrag zur resultierenden Streuung von Fall zu Fall unterschiedlich sein kann.

Früher entsprach es dem Stand der Technik, die Versuchsergebnisse durch eine mittelnde Kurve anzugeben und versuchte die Unsicherheiten durch Sicherheitsfaktoren abzudecken. Je nach Auswertungsmethodik kann es dabei zu sehr unterschiedlichen Einschätzungen des Kurvenverlaufs und damit letztlich auch zu verschiedenen Versuchsergebnissen kommen. Um der wachsenden Forderung nach zuverlässigen Unterlagen für die sichere Bemessung tragender Bauteile gerecht zu werden, wurden von einer Reihe von Forschern wie z. B. ***W. Weibull*** etwa ab 1950 statistische Verfahren für die Auswertung der Versuchsergebnisse eingeführt.

Um die Ergebnisse einer statistischen Auswertung nach Mittelwert und Streubreite unterziehen zu können, ist man zunächst gezwungen, eine Mindestanzahl gleicher Proben unter gleichen Bedingungen (z. B. gleicher Belastungshorizont) zu prüfen. Heute prüft man je Spannungshorizont etwa 10 bis 20 Proben d. h. 100 bis 200 Proben für den gesamten Wöhlerversuch (DIN 50 100 fordert hingegen nur 6 bis 10 Proben für den gesamten Wöhlerversuch).

Führt man mit den experimentellen Ergebnissen des Wöhlerversuches eine statistische Auswertung durch, dann gewinnt man Ergebnisse über den prozentualen Anteil der Proben, die bei konstanten Bedingungen eine bestimmte Schwingspielzahl mindestens ertragen, man nennt sie die **Überlebenswahrscheinlichkeit $P_Ü$** der geprüften Probe bzw. des Werkstücks, den dazu komplementären Prozentsatz bezeichnet man als **Bruch- oder Ausfallwahrscheinlichkeit $P_A$**.

Es ist heute Stand der Technik, Wöhlerversuche statistisch auszuwerten und den Ergebnissen durch Angabe der Überlebenswahrscheinlichkeit $P_Ü$ (oder der Ausfallwahrscheinlichkeit $P_A$ = 100% - $P_Ü$) eine größere Aussagefähigkeit zu verleihen. Es hat sich dabei eingebürgert, eine Ausfallwahrscheinlichkeit von 10% als untere Streugrenze und eine Ausfallwahrscheinlichkeit von 90% als obere Streugrenze anzugeben.

Die Streugrenzen können nur durch eine statistische Auswertung der experimentellen Ergebnisse ermittelt werden. Hierzu sucht man im Zeitfestigkeitsgebiet nach einem geeigneten Verteilungsgesetz für die Streuung der Bruchschwingspielzahlen, am Übergang zur Dauerfestigkeit dagegen nach einem entsprechenden Verteilungsgesetz für das Verhältnis der Anzahl der Brüche je Lasthorizont zur Gesamtzahl der Prüfkörper (auf diesem Lasthorizont). Häufig findet man als Verteilungsgesetz eine logarithmische Normalverteilung.

Die Angabe einer Wahrscheinlichkeit hat im Gebiet der Zeitfestigkeit eine völlig andere Bedeutung als am Übergang zur Dauerfestigkeit. Während die prozentuale Angabe im Bereich der Zeitfestigkeit die Ausfallwahrscheinlichkeit bei einer bestimmten Schwingspielzahl kennzeichnet (das statistische Merkmal ist dort also die Bruchschwingspielzahl), gibt die Prozentzahl im Übergangsgebiet die Häufigkeit des Auftretens von Brüchen bei einem bestimmten

Belastungsniveau an (als statistisches Merkmal dient hier also das Verhältnis der Anzahl der Brüche je Lastebene zur Gesamtzahl der Prüfkörper auf dieser Lastebene).

Eine Wöhlerkurve, die durch Angabe der Ausfallwahrscheinlichkeiten (z. B. 10%, 50% und 90%) ergänzt ist, zeigt Bild 13.22. Demzufolge erreichen beispielsweise bei der Spannungsamplitude $\sigma_{A1}$ 90% aller Prüflinge $N_1$ Schwingspiele. Mit einer Wahrscheinlichkeit von 50% können bei dieser Beanspruchung $N_2$ Schwingspiele ertragen werden. $N_3$ Lastwechsel werden bei dieser Belastungsamplitude nur noch von 10% aller Prüflinge überschritten, d. h. bereits 90% der Proben sind bis dahin gebrochen.

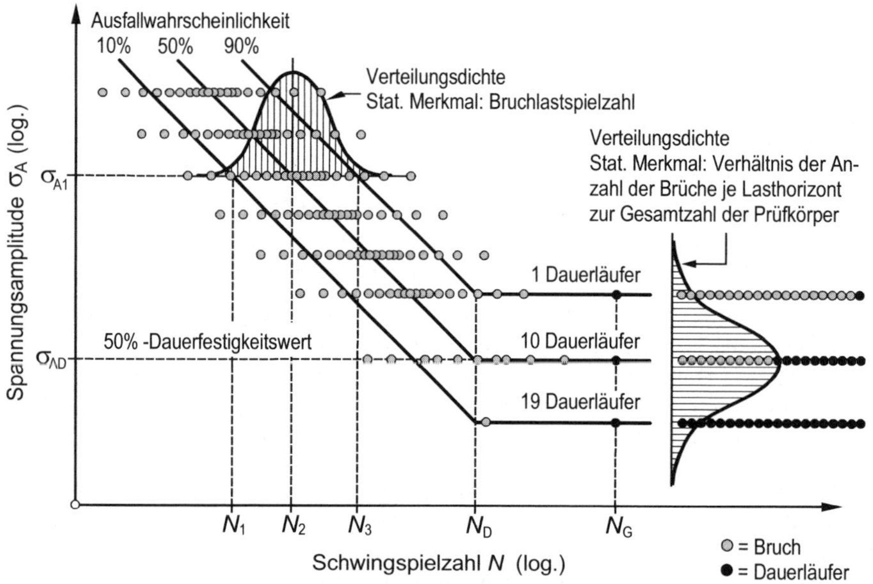


**Bild 13.22** Statistisch ausgewertete Wöhlerkurve (Beispiel)

Fehlt die Angabe der Ausfall- oder Überlebenswahrscheinlichkeit einer Wöhlerkurve (z. B. in älteren Veröffentlichungen), dann kann günstigstenfalls mit einer Überlebenswahrscheinlichkeit von 50% gerechnet werden.

Auf die Verfahren der statistischen Auswertung von Wöhlerversuchen kann im Rahmen dieses einführenden Lehrbuches nicht näher eingegangen werden. Statt dessen wird auf die weiterführende Literatur zur Ermüdungs- bzw. Betriebsfestigkeit verweisen [11,13,16 bis 18, 21].

## 13.5.6 Dauerfestigkeitskennwerte

Der wichtigste Kennwert zum Nachweis der Dauerfestigkeit eines Bauteils ist die **Wechselfestigkeit $\sigma_w$**. Die Wechselfestigkeit $\sigma_w$ ist die auf Dauer ertragbare Spannungsamplitude $\sigma_{AD}$ bei rein wechselnder Beanspruchung ($\sigma_m = 0$).
Zur Ermittlung der Wechselfestigkeit werden eine Reihe von Wöhlerversuchen mit unterschiedlich hoher Spannungsamplitude $\sigma_a$ und Mittelspannung $\sigma_m = 0$ durchgeführt. Diejenige Spannungsamplitude die „unendlich oft" d. h. praktisch bis zur Grenzschwingspielzahl $N_G$ bzw. $N^*_G$ ohne Bruch ertragen werden kann, wird als Wechselfestigkeit $\sigma_w$ bezeichnet. In Bild 13.16 entspricht die Dauerfestigkeitsamplitude $\sigma_{AD}$ der Wechselfestigkeit $\sigma_W$, also $\sigma_{AD} \equiv \sigma_W$ (da $\sigma_m = 0$). Zur Durchführung der Versuche verwendet man in der Regel glatte, polierte

Kleinproben. Die Wechselfestigkeit kann unter Zug-, Druck-, Biege-, Schub- oder Torsionsbeanspruchung ermittelt werden. Dementsprechend unterscheidet man die **Zug-Druck-Wechselfestigkeit** $\sigma_{zdW}$, die **Biegewechselfestigkeit** $\sigma_{bW}$, die **Schubwechselfestigkeit** $\tau_{sW}$ und die **Torsionswechselfestigkeit** $\tau_{tW}$.

Stehen experimentell ermittelte Dauerfestigkeitskennwerte nicht zur Verfügung, dann kann auch eine Abschätzung unter Verwendung der Streck- bzw. Dehngrenze oder der Zugfestigkeit des Werkstoffs durchgeführt werden. Hierzu findet man in der Literatur verschiedene Vorschläge. In Tabelle 13.2 sind die wichtigsten Korrelationsvorschläge zusammengestellt. Hierbei handelt es sich um empirisch ermittelte Näherungswerte. Teilweise werden allerdings erhebliche Abweichungen von den angegebenen Werten festgestellt, sodass eine experimentelle Ermittlung der Wechselfestigkeit empfehlenswert ist.

**Tabelle 13.2** Empirisch ermittelte Beziehungen zur Abschätzung von Dauerfestigkeitskennwerten unter rein wechselnder Beanspruchung (Anhaltswerte für ungekerbte Proben mit polierter Oberfläche)

| **Werkstoffsorte / Werkstoffgruppe** | **Dauerfestigkeitskennwert** [1] | | | |
|---|---|---|---|---|
| | **Zug-Druck-Wechselfestigkeit** [2] $\sigma_{zdW}$ | **Biegewechselfestigkeit** [7) 8)] $\sigma_{bW}$ | **Schubwechselfestigkeit** [2] $\tau_{sW}$ | **Torsionswechselfestigkeit** [7) 8) 9)] $\tau_{tW}$ |
| Walzstahl, allgemein [3) 4)] | $0{,}45 \cdot R_m$ | $1{,}1 \ldots 1{,}3 \cdot \sigma_{zdW}$ | $0{,}577 \cdot \sigma_{zdW}$ | $0{,}577 \cdot \sigma_{bW}$ |
| Einsatzstahl [4] | $0{,}40 \cdot R_m$ [5] | $1{,}1 \ldots 1{,}3 \cdot \sigma_{zdW}$ | $0{,}577 \cdot \sigma_{zdW}$ [5] | $0{,}577 \cdot \sigma_{bW}$ |
| Nichtrostender Stahl | $0{,}40 \cdot R_m$ [6] | $1{,}1 \ldots 1{,}3 \cdot \sigma_{zdW}$ | $0{,}577 \cdot \sigma_{zdW}$ | $0{,}577 \cdot \sigma_{bW}$ |
| Schmiedestahl [4] | $0{,}40 \cdot R_m$ [6] | $1{,}1 \ldots 1{,}3 \cdot \sigma_{zdW}$ | $0{,}577 \cdot \sigma_{zdW}$ | $0{,}577 \cdot \sigma_{bW}$ |
| Stahlguss | $0{,}34 \cdot R_m$ | $1{,}15 \cdot \sigma_{zdW}$ | $0{,}577 \cdot \sigma_{zdW}$ | k. A. |
| Gusseisen mit Lamellengraphit | $0{,}30 \cdot R_m$ | $1{,}50 \cdot \sigma_{zdW}$ | $0{,}850 \cdot \sigma_{zdW}$ | $0{,}8 \ldots 0{,}9 \cdot \sigma_{zdW}$ |
| Gusseisen mit Kugelgraphit | $0{,}34 \cdot R_m$ | $1{,}30 \cdot \sigma_{zdW}$ | $0{,}650 \cdot \sigma_{zdW}$ | k. A. |
| Temperguss | $0{,}30 \cdot R_m$ | $1{,}40 \cdot \sigma_{zdW}$ | $0{,}750 \cdot \sigma_{zdW}$ | k. A. |
| Al-*Knet*legierungen | $0{,}30 \cdot R_m$ | $1{,}1 \ldots 1{,}3 \cdot \sigma_{zdW}$ | $0{,}577 \cdot \sigma_{zdW}$ | k. A. |
| Al-*Guss*legierungen | $0{,}30 \cdot R_m$ | k. A. | $0{,}750 \cdot \sigma_{zdW}$ | k. A. |

1) Werkstoffkennwerte sind in N/mm$^2$ einzusetzen.
2) Werte nach [2]. Für $N = 10^6$ Schwingspiele.
3) Außer Einsatzstahl, nichtrostender Stahl und Schmiedestahl.
4) Nach DIN 743-3: $\sigma_{zdW} \approx 0{,}4 \cdot R_m$; $\sigma_{bW} \approx 0{,}5 \cdot R_m$; $\tau_{tW} \approx 0{,}3 \cdot R_m$ (Torsionswechselfestigkeit).
5) Blindgehärtet. Der Einfluss einer Einsatzhärtung wird durch den Randschichtfaktor (Tabelle 13.4) berücksichtigt.
6) Vorläufiger Wert.
7) Anhaltswerte für zähe Werkstoffe [22].
8) $0{,}577 = 1/\sqrt{3}$ (Gestaltänderungsenergiehypothese).
9) Experimentelle Ergebnisse deuten eher auf ein Verhältnis von $\tau_{tW} = 0{,}62 \cdot \sigma_{bW}$ hin [22].
k. A. = keine Angabe

Es bleibt anzumerken, dass in der FKM-Richtlinie [2] ein Verfahren zur Ermittlung der Biegewechselfestigkeit ($\sigma_{bW}$) aus der Zug-Druck-Wechselfestigkeit ($\sigma_{zdW}$) bzw. der Torsionswechselfestigkeit ($\tau_{tW}$) aus der Schubwechselfestigkeit ($\tau_{sW}$) genannt wird. Hierauf soll jedoch im Rahmen dieses einführenden Lehrbuches nicht näher eingegangen werden.

Neben den in Tabelle 13.2 zusammengestellten Korrelationsgleichungen sind in der Literatur für nicht geschweißte Bauteile noch weitere Beziehungen bekannt geworden.

*Stähle* [16] bzw. [20]:

$$\sigma_{zdW} = 0{,}385 \cdot R_m + 30\ \text{N/mm}^2 \quad \text{(Streubreite} \pm 15\%\text{) bzw.} \qquad (13.18)$$

$$\sigma_{zdW} = 0{,}436 \cdot R_{p0,2} + 77\ \text{N/mm}^2 \qquad (13.19)$$

*Stahlguss* [15,20]:

$$\sigma_{zdW} = 0{,}27 \cdot R_m + 85\ \text{N/mm}^2 \qquad (13.20)$$

*Graues Gusseisen mit Lamellengraphit* [15,20]:

$$\sigma_{zdW} = 0{,}39 \cdot R_m \qquad (13.21)$$

*Graues Gusseisen mit Kugelgraphit* [15]:

$$\sigma_{zdW} = 0{,}27 \cdot R_m + 100\ \text{N/mm}^2 \qquad (13.22)$$

*Schwarzer Temperguss* [15]:

$$\sigma_{zdW} = 0{,}27 \cdot R_m + 110\ \text{N/mm}^2 \qquad (13.23)$$

*Aluminium, Magnesium und deren Legierungen* [16]

$$R_m \leq 330\ \text{N/mm}^2: \quad \sigma_{zdW} \approx 0{,}35 \cdot R_m \ldots 0{,}50 \cdot R_m \quad (N_D = 10^8) \qquad (13.24)$$

$$R_m > 330\ \text{N/mm}^2: \quad \sigma_{zdW} \approx 130\ \text{N/mm}^2 \qquad (13.25)$$

*Titan und Titanlegierungen* [16]

$$R_m \leq 1100\ \text{N/mm}^2: \quad \sigma_{zdW} = 0{,}45 \cdot R_m \ldots 0{,}65 \cdot R_m \quad (N_D = 10^6 \ldots 10^7) \qquad (13.26)$$

$$R_m > 1100\ \text{N/mm}^2: \quad \sigma_{zdW} \approx 620\ \text{N/mm}^2 \qquad (13.27)$$

*Kupfer und Kupferlegierungen* [16]

$$R_m \leq 750\ \text{N/mm}^2: \quad \sigma_{zdW} = 0{,}30 \cdot R_m \ldots 0{,}50 \cdot R_m \quad (N_D = 10^8) \qquad (13.28)$$

$$R_m > 750\ \text{N/mm}^2: \quad \sigma_{zdW} \approx 300\ \text{N/mm}^2 \qquad (13.29)$$

Für den Schweißnahtquerschnitt (Schweißgut) und für den Schweißnahtübergangsquerschnitt (Wärmeeinflusszone) fachgerecht geschweißter Bauteile sind die nachfolgenden Werkstoffkennwerte zugrunde zu legen [2]:

*Für schweißbare Stähle* [1)]**:**

$$\sigma_{zdW} = 92\ \text{N/mm}^2 \quad (\text{für } N = 5 \cdot 10^6 \text{ Schwingspiele}) \qquad (13.30)$$

$$\tau_W = 37\ \text{N/mm}^2 \quad (\text{für } N = 10^8 \text{ Schwingspiele}) \qquad (13.31)$$

Für bedingt schweißbare Stähle, nichtrostende Stähle und schweißbare Eisengusswerkstoffe sind diese Werte nach [2] als vorläufig zu betrachten.

*Für Aluminiumwerkstoffe*:

$$\sigma_{zdW} = 33\ \text{N/mm}^2 \quad (\text{für } N = 5 \cdot 10^6 \text{ Schwingspiele}) \qquad (13.32)$$

$$\tau_W = 13\ \text{N/mm}^2 \quad (\text{für } N = 10^8 \text{ Schwingspiele}) \qquad (13.33)$$

[1)] Für bedingt schweißbare Stähle, nichtrostende Stähle und schweißbare Eisengusswerkstoffe sind diese Werte als vorläufig zu betrachten und mit Vorsicht anzuwenden.

## 13.6 Spannungsermittlung bei Schwingbeanspruchung

Im Vergleich zu einem statischen Festigkeitsnachweis ist der Nachweis der Ermüdungsfestigkeit in der Regel weitaus schwieriger, wie die in Tabelle 13.1 beispielhaft zusammengestellten Schadensfälle sowie die nachfolgende Gegenüberstellung eines statischen Festigkeitsnachweises mit dem Nachweis der Ermüdungsfestigkeit zeigen. Dementsprechend ist es verständlich, dass ein nicht unerheblicher Anteil der bekannt gewordenen Schadensfälle an Maschinen und Anlagen durch Werkstoffermüdung verursacht wird (Bild 13.4).

**Statischer Festigkeitsnachweis:**

- Der Werkstoff kann als diskretes Kontinuum angesehen werden.
- Stoffgesetze sind bekannt oder in Versuchen (z. B. Zugversuch) relativ einfach zu ermitteln.
- Berechnung von Spannungen oder Verformungen ist mit Hilfe elementarer Gleichungen oder beispielsweise mittels Finite-Element-Methode möglich.
- Vergleich der maximalen Spannung bzw. Dehnung (Beanspruchung) mit geeigneten Werkstoffkennwerten (Beanspruchbarkeit) liefert den Nachweis.

**Nachweis der Ermüdungsfestigkeit (Dauer-, Zeit- oder Betriebsfestigkeit):**

- Werkstoffverhalten (Anriss- und Risswachstum) ist mathematisch nur bedingt oder nicht formulierbar.
- Einflüsse auf die Entstehung und das Wachstum eines Ermüdungsrisses sind außerordentlich vielfältig und teilweise nicht quantifizierbar. Darüber hinaus überlagern sich der Werkstoffermüdung weitere Einflüsse wie Korrosion oder erhöhte Temperaturen (Kriechen), so dass die Versagensmechanismen zusätzlich zeitabhängig werden (z. B. Schwingungsrisskorrosion).
- Es gibt kein allgemein gültiges Konzept für den Ermüdungsfestigkeitsnachweis, vielmehr steht eine Vielzahl von Berechnungsmethoden zur Verfügung. Außerdem sind die Konzepte zur Formulierung der Festigkeitsbedingungen unter zeitlich veränderlicher Beanspruchung (z. B. Festigkeitshypothesen, Schadensakkumulationshypothese) zum Teil noch lückenhaft.
- Jede einzelne kritische Stelle muss in der Regel hinsichtlich der relevanten, die Ermüdung beeinflussenden Faktoren, sowie hinsichtlich der Anwendung geeigneter Berechnungskonzepte individuell betrachtet werden.
- Der zeitliche Verlauf der betrieblichen Beanspruchung ist teilweise nur unzureichend oder überhaupt nicht bekannt bzw. muss durch aufwändige Versuche ermittelt werden.
- Schwingfestigkeitskennwerte unterliegen aufgrund der hohen Anzahl von Einflussparametern erheblich größeren Streuungen, verglichen mit den statischen Kennwerten (siehe beispielsweise Bild 13.21). Außerdem sind, im Gegensatz zu den statischen Festigkeitskennwerten, nur relativ wenige Schwingfestigkeitskennwerte verfügbar. Die experimentelle Ermittlung statistisch abgesicherter Kennwerte ist äußerst aufwändig und verursacht mitunter hohe Kosten.
- Fehlstellen wie Kerben oder Riefen im Bereich der Oberfläche sowie Werkstoffinhomogenitäten (Poren, Einschlüsse, usw.) können die Ermüdungsfestigkeit zum Teil erheblich verschlechtern.

### 13.6.1 Nachweis der Dauerfestigkeit

Für die Auslegung zahlreicher Bauteile insbesondere im Maschinen- und Anlagenbau sowie für eine Abschätzung des Ermüdungsverhaltens im Rahmen von Konstruktionsentwürfen ist der mit relativ geringem Aufwand verbundene Nachweis der Dauerfestigkeit häufig ausreichend. Steht allerdings im Rahmen von Leichtbaukonzepten die Massenreduktion im Vordergrund (z. B. im Fahrzeugbau oder beim Bau von Luft- und Raumfahrzeugen), dann muss ein Nachweis der Zeit- oder der Betriebsfestigkeit erfolgen. Insbesondere der Betriebsfestigkeitsnachweis ist hierbei mit einem zum Teil erheblichen rechnerischen und experimentellen Aufwand verbunden.

Um den Rahmen dieses Kapitels nicht zu sprengen, beschränken sich die nachfolgenden Ausführungen auf den Nachweis der Dauerfestigkeit. Konzepte zum Nachweis der Zeit- sowie der Betriebsfestigkeit sind der weiterführenden Literatur wie zum Beispiel [11-18] zu entnehmen.

Für den Nachweis der Dauerfestigkeit sollen die folgenden Voraussetzungen erfüllt sein:

- Es liegt eine synchrone Beanspruchung vor, d. h. bei mehrachsiger Beanspruchung sind die Phasenlagen der Spannungskomponenten gleich (Richtung des Hauptspannungsvektors bleibt unverändert). Bei einer nicht synchronen mehrachsigen Beanspruchung können die klassischen Festigkeitshypothesen nicht mehr angewandt werden, da nicht nur der Betrag sondern auch die Richtung des Hauptspannungsvektors einer zeitlichen Veränderung unterliegt. Die Vergleichsspannung ist damit keine skalare Größe mehr.
- Es wird ein linear-elastisches Werkstoffverhalten vorausgesetzt (keine überelastische Beanspruchung).
- Fehlstellen sind geometrisch beschreibbar, d. h. es werden keine angerissenen Bauteile betrachtet.
- Es soll ein sinusförmiger Beanspruchungs-Zeit-Verlauf vorausgesetzt werden.

Sofern sich die äußere Beanspruchung nicht zu schnell ändert, muss die Spannung im Innern des Werkstücks in jedem Augenblick der äußeren Belastung proportional sein. Damit kann man aber den zeitlichen Verlauf der äußeren Belastung und der Spannung im Bauteilinnern durch die gleiche Sinusschwingung darstellen. Die bereits in Kapitel 2 (Grundbelastungsarten) abgeleiteten Beziehungen zwischen äußerer und innerer Beanspruchung müssen dementsprechend auch bei Schwingbeanspruchung gültig sein:

$$\sigma = F / A \quad \text{(Zug bzw. Druck)} \tag{13.34}$$

$$\sigma_b = M_b / W_b \quad \text{(gerade Biegung)} \tag{13.35}$$

$$\tau_a = F / A \quad \text{(Abscherbeanspruchung)} \tag{13.36}$$

$$\tau_t = M_t / W_t \quad \text{(Torsion)} \tag{13.37}$$

Bei nichtsynchroner mehrachsiger Beanspruchung oder bei beliebiger Beanspruchungs-Zeit-Funktion (nicht durch eine zwischen zwei Grenzen periodisch verlaufende Funktion beschreibbar) gelten diese Zusammenhänge allerdings nicht mehr.

### 13.6.2 Festigkeitsbedingung

Ein Bauteil kann als dauerfest angesehen werden, falls die (Last-)Spannungsamplitude $\sigma_a$ an der höchst beanspruchten Stelle, unter Berücksichtigung eines angemessenen Sicherheitsfaktors gegen Schwingbruch ($S_D$), die dauernd ertragbare Spannungsamplitude (Wechselfestigkeit $\sigma_W$) nicht überschreitet. Die **Festigkeitsbedingung** lautet also:

$$\sigma_a \leq \sigma_{a\,zul} = \frac{\sigma_W}{S_D} \qquad (13.38)$$

**Festigkeitsbedingung für ungekerbte Bauteile mit polierter Oberfläche unter reiner Wechselbeanspruchung**

$\sigma_a$ = (Last-)Spannungsamplitude
$\sigma_{a\,zul}$ = zulässige Spannungsamplitude
$\sigma_W$ = Wechselfestigkeit (Kapitel 13.5.6)
$S_D$ = Sicherheitsbeiwert gegen Schwingbruch ($S_D \geq 2{,}5$)

Für die Sicherheit gegen Dauerbruch sollte in der Regel ein Wert von $S_D \geq 2{,}5$ gewählt werden.

Gleichung 13.38 kann in dieser Form nur für ungekerbte Bauteile mit polierter Oberfläche unter reiner Wechselbeanspruchung angewandt werden. In der Regel treten jedoch eine Vielzahl von Einflussfaktoren auf, die sowohl die (Last-)Spannungsamplitude $\sigma_a$ (Beanspruchung) als auch die dauernd ertragbare Spannungsamplitude $\sigma_{AD}$ (Beanspruchbarkeit) beeinflussen. Die wichtigsten Einflussfaktoren sollen nachfolgend besprochen und quantifiziert werden.

## 13.7 Einflussgrößen auf die Schwingfestigkeit von Metallen

Eine Reihe von Einflussfaktoren können zu einer teilweise erheblichen Veränderung (zumeist Verminderung) der Dauerfestigkeit führen. Die wichtigsten herstellungs-, konstruktions- und einsatzbedingten Einflussgrößen sind in Bild 13.23 zusammengestellt.

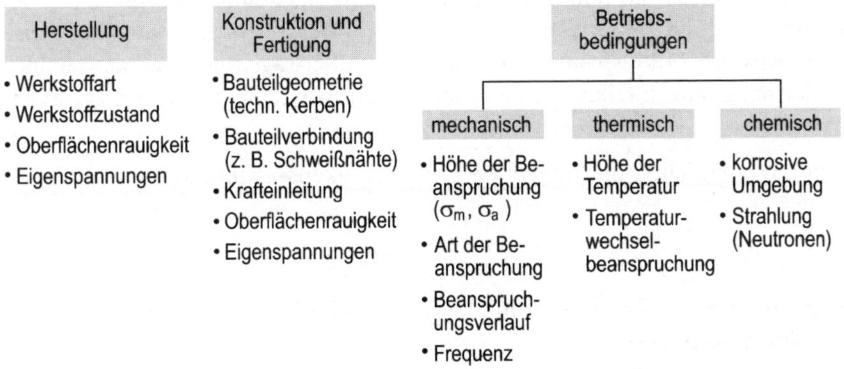


**Bild 13.23** Einflüsse auf die Schwingfestigkeit metallischer Werkstoffe

Die wichtigsten der in Bild 13.23 genannten Einflussgrößen sollen nachfolgend beschrieben und ihr Einfluss auf die Schwingfestigkeit quantifiziert werden.

### 13.7.1 Mittelspannungseinfluss (Dauerfestigkeitsschaubilder)

Der aufwändige und teure Wöhlerversuch liefert jeweils nur für einen Belastungsfall (z. B. für eine Mittelspannung oder ein konstantes Spannungsverhältnis) einen Werkstoffkennwert für die Dauerschwingfestigkeit. Wöhlerkurven gelten also jeweils nur für eine konstante Mittelspannung $\sigma_m$ oder ein konstantes Spannungsverhältnis $R$ (Kapitel 13.5.1).

Führt man Schwingfestigkeitsversuche mit systematisch veränderten Mittelspannungen $\sigma_m$ bzw. Spannungsverhältnissen $R$ durch, dann stellt man fest, dass eine Zugmittelspannung in der Regel die dauernd ertragbare Spannungsamplitude $\sigma_{AD}$ erniedrigt. Eine Druckmittelspannung führt hingegen zu einer Verbesserung der Schwingfestigkeit (Bild 13.24).

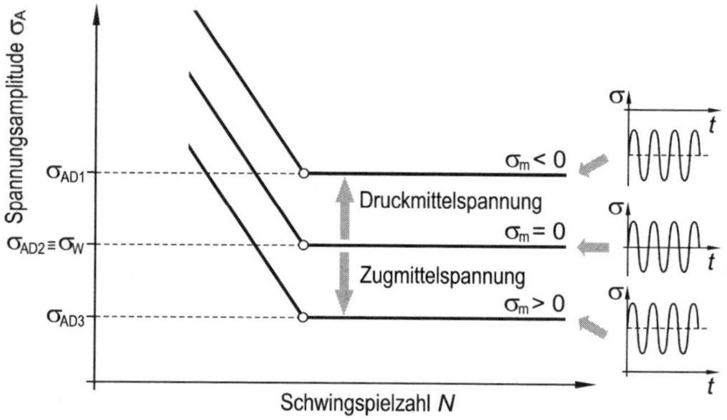


**Bild 13.24** Einfluss einer Mittelspannung auf die Schwingfestigkeit

Diese Beobachtung kann vereinfacht dadurch erklärt werden, dass die zum Dauerbruch führenden Werkstoffgleitungen durch eine gleichzeitig auf der Gleitebene wirkende Normalspannung erleichtert, durch eine Druckspannung hingegen erschwert wird. Die Zusammenhänge zwischen Mittelspannung $\sigma_m$ und dauernd ertragbarer Spannungsamplitude $\sigma_{AD}$ bzw. dauernd ertragbarer Ober- und Unterspannung ($\sigma_O$ und $\sigma_U$) stellt man üblicherweise in **Dauerfestigkeitsschaubildern (DFS)** dar.

Das Dauerfestigkeitsschaubild ist die bildliche Darstellung aller aus einer Anzahl von Wöhlerkurven gewonnenen Werte der Dauerfestigkeit. Es lässt auf besonders anschauliche Weise die Zusammenhänge zwischen Mittelspannung $\sigma_m$, der dauernd ertragbaren Spannungsamplitude $\sigma_A$ sowie ggf. der dauernd ertragbaren Oberspannung $\sigma_O$ bzw. Unterspannung $\sigma_U$ erkennen.

Man unterscheidet im Wesentlichen die folgenden Dauerfestigkeitsschaubilder bzw. Darstellungen:

- nach Smith
- nach Haigh
- neuere Vorschläge für Dauerfestigkeitsschaubilder (z. B. nach FKM-Richtlinie)
- nach Gerber, Goodman, Kommerell
- nach Moore, Kommers, Jasper, Pohl

#### 13.7.1.1 Dauerfestigkeitsschaubild nach Smith

Das DFS nach Smith hatte früher vor allem in Deutschland für den Maschinenbau und für die Werkstoffprüfung eine große Bedeutung. Gegenüber der Darstellung nach Haigh (Kapitel 13.7.1.2) hat es insbesondere den Vorteil, dass der zeitliche Verlauf der Spannung direkt dem Schaubild zugeordnet werden kann.

### a) Deutung des Dauerfestigkeitsschaubildes nach Smith

Zur Aufstellung eines Dauerfestigkeitsschaubildes führt man Wöhler-Versuche durch, wobei innerhalb einer Versuchsreiche die Mittelspannung konstant gehalten, von Versuchsreihe zu Versuchsreihe aber systematisch abgestuft wird. Man erhält auf diese Weise die dauernd ertragbare Spannungsamplitude $\sigma_{AD}$ mit der Mittelspannung $\sigma_m$ als Versuchsparameter.

Bei der Darstellung nach *Smith* wird auf der Abszisse die Mittelspannung $\sigma_m$ aufgetragen und auf der Ordinate im gleichen Achsenmaßstab die dauernd ertragbare Oberspannung $\sigma_O$ bzw. Unterspannung $\sigma_U$. Da die Achsenmaßstäbe gleich gewählt wurden, fallen die Mittelwerte mit der ersten Winkelhalbierenden zusammen d. h. $\sigma_m = (\sigma_U + \sigma_O) / 2$. Der Abstand von $\sigma_O$ bzw. $\sigma_U$ zur 1. Winkelhalbierenden ist dann die bei der jeweiligen Mittelspannung $\sigma_m$ dauernd ertragbare Spannungsamplitude $\sigma_{AD}$.

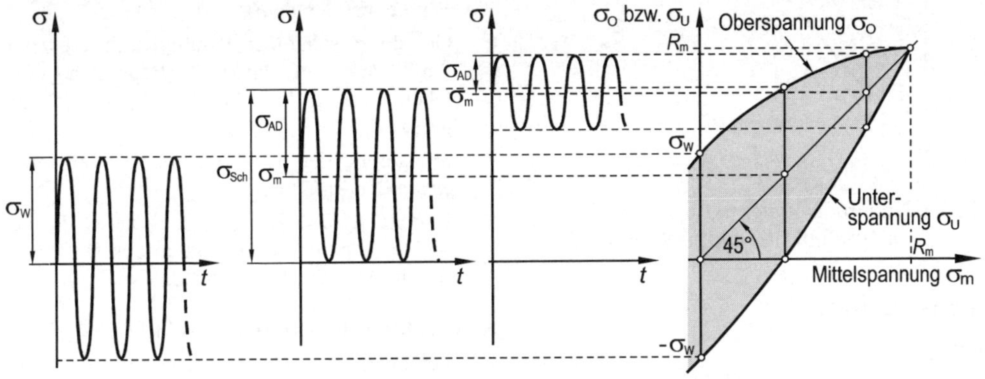


$\sigma_{AD}$ dauernd ertragbare Spannungsamplitude (Dauerfestigkeit)
$\sigma_m$ Mittelspannung
$\sigma_O$ dauernd ertragbare Oberspannung
$\sigma_U$ dauernd ertragbare Unterspannung
$\sigma_W$ Wechselfestigkeit
$\sigma_{Sch}$ Schwellfestigkeit

**Bild 13.25** Entstehung des Dauerfestigkeitsschaubildes nach Smith für Normalspannungen und duktile Werkstoffe

Abbildung 13.25 zeigt, dass mit zunehmender Mittelspannung $\sigma_m$ die dauernd ertragbare Amplitude $\sigma_{AD}$ abnimmt und mit Erreichen der Zugfestigkeit $R_m$ schließlich zu Null wird. Dort tritt wegen $\sigma_m = R_m$ der Bruch bereits bei der ersten Belastung ein.

### b) Näherungskonstruktionen für das Dauerfestigkeitsschaubild nach Smith

Die Aufstellung von Dauerfestigkeitsschaubildern setzt eine Vielzahl statistisch abgesicherter Wöhlerkurven voraus und erfordert demzufolge einen sehr hohen experimentellen Aufwand. Dauerfestigkeitsschaubilder sind daher nur für sehr wenige Werkstoffe verfügbar. Nachfolgend soll eine Möglichkeit aufgezeigt werden, das Dauerfestigkeitsschaubild aus einigen wenigen Werkstoffkennwerten wie der Zugfestigkeit $R_m$, der Streckgrenze $R_e$ bzw. der Dehngrenze $R_p$ und der Wechselfestigkeit (Zug-Druck-Wechselfestigkeit $\sigma_{zdW}$, Biegewechselfestigkeit $\sigma_{bW}$, Schubwechselfestigkeit $\tau_{sW}$ oder Torsionswechselfestigkeit $\tau_{tW}$) zu konstruieren. Für die Näherungskonstruktion ist zwischen duktilen und spröden Werkstoffen zu unterscheiden.

**Duktile Werkstoffe:**

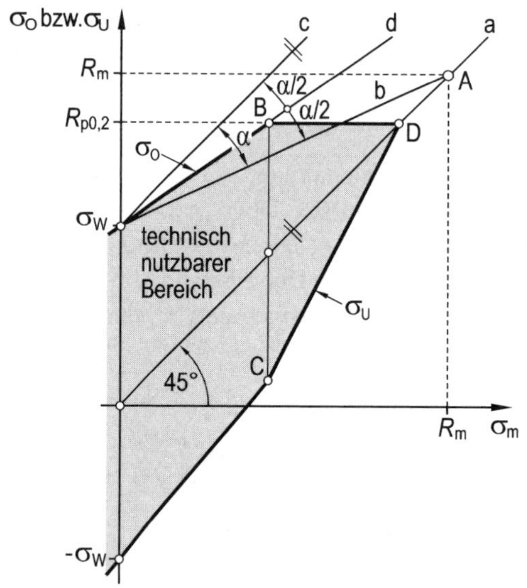


**Bild 13.26** Näherungskonstruktion des DFS nach Smith für duktile Werkstoffe

**Konstruktionsbeschreibung** (Bild 13-26):

1. Zeichnen eines $\sigma$-$\sigma_m$-Koordinatensystems und Einzeichnen der ersten Winkelhalbierenden (Gerade *a*).
2. Einzeichnen der Wechselfestigkeit ($\sigma_W$ bzw. -$\sigma_W$).
3. Einzeichnen der Verbindungsgeraden (Gerade *b*) zwischen $\sigma_W$ und dem Schnittpunkt einer Parallelen zur Abszisse durch $R_m$ mit der Linie *a* (Schnittpunkt *A*).
4. Konstruktion einer Parallelen zur Geraden *a* durch $\sigma_W$ (Gerade *c*).
5. Konstruktion der Winkelhalbierenden zum Winkel $\alpha$ (Gerade *d*).
6. Gerade *d* schneidet Parallele zur Abszisse durch $R_{p0,2}$ im Punkt *B* (Begrenzung der Oberspannung durch die Streck- bzw. Dehngrenze).
7. Spiegelung des Punktes *B* an der Geraden *a* ergibt den Punkt *C*.
8. Linienzug $\sigma_W$ - B - D - C - -$\sigma_W$ ist die gesuchte Näherungskonstruktion des DFS nach Smith für duktile Werkstoffe.

**Spröde Werkstoffe:**

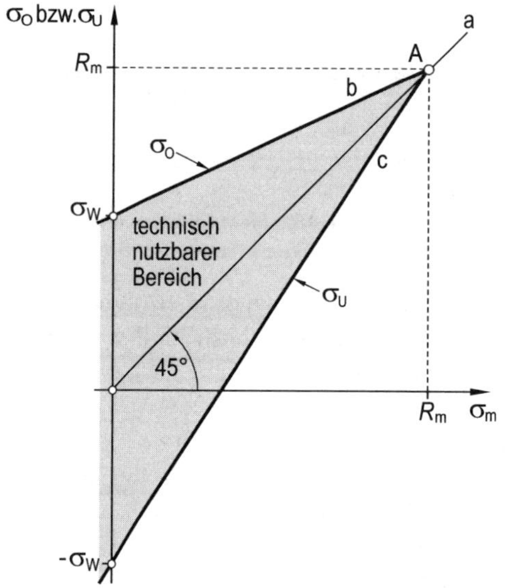


**Konstruktionsbeschreibung** (Bild 13-27):

1. Zeichnen eines $\sigma$-$\sigma_m$-Koordinatensystems und Einzeichnen der ersten Winkelhalbierenden (Gerade *a*).
2. Einzeichnen der Wechselfestigkeit ($\sigma_W$ bzw. -$\sigma_W$).
3. Einzeichnen der Verbindungsgeraden (Gerade *b*) zwischen $\sigma_W$ und dem Schnittpunkt einer Parallelen zur Abszisse durch $R_m$ mit der Linie *a* (Schnittpunkt *A*)
4. Verbinden des Schnittpunktes *A* mit der Wechselfestigkeit -$\sigma_W$ (Gerade *c*).
5. Linienzug $\sigma_W$ - A - -$\sigma_W$ ist die gesuchte Näherungskonstruktion des DFS nach Smith für spröde Werkstoffe.

**Bild 13.27** Näherungskonstruktion des DFS nach Smith für spröde Werkstoffe

Auf analoge Weise konstruiert man auch die Dauerfestigkeitsschaubilder für duktile und spröde Werkstoffe unter der Wirkung von Schubspannungen. Im Falle einer Torsionsbeanspruchung ist die Zugfestigkeit $R_m$ durch die Torsionsfestigkeit $\tau_{tB}$, die Dehngrenze $R_{p0,2}$ durch die Torsionsfließgrenze $\tau_{tF}$ (Kapitel 2.5.3) und die Zug-Druck- bzw. Biegewechselfestigkeit durch die Schubwechselfestigkeit $\tau_W$ (Tabelle 13.2) zu ersetzen.

### 13.7.1.2 Dauerfestigkeitsschaubild nach Haigh

Die Darstellung nach Haigh (Dauerfestigkeitsschaubild nach Haigh) ist heute aufgrund der Übersichtlichkeit und der Möglichkeit zur analytischen Formulierung der Grenzkurve üblich.

**a) Deutung des Dauerfestigkeitsschaubildes nach Haigh**

Trägt man für unterschiedliche Mittelspannungen die jeweils zugehörigen, dauernd ertragbaren Spannungsamplituden $\sigma_{AD}$ über der entsprechenden Mittelspannung $\sigma_m$ auf, dann erhält man das Dauerfestigkeitsschaubild nach Haigh, Bild 13.28. Diese Art der Auftragung hat sich, wie bereits erwähnt, aufgrund der übersichtlichen grafischen Darstellung und der Möglichkeit zur einfachen analytischen Formulierung der Grenzlinie weitgehend durchgesetzt.

Die Benennung der Ordinate des Dauerfestigkeitsschaubildes muss näher erläutert werden. Ein DFS beinhaltet neben der Grenzkurve für die dauernd ertragbare Spannungsamplitude $\sigma_{AD} = f(\sigma_m)$ häufig noch Betriebspunkte $(\sigma_m \,|\sigma_a)$ und ggf. diverse Grenz- und Hilfslinien $\sigma_a = f(\sigma_m)$ wie zum Beispiel Linien mit $R$ = konstant sowie Grenzkurven für plastische Verformung und Bruch. Dementsprechend stehen der Eindeutigkeit halber (zumindest im Rahmen dieses Lehrbuches) an der Ordinate zuerst die Bezeichnungen $\sigma_{AD}$ (dauernd ertragbare Spannungsamplitude) *und* $\sigma_a$ (beliebige Spannungsamplitude).

Aus dem Dauerfestigkeitsschaubild wird ersichtlich, dass die dauernd ertragbare Spannungsamplitude $\sigma_{AD}$ bei Vorhandensein einer Zugmittelspannung abnimmt, bei einer Druckmittelspannung hingegen zunimmt. Für $\sigma_m = 0$, also für eine reine Wechselbeanspruchung, wird $\sigma_{AD} = \sigma_W$. Erreicht die Mittelspannung die Zugfestigkeit ($\sigma_m = R_m$), dann kann keine zusätzliche Amplitude mehr aufgenommen werden, d. h. $\sigma_{AD} = 0$. Der Schnittpunkt der Grenzkurve $\sigma_{AD}(\sigma_m)$ mit der Winkelhalbierenden im 1. Quadranten führt auf die halbe Zugschwellfestigkeit $\sigma_{Sch}/2$.

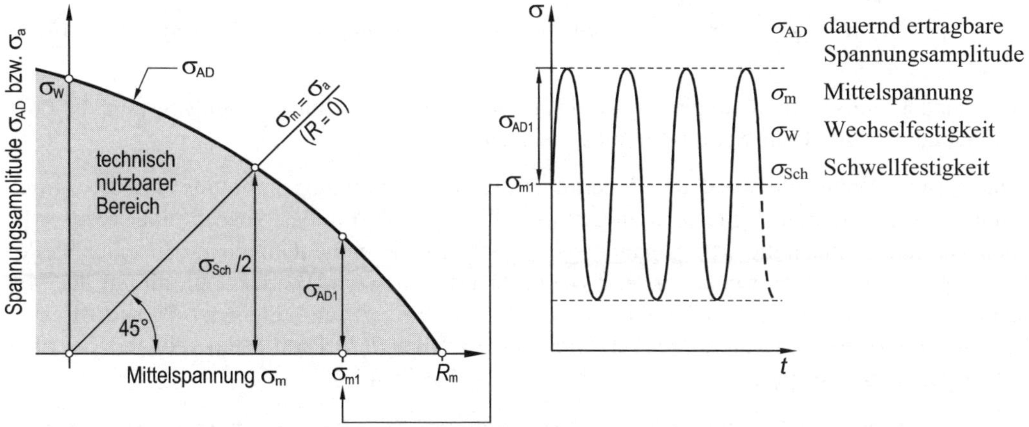


**Bild 13.28** Entstehung des Dauerfestigkeitsschaubildes nach Haigh für Normalspannungen und duktile Werkstoffe unter der Wirkung von Normalspannungen

Beanspruchungen mit konstantem Spannungsverhältnis $R$ erscheinen im DFS nach Haigh als Ursprungsgerade. Es gilt:

$$R = \frac{\sigma_u}{\sigma_o} = \frac{\sigma_m - \sigma_a}{\sigma_m + \sigma_a} \tag{13.39}$$

aus Gleichung 13.39 folgt nach Umformung:

$$\sigma_a = \frac{1-R}{1+R} \cdot \sigma_m \qquad (13.40)$$

Die Steigung der Ursprungsgeraden ergibt sich dann unter der Voraussetzung gleicher Teilung des Abszissen- und Ordinatenmaßstabes zu:

$$\tan\alpha = \frac{\sigma_a}{\sigma_m} = \frac{1-R}{1+R} \qquad (13.41)$$

**Ursprungsgerade mit konstantem Spannungsverhältnis im DFS nach Haigh**

**b) Mittelspannungsempfindlichkeit**

Zur Kennzeichnung des Einflusses der Mittelspannung auf die dauernd ertragbare Spannungsamplitude wird die **Mittelspannungsempfindlichkeit *M*** eingeführt.

Die Mittelspannungsempfindlichkeit $M$ ist definiert als die Neigung der Sekante zwischen der Wechselfestigkeit $\sigma_W$ und der halben Zugschwellfestigkeit ($\sigma_{Sch}/2$). Sofern der Winkel $\alpha$ im DFS eingezeichnet bzw. aus dem DFS entnommen werden muss, ist auf gleiche Achseinteilung von Abszisse und Ordinate zu achten (Bild 13.29).

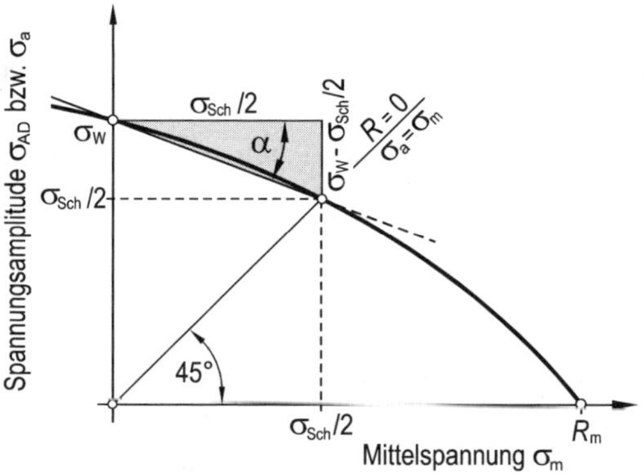


**Bild 13.29** Definition der Mittelspannungsempfindlichkeit im DFS nach Haigh

Für die Mittelspannungsempfindlichkeit gilt:

$$M = \tan\alpha = \frac{\sigma_W - \sigma_{Sch}/2}{\sigma_{Sch}/2} \qquad (13.42)$$

**Definition der Mittelspannungsempfindlichkeit**

Gleichung 13.42 gilt in analoger Weise für die Wirkung von Schubspannungen, falls die Normalspannung $\sigma$ durch die Schubspannung $\tau$ ersetzt wird.

Eine geringe Empfindlichkeit der dauernd ertragbaren Spannungsamplitude auf die Mittelspannung (eine geringe Mittelspannungsempfindlichkeit also) äußert sich in einer relativ flachen Neigung, eine hohe Mittelspannungsempfindlichkeit dementsprechend in einer steilen Neigung der Sekante zwischen $\sigma_W$ und $\sigma_{Sch}/2$. Bei metallischen Werkstoffen nimmt die Mittelspannungsempfindlichkeit (für glatte und gekerbte Proben) mit steigender Werkstofffestigkeit zu. Höherfeste Al-Legierungen oder hochfeste Stähle ($R_m > 1800$ MPa) zeigen daher hohe Mittelspannungsempfindlichkeiten von $M = 0{,}5 \ldots 0{,}7$ (Bild 13.30).

Die Mittelspannungsempfindlichkeit ist streng genommen kein echter Werkstoffkennwert, da insbesondere bei gekerbten Bauteilen aus Werkstoffen mit niedriger und mittlerer Festigkeit im Kerbgrund mit zunehmender Mittelspannung örtliches Fließen eintritt. Dies führt zur Ausbildung von Druckeigenspannungen, deren Größe u. a. von der Höhe der Mittelspannung abhängen. Diese Druckeigenspannungen überlagern sich der Zugmittelspannung aus der äußeren Belastung und vermindern dementsprechend deren Wirkung im Bereich des Kerbgrundes.

Zur rechnerischen Ermittlung der Mittelspannungsempfindlichkeit muss zwischen der Wirkung von Normalspannungen und Schubspannungen unterschieden werden.

**Wirkung von Normalspannungen:**
Unter der Wirkung von Normalspannungen errechnet sich die Mittelspannungsempfindlichkeit $M_\sigma$ für nicht geschweißte Bauteile zu [2]:

- Stahl: [1] $M_\sigma = 0{,}00035 \cdot R_m - 0{,}10$ (13.43)
- Stahlguss: $M_\sigma = 0{,}00035 \cdot R_m + 0{,}05$ (13.44)
- GJL: [2] $M_\sigma = 0{,}5$ (13.45)
- GJS: [3] $M_\sigma = 0{,}00035 \cdot R_m + 0{,}08$ (13.46)
- Temperguss: $M_\sigma = 0{,}00035 \cdot R_m + 0{,}13$ (13.47)
- Al-Knetlegierungen $M_\sigma = 0{,}001 \cdot R_m - 0{,}04$ (13.48)
- Al-Gusslegierungen $M_\sigma = 0{,}001 \cdot R_m + 0{,}20$ (13.49)

In Bild 13.30 ist die Mittelspannungsempfindlichkeit unter der Wirkung von Normalspannungen ($M_\sigma$) technisch wichtiger Konstruktionswerkstoffe veranschaulicht. Mit eingezeichnet sind die gemäß FKM-Richtlinie [2] vorgeschlagenen Gleichungen 13.43 bis 13.45 und Gleichungen 13.47 bis 13.49.

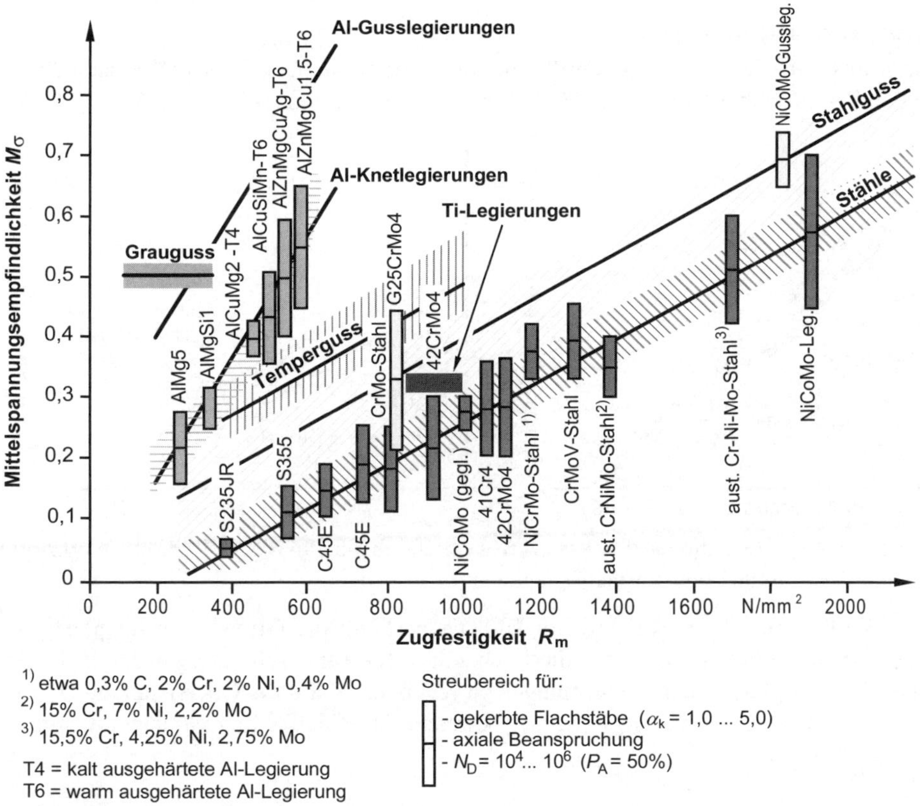


**Bild 13.30** Mittelspannungsempfindlichkeit $M_\sigma$ wichtiger Konstruktionswerkstoffe mit Beispielen (Anhaltswerte). Durchgezogene Linien nach FKM-Richtlinie [2].

[1] auch für nichtrostende Stähle
[2] GJL: Graues Gusseisen mit Lamellengraphit (Grauguss)
[3] GJS: Graues Gusseisen mit Kugelgraphit

**Wirkung von Schubspannungen:**

Unter der Wirkung von Schubspannungen errechnet sich die Mittelspannungsempfindlichkeit $M_\tau$ für nicht geschweißte Bauteile zu [2]:

- Stahl [1] $M_\tau = 0{,}577 \cdot M_\sigma$ (13.50)
- Stahlguss: $M_\tau = 0{,}577 \cdot M_\sigma$ (13.51)
- GJL: [2] $M_\tau = 0{,}85 \cdot M_\sigma$ (13.52)
- GJS: [3] $M_\tau = 0{,}65 \cdot M_\sigma$ (13.53)
- Temperguss: $M_\tau = 0{,}75 \cdot M_\sigma$ (13.54)
- Al-Knetlegierungen $M_\tau = 0{,}577 \cdot M_\sigma$ (13.55)
- Al-Gusslegierungen $M_\tau = 0{,}75 \cdot M_\sigma$ (13.56)

**c) Näherungskonstruktion für das Dauerfestigkeitschaubild nach Haigh**

Auch für das Dauerfestigkeitsschaubild nach Haigh kann eine Näherungskonstruktion bzw. eine Näherungsgleichung angegeben werden. Hierbei ist ebenfalls zu unterscheiden zwischen duktilen und spröden Werkstoffen sowie zwischen Normal- und Schubspannungen.

**Wirkung von Normalspannungen:**

Für **duktile Werkstoffe** kann unter der Wirkung von Normalspannungen das DFS nach Haigh durch eine Parabel mit Scheitel im Punkt ($R_m$ | 0) angenähert werden (Bild 13.31a).

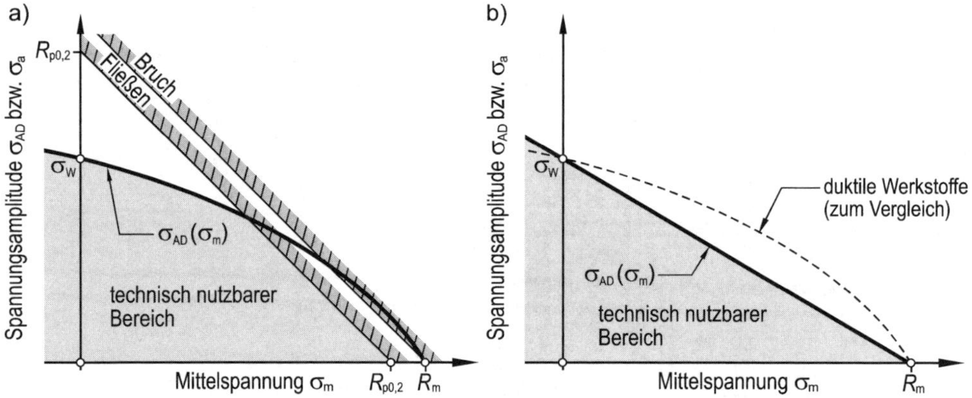


**Bild 13.31** Näherungskonstruktionen für das DFS nach Haigh für duktile und spröde Werkstoffe unter der Wirkung von Normalspannungen

Bei duktilen Werkstoffen ist es sinnvoll, im DFS nach Haigh die Grenzkurve für plastische Verformung (statische Fließgrenze) bzw. die Grenzkurve für Zähbruch zu ergänzen. Bei Zugbeanspruchung ist mit plastischen Verformungen zu rechnen, sobald die Oberspannung $\sigma_o = \sigma_a + \sigma_m$ die Streck- bzw. Dehngrenze ($R_e$ bzw. $R_{p0,2}$) erreicht. Die Fließbedingung lautet damit:

$$\sigma_a + \sigma_m = R_{p0,2}$$

hieraus folgt nach Umformung die Grenzkurve für plastische Verformung im DFS nach Haigh:

$$\sigma_a(\sigma_m) = R_{p0,2} - \sigma_m$$ **Grenzkurve für plastische Verformung im DFS nach Haigh** (13.57)

Gleichung 13.57 stellt im $\sigma_a$-$\sigma_m$-Diagramm (Haigh-Diagramm) eine Gerade mit Achsenabschnitt $R_{p0,2}$ und Steigung –1 dar (Grenzkurve für plastische Verformung).

[1] auch für nichtrostende Stähle
[2] GJL: Graues Gusseisen mit Lamellengraphit (Grauguss)
[3] GJS: Graues Gusseisen mit Kugelgraphit

Bei Druckbeanspruchung erhält man in analoger Weise mit der Druckfließgrenze $\sigma_{dF}$ anstelle der Dehngrenze $R_{p0,2}$ die Beziehung:

$$\sigma_a(\sigma_m) = \sigma_{dF} - \sigma_m \quad \text{mit } \sigma_m < 0 \tag{13.58}$$

Auf analoge Weise erhält man die Grenzkurve für Zähbruch zu:

$$\sigma_a(\sigma_m) = R_m - \sigma_m \tag{13.59}$$

**Grenzkurve für Bruch im DFS nach Haigh**

Die (dauernd ertragbare Spannungsamplitude $\sigma_{AD}$ kann für duktile Werkstoffe unter der Wirkung von Normalspannungen (bis zum Eintritt erster plastischer Verformungen) durch die folgende Näherungsgleichung beschrieben werden:

$$\sigma_{AD} = \sigma_W \cdot \sqrt{1 - \frac{\sigma_m}{R_m}} \tag{13.60}$$

**Dauernd ertragbare Normalspannungsamplitude für duktile Werkstoffe**

$\sigma_W$ = Zug-Druck- oder Biegewechselfestigkeit (Kapitel 13.5.6)
$\sigma_{AD}$ = dauernd ertragbare (Normal-)Spannungsamplitude
$\sigma_m$ = Mittelspannung
$R_m$ = Zugfestigkeit

Für **spröde Werkstoffe** wird unter der Wirkung von Normalspannungen die dauernd ertragbare Spannungsamplitude $\sigma_{AD}$ im DFS nach Haigh durch eine Gerade durch die Punkte (0 | $\sigma_W$) und ($R_m$ | 0) angenähert (Bild 13.31b). Dieser auf ***J. Goodman*** zurückgehende Vorschlag bezeichnet man deshalb auch als **Goodman-Gerade**. Der geradlinige Verlauf trägt dem experimentellen Befund Rechnung, dass spröde Werkstoffe eine höhere Mittelspannungsempfindlichkeit besitzen gegenüber den duktilen Werkstoffen. Für spröde Werkstoffe kann unter der Wirkung von Normalspannungen die Grenzlinie des DFS nach Haigh demnach durch die folgende Gleichung beschrieben werden:

$$\sigma_{AD} = \sigma_W \cdot \left(1 - \frac{\sigma_m}{R_m}\right) \tag{13.61}$$

**Dauernd ertragbare Normalspannungsamplitude für spröde Werkstoffe**

**Wirkung von Schubspannungen:**
Wird einem statisch vorgespannten Torsionsstab eine Torsionsschwingung überlagert, dann hat die Richtung der statischen Vorspannung auf die dauernd ertragbare Amplitude keinen Einfluss. Dementsprechend ist das DFS nach Haigh für Schubbeanspruchung sowohl für duktile als auch für spröde Werkstoffe symmetrisch zur Ordinate ($\tau_{AD}$-Achse).

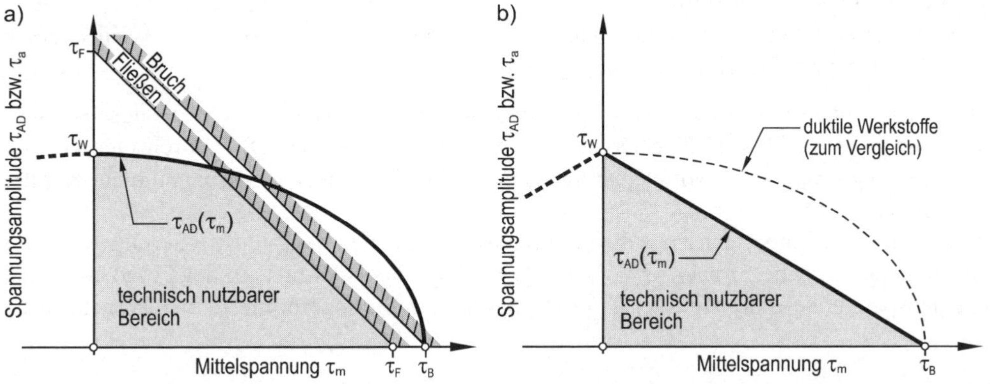


**Bild 13.32** Näherungskonstruktionen für das DFS nach Haigh für duktile und spröde Werkstoffe unter der Wirkung von Schubspannungen

Für **duktile Werkstoffe** kann unter der Wirkung von Schubspannungen die dauernd ertragbare Schubspannungsamplitude $\tau_{AD}$ im DFS nach Haigh durch eine Ellipse angenähert (Bild 13.32a) und dementsprechend durch die folgende Gleichung beschrieben werden:

$$\tau_{AD} = \tau_W \cdot \sqrt{1 - \left(\frac{\tau_m}{\tau_B}\right)^2}$$

**Dauernd ertragbare Schubspannungsamplitude für duktile Werkstoffe** (13.62)

$\tau_W$ = Schub- oder Torsionswechselfestigkeit (Kapitel 13.5.6)
$\tau_{AD}$ = dauernd ertragbare Schubspannungsamplitude
$\tau_m$ = Schubmittelspannung
$\tau_B$ = Torsionsfestigkeit bei Torsionsbeanspruchung (Kapitel 2.5.3) bzw. Abscherfestigkeit bei Abscherbeanspruchung (Kapitel 2.4.5)

Für **spröde Werkstoffe** wird unter der Wirkung von Schubspannungen die dauernd ertragbare Spannungsamplitude $\tau_{AD}$ in DFS nach Haigh ebenfalls durch eine Gerade durch die Punkte $(0 \mid \tau_W)$ und $(R_m \mid 0)$ angenähert (Bild 13.32b). Die Grenzkurve kann dementsprechend für spröde Werkstoffe unter der Wirkung von Schubspannungen wie folgt beschrieben werden:

$$\tau_{AD} = \tau_W \cdot \left(1 - \frac{|\tau_m|}{\tau_B}\right)$$

**Dauernd ertragbare Schubspannungsamplitude für spröde Werkstoffe** (13.63)

Das DFS nach Haigh lässt sich aus dem DFS nach Smith ableiten, falls man bei einer gegebenen Mittelspannung die dauernd ertragbare Amplitude nicht an der 45°-Linie sondern an der Abszisse aufträgt. Die Vorteile des DFS nach Haigh sind eine einfache analytische Formulierung der Grenzkurven und ein einfaches Eintragen von Betriebspunkten. Das DFS in der Darstellung nach Smith erlaubt hingegen eine anschauliche Zuordnung des Beanspruchungsniveaus der Schwingung zum Schaubild. Außerdem erscheinen die Grenzlinien für plastische Verformung in der Darstellung nach Smith anschaulich als Parallelen zur Abszisse.

### 13.7.1.3 Neue Vorschläge für das Dauerfestigkeitsschaubild für duktile Stähle

Das Dauerfestigkeitsschaubild in der Darstellung nach Haigh wurde für *duktile Stähle* zwischenzeitlich weiterentwickelt. Anstelle eines parabolischen oder elliptischen Verlaufes der Grenzkurven (Bild 13.31a und 13.32a) ist es heute in Übereinstimmung mit experimentellen Beobachtungen üblich, das Dauerfestigkeitsschaubild durch Geradenstücke anzunähern. Hierbei ist zu unterschieden zwischen der Wirkung von Normal- und Schubspannungen.

**Wirkung von Normalspannungen**

Für duktile Stähle unter der Wirkung von Normalspannungen ist in Bild 13.33 eine neuere Variante des DFS nach Haigh [2] wiedergegeben.

Im Bereich zwischen reiner Druckschwellbeanspruchung ($R$ = -∞) und reiner Zugschwellbeanspruchung ($R$ = 0), also im Zug-Druck-Wechselbereich, wird das DFS durch eine Gerade mit der Steigung $-M_\sigma$ ($M_\sigma$ = Mittelspannungsempfindlichkeit für Normalspannungen, Kapitel 13.7.1.2) angenähert.
Oberhalb von $R$ = 0 (niedriger Zugschwellbereich) treten zunehmend Plastifizierungen auf, da die Oberspannung $\sigma_o$ die Streck- bzw. Dehngrenze lokal überschreitet. In der Folge entstehen Druckeigenspannungen, die sich der Zugmittelspannung überlagern und dementsprechend zu

einer Verbesserung der Schwingfestigkeit führen. Daher verläuft das DFS oberhalb von $R = 0$ mit einer geringeren Steigung $M'_\sigma < M_\sigma$. Häufig wird $M'_\sigma = M_\sigma / 3$ vorgeschlagen (z. B. [2]).

Mit Überschreiten von $R = 0{,}5$ (hoher Zugschwellbereich) ist schließlich keine signifikante Abhängigkeit der dauernd ertragbaren Spannungsamplitude von der Mittelspannung mehr zu beobachten, so dass sich ein horizontaler Verlauf einstellt ($M_\sigma = 0$). Nach oben wird das DFS durch die Formdehngrenze (Fließbeginn) bzw. durch den Zähbruch begrenzt.

Im Druckschwellbereich ($1 < R \leq \infty$) wird die ertragbare Spannungsamplitude unabhängig von der Mittelspannung ($M_\sigma = 0$). Das DFS stellt sich dort also ebenfalls als Gerade mit horizontalem Verlauf dar.

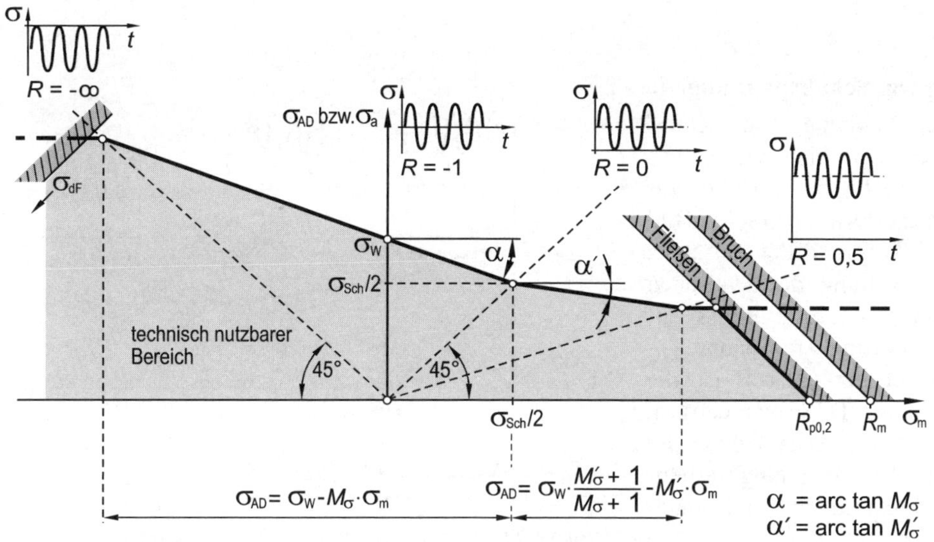


**Bild 13.33** Weiterentwickeltes Dauerfestigkeitsschaubild nach Haigh für duktile Stähle unter der Wirkung von Normalspannungen

Das weiterentwickelte DFS kann unter der Wirkung von Normalspannungen dementsprechend durch die nachfolgenden Gleichungen beschrieben werden.

Für $-\infty < R \leq 0$ bzw. $\dfrac{\sigma_W}{M_\sigma - 1} < \sigma_m \leq \dfrac{\sigma_W}{M_\sigma + 1}$:

$$\sigma_{AD} = \sigma_W - M_\sigma \cdot \sigma_m \qquad (13.64)$$

**Dauernd ertragbare Normalspannungsamplitude für duktile Stähle und $-\infty < R \leq 0$**

Für $0 < R \leq 0{,}5$ bzw. $\dfrac{\sigma_W}{M_\sigma + 1} < \sigma_m \leq \dfrac{3 \cdot \sigma_W}{3 \cdot M'_\sigma + 1} \cdot \dfrac{M'_\sigma + 1}{M_\sigma + 1}$:

$$\sigma_{AD} = \sigma_W \cdot \frac{M'_\sigma + 1}{M_\sigma + 1} - M'_\sigma \cdot \sigma_m \qquad (13.65)$$

**Dauernd ertragbare Normalspannungsamplitude für duktile Stähle und $0 < R \leq 0{,}5$**

Für $0{,}5 < R < 1$ bzw. $\frac{3 \cdot \sigma_W}{3 \cdot M'_\sigma + 1} \cdot \frac{M'_\sigma + 1}{M_\sigma + 1} < \sigma_m < \infty$ :

$$\sigma_{AD} = \frac{\sigma_W}{3 \cdot M'_\sigma + 1} \cdot \frac{M'_\sigma + 1}{M_\sigma + 1}$$ **Dauernd ertragbare Normalspannungsamplitude für duktile Stähle und 0,5 <*R* < 1** (13.66)

Für $1 < R < \infty$ bzw. $-\infty < \sigma_m < \frac{\sigma_W}{M_\sigma - 1}$ :

$$\sigma_{AD} = \frac{\sigma_W}{1 - M_\sigma}$$ **Dauernd ertragbare Normalspannungsamplitude für duktile Stähle und 1 < *R* < ∞** (13.67)

**Wirkung von Schubspannungen:**

Unter der Wirkung von Schubspannungen stellt sich das weiterentwickelte DFS nach Haigh für duktile Werkstoffe analog zu Bild 13.33 dar. Aufgrund der Tatsache, dass die Richtung der statischen Vorspannung keinen Einfluss auf die dauernd ertragbare Spannungsamplitude besitzt (s. o.), ist die Grenzlinie des DFS symmetrisch zur Ordinate ($\tau_A$-Achse) bzw. der Bereich für ein Spannungsverhältnis $R < -1$ entfällt in der Darstellung (Bild 13.34).

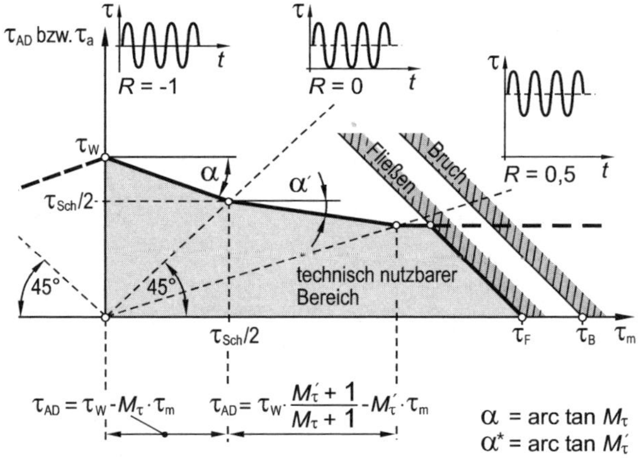


**Bild 13.34** Weiterentwickeltes Dauerfestigkeitsschaubild nach Haigh für duktile Stähle unter der Wirkung von Schubspannungen

Die Gleichungen 13.64 (für $-1 \le R < 0$), 13.65 und 13.66 können sinngemäß auch unter der Wirkung von Schubspannungen angewandt werden, falls $\sigma_{AD}$ durch $\tau_{AD}$, $\sigma_m$ durch $\tau_m$ und $M_\sigma$ bzw. $M_{\sigma'}$ durch $M_\tau$ bzw. $M_{\tau'}$ ersetzt werden.

### 13.7.1.4 Berücksichtigung der Mittelspannung im Festigkeitsnachweis

Liegt eine mittelspannungsbehaftete Schwingbeanspruchung vor, dann kann Gleichung 13.38 sinngemäß angewandt werden, falls die Wechselfestigkeit $\sigma_W$ durch die dauernd ertragbare Spannungsamplitude $\sigma_{AD}$ ersetzt wird.

$$\sigma_a \le \sigma_{a\,zul} = \frac{\sigma_{AD}}{S_D}$$ **Festigkeitsbedingung unter Schwingbeanspruchung ungekerbter Bauteile mit polierter Oberfläche unter der Wirkung einer von Null verschiedenen Mittelspannung** (13.68)

$\sigma_a$ = (Last-)Spannungsamplitude

$\sigma_{a\,zul}$ = zulässige Spannungsamplitude

$\sigma_{AD}$ = dauernd ertragbare (Normal-)Spannungsamplitude entsprechend Kapitel 13.7.1.1 bis 13.7.1.3

$S_D$ = Sicherheitsbeiwert gegen Schwingbruch ($S_D \ge 2{,}5$)

## 13.7.2 Einfluss der Oberflächenrauigkeit

Während bei statischer Beanspruchung eine geringe Abhängigkeit der Werkstoffkennwerte ($R_m$, $R_{p0,2}$ bzw. $R_e$) von der Oberflächenrauigkeit zu beobachten ist, ist der Zustand der Oberfläche (Oberflächenrauigkeit) auf die Kennwerte der Schwingfestigkeit (z. B. $\sigma_W$) von erheblicher Bedeutung. Hierfür gibt es mehrere Ursachen:

1. Die maximale Spannung tritt in der Regel an der Oberfläche auf (z. B. bei Biegung und Torsion).
2. Das Oberflächenprofil begünstigt infolge Mikrokerbwirkung eine oberflächliche Mikrorissbildung.
3. Die Oberflächen sind häufig risserzeugenden Einflüssen wie z. B. Korrosion ausgesetzt.

Der Einfluss der Oberfläche wird rechnerisch durch einen Korrekturfaktor, den **Oberflächenfaktor $C_O$** (bisweilen auch als **Rauheitsfaktor** bezeichnet) berücksichtigt. Mit diesem Faktor wird allerdings nur der zeitlich veränderliche Anteil einer Schwingbeanspruchung, die Amplitude also, korrigiert. Für eine polierte Oberfläche ($Rz \leq 1\,\mu m$) als Referenzzustand gilt: $C_O = 1$.

Zur Quantifizierung des Oberflächenfaktors muss zwischen Normal- und Schubspannungen unterschieden werden.

### 13.7.2.1 Oberflächenfaktor unter der Wirkung von Normalspannungen

Unter der Wirkung von Normalspannungen kann der Betrag des Oberflächenfaktors $C_{O\sigma}$ in Abhängigkeit der Zugfestigkeit des Werkstoffs sowie des Oberflächenzustandes (Rz-Wert) für Walzstähle, Eisengusswerkstoffe und Grauguss aus Bild 13.35 entnommen werden.

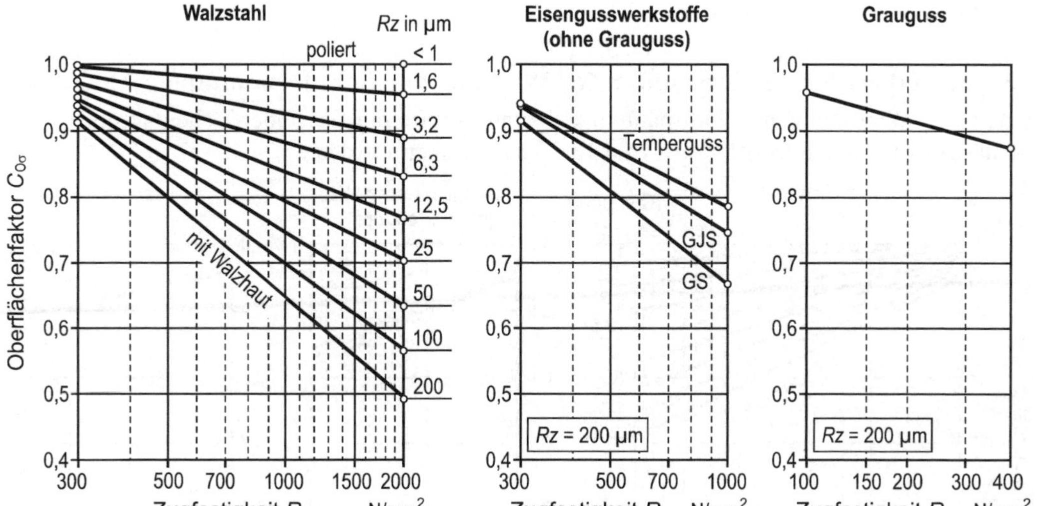


**Bild 13.35** Oberflächenfaktor $C_{O\sigma}$ unter der Wirkung von Normalspannungen für Walzstahl, Temperguss, graues Gusseisen mit Kugelgraphit (GJS), Stahlguss (GS) und Grauguss [2]

Alternativ kann der Oberflächenfaktor $C_{O\sigma}$ für Stähle und Eisengusswerkstoffe auch mit Hilfe der nachfolgenden der Korrelationsgleichung nach *Hück* [20] abgeschätzt werden:

$$C_{O\sigma} = 1 - 0{,}22 \cdot (\lg Rz)^{0{,}64} \cdot \lg R_m + 0{,}45 \cdot (\lg Rz)^{0{,}53}$$ **Rauheitsfaktor nach *Hück*** (13.69)

$C_{O\sigma}$ = Oberflächenfaktor unter der Wirkung von Normalspannungen
$Rz$ = Rz-Wert (µm)
$R_m$ = Zugfestigkeit (N/mm²)

Für Aluminium*knet*legierungen ergibt sich der Oberflächenfaktor $C_{O\sigma}$ unter Wirkung von Normalspannungen näherungsweise nach FKM-Richtline [2]:

$$C_{O\sigma} = 1 - 0{,}22 \cdot \lg Rz \cdot \lg\left(\frac{2 \cdot R_m}{133}\right)$$ **Rauheitsfaktor für Aluminium*knet*legierungen unter der Wirkung von Normalspannungen** (13.70)

Für Aluminium*guss*legierungen folgt entsprechend [2]:

$$C_{O\sigma} = 1 - 0{,}20 \cdot \lg Rz \cdot \lg\left(\frac{2 \cdot R_m}{133}\right)$$ **Rauheitsfaktor für Aluminium*guss*legierungen unter der Wirkung von Normalspannungen** (13.71)

Bild 13.35 bzw. Gleichung 13.69 bis 13.71 lassen erkennen, dass mit zunehmender Festigkeit des Werkstoffs der Einfluss der Oberflächenbeschaffenheit auf die Schwingfestigkeit zunimmt ($C_O$ sinkt mit zunehmendem $R_m$). Ursache ist eine mit steigender Festigkeit in der Regel abnehmende plastische Verformungsfähigkeit des Werkstoffs. Ein vermindertes Verformungsvermögen führt aber zu einer höheren Kerbempfindlichkeit. Die Schwingfestigkeit hochfester Werkstoffe wird damit durch Kerben und auch durch die Oberflächenrauhigkeit („Mikrokerben") besonders stark vermindert.

### 13.7.2.2 Oberflächenfaktor unter der Wirkung von Schubspannungen

Unter der Wirkung von Schubspannungen kann der Betrag des Oberflächenfaktors $C_{O\tau}$ in Abhängigkeit der Werkstoffart aus Bild 13.36 entnommen werden.

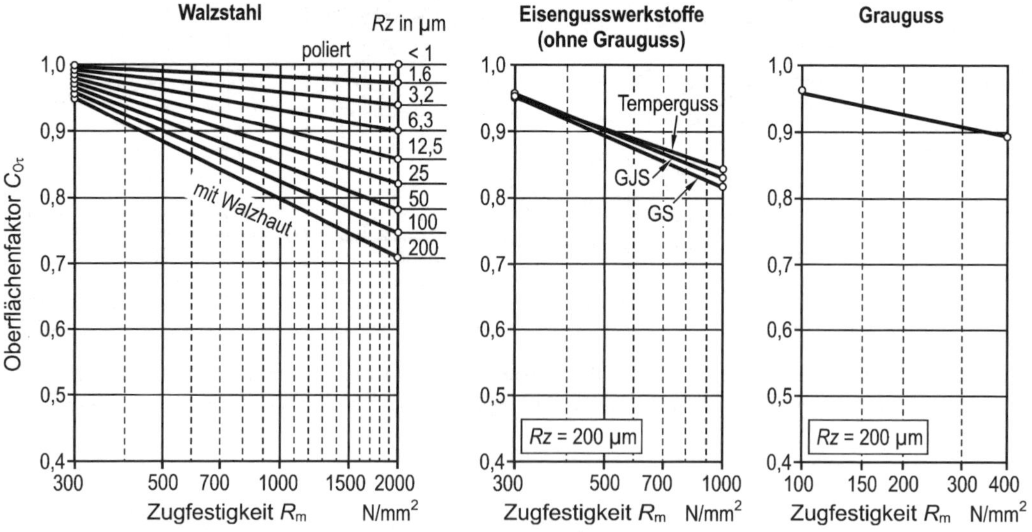


**Bild 13.36** Oberflächenfaktor $C_{O\tau}$ unter der Wirkung von Schubspannungen für Walzstahl, Temperguss, graues Gusseisen mit Kugelgraphit (GJS), Stahlguss (GS) und Grauguss [2]

Für Aluminium*knet*legierungen kann der Oberflächenfaktor $C_{O\tau}$ unter Wirkung von Schubspannungen aus der nachfolgenden Korrelationsgleichung nach FKM-Richtline [2] abgeschätzt werden:

$$C_{O\tau} = 1 - 0{,}127 \cdot \lg Rz \cdot \lg\left(\frac{2 \cdot R_m}{133}\right)$$ **Rauheitsfaktor für Aluminium*knet*legierungen unter der Wirkung von Schubspannungen** (13.72)

$C_{O\tau}$ = Oberflächenfaktor unter der Wirkung von Schubspannungen
$Rz$ = Rz-Wert (µm)
$R_m$ = Zugfestigkeit (N/mm²)

Für Aluminium*guss*legierungen folgt [2]:

$$C_{O\tau} = 1 - 0{,}150 \cdot \lg Rz \cdot \lg\left(\frac{2 \cdot R_m}{133}\right)$$ **Rauheitsfaktor für Aluminium*knet*legierungen unter der Wirkung von Schubspannungen** (13.73)

### 13.7.2.3 Berücksichtigung des Oberflächeneinflusses im Festigkeitsnachweis

Eine raue Oberfläche ($Rz > 1$ µm) führt zu einer Verminderung der dauernd ertragbaren Spannungsamplitude, also zu einer Verminderung der Beanspruchbarkeit (Bild 13.37).

Im Rahmen eines Festigkeitsnachweises wird dementsprechend (unter der Wirkung von Normalspannungen) die Wechselfestigkeit $\sigma_W$ mit dem Größenfaktor $C_{O\sigma}$ multipliziert und erhält auf diese Weise die **korrigierte Wechselfestigkeit $\sigma^*_W$** (Zug-Druck- oder Biegewechselfestigkeit):

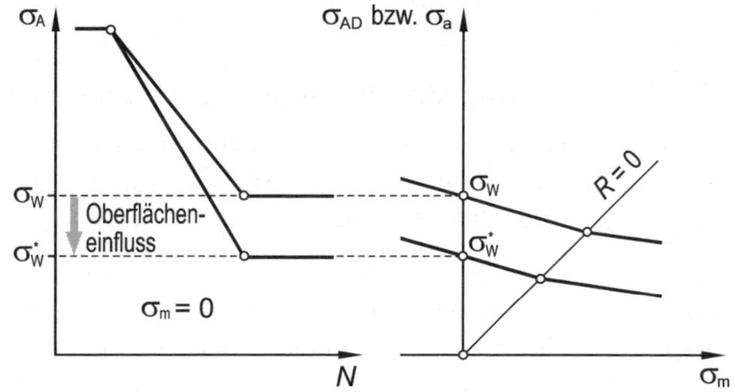


$\sigma_W$ Wechselfestigkeit
$\sigma^*_W$ korrigierte Wechselfestigkeit (hier: Zug-Druck- bzw. Biegewechselfestigkeit)
$C_O$ Oberflächenfaktor (Kapitel 13.7.2.1)

**Bild 13.37** Ermittlung der korrigierten Wechselfestigkeit

$$\sigma^*_W = C_{O\sigma} \cdot \sigma_W$$ **Korrigierte Zug-Druck- bzw. Biegewechselfestigkeit** (13.74)

In analoger Weise erhält man bei Schubbeanspruchung (z. B. Torsion) die korrigierte Schubwechselfestigkeit $\tau^*_W$ zu:

$$\tau^*_W = C_{O\tau} \cdot \tau_W$$ **Korrigierte Schubwechselfestigkeit** (13.75)

Die korrigierte Wechselfestigkeit $\sigma^*_W$ bzw. $\tau^*_W$ wird in den entsprechenden Gleichung (z. B. Gleichung 13.42 oder Gleichungen 13.60 bis 13.67 anstelle der Wechselfestigkeit $\sigma_W$ bzw. $\tau_W$ eingesetzt.

### 13.7.3 Einfluss der Proben- bzw. Bauteilgröße - Größeneinfluss

Ergebnisse aus Schwingfestigkeitsversuchen, die an geometrisch ähnlichen, jedoch unterschiedlich großen Proben bzw. Bauteilen ermittelt werden, stimmen in der Regel nicht überein.

Überträgt man die an kleinen Proben bzw. Bauteilen ermittelten Ergebnisse auf große Proben bzw. Bauteile, so führt dies häufig zu einer Überschätzung des tatsächlichen Werkstoffverhaltens d. h. mit zunehmender Bauteilgröße verschlechtert sich die Schwingfestigkeit (Bild 13.38). Hierfür gibt es im Wesentlichen drei Ursachen:

- spannungsmechanischer (geometrischer) Größeneinfluss
- statistischer Größeneinfluss
- technologischer Größeneinfluss.

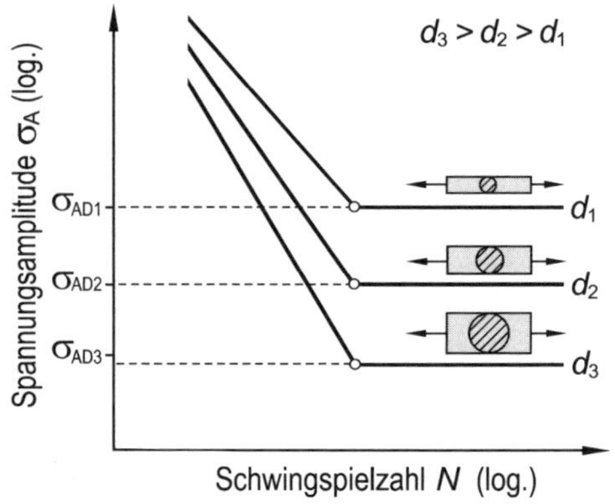


**Bild 13.38** Einfluss der Probengröße auf die Schwingfestigkeit am Beispiel des Probendurchmessers

#### 13.7.3.1 Spannungsmechanischer (geometrischer) Größeneinfluss

Für ungekerbte Bauteile, die einer äußeren Beanspruchung unterliegen, die zu einer inhomogenen Spannungsverteilung führt (z. B. Biegung oder Torsion), nimmt bei gleicher Randspannung $\sigma_{max}$ der Spannungsgradient $\chi = d\sigma / dx$ mit abnehmender Probengröße zu (Bild 13.39a).

Entscheidend für eine Rissinitiierung ist hierbei die Ausdehnung $s$ derjenigen Werkstoffschicht, die mit der Maximalspannung von beispielsweise 0,9 ... 1,0 · $\sigma_{max}$ beaufschlagt ist. Diese „hoch beanspruchte Schicht" (bzw. das hoch beanspruchte Volumen) besitzt bei der großen Probe aufgrund ihres flacheren Spannungsgradienten eine größere Ausdehnung ($s_1 > s_2$), Bild 13.39a (gleiche Randspannung vorausgesetzt). Mit zunehmender Größe des hoch beanspruchten Volumens steigt die Wahrscheinlichkeit für das Vorhandensein einer rissauslösenden Fehlstelle (Kapitel 13.7.3.2). Anders formuliert, ist bei einer milden Kerbe mehr Werkstoffvolumen einer hohen Spannung ausgesetzt. Die Schwingfestigkeit verschlechtert sich dementsprechend. Daher verhalten sich kleine Proben (steiler Spannungsgradient bzw. kleines hoch beanspruchtes Volumen) unter Schwingbeanspruchung günstiger.

Vergleichbare Verhältnisse liegen auch bei gekerbten Proben vor. Auch hier nimmt, gleiche Randspannung vorausgesetzt, mit abnehmender Probengröße der Spannungsgradient zu und damit das hoch beanspruchte Volumen ab (Bild 13.39b).

Der spannungsmechanische Größeneinfluss ist teilweise bereits mit dem Werkstoffkennwert berücksichtigt. So besitzt zum Beispiel bei ungekerbten Proben bzw. Bauteilen die Biegewechselfestigkeit ($\sigma_{bW}$) im Vergleich zur Zug-Druck-Wechselfestigkeit ($\sigma_{zdW}$) einen um etwa 10% bis 30% höheren Wert (Tabelle 13.2). Bei gekerbten Proben wird hingegen die Probengröße bei der Ermittlung der Kerbwirkungszahl $\beta_k$ berücksichtigt (siehe Kapitel 13.7.8.2).

Der spannungsmechanische Größeneinfluss ist bei kleinen Proben (bis etwa 50 mm) besonders ausgeprägt, während bei größeren Proben aufgrund der nur noch geringfügigen Veränderung des Spannungsgradienten ein signifikanter Größeneinfluss kaum mehr zu beobachten ist.

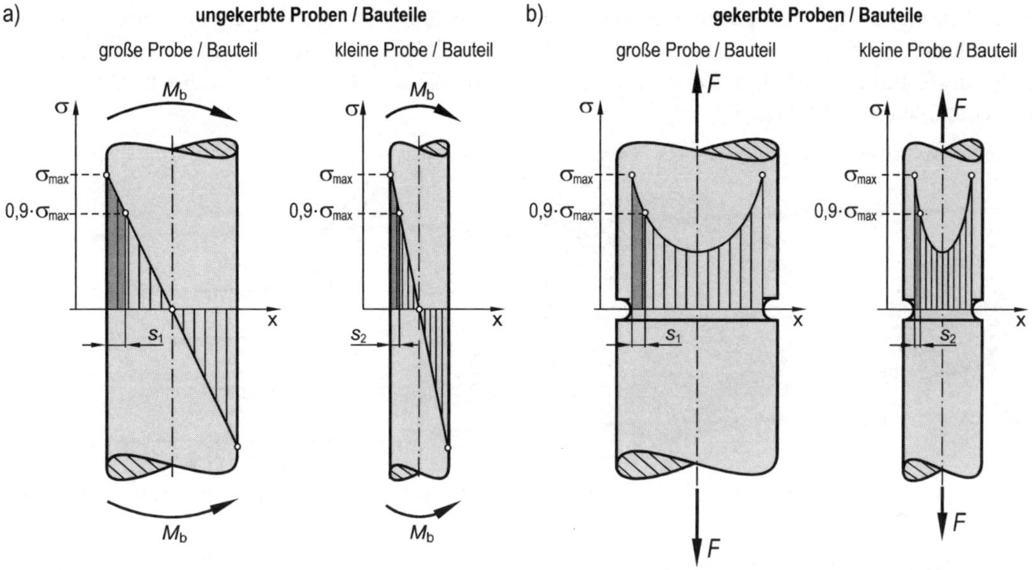


**Bild 13.39** Veranschaulichung des spannungsmechanischen Größeneinflusses auf die Schwingfestigkeit

## 13.7.3.2 Statistischer Größeneinfluss

Mit zunehmender Proben- bzw. Bauteilgröße nimmt auch die Oberfläche bzw. das Volumen zu. Damit steigt die Wahrscheinlichkeit für das Vorhandensein einer Schwingbruch auslösenden Fehlstelle im oberflächennahen, hoch beanspruchten Werkstoffvolumen (Bild 13.40).

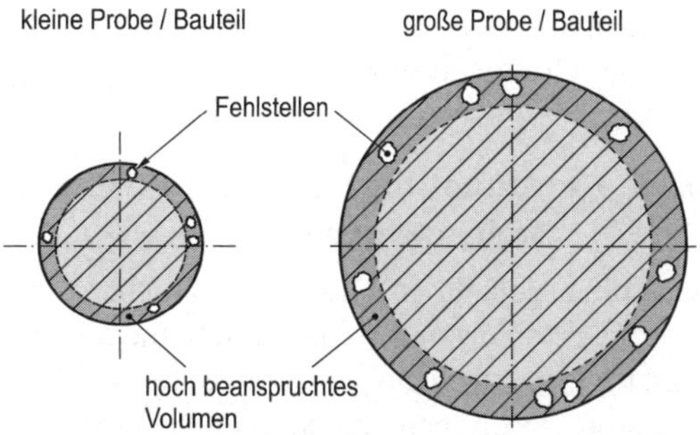


**Bild 13.40** Veranschaulichung des statistischen Größeneinflusses

Mit Ausnahme axial beanspruchter ungekerbter Proben (kein Spannungsgefälle) wird der statistische Größeneinfluss vom geometrischen Größeneinfluss zahlenmäßig nicht getrennt berücksichtigt, da eine Vergrößerung der Probenabmessungen das Spannungsgefälle vermindert und damit zu einer Vergrößerung des hoch beanspruchten Werkstoffvolumens führt.

## 13.7.3.3 Technologischer Größeneinfluss

Die Herstellungstechnologie großer bzw. dickwandiger Bauteile, beispielsweise durch Gießen, Umformen oder Wärmebehandeln, unterscheidet sich in der Regel von der Herstellung kleiner bzw. dünnwandiger Bauteile. Aufgrund von größenabhängigen Effekten wie zum Beispiel der Abkühlgeschwindigkeit (und der davon abhängigen Gefügeausbildung) oder des Umformgrades, liegt in Abhängigkeit der Bauteilgröße ein unterschiedlicher Werkstoff- und Eigenspannungszustand und somit ein verändertes Schwingfestigkeitsverhalten vor. So erhält man beispielsweise beim Vergüten dünnwandiger Proben bzw. Bauteile ein Vergütungsgefüge über die gesamte Querschnittsfläche, während sich bei dickwandigen Proben bzw. Bauteilen zum

Kern hin ein Gefüge mit geringerer Festigkeit (Perlit, Ferrit) ausbildet. Dementsprechend zeigen kleine Proben bzw. Bauteile eine höhere Festigkeit und somit auch ein günstigeres Schwingfestigkeitsverhalten im Vergleich zu Proben aus der Rand- oder Kernzone dickwandiger Bauteile (Bild 13.41).

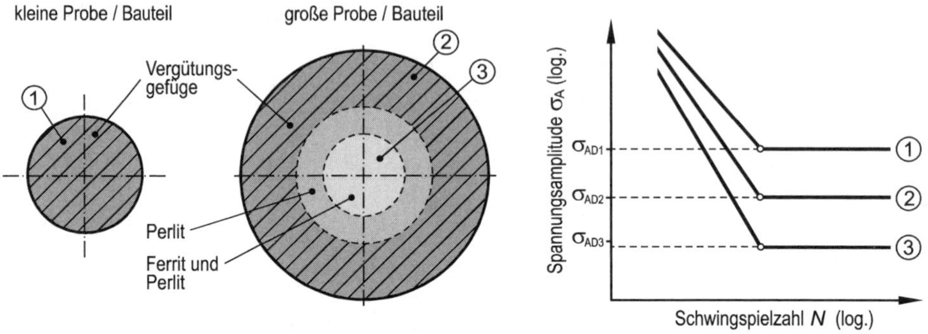


**Bild 13.41** Veranschaulichung des technologischen Größeneinflusses am Beispiel eines vergüteten Bauteils

Da der technologische Größeneinfluss den geometrischen und den statistischen Größeneinfluss teilweise deutlich überwiegt, ist es empfehlenswert, diese Einflussgröße besonders sorgfältig zu ermitteln.

Da Schwingrisse in der Regel von der Bauteiloberfläche ausgehen, sollten die Kennwerte der Schwingfestigkeit an Proben ermittelt werden, die hinsichtlich Festigkeit und Werkstoffzustand dem oberflächennahen Bauteilbereich entsprechen. In diesem Fall muss ein technologischer Größeneinfluss auf die Schwingfestigkeit nicht mehr berücksichtigt werden.

### 13.7.3.4 Quantifizierung des Größeneinflusses und Berücksichtigung im Festigkeitsnachweis

Die oben genannten Grundmechanismen lassen sich nicht eindeutig voneinander trennen. So besitzt beispielsweise ein großes, biegebeanspruchtes Bauteil gegenüber einer kleinen Probe einen geringen Spannungsgradienten, aufgrund der großen Oberfläche ein großes hoch beanspruchtes Volumen sowie unterschiedliche herstellungs- und verarbeitungsbedingte Werkstoffeigenschaften. Nicht zuletzt aufgrund der teilweisen Abhängigkeit der Grundmechanismen voneinander, ist es in der Praxis daher häufig schwierig und aufwändig, den Einfluss der Bauteilgröße auf die Schwingfestigkeit quantitativ zu erfassen.

Falls zur Ermittlung des Schwingfestigkeitsverhaltens keine hinsichtlich Probengröße und Herstellungsverfahren bauteilähnliche Proben verwendet werden, so kann der Größeneinfluss bei gekerbten Bauteilen über die Kerbwirkungszahl $\beta_k$ (Kapitel 13.7.8.1) erfasst werden. Eine andere Möglichkeit besteht darin, in Analogie zum Oberflächeneinfluss, den Größeneinfluss pauschal durch Einführung eines **Größenfaktors $C_G$** zu berücksichtigen. In der Literatur finden sich zahlreiche Ansätze den Größenfaktor $C_G$ zu quantifizieren. Hierauf kann im Rahmen dieses einführenden Lehrbuches allerdings nicht näher eingegangen werden. Ein Überblick findet sich beispielsweise in [22].

Sofern das höchst beanspruchte Volumen der Probe ($V_{90\%\ \text{Probe}}$) sowie des Bauteils ($V_{90\%\ \text{Bauteil}}$) ermittelt werden können, dann ist beispielsweise mit Hilfe von Bild 13.42 eine grobe Abschätzung des Größenfaktors $C_G$ möglich.

Analog zum Oberflächeneinfluss (Kapitel 13.7.2.3) führt auch der Größeneinfluss zu einer Verminderung der dauernd ertragbaren Amplitude. Dementsprechend erhält man die korrigierte Wechselfestigkeit $\sigma^*_W$ bzw. $\tau^*_W$ durch Multiplikation der Wechselfestigkeit $\sigma_W$ bzw. $\tau_W$ mit dem Größenfaktor $C_G$:

$$\sigma^*_W = C_G \cdot \sigma_W \tag{13.76}$$

In analoger Weise erhält man bei Schubbeanspruchung (z. B. Torsion) die korrigierte Schubwechselfestigkeit $\tau^*_W$ zu:

$$\tau^*_W = C_G \cdot \tau_W \tag{13.77}$$

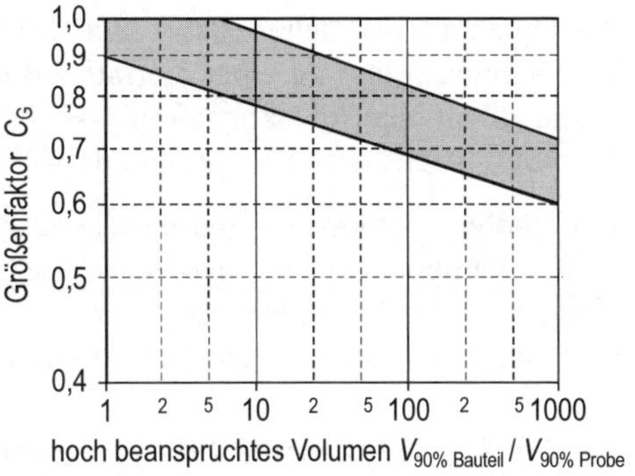


**Bild 13.42** Diagramm zur Abschätzung des Größenfaktors $C_G$ nach [22]

Die korrigierte Wechselfestigkeit $\sigma^*_W$ bzw. $\tau^*_W$ wird in den entsprechenden Gleichungen (z. B. Gleichung 13.42 und Gleichungen 13.60 bis 13.67) anstelle der Wechselfestigkeit $\sigma_W$ bzw. $\tau_W$ eingesetzt. Bei gleichzeitigem Oberflächen- und Größeneinfluss wird die Wechselfestigkeit $\sigma^*_W$ bzw. $\tau^*_W$ sinngemäß mit dem Oberflächenfaktor $C_O$ *und* dem Größenfaktor $C_G$ multipliziert. Abschließend ist noch zu erwähnen, dass eine Reihe von Autoren wie zum Beispiel [13] einen Größeneinfluss nicht berücksichtigt.

## 13.7.4 Einfluss der Temperatur

Eine steigende Temperatur führt in der Regel zu einer Verminderung der Beanspruchbarkeit. Dementsprechend vermindert sich mit steigender Temperatur auch die Wechselfestigkeit $\sigma_W$ bzw. $\tau_W$. Der Einfluss der Temperatur auf die Wechselfestigkeit des Werkstoffs wird durch einen **Temperaturfaktor $C_T$** berücksichtigt. Übliche Werte in Abhängigkeit der Werkstoffart sind in Tabelle 13.3 zusammengestellt [2].

**Tabelle 13.3** Temperaturfaktor in Abhängigkeit der Werkstoffart nach [2]

| Werkstoffart | Temperatur °C [1] | Temperaturfaktor $C_T$ [2] |
|---|---|---|
| Stähle außer Feinkornbaustähle und nichtrostende Stähle [3] | 100 ... 500 | $C_T = 1 - 1{,}4 \cdot 10^{-3} \cdot (\vartheta - 100°C)$ |
| Feinkornbaustähle | 60 ... 500 | $C_T = 1 - 10^{-3} \cdot \vartheta$ |
| Stahlguss | 100 ... 500 | $C_T = 1 - 1{,}2 \cdot 10^{-3} \cdot (\vartheta - 100°C)$ |
| Graues Gusseisen mit Lamellengraphit | 100 ... 500 | $C_T = 1 - (10^{-3} \cdot \vartheta)^2$ |
| Graues Gusseisen mit Kugelgraphit | 100 ... 500 | $C_T = 1 - 1{,}6 \cdot (10^{-3} \cdot \vartheta)^2$ |
| Temperguss | 100 ... 500 | $C_T = 1 - 1{,}3 \cdot (10^{-3} \cdot \vartheta)^2$ |
| Aluminiumwerkstoffe | 50 ... 200 | $C_T = 1 - 1{,}2 \cdot 10^{-3} \cdot (\vartheta - 50°C)$ |

[1] Bereich der Gültigkeit des Temperaturfaktors $C_T$
[2] $\vartheta$ = Betriebstemperatur in °C
[3] Für nichtrostende Stähle sind keine Temperaturfaktoren bekannt

Analog zum Oberflächen- bzw. zum Größeneinfluss (Kapitel 13.7.2 und 13.7.3) führt auch der Temperatureinfluss zu einer Verminderung der dauernd ertragbaren Amplitude. Dementsprechend erhält man die korrigierte Wechselfestigkeit $\sigma^*_W$ bzw. $\tau^*_W$ durch Multiplikation der Wechselfestigkeit $\sigma_W$ bzw. $\tau_W$ mit dem Temperaturfaktor $C_T$.

Bei erhöhter Temperatur und insbesondere einer Zugmittelspannung ($\sigma_m > 0$) ist außerdem zu berücksichtigen, dass die maximale Spannung (Oberspannung) die statischen Werkstoffkennwerte d. h. die Warmdehngrenze bzw. die Warmzugfestigkeit oder sogar die Zeitdehngrenze bzw. die Zeitstandfestigkeit überschreiten und damit Bauteilversagen auslösen kann.

### 13.7.5 Einfluss einer Oberflächenverfestigung (Randschichteinfluss)

Der Zustand der Bauteiloberfläche (bis in eine Tiefe, die der technischen Anrissphase entspricht, also etwa 0,5 mm ... 1 mm) hat einen erheblichen Einfluss auf die Schwingfestigkeit, da Ermüdungsrisse meist von der Oberfläche bzw. der oberflächennahen Schicht ausgehen. Mit einer Verbesserung der Schwingfestigkeit ist dann zu rechnen, falls durch das angewandte Verfahren in der Oberflächenschicht die Werkstofffestigkeit örtlich verbessert und Druckeigenspannungen eingebracht werden. Hierzu zählen insbesondere die folgenden Verfahren:

- Nitrieren und Nitrocarburieren
- Einsatzhärten und Carbonitrieren
- Flamm- und Induktionshärten
- Festwalzen und Kugelstrahlen

Der Einfluss einer Oberflächenverfestigung (Randschichteinfluss) wird durch den **Randschichtfaktor $C_V$** erfasst. Übliche Werte des Randschichtfaktors nach DIN 743-2 sind in Abhängigkeit des angewandten Verfahrens für ungekerbte und gekerbte Proben in den Tabellen 13.4 und 13.5 zusammengestellt. Vergleichbare Zahlenwerte finden sich auch in [2].

Die erzielbare Steigerung der Beanspruchbarkeit durch die genannten Verfahren der Oberflächenverfestigung ist umso ausgeprägter, je steiler der Spannungsgradient senkrecht zur Oberfläche ist. Die genannten Verfahren der Oberflächenverfestigung sind demnach, wie die Zahlenwerte in den Tabellen 13.4 und 13.5 zeigen, bei gekerbten Proben oder Bauteilen deutlich wirkungsvoller. Die Ursachen sind, wie bereits erwähnt, einerseits in einer signifikanten Anhebung der lokalen Werkstofffestigkeit und andererseits in der Einbringung hoher Druckeigenspannungen im Kerbgrund zu sehen. Auch bei dünnen, auf Biegung oder Torsion beanspruchten Bauteilen ist aus den genannten Gründen eine signifikante Steigerung der Beanspruchbarkeit festzustellen.

In der Praxis können jedoch auch Oberflächenzustände auftreten, die zu einer Verschlechterung der Schwingfestigkeit führen. Dies ist insbesondere immer dann der Fall, falls Zugeigenspannungen eingebracht werden. Hierzu zählen die folgenden Verfahren:

- Umformen
- Gießen
- spanende Bearbeitung wie Drehen oder Fräsen (sofern Zugeigenspannungen entstehen)

Die Berücksichtigung eines Randschichteinflusses im Rahmen eines Festigkeitsnachweise erfolgt in analoger Weise zum Oberflächen-, Größen- oder Temperatureinfluss durch Multiplikation der Wechselfestigkeit $\sigma_W$ bzw. $\tau_W$ mit dem Randschichtfaktor $C_V$.

Abschließend bleibt noch anzumerken, dass die Verfahren der Oberflächenverfestigung im Bereich der Dauerfestigkeit besonders effektiv sind. Im Bereich der Zeit-, Kurzzeit- oder Betriebsfestigkeit liegen hingegen deutlich höhere Beanspruchungen vor, die zu einem teilweisen Abbau der durch diese Verfahren eingebrachten Druckeigenspannungen führen.

**Tabelle 13.4** Kennzahlen zum Einfluss einer Oberflächenhärtung für Stähle nach DIN 743-2

| Verfahren | Randschichtfaktor $C_V$ [1)] | | Bemerkungen |
|---|---|---|---|
| | ungekerbt | gekerbt | |
| **Nitrieren**<br>Nitrierhärtetiefe: 0,1 ... 0,4 mm<br>Oberflächenhärte: 700 ... 1000 HV10 | 1,10 ... 1,15<br>(1,15 ... 1,25) | 1,20 ... 2,00<br>(1,50 ... 2,50) | • Aufbau hoher Druckeigenspannungen.<br>• Steigerung der Dauerfestigkeit mit zunehmender Nitrierhärtetiefe erzielbar. |
| **Einsatzhärten**<br>Einsatzhärtetiefe: 0,2 ... 0,8 mm<br>Oberflächenhärte: 670 ... 750 HV10 | 1,10 ... 1,50<br>(1,20 ... 2,10) | 1,20 ... 2,00<br>(1,50 ... 2,50) | • Aufbau hoher Druckeigenspannungen.<br>• Steigerung der Dauerfestigkeit mit zunehmender Einsatzhärtungstiefe erzielbar. |
| **Carbonitrieren**<br>Einsatzhärtetiefe: 0,2 ... 0,4 mm<br>Oberflächenhärte: 670 HV10 | 1,00 ... 1,40<br>(1,10 ... 1,90) | 1,10 ... 1,80<br>(1,40 ... 2,25) | |
| **Flamm- und Induktionshärten**<br>Einhärtungstiefe: 0,9 ... 1,5 mm<br>Oberflächenhärte: 51 ... 64 HRC | 1,10 ... 1,40<br>(1,20 ... 1,60) | 1,20 ... 1,80<br>(1,40 ... 2,00) | • Aufbau hoher Druckeigenspannungen durch Austenit-Martensit-Umwandlung (effektive Volumenvergrößerung 1% … 2%)<br>• Achtung: Anrissbildung möglich! |

1) Richtwerte, gültig für die Bauteil-Dauerfestigkeit
Werte ohne Klammern: Probendurchmesser 25 mm ... 40 mm
Werte in Klammern: Probendurchmesser 8 mm ... 25 mm für Nitrieren, Einsatzhärten und Carbonitrieren
Probendurchmesser 7 mm ... 25 mm für Flamm- und Induktionshärten

**Tabelle 13.5** Kennzahlen zum Einfluss einer mechanischen Verfestigung der Bauteiloberfläche für Stähle nach DIN 743-2

| Verfahren | Randschichtfaktor $C_V$ [1)] | | Bemerkungen |
|---|---|---|---|
| | ungekerbt | gekerbt | |
| **Festwalzen (Rollen)** | 1,10 ... 1,25<br>(1,20 ... 1,40) | 1,30 ... 1,80<br>(1,50 ... 2,20) | Wirkungsweise:<br>• Aufbau hoher Druckeigenspannungen.<br>• Glättung der Oberfläche (Rauigkeit).<br>• Zusammendrücken von Poren.<br>• Achtung: Anrissbildung möglich ! |
| **Kugelstrahlen** | 1,10 ... 1,20<br>(1,10 ... 1,30) | 1,10 ... 1,50<br>(1,40 ... 2,50) | • Stahl-, Keramik-, Glaskugeln (0,2 ... 4 mm).<br>• Druckeigenspannungsschicht: 0,02 ... 0,2 mm.<br>• Druckeigenspannungen können bis zur Hälfte der Werkstofffließgrenze erreichen.<br>• Höherfeste Werkstoffe besser geeignet, da Druckeigenspannungszustand dort besser aufgebaut und erhalten wird. |

1) Richtwerte, gültig für die Bauteil-Dauerfestigkeit
Werte ohne Klammern: Probendurchmesser 25 mm ... 40 mm
Werte in Klammern: Probendurchmesser 7 mm ... 25 mm

### 13.7.6 Einfluss von Eigenspannungen

Eigenspannungen sind Spannungen im Innern eines Bauteils, ohne das Vorhandensein einer äußeren Beanspruchung. Eigenspannungen befinden sich stets im inneren Gleichgewicht und sind daher inhomogen verteilt. Eigenspannungen überlagern sich den Lastspannungen. Hinsichtlich der räumlichen Ausdehnung unterscheidet man **Eigenspannungen erster Art** (Ausdehnung über makroskopische Bereiche), **Eigenspannungen zweiter Art** (Ausdehnung über einige Kristallite) und **Eigenspannungen dritter Art** (wirken innerhalb eines Kristalliten). Im Hinblick auf die Schwingfestigkeit sind insbesondere Eigenspannungen erster Art von Bedeutung.

Anstelle einer pauschalen Berücksichtigung von Eigenspannungen mit Hilfe entsprechender Kennzahlen, kann bei bekannter oder abschätzbarer Größe der Eigenspannungen ($\sigma_{Ei}$), ihr Einfluss auch mit Hilfe des Dauerfestigkeitsschaubildes quantifiziert werden. Entscheidend ist hierbei der Betrag der Eigenspannungen im Bereich der Oberfläche, da Ermüdungsrisse in der Regel von der Proben- oder Bauteiloberfläche ausgehen.

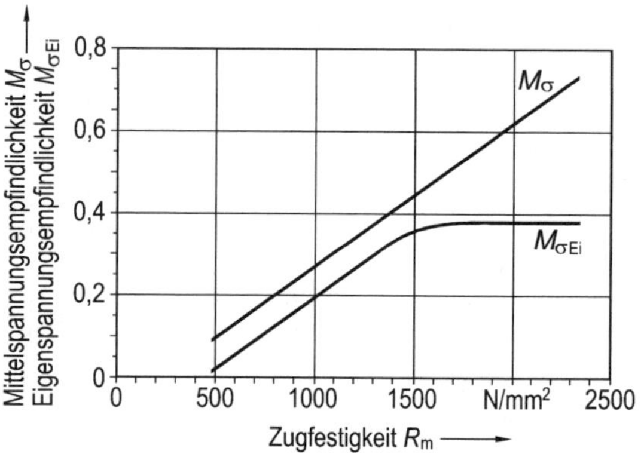


**Bild 13.43** Mittelspannungs- und Eigenspannungsempfindlichkeit [16]

Analog zur Mittelspannungsempfindlichkeit $M$ (Kapitel 13.7.1.2) nimmt die Eigenspannungsempfindlichkeit $M_{Ei}$ mit steigender Zugfestigkeit des Werkstoffs zu, da der Abbau von Eigenspannungen mit zunehmender Werkstofffestigkeit erschwert wird (Bild 13.43). Im Vergleich zur Mittelspannungsempfindlichkeit $M$ ist der Betrag der Eigenspannungsempfindlichkeit $M_{Ei}$ etwas geringer. Eine Erklärung für diese Beobachtung ist in einer lokalen Plastifizierung des Werkstoffs, verbunden mit einem Abbau der inhomogen verteilten Eigenspannungen zu sehen. Die besonders starke Verminderung der Mittelspannungsempfindlichkeit bei hochfesten Stählen ($R_m > 1500$ N/mm$^2$) ist ungeklärt. Bild 13.44 zeigt den Einfluss von Eigenspannungen ($\sigma_{Ei}$) auf die dauernd ertragbare Spannungsamplitude.

Liegt eine eigenspannungsbehaftete Schwingbeanspruchung vor, der sich ggf. noch eine Mittelspannung aus der äußeren Belastung überlagert, dann wird ausgehend von der Wechselfestigkeit $\sigma_W$ mit Hilfe des Dauerfestigkeitsschaubildes zunächst die dauernd ertragbare Spannungsamplitude $\sigma_{AD}$ für die gegebene Mittelspannung bestimmt (Punkt $A$ in Bild 13.44). Die dauernd ertragbare Spannungsamplitude unter zusätzlicher Berücksichtigung des Eigenspannungseinflusses ($\sigma_{AD\,Ei}$) erhält man schließlich, indem man ausgehend vom Punkt $A$ und unter Berücksichtigung der Eigenspannungsempfindlichkeit $M_{Ei}$ gemäß Bild 13.43 eine weitere Spannungstransformation durchführt. Für die dauernd ertragbare Spannungsamplitude gilt dann:

$$\sigma_{AD\,Ei} = \sigma_W - M_\sigma \cdot \sigma_m - M_{\sigma\,Ei} \cdot \sigma_{Ei} \quad (13.78)$$

**Dauernd ertragbare Spannungsamplitude unter Mittel- und Eigenspannungseinfluss**

Für Zugeigenspannungen ist $\sigma_{Ei}$ in Gleichung 13.78 positiv und für Druckeigenspannungen negativ einzusetzen.

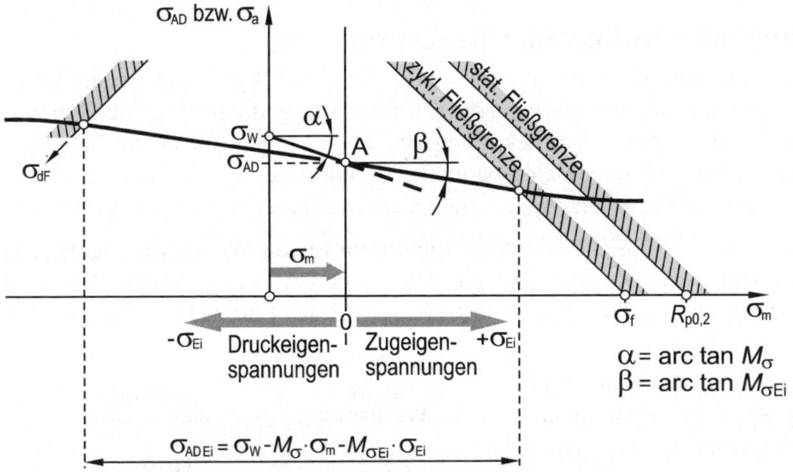


**Bild 13.44** Einfluss von Eigenspannungen auf die dauernd ertragbare Spannungsamplitude am Beispiel der Wirkung von Normalspannungen

## 13.7.7 Frequenzeinfluss

Die Frequenz der Schwingbeanspruchung (Bild 13.45) hat bei Stählen im Bereich zwischen 1 Hz und 1000 Hz keinen nennenswerten Einfluss auf die Schwingfestigkeit, vorausgesetzt es treten keine erhöhten Temperaturen, keine Korrosion sowie keine Beanspruchungen bis nahe der Dehngrenze auf.

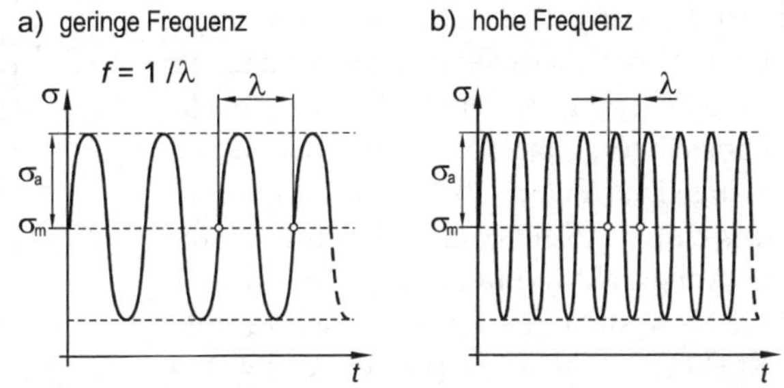


**Bild 13.45** Niedrig- und hochfrequente Schwingbeanspruchung

Bei Temperaturen oberhalb der Kristallerholung überlagert sich der Werkstoffermüdung eine Werkstoffschädigung durch Kriechen. Unter diesen Bedingungen beobachtet man eine verringerte Lebensdauer des Bauteils mit sinkender Frequenz, da bei gleicher Schwingspielzahl aufgrund der längeren Versuchsdauer eine stärkere Schädigung durch Kriechen eintreten kann.

Auch unter dem Einfluss eines korrosiven Mediums, wie zum Beispiel Luftfeuchtigkeit oder Wasser, ist ein Frequenzeinfluss bei der Werkstoffermüdung zu beobachten. Mit abnehmender Frequenz der Schwingbeanspruchung steht für einen Korrosionsangriff (anodischer Teilprozess der Metallauflösung) mehr Zeit zur Verfügung. Außerdem bewirkt der Korrosionseinfluss eine Veränderung der Oberfläche im Sinne einer Erhöhung der Oberflächenrauigkeit sowie der Bildung von Mikrokerbstellen. Dementsprechend verringert sich unter Korrosionseinfluss die Bruchschwingspielzahl. Weiterhin ist unter diesen Bedingungen in der Regel keine ausgeprägte Dauerfestigkeit mehr zu erwarten (Bild 13.19b). Der kombinierte Einfluss von Werkstoffermüdung und Korrosion wird als **Korrosionsermüdung** oder **Schwingungsrisskorrosion** bezeichnet.

Während man bei Stählen in inerter Umgebung und Temperaturen unterhalb der Kristallerholung keinen nennenswerten Frequenzeinfluss auf das Ermüdungsverhalten feststellt, beobachtet man bei Leichtmetalllegierungen, wie zum Beispiel beim Aluminium, einen Anstieg der Schwingfestigkeit mit zunehmender Frequenz [16].

### 13.7.8 Kerbwirkung bei schwingender Beanspruchung

Ungekerbte Bauteile versagen durch Schwingbruch, falls die (Last-)Spannungsamplitude $\sigma_a$ die dauernd ertragbare Spannungsamplitude $\sigma_{AD}$ erreicht. Entsprechend den Erkenntnissen aus Kapitel 7 (Kerbwirkung) müsste bei einem gekerbten Bauteil hingegen mit einem Schwingbruch gerechnet werden, sobald die maximale Spannungsamplitude $\sigma_{a\,max}$ die dauernd ertragbare Amplitude $\sigma_{AD}$ erreicht, falls also gilt: $\sigma_{a\,max} = \alpha_k \cdot \sigma_{an} = \sigma_{AD}$ bzw. $\sigma_{an} = \sigma_{AD} / \alpha_k$.

Diese theoretische Vorstellung entspricht allerdings nicht dem realen Werkstoffverhalten, da experimentelle Untersuchungen zeigen, dass eine gekerbte Probe bzw. ein gekerbtes Bauteil in der Regel eine höhere Nennspannung ertragen kann, als gemäß der Formzahl $\alpha_k$ zu erwarten wäre ($\sigma_{an} > \sigma_{AD} / \alpha_k$).

Aus dieser Beobachtung schließt man, dass die Maximalspannung $\sigma_{a\,max}$ bei schwingender Beanspruchung im Gebiet der Dauerfestigkeit nicht mit dem „statischen" Wert $\sigma_{a\,max} = \alpha_k \cdot \sigma_{an}$, sondern mit einem verminderten Betrag $\sigma_{a\,max} = \beta_k \cdot \sigma_{an}$ schädigungswirksam wird (Bild 13.46). Die effektive Spannungsüberhöhung bei Schwingbeanspruchung ist dementsprechend geringer als die theoretische Spannungsüberhöhung bei statischer Beanspruchung. Den Faktor $\beta_k$ nennt man **Kerbwirkungszahl**. Anstelle von $\beta_k$ wird für die Kerbwirkungszahl mitunter auch das Formelzeichen $K_f$ (*f* steht für fatigue, engl.: Ermüdung) [2] oder $\beta_\sigma$ bzw. $\beta_\tau$ [4] verwendet. Für die Dauerschwingfestigkeit von gekerbten Bauteilen ist dementsprechend nicht die Formzahl $\alpha_k$ sondern die Kerbwirkungszahl $\beta_k$ maßgebend.

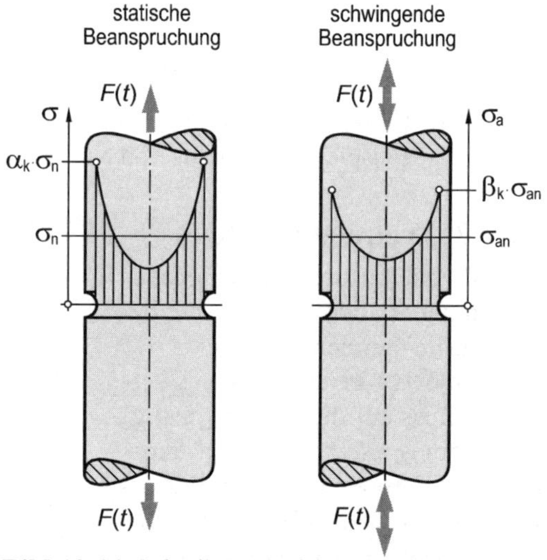


**Bild 13.46** Schädigungswirksame Spannungsverteilung unter statischer und schwingender Beanspruchung am Beispiel eines gekerbten Rundstabes unter Zugbeanspruchung

#### 13.7.8.1 Definition der Kerbwirkungszahl

Die Kerbwirkungszahl $\beta_k$ ist definiert als das Verhältnis der Dauerfestigkeit der ungekerbten, polierten Probe ($\sigma_{AD}(\alpha_k = 1)$) zur Dauerfestigkeit der gekerbten, polierten Probe, ausgedrückt durch die Nennspannung ($\sigma_{ADn}(\alpha_k > 1)$), Bild 13.47:

$$\beta_k = \frac{\sigma_{AD}(\alpha_k = 1)}{\sigma_{ADn}(\alpha_k > 1)} \qquad (13.79)$$

$\beta_k$ Kerbwirkungszahl

$\sigma_{AD}$ dauernd ertragbare Spannungsamplitude (ungekerbte Probe)

$\sigma_{ADn}$ dauernd ertragbare Nennspannungsamplitude (gekerbte Probe)

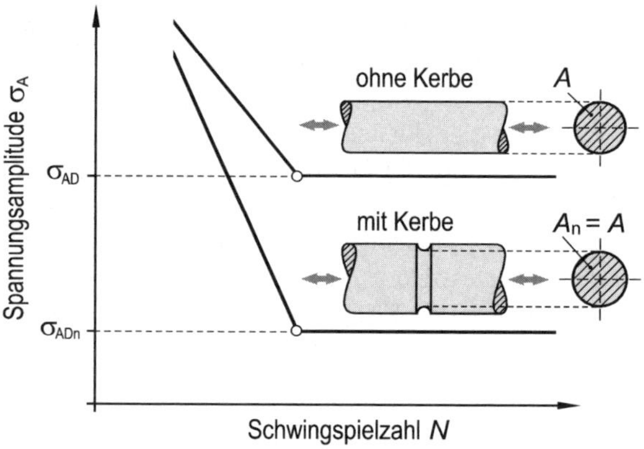


**Bild 13.47** Vergleich der Wöhlerkurven eines ungekerbten und eines gekerbten Stabes (gleiche Nennspannung)

Eine Kerbe wirkt sich also weniger stark mindernd auf die Dauerfestigkeit aus, als dies durch die elastische Formzahl $\alpha_k$ zu erwarten wäre. Diese Feststellung ist dadurch erklärbar, dass nicht die maximale Spannung die Dauerfestigkeit bestimmt, sondern das einer hohen Spannung ausgesetzte Werkstoffvolumen. Da dieses hoch beanspruchte Werkstoffvolumen einer scharfen Kerbe (steiler Spannungsgradient) geringer ist im Vergleich zu einer milden Kerbe, ist die Kerbwirkungszahl $\beta_k$ stets kleiner als die Formzahl $\alpha_k$.

Der Unterschied zwischen $\beta_k$ und $\alpha_k$ wird umso größer, je schärfer die Kerbe (d. h. die Formzahl $\alpha_k$) wird, da mit zunehmender Kerbschärfe das hoch beanspruchte Volumen sinkt (Bild 13.48). Dementsprechend ist eine Rissinitiierung bei der mild gekerbten Probe wahrscheinlicher.

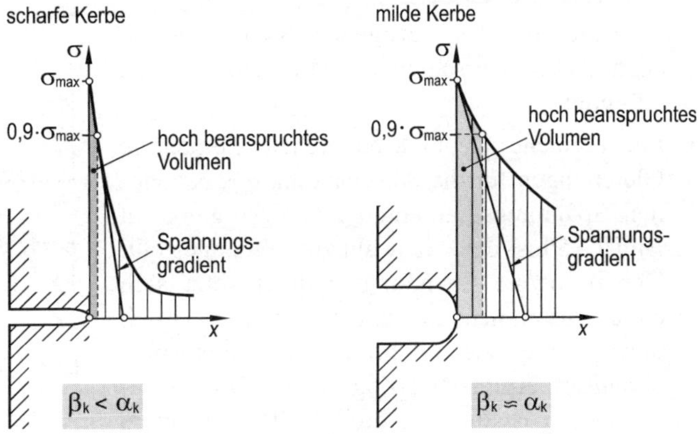


**Bild 13.48** Vergleich des schädigungsrelevanten, hoch beanspruchten Volumens einer scharf und einer mild gekerbten Probe bzw. Bauteil

Aus dem beschriebenen **Konzept der Mikrostützwirkung** lassen sich die folgenden Erkenntnisse ableiten:

1. Scharfe Kerben mit hoher Formzahl zeigen einen besonders großen Unterschied zwischen der Formzahl $\alpha_k$ und der Kerbwirkungszahl $\beta_k$.
2. Während die Formzahl $\alpha_k$ mit abnehmendem Kerbradius gegen unendlich geht (siehe Formzahldiagramme), übersteigt die Kerbwirkungszahl einen Betrag von $\beta_k \approx 6$ nur selten.
3. Bei geometrisch ähnlichen Proben (gleiche Formzahl $\alpha_k$) besitzt die große Probe (geringerer Spannungsgradient) die höhere Kerbwirkungszahl.
4. Biege- oder torsionsbeanspruchte, gekerbte Proben oder Bauteile weisen einen größeren Unterschied zwischen $\alpha_k$ und $\beta_k$ auf, im Vergleich zu einer Zug-Druck-Beanspruchung.
5. Bei sehr kleinen Kerbabmessungen ergibt sich infolge der Mikrostützwirkung auch bei milden Kerben eine signifikante Abminderung der Kerbwirkung.

### 13.7.8.2 Berechnungsverfahren für die Kerbwirkungszahl $\beta_k$

Entscheidend für eine Rissinitiierung ist der Spannungsgradient im Kerbgrund. Eine weit verbreitete empirische Methode zur Ermittlung der Kerbwirkungszahl $\beta_k$ stellt der **Spannungsgradientenansatz** nach Siebel, Meuth und Stieler dar [23 bis 26]. Nach dieser Methode geht man zur Ermittlung der Kerbwirkungszahl $\beta_k$ wie nachfolgend beschrieben vor.

**1. Berechnung des (bezogenen) Spannungsgradienten $\chi^+$**

Der bezogene Spannungsgradient ist definiert als das Spannungsgefälle ($d\sigma / dx$) im Kerbgrund ($x = 0$) bezogen auf die maximale Spannung $\sigma_{\max}$ (Spannungsspitze im Kerbgrund), Bild 13.49:

$$\chi^+ = \frac{1}{\sigma_{\max}} \cdot \frac{d\sigma}{dx} \qquad (13.80)$$

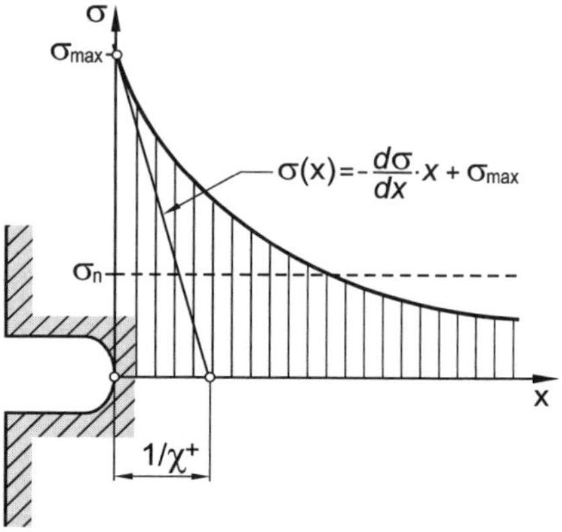


**Bild 13.49** Veranschaulichung des bezogenen Spannungsgradienten $\chi^+$

Zur Ermittlung des bezogenen Spannungsgradienten stehen verschiedene Möglichkeiten zu Verfügung:

- Für einfache Geometrien stehen elementare Gleichungen für die Abschätzung des bezogenen Spannungsgradienten zur Verfügung. In Bild 13.50 ist eine Auswahl zusammengestellt. Der bezogene Spannungsgradient setzt sich dabei zusammen aus einem Anteil der sich ohne Kerbe, also allein aus der Beanspruchungsart ergibt (bei Zug- bzw. Druckbeanspruchung ist dieser Anteil Null) und einem zusätzlichen nur durch die Formkerbe verursachten Anteil.
- Für komplexe Geometrien können die bezogenen Spannungsgradienten beispielsweise mit Hilfe der Methode der Finiten Elemente ermittelt werden (FEM-Analyse).
- Auf experimenteller Ebene kann der Spannungsgradient mit Hilfe der DMS-Messtechnik ermittelt werden (experimentelle Spannungsanalyse).

| Kerbgeometrie | Beanspruchungsart | $\chi^+$ 1/mm |
|---|---|---|
| 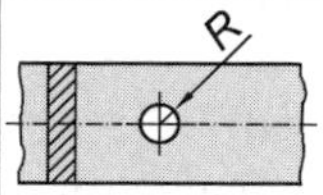 | Zug bzw. Druck | $\frac{2}{R}$ |
| 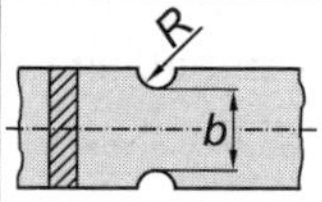 | Zug bzw. Druck | $\frac{2}{R}$ |
| | Biegung | $\frac{2}{b}+\frac{2}{R}$ |
| 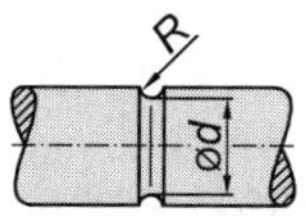 | Zug bzw. Druck | $\frac{2}{R}$ |
| | Biegung | $\frac{2}{d}+\frac{2}{R}$ |
| | Torsion | $\frac{2}{d}+\frac{1}{R}$ |
| 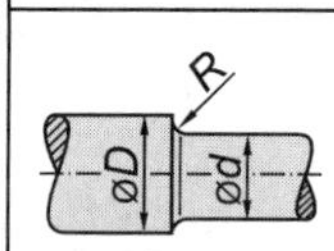 | Zug bzw. Druck | $\frac{2}{R}$ |
| | Biegung | $\frac{4}{D+d}+\frac{2}{R}$ |
| | Torsion | $\frac{4}{D+d}+\frac{1}{R}$ |
| $D \gg d_B \quad 0 \le d \le D$ 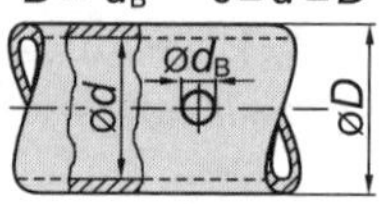 | Biegung | $\frac{2}{D}+\frac{8}{d_B}$ |
| | Torsion | $\frac{2}{D}+\frac{6}{d_B}$ |

**Bild 13.50** Bezogener Spannungsgradient $\chi^+$ für unterschiedliche Kerbformen und Beanspruchungsarten nach [5,27]

**2. Ermittlung der dynamischen Stützziffer $n_\chi$**

Mit zunehmendem Spannungsgradienten wird die Ausbreitung eines Schwingrisses bzw. eines bereits eingeleiteten Kurzrisses wirksam verzögert, d. h. die Stützwirkung nimmt zu. Neben dem Spannungsgradienten wird die ausgeübte Stützwirkung jedoch zusätzlich von der Werkstoffart beeinflusst. Hierbei beobachtet man mit zunehmender Werkstofffestigkeit eine abnehmende Stützwirkung.

Gemäß der beschriebenen Abhängigkeit der Stützwirkung vom Spannungsgradienten und von der Werkstoffart kann die **dynamische Stützziffer $n_\chi$ (Stützfaktor)** mit Hilfe von Bild 13.51 abgeschätzt werden.

Eine Besonderheit stellt hierbei das graue Gusseisen mit Lamellengraphit (Grauguss) dar. Grauguss besitzt aufgrund seiner Graphitform eine hohe **innere Kerbwirkung**, d. h. eine äußere Formkerbe wirkt sich kaum mehr auf die Schwingfestigkeit aus. Die Kerbwirkungszahl $\beta_k$ unterscheidet sich dementsprechend sehr stark von der Formzahl $\alpha_k$.

Ergibt sich für die dynamische Stützziffer $n_\chi$ ein Wert nahe 1,0 (z. B. hochfeste Stähle), dann liegt eine volle Kerbempfindlichkeit bei Schwingbeanspruchung vor, während ein hoher Wert für $n_\chi$ ($n_\chi \approx \alpha_k$) eine weitgehende Kerbunempfindlichkeit bedeutet (z. B. Grauguss).

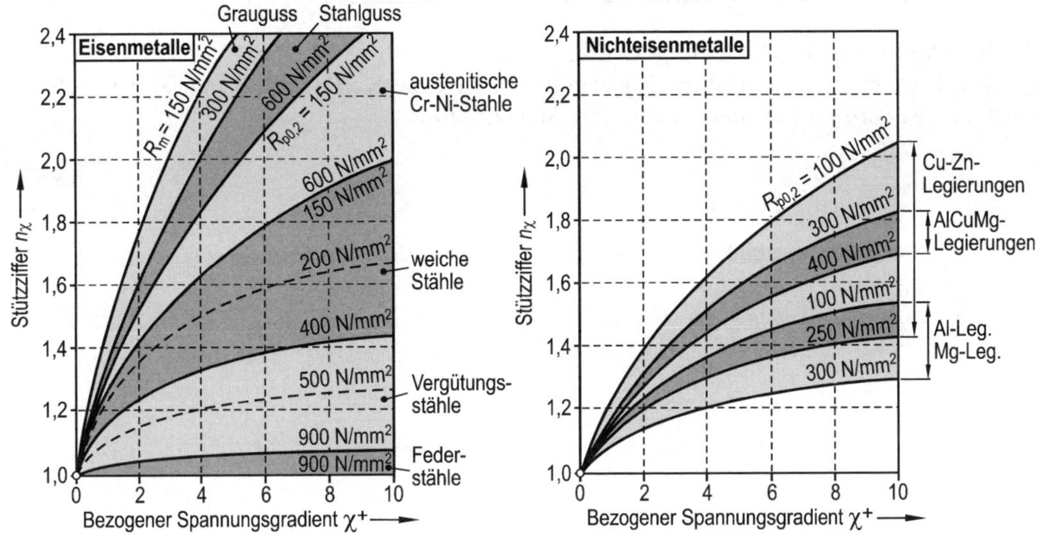


**Bild 13.51** Dynamische Stützziffer (Stützfaktor) in Abhängigkeit des bezogenen Spannungsgradienten $\chi^+$ sowie der Werkstoffart nach [5,27]

Zur Ermittlung der dynamischen Stützziffer $n_\chi$ kann auch die nachfolgende Näherungsgleichung verwendet werden [27]:

$$n_\chi = 1 + \left(\frac{c_1}{K}\right)^m \cdot \sqrt{\frac{c_2}{R}} \tag{13.81}$$

$n_\chi$ dynamische Stützziffer (dimensionslos)

$K$ Konstante (Werkstoffkennwert), siehe Tabelle 13.6

$c_1$ Konstante (Tabelle 13.6)

$c_2$ Konstante für die Beanspruchungsart (mm)

$c_2 = 2$ für Zug-Druck- oder Biegebeanspruchung

$c_2 = 1$ für Torsion oder Schubbeanspruchung

$R$ Kerbradius (mm)

$m$ Exponent (dimensionslos)

**Tabelle 13.6** Berechnungsgrößen für die dynamische Stützziffer [27]

| **Werkstoffart** | $c_1$ N/mm² | $K$ N/mm² | $m$ |
|---|---|---|---|
| Ferritisch-perlitische Stähle | 55 | $R_{p0,2}$ | 1,00 |
| Austenitische Stähle | 28 | $R_{p0,2}$ | 0,45 |
| Grauguss und Stahlguss | 12 | $R_m$ | 0,20 |

**3. Berechnung der Kerbwirkungszahl $\beta_k$**

Entsprechend dem beschriebenen Konzept ergibt sich die Kerbwirkungszahl $\beta_k$ letztlich als Quotient aus Formzahl $\alpha_k$ und dynamischer Stützziffer $n_\chi$:

$$\beta_k = \frac{\alpha_k}{n_\chi} \tag{13.82}$$

$\beta_k$ Kerbwirkungszahl
$\alpha_k$ Formzahl
$n_\chi$ dynamische Stützziffer

## 13.8 Übungsaufgaben

### Aufgabe 13.1

Die Abbildung zeigt die Wöhlerkurve eines glatten, polierten Rundstabes aus der Vergütungsstahlsorte 25CrMo4 mit Vollkreisquerschnitt ($d$ = 10 mm) für eine Ausfallwahrscheinlichkeit von $P_A$ = 50%. Der Rundstab unterliegt einer Zug-Druck-Wechselbeanspruchung.

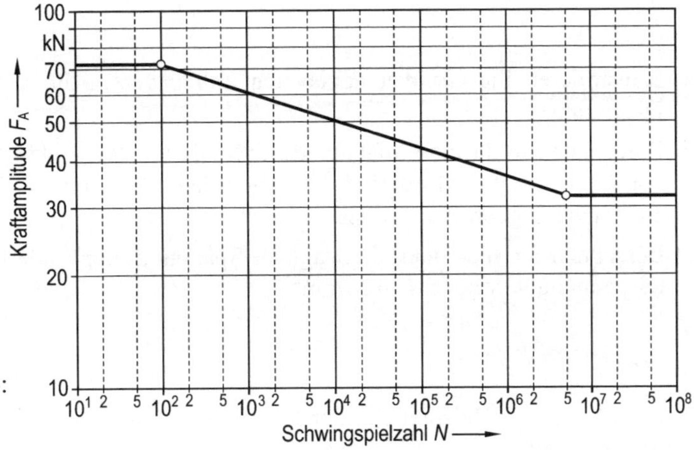


Werkstoffkennwerte 25CrMo4:

$R_{p0,2}$ = 700 N/mm$^2$
$R_m$ = 900 N/mm$^2$
$E$ = 208000 N/mm$^2$
$\mu$ = 0,30

a) Ermitteln Sie anhand der Wöhlerkurve die Zug-Druck-Wechselfestigkeit des Werkstoffs.

b) Berechnen Sie den Neigungsexponenten $k$ (k-Faktor) der Wöhlerkurve.

c) Berechnen Sie die dauernd ertragbare Kraftamplitude $F_{AD1}$ bei reiner Zugschwellbeanspruchung.

d) Konstruieren Sie aus den gegebenen Daten das weiterentwickelte Dauerfestigkeitsschaubild nach Haigh und überprüfen Sie graphisch das Ergebnis aus Aufgabenteil c).

e) Der Stab sei nun mit einer statischen Zugkraft von $F$ = 20 kN vorgespannt. Berechnen Sie für diese Vorspannung die dauernd ertragbare Kraftamplitude $F_{AD2}$.

### Aufgabe 13.2

Für die unlegierte Vergütungsstahlsorte C45E+QT ($R_m$ = 850 N/mm$^2$) wurde an glatten, polierten Rundproben mit Vollkreisquerschnitt ($d$ = 10 mm) eine Wöhlerkurve unter reiner Wechselbeanspruchung ermittelt.

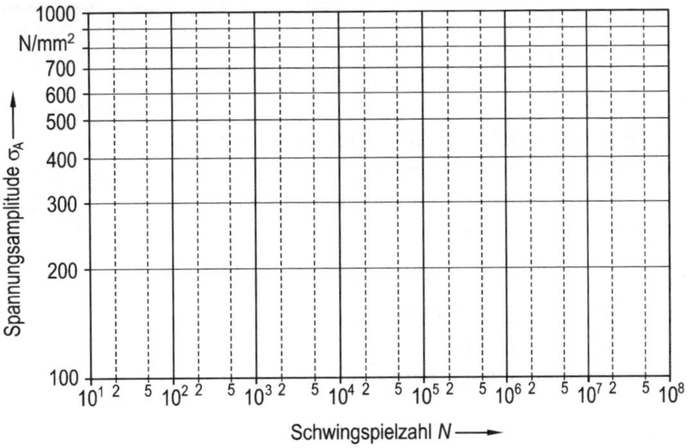

Eine statistische Auswertung ergab für eine Ausfallwahrscheinlichkeit von $P_A = 50\%$ die folgenden Werte:

$\sigma_{zdW} = 350\ N/mm^2$
$k = 12{,}5$
$N_D = 3 \cdot 10^6$

a) Konstruieren Sie aus den gegebenen Zahlenwerten die Wöhlerkurve in das vorbereitete Diagramm.

b) Berechnen Sie für eine Spannungsamplitude von $\sigma_A = 450\ N/mm^2$ und einer Prüffrequenz von $f = 15$ Hz die erforderliche Versuchsdauer bis zum Ausfall von 50% der bei dieser Beanspruchung geprüften Proben.

c) Berechnen Sie die dauernd ertragbare Spannungsamplitude für eine statisch wirkende Mittelspannung von $\sigma_m = 150\ N/mm^2$.

## Aufgabe 13.3

Nennen Sie je ein Beispiel aus der technischen Praxis, für die nachfolgend genannten Beanspruchungsarten.

a) Zug-Schwellbeanspruchung ($\sigma_u > 0$).

b) Reine Zug-Schwellbeanspruchung ($\sigma_u = 0$).

c) Reine Wechselbeanspruchung ($\sigma_u = -\sigma_o$).

d) Druck-Schwellbeanspruchung ($\sigma_o < 0$).

e) Reine Druck-Schwellbeanspruchung ($\sigma_o = 0$)

## Aufgabe 13.4

In einem dünnwandigen Gashochdruckbehälter ($d_i$ = 800 mm, $s$ = 10 mm) aus Werkstoff S620QL herrscht ein zeitlich veränderlicher Innendruck $p_i$ (siehe Abbildung).

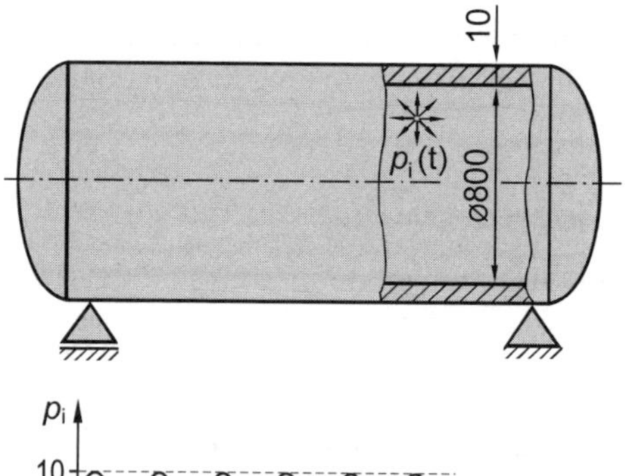


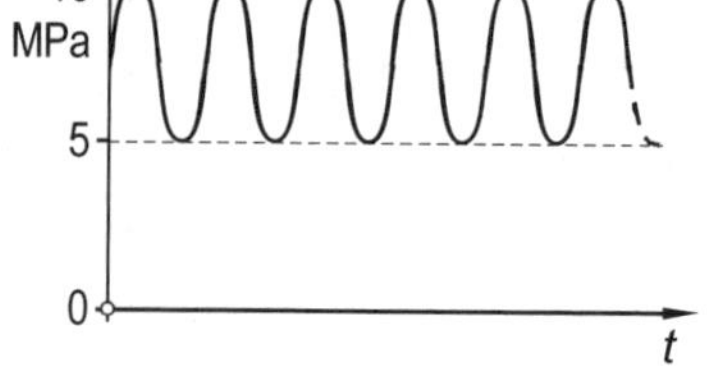


Werkstoffkennwerte S620QL:
$R_{p0,2} = 620\ N/mm^2$
$R_m = 870\ N/mm^2$
$E = 21000\ N/mm^2$
$\mu = 0{,}30$

a) Berechnen Sie für die Tangential-, für die Axial- und für die Radialspannungskomponente jeweils die Oberspannung $\sigma_o$ und die Unterspannung $\sigma_u$

b) Berechnen Sie für die Tangentialspannung $\sigma_t$:
- die Spannungsamplitude $\sigma_{ta}$
- die Mittelspannung $\sigma_{tm}$
- das Spannungsverhältnis $R$

c) Zeichnen Sie ein $\sigma_a$-$\sigma_m$- Diagramm und kennzeichnen Sie dort die Orte mit:
- $R = -1$
- $R = -0{,}5$
- $R = 0$
- $R = 0{,}5$
- $R = 1$
- $R = \infty$

## Aufgabe 13.5

Ein einseitig eingespannter Rundstab mit Vollkreisquerschnitt ($d$ = 25 mm) und einer Länge von $l$ = 500 mm aus der legierten Vergütungsstahlsorte 37Cr4 kann auf unterschiedliche Weise beansprucht werden.

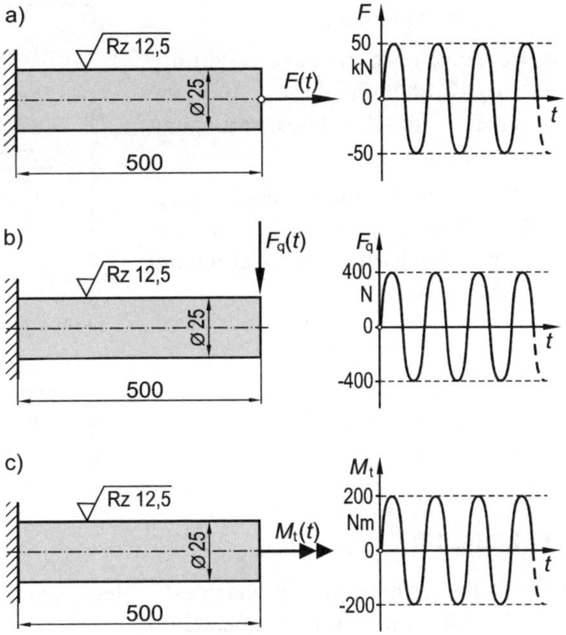


Die Oberfläche des Rundstabes ist gedreht ($Rz$ = 12,5 µm). Kerbwirkung an der Einspannstelle, Schubspannungen durch Querkräfte (Aufgabenteil b) sowie ein Einfluss der Bauteilgröße auf die Schwingfestigkeit dürfen vernachlässigt werden.

Werkstoffkennwerte 37Cr4:

$R_{p0,2}$ = 820 N/mm$^2$
$R_m$ = 950 N/mm$^2$
$\sigma_{zdW}$ = 415 N/mm$^2$
$\sigma_{bW}$ = 480 N/mm$^2$
$\tau_{tW}$ = 240 N/mm$^2$
$E$ = 212000 N/mm$^2$
$\mu$ = 0,30

Berechnen Sie die Sicherheit gegen Dauerbruch ($S_D$) für die nachfolgenden Lastfälle.

a) Rein wechselnde Zugkraft $F$

b) Rein wechselnde Querkraft $F_q$

c) Rein wechselndes Torsionsmoment $M_t$

## Aufgabe 13.6

Ein einseitig eingespannter Rundstab mit Vollkreisquerschnitt ($d$ = 30 mm) aus der unlegierten Baustahlsorte S275JR unterliegt einer zeitlich veränderlichen Beanspruchung.

Die Oberfläche der Welle ist gedreht ($Rz$ = 6,3 µm). Kerbwirkung an der Einspannstelle, sowie ein Einfluss der Bauteilgröße auf die Schwingfestigkeit dürfen vernachlässigt werden.

Werkstoffkennwerte S275JR:

$R_{p0,2}$ = 290 N/mm²
$R_m$ = 540 N/mm²
$\sigma_{zdW}$ = 240 N/mm²
$E$ = 210000 N/mm²
$\mu$ = 0,30

a) Berechnen Sie die dauernd ertragbare Kraftamplitude $F_{A1}$ für eine Schwingbeanspruchung mit einer statischen Vorspannung von $F_m$ = 150 kN (Abbildung a).

b) Berechnen Sie die dauernd ertragbare Kraftamplitude $F_{A2}$ für eine reine Zugschwellbeanspruchung (Abbildung b).

c) Berechnen Sie die dauernd ertragbare Kraftamplitude $F_{A3}$ für eine reine Druckschwellbeanspruchung (Abbildung c).

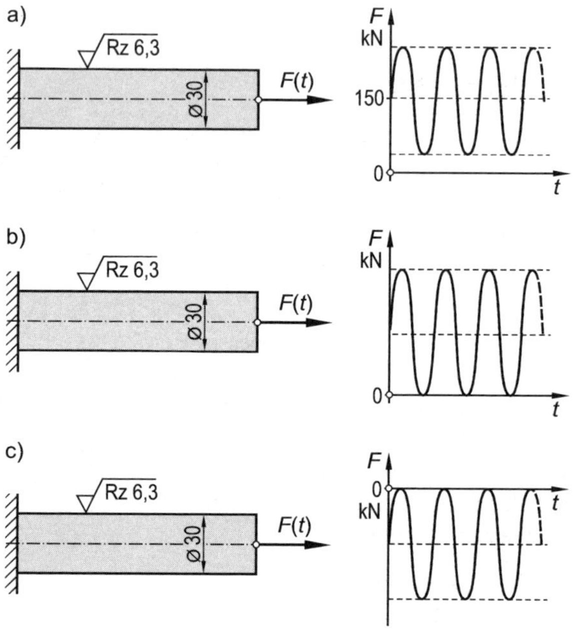


## Aufgabe 13.7

Eine Dehnschraube aus der warmfesten, legierten Stahlsorte 13CrMo4-4 mit Vollkreisquerschnitt und geschliffener Oberfläche ($Rz$ = 4 µm) steht im Zylinderblock eines Motors unter einer statischen Vorspannung von $F_1$ = 12000 N. Bei jedem Arbeitstakt wird die Dehnschraube zusätzlich schwellend mit $F_2$ = 25000 N belastet.

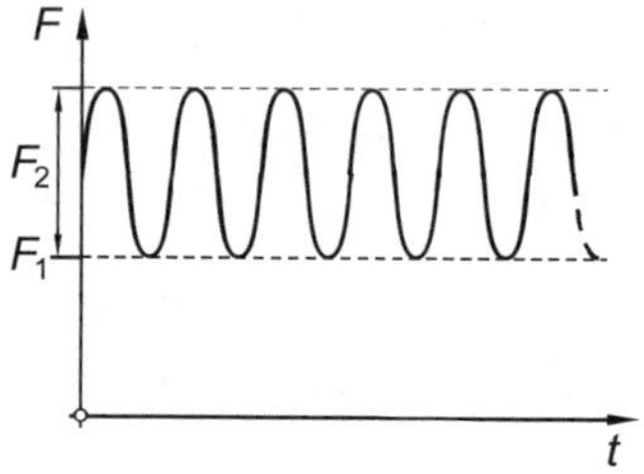


Werkstoffkennwerte 13CrMo4-4:

$R_{p0,2}$ = 300 N/mm²
$R_m$ = 560 N/mm²
$\sigma_{zdW}$ = 250 N/mm²
$E$ = 209000 N/mm²
$\mu$ = 0,30

a) Berechnen Sie den erforderlichen Durchmesser $d$ der Dehnschraube, falls eine Sicherheit gegen Fließen von $S_F$ = 1,20 gefordert wird.

b) Ermitteln Sie den notwendigen Durchmesser $d$, falls eine Sicherheit von $S_D$ = 2,80 gegen Dauerbruch gefordert wird.

## Aufgabe 13.8

Ein einseitig eingespannter Freiträger ($l$ = 200 mm) mit rechteckiger Querschnittsfläche ($a$ = 25 mm; $b$ = 50 mm) aus der Graugusssorte EN-GJL-350 wird durch die statisch wirkende Kraft $F_1$ = 120 kN sowie durch die zeitlich veränderliche Kraft $F_2$ beansprucht. Die Oberflächenrauigkeit des Stabes kann mit $Rz$ = 200 µm angenommen werden.

Werkstoffkennwerte EN-GJL-350:

$R_m$ = 400 N/mm$^2$
$\sigma_{bW}$ = 130 N/mm$^2$
$E$ = 108000 N/mm$^2$
$\mu$ = 0,25

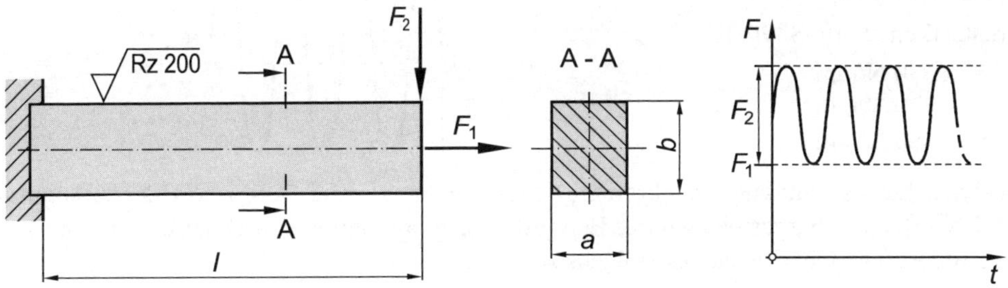


Berechnen Sie die dauernd ertragbare Kraftamplitude $F_2$ damit kein Dauerbruch eintritt. Es wird eine Sicherheit von $S_D$ = 5,0 gefordert.

Kerbwirkung an der Einspannstelle, Schubspannungen durch Querkräfte sowie ein Einfluss der Bauteilgröße auf die Schwingfestigkeit dürfen vernachlässigt werden.

## Aufgabe 13.9

Eine statisch vorgespannte, abgesetzte Torsionsfeder mit gedrehter Oberfläche ($Rz$ = 25 µm) aus der Federstahlsorte 61SiCr7 wird im Betrieb durch ein zeitlich veränderliches Torsionsmoment beansprucht (siehe Abbildung). Ein Einfluss der Bauteilgröße auf die Schwingfestigkeit muss nicht berücksichtigt werden.

Werkstoffkennwerte: 61SiCr5:

$R_{p0,2}$ = 1400 N/mm$^2$
$R_m$ = 1830 N/mm$^2$
$\tau_{tW}$ = 490 N/mm$^2$
$E$ = 211000 N/mm$^2$
$\mu$ = 0,30

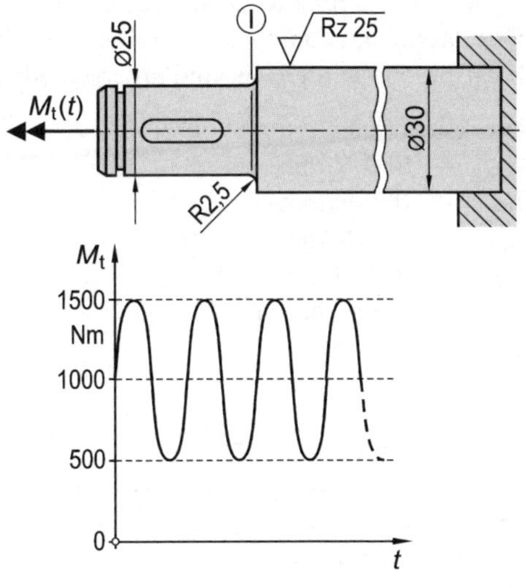


Besitzt die Torsionsfeder im Bereich des Absatzes (Querschnitt I) eine ausreichende Sicherheit gegenüber Dauerbruch ?

## Aufgabe 13.10

Der abgebildete, abgesetzte Bolzen aus der Feinkornbaustahlsorte S890QL mit polierter Oberfläche ($D$ = 50 mm; $d$ = 25 mm) wird einer Zug-Druck-Wechselbeanspruchung ausgesetzt.

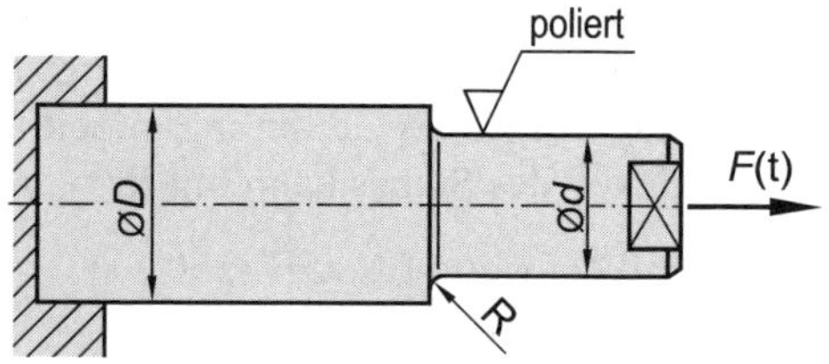


a) Berechnen Sie den erforderlichen Radius $R$ so, dass die Formzahl $\alpha_k = 2{,}0$ wird.

b) Ermitteln Sie die zulässige, rein wechselnd wirkende Zugkraft $F_W$ so, dass ein Dauerbruch mit einer Sicherheit von $S_D = 2{,}50$ ausgeschlossen werden kann.

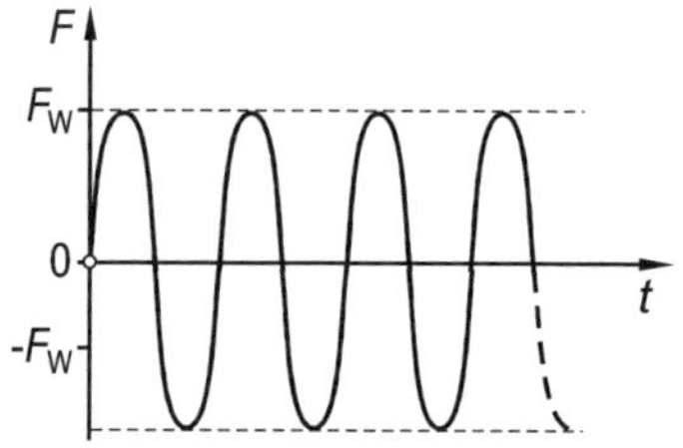


Werkstoffkennwerte S890QL:

$R_m$ = 1050 N/mm$^2$
$R_{p0,2}$ = 920 N/mm$^2$
$\sigma_{zdW}$ = 480 N/mm$^2$

c) Berechnen Sie die zulässige Zugkraft $F_W$, falls der baugleiche Bolzen aus der Graugusssorte EN-GJL-300 hergestellt wurde. Es wird eine Sicherheit gegen Dauerbruch von $S_D$ = 4,0 gefordert. Die Oberfläche des Bolzens sei poliert.

Werkstoffkennwerte EN-GJL-300:

$R_m$ = 320 N/mm$^2$
$\sigma_{zdW}$ = 100 N/mm$^2$

## Aufgabe 13.11

Der abgebildete Hebel mit Vollkreisquerschnitt aus einem schweißgeeigneten Feinkornbaustahl (S890QL) und gedrehter Oberfläche ($Rz$ = 10 μm) ist auf der einen Seite mit einer dickwandigen Stahlplatte verschweißt. An seinem freien, rechten Ende wurde eine symmetrische Querlasche angebracht. Der Hebel kann durch die Querkraft $F_1$ sowie durch das Kräftepaar $F_2$ beansprucht werden. Es sind unterschiedliche Lastfälle zu untersuchen.

Werkstoffkennwerte S890QL:

$R_{p0,2}$ = 900 N/mm$^2$
$R_m$ = 1050 N/mm$^2$
$\sigma_{bW}$ = 480 N/mm$^2$
$\tau_{tW}$ = 275 N/mm$^2$
$E$ = 212000 N/mm$^2$
$\mu$ = 0,30

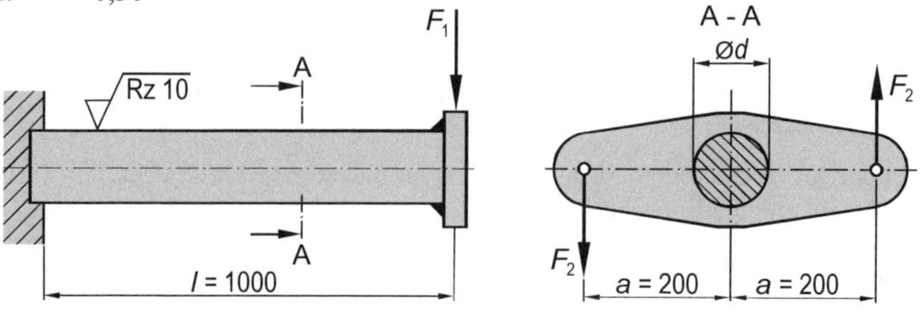

a) Die Kraft $F_1$ wirkt rein schwellend zwischen 0 und 10 kN. Das Kräftepaar $F_2$ wirkt zunächst nicht ($F_2 = 0$). Berechnen Sie den mindestens erforderlichen Durchmesser $d$ des Stabes, damit ein Dauerbruch mit einer Sicherheit von $S_D = 2{,}5$ ausgeschlossen werden kann.

b) Das Kräftepaar $F_2$ wirkt rein wechselnd mit $F_2 = \pm$ 15 kN. Die Querkraft $F_1$ wirkt nicht ($F_1 = 0$). Berechnen Sie auch für diese Beanspruchung den mindestens erforderlichen Durchmesser $d$ des Stabes, damit ein Dauerbruch mit einer Sicherheit von $S_D = 3{,}0$ nicht auftritt.

c) Die Kräfte $F_1$ und $F_2$ wirken statisch und treten gemeinsam auf, wobei stets gilt $F_1 = F_2$. Berechnen Sie die zulässigen Kräfte $F_1 = F_2$, damit bei einem Stab mit $d = 60$ mm kein Fließen eintritt ($S_F = 1{,}20$).

## Aufgabe 13.12

Eine einseitig eingespannte Blattfeder mit Rechteckquerschnitt (Breite $b$ = 25 mm, Dicke $t$ = 8 mm) und einer Länge von $l$ = 1000 mm aus dem vergüteten Federstahl 54SiCr6 wird unter Einwirkung der Kraft $F$ rein wechselnd beansprucht.

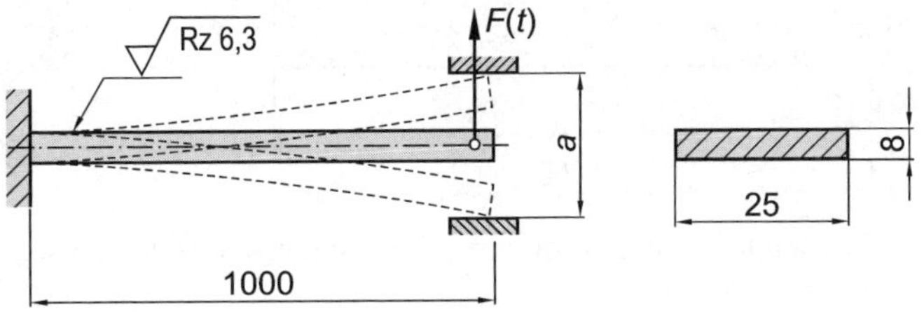


Die maximale Durchbiegung der Feder wird durch zwei Anschläge (Abstand $a$) begrenzt. Die Oberfläche der Feder ist geschliffen ($Rz = 6{,}3$ µm).

Werkstoffkennwerte 54SiCr6:

$R_{p0,2}$ = 1300 N/mm²
$R_m$ = 1550 N/mm²
$\sigma_{bW}$ = 750 N/mm²
$E$ = 207000 N/mm²
$\mu$ = 0,30

Berechnen Sie den maximal zulässigen Abstand $a$ der Anschläge, so dass die Blattfeder dauerfest ist ($S_D = 2{,}5$).

Hinweis: Die Durchbiegung $f$ eines einseitig eingespannten Balkens berechnet sich zu:

$$f = \frac{F \cdot l^3}{3 \cdot E \cdot I}$$

## Aufgabe 13.13

Eine Torsionsfeder aus der legierten Federstahlsorte 51CrV4 mit geschliffener Oberfläche ($Rz$ = 4 µm) besitzt einen Kreisringquerschnitt. Der Außendurchmesser beträgt $d_a$ = 25 mm, die Wandstärke $s$ = 2,5 mm die Länge $l$ = 1000 mm. Kerbwirkung an der Einspannstelle kann vernachlässigt werden.

Werkstoffkennwerte 51CrV4:

$R_{p0,2}$ = 1250 N/mm²
$R_m$ = 1620 N/mm²
$\tau_{tW}$ = 420 N/mm²
$E$ = 211000 N/mm²
$\mu$ = 0,30

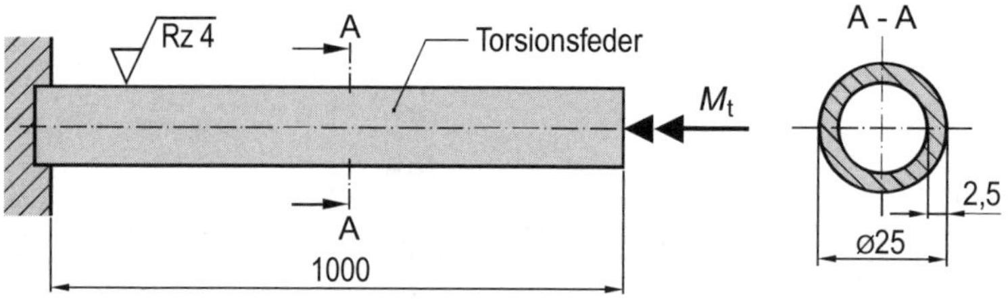


a) Berechnen Sie das maximal zulässige statische Torsionsmoment $M_t$, damit kein Fließen eintritt ($S_F$ = 1,5).

b) Berechnen Sie das maximal zulässige, rein wechselnd wirkende Torsionsmoment ($M_{ta}$) damit ein Dauerbruch mit einer Sicherheit von $S_D$ = 2,2 ausgeschlossen werden kann. Ein Einfluss der Bauteilgröße auf die Schwingfestigkeit kann vernachlässigt werden.

c) Berechnen Sie für die in Aufgabenteil a) und b) ermittelten Torsionsmomente die jeweiligen Verdrehwinkel $\varphi$ der Torsionsfeder.

## Aufgabe 13.14

Ein Welle mit Vollkreisquerschnitt aus der Vergütungsstahlsorte 42CrMo4 mit geschliffener Oberfläche ($Rz$ = 3,2 µm) und einem Durchmesser von $d$ = 50 mm ist im Betrieb durch die statisch wirkende, außermittig angreifende Querkraft $F_Q$ = 10 kN beansprucht. Weiterhin kann eine horizontale Zugkraft $F_H$ auftreten. Schubspannungen durch Querkräfte sowie ein Einfluss der Bauteilgröße auf die Schwingfestigkeit können vernachlässigt werden.

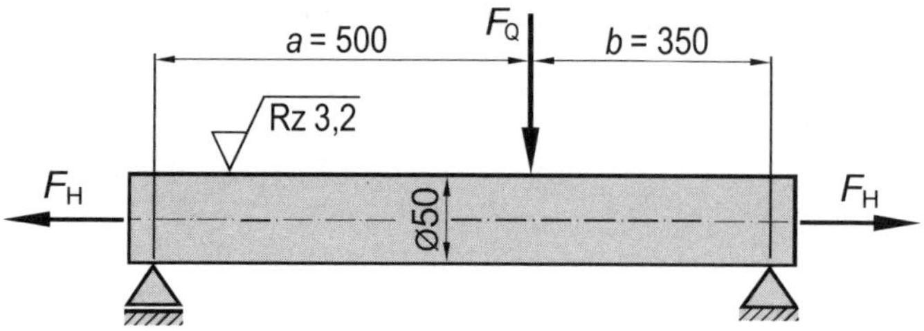

Werkstoffkennwerte 42CrMo4:
$R_{p0,2}$ = 980 N/mm$^2$
$R_m$ = 1070 N/mm$^2$
$\sigma_{bW}$ = 530 N/mm$^2$

a) Skizzieren Sie den Beanspruchungs-Zeit-Verlauf für die höchst beanspruchte Stelle bei umlaufender Welle. Berechnen Sie außerdem die maximale Spannungsamplitude. Die horizontale Zugkraft $F_H$ wirkt zunächst nicht ($F_H = 0$).

b) Überprüfen Sie, ob die Welle dauerfest ist, falls ein Sicherheitsfaktor gegen Dauerbruch ($S_D$) von mindestens 3,50 gefordert wird ($F_H = 0$).

c) Berechnen Sie die Sicherheit gegen Dauerbruch ($S_D$), falls die umlaufende Welle zusätzlich mit einer horizontalen Zugkraft von $F_H$ = 350 kN vorgespannt ist.

## Aufgabe 13.15

Eine umlaufende Hohlwelle ($d_a$ = 70 mm; $s$ = 5 mm; $l$ = 500 mm) aus der Vergütungsstahlsorte 42CrMo4 ($R_m$ = 1180 N/mm$^2$; $R_{p0,2}$ = 810 N/mm$^2$; $\sigma_{bW}$ = 590 N/mm$^2$) mit gedrehter Oberfläche ($Rz$ = 12,5 µm) wird durch die axiale Zugkraft $F_1$ = 100 kN statisch beansprucht.

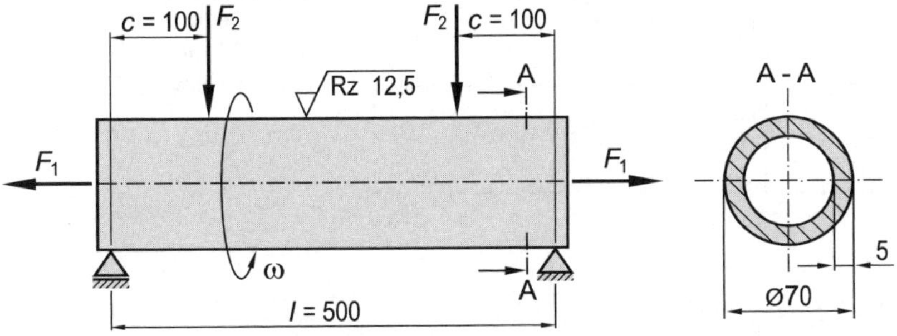


Ermitteln Sie den maximal zulässigen Betrag zweier zusätzlicher, im Abstand $c$ = 100 mm von den Lagerstellen wirkenden Querkräfte $F_2$, damit ein Dauerbruch mit Sicherheit vermieden wird ($S_D$ = 2,50). Schubspannungen durch Querkräfte sowie ein Einfluss der Bauteilgröße auf die Schwingfestigkeit können vernachlässigt werden.

## Aufgabe 13.16

Ein Rohr (Durchmesser $D$ = 40 mm; Wandstärke $s$ = 5 mm) mit Querbohrung ($d_B$ = 5 mm) aus der Graugusssorte EN-GJL-300 wird auf Torsion beansprucht. Die Oberflächenrauigkeit des Rohres beträgt $Rz$ = 200 µm. Kerbwirkung an der Einspannstelle sowie der Einfluss der Bauteilgröße auf die Schwingfestigkeit können vernachlässigt werden.

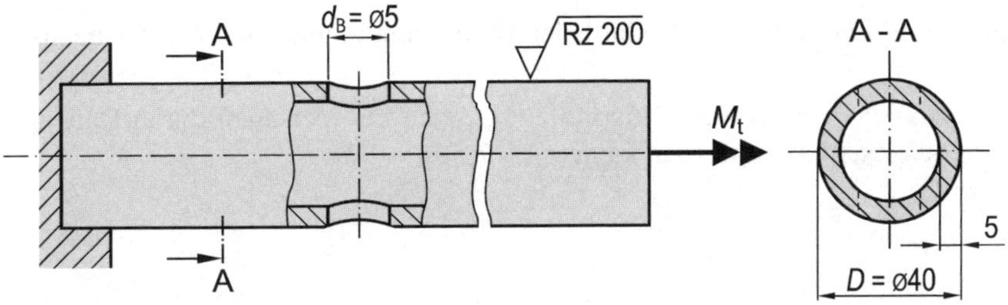

Werkstoffkennwerte EN-GJL-300:

$R_m$ = 320 N/mm²
$\tau_{tW}$ = 80 N/mm²

a) Ermitteln Sie das zulässige Torsionsmoment $M_t$ bei statischer Beanspruchung ($S_B = 4{,}0$).

b) Berechnen Sie das zulässige Torsionsmoment $M_{ta}$ bei einer rein wechselnden Beanspruchung, so dass kein Dauerbruch eintritt ($S_D = 2{,}50$).

## Aufgabe 13.17

Die Welle einer Werkzeugmaschine aus Werkstoff 38Cr2 wird durch die beiden Querkräfte $F_Q$ in der dargestellten Weise belastet. In der Mitte der Welle befindet sich ein halbkreisförmiger Einstich. Die Oberfläche der Welle ist gedreht ($Rz$ = 25 µm). Ein Einfluss der Bauteilgröße auf die Schwingfestigkeit sowie Schubspannungen durch Querkräfte müssen nicht berücksichtigt werden.

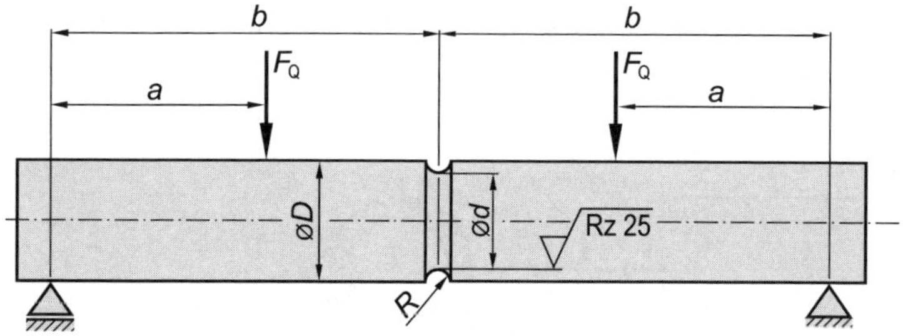


$a$ = 200 mm
$b$ = 350 mm
$D$ = 40 mm
$d$ = 35 mm
$R$ = 2,5 mm

Werkstoffkennwerte 38Cr2 (vergütet):

$R_{p0,2}$ = 550 N/mm²
$R_m$ = 780 N/mm²
$\sigma_{bW}$ = 390 N/mm²

Die Welle steht still. Die beiden statisch wirkenden Querkräfte betragen jeweils $F_Q$ = 3900 N.

a) Skizzieren Sie den Verlauf des Biegemomentes $M_b$ und berechnen Sie das maximale Biegemoment $M_{b\,max}$.

b) Berechnen Sie die Sicherheit gegen Fließen ($S_F$) an der höchst beanspruchten Stelle. Ist die Sicherheit ausreichend ?

Die Welle läuft um. Die Kräfte $F_Q$ wirken statisch.

c) Auf welche Weise kann die Welle nunmehr versagen ?

d) Berechnen Sie die Kerbwirkungszahl $\beta_k$.

e) Skizzieren Sie qualitativ den zeitlichen Verlauf der Biegespannung für die höchst beanspruchte Stelle.

f) Berechnen Sie den zulässigen Betrag der Querkraft $F_Q$, damit ein Versagen durch Dauerbruch mit Sicherheit ausgeschlossen werden kann ($S_D = 2{,}50$)

## Aufgabe 13.18

Die dargestellte abgesetzte Antriebswelle aus der Feinkornbaustahlsorte S460M mit geschliffener Oberfläche ($Rz$ = 12,5 µm) kann durch die beiden statisch wirkenden Kräfte $F_1$ und $F_2$ belastet werden. Ein Einfluss der Bauteilgröße auf die Schwingfestigkeit sowie Schubspannungen durch Querkräfte müssen nicht berücksichtigt werden.

Werkstoffkennwerte S460M:

$R_e$ = 460 N/mm²
$R_m$ = 530 N/mm²
$\sigma_{bW}$ = 280 N/mm²
$E$ = 207000 N/mm²
$\mu$ = 0,30

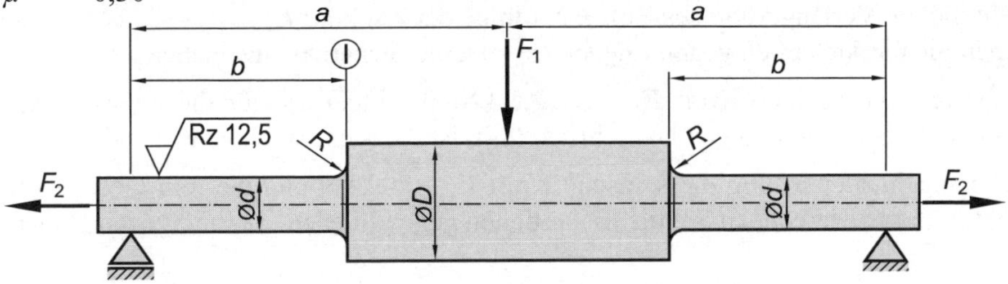


$a$ = 350 mm
$b$ = 100 mm
$D$ = 45 mm
$d$ = 30 mm
$R$ = 6 mm

Die Welle steht zunächst still und es wirkt nur die statische Querkraft $F_1$ = 10 kN ($F_2$ = 0).

a) Berechnen Sie das Biegemoment am linken Wellenabsatz (Stelle I).

b) Ermitteln Sie für den Wellenabsatz (Stelle I) die Formzahlen für Zug- und für Biegebeanspruchung ($\alpha_{kz}$ und $\alpha_{kb}$).

c) Bestimmen Sie die Sicherheit gegen Fließen ($S_F$) am Wellenabsatz. Ist die Sicherheit ausreichend ?

d) Berechnen Sie die maximal mögliche, zusätzliche, statisch wirkende Zugkraft $F_2$ so dass Fließen am Wellenabsatz gerade noch nicht eintritt.

Die Welle läuft um. Es wirkt nur die statische Querkraft $F_1$ = 10 kN ($F_2$ = 0).

e) Berechnen Sie die Kerbwirkungszahl $\beta_{kb}$ für den Wellenabsatz (Stelle I).

f) Skizzieren Sie quantitativ den zeitlichen Verlauf der Biegespannung am Wellenabsatz.

g) Berechnen Sie die Sicherheit gegen Dauerbruch ($S_D$). Ist die Sicherheit ausreichend ?

## Aufgabe 13.19

Der abgebildete Bolzen mit Vollkreisquerschnitt aus der Vergütungsstahlsorte 25CrMo4 besitzt eine geschliffene Oberfläche ($Rz$ = 6,3 µm) und ist am linken Ende fest eingespannt. Am rechten Ende kann der Bolzen durch die Kräfte $F_1$ und $F_2$ sowie durch das Torsionsmoment $M_t$ beansprucht werden.

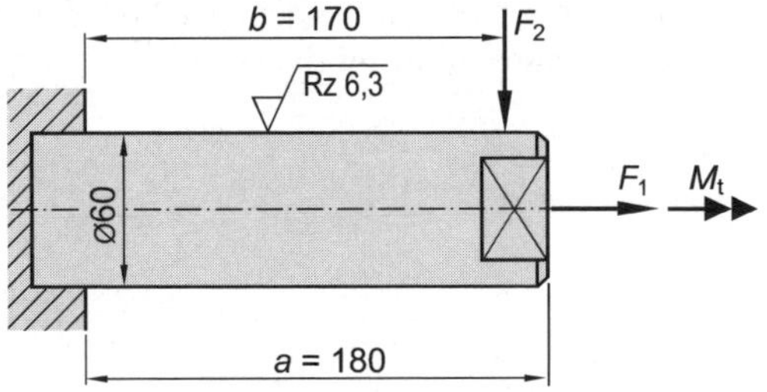

Kerbwirkung an der Einspannstelle sowie Schubspannungen durch Querkräfte sind zu vernachlässigen. Ein Einfluss der Bauteilgröße auf die Schwingfestigkeit muss nicht berücksichtigt werden.

Werkstoffkennwerte 25CrMo4 (vergütet):

$R_{p0,2}$ = 620 N/mm$^2$
$R_m$ = 920 N/mm$^2$
$\sigma_{bW}$ = 450 N/mm$^2$
$E$ = 210000 N/mm$^2$
$\mu$ = 0,30

a) Es wirkt zunächst nur die statische Zugkraft $F_1$ = 700 kN.
   1. Berechnen Sie die Zugspannung im Bolzen.
   2. Ermitteln Sie die Verlängerung des Bolzens infolge der Zugkraft $F_1$.
   3. Berechnen Sie die Sicherheit gegen Fließen ($S_F$). Ist die Sicherheit ausreichend ?

b) Es wirkt die rein wechselnde Kraft $F_2$ = ± 12,5 kN. Ermitteln Sie für die höchst beanspruchte Stelle die Sicherheit gegen Dauerbruch ($S_D$). Ist die Sicherheit ausreichend ?

c) Es wirken nunmehr gleichzeitig die statische Kraft $F_1$ = 700 kN und die rein wechselnde Kraft $F_2$ = ± 12,5 kN. Berechnen Sie die Sicherheiten gegen Fließen ($S_F$) und gegen Dauerbruch ($S_D$).

d) Es wirkt nur das statische Torsionsmoment $M_t$.
   1. Berechnen Sie das zulässige Torsionsmoment $M_t$ damit Fließen des Bolzens an der höchst beanspruchten Stelle nicht eintritt.
   2. Ermitteln Sie für das Torsionsmoment $M_t$ den Verdrehwinkel $\varphi$ des Bolzens.

e) Es wirken gleichzeitig die statische Kraft $F_1$ = 700 kN und ein statisches Torsionsmoment $M_t$. Auf welchen Wert ist $M_t$ zu begrenzen, falls eine Sicherheit gegen Fließen von $S_F$ = 1,5 gefordert wird ?

Für eine Konstruktionsvariante erhält der Bolzen an seinem rechten Ende einen Absatz.

f) Es wirkt nur die statische Kraft $F_2$ = 12,5 kN. Mit welchem Radius $R$ muss der Absatz ausgeführt werden, damit die maximalen Spannungen in den Querschnitten I und II gleich groß werden ?

g) Es soll nun eine rein wechselnde Kraft $F_3$ = ± 12,5 kN wirken. Berechnen Sie für den Querschnitt II die Sicherheit gegen Dauerbruch, falls der Absatz mit einem Radius von $R$ = 2,5 mm ausgeführt wird.

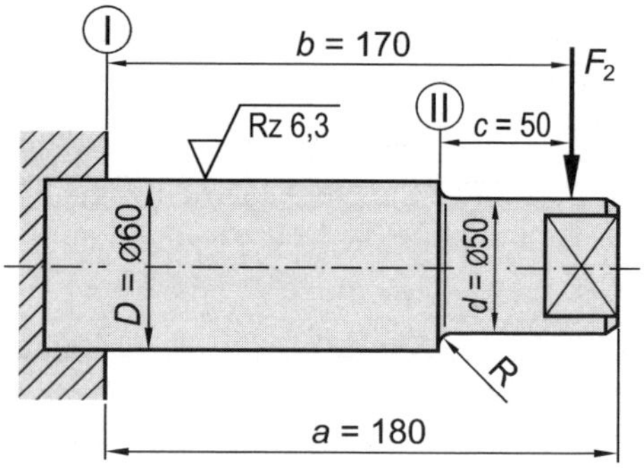

## Aufgabe 13.20

Eine Antriebswelle mit geschliffener Oberfläche ($Rz$ = 12,5 µm) aus der legierten Vergütungsstahlsorte 51CrV4 ist im Hinblick auf eine sichere Dimensionierung unter statischer und schwingender Beanspruchung an der Kerbstelle I zu überprüfen (siehe Abbildung). Ein Einfluss der Bauteilgröße auf die Schwingfestigkeit sowie Schubspannungen durch Querkräfte müssen nicht berücksichtigt werden.

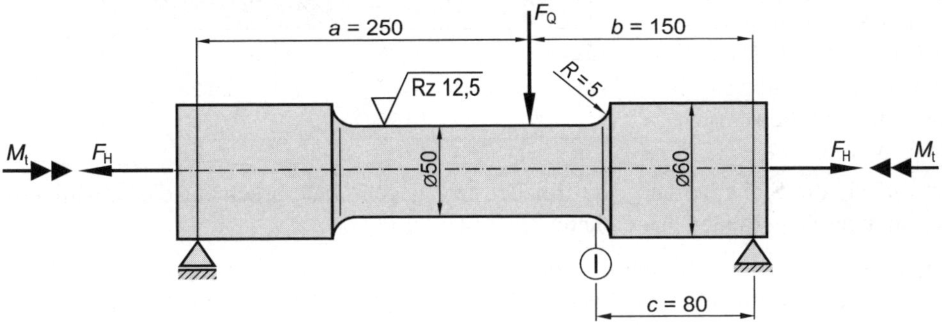


Werkstoffkennwerte 51CrV4:

$R_{p0,2}$ = 930 N/mm²
$R_m$ = 1150 N/mm²
$\sigma_{bW}$ = 570 N/mm²

Die Welle steht zunächst still. An der Welle greifen die statisch wirkenden Kräfte $F_Q$ = 50 kN und $F_H$ = 100 kN an (siehe Abbildung).

a) Berechnen Sie das Biegemoment an der Kerbstelle I.

b) Berechnen Sie das zusätzlich übertragbare statische Torsionsmoment $M_t$ (bei gleichzeitiger Einwirkung der beiden Kräfte $F_Q$ und $F_H$), damit Fließen im Kerbquerschnitt I mit Sicherheit ($S_F$ = 1,50) ausgeschlossen werden kann.

In einem anderen Betriebszustand ist die Schwingfestigkeit der *umlaufenden* Antriebswelle zu überprüfen. Das Torsionsmoment soll hierbei vernachlässigt werden ($M_t$ = 0). Die beiden Kräfte $F_Q$ = 50 kN und $F_H$ = 100 kN bleiben hingegen unverändert.

c) Skizzieren Sie qualitativ den Spannungsverlauf in Abhängigkeit der Zeit im Kerbgrund bei umlaufender Welle.

d) Ermitteln Sie die Kerbwirkungszahl $\beta_{kb}$ für die Biegebeanspruchung.

e) Berechnen Sie die Sicherheit $S_D$ gegen Dauerbruch. Ist die Sicherheit ausreichend ?

## Aufgabe 13.21

Eine an beiden Enden gelagerte, umlaufende Antriebswelle aus der legierten Vergütungsstahlsorte 36NiCrMo16 ($D$ = 100 mm; $a$ = 1000 mm) wird im Betrieb durch die statisch wirkenden Kräfte $F_1$ = 70 kN und $F_2$ = 480 kN belastet (siehe Abbildung). Die Welle besitzt eine gedrehte Oberfläche ($Rz$ = 25 µm). Die Querbohrung sei zunächst (Aufgabenteile a und b) nicht vorhanden. Schubspannungen durch Querkräfte sowie ein Einfluss der Bauteilgröße auf die Schwingfestigkeit muss nicht berücksichtigt werden.

Werkstoffkennwerte 36NiCrMo16:

$R_{p0,2}$ = 900 N/mm²
$R_m$ = 1420 N/mm²
$\sigma_{bW}$ = 710 N/mm²
$E$ = 211000 N/mm²
$\mu$ = 0,30

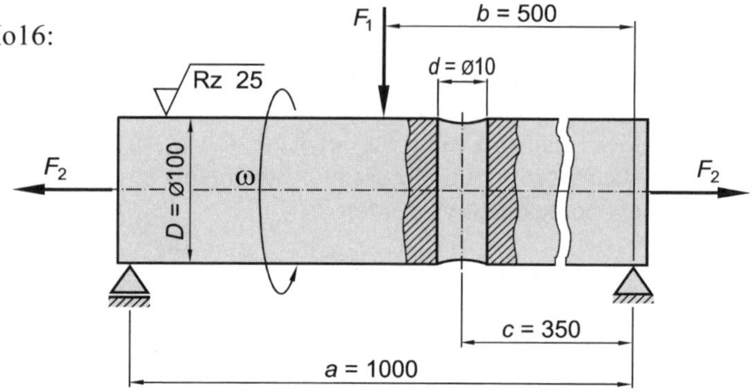


a) Skizzieren Sie quantitativ den zeitlichen Verlauf der Spannung an der höchst beanspruchten Stelle (umlaufende Welle).
b) Berechnen Sie die Sicherheiten gegen Fließen und gegen Dauerbruch für die umlaufende Welle. Sind die Sicherheiten ausreichend ?

Für eine Konstruktionsvariante erhält die Welle eine Querbohrung ($d$ = 10 mm) an der in der Abbildung dargestellten Stelle. Die beiden Kräfte $F_1$ = 70 kN und $F_2$ = 480 kN bleiben unverändert.

c) Ermitteln Sie die Kerbwirkungszahl $\beta_{kb}$ für die Welle mit Querbohrung.
d) Berechnen Sie die Sicherheit gegen Dauerbruch ($S_D$) an der höchst beanspruchten Stelle. Ist die Sicherheit ausreichend ?

## Aufgabe 13.22

Zur Befestigung von Lagerdeckeln an Pleuelstangen sollen Dehnschrauben aus der Vergütungsstahlsorte 34CrNiMo6 verwendet werden. Für die Erprobung wird ein Dehnungsmessstreifen (DMS) am zylindrischen Schaft der Dehnschraube appliziert. Der Dehnungsmessstreifen schließt mit der Schraubenlängsachse einen Winkel von 12° ein (siehe Abbildung). Ein Torsionsmoment durch das Anziehen der Schraube soll zunächst nicht auftreten.

Werkstoffkennwerte 34CrNiMo6:

$R_{p0,2}$ = 1050 N/mm²
$R_m$ = 1400 N/mm²
$\sigma_{zdW}$ = 630 N/mm²
$E$ = 210000 N/mm²
$\mu$ = 0,30

a) Berechnen Sie die Dehnung in Messrichtung des DMS ($\varepsilon_{DMS}$) bei einer statischen Vorspannkraft von $F_V$ = 100 kN.
b) Berechnen Sie den Betrag der zu $F_V$ zusätzlich wirksamen Betriebskraft $F_B$ bei einer Dehnung von $\varepsilon_{DMS}$ = 2,500 ‰ in Messrichtung des DMS.
c) Die Vorspannkraft $F_V$ = 100 kN soll weiterhin wirken. Ermitteln Sie die zusätzlich mögliche Betriebskraft $F_{B1}$ damit im Kerbquerschnitt I keine plastischen Verformungen auftreten.

Im Betrieb überlagert sich der statischen Vorspannkraft $F_V$ = 100 kN eine schwellende Betriebskraft $F_{B2}$ = 50 kN (siehe Abbildung).

d) Bestimmen Sie die Kerbwirkungszahl $\beta_k$ für die Kerbstelle I der Dehnschraube.

e) Ermitteln Sie für die Kerbstelle I die Sicherheit gegen Dauerbruch ($S_D$). Ist die Sicherheit ausreichend ?

Die Oberfläche sei gedreht ($Rz$ = 6,3 µm). Der Lagerdeckel kann als ideal starr angenommen werden. Ein Einfluss der Bauteilgröße auf die Schwingfestigkeit muss nicht berücksichtigt werden.

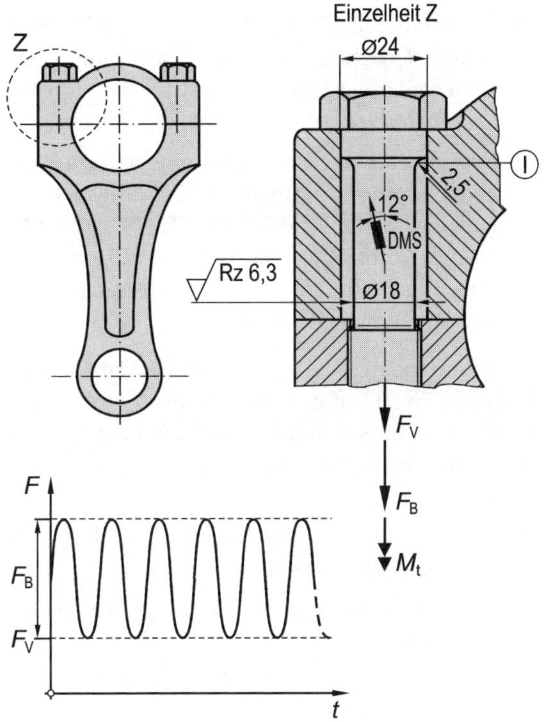


Im Rahmen eines statischen Festigkeitsnachweises für die Dehnschraube soll zur Vorspannkraft $F_V$ = 100 kN ein zusätzliches Torsionsmoment $M_t$ = 63 Nm (beide statisch wirkend) aufgebracht werden.

f) Berechnen Sie die zulässige (zusätzlich zur Vorspannkraft wirkende) statische Betriebskraft $F_{B3}$, damit Fließen an der Kerbstelle I der Dehnschraube mit Sicherheit ($S_F$ = 1,20) ausgeschlossen werden kann.

## Aufgabe 13.23

Die dargestellte Antriebswelle mit gedrehter Oberfläche ($Rz$ = 4 µm) aus der legierten Vergütungsstahlsorte 34Cr4 wird durch die statisch wirkende Zugkraft $F_1$ und das statische Antriebsmoment $M_t$ belastet. Außerdem kann im Betrieb noch eine Querkraft $F_2$ auftreten (siehe Abbildung). Um eine Überbeanspruchung der Welle zu vermeiden, werden am zylindrischen Teil des Schaftes zwei Dehnungsmessstreifen (DMS A und DMS B) in der abgebildeten Weise appliziert.

Werkstoffkennwerte 34Cr4:

$R_{p0,2}$ = 690 N/mm²
$R_m$ = 870 N/mm²
$\sigma_{bW}$ = 430 N/mm²
$E$ = 210000 N/mm²
$\mu$ = 0,30

a) Während eines Probebetriebs betrug die statische Zugkraft $F_1$ = 50 kN und das statische Torsionsmoment $M_{t1}$ = 500 Nm. Eine Querkraft $F_q$ war zunächst nicht vorhanden ($F_2$ = 0). Berechnen Sie die Dehnungen in Messrichtung der beiden Dehnungsmessstreifen (DMS A und DMS B).

b) Ermitteln Sie für die Kerbstelle I (durchgehende Querbohrung) die Formzahlen für Zugbeanspruchung ($\alpha_{kz}$) und für Torsionsbeanspruchung ($\alpha_{kt}$).

c) Berechnen Sie das zulässige, statisch wirkende Antriebsmoment $M_{t2}$, damit bei der gegebenen statischen Zugkraft ($F_1$ = 50 kN) an der Kerbstelle I plastische Verformungen mit Sicherheit ($S_F$ = 1,20) ausgeschlossen werden können ($F_2$ = 0).

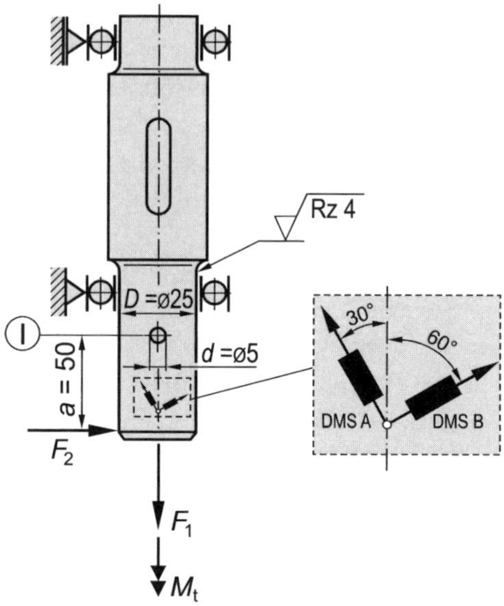


In einem anderen Betriebszustand wird die umlaufende Welle durch die statisch wirkenden Kräfte $F_1$ = 50 kN und $F_2$ = 2,5 kN beansprucht. Das Antriebsmoment kann vernachlässigt werden ($M_t$ = 0).

d) Ermitteln Sie die Kerbwirkungszahl $\beta_{kb}$ für die Biegebeanspruchung.

e) Berechnen Sie die Sicherheit gegen Dauerbruch ($S_D$). Ist die Sicherheit ausreichend ? Schubspannungen durch Querkräfte sowie ein Einfluss der Bauteilgröße auf die Schwingfestigkeit muss nicht berücksichtigt werden.

## Aufgabe 13.24

Eine Welle aus der unlegierten Baustahlsorte E335 mit polierter Oberfläche kann durch die beiden Kräfte $F_1$ und $F_2$ beansprucht werden (siehe Abbildung). Zu untersuchen sind unterschiedliche Belastungsfälle.

Werkstoffkennwerte E335:
$R_e$ = 340 N/mm²
$R_m$ = 600 N/mm²
$\sigma_{bW}$ = 300 N/mm²
$E$ = 210000 N/mm²
$\mu$ = 0,30

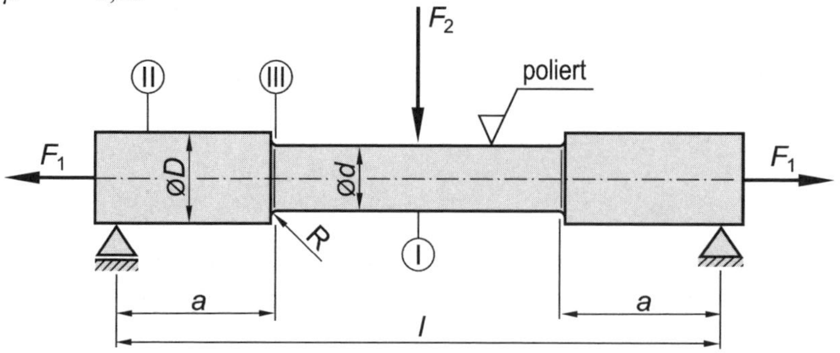


$l$ = 850 mm
$a$ = 200 mm
$D$ = 45 mm
$d$ = 35 mm

a) Stillstehende Welle, $F_1 = 50$ kN (statisch), $F_2 = 0$.
   - Berechnen Sie die Spannungen und Dehnungen in den Querschnitten I und II.
   - Ermitteln Sie den Betrag der Verlängerung der Welle (ohne Berücksichtigung der Kerbwirkung an den Wellenabsätzen).
   - Bestimmen Sie die Sicherheit gegen Fließen in den Querschnitten I und II. Sind die Sicherheiten jeweils ausreichend ?

b) Stillstehende Welle, $F_1 = 0$, $F_2 = 5$ kN (statisch).
   Berechnen Sie die Spannungen im Querschnitt I sowie die Nennspannung im Querschnitt III (Kerbgrund).

c) Ermitteln Sie für die Beanspruchung gemäß Aufgabenteil b) den erforderlichen Radius $R$ der Kerbstelle so, dass die maximale Spannung an der Kerbstelle (Querschnitt III), die Spannung im Querschnitt I nicht übersteigt.

d) Umlaufende Welle, $F_1 = 50$ kN (statisch).
   Berechnen Sie für eine umlaufende Welle die zulässige, statisch wirkende Querkraft $F_2$, sodass an der Kerbstelle (Querschnitt III) kein Dauerbruch eintritt ($S_D = 3{,}0$). Schubspannungen durch Querkräfte sowie ein Einfluss der Bauteilgröße auf die Schwingfestigkeit muss nicht berücksichtigt werden.

## Aufgabe 13.25

Die Dimensionierung eines abgesetzten Bolzens mit geschliffender Oberfläche ($Rz = 6{,}3$ µm) und Vollkreisquerschnitt aus der legierten Vergütungsstahlsorte 30NiCrMo8 soll überprüft werden.

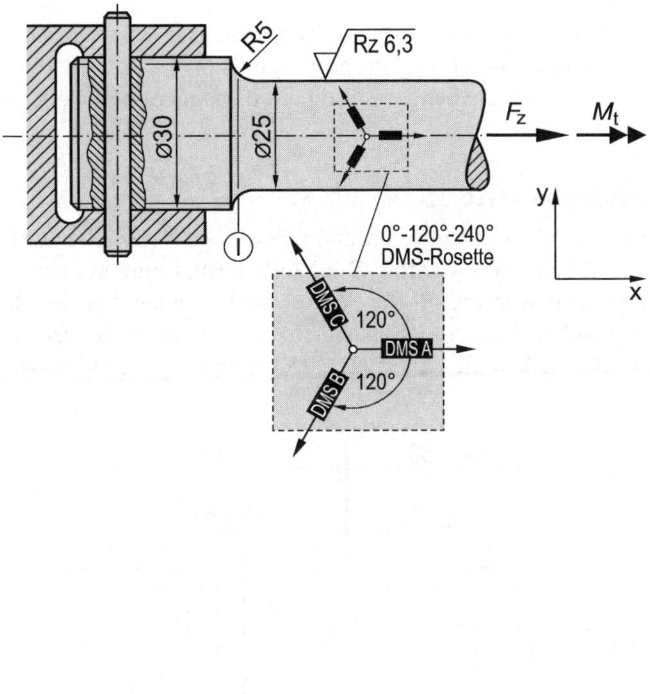


Um die Beanspruchung durch die Zugkraft $F_Z$ und das Torsionsmoment $M_t$ zu ermitteln, wurden drei Dehnungsmessstreifen in hinreichender Entfernung von der Kerbstelle I in der dargestellten Weise appliziert (0°-120°-240°-DMS-Rosette).

Werkstoffkennwerte 30NiCrMo8:

$R_{p0,2}$ = 1180 N/mm²
$R_m$ = 1520 N/mm²
$\sigma_{zdW}$ = 690 N/mm²
$E$ = 210000 N/mm²
$\mu$ = 0,30

a) Zur Überprüfung der Dehnungsmessstreifen wird eine statische Belastung von $F_{z1}$ = 170 kN und $M_{t1}$ = 500 Nm aufgebracht. Ermitteln Sie die Dehnungsanzeigen von DMS A, DMS B und DMS C.

b) Im Betrieb wird der Bolzen einer unbekannten Betriebsbeanspruchung aus einer Zugkraft ($F_{z2}$) und einem unbekannten Torsionsmoment ($M_{t2}$) ausgesetzt. Es werden dabei die folgenden Dehnungen gemessen:

$\varepsilon_A$ = 1,798 ‰
$\varepsilon_C$ = 0,816 ‰

DMS B fiel leider aus und lieferte keine Messwerte. Ermitteln Sie aus den beiden verbliebenen Dehnungsmesswerten die Zugkraft $F_{z2}$ sowie Betrag und Drehrichtung des Torsionsmomentes $M_{t2}$.

c) Ermitteln Sie für die Beanspruchung gemäß Aufgabenteil b) an der Kerbstelle I die Sicherheit gegen Fließen ($S_F$). Ist die Sicherheit ausreichend ?

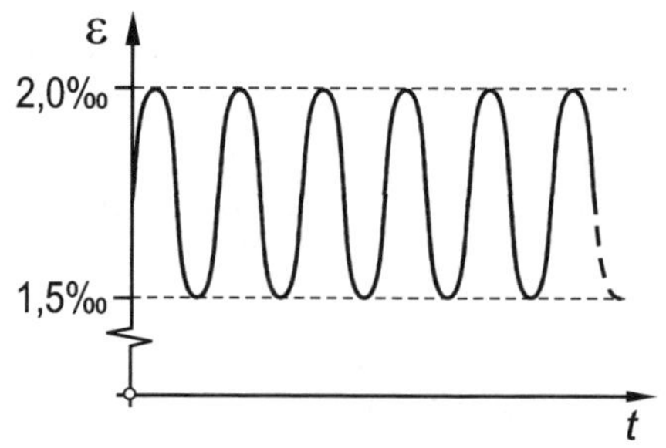


Bei einer anderen Betriebsbeanspruchung tritt nur noch eine zeitlich veränderliche Zugkraft $F_{z3}$, jedoch kein Torsionsmoment mehr auf ($M_t$ = 0). Eine Messung ergab den in der Abbildung dargestellten, sinusförmigen Dehnungs-Zeit-Verlauf am Dehnungsmessstreifen A.

d) Überprüfen Sie, ob der Bolzen bei dieser Belastung im Bereich der Kerbstelle I eine ausreichende Dauerfestigkeit besitzt, falls $S_D$ > 3,0 wird gefordert wird. Ein Einfluss der Bauteilgröße auf die Schwingfestigkeit muss nicht berücksichtigt werden.

## Aufgabe 13.26

Die Abbildung zeigt eine umlaufende Antriebswelle (∅50 mm) mit Querbohrung (∅10 mm) aus Werkstoff 34CrMo4. Die Welle besitzt eine gedrehte Oberfläche ($Rz$ = 12,5 µm). Es soll überprüft werden, ob die Antriebswelle gegenüber unzulässiger plastischer Verformung und gegenüber Dauerbruch ausreichend dimensioniert ist. Während des Betriebs (umlaufende Welle) wirken die Kräfte $F_Q$ = 15 kN und $F_H$ = 250 kN (siehe Abbildung).

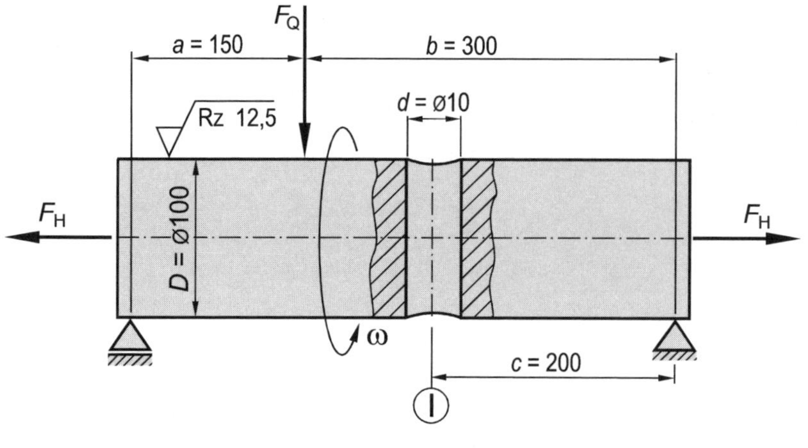

Werkstoffkennwerte 34CrMo4:

$R_{p0,2}$ = 820 N/mm$^2$
$R_m$ = 1050 N/mm$^2$
$\sigma_{bW}$ = 520 N/mm$^2$
$E$ = 210000 N/mm$^2$
$\mu$ = 0,30

a) Berechnen Sie für die Kerbstelle I (Querbohrung) die Sicherheit gegen Fließen ($S_F$). Ist die Sicherheit ausreichend ?

b) Berechnen Sie für die Kerbstelle I (Querbohrung) die Sicherheit gegen Dauerbruch ($S_D$). Ist die Sicherheit ausreichend ? Ein Einfluss der Bauteilgröße auf die Schwingfestigkeit sowie Schubspannungen durch Querkräfte brauchen nicht berücksichtigt zu werden.

c) Ermitteln Sie die zulässige Querkraft $F_{Q1}$, damit bei einer gleich bleibenden Zugkraft von $F_H$ = 250 kN kein Fließen an der Kerbstelle eintritt (stillstehende Welle in der dargestellten Lage).

d) Bestimmen Sie die zulässige Zugkraft $F_{H1}$, damit bei einer gleich bleibenden Querkraft von $F_Q$ = 15 kN kein Fließen an der Kerbstelle eintritt (stillstehende Welle in der dargestellten Lage).

# Anhang 1: Werkstoffkennwerte

**Tabelle A1-1** Mechanische Eigenschaften für **unlegierte Baustähle** nach DIN EN 10025-2

| **Werkstoffsorte** | | | **Mechanische Eigenschaften** | | | | | | |
|---|---|---|---|---|---|---|---|---|---|
| **Kurzname** | | **Werkstoff nummer** | $R_e$ [3] N/mm² min. | $R_m$ [4] N/mm² | $A$ [5] % min. | $\sigma_{zdW}$ [6] N/mm² | $\sigma_{bW}$ [6] N/mm² | $\tau_{tW}$ [6] N/mm² | $\tau_{sW}$ [6] N/mm² |
| **neu** [1] | **alt** [2] | | | | | | | | |
| S185 | St 33 | 1.0035 | 185 | 290 ... 510 | 18 | 140 | 155 | 90 | 80 |
| S235JR | RSt 37-2 | 1.0038 | | | 26 | | | | |
| S235J0 | St 37-3 U | 1.0114 | 235 | 360 ... 510 | 26 | 160 | 180 | 105 | 95 |
| S235J2 | --- | 1.0117 | | | 24 | | | | |
| S275JR | St 44-2 | 1.0044 | | | 23 | | | | |
| S275J0 | St 44-3 U | 1.0143 | 275 | 410 ... 560 | 23 | 195 | 215 | 125 | 110 |
| S275J2 | --- | 1.0145 | | | 21 | | | | |
| S355JR | --- | 1.0045 | | | 22 | | | | |
| S355J0 | St 52-3 U | 1.0553 | 355 | 470 ... 630 | 22 | 230 | 255 | 150 | 130 |
| S355J2 | St 52-3 N | 1.0577 | | | 22 | | | | |
| S355K2 | --- | 1.0596 | | | 20 | | | | |
| S450J0 | --- | 1.0590 | 450 | 550 ... 720 | 17 | --- | --- | --- | --- |
| E295 | St 50-2 | 1.0050 | 295 | 470 ... 610 | 20 | 220 | 245 | 145 | 125 |
| E355 | St 60-2 | 1.0060 | 355 | 570 ... 710 | 16 | 265 | 290 | 170 | 155 |
| E360 | St 70-2 | 1.0070 | 360 | 670 ... 830 | 11 | 310 | 340 | 200 | 180 |

[1] nach DIN 10027-1
[2] nach DIN 17006
[3] Kennwerte für Nenndicken ≤ 16 mm. Kennwerte für Nenndicken > 16 mm siehe DIN EN 10025-2.
[4] Kennwerte für Nenndicken von 3 mm ... 100 mm. Kennwerte für Nenndicken < 3 mm oder > 100 mm siehe DIN EN 10025-2.
[5] Kurzer Proportionalstab ($L_0 = 5{,}65 \cdot \sqrt{S_0}$). Kennwerte gültig für Nenndicken von 3 mm ... 40 mm. Kennwerte für Nenndicken > 40 mm siehe DIN EN 10025-2.
[6] Kennwerte nach FKM-Richtlinie [2].

**Tabelle A1-2** Mechanische Eigenschaften für **normalgeglühte, schweißgeeignete Feinkornbaustähle** nach DIN EN 10025-3

| **Werkstoffsorte** | | | **Mechanische Eigenschaften** | | | | | | |
|---|---|---|---|---|---|---|---|---|---|
| **Kurzname** | | **Werkstoff nummer** | $R_e$ [3] N/mm² min. | $R_m$ [4] N/mm² | $A$ [5] % min. | $\sigma_{zdW}$ [6] N/mm² | $\sigma_{bW}$ [6] N/mm² | $\tau_{tW}$ [6] N/mm² | $\tau_{sW}$ [6] N/mm² |
| **neu** [1] | **alt** [2] | | | | | | | | |
| S275N | StE 285 | 1.0490 | 275 | 370 ... 510 | 24 | 165 | 185 | 110 | 95 |
| S275NL | TStE 285 | 1.0491 | | | | | | | |
| S355N | StE 355 | 1.0545 | 355 | 470 ... 630 | 22 | 210 | 235 | 140 | 120 |
| S355NL | TStE 355 | 1.0546 | | | | | | | |
| S420N | StE 420 | 1.8902 | 420 | 520 ... 680 | 19 | 235 | 260 | 150 | 135 |
| S420NL | TStE 420 | 1.8912 | | | | | | | |
| S460N | StE 460 | 1.8901 | 460 | 550 ... 720 | 17 | 245 | 275 | 160 | 140 |
| S460NL | TStE 460 | 1.8903 | | | | | | | |

[1] nach DIN 10027-1 [2] nach DIN 17006
[3] Kennwerte für Nenndicken ≤ 16 mm. Kennwerte für Nenndicken > 16 mm siehe DIN EN 10025-3.
[4] Kennwerte für Nenndicken ≤ 100 mm. Kennwerte für Nenndicken > 100 mm siehe DIN EN 10025-3.
[5] Kennwerte für Nenndicken ≤ 16 mm. Kennwerte für Nenndicken > 16 mm siehe DIN EN 10025-3.
[6] Kennwerte nach FKM-Richtlinie [2].

**Tabelle A1-3** Mechanische Eigenschaften für **thermomechanisch gewalzte, schweißgeeignete Feinkornbaustähle** nach DIN EN 10025-4

| Werkstoffsorte | | | Mechanische Eigenschaften | | | | | | |
|---|---|---|---|---|---|---|---|---|---|
| Kurzname | | Werkstoff nummer | $R_e$ 3) N/mm² min. | $R_m$ 4) N/mm² | $A$ 5) % min. | $\sigma_{zdW}$ 6) N/mm² | $\sigma_{bW}$ 6) N/mm² | $\tau_{tW}$ 6) N/mm² | $\tau_{sW}$ 6) N/mm² |
| neu 1) | alt 2) | | | | | | | | |
| S275M | ---- | 1.8818 | 275 | 370 ...530 | 24 | 160 | 180 | 105 | 95 |
| S275ML | ---- | 1.8819 | | | | | | | |
| S355M | StE 355 TM | 1.8823 | 355 | 470 ...630 | 22 | 205 | 225 | 130 | 115 |
| S355ML | TStE 355 TM | 1.8834 | | | | | | | |
| S420M | StE 420 TM | 1.8825 | 420 | 520 ...680 | 19 | 225 | 250 | 145 | 130 |
| S420ML | TStE 420 TM | 1.8836 | | | | | | | |
| S460M | StE 460 TM | 1.8827 | 460 | 550 ...720 | 17 | 240 | 265 | 155 | 140 |
| S460ML | TStE 460 TM | 1.8838 | | | | | | | |

1) nach DIN 10027-1
2) nach DIN 17006
3) Kennwerte für Nenndicken ≤ 16 mm. Kennwerte für Nenndicken > 16 mm siehe DIN EN 10025-4.
4) Kennwerte für Nenndicken ≤ 40 mm. Kennwerte für Nenndicken > 40 mm siehe DIN EN 10025-4.
5) Kurzer Proportionalstab ($L_0 = 5{,}65 \cdot \sqrt{S_0}$).
6) Kennwerte nach FKM-Richtlinie [2].

**Tabelle A1-4** Mechanische Eigenschaften für **Vergütungsstähle im vergüteten Zustand** nach DIN EN 10083-2 und -3

| Werkstoffsorte | | | Mechanische Eigenschaften | | | | | | |
|---|---|---|---|---|---|---|---|---|---|
| Kurzname | | Werkstoff nummer | $R_{p0,2}$ 3) N/mm² min. | $R_m$ 3) N/mm² | $A$ 3) 4) % min. | $\sigma_{zdW}$ 5) N/mm² | $\sigma_{bW}$ 5) N/mm² | $\tau_{tW}$ 5) N/mm² | $\tau_{sW}$ 5) N/mm² |
| neu 1) | alt 2) | | | | | | | | |
| **Unlegierte Vergütungsstähle** | | | | | | | | | |
| C22E<br>C22R | Ck 22<br>Cm 22 | 1.1151<br>1.1149 | 340 | 500 ...650 | 20 | 225 | 250 | 145 | 130 |
| C35E<br>C35R<br>C35 | Ck 35<br>Cm 35<br>C 35 | 1.1181<br>1.1180<br>1.0501 | 430 | 630 ...780 | 17 | 285 | 310 | 185 | 165 |
| C40E<br>C40R<br>C40 | Ck 40<br>Cm 40<br>C 40 | 1.1186<br>1.1189<br>1.0511 | 460 | 650 ...800 | 16 | 295 | 320 | 190 | 170 |
| C45E<br>C45R<br>C45 | Ck 45<br>Cm 45<br>C 45 | 1.1191<br>1.1201<br>1.0503 | 490 | 700 ...850 | 14 | 315 | 345 | 205 | 185 |
| C50E<br>C50R | Ck 50<br>Cm 50 | 1.1206<br>1.1241 | 520 | 750 ...900 | 13 | 340 | 365 | 215 | 195 |
| C55E<br>C55R<br>C55 | Ck 55<br>Cm 55<br>C 55 | 1.1203<br>1.1209<br>1.0535 | 550 | 800 ...950 | 12 | 360 | 390 | 230 | 210 |
| C60E<br>C60R<br>C60 | Ck 60<br>Cm 60<br>C 60 | 1.1221<br>1.1223<br>1.0601 | 580 | 850 ...1000 | 11 | 385 | 415 | 245 | 220 |
| 28Mn6 | 28 Mn 6 | 1.1170 | 590 | 800 ... 950 | 13 | 360 | 390 | 230 | 210 |

**Fortsetzung Tabelle A1-4** Mechanische Eigenschaften für **Vergütungsstähle im vergüteten Zustand** nach DIN EN 10083-2 und -3

| Werkstoffsorte | | | Mechanische Eigenschaften | | | | | | |
|---|---|---|---|---|---|---|---|---|---|
| Kurzname | | Werkstoffnummer | $R_{p0,2}$ 3) | $R_m$ 3) | $A$ 3) 4) | $\sigma_{zdW}$ 5) | $\sigma_{bW}$ 5) | $\tau_{tW}$ 5) | $\tau_{sW}$ 5) |
| neu 1) | alt 2) | | N/mm² min. | N/mm² | % min. | N/mm² | N/mm² | N/mm² | N/mm² |
| **Legierte Vergütungsstähle** | | | | | | | | | |
| 38Cr2 | 38 Cr 2 | 1.7003 | 550 | 800 ... 950 | 14 | 360 | 390 | 230 | 210 |
| 38CrS2 | 38 CrS 2 | 1.7023 | | | | | | | |
| 46Cr2 | 46 Cr 2 | 1.7006 | 650 | 900 ... 1100 | 12 | 405 | 435 | 260 | 235 |
| 46CrS2 | 46 CrS 2 | 1.7025 | | | | | | | |
| 34Cr4 | 34 Cr 4 | 1.7033 | 700 | 900 ... 1100 | 12 | 405 | 435 | 260 | 235 |
| 34CrS4 | 34 CrS 4 | 1.7037 | | | | | | | |
| 37Cr4 | 37 Cr 4 | 1.7034 | 750 | 950 ... 1150 | 11 | 430 | 460 | 270 | 245 |
| 37CrS4 | 37 CrS 4 | 1.7038 | | | | | | | |
| 41Cr4 | 41 Cr 4 | 1.7035 | 800 | 1000 ... 1200 | 11 | 450 | 480 | 285 | 260 |
| 41CrS4 | 41 CrS 4 | 1,7039 | | | | | | | |
| 25CrMo4 | 25 CrMo 4 | 1.7218 | 700 | 900 ... 1100 | 12 | 405 | 435 | 260 | 235 |
| 25CrMoS4 | 25 CrMoS 4 | 1.7213 | | | | | | | |
| 34CrMo4 | 34 CrMo 4 | 1.7220 | 800 | 1000 ... 1200 | 11 | 450 | 480 | 285 | 260 |
| 34CrMoS4 | 34 CrMoS 4 | 1.7226 | | | | | | | |
| 42CrMo4 | 42 CrMo 4 | 1.7225 | 900 | 1100 ... 1300 | 10 | 495 | 525 | 315 | 285 |
| 42CrMoS4 | 42 CrMoS 4 | 1,7227 | | | | | | | |
| 50CrMo4 | 50 CrMo 4 | 1.7228 | 900 | 1100 ... 1300 | 9 | 495 | 525 | 315 | 285 |
| 34CrNiMo6 | 34 CrNiMo 6 | 1.6582 | 1000 | 1200 ... 1400 | 6 | 540 | 570 | 340 | 310 |
| 30CrNiMo8 | 30 CrNiMo 8 | 1.6580 | 1050 | 1250 ... 1450 | 9 | 565 | 595 | 355 | 325 |
| 36CrNiMo16 | ---- | 1.6773 | 740 | 880 ... 1180 | 12 | 565 | 595 | 355 | 325 |
| 39NiCrMo3 | ---- | ---- | 785 | 980 ... 1180 | 11 | ---- | ---- | ---- | ---- |
| 30NiCrMo16-6 | | 1.6747 | 880 | 1080 ... 1230 | 10 | ---- | ---- | ---- | ---- |
| 51CrV4 | 50CrV4 | 1.8159 | 900 | 1100 ... 1300 | 9 | 495 | 525 | 315 | 285 |
| 20MnB5 | ---- | 1.5530 | 700 | 900 ... 1050 | 14 | ---- | ---- | ---- | ---- |
| 30MnB5 | ---- | 1.5531 | 800 | 950 ... 1150 | 13 | ---- | ---- | ---- | ---- |

1) nach DIN 10027-1
2) nach DIN 17006
3) Kennwerte für maßgebliche Querschnitte ≤ 16 mm bzw. für Flacherzeugnisse mit Dicken ≤ 8 mm. Kennwerte für Querschnitte > 16 mm bzw. Dicken > 8 mm siehe DIN EN 10083-2 bzw. -3.
4) Kurzer Proportionalstab ($L_0 = 5{,}65 \cdot \sqrt{S_0}$). Kennwerte für Nenndicken von 3 mm ... 40 mm. Kennwerte für Nenndicken > 40 mm siehe DIN EN 10083-2 bzw. -3.
5) Kennwerte nach FKM-Richtlinie [2]. Falls keine Werte angegeben, erfolgt die Berechnung gemäß Tabelle 13.2.

**Tabelle A1-5** Mechanische Eigenschaften für **Einsatzstähle** nach DIN EN 10084 (Auswahl)

| Werkstoffsorte | | | Mechanische Eigenschaften | | | | | | |
|---|---|---|---|---|---|---|---|---|---|
| Kurzname | | Werkstoff nummer | $R_{p0,2}$ [3)] N/mm² min. | $R_m$ N/mm² min. | $A$ % min. | $\sigma_{zdW}$ [3)] N/mm² | $\sigma_{bW}$ [3)] N/mm² | $\tau_{tW}$ [3)] N/mm² | $\tau_{sW}$ [3)] N/mm² |
| neu [1)] | alt [2)] | | | | | | | | |
| **Unlegierte Einsatzstähle** | | | | | | | | | |
| C10E | Ck 10 | 1.1121 | 310 | 500 | k.A. | 200 | 220 | 130 | 115 |
| C10R | ---- | 1.1207 | | | | | | | |
| C15E | Ck 15 | 1.1141 | 545 | 750 | k.A. | 320 | 345 | 205 | 185 |
| C15R | Cm 15 | 1.1140 | | | | | | | |
| C16E | ---- | 1.1148 | 545 | 780 | k.A. | 320 | 345 | 205 | 185 |
| C16R | ---- | 1.1208 | | | | | | | |
| **Legierte Einsatzstähle** | | | | | | | | | |
| 17Cr3 | 17 Cr 3 | 1.7016 | 545 | 780 | k.A. | 320 | 345 | 205 | 185 |
| 28Cr4 | 28 Cr 4 | 1.7030 | 620 | 870 | k.A. | 360 | 385 | 230 | 210 |
| 16MnCr5 | 16 MnCr 5 | 1.7131 | 695 | 1000 | k.A. | 400 | 430 | 255 | 230 |
| 20MnCr5 | 20 MnCr 5 | 1.7147 | 850 | 1200 | k.A. | 480 | 510 | 305 | 280 |
| 18CrMo4 | --- | 1.7243 | 775 | 1100 | k.A. | 440 | 470 | 280 | 255 |
| 22CrMoS3-5 | 22 CrMoS 3-5 | 1.7333 | 775 | 1100 | k.A. | 440 | 470 | 280 | 255 |
| 20MoCr3 | --- | 1.7320 | 620 | 880 | k.A. | 360 | 385 | 230 | 210 |
| 20MoCr4 | 20 MoCr 4 | 1.7321 | 620 | 880 | k.A. | 360 | 385 | 230 | 210 |
| 16NiCr4 | --- | 1.5714 | 695 | 950 | k.A. | 400 | 430 | 255 | 230 |
| 10NiCr5-4 | --- | 1.5805 | 620 | 850 | k.A. | 360 | 385 | 230 | 210 |
| 18NiCr5-4 | --- | 1.5810 | 850 | 1200 | k.A. | 480 | 510 | 305 | 280 |
| 17CrNi6-6 | --- | 1.5918 | 850 | 1200 | k.A. | 480 | 510 | 305 | 280 |
| 15NiCr13 | --- | 1.5752 | 695 | 1000 | k.A. | 400 | 430 | 255 | 230 |
| 20NiCrMo2-2 | 21 NiCrMo 2 | 1.6523 | 775 | 1100 | k.A. | 440 | 470 | 280 | 255 |
| 17NiCrMo6-4 | --- | 1.6566 | 850 | 1200 | k.A. | 480 | 510 | 305 | 280 |
| 20NiCrMoS6-4 | --- | 1.6571 | 850 | 1200 | k.A. | 480 | 510 | 305 | 280 |
| 18CrNiMo7-6 | 17 CrNiMo 6 | 1.6587 | 850 | 1200 | k.A. | 480 | 510 | 305 | 280 |
| 14NiCrMo13-4 | --- | 1.6657 | 850 | 1200 | k.A. | 480 | 510 | 305 | 280 |

1) nach DIN 10027-1
2) nach DIN 17006
3) Kennwerte für nach FKM-Richtlinie [2].
k.A. = keine Angabe

**Tabelle A1-6** Mechanische Eigenschaften für **Nitrierstähle** nach DIN EN 10085

| **Werkstoffsorte** | | **Mechanische Eigenschaften** (im vergüteten Zustand) | | | | | | |
|---|---|---|---|---|---|---|---|---|
| **Kurzname** | **Werkstoff nummer** | $R_{p0,2}$ [1] N/mm² min. | $R_m$ [1] N/mm² | $A$ [1] % min. | $\sigma_{zdW}$ [2] N/mm² | $\sigma_{bW}$ [2] N/mm² | $\tau_{tW}$ [2] N/mm² | $\tau_{sW}$ [2] N/mm² |
| 24CrMo3-6 | 1.8516 | 800 | 1000 ... 1200 | 10 | 450 | 480 | 285 | 260 |
| 31CrMo12 | 1.8515 | 835 | 1030 ... 1230 | 10 | 465 | 495 | 295 | 270 |
| 32CrAlMo7-10 | 1.8505 | 835 | 1030 ... 1230 | 10 | 465 | 495 | 295 | 270 |
| 31CrMoV9 | 1.8519 | 900 | 1100 ... 1300 | 9 | 495 | 525 | 315 | 285 |
| 33CrMoV12-9 | 1.8522 | 950 | 1150 ... 1350 | 11 | 520 | 550 | 330 | 300 |
| 34CrAlNi7-10 | 1.8550 | 680 | 900 ... 1100 | 10 | 405 | 435 | 260 | 235 |
| 41CrAlMo7-10 | 1.8509 | 750 | 950 ... 1150 | 11 | 430 | 460 | 275 | 250 |
| 40CrMoV13-9 | 1.8523 | 750 | 950 ... 1100 | 11 | 430 | 460 | 275 | 250 |
| 34CrAlMo5-10 | 1.8807 | 600 | 800 ... 1000 | 14 | 360 | 390 | 230 | 210 |

[1] Kennwerte für Dicken von 16 mm ... 40 mm. Kennwerte für Dicken > 40 mm siehe DIN EN 10085.
[2] Kennwerte nach FKM-Richtlinie [2].

**Tabelle A1-7** Mechanische Eigenschaften für **nichtrostende Stähle** nach DIN EN 10088

| **Werkstoffsorte** | | **Mechanische Eigenschaften** [1] | | | | | | |
|---|---|---|---|---|---|---|---|---|
| **Kurzname** | **Werkstoff-nummer** | $R_{p0,2}$ [2] N/mm² min. | $R_m$ [2] N/mm² | $A$ [2] [3] % min. | $\sigma_{zdW}$ [4] N/mm² | $\sigma_{bW}$ [4] N/mm² | $\tau_{tW}$ [4] N/mm² | $\tau_{sW}$ [4] N/mm² |
| **Nichtrostende ferritische Stähle** (geglühter Zustand) | | | | | | | | |
| X2CrNi12 | 1.4003 | 250 | 450 ... 650 | 18 | 180 | 205 | 120 | 105 |
| X6CrAl13 | 1.4002 | 210 | 400 ... 600 | 17 | 160 | 180 | 110 | 90 |
| X6Cr17 | 1.4016 | 240 | 430 ... 630 | 20 | 170 | 195 | 115 | 100 |
| X6CrMo17-1 | 1.4113 | 260 | 450 ... 630 | 18 | 180 | 205 | 120 | 105 |
| X6CrNi17-1 | 1.4017 | 330 | 500 ... 750 | 12 | 260 | 290 | 175 | 150 |
| X2CrTiNb18 | 1.4509 | 230 | 430 ... 630 | 18 | 170 | 195 | 115 | 100 |
| **Nichtrostende austenitische Stähle** (lösungsgeglühter Zustand) | | | | | | | | |
| X10CrNi18-8 | 1.4310 | 250 | 600 ... 950 | 40 | 240 | 270 | 160 | 140 |
| X2CrNiN18-10 | 1.4311 | 270 | 550 ... 750 | 40 | 220 | 245 | 145 | 125 |
| X5CrNi18-10 | 1.4301 | 210 | 520 ... 720 | 45 | 230 | 235 | 140 | 120 |
| X6CrNiTi18-10 | 1.4541 | 200 | 500 ... 700 | 40 | 200 | 225 | 135 | 115 |
| X6CrNiMoTi17-12-2 | 1.4571 | 220 | 520 ... 670 | 40 | 210 | 235 | 140 | 120 |
| X2CrNiMoN17-13-5 | 1.4439 | 270 | 580 ... 780 | 40 | 230 | 260 | 155 | 135 |
| X1NiCrMoCuN25-20-7 | 1.4529 | 300 | 650 ... 850 | 40 | 260 | 290 | 170 | 150 |
| **Nichtrostende austenitisch-ferritische Stähle** (lösungsgeglühter Zustand) | | | | | | | | |
| X2CrNiN23-4 | 1.4362 | 400 | 630 ... 800 | 25 | 250 | 280 | 165 | 145 |
| X2CrNiMoN25-7-4 | 1.4410 | 530 | 730 ... 930 | 20 | 290 | 320 | 190 | 170 |
| **Nichtrostende martensitische Stähle** (vergüteter Zustand) | | | | | | | | |
| X20Cr13 | 1.4021 | 550 | 750 ... 950 | 10 | 300 | 330 | 195 | 175 |
| X4CrNiMo16-5-1 | 1.4418 | 660 | 840 ... 1100 | 14 | 335 | 410 | 220 | 195 |

[1] Für Blech und Band für die allgemeine Verwendung.
[2]
- Ferritische Stähle: Warmgewalztes Blech bis 25 mm Dicke. Längsproben. Für X6CrNi17-1 warmgewalztes Band bis 13,5 mm Dicke.
- Austenitische Stähle: Warmgewalztes Blech bis 75 mm Dicke. Querproben. Für X10CrNi18-8 kaltgewalztes Band bis 8 mm Dicke. Querproben.
- Austenitisch-ferritische Stähle: Werte gültig für warmgewalztes Band bis 75 mm Dicke. Querproben.
- Martensitische Stähle: für X20Cr13 vergüteter Zustand (+QT750) und für X4CrNiMo16-5-1 vergüteter Zustand (+QT840). Warmgewalztes Band mit Dicken bis 75 mm. Längsproben.

[3] Kurzer Proportionalstab ($L_0 = 5{,}65 \cdot \sqrt{S_0}$). Kennwerte für Dicken > 3 mm.
[4] Kennwerte nach FKM-Richtlinie [2].

**Tabelle A1-8** Mechanische Eigenschaften für **Stahlguss für allgemeine Anwendungen** nach DIN EN 10293

| Werkstoffsorte | | | Mechanische Eigenschaften | | | | | | |
|---|---|---|---|---|---|---|---|---|---|
| Kurzname | | Werkstoffnummer | $R_{p0,2}$ [3] N/mm² min. | $R_m$ [3] N/mm² | $A$ [3] % min. | $\sigma_{zdW}$ [4] N/mm² | $\sigma_{bW}$ [4] N/mm² | $\tau_{tW}$ [4] N/mm² | $\tau_{sW}$ [4] N/mm² |
| neu [1] | alt [2] | | | | | | | | |
| GE200 | GS-38 | 1.0420 | 200 | 380 ... 530 | 25 | 130 | 150 | 90 | 75 |
| GE240 | GS-45 | 1.0446 | 240 | 450 ... 600 | 22 | 150 | 180 | 105 | 90 |
| GE300 | GS-60 | 1.0558 | 300 | 600 ... 750 | 15 | 205 | 235 | 140 | 120 |
| G28Mn6 | GS-30 Mn 5 | 1.1165 | 260 | 520 ... 670 | 18 | 175 | 205 | 125 | 100 |
| G26CrMo4 | GS-25 CrMo 4 | 1.7221 | 300 | 550 ... 700 | 14 | 185 | 215 | 130 | 110 |
| G34CrMo4 | GS-34 CrMo 4 | 1.7230 | 480 | 620 ... 770 | 10 | 220 | 250 | 150 | 130 |
| G42CrMo4 | GS-42 CrMo 4 | 1.7231 | 550 | 700 ... 850 | 10 | 240 | 270 | 160 | 135 |
| G30CrMoV6-4 | GS-30 CrMoV 6 4 | 1.7725 | 550 | 750 ... 900 | 12 | 220 | 250 | 150 | 130 |
| G35CrNiMo6-6 | GS-34 CrNiMo 6 | 1.6579 | 650 | 800 ... 950 | 12 | 270 | 305 | 185 | 155 |
| G32NiCrMo8-5-4 | GS-30 NiCrMo 8 5 | 1.6570 | 650 | 820 ... 970 | 14 | 270 | 305 | 185 | 155 |

1) nach DIN EN 10027-1
2) nach DIN 17006-4
3) GE200, GE240: normalgeglüht, Kennwerte für Nenndicken bis 300 mm.
GE300: normalgeglüht, Kennwerte für Nenndicken bis 30 mm.
G28Mn6: normalgeglüht, Kennwerte für Nenndicken bis 250 mm.
G26CrMo4: vergütet (+QT1), Kennwerte für Nenndicken bis 250 mm.
G34CrMo4, G42CrMo4, G30CrMoV6-4 und G35CrNiMo6-6: vergütet (+QT1), Kennwerte für Nenndicken von 100 mm ... 150 mm.
G32NiCrMo8-5-4: vergütet (+QT1), Kennwerte für Nenndicken von 100 mm ... 250 mm.
4) Kennwerte nach FKM-Richtlinie [2].

**Tabelle A1-9** Mechanische Eigenschaften für **graues Gusseisen mit Lamellengraphit** nach DIN EN 1561

| Werkstoffsorte | | | Mechanische Eigenschaften | | | | | | |
|---|---|---|---|---|---|---|---|---|---|
| Kurzname | | Werkstoffnummer | $R_{p0,2}$ [3] N/mm² min. | $R_m$ [3] N/mm² | $A$ [3] % min. | $\sigma_{zdW}$ [4) 5)] N/mm² | $\sigma_{bW}$ [4) 6)] N/mm² | $\tau_{tW}$ [4] N/mm² | $\tau_{sW}$ [4] N/mm² |
| neu [1] | alt [2] | | | | | | | | |
| EN-GJL-100 | GG-10 | EN-JL-1010 | --- | 100 … 200 | 0,3 …0,8 | 30 | 45 | 40 | 25 |
| EN-GJL-150 | GG-15 | EN-JL-1020 | --- | 150 … 250 | 0,3 …0,8 | 45 | 70 | 60 | 40 |
| EN-GJL-200 | GG-20 | EN-JL-1030 | --- | 200 … 300 | 0,3 …0,8 | 60 | 90 | 75 | 50 |
| EN-GJL-250 | GG-25 | EN-JL-1040 | --- | 250 … 350 | 0,3 …0,8 | 75 | 110 | 95 | 65 |
| EN-GJL-300 | GG-30 | EN-JL-1050 | --- | 300 … 400 | 0,3 …0,8 | 90 | 140 | 115 | 75 |
| EN-GJL-350 | GG-35 | EN-JL-1060 | --- | 350 … 450 | 0,3 …0,8 | 105 | 145 | 130 | 90 |

1) nach DIN EN 1560
2) nach DIN 17006-4
3) Mechanische Eigenschaften gemessen an Proben aus getrennt gegossenen Probestücken. Rohgussdurchmesser 30 mm bzw. maßgebende Wanddicke 15 mm. Kennwerte für abweichende Wanddicken siehe DIN EN 1561.
4) Kennwerte nach FKM-Richtlinie [2].
5) Weitere Kennwerte siehe DIN EN 1561. Näherungsweise wird dort angegeben: $\sigma_{zdW} = 0{,}26 \cdot R_m$
6) Weitere Kennwerte siehe DIN EN 1561. Näherungsweise wird dort angegeben: $\sigma_{bW} = 0{,}35 \ldots 0{,}5 \cdot R_m$

**Tabelle A1-10** Mechanische Eigenschaften für **graues Gusseisen mit Kugelgraphit** nach DIN EN 1563

| **Werkstoffsorte** | | | **Mechanische Eigenschaften** | | | | | | |
|---|---|---|---|---|---|---|---|---|---|
| **Kurzname** | | **Werkstoff** | $R_{p0,2}$ 3) | $R_m$ 3) | $A$ 3) | $\sigma_{zdW}$ 4) | $\sigma_{bW}$ 4) | $\tau_{tW}$ 4) | $\tau_{sW}$ 4) |
| **neu** 1) | **alt** 2) | **nummer** | N/mm² min. | N/mm² min. | % min. | N/mm² | N/mm² | N/mm² | N/mm² |
| EN-GJS-350-22 | --- | EN-JS-1010 | 220 | 350 | 22 | 120 | 160 | 110 | 75 |
| EN-GJS-400-18 | --- | EN-JS-1020 | 250 | 400 | 18 | 135 | 185 | 120 | 90 |
| EN-GJS-400-15 | GGG-40 | EN-JS-1030 | 250 | 400 | 15 | 135 | 185 | 120 | 90 |
| EN-GJS-450-10 | --- | EN-JS-1040 | 310 | 450 | 10 | 155 | 205 | 135 | 100 |
| EN-GJS-500-7 | GGG-50 | EN-JS-1050 | 320 | 500 | 7 | 170 | 225 | 150 | 110 |
| EN-GJS-600-3 | GGG-60 | EN-JS-1060 | 370 | 600 | 3 | 205 | 265 | 180 | 135 |
| EN-GJS-700-2 | GGG-70 | EN-JS-1070 | 420 | 700 | 2 | 240 | 305 | 205 | 155 |
| EN-GJS-800-2 | GGG-80 | EN-JS-1080 | 480 | 800 | 2 | 270 | 340 | 235 | 175 |
| EN-GJS-900-2 | --- | EN-JS-1090 | 600 | 900 | 2 | 305 | 380 | 260 | 200 |

1) nach DIN EN 1560
2) nach DIN 17006-4
3) Mechanische Eigenschaften gemessen an Proben aus getrennt gegossenen Probestücken.
4) Kennwerte nach FKM-Richtlinie [2].

**Tabelle A1-11** Mechanische Eigenschaften für **Temperguss** nach DIN EN 1562

| **Werkstoffsorte** | | | **Mechanische Eigenschaften** | | | | | | |
|---|---|---|---|---|---|---|---|---|---|
| **Kurzname** | | **Werkstoff** | $R_{p0,2}$ 3) | $R_m$ 3) | $A$ 3) | $\sigma_{zdW}$ 4) | $\sigma_{bW}$ 4) | $\tau_{tW}$ 4) | $\tau_{sW}$ 4) |
| **neu** 1) | **alt** 2) | **nummer** | N/mm² min. | N/mm² min. | % min. | N/mm² | N/mm² | N/mm² | N/mm² |
| **Weißer Temperguss** | | | | | | | | | |
| EN-GJMW-350-4 | GTW-35-04 | EN-JM-1010 | --- | 350 | 4 | 105 | 150 | 115 | 80 |
| EN-GJMW-360-12 | GTW-S-38-12 | EN-JM-1020 | 190 | 360 | 12 | 110 | 155 | 120 | 80 |
| EN-GJMW-400-5 | GTW-40-05 | EN-JM-1030 | 220 | 400 | 5 | 120 | 170 | 130 | 90 |
| EN-GJMW-450-7 | GTW-45-07 | EN-JM-1040 | 260 | 450 | 7 | 135 | 190 | 145 | 100 |
| EN-GJMW-550-4 | --- | EN-JM-1050 | 340 | 550 | 4 | 165 | 230 | 175 | 125 |
| **Schwarzer Temperguss** | | | | | | | | | |
| EN-GJMB-300-6 | --- | EN-JM-1110 | --- | 300 | 6 | 90 | 130 | 100 | 70 |
| EN-GJMB-350-10 | GTS-35-10 | EN-JM-1130 | 200 | 350 | 10 | 105 | 150 | 115 | 80 |
| EN-GJMB-450-6 | GTS-45-06 | EN-JM-1140 | 270 | 450 | 6 | 135 | 190 | 145 | 100 |
| EN-GJMB-500-5 | --- | EN-JM-1150 | 300 | 500 | 5 | 150 | 210 | 160 | 115 |
| EN-GJMB-550-4 | GTS-55-04 | EN-JM-1160 | 340 | 550 | 4 | 165 | 230 | 175 | 125 |
| EN-GJMB-600-3 | --- | EN-JM-1170 | 390 | 600 | 3 | 180 | 250 | 190 | 135 |
| EN-GJMB-650-2 | GTS-65-02 | EN-JM-1180 | 430 | 650 | 2 | 195 | 265 | 205 | 145 |
| EN-GJMB-700-2 | GTS-70-02 | EN-JM-1190 | 530 | 700 | 2 | 210 | 285 | 220 | 160 |
| EN-GJMB-800-1 | --- | EN-JM-1200 | 600 | 800 | 1 | 240 | 320 | 250 | 180 |

1) nach DIN EN 1560
2) nach DIN 17006-4
3) Mechanische Eigenschaften für einen Probendurchmesser von 12 mm bei weißem Temperguss und 12 mm oder 15 mm bei schwarzem Temperguss. Kennwerte für abweichende Probendurchmesser siehe DIN EN 1562.
4) Kennwerte nach FKM-Richtlinie [2].

**Tabelle A1-12** Mechanische Eigenschaften für **Aluminiumknetlegierungen** nach DIN EN 485-2 (Auswahl)

| Werkstoffsorte | | | Mechanische Eigenschaften | | | | | | |
|---|---|---|---|---|---|---|---|---|---|
| **Kurzname** [1] | **Numerische Bezeichnung** [2] | **Wst.-zustand** [3] | $R_{p0,2}$ [4] N/mm² min. | $R_m$ [4] N/mm² min. | $A_{50}$ [4] % min. | $\sigma_{zdW}$ [5] N/mm² | $\sigma_{bW}$ [5] N/mm² | $\tau_{tW}$ [5] N/mm² | $\tau_{sW}$ [5] N/mm² |
| EN-AW Al Cu4SiMg | EN AW-2014 | T451 | 240 | 395 | 14 | 120 | 140 | 85 | 70 |
| | | T651 | 390 | 440 | 7 | 130 | 150 | 95 | 75 |
| EN-AW Al Cu4Mg | EN AW-2024 | T4 | 275 | 425 | 14 | 130 | 145 | 90 | 75 |
| | | T62 | 345 | 440 | 5 | 130 | 150 | 95 | 75 |
| EN-AW Al Si1Fe | EN AW-4006 | H14 | 120 | 140 | 3 | 40 | 55 | 35 | 25 |
| | | T4 | 55 | 120 | 18 | 35 | 50 | 30 | 20 |
| EN-AW Al Mg2,5 | EN AW-5052 | O | 65 | 170 | 16 | 50 | 65 | 40 | 30 |
| | | H12 | 160 | 210 | 8 | 65 | 85 | 50 | 35 |
| | | H18 | 240 | 270 | 2 | 80 | 100 | 60 | 45 |
| EN-AW Al Mg3 | EN AW-5754 | O | 80 | 190 | 16 | 55 | 75 | 45 | 35 |
| | | H12 | 170 | 220 | 6 | 65 | 85 | 50 | 40 |
| | | H18 | 250 | 290 | 2 | 85 | 105 | 65 | 50 |
| EN-AW Al Mg4,5Mn0,7 | EN AW-5083 | O | 125 | 275 | 13 | 85 | 100 | 60 | 45 |
| | | H12 | 250 | 315 | 5 | 95 | 115 | 70 | 55 |
| | | H16 | 300 | 360 | 2 | 110 | 130 | 80 | 60 |
| EN-AW Al Si1MgMn | EN AW-6082 | T451 | 110 | 205 | 14 | 60 | 80 | 50 | 35 |
| | | T651 | 260 | 310 | 7 | 95 | 110 | 70 | 55 |
| EN-AW Al Zn4,5Mg1 | EN AW-7020 | T451 | 210 | 320 | 12 | 95 | 115 | 70 | 55 |
| | | T651 | 280 | 350 | 8 | 105 | 125 | 75 | 60 |
| EN-AW Al Zn5,5MgCu | EN AW-7075 | T62 | 470 | 540 | 7 | 160 | 180 | 115 | 95 |

1) nach DIN EN 573-2 2) nach DIN EN 573-1 3) nach DIN EN 515
4) Kennwerte für Bänder, Bleche und Platten mit einer Nenndicke von 1,5 mm ... 3 mm. Für EN AW Al Cu4SiMg-T451 und -T651 sowie EN-AW Al Cu4Mg-T4 Nenndicke 1,5 mm ... 6 mm. Für EN-AW Al Cu4Mg-T62 Nenndicke 0,4 mm ... 12,5 mm.
5) Kennwerte nach FKM-Richtlinie [2].

**Tabelle A1-13** Mechanische Eigenschaften für **Aluminiumgusslegierungen** nach DIN EN 1706 (Auswahl)

| Werkstoffsorte | | | Mechanische Eigenschaften | | | | | | |
|---|---|---|---|---|---|---|---|---|---|
| **Kurzname** [1] | **Numerische Bezeichnung** [2] | **Wst.-zustand** [3] | $R_{p0,2}$ [4] N/mm² min. | $R_m$ [4] N/mm² min. | $A_{50}$ [4] % min. | $\sigma_{zdW}$ [5] N/mm² | $\sigma_{bW}$ [5] N/mm² | $\tau_{tW}$ [5] N/mm² | $\tau_{sW}$ [5] N/mm² |
| EN-AC Al Cu4MgTi | AC-21000 | T4 | 200 | 320 | 8 | 95 | 140 | 105 | 70 |
| EN-AC Al Cu4Ti | AC-21100 | T6 | 220 | 330 | 7 | 100 | 145 | 110 | 75 |
| EN-AC Al Si7Mg | AC-42000 | T6 | 220 | 260 | 1 | 80 | 115 | 90 | 60 |
| EN-AC Al Si10Mg | AC-43000 | T6 | 220 | 260 | 1 | 80 | 115 | 90 | 60 |
| EN-AC Al Si9Mg | AC-43300 | T6 | 210 | 290 | 4 | 85 | 130 | 100 | 65 |
| EN-AC Al Si11 | AC-44000 | F | 80 | 170 | 7 | 50 | 75 | 60 | 40 |
| EN-AC Al Si12 | AC-44100 | F | 80 | 170 | 5 | 50 | 75 | 60 | 40 |
| EN-AC Al Si5Cu1Mg | AC-45300 | T4 | 140 | 230 | 3 | 70 | 105 | 80 | 50 |
| | | T6 | 210 | 280 | < 1 | 85 | 125 | 95 | 65 |
| EN-AC Al Mg3 | AC-51100 | F | 70 | 150 | 5 | 45 | 70 | 50 | 35 |
| EN-AC Al Mg5 | AC-51300 | F | 100 | 180 | 4 | 55 | 80 | 60 | 40 |
| EN-AC Al Zn5Mg | AC-71000 | T1 | 130 | 210 | 4 | 65 | 95 | 70 | 45 |

1) nach DIN EN 573-2 2) nach DIN EN 573-1 3) nach DIN EN 515
4) Mechanische Eigenschaften für Kokillengusslegierungen und getrennt gegossene Probestücke.
5) Kennwerte nach FKM-Richtlinie [2].

**Tabelle A1-14** Elastische Werkstoffkennwerte (Anhaltswerte)

| Werkstoff / Werkstoffgruppe | Elastizitätsmodul *E* GPa | Querkontraktionszahl *μ* | Schubmodul *G* GPa |
|---|---|---|---|
| **Metalle** | | | |
| Eisen | 210 | 0,29 | 81 |
| Ferritisch-perlitischer Stahl | 200 ... 216 | 0,30 | 77 ... 83 |
| Austenitischer Stahl | 190 ... 203 | 0,30 | 73 ... 78 |
| Graues Gusseisen mit Lamellengraphit [1] | 78 ... 143 | 0,26 | 31 ... 57 |
| Graues Gusseisen mit Kugelgraphit [2] | 169 ... 176 | 0,275 | 65 ... 72 |
| Al und Al-Legierungen | 60 ... 80 | 0,33 | 23 ... 30 |
| Mg und Mg- Legierungen | 40 ... 45 | 0,30 | 15 ... 17 |
| Unlegiertes Kupfer | 125 | 0,34 | 47 |
| Cu-Zn-Legierungen (Messing) | 80 ... 125 | 0,35 | 30 ... 46 |
| Cu-Sn-Legierungen (Bronze) | 110 ... 125 | 0,35 | 41 ... 46 |
| Ti und Ti-Legierungen | 112 ... 130 | 0,32 ... 0, 38 | 42 ... 47 |
| Blei | 17,5 | 0,42 | 6,2 |
| Silber | 80 | 0,38 | 29 |
| Zink | 94 | 0,29 | 36 |
| Zinn | 55 | 0,33 | 21 |
| **Nichtmetalle** | | | |
| Polyethylen | | | |
| • PE-LD | 1,0 ... 1,5 | 0,38 | 0,36 ... 0,54 |
| • PE-HD | 0,28 | 0,38 | 0,10 |
| Polypropylen (PP) | 0,7 ... 1,4 | 0,34 | 0,3 ... 0,5 |
| Polyamid 6 (PA6) | | | |
| • feucht ... trocken | 1,5 ... 3,2 | 0,32 | 0,6 ... 3,2 |
| • Glasfaser verstärkt (30 %) | 6,5 | 0,32 | 10 |
| • Kohlefaser verstärkt (30 %) | 18 | 0,32 | 6,8 |
| Polycarbonat (PC) | 2,0 ... 2,5 | 0,32 | 0,6 ... 1,2 |
| Polymethylmethacrylat (PMMA) | 2,4 ... 4,5 | 0,32 | 0,9 ... 1,7 |
| Polyoxymethylen (POM) | 2,5 ... 3,6 | 0,32 | 1,0 ... 1,4 |
| Polytetrafluorethylen (PTFE) | 0,4 ... 0,7 | k.A. | k.A. |
| Polystyrol (PS) | 3,0 ... 3,6 | 0,33 | 1,1 ... 1,4 |
| Polyvinylchlorid | | | |
| • PVC-P (Weich-PVC) | 0,45 ... 0,60 | 0,36 | 0,17 ... 0,22 |
| • PVC-U (Hart-PVC) | 3,0 ... 3,5 | 0,36 | 1,1 ... 1,3 |
| Expoxidharz (EP) | 2,6 ... 3,5 | k.A. | k.A. |
| Ungesättigtes Polyesterharz (UP) | 3,7 | k.A. | k.A. |
| Phenolharz | 8,8 | k.A. | k.A. |
| Elastomere | k.A. | 0,50 | k.A. |
| Porzellan | 70 ... 80 | k.A. | k.A. |
| Glas | 70 ... 80 | 0,17 | 30 ... 34 |
| Beton | 25 ... 30 | 0,15 | 11 ... 13 |
| Diamant | 1000 | k.A. | k.A. |
| Glasfaser | 70 ... 85 | 0,18 | 30 ... 36 |
| Holz (Fichte) | 10 | 0,33 | k.A. |
| Eis (Firn, 10 m Tiefe) | 2,5 | 0,29 | k.A. |

[1] siehe auch DIN EN 1561 [2] siehe auch DIN EN 1563 k.A. = keine Angabe

# Anhang 2: Sicherheitsfaktoren

**Tabelle A2-1** Empfohlene Sicherheitsfaktoren bei statischer Beanspruchung nach FKM-Richtlinie (gültig für normale Temperaturen [1)]) [2]

| Wahrscheinlichkeit für das Auftreten der Lastspannung | Schadensfolge [2)] | |
|---|---|---|
| | **gering** | **hoch** |
| **Stahl und Aluminiumknetwerkstoffe** ($A \geq 12{,}5$ % [3)]) | | |
| gering | $S_F = 1{,}20 \cdot R_m/R_p$<br>$S_B = 1{,}60$ | $S_F = 1{,}35 \cdot R_m/R_p$<br>$S_B = 1{,}80$ |
| hoch | $S_F = 1{,}30 \cdot R_m/R_p$<br>$S_B = 1{,}75$ | $S_F = 1{,}50 \cdot R_m/R_p$<br>$S_B = 2{,}00$ |
| **Stahlguss** ($A \geq 12{,}5$ % [3)]) **und graues Gusseisen mit Kugelgraphit** ($A \geq 12{,}5$ % [3)])<br>Gussstücke *nicht* zerstörungsfrei geprüft | | |
| gering | $S_F = 1{,}65 \cdot R_m/R_p$<br>$S_B = 2{,}20$ | $S_F = 1{,}90 \cdot R_m/R_p$<br>$S_B = 2{,}55$ |
| hoch | $S_F = 1{,}80 \cdot R_m/R_p$<br>$S_B = 2{,}45$ | $S_F = 2{,}10 \cdot R_m/R_p$<br>$S_B = 2{,}80$ |
| **Stahlguss** ($A \geq 12{,}5$ % [3)]) **und graues Gusseisen mit Kugelgraphit** ($A \geq 12{,}5$ % [3)])<br>Gussstücke zerstörungsfrei geprüft | | |
| gering | $S_F = 1{,}50 \cdot R_m/R_p$<br>$S_B = 2{,}00$ | $S_F = 1{,}70 \cdot R_m/R_p$<br>$S_B = 2{,}25$ |
| hoch | $S_F = 1{,}65 \cdot R_m/R_p$<br>$S_B = 2{,}20$ | $S_F = 1{,}90 \cdot R_m/R_p$<br>$S_B = 2{,}50$ |

[1)] Normale Temperaturen: Stähle außer Feinkornbaustähle: -40°C ... 100°C
Feinkornbaustähle: -40°C ... 60°C
Eisengusswerkstoffe: -25°C ... 100°C
aushärtbare Aluminiumwerkstoffe: -25°C ... 50°C
nicht aushärtbare Aluminiumwerkstoffe: -25°C ... 100°C

[2)] $R_p$ = Dehngrenze (z. B. $R_{p0,2}$) oder Streckgrenze ($R_e$); $R_m$ = Zugfestigkeit

[3)] Bruchdehnungswerte $A$ für kurzen Proportionalstab ($L_0 = 5{,}65 \cdot \sqrt{S_0}$)

**Hinweis:**

1. Nach FKM-Richtlinie sind die Sicherheitsfaktoren $S_F$ und $S_B$ wie folgt zu verwenden:
   - $S_F$ falls $R_p \leq 0{,}75 \cdot R_m$
   - $S_B$ falls $R_p > 0{,}75 \cdot R_m$
2. Die Sicherheitsfaktoren gelten *nicht*, für:
   - Aluminiumknetwerkstoffe mit $A < 12{,}5$ %
   - Aluminiumgusswerkstoffe
   - Eisengusswerkstoffe mit $A < 12{,}5$ % wie z. B. Grauguss

# Anhang 3: Formzahldiagramme

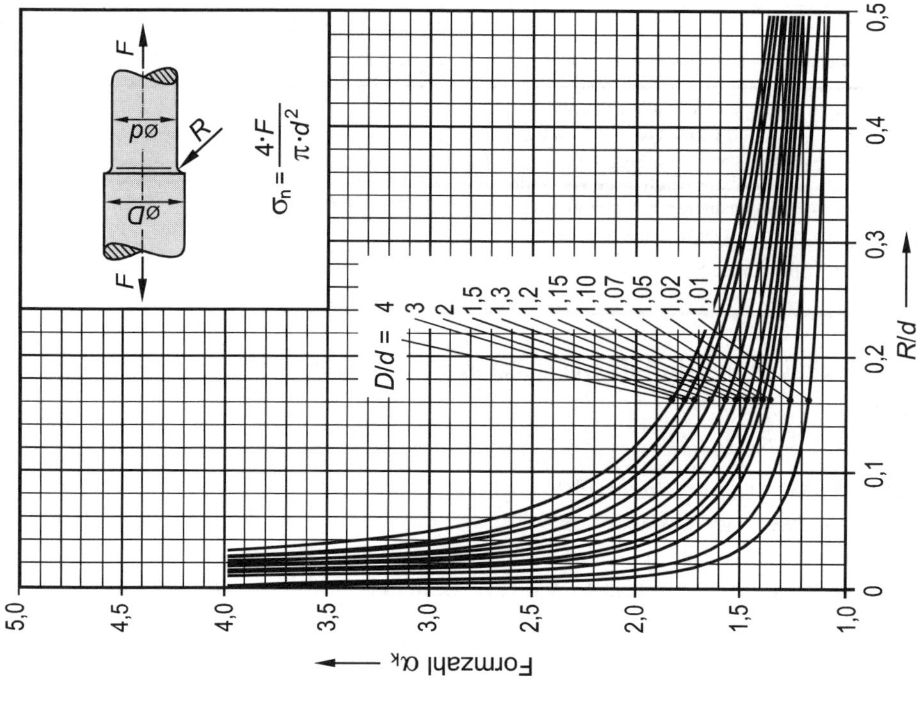


**Bild A2.1** Formzahldiagramm für abgesetzten Rundstab unter Zugbeanspruchung nach [1]

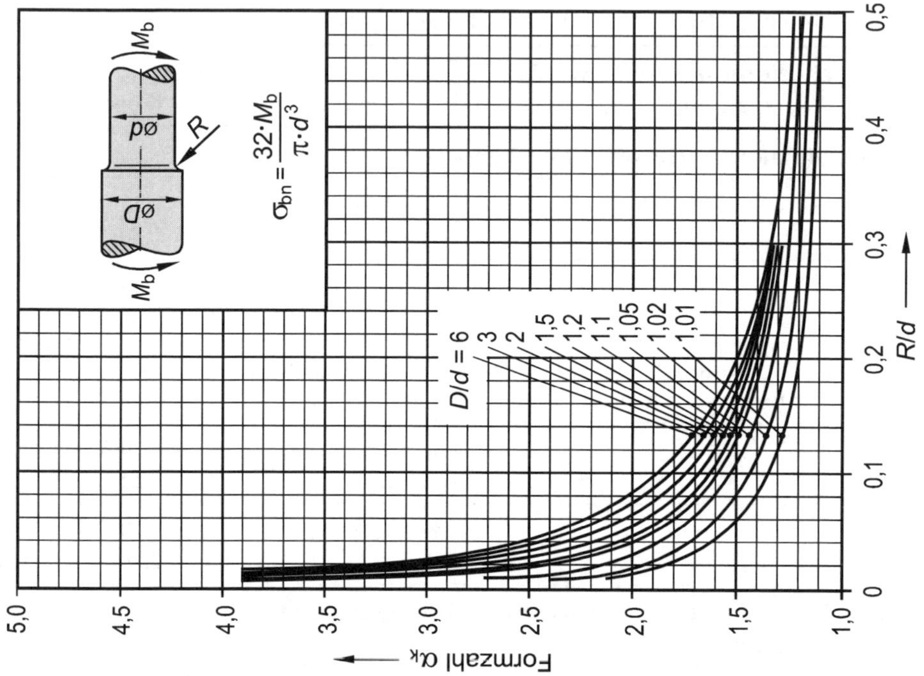


**Bild A2.2** Formzahldiagramm für abgesetzten Rundstab unter Biegung nach [1]

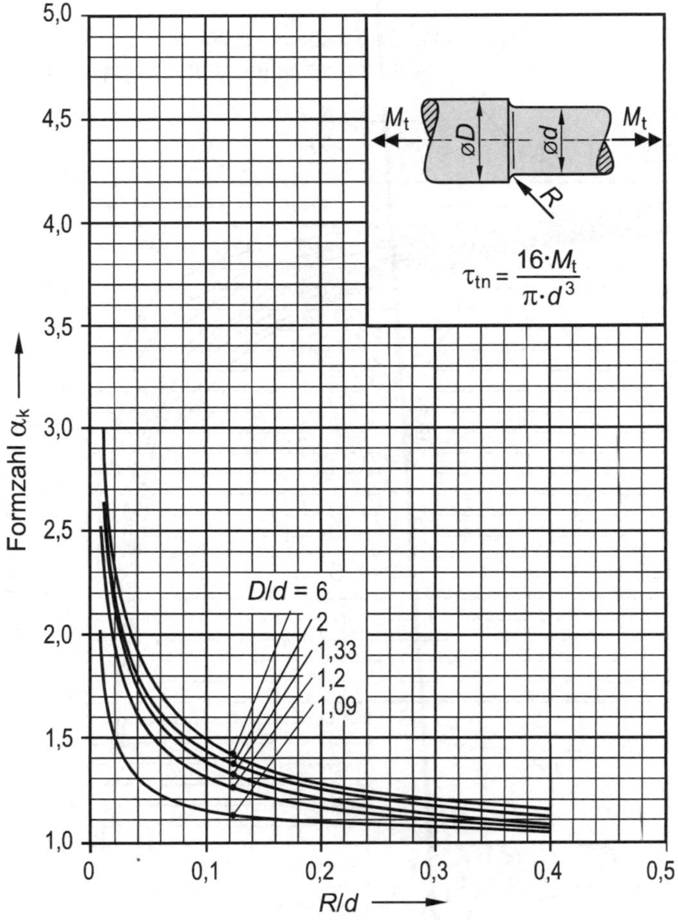


**Bild A2.3** Formzahldiagramm für abgesetzten Rundstab unter Torsion nach [1]

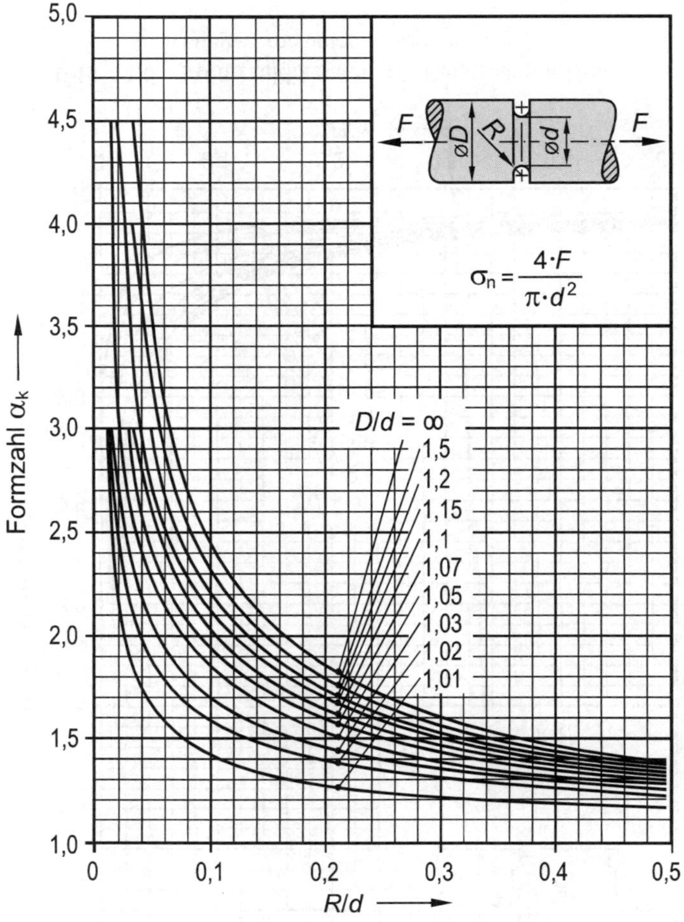


**Bild A2.4** Formzahldiagramm für Rundstab mit Umdrehungskerbe unter Zugbeanspruchung nach [1]

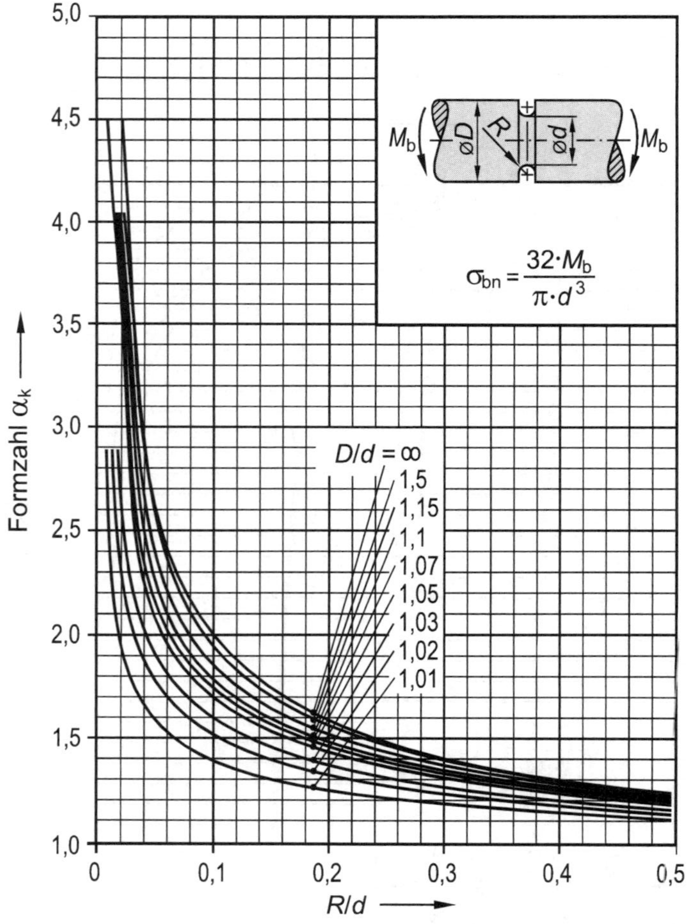


**Bild A2.5** Formzahldiagramm für Rundstab mit Umdrehungskerbe unter Biegung nach [1]

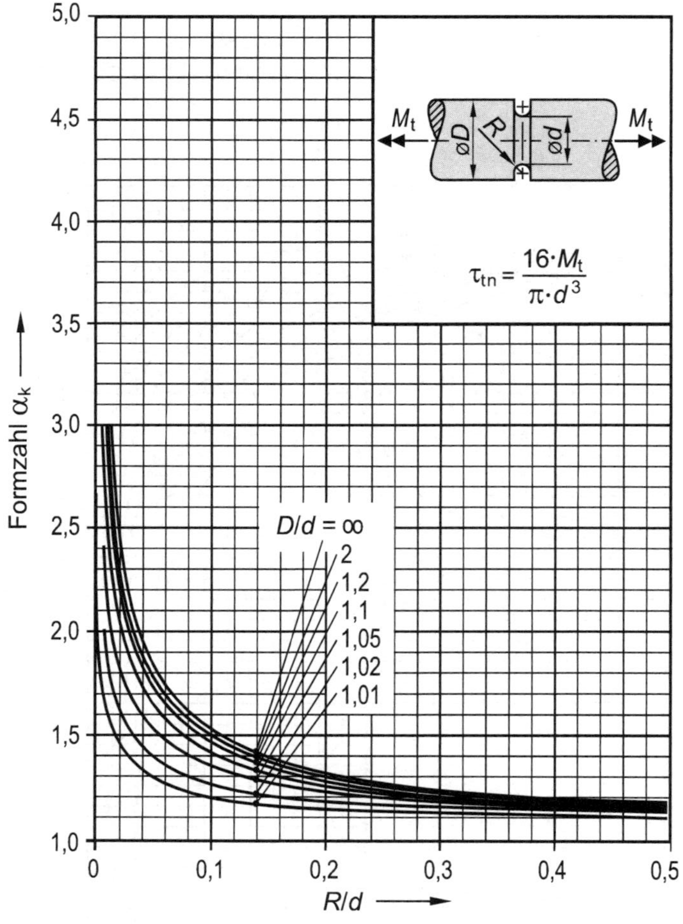


**Bild A2.6** Formzahldiagramm für Rundstab mit Umdrehungskerbe unter Torsion nach [1]

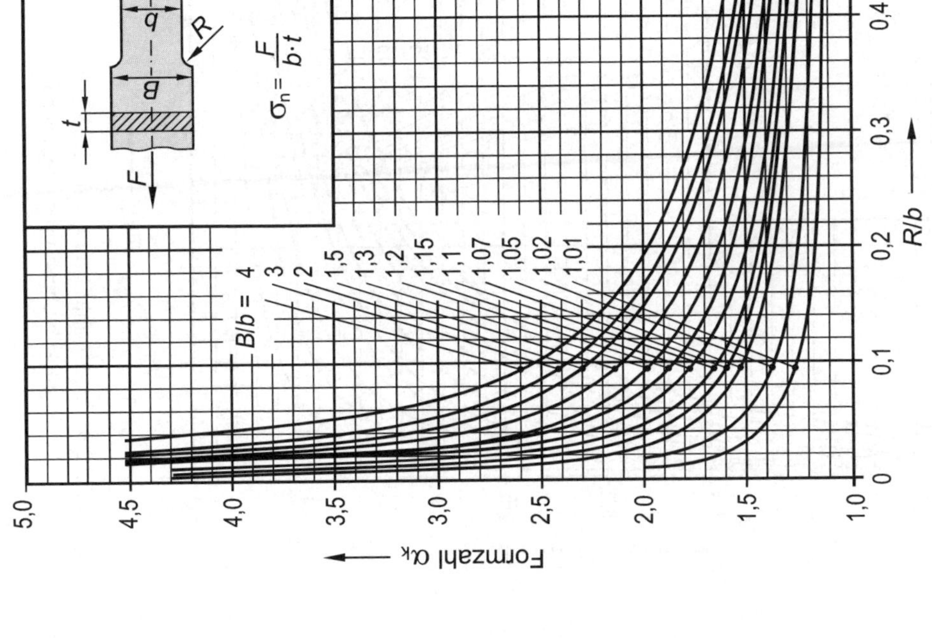


**Bild A2.7** Formzahldiagramm für abgesetzten Flachstab unter Zugbeanspruchung nach [1]

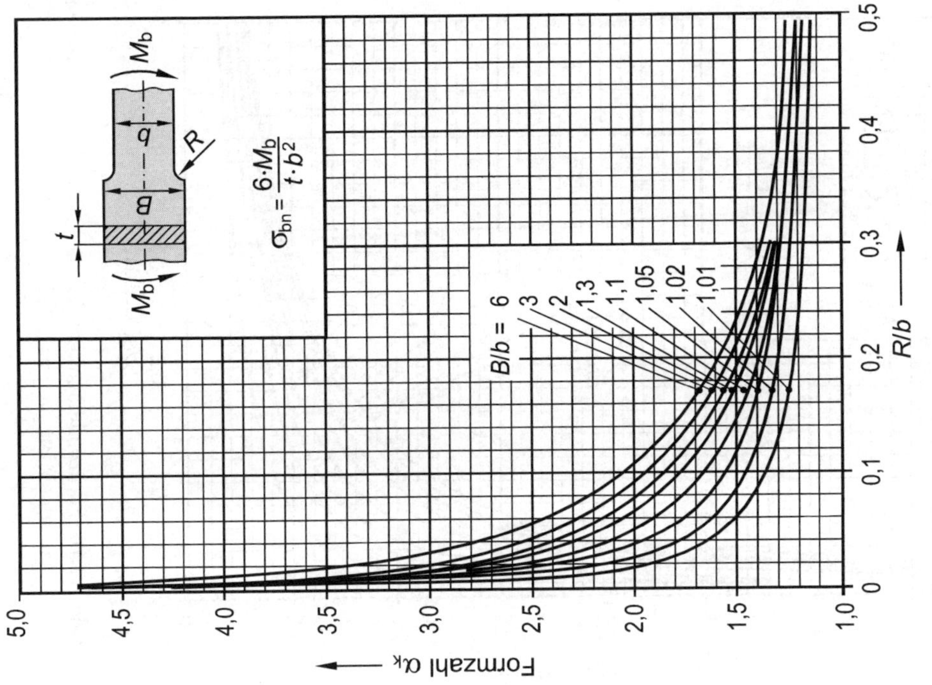


**Bild A2.8** Formzahldiagramm für abgesetzten Flachstab unter Biegung nach [1]

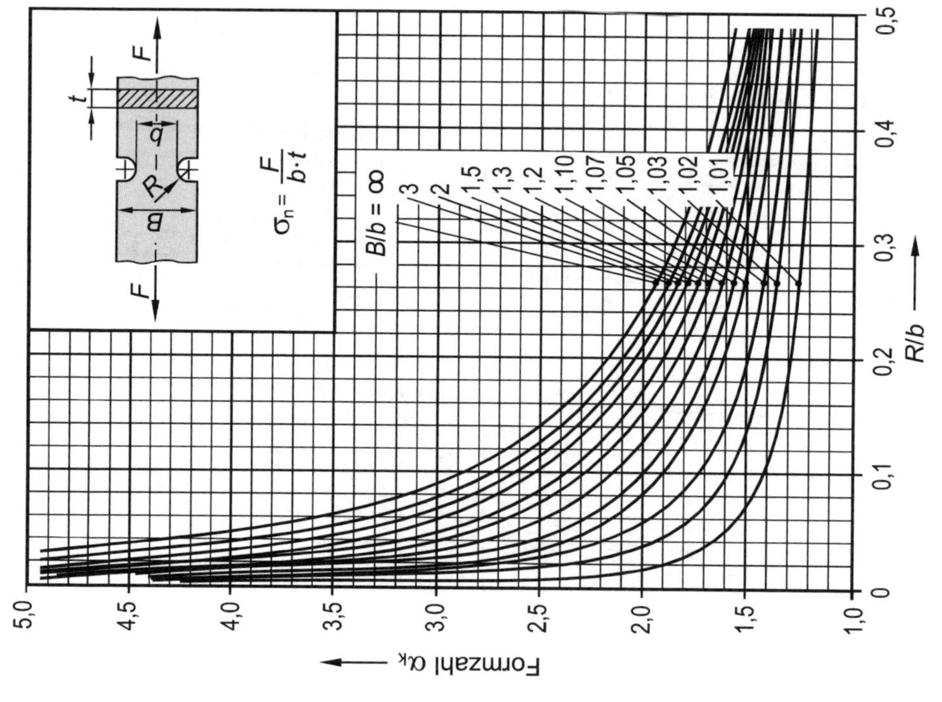


**Bild A2.9** Formzahldiagramm für Flachstab mit Außenkerben unter Zugbeanspruchung nach [1]

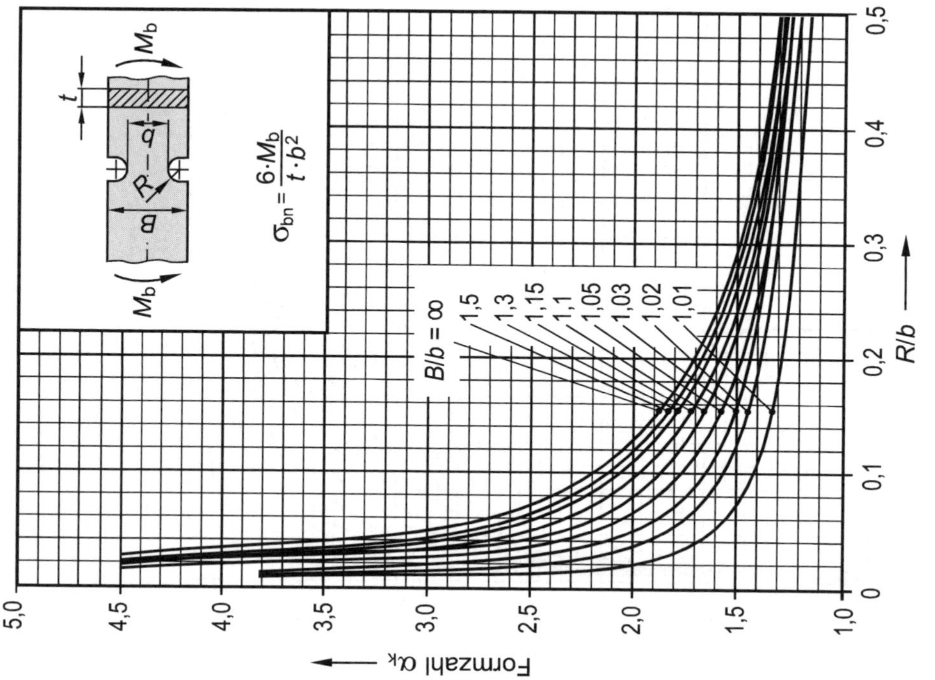


**Bild A2.10** Formzahldiagramm für Flachstab mit Außenkerben unter Biegung nach [1]

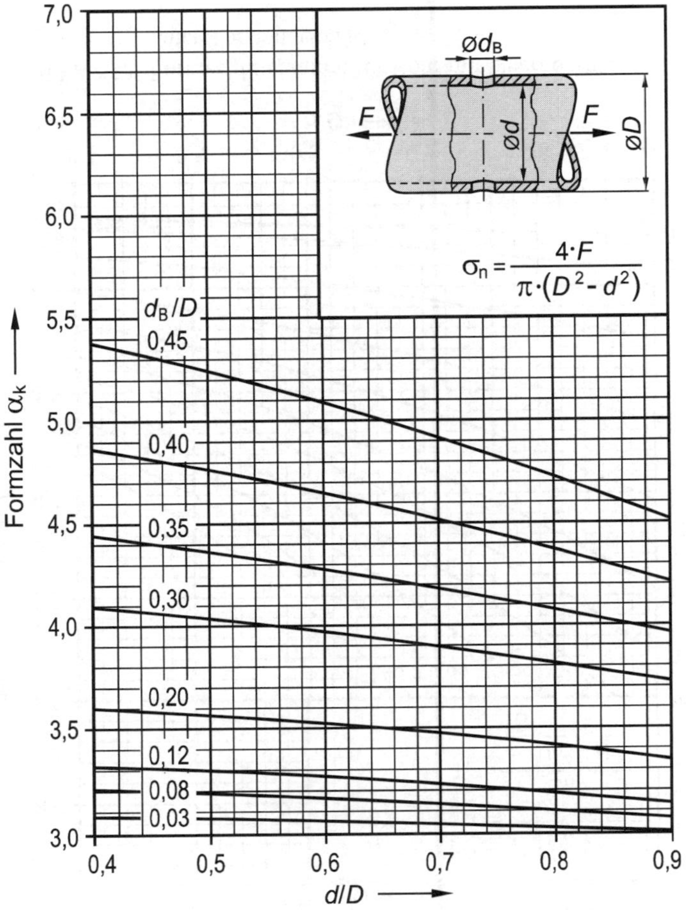


**Bild A2.11** Formzahldiagramm für Rohr mit Querbohrung unter Zugbeanspruchung nach [22]

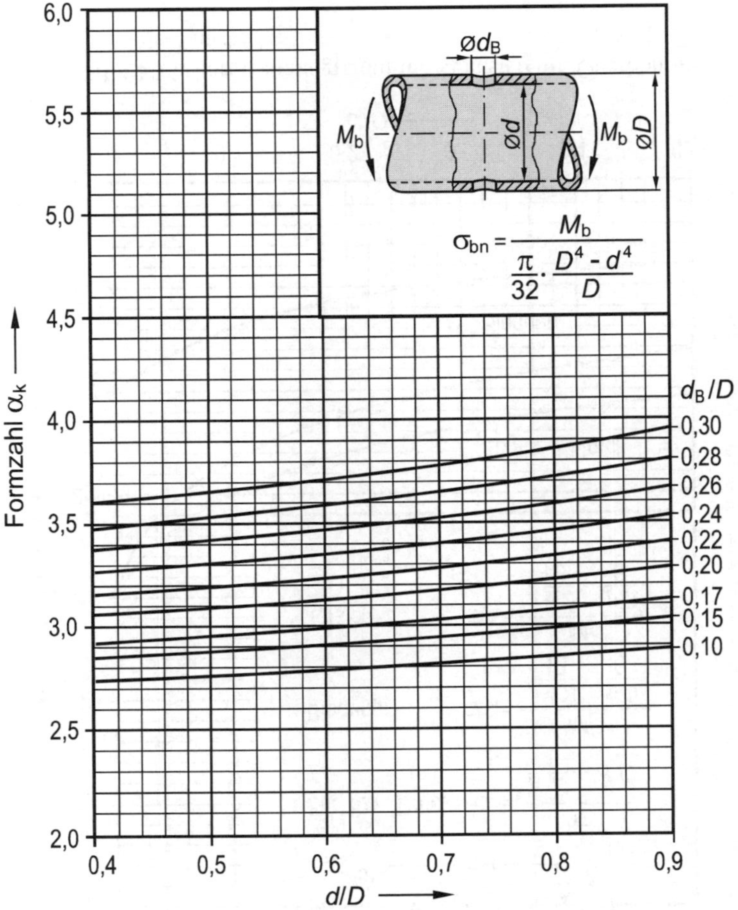


**Bild A2.12** Formzahldiagramm für Rohr mit Querbohrung unter Biegung nach [22]

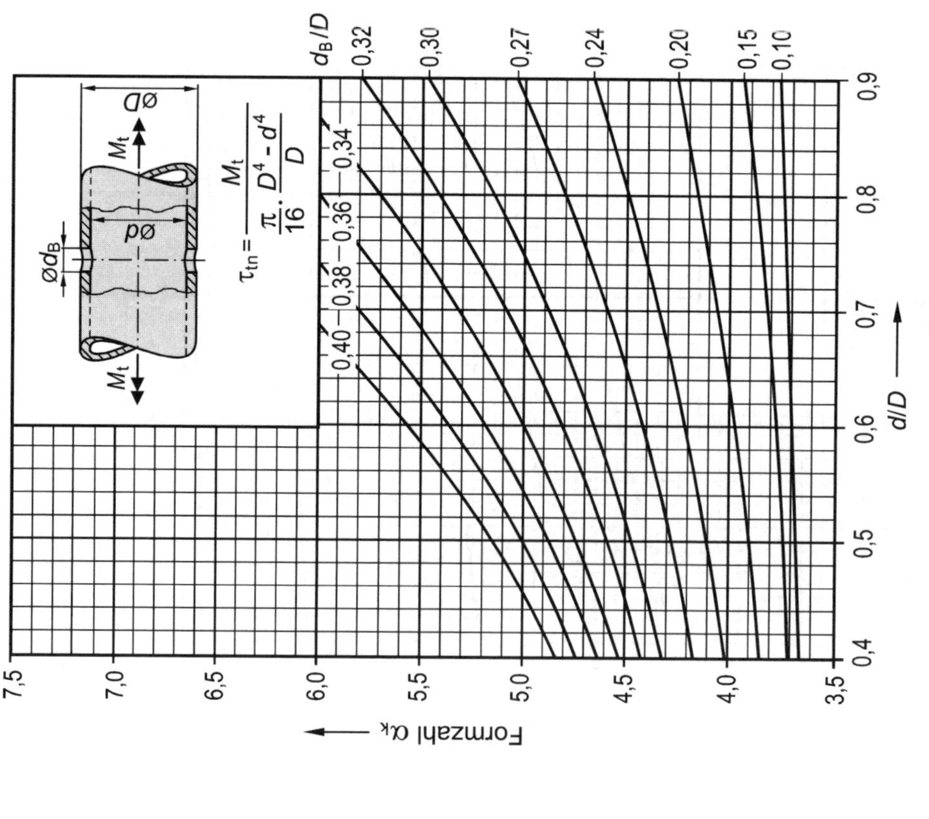


**Bild A2.13** Formzahldiagramm für Rohr mit Querbohrung unter Torsion nach [22]

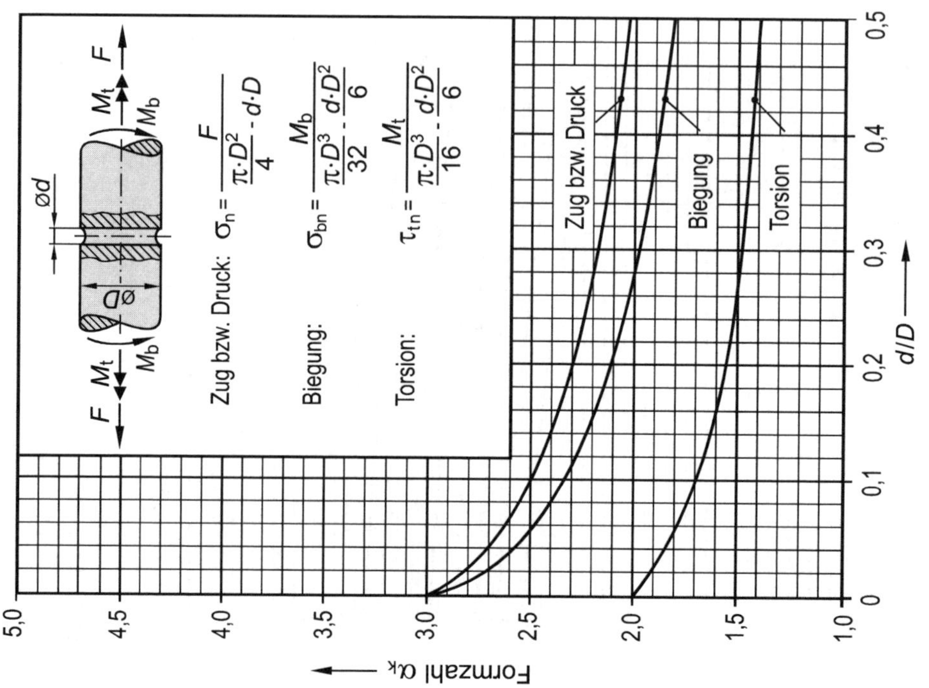


**Bild A2.14** Formzahldiagramm für Rundstab mit Querbohrung nach [1]

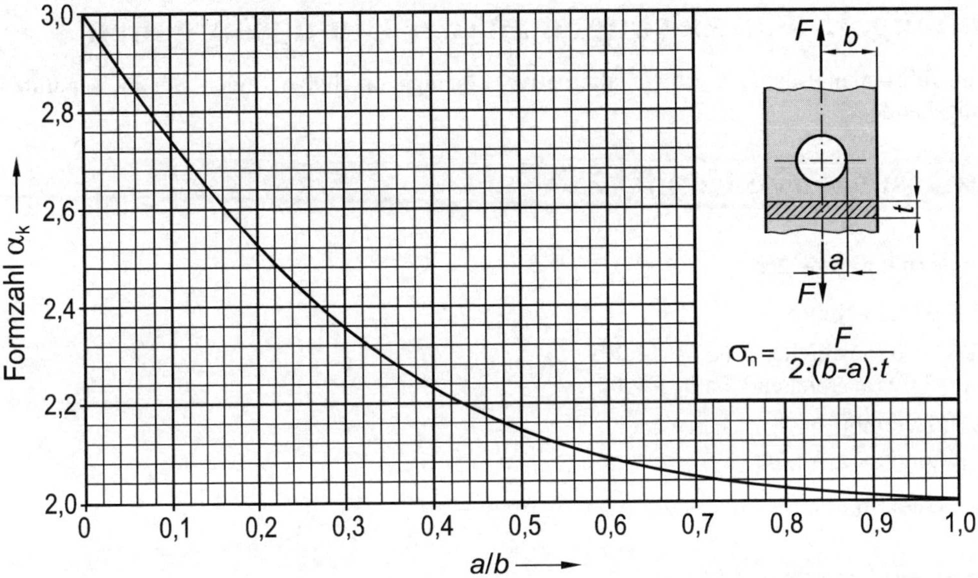


**Bild A2.15** Formzahldiagramm für Flachstab mit Querbohrung unter Zugbeanspruchung nach [1]

# Anhang 4: Kurzlösungen zu den Übungsaufgaben

Die ausführlichen Lösungen sowie alternative Lösungsvorschläge finden Sie im separaten Lösungsband.

## Kurzlösungen zu Kapitel 2

### Lösung zu Aufgabe 2.1

a) $\sigma = 339{,}53 \text{ N/mm}^2$

b) $S_F = 2{,}00$ (ausreichend, da $S_F \geq 1{,}20$)
$S_B = 3{,}09$ (ausreichend, da $S_B \geq 2{,}00$)

c) $\Delta l = 1{,}96$ mm

d) $F = 49008 \text{ N} \approx 49 \text{ kN}$

e) $s = 4{,}89$ mm

### Lösung zu Aufgabe 2.2

a) $d = 8{,}29$ mm (Berechnung gegen Fließen)

b) $\varepsilon = 1{,}37$ ‰
$\Delta l = 2{,}05$ mm

c) $F_B = 34064$ N

### Lösung zu Aufgabe 2.3

a) Leerer Wassertank: $\sigma_L = 49{,}05 \text{ N/mm}^2$
Voller Wassertank: $\sigma_V = 88{,}29 \text{ N/mm}^2$

b) $S_F = 3{,}00$ (ausreichend, da $S_F \geq 1{,}20$)
$S_B = 5{,}32$ (ausreichend, da $S_B \geq 2{,}00$)

c) $\Delta l = 0{,}28$ mm

### Lösung zu Aufgabe 2.4

a) $d = 13{,}42$ mm

b) $S_B = 3{,}84$ (nicht ausreichend, da $S_B < 4{,}0$)

c) $m = 2402$ kg

### Lösung zu Aufgabe 2.5

a) $F_S = 35195$ N

b) $\sigma_S = 49{,}8 \text{ N/mm}^2$

c) Stahl: $\Delta l = 0{,}64$ mm
Al-Legierung: $\Delta l = 1{,}91$ mm

d) Stahl: $m_1 = 15364$ kg
Al-Legierung: $m_1 = 10544$ kg

e) Stahl: $s = 3{,}07$ mm
Al-Legierung: $s = 3{,}21$ mm

## Lösung zu Aufgabe 2.6

$F = 2090{,}4$ N

## Lösung zu Aufgabe 2.7

a) $F_1 = 428{,}6$ kN

b) $F_2 = 600$ kN

c) $\sigma_{PL} = 240$ N/mm$^2$
$\sigma_{VK} = 394{,}32$ N/mm$^2$

d) $F_4 = 783{,}5$ kN

## Lösung zu Aufgabe 2.8

$\Delta l = 221{,}9$ mm
$\sigma_K = 627{,}2$ N/mm$^2$
$\sigma_M = 37{,}0$ N/mm$^2$

## Lösung zu Aufgabe 2.9

a) Fließen oder Knickung

b) $s = 2{,}5$ mm

c) $\Delta l = 1{,}19$ mm

## Lösung zu Aufgabe 2.10

a) $d = 28{,}7$ mm

b) $\Delta l = 3{,}45$ mm

c) $m^* = 21065$ kg

## Lösung zu Aufgabe 2.11

a) $F = 349{,}2$ kN

b) $\sigma_d = \sigma_{d1} = \sigma_{d2} = \sigma_{d3} = 177{,}8$ N/mm$^2$

c) Scheibe 1 (Mg): $\Delta l_1 = 0{,}148$ mm
Scheibe 2 (Cu): $\Delta l_2 = 0{,}075$ mm
Scheibe 3 (Stahl): $\Delta l_3 = 0{,}027$ mm

## Lösung zu Aufgabe 2.12

$s = 15{,}3$ mm

## Lösung zu Aufgabe 2.13

a) $z_S = 38$ mm
$I_{yS} = 578667$ mm$^4$
$W_{by} = 15228$ mm$^3$

b) $S_F = 5{,}41$ (ausreichend, da $S_F \geq 1{,}20$)

c) $W^*_{by} = 6338{,}0$ mm$^3$

## Lösung zu Aufgabe 2.14

a) $M_{b\,max} = F \cdot l / 4$

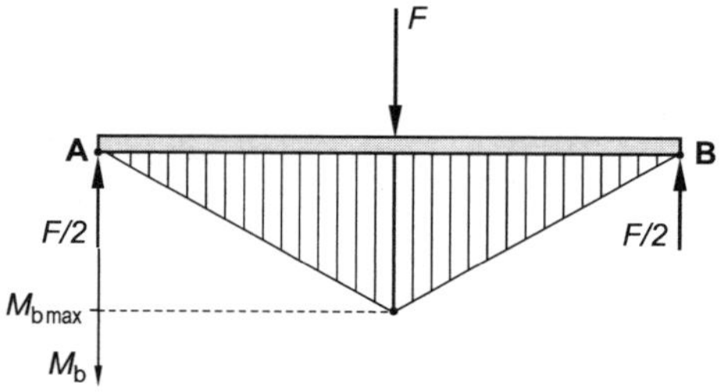


b) $f_{max} = 9{,}09$ mm

c) $f^*_{max} = 18{,}23$ mm

## Lösung zu Aufgabe 2.15

$l = 16630$ mm

## Lösung zu Aufgabe 2.16

a) $W_b = 14{,}96 \cdot 10^4$ mm$^3$

b) $m^* = 47{,}95$ kg

**Lösung zu Aufgabe 2.17**

a)
$$I_y = \frac{b \cdot h^3}{36}$$
$$W_{by} = \frac{b \cdot h^2}{24}$$

b)
$$I_y = \frac{b^4}{32\sqrt{3}}$$
$$W_{by} = \frac{b^3}{32}$$

c)
$$I_{y'} = \frac{b \cdot h^3}{12}$$
$$W_{by'} = \frac{b \cdot h^2}{12}$$

**Lösung zu Aufgabe 2.18**

a)
$$I_y = \frac{b \cdot h^3}{12}$$
$$W_{by} = \frac{b \cdot h^2}{6}$$

b)
$$I_z = \frac{h \cdot b^3}{12}$$
$$W_{bz} = \frac{h \cdot b^2}{6}$$

**Lösung zu Aufgabe 2.19**

$I_{yb} = 1152\ \text{cm}^4$

**Lösung zu Aufgabe 2.20**

a) $z_S = 43{,}33\ \text{mm}$

b) $I_{yS} = 4426667\ \text{mm}^4$

**Lösung zu Aufgabe 2.21**

a) $I_{yS} = 1568\ \text{cm}^4$
$W_{byS} = 224\ \text{cm}^3$

b) $I_{zS} = 2368\ \text{cm}^4$
$W_{bzS} = 338{,}3\ \text{cm}^3$

## Lösung zu Aufgabe 2.22

a) $z_S = 14{,}11$ mm
   $I_y = 180721$ mm$^4$

b) $F = 69{,}6$ kN

c) $F = 12{,}1$ kN

## Lösung zu Aufgabe 2.23

a) $d = 17{,}24$ mm

b) $\sigma_b = 696{,}2$ N/mm$^2$ ($> R_e$)

c) $p = 101{,}5$ N/mm$^2$

## Lösung zu Aufgabe 2.24

a) $S_B = 3{,}04$ (ausreichend, da $S_B \geq 2{,}0$)
   Für $\tau_{aB}$ wurde gewählt: $\tau_{aB} = 0{,}8 \cdot R_m = 464$ N/mm$^2$

b) $l_K = 53{,}1$ mm

## Lösung zu Aufgabe 2.25

$h = 26{,}0$ mm

Für $\tau_{aB}$ wurde gewählt: $\tau_{aB} = 0{,}8 \cdot R_m = 600$ N/mm$^2$

## Lösung zu Aufgabe 2.26

$F_S = 226{,}2$ kN

## Lösung zu Aufgabe 2.27

$d = 19{,}60$ mm

## Lösung zu Aufgabe 2.28

$d = 22{,}42$ mm

## Lösung zu Aufgabe 2.29

a)

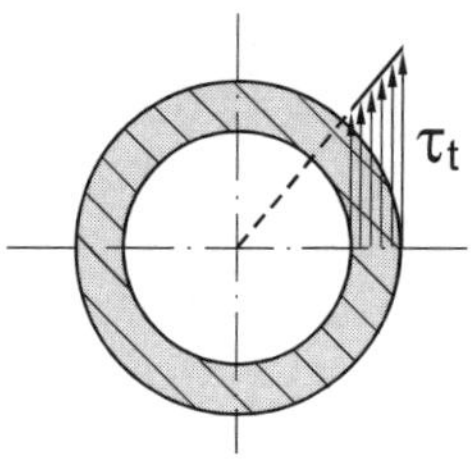

b) $M_t = 2010$ Nm

c) $\tau_t = 122{,}9$ N/mm²

**Lösung zu Aufgabe 2.30**

a) $d = 44{,}31$ mm

b) $d^* = 47{,}47$ mm

c) S275JR: $\varphi = 4{,}72°$
EN-GJL-300: $\varphi = 6{,}58°$

**Lösung zu Aufgabe 2.31**

a) $F = 21530$ N

b) 1. Abschnitt: $S_{F1} = 4{,}08$ (ausreichend, da $S_F \geq 1{,}20$)
2. Abschnitt: $S_{F2} = 4{,}16$ (ausreichend, da $S_F \geq 1{,}20$)
3. Abschnitt: $S_{F3} = 1{,}02$ (nicht ausreichend, da $S_F < 1{,}20$)

**Lösung zu Aufgabe 2.32**

a)
$$I_p = \frac{\pi}{32} \cdot d^4$$

$$W_t = \frac{\pi}{16} \cdot d^3$$

b)
$$I_p = \frac{\pi}{32} \cdot \left(d_a^4 - d_i^4\right)$$

$$W_t = \frac{\pi}{16} \cdot \frac{d_a^4 - d_i^4}{d_a}$$

**Lösung zu Aufgabe 2.33**

a)
$$M_{t1} = M_{t2} \cdot \frac{D_1}{D_2}$$

b) $M_{t2} = 2054$ Nm

**Lösung zu Aufgabe 2.34**

$M_t = 1328{,}9$ Nm

**Lösung zu Aufgabe 2.35**

$M_{t\,zul} = 402{,}6$ Nm
$\varphi_{zul} = 1{,}435°$

# Kurzlösungen zu Kapitel 3

## Lösung zu Aufgabe 3.1

a)

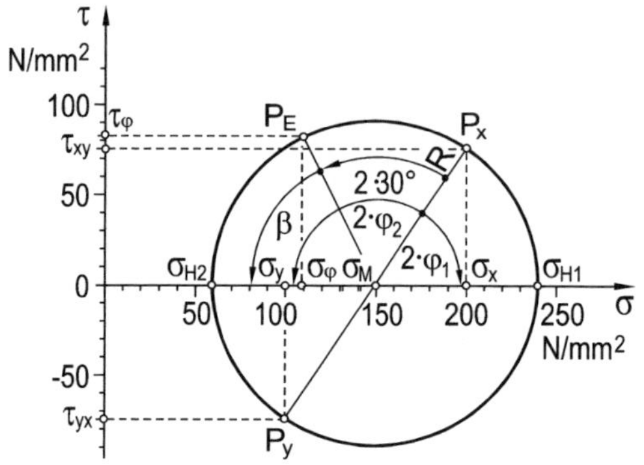


b) $\sigma_{H1} = 240{,}1$ N/mm² $\varphi_1 = -28{,}15°$

$\sigma_{H2} = 59{,}9$ N/mm² $\varphi_2 = 61{,}85°$

c) $\sigma_\varphi = 110{,}0$ N/mm²

$\tau_\varphi = 80{,}8$ N/mm²

## Lösung zu Aufgabe 3.2

a) Lastspannungen: $\sigma_z = 150{,}3$ N/mm²

$\tau_t = 79{,}8$ N/mm²

Mohr'scher Spannungskreis

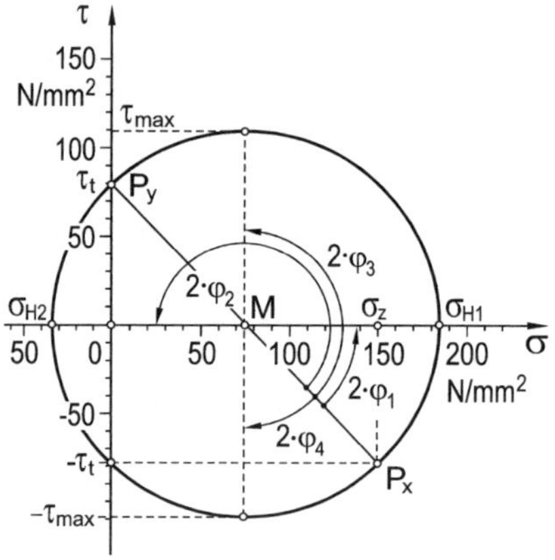


Lageplan

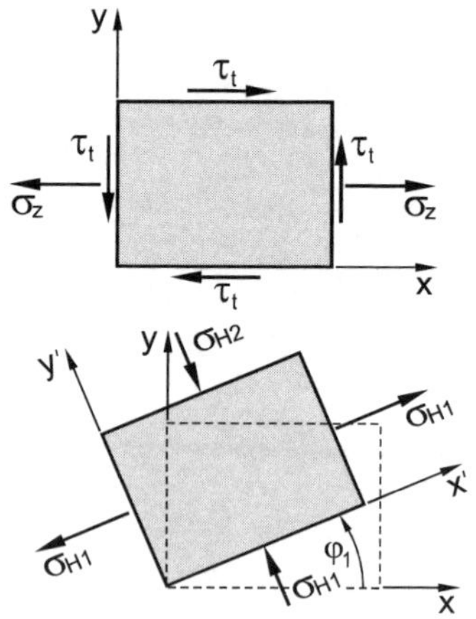


b) $\sigma_{H1} = 184{,}8$ N/mm² $\varphi_1 = 23{,}4°$

$\sigma_{H2} = -34{,}5$ N/mm² $\varphi_2 = 113{,}4°$ (oder $-66{,}6°$)

$\tau_{max} = \pm 109{,}6$ N/mm² $\varphi_3 = 68{,}4°$ und $\varphi_4 = -21{,}6°$

## Lösung zu Aufgabe 3.3

a) $\sigma_{H1} = 205{,}24 \text{ N/mm}^2$
$\sigma_{H2} = -105{,}20 \text{ N/mm}^2$

b) $\varphi_1 = -7{,}47°$
$\varphi_2 = 82{,}53°$

## Lösung zu Aufgabe 3.4

a) Zug und Biegung

b) $F = 1000$ kN

c) $S_B = 1{,}91$ (nicht ausreichend, da $S_B < 4{,}0$)

## Lösung zu Aufgabe 3.5

a) $\sigma = 803{,}55 \text{ N/mm}^2$
$\tau = 296{,}77 \text{ N/mm}^2$

b) $\sigma = 907{,}63 \text{ N/mm}^2$
$\tau = 0$

c) $\sigma_1 = 907{,}63 \text{ N/mm}^2$
$\sigma_2 = 138{,}21 \text{ N/mm}^2$
$\sigma_3 = -45{,}84 \text{ N/mm}^2$

d) Richtungswinkel zur ersten Hauptnormalspannung ($\sigma_1$): $\alpha_1 = 40{,}83°$
$\beta_1 = 69{,}79°$
$\gamma_1 = 56{,}29°$

Richtungswinkel zur zweiten Hauptnormalspannung ($\sigma_2$): $\alpha_2 = 89{,}78°$
$\beta_2 = 32{,}17°$
$\gamma_2 = 122{,}16°$

Richtungswinkel zur dritten Hauptnormalspannung ($\sigma_3$): $\alpha_3 = 49{,}17°$
$\beta_3 = 113{,}89°$
$\gamma_3 = 50{,}27°$

e) Rechnerische Lösung

$\sigma = 424{,}17 \text{ N/mm}^2$
$\tau = 410{,}74 \text{ N/mm}^2$

Graphische Lösung

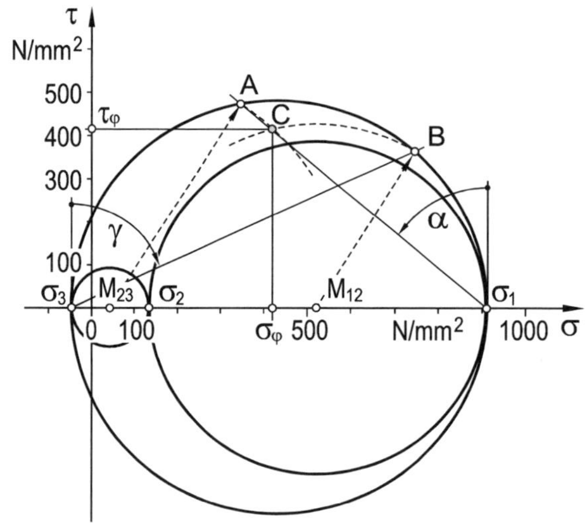


abgelesen: $\sigma_\varphi$ = 425 N/mm$^2$
$\tau_\varphi$ = 410 N/mm$^2$

# Kurzlösungen zu Kapitel 4

## Lösung zu Aufgabe 4.1

a) $\varepsilon_x = 2$ ‰
$\varepsilon_y = 1{,}25$ ‰
$\gamma_{xy} = -4{,}36$ ‰

b) $\varepsilon_\varphi = 3{,}7$ ‰
$\gamma_\varphi = -1{,}53$ ‰ (Winkelverkleinerung gemäß Vorzeichenregelung für Schiebungen)

c) $l' = 5{,}0185$ mm
$\delta = 89{,}91°$

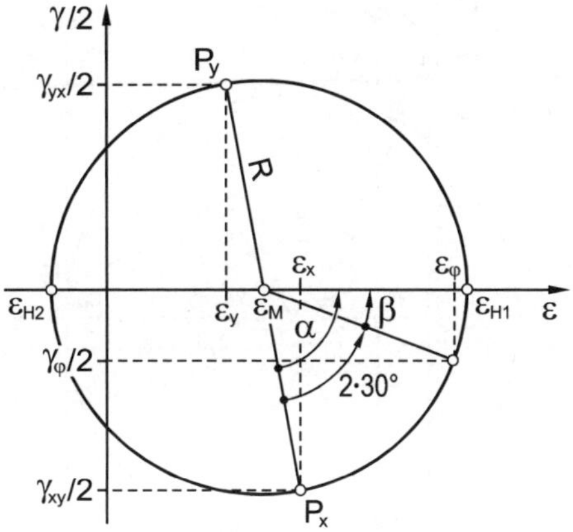


## Lösung zu Aufgabe 4.2

a)

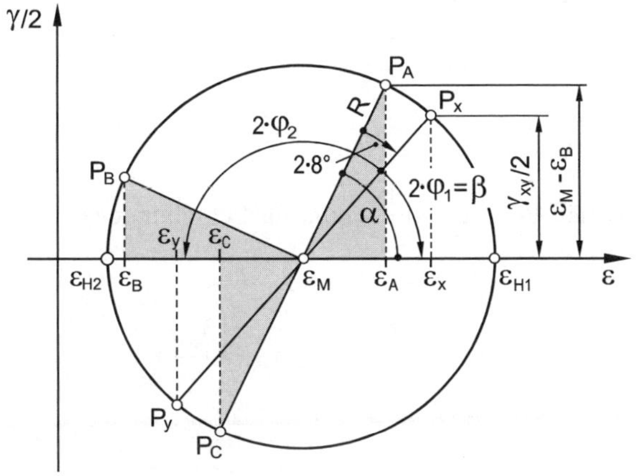


$\varepsilon_x = 0{,}977$ ‰
$\varepsilon_y = 0{,}357$ ‰
$\gamma_{xy} = 0{,}744$ ‰ (Winkelvergrößerung gemäß spezieller Vorzeichenregelung)

b) $\varepsilon_{H1} = 1{,}151$ ‰ $\varphi_1 = -25{,}12°$
$\varepsilon_{H2} = 0{,}183$ ‰ $\varphi_2 = 64{,}88°$

## Lösung zu Aufgabe 4.3

a) + b)

Mohr'scher Verformungskreis

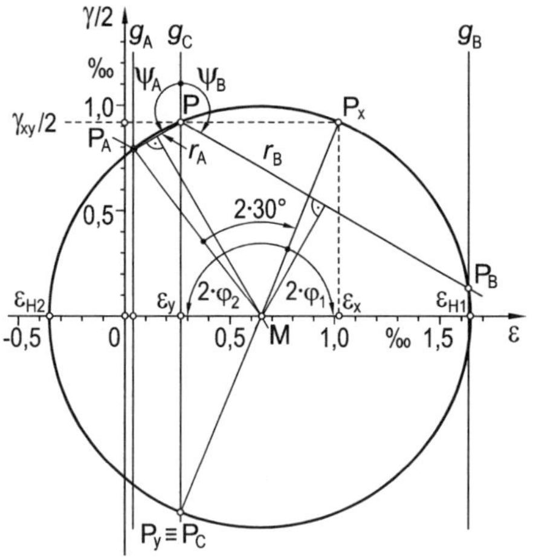

Lageplan

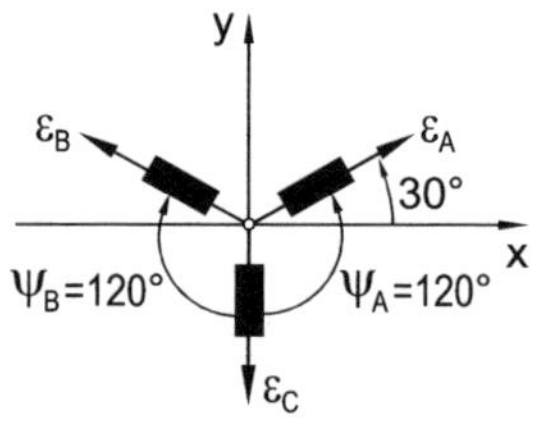

abgelesen:

Dehnungen $\varepsilon_x$ und $\varepsilon_y$ sowie Schiebung $\gamma_{xy}$:

$\varepsilon_x$ = 1,01 ‰

$\varepsilon_y$ = $\varepsilon_C$ = 0,26 ‰

$\gamma_{xy}$ = 1,84 ‰ (Winkelvergrößerung gemäß Vorzeichenregelung für Schiebungen)

Hauptdehnungen und Richtungswinkel:

$\varepsilon_{H1}$ = 1,63 ‰ $\varphi_1$ = - 34°

$\varepsilon_{H2}$ = - 0,36 ‰ $\varphi_2$ = 56°

c) Rechnerische Lösung:

$\varepsilon_x$ = 1,004 ‰

$\varepsilon_y$ = 0,2619 ‰

$\gamma_{xy}$ = 1,8572 ‰ (Winkelvergrößerung gemäß Vorzeichenregelung für Schiebungen)

$\varepsilon_{H1}$ = 1,6332 ‰ $\varphi_1$ = -34,10°

$\varepsilon_{H2}$ = -0,3669 ‰ $\varphi_2$ = 55,90°

## Lösung zu Aufgabe 4.4

a) + b)

Mohr'scher Verformungskreis

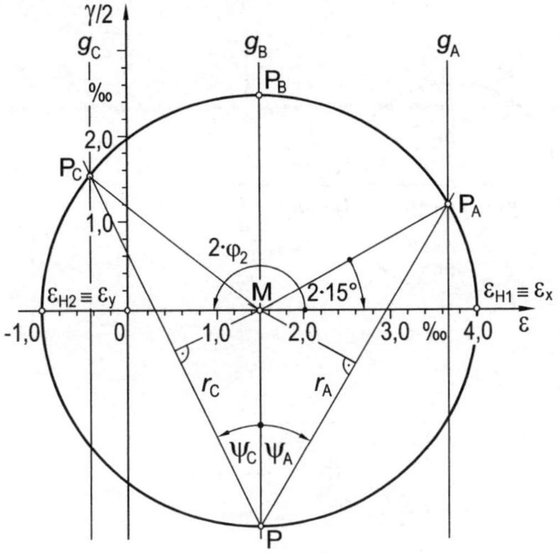


Lageplan

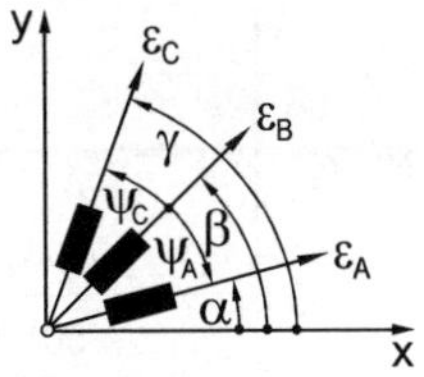


abgelesen:

Dehnungen $\varepsilon_x$ und $\varepsilon_y$ sowie Schiebung $\gamma_{xy}$:

$\varepsilon_x \ = 4$ ‰

$\varepsilon_y \ = -1$ ‰

$\gamma_{xy} = 0$ ‰

Hauptdehnungen und Richtungswinkel:

$\varepsilon_{H1} = \varepsilon_x = 4$ ‰ $\quad \varphi_1 = 0$

$\varepsilon_{H2} = \varepsilon_y = -1$ ‰ $\quad \varphi_2 = 90°$

c) Rechnerische Lösung.

$\varepsilon_x \ = 4$ ‰

$\varepsilon_y \ = -1$ ‰

$\gamma_{xy} = 0$ ‰

$\varepsilon_{H1} = \varepsilon_x = 4$ ‰ $\quad \varphi_1 = 0°$

$\varepsilon_{H2} = \varepsilon_y = -1$ ‰ $\quad \varphi_2 = 90°$

# Kurzlösungen zu Kapitel 5

## Lösung zu Aufgabe 5.1

a) $F_x = 135{,}0$ kN
$F_y = 100{,}9$ kN

b) Diagonalfläche I:
$\sigma_{\varphi 1} = 106{,}2$ N/mm$^2$
$\tau_{\varphi 1} = 44{,}0$ N/mm$^2$
Diagonalfläche II:
$\sigma_{\varphi 2} = 106{,}2$ N/mm$^2$
$\tau_{\varphi 2} = -44{,}0$ N/mm$^2$

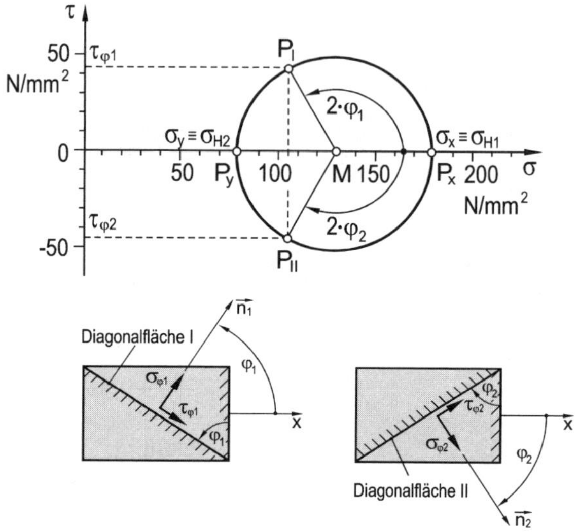


## Lösung zu Aufgabe 5.2

a) $\varepsilon_M = -0{,}1275$ ‰
$R = 0{,}4648$ ‰

b) $F_x = 220{,}8$ kN
$F_y = -1359{,}6$ kN

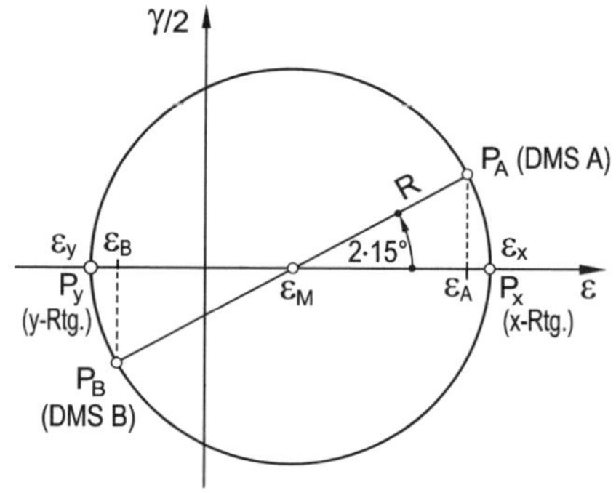


## Lösung zu Aufgabe 5.3

$\sigma_x = 128{,}4$ N/mm$^2$
$\sigma_y = -27{,}0$ N/mm$^2$
$\tau_{xy} = -47{,}2$ N/mm$^2$

**Lösung zu Aufgabe 5.4**

a) $\varepsilon_x$ = 0,161 ‰
$\varepsilon_y$ = -0,044 ‰
$\gamma_{xy}$ = 1,104 ‰

b) $\varepsilon_{H1}$ = 0,620 ‰
$\varepsilon_{H2}$ = -0,503 ‰
$\varphi_1$ = -39,72°
$\varphi_2$ = 50,28°

c) $\sigma_{H1}$ = 108,3 N/mm$^2$
$\sigma_{H1}$ = -73,2 N/mm$^2$

**Lösung zu Aufgabe 5.5**

a) $F_x$ = 750 kN
$F_y$ = 750 kN

b) $\varepsilon_A$ = 0,503 ‰
$\varepsilon_B$ = 0,477 ‰
$\varepsilon_C$ = 0,179 ‰

c) $\Delta t$ = -4,4 µm

**Lösung zu Aufgabe 5.6**

a) $\Delta l$ = 1,354 mm

b) $\Delta l^*$ = 1,207 mm

**Lösung zu Aufgabe 5.7**

$\sigma_x$ = 210 N/mm$^2$
$\sigma_y$ = 63 N/mm$^2$
$\varepsilon_x$ = 0,91 ‰
$\varepsilon_z$ = -0,39 ‰

**Lösung zu Aufgabe 5.8**

$F$ = -195,2 kN

# Kurzlösungen zu Kapitel 6

## Lösung zu Aufgabe 6.1

a) Die höchst beanspruchten Stellen befinden sich an der **Außenoberfläche**, da die Torsionsschubspannung $\tau_t$ nach außen hin linear zunimmt.

b) $\sigma_x \equiv \sigma_z = 70{,}7\ \text{N/mm}^2$

c) $\tau_{xy} \equiv \tau_t = 84{,}9\ \text{N/mm}^2$

d) **Lageplan**

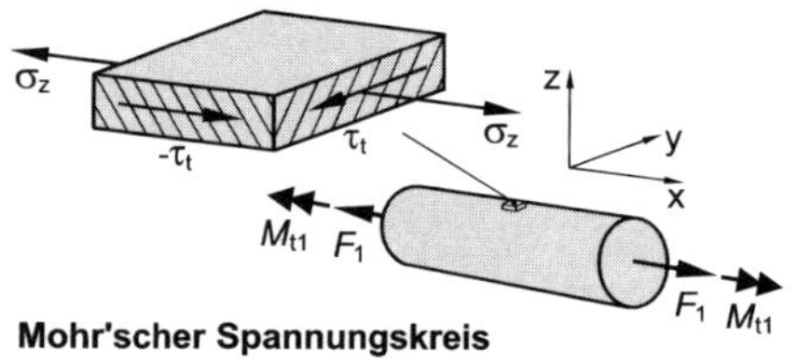


**Mohr'scher Spannungskreis**

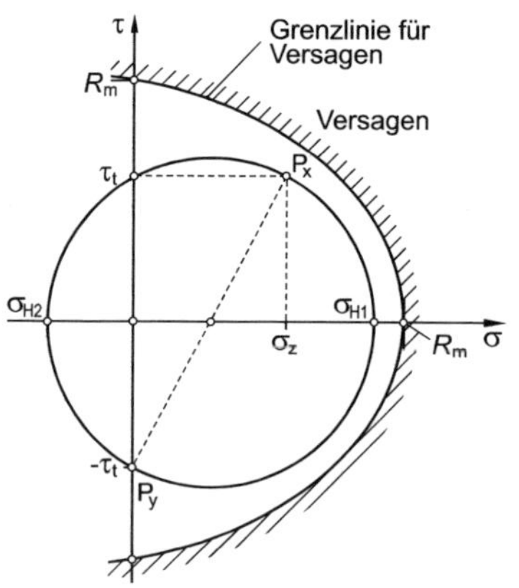


e) $S_B = 2{,}91$ (nicht ausreichend, da $S_B < 4{,}0$)

f) $F_2 = 247{,}8\ \text{kN}$

g) $M_{t2} = 1764{,}1\ \text{Nm}$

h) $\tau_t(\sigma_z) = \sqrt{R_m \cdot (R_m - \sigma_z)}$
Grenzlinie siehe Aufgabenteil d)

## Lösung zu Aufgabe 6.2

a) $\sigma_x \equiv \sigma_z = 50{,}9\ \text{N/mm}^2$
$\sigma_x \equiv \sigma_d = -50{,}9\ \text{N/mm}^2$
$\tau_{xy} \equiv \tau_t = 61{,}1\ \text{N/mm}^2$
$\sigma_x \equiv \sigma_b = 81{,}5\ \text{N/mm}^2$

b) **Lageplan**

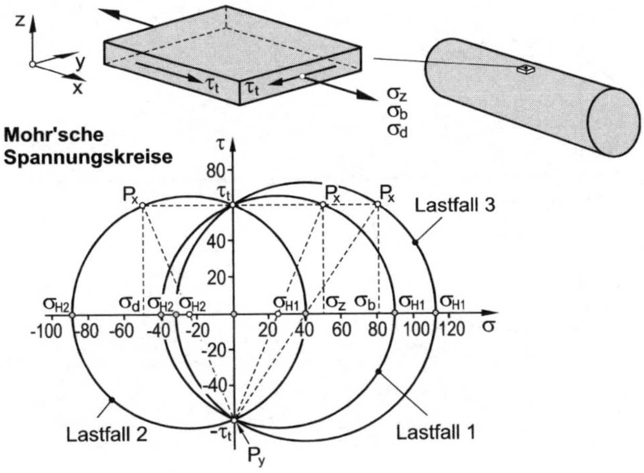


c)

| Hauptnormal-spannung | Lastfall 1 | Lastfall 2 | Lastfall 3 |
|---|---|---|---|
| $\sigma_{H1}$ | **91,7 N/mm²** | **40,7 N/mm²** | **114,2 N/mm²** |
| $\sigma_{H2}$ | **-40,7 N/mm²** | **-91,7 N/mm²** | **-37,2 N/mm²** |
| $\sigma_{H3}$ | **0** | **0** | **0** |

d) + e)

| | **Lastfall 1**<br>$\sigma_1$ = 91,7 N/mm²<br>$\sigma_2$ = 0<br>$\sigma_3$ = -40,7 N/mm² | **Lastfall 2**<br>$\sigma_1$ = 40,7 N/mm²<br>$\sigma_2$ = 0<br>$\sigma_3$ = -91,7 N/mm² | **Lastfall 3**<br>$\sigma_1$ = 114,2 N/mm²<br>$\sigma_2$ = 0<br>$\sigma_3$ = -32,7 N/mm² |
|---|---|---|---|
| $\sigma_{V\,SH}$ | **132,4 N/mm²** | **132,4 N/mm²** | **146,9 N/mm²** |
| $\sigma_{V\,GEH}$ | **117,5 N/mm²** | **117,5 N/mm²** | **133,6 N/mm²** |
| $S_F = R_{p0,2} / \sigma_{V\,GEH}$ | **3,49** | **3,49** | **3,07** |

## Lösung zu Aufgabe 6.3

a) $S_F$ = 2,04 unter Verwendung der SH (ausreichend, da $S_F \geq 1{,}20$)
falls mit der GEH gerechnet wurde: $S_{F\,GEH}$ = 2,23 (ausreichend, da $S_F \geq 1{,}20$)

b) $M_t^*$ = 29 946,9 Nm unter Verwendung der SH
falls mit der GEH gerechnet wurde: $M_t^*$ = 31 286,1 Nm

**Lösung zu Aufgabe 6.4**

a) $\sigma_x \equiv \sigma_z = 396{,}1\ \text{N/mm}^2$
$\Delta l = 1{,}226\ \text{mm}$

b) $\tau_{xy} \equiv \tau_t = 377{,}3\ \text{N/mm}^2$

c) $\sigma_{H1} = 624{,}2\ \text{N/mm}^2$
$\sigma_{H2} = -228{,}1\ \text{N/mm}^2$
$\sigma_{H3} = 0$

d) $M_t = 8427{,}5\ \text{Nm}$

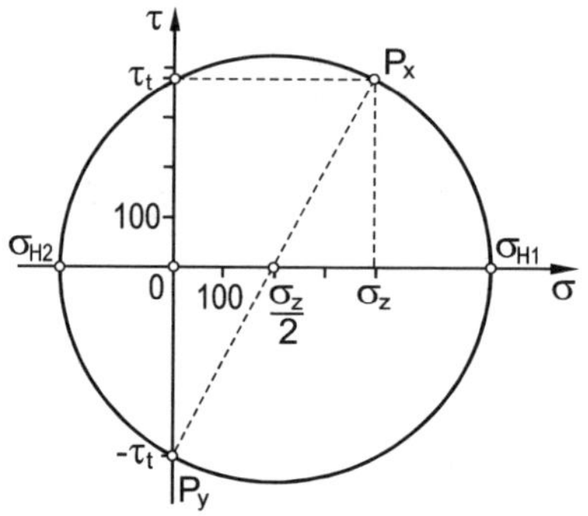


**Lösung zu Aufgabe 6.5**

a) $\sigma_x = 200\ \text{N/mm}^2$
$\sigma_y = 100\ \text{N/mm}^2$
$\tau_{xv} = -100\ \text{N/mm}^2$

b) $\varphi_1 = -31{,}71°$
$\varphi_1 = 58{,}29°$

$\sigma_{H1} = 261{,}77\ \text{N/mm}^2$
$\sigma_{H2} = 38{,}23\ \text{N/mm}^2$

c) $\Delta t = -19{,}8\ \mu\text{m}$

d) $S_F = 1{,}45$ unter Verwendung der SH (ausreichend, da $S_F \geq 1{,}20$)

**Lösung zu Aufgabe 6.6**

a) $\varepsilon_{H1} = 1{,}149$ ‰
$\varepsilon_{H2} = -0{,}749$ ‰

$\varphi_1 = 68{,}78°$
$\varphi_2 = -21{,}22°$

$\sigma_{H1} = 213{,}2\ \text{N/mm}^2$
$\sigma_{H2} = -93{,}2\ \text{N/mm}^2$

b) $\sigma_{V\,GEH} = 272{,}1\ \text{N/mm}^2$

c) $S_F = 3{,}12$ unter Verwendung der GEH (ausreichend, da $S_F \geq 1{,}20$)

**Lösung zu Aufgabe 6.7**

a) $\varepsilon_{DMS} = 2{,}026$ ‰

b) $F_2 = 473{,}9$ kN

c) $F_3 = 720{,}9$ kN
$\varepsilon_{DMS} = 4{,}564$ ‰

**Lösung zu Aufgabe 6.8**

a) $M_b = 500$ Nm
$M_t = 250$ Nm

b) $S_F = 3{,}69$ unter Verwendung der SH (ausreichend, da $S_F \geq 1{,}20$)

c) $F_2 = 605{,}87$ kN
d) $d = 29{,}58$ mm

**Lösung zu Aufgabe 6.9**

a) $F_Z = 39996$ N

b) $F_S = 2001$ N

c) $F_Q = 5000$ N

d) $S_F = 1{,}69$ unter Verwendung der SH (ausreichend, da $S_F \geq 1{,}20$)
$S_B = 2{,}29$ unter Verwendung der SH (ausreichend, da $S_B \geq 2{,}00$)

**Lösung zu Aufgabe 6.10**

Der unlegierte (allgemeine) Baustahl **S235JR** ist ein duktiler Werkstoff. Das Versagen erfolgt durch einen (duktilen) Verformungsbruch nach vorausgegangener plastischer Verformung. Die plastische Verformung infolge von Versetzungsbewegungen, findet bevorzugt in Ebenen mit der größten Schubspannung statt.

Aus dem Mohr'schen Spannungskreis ist ersichtlich, dass bei reiner Torsionsbeanspruchung die Ebenen mit der größten Schubbeanspruchung die x- bzw. y-Achse als Normale besitzen (Bildpunkte $P_x$ und $P_y$ im Mohr'schen Spannungskreis). Ein Bruch ist demzufolge in diesen Ebenen zu erwarten.

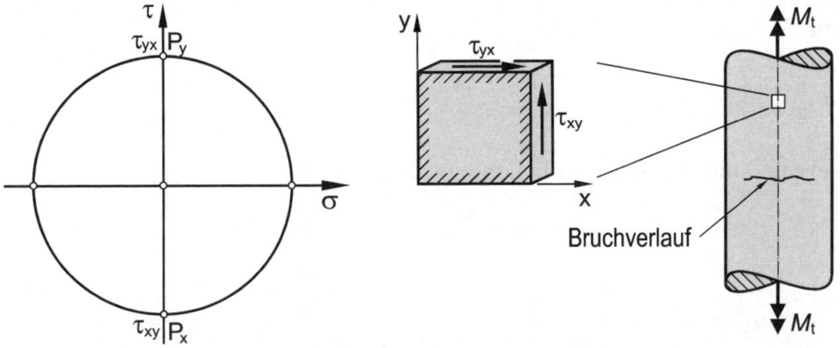

Die Graugusssorte **EN-GJL-250** ist ein spröder Werkstoff. Das Versagen erfolgt durch einen (spröden) Trennbruch. Derartige Trennbrüche verlaufen stets senkrecht zur größten Normalspannung.

Aus dem Mohr'schen Spannungskreis ist ersichtlich, dass bei reiner Torsionsbeanspruchung diese Ebenen die x'- bzw. y'-Achse als Normale besitzen (Bildpunkte $P_{x'}$ und $P_{y'}$ im Mohr'schen Spannungskreis). Ein Bruch ist demzufolge in Ebenen, die um 45° zur Längsachse gedreht sind, zu erwarten.

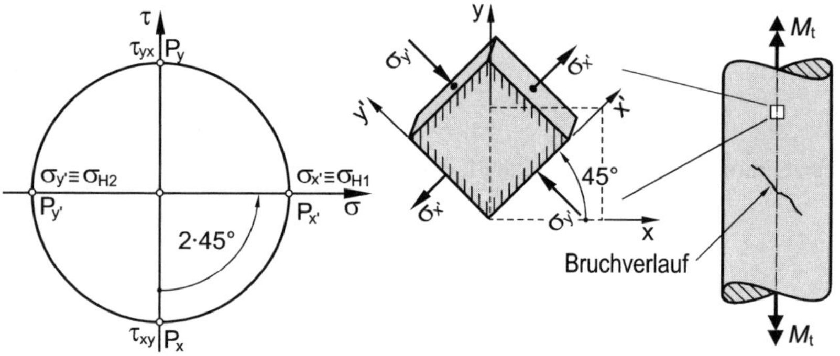


## Lösung zu Aufgabe 6.11

$S_F = 2{,}26$ unter Verwendung der SH (ausreichend, da $S_F \geq 1{,}20$)

## Lösung zu Aufgabe 6.12

a) $\varepsilon_A = 0{,}0148$ ‰
$\varepsilon_B = 1{,}6230$ ‰
$\varepsilon_C = 0{,}2619$ ‰

b) $\sigma_{H1} = 351{,}55$ N/mm²
$\sigma_{H2} = 28{,}45$ N/mm²
$\varphi_1 = -34{,}10°$
$\varphi_2 = 55{,}90°$

c) $S_F = 1{,}62$ unter Verwendung der SH (ausreichend, da $S_F \geq 1{,}20$)
alternativ: $S_{F\,GEH} = 1{,}68$ unter Verwendung der GEH (ausreichend, da $S_F \geq 1{,}20$)

d) $\tau_{xy} = 304{,}41$ N/mm²

## Lösung zu Aufgabe 6.13

a) $\sigma_Z = 108{,}23$ N/mm²
$\tau_t = 88{,}21$ N/mm²
$\sigma_{by} = 101{,}86$ N/mm²
$\sigma_{bZ} = 529{,}28$ N/mm²

b) $S_F = 1{,}57$ unter Verwendung der SH (ausreichend, da $S_F \geq 1{,}20$)

c) $\varepsilon_{DMS} = 2{,}510$ ‰

# Kurzlösungen zu Kapitel 7

## Lösung zu Aufgabe 7.1

a) Stab 1: $\alpha_{kz} = 2{,}03$
Stab 2: $\alpha_{kb} = 1{,}78$
Stab 3: $\alpha_{kt} = 1{,}40$

b) Stab 1: $\sigma_{z\,n} = 397{,}9\ \text{N/mm}^2$
$\sigma_{z\,max} = 807{,}7\ \text{N/mm}^2$
Stab 2: $\sigma_{b\,n} = 397{,}7\ \text{N/mm}^2$
$\sigma_{b\,max} = 708{,}2\ \text{N/mm}^2$
Stab 3: $\tau_{t\,n} = 397{,}9\ \text{N/mm}^2$
$\tau_{t\,max} = 557{,}0\ \text{N/mm}^2$

Spannungsverläufe:

Stab 1 Stab 2 Stab 3

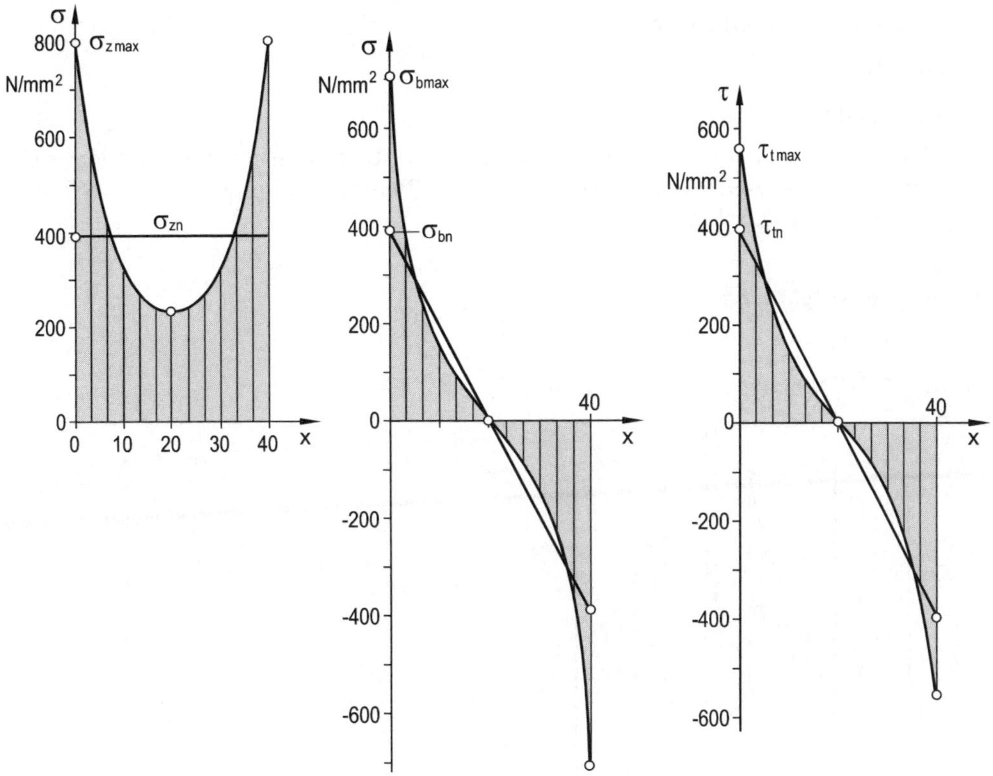


## Lösung zu Aufgabe 7.2

$\alpha_k = 2{,}74$

## Lösung zu Aufgabe 7.3

a) $\alpha_k = 1{,}75$

b) $S_F = 1{,}97$ (ausreichend, da $S_F \geq 1{,}20$)

c) $F_F = 49143$ N

d) $F_{pl} = 59484$ N

e) $F_{vpl} = 86000$ N

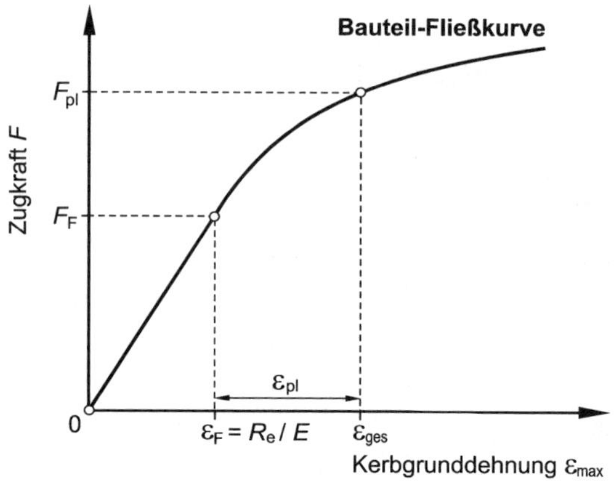


## Lösung zu Aufgabe 7.4

a) $\Delta l_1 = 0{,}129$ mm
$\Delta l_2 = 0{,}038$ mm
Schraube plastifiziert zuerst.

b) $M_A = 105{,}33$ Nm

c) $F_{pl} = 46408$ N

Wird eine Sicherheit von $S_{pl} = 1{,}5$ gefordert, dann ist die Beanspruchung auf $F_{zul} = F_{pl} / S_{pl} = 46408 / 1{,}5 = 30939$ N zu begrenzen. Da die Betriebsbeanspruchung $F = 36500$ N beträgt, ist ein sicherer Betrieb nicht möglich.

## Lösung zu Aufgabe 7.5

a) $F_F = 33793$ N

b) $\sigma_n = 211{,}2$ N/mm$^2$

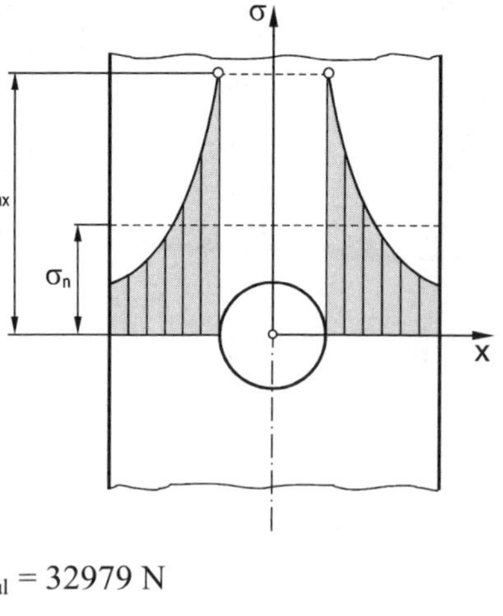


c) $F_{zul} = 32979$ N

d) $F_B = 113600$ N

## Lösung zu Aufgabe 7.6

a) $\varepsilon_A = 0{,}783$ ‰
$\varepsilon_B = -0{,}389$ ‰

b) $S_F = 1{,}95$ (ausreichend, da $S_F \geq 1{,}20$)

c) $M_t^* = 167{,}7$ Nm

## Lösung zu Aufgabe 7.7

a) $\sigma_b = 163{,}2$ N/mm²
$\varepsilon = 0{,}78$ ‰

b) $S_F = 1{,}60$ (ausreichend, da $S_F \geq 1{,}20$)

c) $F_3 = 1715{,}7$ N

d) $F_{pl\,zul} = 2338{,}5$ N

## Lösung zu Aufgabe 7.8

a) $M_b = 52{,}5$ Nm

b) $S_F = 2{,}33$ (ausreichend, da $S_F \geq 1{,}20$)
$S_B = 4{,}25$ (ausreichend, da $S_B \geq 1{,}20$)

c) $M_t^* = 580{,}9$ Nm

d) $F_2 = 83723$ N

e) $F_1 = 1610{,}1$ N

f) $M_t = 96{,}6$ Nm
Die Drehrichtung des Torsionsmomentes $M_t$ ist bei Blick von rechts auf den Wellenzapfen im Uhrzeigersinn (also entsprechend der Richtung der eingezeichneten Momentenpfeile in der Aufgabenstellung).

g) $S_F = 1{,}55$ (ausreichend, da $S_F \geq 1{,}20$)

## Lösung zu Aufgabe 7.9

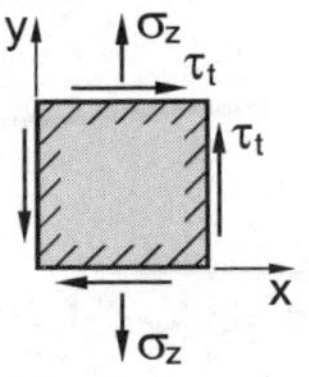


a) $\sigma_z = 100$ N/mm²
$\Delta l = 0{,}024$ mm

b) $\tau_t = 60$ N/mm²
$\varphi = 0{,}4256°$

c) $\sigma_{H1} = 128{,}1$ N/mm²
$\sigma_{H2} = -28{,}1$ N/mm²
$\varphi_1 = -25{,}1°$
$\varphi_2 = 64{,}9°$

d) $M_{t2} = 41{,}06$ Nm

e) $\alpha_{kz} = 1{,}75$
$F_2 = 6304$ N

f) $F_3 = 9897$ N

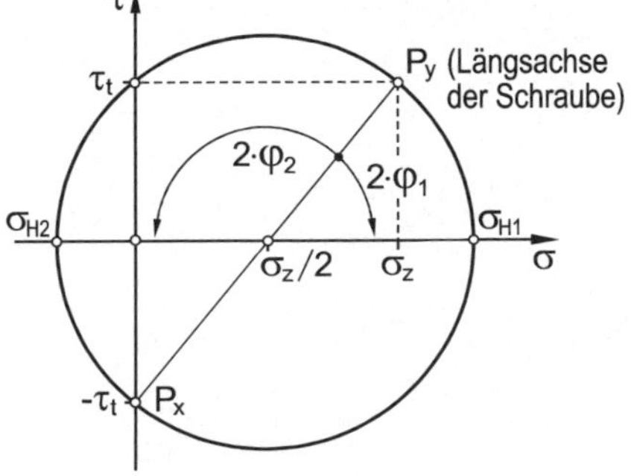

## Lösung zu Aufgabe 7.10

a) $I_y = 2\,400\,833\ \text{mm}^4$
$W_{by} = 60\,020{,}8\ \text{mm}^3$

b) $F_F = 8853{,}1$ N

c) $F_{pl} = 10361{,}9$ N

d) $F^*_{pl} = 11279{,}2$ N

e) $F_{vpl} = 11843{,}1$ N

f) $\varepsilon_1 = 1{,}411$ ‰
$\varepsilon_2 = 1{,}881$ ‰
$\varepsilon_3 = 3{,}508$ ‰
$\varepsilon_{vpl} = \infty$

| $\varepsilon$ [1)] ‰ | $F$ N |
|---|---|
| 1,411 | 8853,1 |
| 1,881 | 10361,9 |
| 3,508 | 11279,2 |
| $\infty$ | 11843,1 |

[1)] Außenrand Vierkantrohr

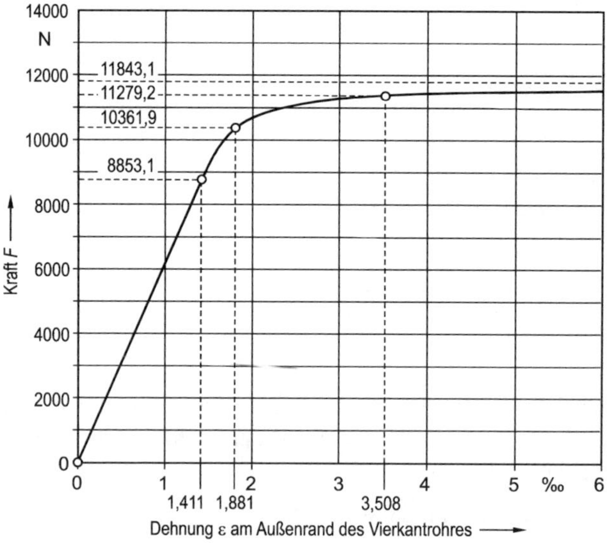


## Lösung zu Aufgabe 7.11

a) $F_1 = 65948$ N

b) $F_2 = 659{,}5$ N

c) $M_t = 71{,}02$ Nm

d) $S_F = 1{,}06$ (nicht ausreichend, da $S_F < 1{,}20$)

# Kurzlösungen zu Kapitel 8

## Lösung zu Aufgabe 8.1

$F_K = 269872$ N
$S_K = 5{,}40$ (ausreichend, da $S_K \geq 2{,}50$)
$S_F = 16$ (ausreichend, da $S_F \geq 1{,}20$)

## Lösung zu Aufgabe 8.2

a) $I_{yS} = 179479{,}2\ \text{mm}^4$
$I_{zS} = 182916{,}7\ \text{mm}^4$

b) Knickung: $F_d = 64582$ N
Fließen: $F_d = 161500$ N

Die zulässige Druckkraft beträgt damit $F_d = 64582$ N

c) $\Delta l = -1{,}46$ mm

## Lösung zu Aufgabe 8.3

a) $F_d = 24525$ N

b) $S_F = 2{,}56$ (ausreichend, da $S_F \geq 1{,}20$)
$S_K = 1{,}18$ (nicht ausreichend, da $S_K < 2{,}50$)

c) $M_{b\,max} = 14715$ Nm
$a = 97{,}0$ mm

## Lösung zu Aufgabe 8.4

a) $F_d = 1616{,}2$ kN

b) $I_y = 11699{,}75\ \text{cm}^4$

c) $S_F = 1{,}57$ (ausreichend, da $S_F \geq 1{,}20$)
$S_K = 55{,}1$ (ausreichend, da $S_K \geq 2{,}50$)

## Lösung zu Aufgabe 8.5

a) $F_d = 135{,}35$ kN

b) $F_d^* = 27{,}307$ kN

c) $d = 8{,}06$ mm

## Lösung zu Aufgabe 8.6

$l \leq 616{,}2$ mm

## Lösung zu Aufgabe 8.7

a) Fließen: $s = 2{,}53$ mm
Knickung: $s = 6{,}03$ mm

b) $e = 17{,}69$ mm

## Lösung zu Aufgabe 8.8

a) Fließen: $F = 138{,}2$ kN
Knickung: $F = 55{,}73$ kN
Zulässige Druckkraft: $F_d = 55{,}73$ kN

b) $\Delta l =$ -1,075 mm

## Lösung zu Aufgabe 8.9

Fließen: $S_F = 1{,}24$ (ausreichend, da $S_F \geq 1{,}20$)
Knickung: $S_K = 1{,}57$ (nicht ausreichend, da $S_K < 2{,}50$)

# Kurzlösungen zu Kapitel 9

## Lösung zu Aufgabe 9.1

a) Rechteckquerschnitt (symmetrische Querschnittsfläche): Hauptachsen fallen mit den Symmetrieachsen zusammen, d. h. das y-z-Koordinatensystem ist gleichzeitig Hauptachsensystem (y-Achse ≡ große Hauptachse; z-Achse ≡ kleine Hauptachse).

b) $I_1 \equiv I_y = 215\,653\,333\ \text{mm}^4$
$I_2 \equiv I_z = 111\,253\,333\ \text{mm}^4$

c) $\beta = -48{,}22°$
$\sigma_{xA} = 525{,}89\ \text{N/mm}^2$

d) $S_F = 1{,}69$ (ausreichend, da $S_F \geq 1{,}20$)

## Lösung zu Aufgabe 9.2

a) $M_{b\,max} = 9\,375\ \text{Nm}$
Das maximale Biegemoment wirkt in der den Kraftangriffspunkt beinhaltenden Ebene.

b) Rechteckquerschnitt (symmetrische Querschnittsfläche): Hauptachsen fallen mit den Symmetrieachsen zusammen, d. h. das y-z-Koordinatensystem ist gleichzeitig Hauptachsensystem (y-Achse ≡ große Hauptachse; z-Achse ≡ kleine Hauptachse).
$I_1 \equiv I_y = 5 \cdot 10^6\ \text{mm}^4$
$I_2 \equiv I_z = 1{,}8 \cdot 10^6\ \text{mm}^4$

c) $\beta = -48{,}29°$
$\sigma_{xB} = 145{,}46\ \text{N/mm}^2$
$\sigma_{xA} = -\sigma_{xB} = -145{,}46\ \text{N/mm}^2$

d) $S_F = 1{,}68$ (ausreichend, da $S_F \geq 1{,}20$)

## Lösung zu Aufgabe 9.3

a) Da es sich um eine symmetrische Querschnittsfläche handelt, fällt eine der beiden Hauptachsen mit der Symmetrieebene zusammen. Die zweite Hauptachse ergibt sich als Senkrechte zur ersten Hauptachse durch den Flächenschwerpunkt.
$z_S = 28{,}17\ \text{mm}$

b) $I_1 \equiv I_y = 55\,614{,}6\ \text{mm}^4$
$I_2 \equiv I_z = 27\,031{,}3\ \text{mm}^4$

c) $\beta = 36{,}83°$
$\sigma_{xA} = 226{,}5\ \text{N/mm}^2$
$\sigma_{xB} = -253{,}8\ \text{N/mm}^2$

d) $S_F = 1{,}42$ (ausreichend, da $S_F \geq 1{,}20$)

## Lösung zu Aufgabe 9.4

a) $y_S$ = 24,81 mm
$z_S$ = 80,19 mm
$\varphi_1$ = 28,49°
$\varphi_2$ = 118,49°

b) $I_1$ = 4 976 871,6 mm$^4$
$I_2$ = 1 075 412,1 mm$^4$
$\beta$ = -68,29°

c) Profileckpunkt *A*: $\sigma_{xA}$ = 388,17 N/mm$^2$
Profileckpunkt *B*: $\sigma_{xB}$ = -462,26 N/mm$^2$

d) $S_F$ = 1,28 (ausreichend, da $S_F \geq 1{,}20$)

## Lösung zu Aufgabe 9.5

$S_F$ = 1,24 (ausreichend, da $S_F \geq 1{,}20$)

# Kurzlösungen zu Kapitel 10

## Lösung zu Aufgabe 10.1

$$\tau_q(z) = \frac{3}{2} \cdot \frac{Q}{b \cdot h} \cdot \left(1 - \frac{4 \cdot z^2}{h^2}\right)$$

## Lösung zu Aufgabe 10.2

$$\tau_q(z) = \frac{4}{3} \cdot \frac{Q}{\pi \cdot r^2} \cdot \left(1 - \frac{z^2}{r^2}\right)$$

## Lösung zu Aufgabe 10.3

$$\tau(\varphi) = \frac{Q}{\pi \cdot r \cdot t} \cdot \cos\varphi$$

## Lösung zu Aufgabe 10.4

a) $\tau_S = 31{,}6\ \text{N/mm}^2$

b) $\tau_S \leq 85\ \text{N/mm}^2$. Die Beanspruchung in der Schweißnaht ist zulässig.

## Lösung zu Aufgabe 10.5

$t = 104{,}9$ mm

## Lösung zu Aufgabe 10.6

$t = 61{,}97$ mm

# Kurzlösungen zu Kapitel 11

## Lösung zu Aufgabe 11.1

$a = 25$ mm

## Lösung zu Aufgabe 11.2

$a = 67{,}9$ mm

## Lösung zu Aufgabe 11.3

$a = 171$ mm

## Lösung zu Aufgabe 11.4

$$\frac{M_{t2}}{M_{t1}} = \frac{3}{2} \cdot \frac{d_m}{s}$$

# Kurzlösungen zu Kapitel 12

## Lösung zu Aufgabe 12.1

$\sigma_t$ = 225 N/mm²
$\sigma_a$ = 112,5 N/mm²
$\sigma_r$ = -12,5 N/mm²

## Lösung zu Aufgabe 12.2

a) P295GH: $p_i$ = 25,83 MPa
EN-GJL-200: $p_i$ = 6,67 MPa

b) P295GH: $\Delta d_m$ = 0,128 mm
EN-GJL-200: $\Delta d_m$ = 0,071 mm

## Lösung zu Aufgabe 12.3

a) $p_1$ = 14,29 MPa

b) $F_1$ = 393,7 kN

c) $p_2$ = 7 MPa
$F_2$ = 230 kN

## Lösung zu Aufgabe 12.4

a) $p_i$ = 8 MPa

b) $\sigma_a$ = 125 N/mm²
$\sigma_r$ = -4 N/mm²

c) $\Delta d_a$ = 0,522 mm

d) $S_F$ = 1,40 (ausreichend, da $S_F \geq 1{,}20$)

e) $F$ = 1672,9 kN

f) $\sigma_t$ = 250 N/mm²
$\sigma_a$ = 0
$\sigma_r$ = -4 N/mm²

g) $\tau_{max1}$ = 62,5 N/mm²
$\tau_{max2}$ = 125 N/mm²

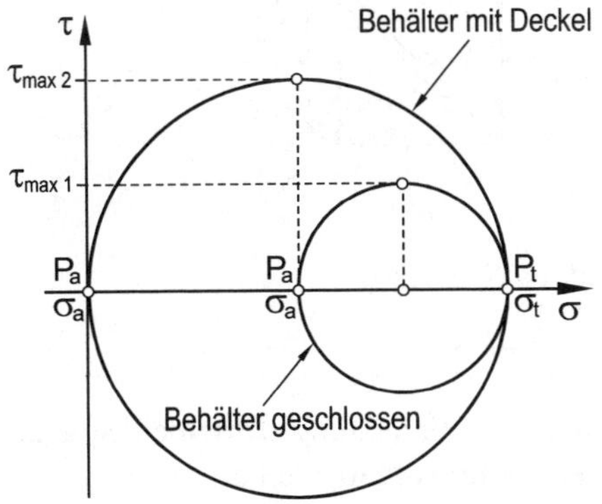

## Lösung zu Aufgabe 12.5

a) $\sigma_t$ = 100 N/mm²
$\sigma_a$ = 50 N/mm²

b) $p_i$ = 13,33 MPa

c) $p_i$ = 21,88 MPa

d) $S_F$ = 1,31 (ausreichend, da $S_F \geq 1{,}20$)
$S_{pl}$ = 2,37

## Lösung zu Aufgabe 12.6

a) $\sigma_t$ = 150,1 N/mm²
$\sigma_a$ = -150,1 N/mm²

b) • Ebene 1 und Ebene 2 sind schubspannungsfrei.
• Ebene 3 und Ebene 4 sind frei von Normalspannungen.

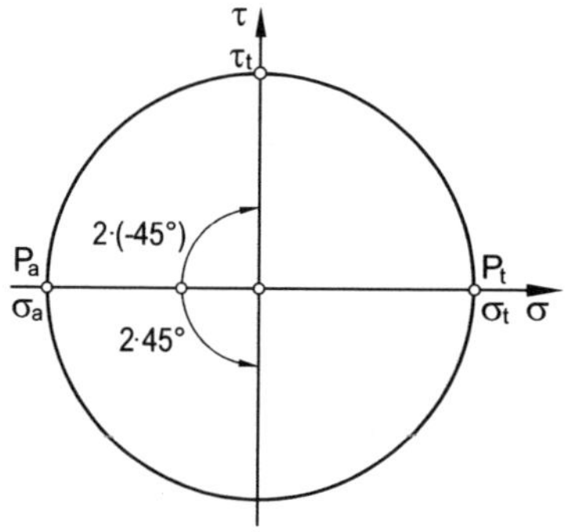


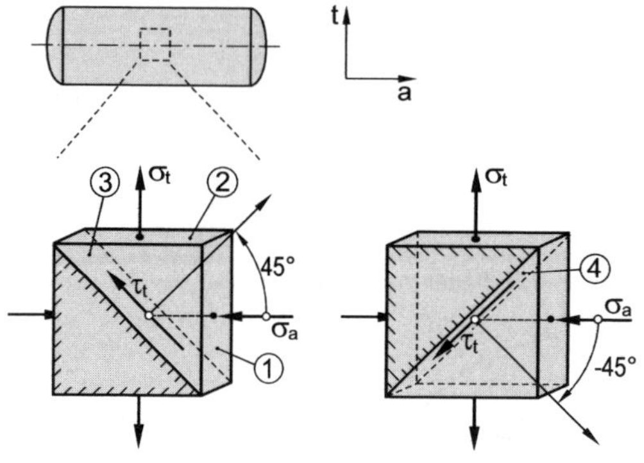


c) $S_F$ = 1,27 (ausreichend, da $S_F \geq 1{,}20$)

d) $p_i$ = 7,50 MPa
$F$ = -2899,5 N

e) Mögliche Beanspruchung zur Erzeugung desselben Spannungszustandes: **Torsion** (siehe Mohr'scher Spannungskreis in Aufgabenteil b)

$M_t$ = 387,1 kNm

## Lösung zu Aufgabe 12.7

a) $\varepsilon_a = 0{,}505$ ‰
$\varepsilon_t = -0{,}152$ ‰
$\varepsilon_{45} = 0{,}177$ ‰

b) Mohr'scher Spannungskreis

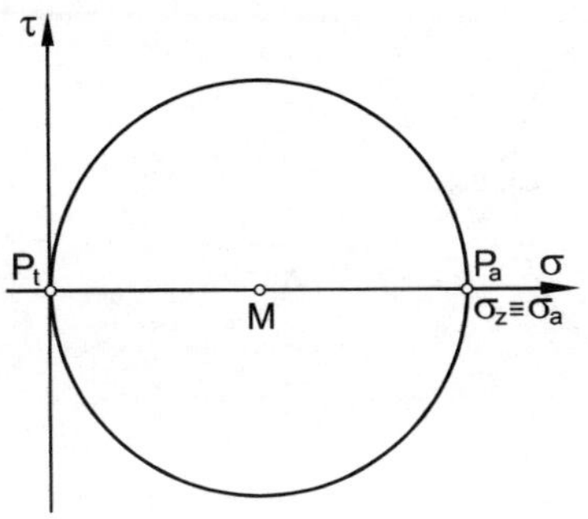


Mohr'scher Verformungskreis

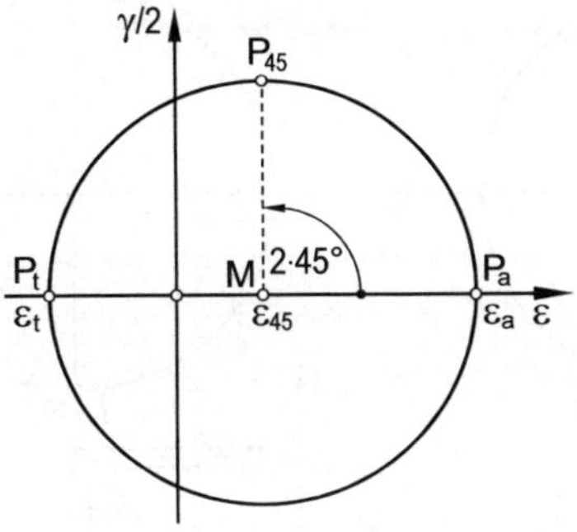


c) $\varepsilon_a = 0{,}1$ ‰
$\varepsilon_t = 0{,}425$ ‰
$\varepsilon_{45} = 0{,}263$ ‰

d) Mohr'scher Spannungskreis

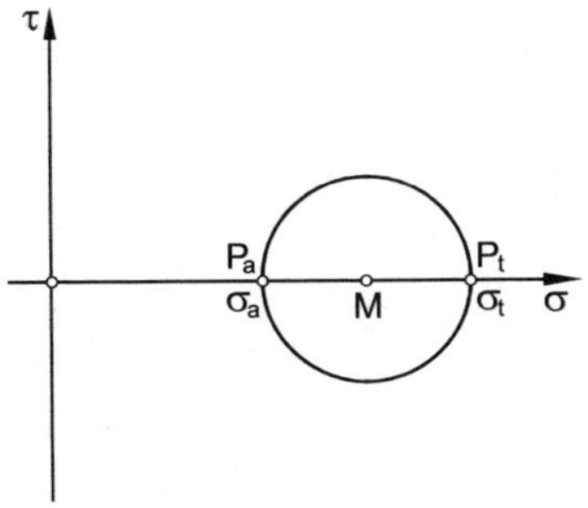


Mohr'scher Verformungskreis

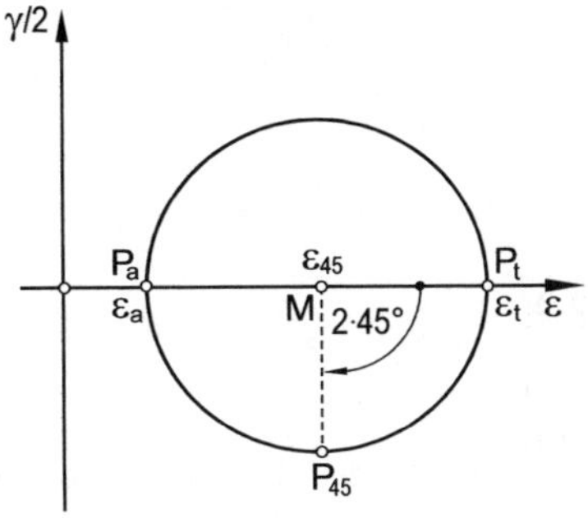


e) $\varepsilon_a = 0{,}386$ ‰
$\varepsilon_t = -0{,}116$ ‰
$\varepsilon_{45} = 0{,}135$ ‰

f) Mohr'scher Spannungskreis

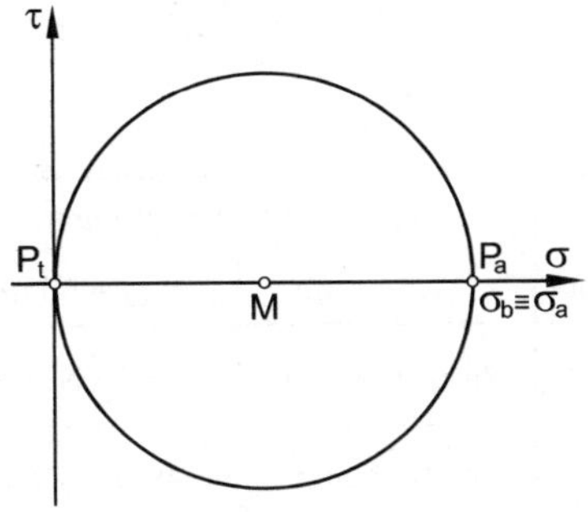


Mohr'scher Verformungskreis

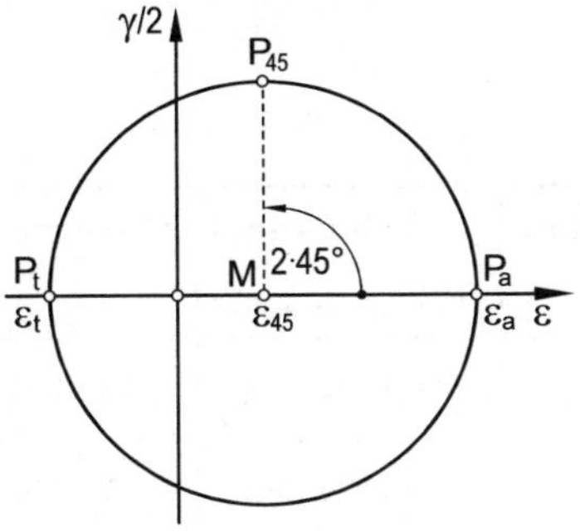

g) $\varepsilon_a = 0$

$\varepsilon_t = 0$

$\varepsilon_{45} = 0{,}279$ ‰

h)

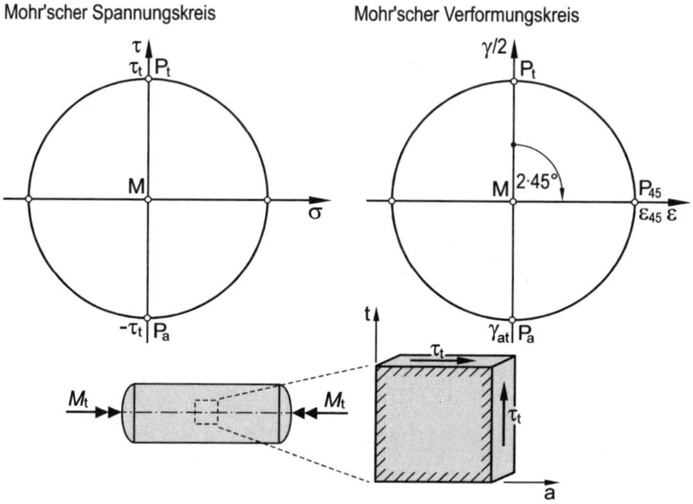


## Lösung zu Aufgabe 12.8

$p_i = 7{,}50$ MPa

$M_t = 14998$ Nm

$M_b = 10000$ Nm

## Lösung zu Aufgabe 12.9

a) $\sigma_t \equiv \sigma_1 = 39{,}97$ N/mm$^2$

$\sigma_a \equiv \sigma_2 = 20{,}03$ N/mm$^2$

$\sigma_r \equiv \sigma_3 = 0$ N/mm$^2$

Da keine Schubspannungen wirken, fallen die Hauptnormalspannungen mit der Tangential-, der Axial- und der Radialrichtung des Behälters zusammen.

$p_i = 159{,}88$ MPa

b) $p_{i\,FB} = 174{,}49$ MPa

c) $p_{ic} = 306{,}41$ MPa

d) $\varepsilon_A^* = 0{,}388$ ‰

$\varepsilon_B^* = 0{,}103$ ‰

e)

| **Spannungskomponente** | **vollplastischer Innenring** | | **elastischer Außenring** | |
|---|---|---|---|---|
| | $r = r_i = 20$ mm | $r = c = 30$ mm | $r = c = 30$ mm | $r = r_a = 60$ mm |
| **Tangentialspannung** | 86,19 N/mm$^2$ | 245,37 N/mm$^2$ | 245,37 N/mm$^2$ | 98,15 N/mm$^2$ |
| **Axialspannung** | -110,11 N/mm$^2$ | 49,07 N/mm$^2$ | 49,07 N/mm$^2$ | 49,07 N/mm$^2$ |
| **Radialspannung** | -306,41 N/mm$^2$ | -147,22 N/mm$^2$ | -147,22 N/mm$^2$ | 0 N/mm$^2$ |

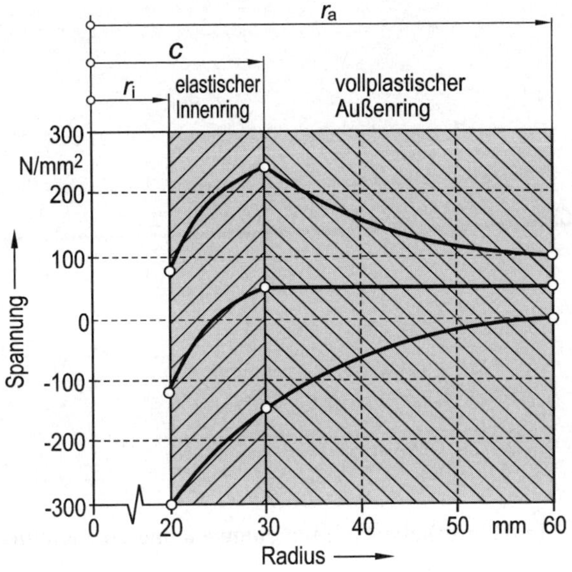


f) Innenrand

$\sigma_{t\,ei}$ = -296,86 N/mm²

$\sigma_{a\,ei}$ = -148,41 N/mm²

$\sigma_{r\,ei}$ = 0

Außenrand

$\sigma_{t\,ei}$ = 21,55 N/mm²

$\sigma_{a\,ei}$ = 10,77 N/mm²

$\sigma_{r\,ei}$ = 0

## Lösung zu Aufgabe 12.10

a) $p_i$ = 180 MPa
$M_t$ = 49000 Nm

b) Innenrand: $\sigma_{V\,GEH}$ = 571,91 N/mm² da $\sigma_{V\,GEH} < R_{p0,2}$ ist der Behälter am Innenrand elastisch beansprucht.

Außenrand: $\sigma_{V\,GEH}$ = 296,10 N/mm² da $\sigma_{V\,GEH} < R_{p0,2}$ ist der Behälter am Außenrand elastisch beansprucht.

c) $p_{iFB}$ = 314,4 MPa

d) $p_{ic}$ = 410,0 MPa

e) $\varepsilon_A = \varepsilon_C$ = 1,8106 ‰
$\varepsilon_B$ = 2,9314 ‰

## Lösung zu Aufgabe 12.11

a) $\varepsilon_A$ = 0,2599 ‰
$\varepsilon_B$ = 1,9309 ‰
$\varepsilon_C$ = 0,7858 ‰
$\varepsilon_D$ = 1,3117 ‰

b) $S_F$ = 1,74 (ausreichend, da $S_F \geq 1{,}20$)

## Lösung zu Aufgabe 12.12

$p_i$ = 10 MPa

## Lösung zu Aufgabe 12.13

$p_i$ = 12 MPa
$M_t$ = 80000 Nm
Das Torsionsmoment wirkt entgegen der in der Aufgabenstellung eingezeichneten Richtung.

## Lösung zu Aufgabe 12.14

a) $p_i$ = 29,84 MPa

b) $S_F$ = 3,21 (ausreichend, da $S_F \geq 1{,}50$)

c) $s_2$ = 5,23 mm

d) An der Stelle 3 herrscht kein Innendruck (Dichtungen), daher sind dort keine Spannungskomponenten aus Innendruck vorhanden. Da voraussetzungsgemäß außerdem keine Reibung auftritt, liegen auch keine Axialspannungen vor. Die Stelle 3 ist also **spannungsfrei**, d. h. $\boldsymbol{\sigma_V = 0}$. Die Sicherheit gegen Fließen ist dementsprechend **unendlich**.

e) $\varepsilon_{DMS}$ = -0,465 ‰

f) Stelle 1: $S_F$ = 2,83 (ausreichend, da $S_F \geq 1{,}50$)
Stelle 4: $S_F$ = 2,72 (ausreichend, da $S_F \geq 1{,}50$)

g) $S_F$ = 2,43 (ausreichend, da $S_F \geq 1{,}50$)

## Lösung zu Aufgabe 12.15

$$\sigma_t = \frac{2}{\sqrt{3}} \cdot R_e = 1{,}155 \cdot R_e$$

# Kurzlösungen zu Kapitel 13

## Lösung zu Aufgabe 13.1

a) $\sigma_{zdW} = 407{,}4\ \text{N/mm}^2$

b) $k = 12{,}43$

c) $F_{AD1} = 26337\ \text{N}$

d)

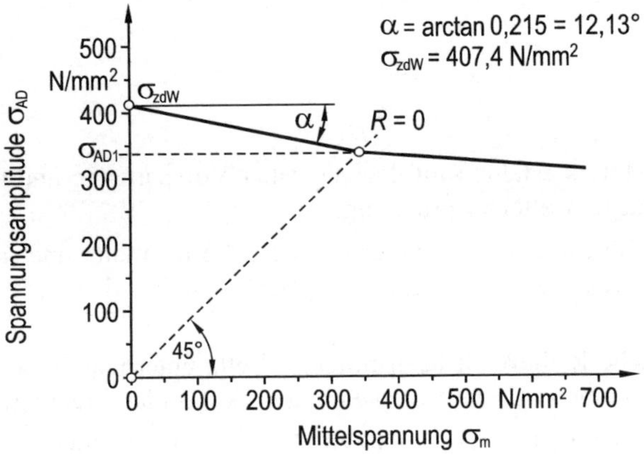


Abgelesen: $\sigma_{AD} = 340\ \text{N/mm}^2$

e) $F_{AD2} = 27700\ \text{N}$

## Lösung zu Aufgabe 13.2

a) **Darstellung der Wöhlerkurve**

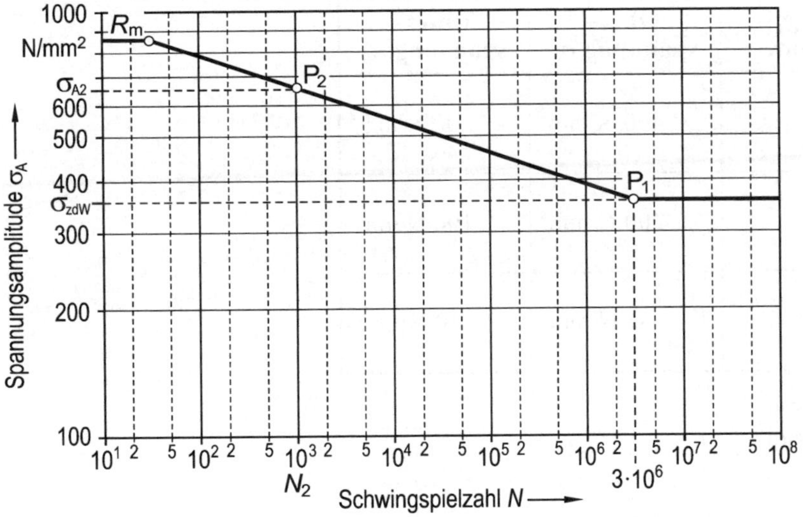

**Stützpunkte für die Zeitfestigkeitsgerade**

Punkt $P_1$: $N_1 = N_D = 3 \cdot 10^6$

$\sigma_{A1} = \sigma_{zdW} = 350\ \text{N/mm}^2$

Punkt $P_2$: $N_2 = 10^3$ (gewählt)

$\sigma_{A2} = 664{,}12\ \text{N/mm}^2$

b) $t = 2{,}40$ h

c) $\sigma_{AD} = 320{,}4\ \text{N/mm}^2$

## Lösung zu Aufgabe 13.3

a) Die Zylinderkopfschrauben eines Motors erfahren infolge statischer Vorspannung und rein schwellendem Arbeitsdruck eine Zugschwellbeanspruchung.

b) Ein rein schwellender Innendruck führt in einem Behälter in axialer, tangentialer und radialer Richtung zu einer reinen Zugschwellbeanspruchung (z. B. Befüll- und Entleerungsvorgänge einer Gasflasche).

c) Eine umlaufende, durch eine statische Radialkraft beanspruchte Welle unterliegt einer reinen Wechselbeanspruchung, sofern keine statische Vorspannung wirkt (Umlaufbiegung).

d) Die Kolbenstange eines einseitig wirkenden Hydraulikzylinders unterliegt einer reinen Druckschwellbeanspruchung, sofern bei jedem Lastwechsel der Innendruck $p_i$ zu Null wird.

e) Ein Brückenpfeiler erfährt durch das Eigengewicht der Brücke und die zusätzliche, zeitlich veränderliche Verkehrsbelastung eine Druckschwellbeanspruchung.

## Lösung zu Aufgabe 13.4

a)

| Spannungs-komponente | Ober-spannung $\sigma_o$ | Unter-spannung $\sigma_u$ |
|---|---|---|
| $\sigma_t = p_i \cdot \frac{d_i}{2 \cdot s}$ | 400 N/mm² | 200 N/mm² |
| $\sigma_a = p_i \cdot \frac{d_i}{4 \cdot s}$ | 200 N/mm² | 100 N/mm² |
| $\sigma_r = -p_i$ | -5 N/mm² | -10 N/mm² |

b) $\sigma_{ta} = 100\ \text{N/mm}^2$

$\sigma_{tm} = 300\ \text{N/mm}^2$

$R = 0{,}5$

c)

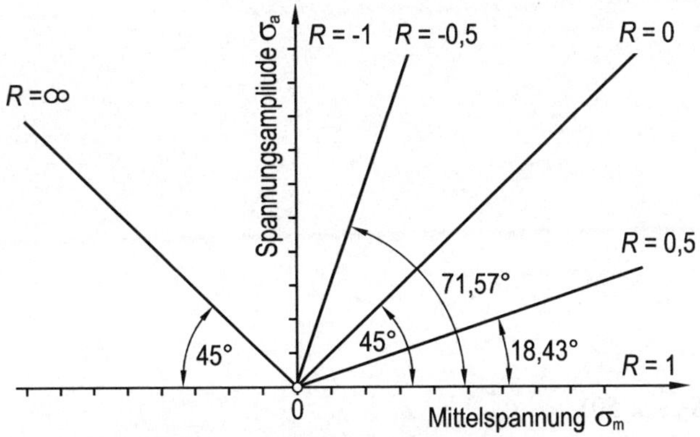


für $R$ = -1 folgt:

$\sigma_m = 0$ (Ordinate)

für $R$ = -0,5 folgt:

$\sigma_a = 3 \cdot \sigma_m$ ($\alpha$ = 71,57°)

für $R$ = 0 folgt:

$\sigma_a = \sigma_m$ (erste Winkelhalbierende)

für $R$ = 0,5 folgt:

$\sigma_a = \frac{1}{3} \cdot \sigma_m$ ($\alpha$ = 18,43°)

für $R$ = 1 folgt:

$\sigma_a = 0$ (Abszisse, d. h. statische Beanspruchung)

für $R = \propto$ folgt:

$\sigma_a = -\sigma_m$

**Lösung zu Aufgabe 13.5**

a) $S_D$ = 3,38 (ausreichend, da $S_D \geq 2{,}50$)

b) $S_D$ = 3,06 (ausreichend, da $S_D \geq 2{,}50$)

c) $S_D$ = 3,35 (ausreichend, da $S_D \geq 2{,}50$)

**Lösung zu Aufgabe 13.6**

a) $F_{A1}$ = 144,6 kN

b) $F_{A2}$ = 144,9 kN

c) $F_{A3}$ = 173,2 kN

**Lösung zu Aufgabe 13.7**

a) $d = 13{,}73$ mm

b) $d = 14{,}35$ mm

**Lösung zu Aufgabe 13.8**

$F_2 = 905{,}7$ N

**Lösung zu Aufgabe 13.9**

$S_D = 1{,}40$ (nicht ausreichend, da $S_D < 2{,}50$)

**Lösung zu Aufgabe 13.10**

a) $R = 2{,}5$ mm

b) $F_W = 48{,}6$ kN

c) $F_W = 7{,}97$ kN

**Lösung zu Aufgabe 13.11**

a) $d = 70{,}19$ mm

b) $d = 71{,}82$ mm

c) $F = 14{,}8$ kN

**Lösung zu Aufgabe 13.12**

$a = 213{,}3$ mm

**Lösung zu Aufgabe 13.13**

a) $M_t = 754{,}7$ Nm

b) $M_{ta} = 325{,}1$ Nm

c) statische Beanspruchung: $\varphi = 23{,}53°$
Schwingbeanspruchung: $\varphi = 10{,}14°$

**Lösung zu Aufgabe 13.14**

a)

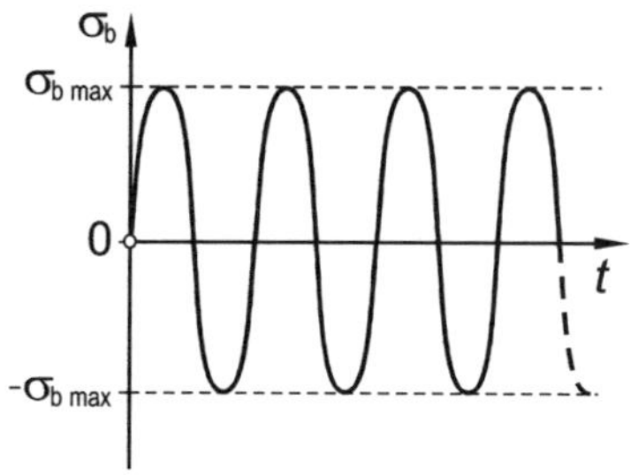

$\sigma_a = \sigma_{b\,max} = 167{,}77\ N/mm^2$

b) $S_D = 2{,}91$ (nicht ausreichend, da $S_D \geq 3{,}50$ gefordert)

c) $S_D = 2{,}61$ (ausreichend, da $S_D \geq 2{,}50$)

## Lösung zu Aufgabe 13.15

$F_2 = 28{,}1\ kN$

## Lösung zu Aufgabe 13.16

a) $M_t = 452{,}1\ Nm$

b) $M_{ta} = 94{,}4\ Nm$

## Lösung zu Aufgabe 13.17

a)

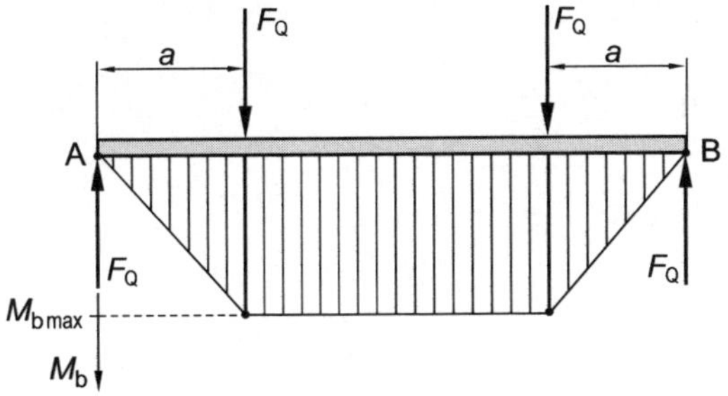


$M_{b\,max} = 780\ Nm$

b) $S_F = 1{,}41$ (ausreichend, da $S_F \geq 1{,}20$)

c) Zusätzlich mögliche Versagensart: **Schwingbruch** infolge Umlaufbiegung.

d) $\beta_k = 1{,}91$

e)

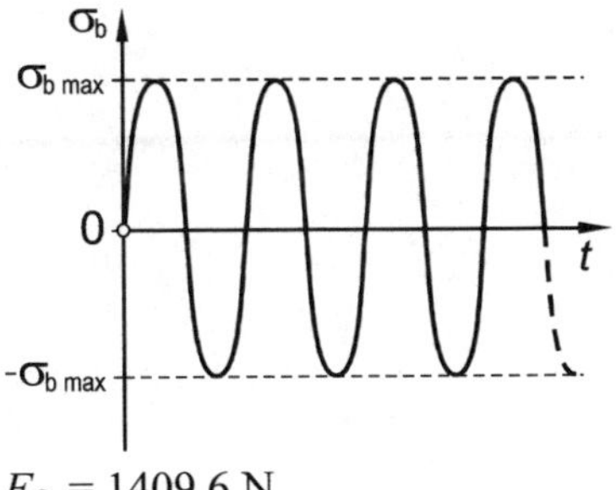


f) $F_Q = 1409{,}6\ N$

## Lösung zu Aufgabe 13.18

a) $M_{bI} = 500$ Nm

b) $\alpha_{kz} = 1{,}55$
$\alpha_{kb} = 1{,}42$

c) $S_F = 1{,}72$ (ausreichend, da $S_F \geq 1{,}20$)

d) $F_2 = 87627$ N

e) $\beta_{kb} = 1{,}35$

f) $\sigma_{ba\,max} = 254{,}65$ N/mm²

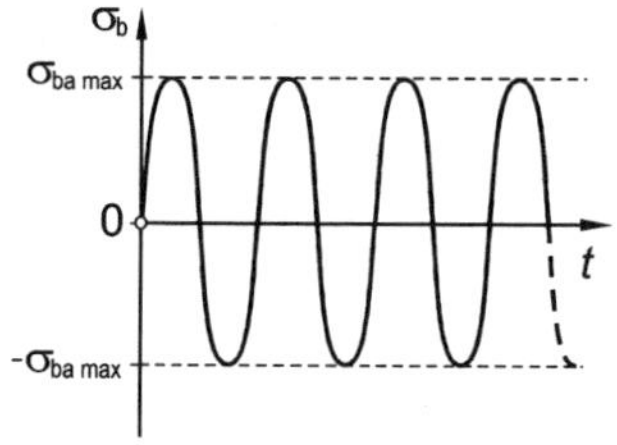


g) $S_D = 0{,}99$ (nicht ausreichend, da $S_D < 2{,}50$)

## Lösung zu Aufgabe 13.19

a) $\sigma_z = 247{,}57$ N/mm²
$\Delta l = 0{,}2122$ mm
$S_F = 2{,}50$ (ausreichend, da $S_F \geq 1{,}20$)

b) $S_D = 4{,}00$ (ausreichend, da $S_D \geq 2{,}50$)

c) $S_F = 1{,}78$ (ausreichend, da $S_F \geq 1{,}20$)
$S_D = 3{,}45$ (ausreichend, da $S_D \geq 2{,}50$)

d) $M_t = 13147{,}6$ Nm
$\varphi = 1{,}32°$

e) $M_t = 7018{,}9$ Nm

f) $R = 2{,}5$ mm

g) $S_D = 4{,}27$ (ausreichend, da $S_D \geq 2{,}50$)

## Lösung zu Aufgabe 13.20

a) $M_{bI} = 2500$ Nm

b) $M_t = 4334{,}6$ Nm

c)

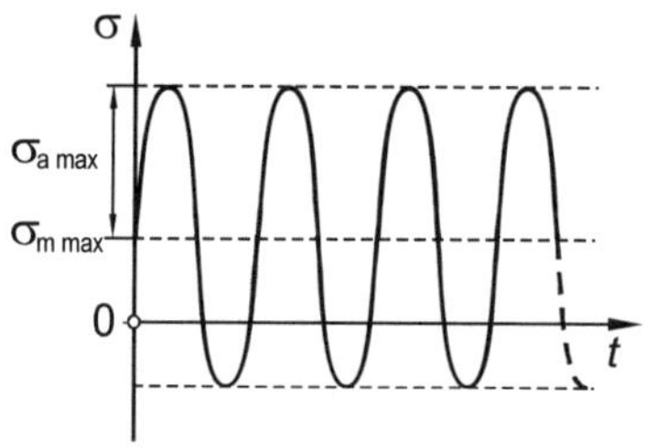

d) $\beta_{kb} = 1{,}59$

e) $S_D = 1{,}36$ (nicht ausreichend, da $S_D < 2{,}50$)

## Lösung zu Aufgabe 13.21

a)

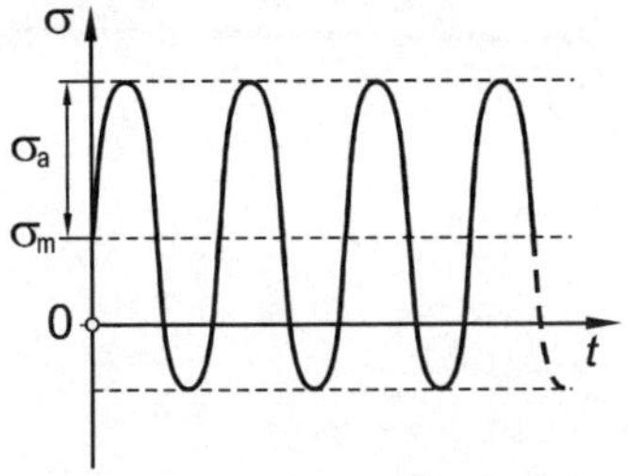


$\sigma_m \equiv \sigma_z = 61{,}12\ \text{N/mm}^2$

$\sigma_a \equiv \sigma_b = 178{,}25\ \text{N/mm}^2$

b) $S_F = 3{,}76$ (ausreichend, da $S_F \geq 1{,}20$)

$S_D = 2{,}85$ (ausreichend, da $S_D \geq 2{,}50$)

c) $\beta_{kb} = 2{,}28$

d) $S_D = 1{,}35$ (nicht ausreichend, da $S_D < 2{,}50$)

## Lösung zu Aufgabe 13.22

a) $\varepsilon_{DMS} = 1{,}766$ ‰

b) $F_B = 41551$ N

c) $F_{B1} = 64934$ N

d) $\beta_k = 1{,}59$

e) $S_D = 2{,}22$ (nicht ausreichend, da $S_D < 2{,}50$)

f) $F_{B3} = 35596$ N

## Lösung zu Aufgabe 13.23

a) $\varepsilon_{DMS\,A} = -0{,}546$ ‰

$\varepsilon_{DMS\,B} = 0{,}885$ ‰

b) $\alpha_{kz} = 2{,}30$

$\alpha_{kt} = 1{,}55$

c) $M_{t2} = 395{,}6$ Nm

d) $\beta_{kb} = 1{,}91$

e) $S_D = 1{,}40$ (nicht ausreichend, da $S_D < 2{,}50$)

## Lösung zu Aufgabe 13.24

a) $\sigma_{z\,I} = 51{,}96\ \text{N/mm}^2$

$\varepsilon_{l\,I} = 0{,}248$ ‰

$\varepsilon_{q\,I}$ = -0,074 ‰
$\sigma_{z\,II}$ = 31,44 N/mm$^2$
$\varepsilon_{l\,II}$ = 0,149 ‰
$\varepsilon_{q\,II}$ = -0,045 ‰
$\Delta l$ = 0,171 mm
Querschnittsfläche I: $S_F$ = 6,54 (ausreichend, da $S_F \geq 1{,}20$)
Querschnittsfläche II: $S_F$ = 10,81 (ausreichend, da $S_F \geq 1{,}20$)

b) $\sigma_{b\,I}$ = 252,42 N/mm$^2$
$\sigma_{b\,III}$ = 118,79 N/mm$^2$

c) $R$ = 1,4 mm

d) $F_2$ = 2360 N

**Lösung zu Aufgabe 13.25**

a) $\varepsilon_A$ = 1,649 ‰
$\varepsilon_B$ = -0,833 ‰
$\varepsilon_C$ = 0,915 ‰

b) $F_{z2}$ = 185,3 kN
$M_{t2}$ = 441,2 Nm

c) $S_F$ = 1,83 (ausreichend, da $S_F \geq 1{,}20$)

d) $S_D$ = 5,18 (ausreichend, da $S_D \geq 2{,}50$)

**Lösung zu Aufgabe 13.26**

a) $S_F$ = 1,26 (ausreichend, da $S_F \geq 1{,}20$)

b) $S_D$ = 1,36 (nicht ausreichend, da $S_D < 2{,}50$)

c) $F_{Q1}$ = 24,7 kN

d) $F_{H1}$ = 356,9 kN

# Literaturverzeichnis

[1] **Läpple, V.; B. Drube, H.-G.-Wittke, C. Kammer:**
Werkstofftechnik Maschinenbau
Verlag Europa-Lehrmittel, 1. Auflage 2006

[2] **FKM-Richtlinie**
Rechnerischer Festigkeitsnachweis für Maschinenbauteile aus Stahl, Eisenguss- und Aluminimwerkstoffen
Hrsg: Forschungskuratorium Maschinenbau (FKM), Frankfurt/Main
VDMA-Verlag GmbH, Frankfurt/Main, 5. Ausgabe 2003

[3] **Papula, L.:**
Mathematik für Ingenieure, Band 2
Vieweg-Verlag, 10 Auflage 2001

[4] **DIN 743-1:** Tragfähigkeitsberechnungen von Wellen und Achsen
Teil 1: Einführung, Grundlagen
Teil 2: Formzahlen und Kerbwirkungszahlen
Teil 3: Werkstoff-Festigkeitswerte

[5] **Wellinger, K.; H. Dietmann:**
Festigkeitsberechnung - Grundlagen und technische Anwendung
Kröner-Verlag, 3. Auflage 1976

[6] **Pilkey, W.D.:**
Peterson's Stress Concentration Factors
John Wiley & Sons, 2nd Edition 1997

[7] **Young, W.C.; R.G. Budynas:**
Roark´s Formulas for Stress and Strain
McGraw-Hill, 7th Edition 2002

[8] **Muhs, D.; H. Wittel, D. Jannasch, J. Voßiek:**
Roloff/Matek Maschinenelemente. Normung, Berechnung, Gestaltung
Lehr- und Tabellenbuch
Vieweg-Verlag, 1994

[9] **Berger, J.**
Technische Mechanik für Ingenieure - Band 2: Festigkeitslehre
Vieweg-Verlag, 17. Auflage 2005

[10] **Hagn, L.; H.-J. Schüller:**
Analyse von Schadensfällen
in: Dahl, W.; W. Anton: Werkstoffkunde Eisen und Stahl, Band 2
Verlag Stahleisen mbH, Düsseldorf, S. 792 - 815

[11] **Zammert, W.-U.:**
Betriebsfestigkeitsrechnung
Vieweg-Verlag, Braunschweig, Wiesbaden, 1985

[12] **Buxbaum, O:**
Betriebsfestigkeit
Verlag Stahleisen mbH, Düsseldorf, 1986

[13] **Haibach, E.:**
Betriebsfestigkeit
VDI-Verlag GmbH, Düsseldorf, 1989

[14] **Cottin, D.; E. Puls:**
Angewandte Betriebsfestigkeit
Carl Hanser Verlag, München, Wien, 2. Auflage 1992

[15] **Gudehus, H.; H. Zenner:**
Leitfaden für eine Betriebsfestigkeitsrechnung
Hrsg: Verein zur Betriebsfestigkeitsfoschung (VBFEh) im Verein Deutscher Eisenhüttenleute (VDEh)
Verlag Stahleisen mbH, Düsseldorf, 3. Auflage 1995

[16] **Radaj, D.:**
Ermüdungsfestigkeit
Springer-Verlag, Berlin, Heidelberg, New York, 1995

[17] **Schott, G.; M. Schaper, H. Worch:**
Werkstoffermüdung - Ermüdungsfestigkeit
Deutscher Verlag für Grundstoffindustrie, Stuttgart, 4. Auflage 1997

[18] **Naubreit, H.; J. Weihert:**
Einführung in die Ermüdungsfestigkeit
Carl Hanser Verlag, München, Wien, 1999

[19] **Fuchs, H. O.; R. J. Stephens:**
Metal Fatigue in Engineering
John Wiley, New York 1980

[20] **Hück, M.; L. Thrainer, W. Schütz:**
Berechnung von Wöhlerlinien für Bauteile aus Stahl, Stahlguss und Grauguss - Synthetische Wöhler-Linien.
VDEh-Bereicht Nr. ABF 11 (1981)

[21] **Juvinall, R. C.:**
Engineering Considerations of Stress, Strain and Strength
McGraw-Hill, New York 1967

[22] **Issler, L; H. Ruoß, P. Häfele:**
Festigkeitslehre - Grundlagen
Spriner-Verlag, 2. Auflage 1997

[23] **Siebel, E.:**
Neue Wege der Festigkeitsrechnung
VDI-Zeitschrift 90 (1948), Nr. 5, S. 135 - 139

[24] **Siebel, E.; H. Meuth:**
Die Wirkung von Kerben bei schwingender Beanspruchung
VDI-Zeitschrift 91 (1949), Nr. 13, S. 319 - 323

[25] **Stieler, M:**
Untersuchungen über die Dauerschwingfestigkeit metallischer Bauteile bei Raumtemperatur, Dissertation TH Stuttgart, 1954

[26] **Siebel, E.; M. Stieler:**
Ungleichförmige Spannungsverteilung bei schwingender Beanspruchung
VDI-Zeitschrift 97 (1955), Nr. 5, S. 121 - 126

[27] **Dietmann, H:**
Zur Berechnung von Kerbwirkungszahlen
Konstruktion 37 (1985), Nr. 2, S. 67 - 71

# Sachwortverzeichnis

## Q



## R



## S

## T



## U



## V



## W



## Z